JN440458

과학사의 이해

임경순 · 정원

다 산 출 판 사

머리말

이 책은 1983년 김영식 교수가 출판한 『과학사개론』에서 시작된 30여 년의 전통을 잇고 있다. 1970년대 미국에서 출판된 과학사 분야 기초 도서를 바탕으로 번역, 편집하여 집필된 이 책은 1999년 임경순 교수가 새롭게 집필에 참여하면서 『과학사신론』이라는 이름을 갖게 되었다. 20세기의 마지막 해에 출간된 『과학사신론』은 20세기 과학의 발전 과정을 자세하게 다루어 20세기 후반에 이루어진 현대과학사의 성과를 적극적으로 반영하면서 우리나라의 대표적인 과학사 개설서로 자리를 잡았다.

21세기도 10여 년이 지난 지금은 내외부적으로 세기말과 상황이 많이 달라졌다. 우선 『과학사신론』의 집필진 가운데 한 사람이었던 김영식 교수가 정년퇴임을 하였고 교육 일선에서 물러나게 되었다. 김영식 교수는 과학사 분야에서 많은 학문적 업적을 냈을 뿐 아니라 학문 후속 세대의 육성에도 많은 공헌을 한 학자였다. 김영식 교수는 정년퇴임을 하면서 후학들에게 보다 적극적인 집필 참여의 기회를 열어놓기 위해 본인은 더 이상 『과학사신론』의 집필에 참여하지 않겠다는 뜻을 비치셨다.

김영식 교수의 뜻에 따라 『과학사신론』은 더 이상의 개편 작업을 진행하지 않게 되었고, 이에 따라 책의 출판도 잠정적으로 중단되었다. 다산출판사의 강희일 사장님은 그동안 많은 사람들에게 호평을 받아온 『과학사신론』이 더 이상 출판되지 못하는 것을 안타깝게 생각하였고 어떻게 해서든 『과학사신론』의 전통을 계속 이어갈 새로운 책을 출판하자는 기획안을 제시하셨다. 이리하여 『과학사신론』의 전통을 이어갈 필진으로 근대 서양과학사를 전공한 젊은 학자인 정원 교수를 새롭게 영입하게 되었다. 새로운 과학사 집필 프로젝트에서 정원 교수는 과거 김영식 교수가 맡았던 시대에 대한 집필을 책임졌다. 특히 '과학혁명기의 과학' 부분은 지난 30년 동안 수많은 새로운 학술적인 성과가 쏟아져 나와 대폭적인 수정이 불가피한 상황이었다. 기존 집필자를 포함한 편집진은 과학혁명기의 서양 과학사로 박사 학위를 취득한 정원 교수가 이런 대대적인 개편 임무를 수행할 적임자라고 판단하였다.

이 책은 고대에서 현재에 이르기까지의 과학의 역사를 '고대와 중세의 과학', '과학혁명기의 과학', '근대과학의 발전', '과학기술과 현대사회'로 크게 4편으로 나누어 다루고 있다. '고대와 중세의 과학'과 '과학기술과 현대사회'는 임경순 교수가 집필하였고, '과학혁명기의 과학'은 정원 교수가 집필하였다. '근대의 과학기술' 부분은 필자들이 서로 나누어 집필하였다. 계몽사조와 18세기의 과학, 라부아지에와 근대 화학 체계의 형성, 프랑스혁명기의 과학 등은 정원 교수가 집필하였고, 산업혁명과 기술 혁신, 다윈과 진화론, 독일 과학의 성장, 전자기학의 형성, 열역학의 형성은 임경순 교수가 집필하였다. 전체적으로 보아 제1편과 제4편은 과거 『과학사신론』의 전통을 계속 따르고 있고, 제2편과 제3편은 완전히 새롭게 집필한 내용으로 구성되어 있다. 물론 제1편과 제4편의 내용도 지난 10여 년의 학술적 성과를 반영하고 새로운 내용을 대폭 추가해 완전 개편하였다. 이렇게 책을 완전히 새로 집필하다시피 했기 때문에 책의 제목도 『과학사신론』이라는 이름을 그대로 가져가기보다는 새로운 이름을 갖는 것이 좋겠다는 의견이 나왔다. 이리하여 『과학사신론』의 전통을 이어갈 새로운 과학사 집필 프로젝트에 의해 나온 이 책은 『과학사의 이해』라는 이름으로 재탄생하게 되었다.

『과학사의 이해』라는 책으로 『과학사신론』의 전통을 계승할 수 있도록 새로운 과학사 집필 기회를 제공해 주신 다산출판사의 강희일 사장님께 감사드린다. 촉박한 출판 일정에 맞추어 집중적인 편집 작업을 하느라 불철주야 수고해 주신 다산출판사 직원들의 노고에도 감사드린다. 시간적 여유가 충분하지 않아 짧은 시간에 집중적으로 집필과 편집 작업을 하는 바람에 생긴 이 책에 포함된 모든 결함들은 앞으로 시간을 가지고 계속 고쳐 나갈 계획임을 다짐한다.

2014년 8월

임경순 · 정원

차 례

제 3 편 | 근대과학의 발전

제 4 편 | 과학기술과 현대사회

제 1 편

고대와 중세의 과학

1. 과학의 시작
2. 플라톤과 아리스토텔레스의 자연철학
3. 헬레니즘과 로마의 과학
4. 아랍의 과학
5. 중세의 기술과 과학

제1편 고대와 중세의 과학에서는 이집트와 메소포타미아, 그리스와 로마, 아랍, 중세 유럽의 전통과학을 다루고 있다. 제1장에서는 과학의 시작을 다양한 관점에서 조망해 보았으며, 보편적 · 합리적 과학이 그리스에서 출현한 배경을 설명하기 위해 합리적 토론과 공개적인 비판의 중요성, 다양한 문화의 교류와 융합 과정을 특히 강조했다. 제2장에서는 고대 그리스의 대표적인 사상가들인 플라톤과 아리스토텔레스의 과학 사상을 다루었다. 아리스토텔레스의 과학에서는 생물학자로서의 아리스토텔레스의 모습을 크게 부각시켰다.

제3장에서는 고대 그리스의 과학과 차별성을 보여준 헬레니즘 시대의 과학을 서술하고 있다. 특히 이곳에서는 알렉산드리아의 무세이온에서 이루어진 과학 활동을 집중적으로 다루었으며, 스토리텔링의 중요성을 강조하는 최근의 역사학 분위기를 반영하여 클레오파트라와 무세이온, 아르키메데스의 전설, 여성수학자 히파티아 이야기 등 자료 부족으로 다루기 힘들었던 주제도 과감하게 다루었다.

제4장 아랍의 과학에서는 연금술, 광학, 의학, 대수학 등 아랍에서 독자적으로 발전한 과학 내용을 자세히 서술해 서구 중심의 역사 서술 편향에서 벗어나 보려고 노력했다. 또한 이슬람 제국 형성기에 이슬람교가 외래 종교와 사상에게 보여주었던 포용성과 개방성이 과학 발전에 도움이 되었다는 점을 강조했다. 이슬람 문명의 성립 초기에는 페르시아, 그리스, 인도, 아프리카 등 다양한 문화가 혼합되어 창조적인 과학 활동을 촉진시켰으나, 이슬람 문화가 정착되면서 문화적 다원성을 잃고 균일해지면서 과학이 쇠퇴했다는 것도 동시에 지적했다.

제5장 중세의 기술과 과학에서는 우선 중국, 페르시아 등 다른 문화권에서 서양으로 전파된 기술이 서구 사회에 커다란 변화를 일으켰다는 점을 강조하였다. 기독교 사회였던 중세 유럽에서 신앙과 지식을 조화시키기 위해 노력했던 많은 스콜라 학풍의 학자들의 노력과 그 구체적인 논쟁 사례도 비교적 자세히 다루었다.

history of Science

01

과학의 시작

과학이 언제 시작되었는가 하는 질문에 대해 답변을 하려고 하면, 대개의 경우 과학이란 과연 무엇이냐 하는 것을 먼저 말하지 않을 수 없다. 과학을 바라보는 관점에 따라 과학이 언제 시작됐는가에 대한 다양한 견해가 있을 수 있기 때문이다. 과학을 바라보는 관점에는 여러 가지가 있을 수 있지만, 대체로 실용적 관점, 이론적 관점, 그리고 지식/권력의 관점 등 세 가지로 크게 대별할 수 있다.

우선 과학을 실용적인 관점에서 보게 되면, 과학이란 인간이 자신의 주변 환경에 대한 지배권을 손에 넣기 위해 사용하는 제반 행동유형이라고 정의할 수 있다. 이 경우 과학에 대한 정의는 기술과 밀접한 관계를 맺게 되며, 따라서 과학의 기원은 기술의 출현과 맥을 같이하게 된다. 인류는 아주 오랜 옛날부터 자연과 접하며 살아왔다. 과학기술과 인간의 첫 만남은 아마도 인간이 불을 발견하고 도구를 사용하기 시작하면서 이루어졌을 것이다.

다음으로 더 좁은 의미로 과학은 지식 추구를 목적으로 하고, 이에 반해서 기술은 실제적인 문제를 해결하는 데 주안점을 둔다고 보면서 과학과 기술의 시작을 서로 구별하는 견해가 있다. 이 경우에 과학은 "자연현상에 대한 질서정연하고 체계적인 파악과 기술(記述) 혹은 설명"이라고 정의할 수 있으며, 부분적으로 수학이나 논리학 등도 과학적 지식에 포함하기도 한다. 이런 식으로 과학을 정의

하다 보면 과학의 기원은 합리적 과학이 등장하기 시작한 고대 그리스 시대까지 내려오게 된다.

지식과 권력이 서로 긴밀하게 연결되어 있다는 관점에서 보면 과학은 배타적이고 적대적인 권위를 추구한다는 점에서 신화와 특별히 다른 지위를 갖고 있지 못하다. 이런 입장으로 바라본다면 과학은 아주 오랜 옛날의 신화적 세계관에서 시작되었다고 볼 수 있다.

2 선사시대의 자연에 대한 태도와 신화적 자연관

인류는 지구상에 출현한 이래 그들 주변의 자연환경과 접하며 살아오면서, 생존에 필요한 다양한 지식을 습득해 왔다. 예를 들어, 원시인들은 사냥과 식량생산을 위해 동물의 행태와 식물의 특성에 대해 알 필요가 있었으며, 이 과정에서 동식물에 대한 기초적인 지식을 얻었다. 더 발전된 형태로 그들은 독초와 약초에 대한 기초적인 지식을 가지게 되었고, 도예 · 직조 · 금속세공 등에 대한 초보적인 기술을 터득하게 되었으며, 계절의 변화로부터 계절과 천문 현상 사이에 서로 관계가 있음을 알게 되었다.

선사시대의 지식은 구전의 형태를 띠고 있었으며, 이런 구비전승의 성격이 선사시대 지식이 고정되지 않고 유동적인 측면이 있었다는 것을 말해 준다. 선사시대에 나타난 자연에 대한 지식은 예언자, 샤먼, 원시종교 지도자 등에 의해서 구전의 형태로 전승되었다. 고대인들이 가졌던 세계에 대한 지식도 공동체라는 제한된 공간에서 얻은 경험들에 의해 그 의미와 가치가 채색된 것이었다. 과학기술과 인문학, 종교, 의학, 예술 등은 본래 인간의 활동 분야에서 동일한 기원을 가지고 있었다. 합리적 철학이 등장하기 이전인 신화적 자연관이 지배하던 시기에는 철학자, 예언자, 시인은 종종 같은 범주의 지적 활동으로 인식되었다. 시대가 지나면서 이들 세 가지 유형의 사회적 역할이 서로 분리되었다.

선사시대 사람들은 우주의 창조신화를 구전문화 전통 속에서 계승 발전시켰고, 이 신화에서 우주와 세계가 어떻게 형성되었는가를 설명하고 있다. 우선 고대 이집트 신화 속에는 인간과 우주의 모든 창조물을 대변하는 이야기가 등장한다. 태양신 라(Ra)는 아침 배와 저녁 배라는 두 가지 태양의 배를 타고 여행을 한다. 아침에는 하늘을 여행하고 저녁에는 혼돈의 신인 거대한 뱀에 의해 정복당해 이집트의 지하 세계를 여행하다가 아침이 되면 다시 태어나 하늘을 여행한다. 때때로 낮에 발생하는 일식은 혼돈의 신인 거대한 뱀이 태양을 먹어버려 생기는 현상이다.

태양신 라(Ra)는 공기의 신인 수(Shu)와 습기의 여신 테프누트(Tefnut)를 낳았다. 공기의 신과 습기의 여신은 서로 결혼하여 대지의 신 게브(Geb)와 하늘의 여신 누트(Nut)를 낳았다. 이집트 벽화를 보면 하늘의 여신 누트는 공기의 신을 감싸는 모습으로, 대지의 신 게브는 공기의 신을 떠받치는 모습으로 종종 등장한다.

대지의 신과 하늘의 여신은 결혼하여, 오시리스(Osiris)와 그의 아내 이시스(Isis), 그리고 선부와 파괴의 신 세트(Set)와 그의 아내 네프디스(Nephthys)를 낳았다. 세트는 오시리스를 죽이고 왕위를 찬탈했다. 이시스는 죽은 남편의 몸을 부활시켜 호루스(Horus)를 잉태하였고, 호루스는 세트와 전투를 벌여 빼앗긴 왕위를 다시 되찾아 온다. 마법의 신 이시스는 해마다 나일 강을 다시 되살아나게 한다.

메소포타미아에서는 강력한 중앙집권적인 국가조직을 반영하듯 신들도 위계적인 우주적 권력구조를 지니고 있다. 수메르 신화에서 아누(Anu)는 우주적 국가의 지도자들 가운데 가장 높은 신으로서 하늘의 권력을 지녔으며, 절대권위의 상징이다. 다음 서열의 엔릴(Enlil)은 폭풍우의 신으로서 지상의 모든 파괴적인 힘을 상징한다. 즉, 아누는 권위를 대변하고 엔릴은 힘을 대변한다.

다음으로 세계의 기원은 물의 신인 에아(Ea) 혹은 엔키(Enki)의 성적(性的) 활동에 의한 것이었다. 엔키는 땅의 여신 닌후르사그(Ninhursag)를 수태했다. 이 물과 흙이 결합하여, 식물의 여신 닌사르(Ninsar)를 낳았다. 그 뒤 엔키는 처음에는 그의 딸과 그 다음에는 그의 손녀와 결혼하여 수많은 나무들을 만들었다. 하지만 8개의 새로운 나무들이 세상에 나오자마자 엔키가 이들을 먹어버려 분노한 닌후르사그는 엔키를 저주하였다. 그러자 세상에 물이 말라버리는 것을 염려한 다른 신들이 개입하여 엔키에게 내린 저주를 풀어줄 것을 닌후르사그에게 간청했고,

닌후르사그는 8명의 치료 신을 낳아 엔키를 치료해 주었다.

이런 신화적 자연관에서는 우주적 체계와 자연물의 형성, 인간사회의 출현, 심지어는 의료의 기원에 대해서도 초보적인 형태로나마 이야기하고 있다. 한편, 이런 구비전승 형태의 신화에서 자연은 대체로 의인화된 형태로 묘사되고 있고, 신화의 내용 자체도 서로 모순되는 점이 많았다. 하지만 문명 공동체의 집단적 권위를 받아들였던 고대인들은 이런 정도의 설명만으로도 충분히 만족할 수 있었다.

이집트와 메소포타미아의 실용적 과학

실용적 관점에서 볼 때 과학의 시작은 아주 오랜 옛날로까지 거슬러 올라가게 된다. 어떤 인간사회도 초보적이나마 기술을 사용하고 있었기 때문이다. 200만 년 전에 출현하여 현생 인류로 이어진 것으로 보이는 호모 에렉투스는 단순한 도끼와 같은 도구와 불을 사용했던 것으로 여겨진다. 사냥과 채집이 주를 이루었던 구석기 시대에 인류는 돌이나 뼈로 다양한 도구들을 만들었다.

마지막 빙하기가 끝나기 무렵인 1만 2천년부터 시작된 신석기 시대에는 식량생산, 가축 사육, 직물 및 토기의 생산을 위한 새로운 기술들이 등장하였다. 신석기 사람들은 해와 달, 별의 운동을 체계적으로 관찰했으며 계절 변화를 파악할 수 있는 기념물도 건설하였다. 그 대표적인 예로는 영국 남서부 솔즈베리 평원에 있는 거대한 기념물인 스톤헨지를 들 수 있다. 기원전 3,100년에서 1,500년 사이에 다양한 집단에 의해 건설된 이 기념물은 해와 달을 숭배하는 종교적인 의식 장소로 활용되었으며, 계절 변화를 추적하는 달력의 역할을 한 것으로 추정된다.

도시문화가 형성되고 문명이 발생하면서 기술적 과학이 본격적으로 등장하기 시작했다. 적어도 기원전 3000년경까지는 이집트와 메소포타미아에서 고밀도 농업과 관개 농업이 시작되어 인구의 폭발적 증가를 가져왔다. 이에 따라 청동기 문화와 함께 계급화가 촉진되고 국가제도가 성립되었으며, 발달된 형태의 문자도 생겨났다. 고대 메소포타미아의 수메르인은 점토판 위에 찍는 수많은 설형문자를 만들어 기원전 2000년 이전에 이미 600개에서 1천 개로 이루어진 복잡한 문자 체계를 발전시켰다.

이집트와 메소포타미아에서 발전한 과학적 지식은 이론적인 측면보다는 실용적 성격이 강한 것이었다. 수학은 회계와 측량, 그리고 건축의 필요성에 의해 발전했으며, 천문학은 농업 · 종교의식 · 점성술의 필요 때문에 발전했다. 의학 역시 질병을 치료하여 사회의 평온을 유지하기 위해 발전했던 것이다.

기원전 3000년경까지 이집트는 10진법에 기초한 자신들의 숫자 체계(number system)를 발전시켰다. 그들의 수 체계에서는 자릿값 개념이 없어 10에서 100만까지 모두 별도의 기호를 가지고 있었다. 이런 수 체계를 바탕으로 해서 이집트에서는 덧셈과 뺄셈을 비롯한 간단한 대수학이 발전했다. 이집트에서는 나일 강이 범람한 뒤 토지를 재조사할 필요가 있었기 때문에 토지 측량에 대한 학문인 기하학(geometry)이 새롭게 탄생했다. 이집트의 기하학은 단순한 토지 측량을 넘어 다양한 도형의 둘레와 면적, 건축물의 부피를 계산하는 지식으로 발전했다. 이집트 사람들은 삼각형과 사각형 등 간단한 평면도형의 면적을 계산할 줄 알았으며, 피라미드의 부피가 밑면적에 높이를 곱한 것의 3분의 1이라는 것을 알고 있었다. 원의 둘레와 지름이 일정한 비례 관계에 있다는 것을 알고 오늘날의 값에 가까운 3.16을 원주율(π)로 사용했다. 또한 나일 강이 범람할 즈음에 시리우스별이 주기적으로 처음으로 출현하는 것을 보고 1년을 $365\frac{1}{4}$ 일로 정확하게 계산할 수 있었다.

기원전 2000년경 메소포타미아에서도 상당히 발전된 숫자 체계가 나타났다. 고대 수메르인과 바빌로니아인은 10진법과 60진법이 혼합된 형태의 발전된 자릿값 체계(place value system)를 발전시켰다. 메소포타미아에서는 특히 대수학이 높은 수준으로 발전했다. 예를 들어 메소포타미아 사람들은 유산과 토지 분배 문제를 풀기 위한 연립방정식을 발전시켰고, 심지어는 2차방정식의 특수해도 구했다. 또한 그들은 다양한 곱셈표, 제곱표, 세제곱표를 만들었고, 복리 계산을 위해 2의 제곱근도 비교적 자세하게 계산했다.

메소포타미아의 천문학도 놀라운 수준으로 발전했다. 메소포타미아 사람들은 수확 및 파종 시기를 결정하기 위해 해, 달, 행성, 별의 운동을 관측해 달력을 만들었다. 메소포타미아에서는 1년을 12달, 354일로 정하는 태음력을 사용했으며, 바빌로니아 천문학자들은 19년 사이에 7개월의 윤달을 추가해 태음력을 태양력과 일치시켰다. 정확한 천문 계산은 농업뿐만이 아니라 종교적인 이유로도 필요했다. 특히 점성술은 농작물의 작황, 전쟁의 승패, 국가의 미래 등을 예측하는 중요한 수단이 되었고 이에 따라 관측천문학이 고도로 발전되게 되었다. 메소포타미아 사람들은 일식과 월식과 같이 어려운 천문 현상을 정확히 예측했지만, 그들은 이런 천문학적 계산을 순전히 대수적인 방법으로만 수행했고, 훗날 그리스 천문학자들이 한 것처럼 기하학적인 모형을 사용한 것은 아니었다. 예를 들어 그들은 경험적으로 같은 지역에서 월식이 18년마다 일어난다는 것을 알았지만, 이것을 순전히 주기적인 현상으로만 이해했으며 기하학적 우주구조에 의해 추론한 것은 아니었다.

이집트에서는 초보적인 수준이기는 하지만 사회의 평온을 유지시키기 위해 의학이 발전했다. 이집트의 의술은 기본적으로 악령을 퇴치하는 마술요법과 전통적으로 내려오던 민간요법이 주를 이루고 있었다. 하지만 문명이 성장하면서 해부학과 외과술, 약초 및 약물에 대한 지식과 같이 비교적 전문적인 의학 지식과 의료 체계도 갖게 되었다. 기원전 1550년에 작성된 에버스 파피루스(Ebers papyrus)와 기원전 1600년경에 작성된 에드윈 스미스 파피루스(Edwin Smith papyrus)에는 고대 이집트의 의학에 관한 내용이 기록되어 있다. 특히 에버스 파피루스에는 700여 개의 마술공식과 민간요법이 기록되어 있어, 고대 이집트인들이 혈액공급을 비롯한 순환계에 대한 초보적인 지식을 지니고 있었음을 보여주고 있다. 에드윈 스미스 파피루스는 아마도 외과술 교재로 기록된 것으로 여겨진다. 여기에는 심장박동, 내장 및 커다란 혈관에 대한 이집트인들의 지식이 포함되어 있다. 이 두 파피루스를 포함한 여러 기록으로 볼 때 이집트인들은 초보적인 약초와 광물에 관한 지식을 이용했으며, 상처치료를 위해 초보적인 외과술도 지니고 있었다는 것을 알 수 있다.

02 합리적 과학의 시작 : 초기 그리스의 자연철학

과학의 시작은 좁게는 자연에 대한 '합리적', '체계적' 지식의 추구라는 면에서 살펴볼 수 있다. 이 경우에 과학은 변화무쌍한 세계 속에서 변하지 않는 근본물질을 찾고 이것으로부터 세상의 모든 변화를 설명하려 했던 고대 그리스인들의 자연철학에서 시작되었다고 할 수 있다. 고대 그리스인들은 인류 역사상 처음으로 자연에서 보편적인 질서를 찾고 물질의 본성과 변화의 문제에 관심을 보이면서 다른 문명권에서는 찾아보기 힘든 과감한 지적 모험을 시작하였다. 소아시아 지방 밀레토스의 탈레스(Thales, 624?~548/545? B.C.)는 그리스 최초의 자연철학자로 일컬어지고 있다. 그는 이집트와 메소포타미아를 여행해서 기하학과 천문학을 배운 것으로 전해진다. 그의 저작은 현재 남아 있지 않고, 후대 학자들이 그에 관해 남긴 기록에 의해서만 그의 행적을 간접적으로 파악할 수 있을 뿐이다. 그리스의 시인이자 철학자인 크세노파네스(Xenophanes, 565?~480? B.C.)에 의하면 탈레스가 기원전 585년의 일식을 예언해서 전쟁을 종식시켰다고 한다.

인류 역사상으로 볼 때 탈레스가 이룩했던 가장 커다란 공헌은 그가 처음으로 근본물질과 변화에 대한 관심을 보였다는 데 있다. 그는 모든 물질의 근본이 물이라고 주장했으며, 우주는 물로부터 발산된 살아 있는 유기체라고 보았다. 탈레스는 또한 원주는 지름에 의해 이등분된다는 것을 이론적으로 증명했다. 탈레스는 실용적인 이집트의 기하학을 배워 이론적인 그리스 기하학으로 재탄생시킨 것이다. 이외에도 그는 지구는 물위에 배처럼 떠 있는 모습이며 지진은 지구가 물위에 떠 있으면서 흔들릴 때 발생한다고 주장했다. 또한 나일 강이 범람하는 것은 남쪽으로 부는 계절풍 때문이라고 설명했다. 이처럼 탈레스는 이시스 신의 마법 능력과 같이 신화에서 나오는 비자연적인 요인에 의한 설명을 배제하고 자연현상에 대한 합리적이고 일반적인 설명을 시도했다.

밀레토스인으로서 탈레스의 제자였던 것으로 추정되는 아낙시만드로스(Anaximandros, 610?~546/545? B.C.)는 만물의 근본을 무한자(apeiron)로 보았으며, 모든 다양성의 이면에는 통일성이 분명히 존재한다고 믿었다. 아낙시만드로스는 그리스 천문학의 역사상 최초로 천체에 대한 기계적 모형을 제시했다. 그는 지구가 누군가에 의해 지탱되고 있는 것이 아니라, 우주의 중심에 누구의 지탱도 받지 않고 정지해 있다는 주장했다. 그에 의하면 지구는 직경이 높이의 3배인 원통의 모습을 하고 있다. 하늘에 보이는 천체는 불의 바퀴에 뚫린 구멍에 해당한다. 아낙시만드로스는 천체를 구성하는 불의 바퀴 사이의 거리 관계도 분명히 제시했다. 그는 지구에서 별, 달, 태양까지의 거리는 지구의 직경의 9배, 18배, 27배에 해당한다고 구체적으로 서술했다. 아낙시만드로스는 천둥은 바람이 갈라질 때, 번개는 구름이 갈라질 때 생기며 일식은 태양을 구성하는 바퀴의 구멍이 막힐 때 생긴다고 주장했다. 그는 탈레스와 마찬가지로 신화에서 나오는 비자연적 요인에 의한 설명을 배제하고, 자연에 대한 보편적이고 합리적인 설명을 추구했다.

밀레토스의 아낙시메네스(Anaximenes, fl. 546~525 B.C.)는 만물의 근원은 공기(aer)라고 주장했는데, 특히 그는 응축화 · 희박화의 원리에 의해 만물의 형성을 설명했다. 즉 공기가 희박해지면 불이 되고, 공기가 단계적으로 압축되면서 바람, 구름, 물, 흙, 돌 등이 형성된다고 하는 구체적인 변화 메커니즘을 제안했다. 이렇게 탈레스, 아낙시만드로스, 아낙시메네스 등 밀레토스의 자연철학자들은 초자연적인 원인을 거부하고, 변화 문제를 설명하기 위해 역사상 최초로 과감한 가설에 의한 설명을 시도했던 것이다.

밀레토스학파가 물질을 근본이라고 생각한 데 반해서 이탈리아지방에 있던 피타고라스(Pythagoras, 580?~500? B.C.)는 수(number)를 만물의 근본으로 생각했다. 피타고라스는 추종자들을 모아 자신에게 충성하는 조직적인 종교 집단을 형성했다. 피타고라스 교단 사람들은 영혼불멸을 믿었으며, 영혼정화를 위해 수학을 사용하는 등 수비주의(number mysticism)적 색채를 강하게 띠고 있었다. 그들은 객관적 세계에서 수가 지니는 기능적 중요성을 중시해서 특히 완전수에 대해 많은 관심을 보였으며, 악기의 현의 길이와 음의 진동수와의 관계를 연구하여 화성학을 정립하고 우주의 수학적 질서에 대한 깊은 통찰력도 얻어냈다. 수학적 조화를 강조했던 피타고라스주의자들은 모든 수는 정수의 비율로 이상적으로 표현된다고 생각했다. 하지만 그들이 발견한 것으로 알려진 피타고라스 정리를 논의하던 중 분수로 표현할 수 없는 무리수가 존재한다는 것을 알게 된 것으로 짐작된다. 하지만 수비주의에 집착했던 피타고라스주의자들은 2의 제곱근이 무리수인 것을 철저히 비밀로 했다. 수학의 역사를 통해 오랜 논쟁거리였던 체적의 2배 문제에 대한 본격적인 논의도 피타고라스주의자들에 의해 시작되었다. 피타고라스주의자들은 태양중심설과 유사한 우주론을 가지고 있었는데, 우주의 중심에 불이 놓여 있고 지구와 반대편 지구(counter earth)가 존재하는 모습을 띠고 있어서, 훗날 신피타고라스학파들이 태양중심설을 선호하게 되는 근거가 되기도 했다.

변화에 대한 관심

기원전 6세기와 5세기에 이르러 그리스 자연철학자들은 세계의 기원과 근본적인 성분, 그리고 변화에 대해 보다 근본적인 차원의 논의를 시작하게 되었다. 즉 세계는 어떻게 안정적이면서도 변화가 가능할 수 있는가, 혹은 세계를 구성하는 근본물질은 과연 존재하는가라는 질문은 당시 철학자들에게 핵심적인 논쟁거리로 부상했다. 기원전 6세기경 헤라클레이토스(Heracleitos, 540?~480? B.C.)는 불을 원질로 보면서, "만물은 끊임없이 변한다"고 주장했다. 그는 감각에 의한 증거를 전적으로 무시하지는 않았지만, 그것을 신중히 사용할 것을 강조했다. 헤라클레이토스는 세계의 안정적인 평형이 가능한 것도 대립적인 요소가 끊임없이 서로 투쟁하며 균형을 유지하고 있기 때문이라고 주장했다.

헤라클레이토스가 경험 세계에 대한 형식적 통일에 대해 우려를 표명한 반면에, 엘레아학파의 창시자인 파르메니데스(Parmenides, 6세기 말~5세기 B.C.)는 존재의 개념을 보다 근본적인 차원에서 접근함으로써 변화의 문제를 해결하려고 했다. 그는 "있는 동시에 있지 않을 수는 없다"는 전제를 깔고 세계의 본질은 아무것도 변화하지 않는다고 주장했다. 이렇게 비존재에서 존재로 넘어갈 가능성을 부정함으로써 파르메니데스는 헤라클레이토스가 주장했던 변화 사상을 논박했다. 아킬레스와 거북이의 역설을 전개한 제논(Zenon, 495?~430? B.C.)은 파르메니데스의 제자였다. 제논은 파르메니데스의 일원론적인 주장에 반대되는 모든 논의, 즉 변화와 다원성을 주장하는 모든 주장은 결국에는 모순과 불합리에 봉착하게 된다는 것을 논리적으로 보여주려고 노력했다. 제논과 파르메니데스는 모두 이성적 과정을 중시하면서 다원성과 변화의 관념들을 논박했다는 면에서 공통점이 있다. 즉 그들은 감각에 의한 경험이 변화의 실재를 가르쳐 준다는 것은 인정했지만, 이 변화가 하나의 환상일 수 있기 때문에 변화에 대한 논의는 이성적인 관점에서 접근해야 한다고 생각했다.

파르메니데스가 감각을 거부하고 오직 이성에만 의존할 것을 주장했던 반면에, 시칠리아의 엠페도클레스(Empedokles, 490?~430 B.C.)는 감각을 다시 제한적으로 받아들였다. 그는 아직은 플라톤의 '원소'(stoicheion)에 해당하는 의미는 아니지만, '원초적 물질'과 '단순한 물질'에 해당하는 원소개념, 즉 물, 불, 공기, 흙 등으로 구성되는 네 뿌리(rhizomata)이론을 제시했다. 그에 의하면 이 원소들의 결합과 분리, 그리고 상대적인 양에 의해서 세상에 존재하는 여러 가지 물질이 만들어진다. 이 원소 간의 결합은 물질을 서로 섞게 만드는 사랑(Love)과 서로 밀치게 만드는 투쟁(Strife)에 의해서 결정된다. 엠페도클레스는 태초에 우주에는 네 가지 기본물질들을 서로 결합시키는 사랑이 지배적이었다가, 우주가 형성되면서 투쟁이 들어와서 이 기본물질들을 서로 대립하게 만들었다고 주장했다. 더 나아가 그는 비율의 개념을 사용하여, 인체도 이 비율이 깨지면 병이 걸린다고 주장했다. 예를 들어 사람의 뼈는 불, 물, 흙이 4:2:2로 구성되어 있고, 피와 살은 불, 공기, 물, 흙이 1:1:1:1로 구성되어 있다. 이런 생리학적인 업적에 따라 훗날 갈레노스(Galenos, 129~216? A.D.)는 그를 이탈리아 의학의 창시자로 간주하기도 했다.

엠페도클레스가 네 가지 기본물질을 주장한 반면, 이오니아학파의 아낙사고라스(Anaxagoras, 500?~428? B.C.)는 무한히 많은 수의 기본물질을 바탕으로 변화의 문제를 해결하려고 했다. 그는 모든 것은 함께 있었고, 모든 것은 모든 것의 부분이기 때문에 순수물질이란 존재하지 않는다고 주장했다.

근본적 원소의 존재 여부에 대한 소크라테스 이전의 자연철학자들의 오랜 논의는 레우키포스(Leucippos, 5세기 B.C.)와 데모크리토스(Democritos, 460?~370? B.C.)에 의해 대변되는 고대의 원자론자들에 의해서 일단락이 되었다. 원자론자들의 주장에 의하면, 온 세계는 아주 작은, 무한히 많은 원자들(atoma)로 이루어져 있고, 이 원자들은 진공 중에서 계속해서 움직인다. 이 원자들은 창조된 것이 아니라 여러 크기, 모양으로 무한히 오래전부터 존재했다. 또한 원자들은 모양, 배열, 위치에 따라 다른 성질을 나타낸다. 이들이 주장한 원자란 파르메니데스의 존재를 무수히 나눈 것이기 때문에 원자론은 존재론적으로 파르메니데스의 견해에 가깝다고 할 수 있다. 원자론자들은 자연에 일정한 유형의 지속적인 모습이 나타나는 것은 우주에 있는 무한히 많은 원자들의 무작위한 행동에 의해 우연히 생긴 것이라고 주장했다. 비결정론에 의존한 고대 원자론자의 논의는 확산에 많은 장애가 있었다. 특히 플라톤과 아리스토텔레스와 같은 그리스 주류 자연철학자들이 원자론을 무신론이라고 비판하면서 고대 원자론자들의 논의는 철저히 비주류 철학으로 남게 되었다.

2 합리적 의학의 시작

고대 그리스의 의학은 메소포타미아나 이집트의 의학과는 달리 합리적 의학의 형태로 발전되었다. 히포크라테스(Hippocrates of Cos, 460?~370? B.C.)와 그의 추종자들에 의해서 집필된 것으로 여겨지는 『히포크라테스 전집』(*Corpus Hippocraticum*)은 고대 그리스 의학의 합리적 전통을 이끌어간 획기적인 것이었다. 히포크라테스의 의학체계는 치료와 철학적 체계화를 결합한 형태로서 돌팔이 의사를 몰아내고 지식에 바탕을 둔 합리적 의학풍토 조성을 목표로 했다. 이에 따라 그들은 성공적인 예측을 강조했는데, 이는 단순히 의사의 치료능력의 강화목적뿐만이 아니라 전문의사로서의 이미지 강화를 위해서도 강조되었다. 또한 그들은 '기술'을 가진 의사와 그렇지 않은 아마추어와의 구별을 강조했고, 의료시술자들 사이의 자율적 규제도 시도했는데, 현재도 전해지는 히포크라테스 선서는 바로 그런 전통을 이어받은 것이다.

히포크라테스 의학체계는 피(blood), 점액(phlegm), 황담즙(yellow bile), 흑담즙(black bile) 등 신체를 구성하는 4개의 체액이 존재한다는 4체액설(four humor theory)로 이루어져 있는데, 이 체액 사이의 불균형으로부터 병의 원인을 찾았다. 이 4체액은 성질상으로는 뜨거움(hot), 차가움(cold), 습함(moist), 건조함(dry)을,

계절상으로는 봄, 겨울, 여름, 가을 등을 나타냈다. 히포크라테스학파들은 치료를 위해서 질병뿐만이 아니라 환자도 연구해야 한다고 주장했으며, 질병에 대한 기후와 계절 변화의 영향에 대해서도 연구했던 것으로 알려져 있다.

합리적 과학의 출현 배경

탈레스, 피타고라스, 히포크라테스, 데모크리토스 등 소크라테스 이전의 그리스 자연철학자들은 변화하는 우리 주변에서 변화하지 않는 그 무엇이 존재한다는 놀라운 지적 모험으로 인류의 역사상 가장 획기적인 지적 변혁을 이루어냈다. 우선 그들이 보여준 사고방식을 그 이전에 만연했던 신화적 자연관에서 보여준 자연에 대한 태도와 비교해 볼 때 가장 두드러진 것은 그리스의 자연철학자들은 신과 같은 초자연적인 권위를 내세우지 않았다는 점이다. 그들은 과거의 신화적 자연관과는 달리 물질의 본성과 변화의 문제에 관심을 보이기 시작했고, 구체적인 사물로부터 일반적인 성질을 추출해 내었다. 그리스인은 근본물질을 논의할 때 뜨거움, 차가움, 습함, 건조함과 같이 추상적인 개념을 처음으로 사용했다.

이렇게 과거와는 다른 새로운 유형의 학문 활동이 고대 그리스에서 시작될 수 있었던 요인으로는 우선 문자의 발명과 지속적 발전을 들 수 있다. 문자는 구전에 의해 계승되던 신화적 지식을 산문화하여 새로운 지식 유형이 창조되는 데 결정적인 도움을 주었다. 이미 기원전 3000년경 이집트와 메소포타미아에서 상형문자와 설형문자가 발명되었으며, 기원전 2000년에는 매우 복잡한 문자 체계로 발전하였다. 기원전 1500년경에는 보다 발달된 음절문자가 나타났으며, 마침내 기원전 1100년 이후 페니키아인에 의해 알파벳이 발명되기에 이른다. 이 알파벳이 기원전 8세기경 그리스로 유입되어 기원전 6~5세기에 그리스 문화가 융성하게 되는 밑거름이 되었다. 그리스어에는 다른 언어보다 일찍부터 산문형 문장이 발달해 있었다. 산문형 문장의 발달에 힘입어 그리스 자연철학자들은 다른 문명권에 비해 손쉽게 자연철학에서 사용하는 추상적 개념을 창안해 낼 수 있었다. 추상적 개념화가 용이했던 것도 그리스에서 합리적 과학이 발달할 수 있었던 요인으로 작용했다.

다음으로는 이 시대에 들어와서 보편적인 질서를 추구하는 합리적 학문이 부상하게 된 요인으로 당시의 정치 · 사회 · 경제적인 배경을 들지 않을 수 없다. 기원전 6세기경까지 그리스에서는 참주정치, 과두정치, 민주정치로 이어지면서 새로운 정치적 조직이 형성되었으며 도시국가 제도가 공고화되었다. 또한 경제적으로는 오리엔트와의 교류를 통해 직물업을 비롯한 산업이 발달했으며, 식민도시의 개발로 해상무역도 활발해졌다.

왕정, 귀족정, 민주정 등 다양한 정치 제도에 대해 고민했던 그리스인들은 자신들의 사회에 가장 바람직한 정치적 구조를 모색하기 위해 공개적으로 수많은 토론을 했다. 보편적인 과학이 출현하기 위해서는 무엇보다도 합리적 토론과 공개적인 비판의 문화가 중요하다. 고대 그리스의 자연철학자들은 초보적 수준의 철학 공동체, 즉 '학파'를 만들어 활발한 대화와 토론의 전통을 발전시켰고, 이 토론 문화를 자연의 구조에 대한 이성적 탐구로 확장시켜 새로운 사고방식에 의한 활동인 '과학'을 형성시킬 수 있었다.

끊임없이 새로운 정치 · 사회 · 경제 구조가 등장하면서 과학과 같은 새로운 유형의 지적 활동이 높이 평가되기 시작했다. 또한 식민도시를 개척하는 동안 서로 다른 신화를 가진 여러 종족들이 정치적으로 통일되기 위해서는 새로운 단일한 논리와 합당한 주장이 필요해졌다. 새로운 권위와 설득력을 지닌 보편적 유형의 지식, 즉 합리적 과학은 바로 이런 배경 속에서 등장할 수 있었다.

당시 그리스에서는 지중해를 중심으로 하는 해상 활동을 통해 다양한 형태의 문화적 교류와 융합이 이루어졌다. 다양한 문화가 서로 교차하면서 과거에는 없던 새로운 유형의 지식이 창조될 수 있었다. 이집트와 메소포타미아, 인도, 중국, 그리스 등 다양한 문화권들에서 발전한 지식들이 서로 교류하고 다양한 방식으로 서로 융합되어 보편적 지식이라는 새로운 권위의 과학이 탄생하게 되었던 것이다.

02

플라톤과 아리스토텔레스의 자연철학

기원전 5세기 초부터 아테네가 번영하기 시작했으며, 특히 페리클레스시대에 이르러서는 그리스의 민주정치와 문화가 절정기에 이르렀다. 그러나 기원전 5세기 말 아테네가 펠로폰네소스전쟁에서 스파르타에게 패하면서 도시국가 아테네는 정치 · 경제 · 사회적으로 쇠퇴하기 시작했다. 이렇게 번영과 쇠퇴가 교차하는 동안 사람들의 관심은 자연으로부터 인간의 문제로 돌아갔다. 이런 시대적 배경을 반영하듯 이 시기에는 웅변술과 대화술을 강조하는 소피스트 철학자들이 역사의 무대로 급부상하게 되었다. 소피스트를 대표하는 프로타고라스(Protagoras, 485?~410? B.C.)가 인간은 만물의 척도라고 주장한 것에서 보여지듯이 그들은 자연보다는 인간의 문제를 더욱 중요시했다. 소크라테스(Socrates, 470?~399 B.C.) 역시 소피스트들과 마찬가지로 우주론적인 문제보다는 정치적 · 윤리적 문제에 관심이 많았던 철학자였다. 그는 폴리스를 포함한 인간사회의 질서와 평화를 위해 윤리 및 정치 문제에 자신의 철학적 관심을 두었다. 또한 어느 면에서는 그 전까지의 학문이 자연에만 관심을 둔 데에 대해서 반발하기까지 했다. 하지만 그의 철학이 과거의 신화적인 학문방식으로 돌아가 버린 것은 아니며, 그리스 자연철학의 전통의 핵심이었던 합리적이고 체계적인 면은 그대로 지속되었다.

플라톤(Platon, 428/427~348/347 B.C.)은 20세 때부터 소크라테스의 제자가 되어 그의 사상을 이어받았다. 기원전 399년 소크라테스가 죽은 뒤 그는 이탈리아와 시칠리아 등으로 여행길에 올랐다가, 기원전 388년 아테네로 돌아와 다음해 아카데메이아(Akademeia)를 설립하고, 여기서 죽을 때까지 강의를 했다. 플라톤 역시 철학의 전반적인 분야에 관심이 있었는데, 소크라테스의 제자답게 윤리학, 신학, 정치학 등에 초점을 두었다. 그러나 윤리적인 동기에서 출발한 탐구가 그로 하여금 도덕적이고 미적으로 만족스러운 우주상을 제시하는 것뿐만이 아니라 물리적이고 생물학적인 과학이론을 제창하도록 만들었다. 플라톤의 자연에 대한 지식은 바로 이런 과정 속에서 얻어졌던 것이었다.

플라톤의 이데아이론

플라톤 철학이론의 핵심은 형상 혹은 이데아(idea)이론이다. 플라톤은 『국가론』(*Politeia*)에서 목수가 만든 실제 탁자와, 목수의 마음속에 있는 탁자에 대한 생각이나 개념 사이의 관계에 주목했다. 즉 목수는 자신이 만들 각각의 탁자를 가능하면 자신의 마음속에 있는 생각에 맞도록 만들려고 하지만, 재료의 한계 때문에 항상 불완전하게 만들 수밖에 없다. 따라서 목수가 만든 어떤 탁자도 그의 생각과 서로 완전히 동일할 수는 없다. 목수와 탁자와의 관계는 신성한 장인인 데미우르고스(demiourgos)와 우주와의 관계로 유추해서 생각할 수 있다. 조물주가 어떤 생각과 계획에 의해서 우주를 만들 때에도 그 복제품은 재료에 내재된 한계 때문에 항상 불완전하다. 즉 완전한 개념을 포함하는 이데아의 영역과 이들 이데아가 불완전하게 복제되는 물질세계가 존재하게 된다.

플라톤에게 있어서 이데아의 세계는 비물질적이고, 감각에 의해 느낄 수 없는 존재의 영역으로서 실재의 세계이며 이성의 세계이다. 반면에 물질세계는 가시적 세계이고 감각경험의 세계이며, 변화의 영역에 속한다. 따라서 우리 눈에 보이는 것은 모두 모형이며, 실재는 이데아인 것이다. 이런 까닭에 플라톤의 철학은 수학적 · 이론적 · 형이상학적이며, 추상과 사고를 중시해서 결과적으로 경험적인 것보다는 관념적인 것을 강조하게 된다.

02 플라톤의 자연관

플라톤은 『티마이오스』(*Timaeos*)에서 자연세계에 대한 자신의 견해를 제시했다. 이 책은 천문학, 우주론, 빛과 색, 원소, 인간생리학 등에 대한 플라톤의 생각을 잘 보여주고 있다. 전체적으로 플라톤의 자연관은 목적론적 경향을 띠고 있다. 플라톤에 의하면 조물주는 무질서에서 아주 지적인 설계에 의해 합리적이고 조화와 질서를 갖추도록 세계를 계획적으로 만들었다. 우주는 데미우르고스라는 신성한 장인의 작품이며, 이 조물주는 물질에 내재된 한계와 싸우는 아주 합리적인 신이다. 그는 태초의 혼돈, 즉 형상이 없이 질료로만 채워진 상태로부터 될 수 있으면 선하고, 아름답고, 지적으로 만족스럽게 우주를 만들었다. 플라톤의 자연관은, 조물주가 우주를 만들기 전에 이미 원래 재료가 있었으며, 그것에 대해서는 조물주도 어찌할 수 없다는 점에서, 신이 무에서 세상을 창조했다는 유대-그리스도교의 창조신화와 차이가 난다. 하지만 그리스도교의 창조신화와 부분적으로 합쳐질 가능성도 열려 있어서 중세를 통해서 기독교에서 플라톤의 우주론을 차용하기도 했다.

플라톤의 자연관이 지닌 또 다른 특징으로는 그가 피타고라스의 영향을 받아 수학적 · 기하학적 모형을 중시했다는 것이다. 플라톤의 조물주는 합리적 장인일 뿐만 아니라 우주를 수학적 원리에 의해 구축해 나간 수학자이다. 플라톤은 우선 천문학분야에서 등속원운동을 중시해서 우주의 모양이나 천체의 운동을 원으로 설명했다. 그가 이렇게 원으로 천체의 운동을 설명한 이유는 원이 가장 완전한 모양이라 조물주가 이것을 선택했다고 생각했기 때문이다.

수학을 중시하는 플라톤의 태도는 4원소를 가장 간단한 입체모형으로 설명하는 이른바 '기하학적 원자론'에서 더욱 분명하게 나타난다. 플라톤은 우주의 물질형상은 바로 정다면체의 기하학적 도형이라고 주장했다. 우선 불은 정4면체(tetrahedron)로 이루어져 있다. 따라서 이 불은 가장 작고 날카로우며 유동성이 크다. 그 다음으로 공기는 정8면체(octahedron)로 이루어져 있으며, 물은 정20면체(icosahedron)로 이루어져 있다. 흙은 정6면체(cube)로 이루어져 있어서 앞의 세

원소와는 약간 다른 성질을 띠고 있고, 매우 안정적이다. 한편, 기하학에는 이 네 가지 정다면체 이외에 또 하나의 정다면체가 추가로 존재하고 있기 때문에 우주에는 또 하나의 원소가 있어야 한다. 즉 제5원소는 정12면체(dodecahedron)로 이루어져 있는데, 가장 둥글게 생긴 형태로서 하늘을 구성하고 있다.

플라톤의 '기하학적 원자론'은 과거 그리스 자연철학자들의 원소에 대한 개념을 더욱 발전시킨 것이었다. 우선 그의 '기하학적 원자론'은 엠페도클레스의 원소론과 같이 원소들이 서로 다양한 비율로 혼합되어 변화와 다양성을 설명할 수 있다. 또한 원소들 사이에서는 서로 변환이 가능하다. 정삼각형으로 이루어져 있는 물(정20면체)은 정삼각형으로 이루어져 있는 공기(정8면체)나 불(정4면체)로 쉽게 변환가능하다. 단지 정사각형으로 이루어져 있는 흙(정6면체)만이 다른 원소들로 쉽게 변화되지 않는다. 이런 플라톤의 '기하학적 원자론'은 훗날 자연을 수학하하는 수리과학으로 발전시키는 중요한 초석을 마련했다고 볼 수 있다.

아리스토텔레스의 자연철학

아리스토텔레스(Aristoteles, 384~322 B.C.)는 북부 그리스의 트라키아지방에 있던 스타게이로스(Stageiros) 마을의 명문 집안에서 태어났다. 그의 아버지는 알렉산드로스(Alexandros, 356~323 B.C.) 대왕의 할아버지인 마케도니아의 왕 아민타스 2세(Amyntas II, d. 370/369 B.C.)의 주치의였다고 한다. 아리스토텔레스는 17세부터 플라톤의 아카데메이아에서 공부하기 시작해서 기원전 347년 플라톤이 죽을 때까지 20년간 아테네에 머물렀다. 플라톤이 죽은 뒤 그는 아테네를 떠나 에게 해, 소아시아와 그 지역의 해안지방을 여행하면서 현장작업을 통해 생물학, 특히 해양동물학 분야에서 많은 경험적 자료를 얻었다. 그러다가 아리스토텔레스는 기원전 342년 필립포스 왕의 요청으로 알렉산드로스의 가정교사가 되어 그를 13세에서 16세까지 가르쳤다. 기원전 335년 아테네가 마케도니아의 영향 아래 들어가자 아테네로 돌아와서 리케이온(Lykeion)이라는 학교를 세우고 기원전 322년에 죽을 때까지 많은 제자를 배출하게 된다.

아리스토텔레스는 플라톤의 제자였기 때문에 많은 점에서 공통점을 가지고 있는 반면에 서로 간의 철학관에는 차이점도 많다. 우선 플라톤과 아리스토텔레스 모두 세계는 이성적 계획의 산물이고, 철학자가 연구하는 것은 보편적인 것이지 개별적이고 우연적인 것은 아니라고 생각했다는 점에서 서로 공통점이 있다. 반면에 아리스토텔레스는 형상 혹은 이데아가 감각세계 혹은 물질과 동떨어져 있다는 플라톤의 입장에는 반대하여 형상은 물질 속에 존재한다고 주장했다. 플라톤에게 있어서 완전한 형태의 실재는 실제로는 어디에도 존재하지 않는 영원한 이데아에 의해서만 파악된다. 예를 들어 '개'라는 것에 대해서 생각해 보자. 플라톤에 의하면 독립적으로 존재하는 완벽한 형태의 개별적인 개는 존재하지 않는다. 다만 개의 속성들이 개별적인 개들 속에 불완전하게 복제될 뿐이다. 반면에 아리스토텔레스에게 있어서 개별적인 개들은 분명히 존재한다. 이들 개들은 분명히 사람들이 개라고 부르는 일련의 특질을 공유하고 있다.

전반적으로 보아 플라톤은 감각의 역할을 무시하고 수학적인 면을 중시한 반면에, 아리스토텔레스는 감각과 경험을 강조했다. 아리스토텔레스의 경험주의적 자연관의 밑바탕에는 자연에는 질서가 있다는 생각이 깔려 있었다. 즉, 그는 경험한 사실에 대한 체계적인 분류작업을 함으로써 자연의 숨겨진 질서를 파악할 수 있다고 생각했던 것이다.

생물학자로서의 아리스토텔레스

경험주의적인 자연관과 자연의 질서를 강조한 아리스토텔레스는 무엇보다도 생물학 분야에서 많은 저술을 남겼다. 그가 집필한 생물학 분야의 저술은 현존하는 그의 전체 저술 가운데 4분의 1이 넘는다. 아리스토텔레스가 이렇게 생물학에 관한 많은 연구를 한 이유 가운데 하나는 살아 있는 생물들은 생명이 없는 물체들에 비해 형상인과 목적인에 대해 훨씬 더 많은 증거를 제공해 주기 때문이었다. 아리스토텔레스는 높은 위치에 복잡한 구조와 기능을 가진 고등 생명체를 놓고 낮은 위치에 하등 동물을 배열하는 '생명의 사다리', 혹은 자연의 스케일(scala naturae)과 연관해서 유기체를 분류했다.

아리스토텔레스는 아테네 아카데메이아를 떠난 뒤 소아시아 연안의 레스보스 섬에서 몇 년간 머물렀는데, 이 때 해양동물을 자세히 관찰할 수 있었다. 아리스토텔레스가 소아시아에서 수행한 생물학 연구 중에서도 동물학 연구는 특히 탁월하다. 그는 『동물의 역사』라는 저서에서 120종의 어류와 60종의 곤충을 포함해서 500종이 넘는 동물에 대해 기술하고 있다. 그는 동물해부를 실시해서 각 부분들에 대한 상세한 지식을 얻었으며, 고래와 물고기도 구별해서 서술하고 있다. 특히 '별상어와 돔발상어(dogfish)'에 관한 그의 언급은 놀랄 만큼 정확했으나, 19세기에 독일의 생물학자 요하네스 뮐러(Johannes Müller, 1801~1858)가 이 물고기와 비슷한 종의 상어를 연구한 성과를 공표하기 전까지 사람들은 이를 믿지 않았다. 이것은 외견상은 태생이지만, 태아가 탯줄에 의해 어미 자궁 내의 태반 같은 곳에 붙어 있다는 점에서 예외적이었는데, 1842년 뮐러의 "아리스토텔레스의 매끄러운 상어에 관해서"(Über den glatten Hai des Aristoteles)라는 논문에서 아리스토텔레스의 설명이 정확했다는 것이 마침내 확인되었다.

실루루스 아리스토텔리스(*Silurus aristotelis*)라는 학명을 가진 메기(Aristotle's Catfish) 이야기도 동물행동학 분야에서 아리스토텔레스의 놀라운 관찰 능력을 보여준다. 그리스 지역 바다에 서식하는 이 메기의 수컷은 알이 부화하고 자라는 동안 포획자로부터 치어들을 보호하기 위해 주변에서 40~50일 동안 완고하게 머물며 감시한다. 항상 알 옆에서 설치고 다니며 감시하기 때문에 위치가 노출되어 어부는 알과 함께 고기도 쉽게 포획할 수 있다. 아리스토텔레스가 서술한 이 관찰 내용은 오랫동안 동화 수준의 이야기로 치부되었지만, 19세기 중엽 스위스 자연학자 애거시(Louis Agassiz)가 실제로 그런 물고기가 있다는 것을 발견하자 1857년에 이 메기에게 아리스토텔레스의 이름이 붙게 되었다.

아리스토텔레스의 우주구조

아리스토텔레스에게 천구는 플라톤과 같이 관념적이거나 계산을 위한 방편이 아니라 실재하는 물리적 실체이다. 또한 우주의 시작점과 같은 것은 존재하지 않으며, 우주는 영원하다. 이 점은 훗날 중세시대에 이르러 신이 우주를 창조했다고 믿는 기독교 신학과 충돌하는 요인으로도 작용했다. 아리스토텔레스의 이 영원한 우주에는 천상계(superlunar)와 지상계(sublunar)의 엄격한 구별이 있다. 즉 천상계는 불변이고 완전하며, 지상계는 변화가 있고 불완전하다. 이에 따라 지상계에서는 생성소멸, 증감, 변질, 위치변화 등이 생긴다. 오늘날 우리가 천상계의 현상으로 알고 있는 혜성을 아리스토텔레스는 지상계의 학문인 기상학 영역에서 다루었다.

또한 천상계와 지상계의 두 세계를 이루고 있는 원소도 서로 다르다. 즉 지상계는 흙, 물, 공기, 불과 같은 4원소로 이루어져 있지만, 천상계는 제5원소인 아이테르(aither)로 구성되어 있다. 이외에 이 두 세계에서 일어나는 운동도 서로 차이가 난다. 즉 지상계에서는 시작과 끝이 있는 직선운동이 주로 나타나지만, 천상계에서는 시작도 끝도 없는 완전한 운동인 등속원운동이 주로 존재한다.

아리스토텔레스의 물질이론

아리스토텔레스는 우선 엠페도클레스가 제안하고 플라톤이 채용한 흙, 물, 공기, 불로 구성된 4원소설을 받아들였다. 하지만 그는 감각 경험적 세계의 실재를 인정했기 때문에 플라톤이 주장했던 '기하학적 원자론'을 그대로 받아들인 것은 아니었다. 플라톤과 달리 아리스토텔레스는 원소들이 더 근본적이며 서로 대립하는 성질의 쌍으로 이루어져 있다고 주장했다. 그는 뜨거움(hot), 차가움(cold), 습함(wet), 건조함(dry)이 서로 쌍을 이루어 그 자체로서는 성질이 없는 근본물질, 즉 제1질료(prima materia)에 들어가 4원소가 만들어진다고 믿었다. 뜨거움과 차가움, 습함과 건조함 등 서로 상반되는 성질의 결합을 제외한 4가지 결합에 의해서 흙(차가움과 건조함), 물(차가움과 습함), 공기(뜨거움과 습함), 불(뜨거움과 건조함) 등의 원소가 나타나게 된다. 예를 들어 그는 물을 가열하면 물의 차가운 성질이 뜨거운 성질에 굴복해서 물이 공기로 변화한다는 식으로 물질의 변화를 설명했다.

질적인 원소 이론과 물질 변화의 원리는 훗날 이슬람의 연금술에 이론적인 기반을 제공했다. 아리스토텔레스가 성질이 없는 제1질료 속에 여러 성질이 들어가 원소가 만들어진다고 주장했기 때문에 이슬람의 연금술사들은 납과 같은 물질에서 고유의 성질을 제거하고 금의 성질을 집어넣는 것이 가능하다고 믿었던 것이다.

아리스토텔레스의 4원소는 무거움과 가벼움의 성질을 지니고 있다. 이 무거움과 가벼움은 근대과학에서 받아들이는 것과 같은 상대적 개념이 아니라 물질이 본질적으로 지니고 있는 절대적인 개념이었다. 우선 이들 4원소들은 흙-물-공기-불-천상계 물질 순으로 우주 속에서의 물체의 위치를 말해 주고 있다. 각 원소들의 위치는 각 원소가 태어난 장소를 결정한다. 흙이 태어난 위치는 우주의 중심이며 불이 태어난 위치는 달의 위치 바로 아랫부분이다. 이렇게 우주 속의 물질과 공간은 중립적인 속성을 지닌 것이 아니라, 우주 속에서 각 물질들이 주로 차지하고 있는 위치를 말해 주고 있다. 우주의 중심에 주로 흙으로 되어 있는 지구가 놓여 있는 까닭도 바로 여기에 있다. 더 나아가 아리스토텔레스는 월식 때 지구가 달에 그림자를 생기게 하는 것을 바탕으로 지구가 구형이라고 주장했다.

02 운동, 변화, 원인

아리스토텔레스에 의하면 모든 운동에는 '운동원인'(mover)이 있어야 한다. 한편, 천상계와 지상계에는 각각의 자연스러운 운동이 존재한다. 천상계에서는 원운동이 자연스러운 운동이다. 지상계에서는 가벼운 것은 본연의 위치로 올라가고, 무거운 것은 아래로 내려가는 직선운동이 자연스러운 운동이다. 또한 자연스러운 운동(natural motion)은 물체가 지닌 본래의 속성인 반면에, 비자연스러운 운동(violent motion)은 반드시 외부에서 운동원인인 매질이 접촉해서 작용해야 한다는 면에서 서로 구별이 된다. 한편, 매질이 접촉해서 작용하면 운동에는 저항력이 작용한다. 진공에서는 매질의 저항이 없어서 속도가 무한대가 되기 때문에 자연에는 진공이 존재하지 않는다. 즉 자연은 진공을 혐오한다. 우주도 진공을 허용하지 않고 4원소와 아이테르로 완전히 채워져 있다. 이런 근거로 아리스토텔레스는 원자들이 진공 중에서 움직인다는 원자론자의 주장을 반박했다.

아리스토텔레스의 운동개념은 근대역학에서 말하고 있는 운동개념과도 상당히 다른 것이었다. 우선 아리스토텔레스의 운동에는 위치변화뿐만이 아니라 상태의 변화도 모두 포함해서 논의되고 있다. 즉 생성소멸, 양의 증감, 질의 변질, 위치변화가 모두 운동에 포함된다. 찬 것이 더워지는 것, 씨앗이 나무가 되는 것, 아이가 커져서 어른이 되는 것, 발효와 부패도 모두 운동의 일종이다. 아리스토텔레스에게 있어서 운동이란 가능태(potentiality)가 현실태(actuality)로 변하는 것을 말한다. 아리스토텔레스의 엔텔레케이아(entelecheia)는 특정 사물이 가능태(potentiality)에서 현실태(actuality)로 변하고, 자연적으로 존재하는 내적인 동인을 실현하며, 우주에서 정해진 특정 위치로 향하려는 성향을 의미한다. 비존재에서 존재가 논리적으로 추론될 수 없고 따라서 변화를 부정한 파르메니데스의 주장에 대해 아리스토텔레스는 파르메니데스의 기본입장을 견지하면서도 변화의 존재 자체는 인정하고 있다. 우선 그는 비존재, 가능태, 현실태 등 세 가지를 서로 구분한 뒤, 비존재가 개입되지 않고도 가능태에서 현실태로 변화하는 것이 가능하다고 주장하고 있다. 씨앗이 나무가 되는 것은 씨앗이라고 하는 가능태가 나무라고 하는 현실태로 변화한 것이다.

아리스토텔레스의 운동, 혹은 변화에는 일반적으로 질료인(material cause), 동력인(moving or efficient cause), 형상인(formal cause), 목적인(final cause) 등 네 가지의 원인이 있어야만 한다. 대리석 인물상을 예로 들어 아리스토텔레스의 원인에 관한 논의를 살펴보자. 대리석 인물상은 대리석으로 만들어졌다. 따라서 이 인물상의 질료인은 대리석이다. 이 조각은 동력인인 조각가 혹은 조각가의 작업도구에 의해 만들어진다. 형상인은 어떤 형상으로 조각을 만드는가 하는 것인데, 인물상이라는 것이 형상인이 되게 된다. 가장 중요한 원인은 목적인인데, 즉 인물상을 만드는 목적이 여기에 해당한다. 예를 들어 대리석 인물상은 그 영웅을 기념하기 위해 만들어졌다고 할 수 있다.

아리스토텔레스는 이 원인들 가운데 특히 목적인과 형상인을 강조했다. 이런 모습은 그의 생물학에서 강하게 나타나고 있다. 그는 동물학 저술에서 동물의 각 기관의 구조와 기능에 대해서 설명을 하고 있다. 그는 운동원인이 없이 변화하는 것으로 보이는 식물, 동물, 인간의 운동은 식물적 영혼, 동물적 영혼, 이성적 영혼에서 나온다고 주장했다. 또한 그의 『자연학』(*Physike*)에는 생물학도 포함되어 있기 때문에 결국 물리학에 대한 그의 기술은 목적론적인 성격을 띠게 된 것이다. 목적론을 강조했던 아리스토텔레스는 자연의 무질서를 주장하는 원자론자들을 논박하고 조화와 질서를 추구했다. 즉 아리스토텔레스의 세계는 우연의 세계가 아니고 각자의 속성에 의해 결정되는 목표를 향해 발전하는 목적(telos)의 세계이며, 질서 있고 조직화된 세계였던 것이다.

아리스토텔레스와 그리스 자연철학의 전반적 특징

아리스토텔레스 자연철학은 근대과학과 비교해 볼 때 유사한 점도 있지만, 전반적인 자연관에서는 많은 차이를 나타내고 있다. 앞에서 본 바와 같이 아리스토텔레스 철학은 변화와 원인을 강조한다는 측면에서 목적론적이라고 할 수 있다. 이 외에도 아리스토텔레스 자연철학은 전반적으로 볼 때 자연에는 질서가 있고, 분류에 의해 그것을 찾아낸다는 점에서 체계적인 면을 지니고 있다. 아리스토텔레스의 철학은 플라톤의 철학과는 달리 사실과 관찰에 의존한다는 점에서 경험적인 성격을 가지고 있다. 하지만 고대 그리스 세계에서 자연은 관조(theoria)의 대상이지 조작의 대상은 아니었기 때문에, 여기서 말하는 경험적이라는 것이 근대적 의미의 실험적이라는 뜻은 아니다. 또한 아리스토텔레스는 자연학과 수학은 다른 범주에 속한다고 보고 있었기 때문에 아리스토텔레스 자연학은 본질적으로 비수학적인 특징을 지니고 있다.

전반적으로 볼 때 그리스 자연관에서는 자연과 인공의 엄격한 구별이 있었다. 즉 본질적인 것과 현상적인 것의 엄격한 구별이 있었으며, 과학과 기술(techne)도 구별되어 있었다. 또한 그리스 과학에는 훗날 근대과학의 대표적인 특징을 구성하는 수학적인 면, 경험적인 면, 기계적인 면들이 모두 존재하고 있었다. 즉 플라톤과 피타고라스로 대변되는 수학적 전통과 아리스토텔레스로 대변되는 경험적 전통, 그리고 원자론자들로 대변되는 기계적 전통 등, 이 세 가지 전통은 고대와 중세를 통해 각각 따로 내려오다가 16,7세기에 합쳐져서 근대과학이 출현하게 되었던 것이다.

03

헬레니즘과 로마의 과학

아테네가 약 30여 년 동안 진행된 펠로폰네소스전쟁(431~404 B.C.)에서 페르시아의 원조를 받은 스파르타에게 패배한 것을 기점으로 해서 찬란한 문화를 이루었던 고대 그리스의 도시국가들은 쇠퇴의 길을 걷게 된다. 고대 그리스의 도시국가들이 쇠퇴하는 동안 북쪽의 마케도니아에서는 필리포스 2세(Philippos II, 382~336 B.C.)가 그리스의 새로운 맹주로 부상했다. 기원전 336년 필리포스는 암살되었고, 이어 그의 아들 알렉산드로스가 즉위했다. 알렉산드로스는 기원전 334년 원정을 시작해서 페르시아, 소아시아, 지중해 연안, 이집트, 중앙아시아, 인도의 인더스 강에 이르는 광대한 영토의 대제국을 건설했다.

기원전 323년 알렉산드로스가 33세의 젊은 나이로 죽은 뒤 그가 이룩한 제국은 분열되었으며, 이로써 도시국가를 중심으로 전개되었던 고대 그리스 문화와는 전혀 다른 코스모폴리탄적인 새로운 문화적 특성을 보이는 헬레니즘시대가 개막되었다. 헬레니즘시대의 과학은 고대 그리스 과학의 전통을 이어받으면서도 새로운 풍토와 문화적 특성과 결합된 독특한 발전양상을 보이게 된다.

아리스토텔레스 이후의 리케이온

기원전 322년 아리스토텔레스가 죽은 뒤, 아리스토텔레스의 학문은 그가 생전에 세운 리케이온(Lykeion)을 통해서 지속적으로 발전되었다. 리케이온에서는 플라톤의 아카데메이아에 비해서 강의체계가 잡히고, 구체적인 학문방법론이 정립되어 제도적으로 분명한 틀이 잡힌 교육이 진행되면서 꾸준히 성장했다. 플라톤의 아카데메이아는 일종의 철학공동체로서 피타고라스 교단과 마찬가지로 아직 종교적 색채가 남아 있었고, 비공식적이고 사교적인 성격이 강했다. 하지만 리케이온에서는 아리스토텔레스의 저작을 비롯한 철학적 저작을 조직적으로 수집하는 한편, 자연사 분야에서도 협동적 연구를 수행하여 상당히 체계적인 연구전통이 확립되었다.

리케이온에서 활약하던 대표적인 학자로는 테오프라스토스(Theophrastos, 372?~287? B.C.)와 스트라톤(Straton, 340?~270? B.C.) 등을 들 수 있다. 테오프라스토스는 아리스토텔레스가 죽은 뒤 약 36년간 아리스토텔레스의 연구 프로그램을 계속 발전시킨 학자였다. 그의 학문은 전반적으로 아리스토텔레스의 학문적 전통을 이어받았지만, 부분적으로는 아리스토텔레스의 주장과는 다른 차별화도 추구했다. 그는 아리스토텔레스의 목적론을 배격했으며, 식물학 및 암석학 분야에서 많은 업적을 남겼다.

스트라톤 역시 아리스토텔레스주의자였지만 물체는 빈틈없이 채워진 것이 아니라 입자 사이에 공백도 있다고 주장하는 것처럼 아리스토텔레스로부터 일탈하는 측면도 보여주고 있다. 그는 에피쿠로스(Epicurus, 341~270 B.C.)의 영향을 받아 물체 안에 퍼져 있는 미세한 공백의 존재를 인정했다. 하지만 그는 물질적 실체가 무한히 분할가능하다고 생각하여 더 이상 분해할 수 없는 원자를 받아들이지는 않았다. 스트라톤은 무거운 물질과 가벼운 물질 사이의 본질적인 구별을 배격하면서 모든 것은 정도의 차이라고 주장했다. 또한 그는 가속현상에 대한 연구를 시작하기도 했으며, 떨어지는 물체가 충격을 주는 것은 단순히 무게 때문만이 아니라 높이도 관여한다는 것을 알고 있었다.

알렉산드리아의 무세이온

알렉산드로스가 죽은 뒤 알렉산드로스의 휘하에서 사령관으로 활동했던 프톨레마이오스 1세(Ptolemaios I, 367/366 혹은 364~283/282 B.C.)가 기원전 305년에 이집트를 장악했다. 프톨레마이오스 왕조는 알렉산드로스가 세운 제국에서 성립된 왕조 가운데 가장 오랜 기간 동안 통치했던 왕조였다. 프톨레마이오스는 마케도니아 궁정에서 교육을 받았는데, 여기서 알렉산드로스와 친하게 지냈으며, 아리스토텔레스로부터도 교육을 받았다. 그는 수학을 취미삼아 공부한 것이 분명한데, 그가 에우클레이데스(Eucleides, fl. ca. 300 B.C.)에게 좀더 쉽게 기하학을 배울 수 없냐고 묻자, 에우클레이데스는 "기하학에는 왕도가 없다"고 대답했다는 일화가 전해진다.

기원전 282년에 왕위를 계승한 프톨레마이오스 2세(Ptolemaios II, 308~246 B.C.)는 기원전 280년경에 알렉산드리아의 왕궁 내에 무세이온(Museion)을 설립했다. 이 무세이온은 소장품을 진열하는 단순한 박물관이 아니라 종합 연구기관이었다. 이곳에는 도서관, 동물원, 식물원, 천문대, 실험실, 해부실이 있어서 약 100여 명의 학자들이 수많은 문헌을 정리하고 연구를 했다. 특히 프톨레마이오스 왕가는 지중해 전역과 특히 알렉산드리아에 정박하는 모든 배에서 수많은 서적의 원본과 필사본을 모았고, 이에 따라 무세이온의 도서관은 오래지 않아 50만 개의 파피루스 두루마리를 소장하게 되었다.

무세이온은 처음에는 프톨레마이오스 왕가에 의해, 프톨레마이오스 왕가 출신의 마지막 파라오인 클레오파트라 7세(69 B.C.~30 B.C.)가 죽고 이집트가 멸망한 뒤에는 로마 황제의 후원 아래 기원전 140년에서 서기 80년 사이에 크게 발전했다.

3세기 이후 몇 번에 걸친 변란이 있었지만, 알렉산드리아 무세이온의 교육과 연구 기능은 서기 5세기까지 지속되었다. 헬레니즘 시대에 그리스 과학이 가장 왕성하게 전승·발전되었던 곳이 알렉산드리아였고, 여기에 있던 무세이온에는 수많은 학자들이 몰려들어 헬레니즘 과학의 중심지 역할을 했다.

클레오파트라와 무세이온

기원전 47년 로마의 정복자 카이사르가 이집트를 침공할 때 무세이온에 있던 책들은 일시적으로 소실의 위기를 맞았다. 당시 이집트는 클레오파트라 7세와 프톨레마이오스 13세가 공동으로 통치하며 서로 대립하고 있었다. 프톨레마이오스 13세의 측근들인 아킬라스(Achillas)와 환관 포티누스(Pothinus)는 카이사르를 제거하기 위한 음모를 꾸미고 있었다. 카이사르는 아킬라스가 이끄는 군대와 전투를 벌이다 병력의 열세로 고립 위기에 처하자 항구에 정박해 있던 배에 불을 지르고 피신했는데, 이 불길이 번져 도서관에 소장된 책들이 소실되었다고 한다.

카이사르가 죽은 뒤 클레오파트라의 새로운 연인이 된 마르쿠스 안토니우스는 기원전 40년경 알렉산드리아의 무세이온과 쌍벽을 이루던 페르가몬의 도서관을 강점하고 이곳에 있던 20만 개의 두루마리를 클레오파트라에게 결혼 선물로 주었다. 이리하여 카이사르에 의해 부분적으로 불태워졌던 무세이온에 소장된 장서의 수가 과거보다 오히려 더 늘어났다.

알렉산드리아의 과학

우선 수학 분야에서 에우클레이데스는 『원론』(*Stoicheia*)에서 그 전에 따로따로 알려져 있던 여러 정리들의 순서를 갖추고 체계적으로 정리하고 증명했다. 이 책에는 평면 기하학, 입체 기하학 등과 같은 기하학적 논의뿐만 아니라, 완전수 논의를 비롯한 정수론, 복잡한 무리수 등 수학의 다양한 분야에 대한 논의가 포함되어 있다. 페르가의 아폴로니오스(Appollonios, *fl. ca.* 210 B.C.)는 타원, 포물선, 쌍곡선 등을 다루는 원추곡선론에 대한 논의를 전개했는데, 그의 저서는 근대 초기에 다시 발굴되어 천체운동에 타원궤도가 도입되게 만드는 데 큰 영향을 주게 된다.

시라쿠사의 아르키메데스(Archimedes, 287~212 B.C.)는 기술과 과학 분야 모두에 관심을 가지고 연구를 했는데, 이것은 헬레니즘시대의 과학이 그리스 과학의 전통을 이어받으면서도 나름대로의 특색을 가지고 발전한 한 단면을 보여주고 있다. 그리스시대에 수학은 '달 위 세계' 즉 천상계에만 적용했지만, 그는 '달 밑

세계' 즉 지상계에 대해서도 수학을 활용했다. 아르키메데스는 지렛대의 원리와 부력의 성질에 관한 논의를 전개했으며, 투석기를 발명하고 성벽 쌓는 군사 기술자로도 활약했다. 기술 분야에서 보여준 아르키메데스의 활동은 알렉산드리아의 헤론(Heron, *fl.* 60 A.D.)이 계승하게 된다. 아르키메데스는 공의 체적, 표면적, 그리고 원주율이 $3\frac{10}{71}$ 보다 크고 $3\frac{1}{7}$ 보다는 작다는 것을 구분구적법에 의해 계산한 것을 비롯해서 수학 분야에서도 많은 업적을 이루었다.

기원전 3세기에 알렉산드리아에서는 도구제작과 관련된 정밀기계 기술이 처음으로 꽃피기 시작했다. 크테시비오스(Ktesibios, *fl. ca.* 275 B.C.)는 물풍금과 공기탱크가 부착된 피스톤 펌프를 발명했으며, 기원전 2세기 비잔티움의 필론(Philon, *fl. ca.* 200 B.C.)은 물 올리는 기계와 물시계를 발명했다. 그 뒤 알렉산드리아의 기술자 헤론은 필론과 아르키메데스의 기술을 계승·발전시켜 군사기구, 과학기구, 기계 장난감을 비롯해서 증기력을 이용한 다양한 기계장치를 발명했다. 하지만 헤론이 발명한 기계장치는 오늘날처럼 산업용으로 쓰인 것은 아니었고, 자동 성수기(聖水機)나 사원의 출입문 개폐기와 같이 종교적인 목적에 주로 쓰였다. 헤론은 기계 및 기체학(pneumatics)에 관한 것 이외에 광학, 수학 등에 관한 저술도 남겼다. 알렉산드리아학파의 특징이라 할 수 있는 이론과 실제의 결합은 알렉산드리아의 유명한 수학자이자 역학자였던 파포스(Pappos, *fl.* 320 A.D.)에게서도 볼 수 있다. 그는 8권으로 된 『수학모음집』(*Synagoge*)이라는 저작에서 높은 수준의 독창적인 수학적 업적을 보여주었을 뿐 아니라, 톱니바퀴와 나사의 생산기술에 관한 글도 썼다.

아르키메데스의 전설

지렛대의 원리, 부력의 원리, 구의 표면적과 부피, 원주율을 발견한 것으로 유명한 아르키메데스는 고대의 과학기술자 가운데 일반인들에게 가장 잘 알려진 인물이다. 월드컵에서 커다란 역할을 했던 축구공, 즉 정육각형과 정오각형으로 이루어진 32면체도 아르키메데스가 처음으로 발견한 다면체였다. 또한 그는 투석기를 발명하고 성벽을 쌓는 군사 기술자로도 활약했다. 기원전

213년 로마인들이 시칠리아의 시라쿠사를 포위 공격했을 때 이 도시가 오랫동안 버틸 수 있었던 것은 아르키메데스의 발명품 덕분이었다. 이 위대한 학자는 기원전 212년경 로마가 시라쿠사를 함락시킬 때 로마 병사에 의해 살해당했는데, 그 이후 아르키메데스와 연결된 전설은 계속 변화하며 수많은 극적인 일화가 전해지고 있다.

시라쿠사가 함락될 때 아르키메데스는 땅 바닥에 도형을 그리며 연구에 몰두하고 있었다고 한다. 발명가로서의 아르키메데스의 능력을 높이 산 로마의 장군 마르켈루스가 아르키메데스를 죽이지 말라고 병사들에게 명령했다. 도시를 함락시킨 뒤 로마 병사는 연구에 몰두하고 있는 아르키메데스에게 다가갔는데, 아르키메데스가 그에게 내 도형을 밟지 말라고 말하자 화가 난 로마 병사가 그를 칼로 찔러 죽였다. 이것이 현재 전해지고 있는 그의 죽음과 관련된 이야기다.

아르키메데스의 죽음과 관련된 전설은 후대에 변형된 형태로 발전한 것으로 여겨진다. 우선 플루타르코스((Plutarchos, 46?~120?)의 『영웅전』 '마르켈루스' 편에는 그 어디에도 "내 도형을 밟지 말라"는 이야기가 없다. 플루타르코스에 의하면 당시 로마 병사는 마르켈루스 장군을 따르라고 아르키메데스에게 말했는데, 아르키메데스가 문제를 다 풀 때까지 기다려 달라고 하자 화가 난 로마 병사가 그를 죽였다고 전한다. 플루타르코스가 전하는 다른 이야기는 아르키메데스가 태양의 크기를 젤 수 있는 수학적 도구들을 마르켈루스 장군에게 가져가려고 할 때 병사들이 아르키메데스가 금을 용기에 숨겨 도망치려는 것으로 잘못 알고 살해했다는 것이다. 아르키메데스가 정확히 어떻게 죽었는가는 확실치 않고 대충 앞에서 서술한 정도의 설명에 그치고 있다. 나머지는 후대에 추가되어 12세기 이후에 정착된 것이다. 물론 로마의 장군 마르켈루스가 군사무기 분야의 위대한 기술자 아르키메데스의 죽음을 애석하게 생각한 것은 분명하다.

"내게 서 있을 자리를 달라, 그러면 지구를 움직일 수 있다"는 말도 진화를 겪었다. 플루타르코스는 아르키메데스의 지레에 대한 평가를 하면서 히에론 왕의 절친한 친구였던 아르키메데스는 그에게 기구를 이용해 작은 힘으로 무거운 물체도 움직일 수 있다는 편지를 보냈다고 적고 있다. 이것이 서기 4세기의 파포스 책에서 지렛대를 주면 지구를 움직일 수 있다는 표현으로 바뀌었다.

아르키메데스는 히에론 왕의 왕관을 물속에 넣고 넘쳐 흘러나오는 물의 양을 측정하여 그 속에 든 금과 은의 비율을 알아낸 것으로도 유명하다. 이 이야기도 후대에 극적인 일화로 변화하였다. 히에론 왕은 금은세공사가 자신이 준 금을 모두 사용해 왕관을 만들었는지 의심이 가서 아르키메데스에게 이것을 확인해 보라고 부탁했다. 왕관을 부수지 않고 이 문제를 해결해야 했던 아르키메데스는 피곤하여 목욕을 청했다. 목욕탕에 들어간 그는 우연히 부력에 관한 생각이 떠올라서 너무도 기쁜 나머지 목욕탕에서 뛰어나와 "나는 그것을 발견했다!", 즉 '유레카' 라고 외치며 발가벗고 거리를 뛰었다. 이 이야기는 아르키메데스가 죽은 지 150년 후의 사람인 로마의 건축가 비트루비우스가 처음으로 언급한 뒤 여러 사람들에게 퍼진 통속적인 이야기다. 아르키메데스의 전설은 시대를 거치면서 많은 사람들에 의해 변형되어 오늘에 이르고 있다.

헬레니즘시대의 천문학

헬레니즘시대에 들어와 고대 천문학은 절정기에 이르게 된다. 우선 알렉산드리아 무세이온의 연구원이었던 사모스의 아리스타르코스(Aristarchos, 310?~230 B.C.)는 피타고라스의 우주론을 발전시켜 태양중심설을 주장했다. 하지만 그의 태양중심설은 이오니아 자연철학의 사변적 전통에 해당하는 것으로서 아직은 정성적 단계였고, 당시의 주류 천문학으로 발전하지는 못했다. 그는 지구에서 태양, 달 사이의 거리와 태양과 달의 크기를 실제 관측을 통해 계산했다. 그는 "태양과 지구의 크기와 거리에 관한 논문"에서 태양 지름과 지구 지름의 비가 19대 3보다 크지만 43대 6보다 작다고 결론지었다.

수학자 및 지리학자로서 알렉산드리아 무세이온의 도서관장이었던 시레네의 에라토스테네스(Eratosthenes, 276?~194? B.C.)는 지구의 둘레를 측정했다. 그는 태양과 지구 사이의 거리에 비해 지구의 크기가 현저하게 작고, 지구는 거의 구형으로 생겼다고 가정했다. 이런 가정을 바탕으로 그는 알렉산드리아에서 남동쪽으로 약 800km 떨어진, 시에네(현재의 아스완)에서 하짓날 정오에 태양광선이 수직으로 떨어지는 반면에 알렉산드리아에서는 태양광선이 약 7° 정도 비껴 비춘다는 것을 근거로 지구의 둘레를 252,000스타디온(stadion)으로 측정했다. 그가 사용했던 스타디온의 길이는 현재까지 확실치는 않지만, 그가 측정한 지구둘레의 값은 대체로 현대의 값의 20퍼센트 이내에 해당하는 것으로 추정되고 있다.

태양과 달, 행성들의 실제 겉보기 운동은 매우 복잡하다. 황도가 적도에 대해 약 23° 기울어져 있고, 내행성은 태양과 일정 각도 이상 떨어지지 않으며, 외행성은 특정 방향으로 운동을 하다가 진행 방향을 반대로 바꾸어 움직이는 역행 운동을 하기 때문이다. 아카데메이아에서 플라톤은 천문학에서 불규칙적인 현상 뒤에 숨어 있는 규칙성을 찾는 연구 프로그램을 이끌었다. 플라톤의 영향으로 고대의 천문학자들은 겉보기에 불규칙적인 행성운동을 규칙적인 순환운동, 즉 등속원운동의 결합으로 이해하려고 노력했다.

플라톤의 아카데메이아에서 수학했던 에우독소스(Eudoxos of Cnidus, *fl. ca.* 365 B.C.)는 하나의 행성 운동을 지구를 중심으로 다양하게 회전하는 중첩된 천구로 설명하는 동심천구론을 창안해 냈다. 애초에 에우독소스가 발전시킨 동심천구론은 태양, 달, 행성의 운동을 설명하기 위해 27개의 천구를 사용했지만, 시대를 거치면서 천구의 수는 점점 늘어났다. 에우독소스가 활동한 지 한 세대 뒤에 동심천구론을 더욱 발전시켰던 시지쿠스의 칼리포스(Callippus of Cyzucus, *fl. ca.* 330, B.C.)는 동심천구를 35개로 늘렸고, 아리스토텔레스에 이르면 행성의 동심천구의 수는 55개까지 늘어난다. 행성의 운동을 설명하기 위한 동심천구가 점점 많아지고 복잡해지자 수학적인 측면과 물리적인 측면을 연결시키기가 더욱 힘들어졌을 뿐 아니라, 개별 행성의 운행에 대한 세부적인 계산 과정에서도 많은 문제점이 나타나기 시작했다.

첫째, 천구의 궤도가 실제로는 원이 아니라는 데 문제가 있었다. 이것을 극복하고 가능한 범위 내에서 현상을 원운동으로 구제하기 위해 고대 천문학자들은 주전원 혹은 소원(epicycle)을 도입했다. 둘째, 천체운동이 실제로는 등속이 아니라 속도가 변화한다는 문제가 있었다. 이것을 극복하기 위해서 그들은 천체가 지구 중심이 아니라 약간 벗어난 이심점(eccentric point) 주위를 돈다고 가정했다. 프톨레마이오스(Claudius Ptolemaios, 100?~170? A.D.)는 실제 천문 관측과 행성의 이론을 조화시키기 위해 주전원과 이심점 이외에 대심점(equant point)을 설정하는 세 번째 방법을 추가하였다. 이 대심점은 원의 중심인 이심점에서 지구와 반대쪽에 같은 거리로 떨어져 있는 곳으로, 행성은 이 점에서 관측될 때 일정한 시간에 일정한 각도를 지나게 된다.

이런 해결책들이 보여주는 두드러진 특징은 고대의 천문학자들이 플라톤의 가르침에 따라 계속 원운동과 등속운동을 고집했다는 것이다. 아리스토텔레스에게 천구는 플라톤과 같이 관념적이거나 계산을 위한 방편이 아니라 실제로 존재하는 물리적 실체였다. 하지만 플라톤의 영향을 받은 고대의 천문학자들은 천문학에서 행성운동에 대한 물리적 설명보다는 '현상을 구제하기 위해'(to save the phenomena) 행성 운동에 대한 수학적 모형에 더욱 충실했다.

헬레니즘시대에는 이론 천문학뿐만이 아니라 관측 천문학도 높은 수준으로 발전했다. 히파르코스(Hipparchos, 190?~120 B.C.)는 바빌로니아로부터 오랜 세월에 걸쳐 관측된 자료들을 총정리하고 새로운 관측 자료를 추가하여 기원전 129년에 850여 개의 별에 대한 체계적인 카탈로그를 완성시켰다. 무엇보다도 그는 '분점의 세차'(precession of the equinoxes)를 처음으로 발견했는데, 이 세차의 발견으로 그는 1년의 길이를 현재 값과 $6\frac{1}{2}$분만 차이가 나는 정도로 아주 정확하게 측정할 수 있었다. 히파르코스는 천문학에서 사용하는 기하학적 모형에서 계산된 수치를 실제 관측 자료와 일치시키기 위해 노력했다. 이런 그의 노력은 수학적 모형에만 치중해 있었던 그리스 천문학의 모습에 커다란 변화를 주었다.

히파르코스가 활동한 지 300년이 지난 뒤 프톨레마이오스는 히파르코스의 정확한 관측 자료와 천문관측 기술, 그리고 그리스의 전통적인 이론 천문학을 결합시켜 고대 천문학을 집대성했다. 프톨레마이오스의 수학적인 천체 모형은 거의 모든 행성에 적용될 수 있었으며, 특히 행성의 위치를 예측하는 데 매우 탁월했다. 그는 자신의 수학적 모형을 담은 천문학 책을 『수학 집대성』(*He mathematike syntaxis*)이라는 이름으로 펴냈다. 책의 제목에서 알 수 있듯이 프톨레마이오스는 천체 운동의 원인이나 물리적 본성에 대한 사색보다는 행성의 위치를 성공적으로 예측할 수 있는 수학적 방법을 더욱 중시했다. 9세기에 아랍의 천문학자들은 프톨레마이오스의 책을 번역하면서 위대하다는 의미의 그리스어인 메기스테(Megiste)를 차용해 책의 이름을 『알마게스트』(*Almagest*)라고 불렀다. 아랍을 거쳐 중세 유럽으로 소개된 『알마게스트』(*Almagest*)은 코페르니쿠스 변혁 이전까지 중세를 통해 가장 권위 있는 천문학 책으로 남게 되었다. 프톨레마이오스는 천문학 및 수학 분야의 업적 이외에도 점성술의 대표적인 저서인 『테트라비블로스』(*Tetrabiblos*)를 저술했고, 지리학, 입체투영법(*streographic projection*), 광학, 화성학, 역학 분야에도 많은 업적을 남겼다.

헬레니즘시대의 의학

기원전 3세기 헬레니즘시대에 이르러 알렉산드리아에서 인체해부가 시작됐으며, 이에 따라 인체에 대한 해부학적 지식도 풍부해졌다. 인체해부학자이며 생리학자였던 칼케돈의 헤로필로스(Herophilos, 325?~255 B.C.)는 뇌와 신경계통에 대한 해부학적 지식을 가지고 있었으며, 내장기관, 심장의 밸브, 동맥의 맥박 등에 대해서도 연구했다. 키오스의 에라시스트라토스(Erasistratos, *fl. ca.* 250 B.C.)는 헤로필로스가 이루어 낸 뇌와 심장의 구조에 대한 연구를 더욱 발전시켰으며, 소화, 호흡, 관상체계로서 인체생리학적 현상과 질병의 원인을 설명했다.

이들의 의학적 업적은 갈레노스(Galenos, 129?~216? A.D.)에 의해 집대성되어 고대의학의 완성을 이루었다. 갈레노스는 헤로필로스, 에라시스트라토스의 해부학적 · 생리학적인 지식과 아리스토텔레스의 동물해부학적 지식, 히포크라테스의 의학철학, 그 외에 플라톤과 스토아학파의 지식과 헬레니즘시대의 의학철학 논의 등을 결합시켜서 인체에 관한 종합적인 체계를 세웠다. 갈레노스는 의학과 생물과학 분야에서 이론과 실제를 모두 다루는 약 150여 편의 저술을 남겼다. 그는 성공적인 의학시술을 위해서는 개별기관의 구조와 기능에 관한 해부학적 지식이 필수적이라고 생각했다.

갈레노스는 인체를 간이 중심이 되는 소화기관, 심장과 폐가 중심이 되는 호흡기관, 뇌가 중심이 되는 신경기관이라는 세 가지 기능체계로 설명했다. 간과 정맥의 계에서 소화에 의해 영양분을 흡수하고 피를 몸 전체로 운반한다. 심장은 인체에 생명력, 열, 기운 등을 동맥을 통해 공급하며 폐는 호흡에 의해 심장의 열을 식힌다. 갈레노스 체계에서 정맥과 동맥은 전혀 다른 역할을 하는 별개의 계이다. 뇌와 신경은 사고를 가능하게 하는 영혼의 액체를 분비하여 정신활동을 가능하게 한다. 갈레노스는 이 기능감각에 해당하는 세 종류의 정령(spirit)을 가정했다. 소화에 의한 영양분은 '자연의 정령'(natural spirit), 호흡에 의한 생명력은 '생명의 정령'(vital spirit), 그리고 정신활동은 '영혼의 정령'(animal spirit)에 의한 것이다. 갈레노스가 구분한 소화기관, 호흡기관, 신경기관 등으로 구성되는 해부학적 지식은 근대 해부학의 창시자인 베살리우스(Andreas Vesalius, 1514~1564)에게도 커다란 영향을 미쳤다.

알렉산드리아 지적 전통의 쇠퇴와 히파티아

알렉산드리아에서의 지적인 기반 시설은 3세기부터 점차 황폐화해 갔다. 269년 시리아 지방에 있던 고대 도시 팔미라(Palmyra) 제국의 여왕 제노비아(Zenobia, 240~275)는 이집트를 점령했다. 270년~275년 사이에 아우렐리우스 황제가 폭동을 제압하고 도시를 재탈환하기 위해 제노비아 여왕과 전쟁을 벌이는 와중에 도시의 대부분이 파괴되었고, 이 때 무세이온 건물도 심하게 파손된 것으로 여겨진다.

415년 알렉산드리아에서 발생한 기독교도들의 폭동으로 무세이온은 더욱 심각한 피해를 입었다. 이 폭동의 직접적인 피해자가 바로 인류 역사상 최초의 여성 수학자로 기록되어 있는 히파티아(Hypatia, 370?~415)였다. 히파티아는 알렉산드리아의 수학자이자 천문학자인 테온(Theon, 335?~405?)의 딸이었다. 히파티아의 아버지는 자신의 딸을 완전한 인간으로 만들기 위해 딸에게 수학과 천문학을 가르쳤다. 그녀는 아버지를 도와 프톨레마이오스의 알마게스트에 관한 논문을 작성했으며, 에우클레이데스의 기하학 원론에 대한 개정 작업을 했다. 이외에도 알렉산드리아의 디오판토스(Diophantos, 201/215~285/299)의 산학과 아폴로니오스의 원추곡선론에 관한 책도 집필했다고 알려지고 있지만, 그 어느 것도 현재까지 남아 있지 않다. 자료 부족으로 단언하기는 힘들지만 그녀는 400년 경 알렉산드리아에서 활동하던 대표적인 신플라톤주의 학자였던 것으로 추정된다.

410년 프톨레마이오스 주교가 되는 시레네의 시네시오스(Synesios, 373?~414)를 비롯한 몇몇 기독교인들과 친교를 가졌음에도 불구하고 히파티아의 신플라톤주의 철학과 자유분방한 그녀의 행실은 당시 알렉산드리아의 기독교도들에게 이교도적인 것으로 간주되었다. 412년 알렉산드리아의 주교가 된 키릴로스(Cyril of Alexandria, 376?~444)는 당시 알렉산드리아의 통치자였던 오레스테스(Orestes, *fl.* 415)와 정치적으로 대립하고 있었다. 히파티아는 개인적으로 오레스테스와 친했기 때문에 그녀에 대한 기독교인들의 반감은 더욱더 악화될 수밖에 없었다. 키릴로스 주교는 그리스도교 내부에서 이단에 대해 매우 단호한 입장을 취했으며, 이교도의 학문으로부터 기독교의 정통성을 수호하려고 애쓴 사람이었다. 그는 431년 에페수스 공의회에서 네스토리우스파를 이단으로 심판할 때 공격에 나선 핵심 인물이 된다.

키릴로스의 묵인 아래 흥분한 기독교 폭도들은 415년 무세이온의 관장이었던 히파티아를 잔혹하게 살해했다. 이 과정에서 알렉산드리아 도서관에 있는 수많은 책들이 불태워졌으며, 무세이온에서의 과학 활동도 커다란 타격을 입은 것으로 추정된다. 헬레니즘의 지적 활동은 6세기까지도 명맥이 이어진 것으로 여겨지지만, 642년 이슬람 세력이 알렉산드리아를 점령하면서 그나마 알렉산드리아에 남아 있던 도서들마저 모두 목욕탕에서 물을 데우는 불쏘시개와 연료로 태워버려 알렉산드리아에서의 지적 활동은 종말을 고했다.

로마의 과학

그리스가 역사의 무대에서 사라지면서 지중해 지역에서는 로마가 새로 흥기했다. 하지만 로마 사람들은 과학의 발전에 크게 기여하지는 못했다. 그들은 과학 대신 법률, 정치조직, 도로 · 교량 · 수로 건설, 전쟁무기 제작, 건축 및 광산 등 실제적인 일에 능통했다. 로마인들은 돌을 이용한 아치 건축에 능숙했으며, 특히 시멘트를 건축 접합제로 발명하여 건축기술을 크게 향상시켰다. 로마의 건축가들은 건축뿐만 아니라 물시계, 기중기, 전쟁무기 및 다른 여러 기술적 장비도 제작하였다.

건축가 비트루비우스(Vitruvius, 75?~26? B.C.)는 『건축에 관해서』(*De architechura*)에서 고대 건축가들이 해야 할 다양한 임무를 서술하고 있다. 그는 이 책을 쓰면서 부분적으로 자신의 경험에 의존하기는 했지만, 주로 그리스 원전을 기초로 저술했다. 비트루비우스의 책은 당시 건축기술의 문제를 완전히 해결하지는 못해서 제정시대 건축기술에는 별다른 영향을 미치지 못했다. 하지만 그의 책은 중세와 르네상스 시대에 다시 발굴되어 중세 및 근대 기술발전에 커다란 영향을 미치게 된다.

로마가 그리스를 정복한 결과 기원전 1~2세기에 로마의 상류층 사람들은 그리스 문화에 접하게 되었는데, 이 때 로마에서는 그리스 학문을 개괄적으로 소개하는 개요서 전통이 확립되었고, 그리스 저술들은 로마인의 흥미와 취향에 따라 변형되었다. 즉 로마인들은 그리스 학문에 대한 백과사전적인 지식에 만족했는데, 이런 백과사전의 전통은 기원전 1세기에 바로(Marcus Terrentius Varro, 116~27 B.C.)로부터 시작되었다.

백과사전적 전통에 있어서 초기의 중요한 두 대표자는 세네카(Lucius Annaeus Seneca, 4? B.C.~65 A.D.)와 대(大) 플리니우스(Caius Plinius Secundus, 23~79 A.D.)였다. 세네카는 저서 『자연의 질문들』(*Naturales Quaestiones*)에서 아리스토텔레스의 『기상학』(*Meteorologica*)의 방식에 따라 지리학과 무지개 · 천둥 · 번개 등과 같은 기상학적 현상들을 다루었다. 플리니우스는 로마 출신 저자 146명과 그리스 출신 326명이 쓴 2,000권의 책을 검토해서 37권으로 된 『자연사』(*Natural History*)라는 방대한 책을 집필했다. 그의 자연사에 관한 저술은 인간, 우주, 동식물, 광물, 동식물의 약효 등 방대한 분야를 다루었지만, 전반적으로 그리스 이론 과학에 대한 이해의 부족으로 혼동과 불일치가 존재했고, 그리스 철학에 대한 오해도 많았다.

스토아학파와 에피쿠로스학파의 자연관

헬레니즘시대와 로마시대를 대표하는 철학은 에피쿠로스학파와 스토아학파를 들 수 있는데, 이들 모두는 자연의 문제보다는 윤리적 · 종교적인 면에 치중했으며, 윤리적인 동기에서 자연에 관심을 가졌다. 이들은 윤리적인 면에서 서로 대조를 보였고, 자연에 대한 태도에 있어서도 서로 상이한 모습을 보였다. 우선 키케로(Marcus Tullius Cicero, 106~43 B.C.)와 같은 로마의 스토아 사상가들은 마음의 평정을 얻기 위해 과학을 연구했는데, 모든 것에는 유기체적인 프네우마(pneuma)라는 것이 존재해서 성질, 생명, 영혼 등이 있도록 한다고 생각했다. 또한 로마의 스토아 사상가들은 연속체적 자연관을 주장하여 진공을 부정했으며, 결정론적이며 목적론적인 자연관을 가졌다.

절제와 평정을 강조했던 스토아학파와는 달리 쾌락주의를 주장했던 에피쿠로스학파는 자연관에 있어서도 스토아학파와 다른 모습을 보였다. 우선 에피쿠로스학파는 고대 원자론에서 자연철학을 빌려와 기계론적 자연관을 발전시켰는데, 그 대표적인 것으로는 루크레티우스(Titus Lucretius Garus, 95?~55? B.C.)의 원자론에 관한 저작인 『사물의 본질에 관해서』(*De rerum natura*, 56 B.C.)가 있다. 원자론의 영향을 받은 에피쿠로스학파는 우주의 무한성과 영원성을 주장했으며, 스토아학파와는 달리 진공을 인정했다. 또한 그들은 인과성이 인간의 자유의지의 가능성을 제한한다고 생각하여, 인과율을 거부하고 비결정론적인 자연관을 채택했다.

2 고대과학의 쇠퇴

로마의 과학도 제국 말기에 접어들면서 점차로 쇠퇴하기 시작했다. 로마에서 과학이 쇠퇴한 원인으로는 우선 로마제국 말기의 정치적 · 사회적 불안정을 들 수 있다. 이미 디오클레티안(Gaius Aurelius Diocletian, 285~305 A.D.) 황제 치세 때 이후 수세기 동안의 정치적 불안정은 로마제국의 동서분할을 가져왔고, 기원후 395년 테오도시우스 황제의 죽음 이후에 그 분할은 돌이킬 수 없는 것이 되었다. 기원후 5세기를 통해서 서로마는 게르만족의 침입에 희생물이 되었고, 500년에는 제국의 상당부분이 게르만족의 지배 아래 놓이게 되었다.

둘째, 게르만 용병에 의해서 서로마제국이 멸망함으로써 강력한 중앙정부의 붕괴와 함께 제국 초창기부터 몇 세기 동안 잘 성장했던 도시생활이 소멸되었다. 이에 따라 도시와 도시문화가 쇠퇴하면서 지적인 생활이 타격을 받게 되었다. 적당한 정치적 안정, 도시문화, 그리고 개인적 후원 등은 과학의 발전에 필수적이거나 적어도 도움이 되는데, 로마제국 말기에서부터 이런 구조가 붕괴되면서 과학의 침체를 가져온 것이다.

셋째, 기독교가 유입된 이후 과학이 기독교 교리를 합리화하는 데 이용됨으로써 과학은 아주 신비적이고 종교적인 색채가 강하게 되었다. 당시 사회의 각계각층의 사람들은 정치적 · 경제적 압박이 커지면서 동방에서 들어온 신비적인 종교들에 귀의하게 되었고, 기독교와 신비주의 종교 교리들은 로마의 발전된 도로망을 통해 전 제국으로 퍼져 나갔다. 이런 신비적인 경향은 그노시스(Gnosis)파, 기독교뿐만이 아니라 로마제국 말기에 나타난 다양한 숭배신앙에 공유된 것이었다. 심지어는 교양계급의 신플라톤주의자 혹은 신피타고라스주의자들까지 이런 분위기에 편승해서 기존의 학문이 더욱 신비화되었고, 결국은 과학의 발전에 저해를 주었다.

넷째, 기독교가 로마제국의 국교로 공인된 이후 이단들에 대한 박해가 심했다. 당시 많은 지식인들이 네스토리우스(Nestorius)파였는데, 잦은 종교박해로 네스토리우스파 사람들을 비롯한 많은 과학 분야 지식인들이 페르시아, 시리아로 집단 이주했다. 이리하여 아리스토텔레스 체계에 기초한 많은 과학 분야들의 연구전통이 단절되었으며, 이것은 급기야 고대과학의 쇠퇴로까지 이어지게 되었던 것이다.

04

아랍의 과학

로마제국이 쇠퇴하고 과학에 대한 관심이 결여되면서 그리스 과학의 대부분이 없어지고 그 일부만 남게 되었으며, 이에 따라 그리스 과학의 전통은 유럽세계에서 사라지게 된다. 또한 500년경이 되면서 그리스어를 아는 사람이 드물어졌고, 전문적인 과학지식은 더욱 찾아보기 힘들게 되었다. 이 시기에는 보에티우스(Anicius Manlius Severinus Boethius, 470/475~524), 세비아의 이시도루스(Isidore of Seville, 560?~636), 베다(Bede or Beda, 672/673~735) 등 몇몇의 학자들만이 그리스 학문을 백과사전적으로 보존해서 그나마 학문의 명맥을 유지했다. 중세 초에 라틴 유럽에 남은 것은 플라톤의 자연철학 가운데 우주론 일부와 아리스토텔레스의 논리학의 일부분이었으며, 그 외의 아리스토텔레스의 대부분 저작들과 그리스 수학, 플라톤의 형이상학 등은 서유럽 라틴세계에서 사라지게 되었다. 이리하여 중세 서구 유럽에는 이른바 과학과 학문의 발전이 거의 없는 암흑기가 도래하게 된다.

아랍 과학의 기원

그렇다면 코페르니쿠스와 갈릴레오가 활동하던 16, 7세기 직전에 서구 유럽에서 그렇게도 융성했던 아리스토텔레스 학문은 어떻게 해서 다시 유럽의 역사무대에 등장하게 되었던 것일까? 이 시기를 연결해 준 것이 바로 아랍지역의 과학이었다. 즉 그리스 과학은 알렉산드리아와 아랍 등으로 전파되어 지속 · 보존 · 발전되다가 12,3세기에 다시 유럽으로 전해졌던 것이다.

아랍지역에서는 이미 알렉산드로스 대왕의 정복으로 그리스 문화가 전파되기 시작했다. 하지만 정복과 식민화만이 그리스 학문을 이 지방에 전파하는 요소로 작용한 것은 아니었다. 일찍부터 기독교도들이 박해를 피해 시리아지역으로 집단으로 이주했었는데, 이들은 이 지역에 그리스 학문을 전파하는 데 커다란 역할을 했다. 즉 그리스도의 신성보다 인성을 더욱 강조한 네스토리우스파와 그리스도의 인성과 신성의 단일성을 주장한 그리스도 단성론자(Monophysite)들은 431년 에페수스(Ephesus) 공의회와 451년 칼케돈(Chalcedon) 공의회에서 이단으로 결정됐는데, 이 가운데서 네스토리우스파의 지도자들은 당시 비잔틴제국의 동쪽 시리아의 에데사(Edessa)로 이주해서 학교를 설립했다. 489년 에데사의 학교는 비잔틴 황제에 의해 폐쇄되었고, 네스토리우스파 학자들은 수많은 그리스 문헌을 가지고 시리아를 넘어 페르시아 접경의 니시비스(Nisibis)로 집단이주하여 그곳에 네스토리우스파의 고등교육기관을 설립했다.

529년 비잔틴 제국의 유스티아누스 황제는 5세기에 신플라톤주의자들이 재건했던 아테네의 아카데메이아를 비롯한 여러 학교들을 폐쇄시켰다. 사산조페르시아의 코스라우 1세(Khosrau I, 501~579; 재위 531~579)는 531년경 아테네에서 추방된 이교도 철학자들을 받아들여 군디샤푸르(Gundeshapur)를 중심으로 해서 의학, 천문학, 수학 등의 과학 분야를 발전시켰다. 코스라우 1세는 비잔틴에서 유입된 학자들에게 그리스, 시리아, 산스크리트 문헌들을 팔레비(Pahlavi) 문자로 번역시켰다. 망명 학자들은 의학, 천문학, 철학, 기술 등에 관련된 다양한 문헌들을 번역했다. 군디샤푸르가 그리스 학문이 아랍지역에 전파되는 데 핵심 역할을 했다는 것에 대해 그 구체적인 증거가 부족하고 과장되었다는 견해도 있지만, 에데사, 니시비스, 군디샤푸르 등 다양한 지역을 통해 그리스 학문이 아랍으로 전파될 수 있는 기반이 조성되었다는 것은 분명하다.

본래 아랍인들은 유목 혹은 반농, 반유목을 하는 작은 부족이었다. 그러다가

622년 예언자 무하마드(Muhammad, 570?~632)가 이슬람교를 창시하였다. 무하마드는 무슬림들에게 유일신 알라를 믿고, 기도 · 금식 · 자선이라는 세 가지 과제를 진지하게 받아들여야 하며 무슬림들끼리 하나의 공동체로 성장하여야 한다고 가르쳤다.

무하마드의 신앙을 따르는 추종자들은 무하마드가 죽기 직전인 632년 아라비아반도를 통일했다. 그 뒤 이슬람 세력은 661년까지 시리아, 팔레스타인, 페르시아, 이집트로 제국의 영역을 넓혔고, 750년까지는 북아프리카 지중해 전역과 스페인 일부, 그리고 중국 · 인도의 국경까지 지배하게 된다. 이리하여 750년에서 1085년경까지 아시아, 아프리카, 유럽의 세 대륙에 걸쳐서 이슬람 문화가 발전하게 된다.

이슬람교는 본래 무하마드가 기브리엘 천사에게 계시를 받은 것을 기록한 코란, 혹은 쿠란(al-Quran)에 바탕을 두고 유일한 전지전능한 신을 믿는 배타적인 종교였다. 하지만 코란은 아브라함, 모세, 예수를 높이 평가하고 초기 예언자로서 존경할 만한 지위를 부여했다. 또한 이슬람 세력이 성장하고 정복활동이 활발해지면서 외래 종교 및 사상에 대해서 매우 관용적으로 되어 갔다. 무슬림 통치자들은 선진 문명을 동화하고 받아들임으로써 거대한 제국을 건설했다. 기독교인과 유대인 등 이교도들도 적당한 세금만 납부하면 개종하지 않아도 되었고, 병역의 의무에서도 면제되었다. 이슬람 세력이 대제국을 경영하면서 포용성과 개방성을 보이면서 이슬람지역에 과학이 발전할 수 있는 조건도 마련되었다.

2 이슬람 과학의 발전 : 번역, 실용주의, 주변부 과학

초기 이슬람 과학에서 번역작업은 아주 중요한 역할을 했다. 즉 처음에는 아람어의 방언인 고대 시리아어에서 아랍어로 번역되었다가 나중에는 그리스어를 직접 아랍어로 번역하게 된다. 9세기에 이르러 이슬람 과학자들은 아랍어 번역을 통해 그리스, 인도, 페르시아, 바빌로니아의 철학과 과학 사상을 흡수했다. 이런 다양한 문화를 동화하고 체계화하여 통합된 지식 체계를 만들어 나갔다.

특히 아바시드 왕조의 제7대 칼리프 알 마문(Al-Māmun, 786~833; 재위 813~833)은 828년 바그다드에 '지혜의 집'(Bayt al-Hikmah)을 설립하고 그리스 과학문헌을 체계적으로 번역했다. 이 '지혜의 집'의 책임자는 네스토리우스파 기독교도이며 아랍인인 후나인 이븐 이스하크(Hunayn ibn Ishaq, 808~873)였는데, 그는 그리스 문헌을 찾기 위해서 비잔티움을 탐사하는 등 초창기 그리스 과학문헌의 번역에 중요한 역할을 하게 된다. 후나인의 초기 번역작업은 주로 공동작업의 형태로 이루어졌다. 예를 들어 후나인이 그리스어를 시리아어로 번역한 뒤 그의 조카들이 그것을 다시 아랍어로 번역한 것으로 추정된다. 당시에는 그리스어에 대응하는 아랍어나 시리아어 단어가 없는 경우가 많았기 때문에, 단어 대 단어 식의 기계적인 직역보다는 후나인이 그리스어 원전의 문장 전체의 의미를 파악한 다음 그것을 대등한 의미의 아랍어나 시리아어로 번역했다.

8세기에 중국에서 종이 제조 기술이 도입되어 종이가 대량 생산되고 이에 따라 책의 가격이 저렴해지면서 도서 출판 활동이 더욱 활발하게 진행되었다. 이슬람 문명권의 대다수 도시들에는 수백 개의 도서관이 있었고, 도서관마다 수십만 권의 책을 소장하고 있었던 것으로 추정된다. 이것은 중세 유럽의 도서관들이 수백 권에서 수천 권 정도의 책을 소장하고 있었다는 것과 비교해 볼 때 놀라운 수준이 아닐 수 없다.

이슬람 세계에서는 농업 생산력이 획기적으로 향상되어 도시 문화와 과학이 발전하는 토대를 닦았다. 이슬람 농민들은 쌀, 사탕수수, 목화, 감귤 등 새로운 작물들을 도입하고 새로운 관개시스템을 마련하여 농업혁명을 이루어 나갔다. 농업 생산력이 획기적으로 증대됨에 따라 인구증가와 도시화, 정치적 중앙집권화, 과학과 문학을 비롯한 고급 지식에 대한 후원 체계의 확립 등이 가능하게 되었다.

이슬람 지식인들은 그리스 과학을 섭렵함에 있어서 이슬람교의 종교적인 이데올로기나 문화적 취향에 따라 선택한 것이 아니라 주로 실용적인 목적에 따라 수용했다. 의학은 이슬람 후원자들이 가장 먼저 관심을 가진 분야로 아주 초기부터 번역 사업이 진행되었다. 갈레노스의 의학체계는 논리학과 자연철학적 지식을 요구했기 때문에 이슬람 번역가들은 이 과정에서 플라톤과 아리스토텔레스 철학을 비롯해서 그리스 사상 전반에 대한 이해를 넓힐 수 있었다.

그리스 학문을 실용적인 측면에서 수용한 태도는 천문학, 점성술, 수학, 연금술, 자연사 분야의 수용에도 똑같이 영향을 미쳤다. 이슬람교에 바탕을 둔 전통 학문분야는 주로 신의 권위를 빌려 전파될 수 있었던 데에 반해서, 그리스 학문은 전통적인 권위나 신의 권위가 아닌 인간의 이성에 의존해서 전파되어야 했다. 또한 무슬림 지식인들의 주요 활동무대는 문법, 시가, 역사, 신학, 법학 등과 같은 전통적인 학문분야였고, 그리스 학문을 포함한 과학은 이슬람 문화와는 완전히 결합되지 못했으며, 단지 주변부에서만 살아남을 수 있었다. 비록 외래 학문 분야였던 그리스 과학은 이슬람의 전통 분야를 정복할 수는 없었을지라도 그들 분야에 시녀로 봉사함으로써 부분적으로 평화적인 관계를 유지할 수 있었다.

한편, 이슬람 지역에서 발선한 학파들은 서방의 학파들과는 달리 구조적인 통일성이 결여되어 있었기 때문에 개별 학자들은 비교적 자유롭게 자신의 전문 학문분야를 지속해 나갈 수 있었다. 이러한 제한적 자유는 학문의 다양성을 보장해 주고 그리스 철학과 과학이 퍼져 나갈 수 있는 여지는 주었지만, 동시에 이슬람 학자들이 이런 외래 과학 분야를 체계적으로 가르칠 교과과정을 개발하지 않은 요인으로도 작용했다.

2 아랍의 의학, 천문학, 대수학

이슬람 과학은 주로 그리스 과학을 번역 · 수용하여 그 근간을 삼고 주변의 다른 지역의 문화를 통합적으로 흡수하여 각 분야별로 나름대로의 독자적인 발전을 이룩했다. 우선 아랍에서는 네스토리우스파 의사들에 의해서 갈레노스의 의학체계가 전파되었고, 비잔틴에서 발달한 병원과 학교도 설립되었다.

페르시아의 도시 레이에서 태어난 아르라지 혹은 알라지(Ar-Razi or Al-Razi, 865?~925?)는 연금술사이며 의사였다. 그는 『종합서』(*Kitab al-hawi*)를 비롯해서 수많은 의학 관련 저서를 집필했으며 의화학, 조건반사이론, 소아질병, 홍역과 천연두 등 시대를 앞서간 수많은 의학적 발견을 했다. 또한 중앙아시아의 부하라에서 태어난 이븐 시나(Ibn Sina, 980~1037) 역시 이슬람 제국의 대표적인 의사였다. 라틴 이름으로 아비케나(Avicenna)로 불리던 그는 라틴 유럽에서 가장 영향력이 있었던 아랍 의사였고, 『의학정전』(*al-Qanun fi at-tibb*)이라는 수준 높은 의학서를 출판했다. 5권으로 되어 있는 『의학정전』은 아리스토텔레스의 영향을 받아 고도로 철학적인 스타일의 책이었지만, 건강과 질병의 문제에 있어서는 많은 실제적인 문제를 다루고 있다.

9세기에 바그다드에서 활동한 알킨디(Al-Kindī?, 801?~873)는 종교, 정치, 과학을 망라하는 사상 체계를 발전시킴으로써 신앙과 이성을 연결한 철학자였다. 그는 물리학, 수학, 광학, 음악, 기상학, 우주론 등 다양한 분야에서 통합적인 재능을 보인 인물이었다.

아랍 세계는 처음에는 힌두 천문학의 영향을 받았지만, 곧 프톨레마이오스 저작이 번역되면서 프톨레마이오스 천문학이 세련되게 발전했다. 우선 아랍에서는 천문관측대와 관측기기가 발전했다. 기원전 2세기경 그리스인이 발명한 것으로 추정되는 천체관측기구 아스트롤라베는 이슬람에서 그 기능이 현저하게 향상되어 다양한 천문학적 문제를 풀고 계산을 하는 데 혁신적인 기여를 했다. 아스트롤라베를 간단히 개조한 사분의(四分儀)는 11~12세기 이집트에서 발전된 것으로 특정한 위도상에서 구형 천체의 기본적인 문제를 해결하는 데 도움을 주었다.

이슬람 최대의 천문학자로 평가되는 알바타니(Al-Battani, 858?~929)는 프톨레마이오스 천문학을 구면삼각법과 같은 기하학적 방법으로 개량·보완해서 태양과 달의 운동을 체계적으로 연구하여, 1년과 사계절의 길이를 정확하게 측정했다. 아랍에서는 메카의 정확한 방향과 기도시간을 천문학적으로 정하는 것이 무척 중요한 일이었으며, 아랍의 지배계급은 미래를 예측하는 점성술에 대해 많은 관심을 가지고 있었기 때문에, 천문학은 이런 실용적인 배경하에서 발전했다. 한편, 12세기에 이르러서는 스페인 지역을 중심으로 물리적인 의미를 지닌 아리스토텔레스 전통의 동심천구 개념과 수학적으로 편향된 프톨레마이오스 체계 사이에 논쟁이 벌어지기도 했다.

아랍의 수학도 아주 실용적인 성격으로 발전했다. 예를 들어 아랍인들은 그리스인들과는 달리 무리수의 존재에 대해서 심각하게 생각하지 않았으며, 무리수의 값을 정확하게 계산하는 데에만 관심이 있었다. 이런 면은 아랍에서 대수학(Algebra)이 발전하게 된 데에서 잘 드러난다. 대수학은 기하학과는 달리 문제의 증명보다는 해를 푸는 데 주안점을 두었으며, 그리스에서 발전한 기하학보다 실용적인 측면이 강한 학문이었다. 대수학의 어원은 알화리즈미(Al-Khwarizmi, 780?~850?)의 『적분과 방정식의 책』(*Kitab al-jabr wa al-muqabalah*)에서 나왔는데, 여기에 있는 'al-jabr'란 뜻은 마이너스(−)를 이항해서 플러스(+)로 만드는 방법을 말한다. 또한 이슬람 수학자들은 인도로부터 영(0)의 개념을 들여와 아라비아숫자를 정립하였다. 아라비아숫자는 자릿값 체계를 이용할 수 있었고, 이에 따라 수의 계산이 아주 용이해졌다.

연금술의 발전

연금술(alchemy)은 아랍에서 그 어느 곳보다도 획기적으로 발전했다. 서양의 연금술은 고대 이집트에 그 기원을 가지고 있으며, 헬레니즘시대에 들어와서 알렉산드리아를 중심으로 본격적인 연금술사들이 등장하기 시작했다. 이 시기에 연금술은 그노시스교(Gnostics)를 위시한 신비주의 사상과 결합되면서 광범위하게 전파되었다. 이런 신비주의적 전통을 지닌 연금술은 아랍으로 건너오면서 역시 이슬람 신비주의인 수피즘(Sufism)과 결합되면서 발전하게 된다. 수피즘은 예배, 명상, 노래와 낭송, 주문, 의식무를 통해 신과 직접 의사소통을 할 수 있다고 믿는 신비주의의 한 형태였다. 연금술(alchemy)이라는 어휘 자체가 아랍어의 기원을 갖고 있으며 알칼리, 알코올, 나프타, 나트륨 등 연금술을 통해서 발견된 수많은 화학적 물질들의 이름이 아랍어에 그 기원을 가지고 있다.

한편, 연금술의 이론적 근거는 아리스토텔레스의 4원소이론에 바탕을 두고 있다. 아리스토텔레스가 성질이 없는 근본물질, 즉 제1질료(prima materia) 속에 뜨거움(hot), 차가움(cold), 습함(wet), 건조함(dry)이 서로 쌍을 이루어 안으로 들어가 원소가 만들어진다고 주장했기 때문에 이슬람의 연금술사들은 납과 같은 물질에서 고유의 성질을 제거하고 금의 성질을 집어넣는 것이 가능하다고 믿었다. 9세기에 와서 아랍 연금술의 아버지로 일컬어지는 자비르 이븐 하이얀(Jabir ibn Hayyan, 721?~815?)은 아리스토텔레스의 물질이론을 더욱 발전시켜 새로운 황-수은설을 제창했다. 14세기 스페인의 연금술사들은 그의 이름에서 'Jabir'를 라틴명으로 'Geber'라고 불렀다. 자비르 이븐 하이얀이 정립한 황-수은설은 이슬람과 유럽 연금술의 기본원리로 발전했으며, 18세기 화학혁명 직전에 풍미했던 플로기스톤이론에 이르기까지 오랫동안 화학의 주요 이론으로 자리를 잡았다.

연금술에서는 아리스토텔레스의 물질이론이나 황-수은설을 이용하는 한편, 물리 · 화학적 조작을 가하기도 했으며, 기도 혹은 주술도 활용하는 등 헬레니즘 시대 이래로 강하게 풍미했던 신비적 자연관이 깔려 있었다. 또한 연금술사들은 점성술사들처럼 대우주와 소우주가 서로 연결되었다고 믿었기 때문에 자신들이 다루고 있는 중요한 물질들을—금(태양), 은(달), 철(화성), 납(토성), 주석(목성), 구리(금성), 수은(수성)—각각의 별자리와 연관시켰다.

연금술은 현자의 돌을 찾는 신비주의적인 분위기 속에서 발전했음에도 불구하고 그 추구하는 과정에서 과학사상 많은 공헌이 이루어졌다. 즉 연금술의 목적을 달성하기 위해 화학적 방법이나 시약이 사용되었으며, 천평(천칭)과 화학적 조작이 활용되면서 새로운 화학물질도 많이 발견됐다. 연금술이 과학사에서 한 역할은 프랜시스 베이컨의 평가에서 비유적으로 가장 잘 나타나고 있다. "연금술은 아마도 아들에게 자신의 포도원 어딘가에 금을 묻어두었노라고 이야기하는 사람에 비유될 수 있을 것이다. 아들은 땅을 파서 금을 발견하지는 못했지만, 포도뿌리를 덮고 있던 흙무더기를 헤쳐 놓아 풍성한 포도수확을 거둘 수 있었던 것이다. 금을 만들고자 노력했던 사람들은 여러 가지 유용한 발명과 유익한 실험들을 가져다주었다."

아랍의 광학

아랍에서는 무엇보다도 광학이 비약적인 발전을 했다. 그 이유는 사막지대에는 신기루를 비롯한 광학현상이 많이 나타났으며, 사막의 강한 바람으로 많은 사람들이 눈병에 걸려 이를 치료하는 과정에서 눈과 시각현상에 대한 많은 지식을 얻을 수 있었기 때문이다. 아랍의 광학은 수학자로서 에우클레이데스, 프톨레마이오스의 기하학적 전통을 계승한 알킨디, 갈레노스의 해부학적 전통을 계승한 후아닌 이븐 이스하크, 그리고 경험에 의해 얻어진 형상이 뇌에 전달된다고 주장한 아리스토텔레스의 전통을 계승한 이븐 시나 등 세 가지 전통에 의해서 계승되어 왔다. 당시 수학적 · 해부학적 전통에서는 눈에서 나오는 광선이 물체에 닿을 때 중간의 공기가 압축되어 그 영향이 눈의 수정체 액에 전달되어 물체가 인지된다고 생각했었다.

서유럽 라틴국가들에서는 알하젠(Al-Hazen)이라고 불린 이븐 알하이탐(Ibn al-Haytham, 965?~1039?)이 아리스토텔레스 전통과 수학적 · 해부학적 전통을 결합시켜 아랍의 광학을 체계화했다. 카이로의 궁정에 머물며 광학을 연구했던 그는 빛과 색은 눈과는 독립적으로 물체에서 모든 방향으로 직선으로 방출된다고 생각했다. 더 나아가 그는 점광원 개념을 분명히 하고, 물체에서 방출된 빛이 눈의 굴절에 의해서 눈 안으로 들어와 물체와 눈 사이에는 일대일 대응이 생긴다고 주장했다. 더 나아가 그는 물체로부터 눈으로 들어오는 오랜 경험에 입각한 추론에 의해서 뇌에서 물체가 인지된다는 결론을 내렸다. 이것은 근대적인 시각이론의 발전에 있어서 커다란 골격을 이루는 주장이었다.

알하젠은 시각현상 이외에도 무지개, 후광, 거울 등 광학에 대한 광범위한 연구를 했다. 알하젠의 『광학』은 12세기 말과 13세기 초에 걸쳐 라틴어로 번역되었고, 서구의 광학 발전에 커다란 영향을 미쳤다. 로저 베이컨(Roger Bacon, 1219?~1292)은 알하젠의 광학 이론을 신플라톤주의 입장에서 재해석하였으며, 베이컨의 광학 이론을 더욱 발전시킨 요하네스 케플러(Johannes Kepler, 1571~1630)는 마침내 망막 이미지 이론을 제창하게 된다.

이슬람 과학의 쇠퇴원인

이슬람에서의 과학 활동은 아주 탁월하게 상당히 오래 지속되었다. 8세기 중엽부터 그리스 저작이 아랍어로 번역되기 시작해서 9세기에는 번역 사업이 절정을 이루었다. 이리하여 9세기 중엽에서 13세기에 이르는 동안 이슬람 세계에는 상당한 수준의 과학적 활동이 이루어지게 됐다. 하지만 13세기와 14세기에 이르러 이슬람 과학은 쇠퇴하기 시작했고, 15세기에 이르면 오스만 제국을 제외한 이슬람 세계에서의 과학 활동은 거의 남아 있지 않게 된다. 오스만 투르크의 술탄들은 정복지의 문화와 학문들을 존중하였고, 이곳을 통해 이슬람 문화 속의 과학은 19세기까지 보존, 발전하게 된다. 하지만 그 외의 지역에서 전반적인 이슬람 문화와 학문은 쇠퇴하게 된다. 이슬람 과학이 쇠퇴한 원인에 대한 설명에는 학자들에 따라 여러 의견이 분분하다.

우선 이슬람의 보수적인 종교 세력이 종종 과학발전에 저해되는 행동을 한 것을 들 수 있다. 예를 들어 10세기 말 코르도바에서는 외래과학에 대한 서적을 이슬람교도들이 불사르는 일도 있었다. 또한 이슬람지역에서 과학은 단지 실용적인 목적으로 봉사하는 시녀적 성격을 지녔다는 것도 궁극적으로는 과학발전의 저해요인으로 작용했다. 즉 과학을 주변적인 활동으로 생각함으로써 과학에 대한 관심이 결여되게 되었던 것이다. 이외에도 이슬람 문명의 성립 초기에는 페르시아, 그리스, 인도, 아프리카 등 다양한 문화가 혼합되어 창조적인 과학 활동을 촉진시켰으나 이슬람 문화가 정착되면서 문화적 다원성을 잃고 균일해지면서 과학이 쇠퇴했다는 주장도 있다.

한편, 과학 활동은 평화와 번영, 그리고 후원체계를 요구한다. 그런데 중세 이슬람 말기에 이르러 각 소국들과 파당들이 계속 파멸적인 전쟁을 함으로써 이 세 가지 요건이 서서히 사라지기 시작했다. 톨레도는 1085년에, 코르도바는 1236년에, 그리고 세비야는 1248년에 서방의 수중에 넘어갔다. 더욱이 몽고제국의 세력이 이슬람지역에 미치기 시작해서 1258년에 바그다드가 함락되었고, 티무르가 이끄는 군대는 15세기 초에 바그다드와 다마스쿠스에서 주민들을 대량 학살하고 도시를 파괴했다. 유럽의 상선들이 인도양 항로를 개척하자 이슬람 세계의 동서 교역 독점이 와해되면서 이슬람 문명 전체의 경제적 쇠퇴를 촉진시켰다. 전쟁의 피해와 경제적 쇠퇴에 따라 과학의 후원자들이었던 칼리프들이 점차 세력을 잃어버렸다.

결국 보수적 종교 세력의 탄압, 시녀적 성격에 기인한 과학에 대한 관심의 결여, 문화적 다원성의 상실, 계속된 전쟁, 경제적 파탄, 그리고 후원체계의 붕괴로 말미암아 이슬람에서 과학은 더 이상 지속될 수 없게 되었던 것이다.

05

중세의 기술과 과학

게르만족의 침입과 로마제국 말기의 내부적인 모순으로 말미암아 서로마제국이 멸망하고 지중해 문화가 단절되면서 중세가 시작되었다. 6세기에서 11세기에 이르는 초기 중세를 흔히 암흑기라고 부르지만 이것은 과학 분야에서만 해당되는 이야기이고 기술면에서는 괄목할 만한 성장이 있었다. 우선 중세를 거치는 동안 특히 농업기술 분야에서 놀라운 발전이 있어 왔다. 귀리, 보리, 완두, 콩 등 새로운 곡물이 도입되었으며, 농작물의 새로운 경작방식인 삼포식농법이 도입되었다. 바퀴 버팀목, 수직의 날, 수평의 쟁기보습 등이 중세를 거치는 동안 발명되었다.

특히 카롤링거시대에 와서는 삼포식농법의 도입과 함께 바퀴 달린 무거운 쟁기가 사용되면서 농경이 더욱 강화되었다. 무거운 쟁기는 바퀴를 달아 움직였고, 땅을 깊이 갈아엎을 수 있는 철제 보습이 달려 있어 밭을 이중으로 갈 필요가 없이 깊은 고랑을 만들 수 있게 되었다. 또한 9세기부터 기독교 중세에는 안장과 멍에 등 다양한 마구(馬具)가 개량되었다. 새로운 마구의 개발로 말을 이용해서 무거운 쟁기를 사용할 수 있게 되었고, 소 대신 말을 사용해 농경을 할 수 있게 되었다.

8세기와 10세기에는 중국으로부터 비잔틴제국을 거쳐 등자와 못으로 고정된 편자가 유럽 사회에 소개되면서 기병의 전략 및 전쟁 기술을 크게 변화시켰다. 8

세기 이전 유럽의 전사들은 전투 장소까지 말을 타고 가서 정작 도착한 뒤에는 말에서 내려 전투를 했다. 하지만 등자가 도입되면서 갑옷을 입은 기사들이 말을 타고 긴 창을 이용해 말 위에서 공격하는 기마 돌격전이 가능하게 되었다. 새로운 전쟁 기술의 등장으로 중세의 독특한 기사 제도가 중세 장원 체계 및 봉건 체계와 결합될 수 있었다.

농업뿐만이 아니라 동력기술면에서도 이 시기에 혁명적인 변화가 나타났다. 8~9세기부터 수차가 빠른 속도로 보급되어, 11세기 말에는 영국에 무려 5,600여 개의 물방아가 있었다고 한다. 제분기와 양수기의 동력원이었던 수직축이 붙은 풍차는 7세기에 페르시아에서 나타났는데, 이것은 12세기경 바람방아의 형태로 유럽에 들어왔다. 섬유분야에서도 괄목할 만한 성장이 있었다. 13세기에는 발로 돌리는 베틀이 발명되었고, 14세기와 15세기에 피렌체에서는 직물생산이 급증했다. 이외에도 광업, 건축 분야 등 다양한 분야에서 기술상의 진보가 있었다.

중세를 통해 꾸준히 기술상의 진보가 지속된 결과 농업생산력이 증가했으며, 이에 따라 인구가 증가하고 잉여농산물이 발생하였다. 중세 후기에 이르러 잉여농산물이 많아지면서 도시를 중심으로 이것을 서로 교환하기 위한 시장이 형성되었고, 초보적인 형태의 선대제 수공업 생산도 나타났다. 상업이 발달하고 생산력이 증가하면서 높은 대성당과 같은 대형 건축물이 등장할 수 있었고, 학문을 연구할 대학도 설립될 수 있었다. 또한 12세기에는 노를 젓는 사람이 없이도 먼 바다를 항해할 수 있는 대형 범선이 등장했으며, 나침반과 해도를 이용한 새로운 항해술이 발전하면서 바다와 강을 이용한 수상교역이 증대했다. 이에 따라 북부 독일 연안에 한자동맹 도시와 같은 해상무역의 근거지가 발전하면서 문화의 중심지가 지중해에서 북유럽으로 이동하게 된다.

새로운 기술의 전파

한편, 다른 문화권에서 종이와 인쇄술, 나침반, 화약 등 새로운 기술이 전래되어 중세사회의 변화를 가속화시켰다. 종이는 중국에서 발명되어 8세기에 이슬람 국가들을 거쳐 마침내 서구로 전해졌다. 유럽에서 제지용 물레방아가 처음 설치된 곳은 13세기의 스페인이었다. 이어 14세기 초 이탈리아에서는 제지업이라고 불릴 만한 생산시설이 가동되게 된다. 이미 12세기부터 유럽에서는 대학이 생기면서 책의 독자층이 늘어났고, 이에 따라 필경사들의 작업장이 증가되고 필사본의 수가 늘어났다. 중국의 인쇄술이 서방에 전해지는 과정은 확실하지 않지만, 대략 13세기경에 전해진 것으로 추정된다. 1450년경에는 마인츠의 구텐베르크(Johannes Gutenberg, 1398~1468)가 상업적으로 투자가 가능할 정도의 활자주조기를 개발하게 된다. 나침반은 11세기경에 당시 중국에 왔던 아랍 상인들에게 알려지기 시작했고, 결국 유럽 선원들에게도 전해졌다.

중국에서는 850년경부터 화약을 알고 있었는데, 유럽인들이 화약을 처음으로 알게 된 것은 13세기 초 몽골군이 유럽에 쳐들어갔을 때의 일이다. 1250년경에 도미니코 수도회 수사인 알베르투스 마그누스(Albertus Magnus, 1200?~1280)와 로저 베이컨은 화약에 대해서 이야기하고 있다. 중국에서는 이미 1200년경에 화포를 가지고 있었으나, 유럽에서는 14세기 중반에서야 화포가 발명되었다. 1326년의 옥스퍼드 필사본에는 최초의 화포 그림이 나와 있다.

12세기 르네상스와 중세의 대학

1077년 스페인 전체의 황제로 자처한 알퐁소 6세(Alfonso VI, 1065~1109)는 오랜 포위공격 끝에 마침내 1085년 이슬람교도들의 지배 아래에 있던 스페인의 톨레도(Toledo)를 함락시켰다. 바로 이곳을 통해서 수많은 아랍의 과학이 라틴 유럽으로 전해졌고, 이 과정에서 아랍에서 보존·발전된 그리스 과학이 다시 유럽으로 밀려 들어왔다. 이 시기에는 수많은 대번역가들이 출현해서 활발한 번역활동을 했다. 그 대표적인 인물로는 이탈리아 북부 출신으로 스페인에 들어가 프톨레마이오스의 『알마게스트』를 발견했고, 그곳에 40년간 머물며 번역활동을 했던 크레모나의 제라르도(Gerard of Cremona, 1114?~1187)를 들 수 있다. 그는 1175년 프톨레마이오스의 『알마게스트』를 번역했을 뿐만이 아니라 번역 팀을 이끌며 아비케나의 『의학정전』, 아리스토텔레스의 『자연학』, 에우클레이데스의 『원론』

등 80여 권의 책을 아랍어에서 라틴어로 번역했다. 스페인지역에서 활발하게 진행된 이 번역의 시기를 역사가들은 15, 16세기 르네상스와 대비해서 '12세기 르네상스'라고 부른다. 이리하여 11~13세기에 이슬람을 통해서 이슬람 과학과 그리스 학문이 번역 · 소화되게 되었으며, 이렇게 번역되고 수용된 학문은 중세의 대학의 교과과정에서 핵심을 이루게 되었다.

대학은 중세 성당의 학교(schola)에 그 기원을 두고 있다. 처음에는 이곳에서 사제들에게 교회 기도문을 읽을 수 있을 정도의 초보적인 교육을 실시했다. 1100년경의 도시학교는 스승 1명에 10~12명 정도의 제자로 구성된 아주 작은 규모의 학교였다. 1200년쯤에 이르게 되면 이들 학교의 학생 수와 규모가 엄청나게 성장해서 파리, 볼로냐, 옥스퍼드 등에서는 수백 명의 학생을 갖춘 학교가 생겨났다. 규모가 커지면서 학교들은 특권과 법적 보호를 보장받기 위한 제도적 장치가 필요해졌고, 이에 따라 상인과 수공업자 조합의 조직을 본 딴 자발적인 길드적 조직이 만들어졌다. 이런 학교들이 난립함에 따라 교황 혹은 영주들은 그 가운데에서 몇 개의 길드 조직에 자치권을 부여하면서 공식화해 주었고, 이에 따라 몇몇 학교들이 '대학'(*Universitas*)이라는 지위를 얻게 되었다. 대략 볼로냐 대학은 1150년경에 대학의 지위를 얻게 되었고, 파리 대학은 1200년경, 옥스퍼드 대학은 1220년경까지 대학의 지위를 얻게 된다.

초기의 대표적인 대학 가운데 볼로냐대학은 법학과 의학이 유명했고, 파리대학과 옥스퍼드대학은 철학 및 과학 분야에서 명성이 높았다. 중세 대학은 수공업자 길드를 본 딴 교수와 학생의 공동체로서 볼로냐 대학처럼 학생들이 길드를 이루어 교수를 고용하는 형태를 띠거나 파리 대학처럼 교수들이 길드를 이루어 학생들에게 수업료를 받는 형태로 발전했다. 대학은 교회와 국가의 간섭으로부터 비교적 자유로운 합법적이고 독립적인 특권 기관이었다.

중세 대학에는 신학, 법학, 의학 등 3개의 전공학부가 있었는데, 과학은 이들 높은 전공으로 들어가기 전에 이수하는 교양학부(Arts Faculty)에서 다루어졌다. 중세 대학에서 교양과목으로 가르치던 교과목으로는 문법, 수사학, 논리학 등의 소위 三學(trivium)과 산수, 기하학, 천문학, 화성학 등의 四科(quadrivium)가 있었다. 과학은 이런 교양과목을 가르치면서 부수적으로 중세 대학에서 자리를 잡게 되었던 것이다.

스콜라 학풍의 과학 : 과학과 신학

중세 대학의 학풍은 한마디로 사변적인 특징을 지닌 스콜라 학풍이라고 할 수 있다. 이미 11세기에 안셀무스(Anselm of Canterbury, c. 1033~1109)는 이성이 신학의 영역에서 무엇을 할 수 있는가에 대한 근본적인 질문을 제기하였다. 아벨라르두스(Peter Abelard, 1079~1142)는 안셀무스가 신학에서 시작한 이성주의 프로그램을 더욱 발전시켰다. 그는 『긍정과 부정』(*Sic et non*)이라는 책에서 어떤 문제를 제기하고 그 문제에 대한 찬성과 반대의 근거를 논리적으로 살피는 식으로 논의를 전개했다. 아벨라르두스가 사용한 이 방법은 곧 중세 스콜라 학풍 시대의 대표적인 학문 방법이 되었다. 예를 들어 중세의 철학자들은 진공의 존재는 가능한가라는 질문을 제기하고 이 문제에 대한 찬반을 논리적으로 살핌으로써 진공에 대한 본질을 파악하고자 하였다. "최초의 인간은 존재하는가?"라는 것도 대표적인 논쟁거리였다. 최초의 인간이 있다는 것을 증명하기 어려운 것처럼 최초의 인간이 없었다는 것도 증명하기 어렵다. 하지만 최초의 인간이 존재했다는 것이 존재하지 않았을 경우보다 가능성이 크기 때문에, 최초의 인간은 최초의 원인, 즉 신에 의해 만들어졌다고 보는 것이 타당하다. 이런 식의 논리적인 과정을 통해 학문을 했기 때문에 중세 스콜라 학풍에서 수행된 학문들은 아주 세부적이고 가상적이며 추상적으로 발전했다. 학문의 분위기가 이렇게 된 데에는 당시 학문의 주된 목적이 신학을 추구하기 위한 것이었기 때문이었다. 철학 혹은 과학은 중세 대학에서 신학을 위한 시녀 역할을 했다.

초기 기독교에서는 이성과 신의 계시를 서로 융화시키려고 노력해 왔다. 예를 들어 초기의 성(聖) 아우구스티누스(St. Aurelius Augustinus, 354~430)는 이런 목적으로 플라톤 철학을 사용했다. 그 뒤 적어도 12세기까지 기독교 신학과 그리스 자연철학(플라톤 철학)의 관계는 안정 내지 평형 상태를 유지하고 있었다. 예를 들어 12세기까지 영향력을 행사하던 무슬림 학자 아비케나는 자신의 주석본에서 신플라톤주의 입장에서 아리스토텔레스 철학을 해석했다.

그러나 12세기 후반 이후 아리스토텔레스 학문, 특히 스페인의 무슬림 학자 아베로이스(Averroës, 혹은 Ibn Rushd, 1126~1198)를 위시한 추종자들이 주장한 극도의 합리주의가 영향력을 확대하면서 플라톤주의와 결합되어 발전한 당시의 신학에 심각한 타격을 주게 되었다. 예를 들어, 아리스토텔레스는 소크라테스 이전 철학자들이 주장했던 진화론적 우주론을 부정하고 우주의 영원성을 주장했다. 우주의 시작과 종말을 인정하는 기독교 신학은 아리스토텔레스의 이런 견해를 받아들일 수 없었다. 또한 아리스토텔레스의 철학은 원인과 결과 사이의 인과관계를 특히 강조하는 결정론적 성격을 띠고 있었다. 이런 측면 역시 기적의 존재와 신의 전능성을 주장하는 기독교 교리와 서로 상충되는 문제가 발생했다. 이외에 영혼이 육체의 형상이며 영혼은 육체로부터 떨어져 존재할 수 없다고 말한 아리스토텔레스의 견해도 영혼불멸을 믿는 기독교 신학과 양립할 수 없었다.

아리스토텔레스 철학은 신학과 상충되는 점이 있었기 때문에 13세기에 들어서면서 아리스토텔레스 철학을 금지하려는 움직임이 기독교 교회 측에서 자주 나타났다. 1210년 파리 주교회의는 아리스토텔레스 철학의 문제점을 지적하는 교령을 발표했고, 1215년 파리 대학에서는 아리스토텔레스 철학을 가르치는 것을 금지했다. 그러나 1231년 이 금지령은 교황 그레고리우스 9세가 개입하면서 수정되었다. 그레고리우스 9세는 1210년에 내린 금지령의 정당성을 유지하면서도 파리 대학에서 금서로 지목한 아리스토텔레스의 자연철학 서적에는 문제가 되는 주장뿐만 아니라 기독교도에게 유용한 것도 들어 있다는 점을 지적했다. 잦은 금지령 발표와 수정이 반복되면서 결과적으로 아리스토텔레스 철학을 금지하려는 원래 의도는 흐지부지되었다. 1240년 이후 아리스토텔레스 철학에 대한 금지령은 더 이상 실질적인 효력을 발휘하지 못했다.

기독교 신학과의 대립 과정에서 당시 철학자들이 택한 첫 번째 해결책은 과학을 신학의 시녀로서 연구하는 것이었다. 즉 아리스토텔레스 철학이 기독교 세계를 위해 이용될 수 있도록 갈등과 충돌의 소지를 완화시키는 것이었다. 옥스퍼드 출신의 로버트 그로스테스트(Robert Grosseteste, 1168?~1253)는 1220년대에 아리스토텔레스의 『분석론 후서』(*Posterior Analytics*)에 대한 주석에서 아리스토텔레스의 과학 방법론을 본격적으로 논의하였다. 그는 아리스토텔레스의 틀 안에서 신플라톤주의 요소를 가미하여 성경과 아리스토텔레스 철학을 조화시켰다. 그로스테스트의 학문적 전통은 잉글랜드 출신의 로저 베이컨에게 이어졌다. 베이컨은 아리스토텔레스 철학, 플라톤의 우주론과 자연철학, 의학 등 새로운 학문들이 기독교에 부합되며 비개종자들을 설득할 수 있는 신의 선물이라는 점을 교회 지도층 인사들에게 이해시키려고 노력했다.

한편, 기독교신학 측에서 아리스토텔레스 철학을 완전히 금지시키는 것이 힘들어지자 다른 한편으로는 아리스토텔레스 학문과 기독교 신학의 융합을 꾀함으로써 보다 근본적인 차원에서 이 문제를 해결하려는 움직임도 나타났다. 이런 활동을 했던 대표적인 인물로는 도미니쿠스 수도회 수도사이자 주교였던 알베르투스 마그누스와 그의 제자인 토머스 아퀴나스(Thomas Aquinas, 1224?~1274) 등을 들 수 있다.

알베르투스 마그누스는 아리스토텔레스의 라틴어 번역물을 해석하고 자세한 주석을 달았으며, 평생 신앙과 지식을 조화시키기 위해 학문적으로 노력했을 뿐 아니라 삶으로도 실천했다. 알베르투스 마그누스는 깊은 신앙이 자연에 대한 심오한 인식과 조화를 이룰 수 있는지의 문제를 고민하며 서구 기독교 세계에서 아리스토텔레스 철학에 대한 전반적이고 포괄적인 해석을 시도한 최초의 인물이었다. 그는 동식물학 분야에서 예리한 관찰을 한 중세 최고의 생물학자였을 뿐 아니라 신학, 물리학, 천문학, 광물학, 의학, 수학 등 다양한 분야에서 방대한 저작을 남겨 생전에 이미 '위대한 자'(Magnus)라는 별칭으로 불릴 정도였다.

토머스 아퀴나스는 『신학대전』(*summa theologiae*)을 비롯한 방대한 저술을 통해 아리스토텔레스 철학과 기독교 신학을 융합시켰다. 그는 기독교 신학과 아리스토텔레스 철학 사이의 적절한 관계를 정립함으로써 신앙과 이성의 문제를 해결하려고 하였다. 기독교 신학과 아리스토텔레스 철학을 결합시켜 '기독교적 아리스토텔레스주의'를 만들어 낸 토머스 아퀴나스는 아리스토텔레스와 기독교 계시와의 갈등을 해소하기 위해 아리스토텔레스 철학을 기독교도화했으며, 동시에 기독교 내에 아리스토텔레스의 형이상학과 자연철학의 주요 내용을 끌어들여 기독교도 아리스토텔레스화하게 만들었다.

이들 신학자들이 많은 노력을 한 결과 아리스토텔레스의 자연철학은 기독교 신학의 핵심으로 자리를 잡게 되었고, 결과적으로 아리스토텔레스의 철학은 중세 대학에서 엄청난 권위를 지니게 되었다. 급기야 이런 추세가 너무 심해져서 아리스토텔레스 자신도 심각하게 생각하지 않았던 말 하나하나까지 굉장한 중요성을 가지고 연구되기 시작했다. 즉 중세 학문은 이제 스콜라 학문의 전통이 고도화되는 시대로 접어들게 되었던 것이다.

9 금지령과 아리스토텔레스 철학에 대한 비판적 · 회의적 반동

그러나 신학이 지나치게 아리스토텔레스화하는 것에 대해 저항하는 교회의 반발은 더욱 집요하게 계속되었다. 교회 측에서는 아리스토텔레스의 철학이 너무 합리적이어서 신의 전능성에 제약을 가하고 있다고 판단했고, 이에 따라 교회 측은 더욱 구체적이고 강력한 금지령을 내리게 된다. 1270년과 1277년 파리 주교 탕피에르(É. Tempier)는 아리스토텔레스 철학 내에서 문제가 되는 219가지에 대해서 조목조목 열거하는 금지령을 내렸다. 이 금지령의 내용 가운데에는 자유의지의 부정, 결정론적인 성격, 세계의 영원성, “최초의 인간도 없고 최후의 인간도 없다” 혹은 “영혼은 소멸된다” 등 아리스토텔레스의 철학 가운데 기독교 교리와 위배되는 구체적인 사항이 포함되어 있었다.

1277년의 금지령 이후 아리스토텔레스 철학에 대해 가해진 비판적 · 회의적 반동의 결과로 스콜라 철학의 학풍에는 커다란 변화가 나타나게 되었다. 이 시대에 스콜라 학풍에서 나타났던 가장 특징적인 변화로는 오컴(William of Ockham, 1285~1347/49)의 유명론(Nominalism)으로 대변되는 철학적 경험론의 부상을 들 수 있다. 14세기의 유명론에 의하면 우주에 존재하는 유일한 실재는 신이라고 하는 ‘절대존재’이며 그 외는 모두 단지 추상적인 이름에 불과하다. 이로써 관찰할 수 없는 실체들과 본질들은 실재하지 않는 것으로 여겨졌고, 철학은 존재에 대한 설명을 하기 위한 도구로서의 자격을 상실하게 되었다. 또한 신은 언제라도 개입해서 기적을 행할 수 있다는 것을 뒷받침하기 위해, 아리스토텔레스 철학의 핵심이었던 인과율은 부정되었고, 이에 따라 합리주의보다는 경험주의가 강조되어 결과적으로 철학적 경험론이 부상했던 것이다.

금지령 이후 아리스토텔레스 철학에 대한 회의적 분위기는 자연을 연구하는 구체적인 방법에도 영향을 미쳤다. 아리스토텔레스와 그 추종자들은 지상계 물체의 운동을 수학적으로 설명하는 것은 무익하다고 생각했다. 금지령 이후 옥스퍼드대학의 머튼 칼리지(Merton College)에서는 수학과 물리의 영역을 구분했던 아리스토텔레스 철학의 기본입장에서 벗어나서 물리현상에 대한 수학적 연구가 시도되었다. 오늘날 평균속도의 정리로 알려져 있는 머튼 정리에서는 등가속도 운동을 설명하기 위해 평균이라는 수학적 개념을 사용해 등속 운동과 연결시켰다.

머튼 집단은 평균속도의 정리를 설명하면서 기하학적 증명이나 도형을 사용하지는 않았다. 파리 대학의 오렘(Nicholas Oresme, 1325?~1382)은 무한수열 방법과 기하학적 방법을 사용해서 머튼 정리로 알려진 이 평균속도 정리를 증명했다. 오렘은 이외에도 결국에는 부정을 했지만 가설적으로나마 '상상에 의하면' 지구가 자전할 가능성을 언급했으며, 세계의 다원성과 세계 밖에 진공이 존재할 가능성에 대해서도 논의했다. 이 시기에는 과거에는 볼 수 없었던 운동에 대한 정량적인 연구도 나타났다. 예를 들어 브래드워딘(Thomas Bradwardine, 1290?~1349), 헤이테스베리(William of Heytesbury, fl. 1335), 스와인즈헤드(Richard Swineshead, fl. 1340~1355) 등은 약의 효과, 선악의 정도, 성질의 강도를 분석하는 데 양적인 방법을 사용했다. 중세에 나타났던 다양한 운동에 대한 정리와 개념들은 17세기에 갈릴레오가 논의를 시작한 운동학에서 다시 나타났으며, 결국 근대 역학의 주류로 이어지게 된다.

2 중세의 운동원인 논쟁

전체적으로 보아 1277년의 금지령 이후에 나타난 14세기 철학적 분위기 속에서 수학적이고 경험적이며 근대과학 혁명기의 과학과 유사한 형태가 나타났다. 하지만 이런 움직임이 근대과학으로 발전하기에는 아직 많은 한계점을 지니고 있었다. 이 점을 좀 더 자세히 논의하기 위해서 중세의 역학에서 나타난 운동원인에 관한 논쟁을 예로 들어 살펴보자.

아리스토텔레스에 의하면 자연스러운 운동(natural motion)은 물체가 지닌 본래의 속성인 반면에, 비자연스러운 운동(violent motion)은 반드시 외부에서 운동원인이 접촉해서 작용해야만 한다. 움직여지는 물체는 반드시 어떤 운동원인에 의해서 움직여진다는 아리스토텔레스의 주장은 중세 운동에 관한 논의의 핵심적 주제였다.

중세 역학자들은 운동의 원인인 힘 및 저항과 속도와의 관계를 구하려고 노력했다. 그들은 아리스토텔레스가 『자연학』과 『하늘에 관해서』에서 언급한 내용을 바탕으로 해서 속도는 힘에 비례하고 저항에 반비례한다 하거나 혹은 속도는 힘에서 저항을 빼는 식으로 나타난다고 아리스토텔레스의 견해를 해석했다. 하지만 이런 해석은 곧 논리적 모순에 봉착되었다.

마침내 브래드워딘은 속도를 힘과 저항의 다양한 비율들의 결합으로 표현하여 새로운 해결책을 제시하였다. 그는 속도를 배증(doubling)하기 위해서는 힘과 저항의 비율을 배증시켜야 한다고 주장했다. 이 주장은 간단한 실험만을 해보아도 금방 틀린 것을 알 수 있지만, 중세 학자들은 아리스토텔레스 운동학에 대한 해석에 논리적 모순이 없다는 것만으로 그 문제가 해결된 것으로 보았다. 그의 운동법칙은 14세기에 리처드 스와인스헤드와 니콜 오렘의 작업에 영향을 미쳤고, 16세기 말까지 지속적으로 논의되었다.

다음으로 중세의 역학에서 문제를 야기한 것은 던져진 물체가 던져진 이후에도 계속 운동을 하느냐 하는 문제였다. 아리스토텔레스는 던져진 물체는 그 물체를 둘러싼 매질에 힘이 가해져 이 힘이 운동을 일으킨다고 보았다. 던져진 물체의 운동원인은 바로 주변의 매질이었다. 6세기에 비잔틴 제국의 지배 아래 있던 알렉산드리아에서 활동하던 철학자 요하네스 필로포누스(Johannes Philoponus)는 아리스토텔레스의 『자연학』에 대한 주석을 달면서 매질은 운동원인이라기보다는 저항으로 작용한다고 주장하며 아리스토텔레스의 입장에 대해 반박했다. 필로포누스는 던져진 물체가 운동을 계속하는 원인을 설명하기 위해 '비물질적인 운동원인' (incorporeal motive force) 개념을 도입하였다. 필로포누스의 주석본은 아랍어로 변역되어 이슬람 세계와 라틴 유럽에 영향을 미쳤다. 이슬람의 아비케나는 이것을 '마일' (mail)이라고 불렀으며, 중세에서는 '임페투스' (impetus)라는 개념으로 발전하였다.

장 뷔리당(Jean Buridan, 1295?~1358)은 던져진 물체에 부과된 힘에 '임페투스' 라는 새로운 용어를 사용했다. 임페투스는 운동하는 물체가 처음의 운동원인 때문에 얻게 되는 양으로 이것이 물체를 운동하게 만든다. 뷔리당은 우선 하늘의 운동에 임페투스 이론을 적용했다. 태초에 신이 천구에 임페투스를 부여했으며, 하늘에는 저항이 없기 때문에 천구는 영원히 변하지 않는 운동을 하게 된다. 뷔리당은 낙하물체의 가속운동에 대해서도 임페투스 이론을 적용했다. 낙하하는 물체는 임페투스가 지속적으로 증가해서 가해지기 때문에 속도가 증가한다는 것이다. 뷔리당의 임페투스 이론은 언뜻 보기에 근대의 운동량 개념과 유사하다. 하지만 뷔리당의 임페투스 이론은 전체적으로는 아리스토텔레스의 철학적 틀 내에서 유지되던 개념이었다. 뷔리당은 관성 개념을 바탕으로 새로운 운동이론을 정립하던 17세기 자연철학자들과는 다른 세계에서 자신의 논의를 전개했다.

비잔틴과 중세의 의학

입원환자들을 돌보는 병원제도는 6세기 전후에 비잔틴 제국에서 비롯되었다. 정부와 교회, 귀족 후원자들의 지원으로 비잔틴 제국의 곳곳에는 병원이 들어서면서 진료와 의학 연구의 중심 역할을 했다. 비잔틴 의학은 갈레노스의 의학을 완전히 소화하고 병원에 도서관, 교육 프로그램을 개설하고 독창적인 연구도 수행했다. 특히 수의학은 비잔틴 문명이 이룩한 중요한 업적 가운데 하나다. 비잔틴 제국에서는 전쟁에서 기병전술이 근간을 이루었으며 지배자들은 전투용 말을 보호하기 위해 수의학에 대한 지원을 했고 이에 따라 높은 수준의 수의학이 발전할 수 있었다.

11~12세기 유럽에서는 정치적 · 경제적 변화와 인구증가에 따른 장기적인 사회변화, 그리고 도시화에 따르는 교육기회의 확대 등으로 인해서 의학전통의 성격이 변하기 시작했다. 이런 사회적인 변화에 따라 이 시기의 의학교육은 성당에서 도시의 학교로 옮겨 가고, 의료 활동 자체도 전문화와 세속화의 길을 걷게 되는데, 그 대표적인 예로는 10세기 남부 이탈리아의 살레르노 지역의 도시 의료 활동을 들 수 있다. 12세기 유럽 전역에서는 아비케나의 『의학정전』을 비롯한 이슬람 의학서적의 번역본이 유입되면서 의학지식이 확대되었다.

중세 대학이 생겨나면서 대학에서 의학교육이 조직적으로 실시되었다. 이런 중세 대학에서의 의학의 제도화는 그것이 현재까지 그대로 이어졌다는 면에서 의학이론과 실제 의료행위의 역사상 중요한 의미를 가진다. 또한 의학이 중세 대학에 자리를 잡음으로써 의학이 다른 철학적 지식과 서로 연결될 수 있는 제도적 장치가 마련됐다.

중세 대학에서 의학은 체계적으로 성장했는데, 특히 오줌의 색과 맥박에 의한 진단 및 치료, 약에 의한 치료, 해부학과 외과학 분야에 많은 발전이 있었다. 인체해부는 13세기 말 볼로냐를 비롯한 몇몇 이탈리아 대학에서 실시되기 시작했고, 해부수업에 범죄자의 시체를 이용하기도 했다.

중세 의학 분야 가운데 의료 제도상의 면에서 괄목할 만한 발전을 보인 것은 병원의 발전이었다. 비잔틴에서 형성된 병원 모형은 아랍으로 전파되어 실용적 과학과 함께 발전을 거듭했다. 그 뒤 십자군전쟁을 비롯한 다양한 경로를 통해 아랍에서 유럽으로 전파되었으며, 12~13세기에는 유럽에 의료기관으로서의 병원이 급속도로 퍼지게 되었다.

MEMO

제2편

과학혁명기의 과학

제2편 과학혁명기의 과학에서는 16,17세기 유럽에서 일어났던 다양한 변화를 통해 근대 과학이 어떻게 형성되었는가를 살핀다. 과학혁명은 기본적으로 중세 스콜라학풍을 대체하는 과정이었다. 르네상스를 통해 새롭게 번역된 책들에 의해 새롭고 다양한 생각들이 퍼져나갔고, 베이컨과 데카르트는 생각들에 바탕해 자연에 대한 학문을 연구하는 새로운 방법론을 정립했다. 새로운 생각들이 퍼져나가는 동안 천문학, 역학, 생리학 등의 분야에서는 과거의 학문을 대체하는 새로운 주장들도 함께 제시되어 나갔다. 태양이 중심에 위치한 새로운 우주구조가 제안되었고, 운동의 원인보다는 운동이 일어나는 과정을 중시하는 역학이 탄생했다. 인체 이론에서는 피가 심장에서 나와 온몸을 순환한다는 이론이 나왔다.

과학혁명기의 새로운 과학 활동은 새로운 공간에서 자리 잡았다. 중세 대학의 테두리를 벗어나게 된 과학은 군주들의 궁정에서 보금자리를 마련했고, 얼마 지나지 않아서 과학단체라는 새로운 공간을 스스로 만들어 내기도 했다. 또한 공간의 변화는 여러 실용적인 학문 분야가 대접을 받는 분위기를 만들어 내기도 했다. 또한 과학혁명기에는 실험과 수학이라는 자연에 접근하는 방식이 자리 잡기도 했다. 과학자들은 새로운 이론, 방법, 도구 등을 앞세워 자연이라는 대상을 공략해 나가기 시작했다.

06

과학혁명과 르네상스

'과학혁명' 이란 말은 한글로는 동일하게 표현되지만 영어로는 두 가지 의미를 가지고 있는 용어이다. 첫 번째 의미는 영어로 'a scientific revolution' 이라 쓸 수 있으며, 이 의미로 과학혁명이란 용어를 사용한 유명한 사례로는 과학사학자이자 과학철학자였던 토마스 쿤(Thomas Kuhn)의 『과학혁명의 구조』(*Structure of scientific revolutions*)가 있다. 쿤은 자신의 저서에서 과학혁명이라는 말을 '과학에서의 불연속적인 획기적인 변화' 의 의미로 사용했으며, 이 용례를 따를 경우 과학혁명에는 아리스토텔레스의 자연철학 체계 출현, 라부아지에(Antoine Lavoisier, 1743~1794)의 화학체계 정립, 다윈(Charles Robert Darwin, 1809~1882)의 자연선택설 제시 등 이 책에서 다루고 있는 많은 사례들이 포함된다. 한편, 두 번째 의미는 영어로 'The Scientific Revolution' 이라 표현되는 것으로, 이 의미로 과학혁명이란 말을 사용하게 되면 '16, 17세기에 서유럽에서 발생한 과학에서 큰 변화를 가져왔던 사건' 이라는 뜻을 갖게 된다. 이후 장들에서 다룰 내용은 두 번째 의미에서의 과학혁명, 즉 단 한번 일어났던 역사적 사건에 대한 것이다.

과학혁명

과학혁명이라는 사건은 얼마나 대단한 사건이었기에 고유명사로 지칭되고 있을까? 역사가 버터필드(Herbert Butterfield)는 서양의 근대 사회를 형성했던 중요한 역사적 사건으로 르네상스와 종교개혁, 그리고 과학혁명을 꼽으며, 이 중에서 과학혁명이 가장 심오하고 중요한 영향을 미친 사건이었다고 평가했다. 과학혁명이라는 사건을 거치며 서양인들은 중세적인 세계관을 벗어나서 새롭게 인식의 지평을 넓힐 수 있는 기회를 얻었다. 또한 과학혁명을 거치면서 과학은 새로운 방법론을 받아들이며 근대과학적인 체제로 재탄생했다. 그리고 과학은 몇몇 철학자들의 개인적인 활동을 벗어나 사회적으로 인정받는 중요한 영역으로 변모되기 시작했다. 물론 과학의 이론적인 내용에 있어서도 큰 변화가 있었다. 바로 이러한 변화들이 동반되었기 때문에 과학혁명은 세계사적으로 중요한 역사적 사건으로 여겨지고 있는 것이다.

많은 역사적인 사건들, 그중 특히 혁명이라고 지칭되는 사건들에 대해서는 프랑스혁명의 경우와 같이 언제 어디서 발생한 사건인가가 규정되는 경우가 대부분이지만, 산업혁명과 같이 그 연도와 지역을 명확하게 지칭하기 어려운 경우도 있다. 과학혁명도 후자의 경우에 해당하는데, 그럼에도 불구하고 혁명이라는 용어를 사용하기 위해서는 기간을 명확히 할 필요가 있다는 지적들을 수용해서 몇몇 역사가들은 과학혁명을 1543년 즈음에 시작되어 1687년 정도에 마무리 된 사건으로 제시하기도 한다. 1543년이 거론되는 이유는 천문학과 생리학 분야에서 큰 반향을 일으킨 코페르니쿠스(Nicolaus Copernicus, 1473~1543)의 『천구의 회전에 관하여』(*De Revolutionibus Orbium Coelestium*, 1543)와 베살리우스(Andreas Vesalius, 1514~1564)의 『인체의 구조에 관하여』(*De Humani Corporis Fabrica*, 1543)가 출판된 해이기 때문이고, 1687년이 거론되는 이유는 뉴턴(Isaac Newton, 1642~1727)의 『자연철학의 수학적 원리』(*Philosophiæ Naturalis Principia Mathematica*, 1687)가 출판된 해이기 때문이다. 하지만 나중 장들에서 살펴보겠지만 코페르니쿠스는 자신의 책을 출판하기 한참 전에 새로운 우주의 모습에 대한 구상을 마쳤었고, 뉴턴의 저술도 사람들에게 읽히고 그 영향력이 퍼지는 데에는 어느 정도의 시간이 걸렸기 때문에 1543년과 1687년은 상징적인 의미만 가진 연도일 뿐 정확하게 과학혁명의 시작과 끝을 알리는 연도라고 보기는 어렵다. 이러한 상황을 종합해 볼 때 과학혁명에 대해서는 앞서 거론한 바와 같이 '16, 17

세기에 서유럽에서 일어났던 과학상의 변화' 라고 규정하는 것이 옳다.

그렇다면 그 기간 동안에 얼마나 많은 그리고 얼마나 큰 변화가 일어났기에 '혁명' 이라는 말까지 붙여가면서 그 변화를 설명해야 하는가? 이를 이해하기 위해서는 과학혁명이 일어나기 직전에 해당하는 1500년의 상황과 과학혁명이 마무리되어 가던 1700년의 상황을 비교해 보는 것이 유용하다. 1500년경 서양인들은 자신들이 유한한 우주의 중심에 정지해 있는 지구 위에 산다고 생각했으며, 지상계와 천상계는 전혀 다른 세계라고 여기고 있었다. 지상계를 이루고 있는 물질의 기본 단위는 4원소였으며, 여러 운동을 분석할 때에는 당연히 운동의 원인을 규명하는 작업이 가장 우선시되었다. 실험은 자연에 대한 연구에 방해가 된다고 생각되었으며, 수학은 자연철학에 비해 하등한 학문 분과로 여겨졌다. 자연에 대한 논의가 부분적이나마 이루어진 곳은 대학 내부였으며, 그것을 담당하는 사람들은 스콜라학자들이었다. 한편, 1700년경의 사람들은 자신이 거의 무한한 크기의 우주 안에 위치한 태양계에서도 세 번째 행성이자 자전과 공전을 하고 있는 지구 위에 살고 있다고 생각하게 되었으며, 이제 천상계와 지상계의 구분은 무의미해졌다. 어떤 사람들은 4원소 이외의 구성원소를 가지고 세상의 물질 구조를 설명하려 들기도 했고, 운동에 대한 논의에서 중요한 것은 그 운동이 왜 일어나는가가 아닌 어떻게 운동의 궤적이 그려지는가로 바뀌었다. 실험은 이론적 설명을 뒷받침하기 위한 필수적인 절차로 인정받게 되었으며, 수학은 자연철학의 원리를 제공하는 지위를 획득하게 되었다. 그리고 이러한 자연에 대한 새로운 논의는 대학을 벗어나 여러 궁정과 과학단체에서 자연에 대한 연구를 전문적으로 수행하는 '자연철학자들' 에 의해서 진행되었다.

즉, 과학혁명은 우주의 구조 및 물질에 대한 이론상의 변화만이 있었던 사건은 아니었다. 과학혁명이 일어나는 동안 운동을 바라보는 관점이 바뀌었으며, 실험과 수학이라는 새로운 방법론이 인정받게 되었다. 과학은 스콜라학자들의 부수적인 관심사가 아닌 자연철학자들이 평생을 몰두한 주제로 변모했으며, 그 성과들은 과학단체에서 공인받게 되었다. 또한 과학혁명을 거치면서 국가에서도 과학활동에 관심을 기울이며 지원하기 시작했고, 과학은 점차 학문적인 면에서 뿐만 아니라 사회적으로도 중요한 활동으로 인정받기 시작했다. 과학혁명은 바로 이러한 전반적인 변화를 일컫는 용어이다.

르네상스 인문주의와 새로운 번역 사업

과학혁명이 본격적으로 진행되기 한 세기 정도 전에 유럽에서는 고대 로마와 그리스의 문화를 부흥시켜 이를 기반으로 새로운 문화를 창출하자는 움직임이 이탈리아를 중심으로 일어났다. 이 문화적인 변혁을 르네상스라고 부른다. 보통 르네상스는 이탈리아의 피렌체를 중심으로 15세기에 전성기를 구가한 것으로 평가된다. 그러나 이탈리아에서 시작된 르네상스는 16세기에 알프스 산맥을 넘어 다른 서유럽 국가들로 전파되었는데, 이렇게 되면 과학혁명이 일어났던 시기와 일치하게 된다. 르네상스로부터 비롯된 문화적인 변화는 자연스럽게 과학의 변화와도 영향을 주고받게 되었으며, 이러한 상황을 일컬어 피터 디어(Peter Dear)와 같은 과학사 학자는 16세기를 과학적 르네상스의 시기라고 명명하기도 한다.

르네상스 분위기 속에서 고대의 문화를 부활시켜야 한다고 주장하고 몸소 이를 실천했던 인물들을 르네상스 인문주의자(Renaissance humanist)라고 부른다. 인문주의자들은 16세기에 르네상스와 과학혁명을 연결하는 역할을 했다. 이들은 당시의 학문적 한계를 극복하고 새롭게 도약하기 위해서는 고대 그리스와 헬레니즘, 그리고 로마시대의 찬란했던 문화적 성과들을 복원해야 한다고 생각했으며, 이러한 생각은 고대의 예술 및 건축을 부활시키려고 했던 르네상스 분위기 속에서 많은 사람들과 공감대를 형성하게 되었다. 르네상스 인문주의자들이 고대의 학문을 부활시키기 위해서 택한 방식은 번역이었다.

인문주의자들은 12, 13세기에 진행되었던 아랍 서적 번역 작업의 결과물들에 대해 불만족스럽다 평가하면서 새로운 방식의 번역 사업에 착수했다. 이들은 서양 고대의 학문을 부활시키기 위해서는 아랍을 통해 전수된 책이 아닌 서양 고대의 원본을 찾아내서 번역을 해야 한다고 생각했으며, 이러한 생각은 르네상스 분위기에 호응했던 여러 귀족들의 후원을 통해 실제로 실현되었다. 학자들은 소실

되었다고 여겨졌던 문헌들을 어렵사리 찾아내어 번역작업에 착수했다. 이 과정에서 과거 번역의 오류들이 많이 수정되었고, 전에는 주목받지 못하여 번역되지 못했던 책들도 새롭게 번역되어 출판되었다. 특히 인문주의자들은 중세에 아랍 서적을 번역할 때 라틴어로 번역 작업을 수행했던 것과는 달리 이탈리아어, 프랑스어와 같은 각국의 언어로 책을 출판했고, 출판 기법으로는 구텐베르크(Johannes Gutenberg, 1398~1468)에 의해 개발되어 당시에 새롭게 사용되기 시작한 신기술인 활자 인쇄술이 도입되어 서적의 대량 생산이 가능해졌다. 새로운 언어와 새로운 기술을 도입한 결과로 더 다양한 사람들이 더 싼 값을 치르고 출판된 서적들을 접할 수 있게 되었고, 이는 과거에 비해 번역의 결과가 더 넓은 계층에 의해 광범위하게 퍼져나갈 수 있었음을 의미했다.

아르키메데스류(類) 저술의 번역과 장인의 지위 상승

중세 번역 시기에는 큰 주목을 받지 못했으나 르네상스 인문주의자들의 번역을 통해 많은 사람들의 관심을 모으게 된 번역서들 중에 눈에 띄는 것은 아르키메데스와 같이 고대에 실용적인 문제를 학문적으로 접근했던 사람들의 책들이다. 인문주의자들은 아르키메데스, 헤론, 비트루비우스 등 고대 학자들의 서적들을 번역해서 소개했는데, 이들은 기구 제작이나 건축과 같은 실용적인 문제들에 대해 수학을 동원해서 학문적인 접근을 하고 있다는 공통점을 가지고 있었다. 예를 들어 아르키메데스의 경우 수차 제작, 무거운 물체를 들어 올리는 기구 제작 등에 활용될 수 있는 내용을 지렛대 원리와 같은 수학의 형식을 사용해 설명한 인물이었다. 이러한 아르키메데스류 서적들은 일반인들이 읽을 수 있는 언어로 번역되어 비교적 싼값에 공급되었다. 그 결과 이러한 실용서들은 학자 층을 넘어서 새로운 독자들을 확보할 수 있었는데, 그중 한 부류는 바로 장인 계층에 속해 있던 사람들이었다.

자연과 인공을 엄격하게 구분하며 자연에 대해서는 높은 가치를 부여했고 인공에 대해서는 상대적으로 낮은 가치를 부여했던 아리스토텔레스의 주장들이 힘을 얻고 있던 중세에 장인들은 학자 계층에 비해 상당히 낮은 지위에 머물러 있었다. 장인들이 제작을 담당하고 있던 대상들은 인공의 영역에 해당하는 것들이기 때문이었다. 오랜 기간 동안 자신들이 하는 작업과 관련해서 그 가치를 인정받지 못하던 장인들에게 있어서 아르키메데스와 같이 고대에 실용학문을 연구했던 학자들의 저작의 출판은 큰 반향을 불러일으키는 시발점이 되었다. 아르키메데스는 당시에도 그 이름이 전해져 내려올 만큼 유명한 고대의 학자였다. 그런데 새롭게 세상에 나오게 된 아르키메데스의 저술 안에 담겨 있는 내용은 추상적인 논의가 아닌 실제 기구나 기계의 제작에 활용할 수 있는 지식이었다. 즉 바로 장인들이 담당하던 작업들과 깊은 연관이 있는 내용이었던 것이다. 이러한 소문이 퍼지면서 글을 읽을 줄 아는 장인들은 앞 다투어 아르키메데스류의 서적들을 탐독하기 시작했다. 그 책들을 읽어내면서 장인들은 자신들이 담당하고 있던 영역이 원래부터 미천한 영역은 아니었으며, 단지 이전 시대에는 아리스토텔레스주의가 퍼져 있었기 때문에 낮은 평가를 받았을 뿐이라는 점을 깨닫게 되었다. 고대에는 실용적 산물을 만들어 내는 지식이 그 유명한 아르키메데스가 다룰 정도로 중요했던 것이다.

아르키메데스류 서적들에 대한 독서를 통해 자신들이 하는 작업의 가치를 새롭게 깨달은 장인 계층에서는 스스로 많은 변화들을 일구어내기 시작했다. 그들은 먼저 자신들의 지식 전수 방법을 변혁시켰다. 장인들은 과거의 직접 경험을 통해 지식 및 노하우를 전수하는 방식을 벗어나 자신들이 종사하는 영역에 대한 지식들을 직접 집필해서 책으로 출판하기 시작했다. 예를 들어 비링구치오(Vanoccio Biringguccio, 1480~1539)가 출판한 금속 제련 관련 서적인 『불꽃 제조술』(*Pirotechnica*, 1540), 아그리콜라(Georgius Agricola, 1494~1555)가 출판한 광산업과 제련술 관련 서적인 『금속에 관하여』(*De re Metallica*, 1556) 등이 이에 해당한다. 이러한 서적들을 가지고 장인들은 그들만의 아카데미를 세워 조금 더 체계적인 교육도 시작했다. 16세기에는 건축 아카데미, 회화 아카데미 등 많은 기술 및 예술 관련 아카데미들이 세워져서 관련 지식에 대한 교육이 행해졌으며, 몇몇 장인들은 이러한 아카데미를 통해 다양한 소양 및 지식을 갖춘 학문적 기술자로 자신을 변모시켜 나가기도 하였다. 화가이자 발명가, 기술자, 해부학자였던 레오나르도 다빈치(Leonardo da Vinci, 1452~1519)는 이러한 학문적 기술자의 대표적 인물이었다.

장인들의 새로운 움직임을 통해 그들이 담당하는 작업의 학문적인 지위는 서서히 상승 곡선을 그리게 되었다. 더 이상 실용적 기술은 학문에 비해 절대적으로 가치가 떨어지는 미천한 활동이 아닌 쓸모 있으면서 중요하고, 때로는 학자들 역시 배울 점이 많은 영역으로 인식되기 시작했다. 기술과 기술자들을 중시했던 베이컨(Francis Bacon, 1561~1626)의 주장과 장인들의 작업에서 많은 아이디어를 얻었으며 그 관련 주제를 다루기도 했던 갈릴레오(Galileo Galilei, 1564~1642)는 기술 영역의 학문적 지위에 대한 생각이 변화하기 시작했음을 보여주는 대표적인 인물이다. 장인들의 학문적인 지위 상승이 자연철학에 영향을 준 면은 방법론에서도 찾아볼 수 있다. 손을 써서 기계나 기구를 만들어 냈던 장인들이 하는 작업에 대한 가치 평가의 변화는 그동안 멸시받아 왔던 인공적인 작업에 대한 시각을 바꾸어 놓게 된다. 자연철학자들은 인공적인 방법을 동원해서 자연을 탐구하는 행위인 실험에 대해 점차 긍정적으로 그 가치를 인정하게 되었고, 이를 자신들의 자연에 대한 연구에 적극 수용하기 시작했다.

헤르메스주의의 유행

르네상스 인문주의자들의 번역을 통해 새롭게 유행하기 시작한 사조 중에는 헤르메스주의와 신플라톤주의가 있다. 15세기 말부터 그리스 원본 문헌들을 열심히 찾아냈던 인문주의자들의 수집 목록에는 『헤르메스 전집』(*Corpus Hermes*)이 포함되어 있었다. 당시 번역 사업을 후원했던 메디치 가문에서는 이 책을 입수한 후 피치노(Marsilio Ficino, 1433~1499)라는 인문주의자에게 이 책을 번역시켰다. 이 책의 원저자로 알려졌던 헤르메스 트리스메기스투스(Hermes Trismegistus)에 대해서는 구약성서에 등장하는 모세와 동시대에 살았던 이집트 사람으로 기독교의 예언자 중 한명이라는 소문이 돌았다. 이 소문에 따르자면 『헤르메스 전집』은 플라톤이나 아리스토텔레스보다 훨씬 이전인 정말로 고대 중의 고대의 지식을 담은 책이었던 것이다. 고대의 지식 부활을 추구했던 르네상스 분위기 속에서 『헤르메스 전집』은 정말로 환영받을 만한 책이었던 셈이다. 『헤르메스 전집』에 담겨 있는 지식관과 세계관을 추종하는 입장을 헤르메스주의라 부른다.

『헤르메스 전집』에는 마술과 연금술 전통에 속해 있다고 평가할 수 있을 만한 내용들이 많이 담겨 있었다. 헤르메스주의에서는 자연을 멀리 떨어져서 관찰해야 하는 대상이 아닌 직접 조작하고 이를 통해 자연에 숨겨져 있는 비밀스러운 원리를 찾아내어 그 힘을 이용할 수 있는 대상으로 보고 있었다. 마술사들은 여러 조작을 통해 자연의 비밀을 알아내고, 이 비밀의 힘을 이용해서 자연에 어떠한 변화를 일으키거나 사물을 변형시킬 수 있는 사람들로 묘사되었다. 이러한 마술사들의 작업은 연금술사들의 작업과 상당히 유사한 면이 많았다. 연금술사들은 자연을 관찰해서 이해하려는 철학자들과는 달리 무엇을 끓이고, 녹이고, 합성해 보는 실제적인 작업을 통해 자연의 비밀을 알아내고 이를 바탕으로 새로운 무엇인가를 만들어 내는 사람들이었기 때문이다. 헤르메스주의가 유행하면서 중세에 마녀나 이상한 흑마술사처럼 여겨졌던 연금술사에 대한 이미지들이 서서히 변화하기 시작했다. 연금술사들이 행하는 작업들은 실제적인 활용성을 지닌 유용한 지식을 생산해 내는 과정으로 새롭게 인식되었고, 필요하다면 자연을 연구하는 방법으로 적극 받아들일 만한 것으로 여겨지게 되었다. 길게 보아 헤르메스주의는 조작을 통해 자연을 탐구하는 방식, 즉 실험이 자연철학에 도입되게 되는 과정에 있어서 긍정적인 영향을 미쳤다.

번역서가 출판되면서 16세기 내내 상당한 영향력을 발휘했던 헤르메스주의는 17세기로 접어들면서는 점차 퇴조해 갔다. 17세기 초의 문헌학자 카소봉(Isaac Casaubon, 1559~1614)이 철저한 고증을 통해 『헤르메스 전집』이 정말로 모세 시대에 집필된 저술이 아니라 2세기에 조작된 저술에 불과하다는 사실을 밝혀낸 사건이 헤르메스주의의 퇴조에 있어서 결정적이었다. 하지만 비록 17세기에 헤르메스주의는 퇴조했지만 헤르메스주의가 남겨 놓은 유산, 즉 조작적인 자연에 대한 접근법 및 실험에 대한 옹호는 과학혁명기 내내 영향을 미쳤다.

르네상스 플라톤주의

르네상스 인문주의자들의 번역을 통해 주목을 받은 다른 한 부류의 저술은 플라톤의 저술들이었다. 플라톤은 아리스토텔레스에 견줄 만한 고대의 철학자였기 때문에, 아리스토텔레스주의가 주도권을 쥐고 있던 중세를 거부한 르네상스 인문주의자들에게 있어서 플라톤의 저술들이 부각된 것은 어떻게 보면 자연스러운 일이었다고도 하겠다. 피치노를 비롯한 많은 인문주의자들은 플라톤의 저술들을 꼼꼼하게 재번역하여 출판하기 시작했고, 이러한 상황 속에서 플라톤은 아리스토텔레스를 대신할 대안으로 급부상하게 된다. 역사가들은 이 시대의 플라톤주의를 르네상스 플라톤주의(Renaissance Platonism)라고 부른다.

르네상스 플라톤주의는 기본적으로 플라톤의 사상을 계승한 철학적 사조였다. 르네상스 플라톤주의에서는 플라톤이 강조했던 우주의 조화, 기하학적 균형, 이데아의 완벽성 등의 요소들을 받아들였다. 아리스토텔레스가 아닌 플라톤을 계승했다는 점은 아리스토텔레스가 부정적으로 평가했던 수학의 중요성이 다시금 강조될 수 있는 여지가 마련되었음을 의미했다. 플라톤은 기하학적인 설명을 통해 우주의 구성과 물질 이론을 설명해 냈던 인물이었기 때문이다. 중세 동안 아리스토텔레스의 영향으로 인해 자연철학에 비해서 하등한 학문으로 취급받던 수학은 플라톤의 부흥과 함께 세상의 기본적인 이치를 제시하는 학문으로 그 가치를 재평가받을 기회를 잡게 된 것이다.

기본적인 플라톤 사상의 계승과 더불어서 르네상스 플라톤주의에서는 단순함의 아름다움이라는 요소를 강조했다. 이는 단순하고 간단할수록 더 큰 미적 가치를 지닌다는 생각이었다. 사실 이러한 생각은 플라톤 자신도 내비치고 있었다. 예를 들어 플라톤은 원이나 구를 가장 균형 잡히고, 단순한 도형으로 생각했기 때문에 아름답게 조화를 이루거나 중요한 대상들은 원이나 구의 모양새를 가진다고 주장했다. 르네상스 플라톤주의에서는 이 주장을 더 강화해서 단순할수록 아름다울 뿐만 아니라 더 진리에 가깝다는 생각을 발전시켰다. 이러한 생각들은 나중에 자연철학자들이 자연을 바라볼 때에도 영향을 미치게 된다. 코페르니쿠스, 갈릴레오, 케플러(Johannes Kepler, 1571~1630), 뉴턴 등의 인물들은 정도의 차이는 있지만 모두 르네상스 플라톤주의의 단순성 추구라는 주장에 동조하며 영향을 받았던 인물들이었다. 물론 이들 학자들은 수학의 중요성을 강조했던 인물이기도 하다.

07

새로운 과학 방법론의 제시 : 베이컨과 데카르트

르네상스 인문주의자들의 번역은 중세에 대한 비판을 제시함과 더불어서 새로운 지식을 추구하는 과정에 활력을 불어넣었다. 16세기에는 장인의 실제적 지식에 대한 재평가, 헤르메스주의의 유행, 연금술사들의 작업에 대한 긍정적인 평가, 르네상스 플라톤주의의 융성 등의 변화가 진행되며 전반적으로 실험적 방법과 수학적 방법에 대한 긍정적인 시각들이 출현했었다. 이러한 상황 속에서 17세기로 넘어서게 되면 위와 같은 생각들을 체계화 시켜서 새로운 지식추구의 방법론을 정립하려는 시도들이 나타나게 된다. 그 대표적인 인물들은 프란시스 베이컨과 르네 데카르트(Rene Descartes, 1596~1650)였다.

유용하고 실제적인 지식을 추구했던 베이컨

프란시스 베이컨은 저명한 정치가 니콜라스 베이컨 경(Sir Nicholas Bacon, 1510~1579)의 아들로 1561년에 태어났다. 프란시스 베이컨은 법학 교육을 받았으며, 처음부터 아버지와 같이 정치가로 성공하고자 노력했던 인물이었다. 1590년대에 정계에서 어느 정도의 위치에 오른 베이컨은 국가를 위해 봉사하는 자연철학에 대한 자신의 계획을 처음으로 시험 적용해 보기로 결심했다. 그는 기술과 무역의 증진을 위한 정부 기구의 창설을 생각했고, 정부의 직접적인 조치를 통해 자신의 계획이 실제로 구현되는 모습을 보고자 했다. 베이컨은 당시 신세계로의 항해에 앞장서면서 큰 발전을 이루던 스페인의 여러 정부 기구들을 모델로 하여 영국에도 유사한 기구를 만들기 위해 노력했다. 그 기구들은 자연에 대한 지식으로부터 경제적인 이득을 얻는다는 분명한 목표를 가지고 있었다.

베이컨은 야생 동물원, 식물원, 연구를 위한 도서관, 화학 실험실 등이 포함되어 있는 실제적인 지식을 생산하는 국가 기구를 설치해 보려 노력하였으나, 그 계획은 실현되지 못했다. 더군다나 베이컨은 엘리자베스 여왕에서 제임스 1세로 왕위가 계승되는 정권 교체 와중에 정치적인 사건에 연루되어 공직을 사퇴하게 되었고, 이로 인해 자신의 포부를 접을 수밖에 없었다. 하지만 그가 자신의 이상을 완전히 포기한 것은 아니었다. 실제 국가 기구 설치에 실패한 대신 그는 글을 통해 새로운 과학의 목표와 방법론을 제시하는 작업에 착수했던 것이다. 최초로 출판된 베이컨의 글은 『지식의 진보』(*The Advancement of Learning*, 1605)였다. 이 글에는 나중에 베이컨이 다른 저작들에서 주장할 특징적 내용들이 담겨 있었다. 하지만 베이컨의 견해가 완성된 형태로 제시된 것은 『새로운 논리학』(*Novum Organum*, 1620)에서였다.

과거의 학문의 목적과 방법론에 대한 비판

『새로운 논리학』이라는 책의 제목은 그 내용상의 특징을 잘 보여준다. 라틴어로 집필된 이 책은 옛날 논리학을 대체한다는 목표를 제목에서 명확하게 제시했는데, 대체되어야 마땅한 옛날 논리학이란 다름 아닌 아리스토텔레스의 논리학이었다. 아리스토텔레스의 논리학 저술의 모음집은 전통적으로 기구 혹은 도구의 뜻을 가지고 있는 그리스어 단어를 사용하여 *Organon*이라고 이름 붙여졌다. 이는 논리학이 특정한 주제에 국한되지 않고 온갖 종류의 영역에서 도구적으로 사용될 수 있다고 여겨졌기 때문이었다. 자신만의 새로운 논리학을 발표하면서 베이컨은 대학에서 가르치고 있는 아리스토텔레스적인 접근법을 따른 논리학은 완전히 부적절한 도구일 뿐이며, 특히 자연철학적인 지식을 만들어 내는 데에 있어서는 더욱 그러하다는 자신의 믿음을 표출했다. 베이컨은 대신 자신이 제시하는 논리학이 자연철학적 지식을 만들어 내기에 완벽하게 적합하다고 주장했다.

먼저 베이컨은 『새로운 논리학』에서 이미 존재하던 철학 체계들을 대체하기 위해 고안된 자신의 접근법을 정당화하는 데에 논의를 집중했다. 그가 보기에 과거의 철학들, 그중에서도 특히 아리스토텔레스 철학의 문제는 자연철학의 목적을 오해하고 있다는 점에 있었다. 베이컨이 보기에 인류에게 더 나은 생활을 선사해 줄 수 있는 실제적 지식을 폄하하는 일은 부도덕한 행동이었다. 베이컨은 생산성 없는 아리스토텔레스의 철학은 다른 사람에게 자선을 베풀라는 기독교인의 임무를 태만히 하고 있는 나쁜 철학이라고 비판하기도 했다. 자연철학은 원칙적으로 사람들을 도울 수 있으며, 바로 그러한 목적을 향해 나아가야만 한다는 것이 베이컨의 생각이었다. 과학의 진정한 목적은 인간의 삶에 새로운 발견들과 자원들을 제공해 주는 것이었다.

그렇다면 이 유용한 지식을 생산한다는 자연철학의 목적을 달성하기 위해서는 어떻게 지식을 추구해야 할까? 이 질문에 해답을 제시하기 위해서 베이컨은 과거의 지식 추구 방법을 송두리째 바꾸어야 한다고 주장했다. 그는 자연철학을 명상적인 작업이 아닌 인류 복지를 증진하는 방향으로 나아가야 마땅한 작업으로 바라보았다. 이를 위해 베이컨은 과거의 아리스토텔레스적 자연철학을 부분적으로 수정하는 방식이 아닌 완벽히 새로운 지식 추구의 모델을 제시할 필요가 있었던 것이다. 바로 이것이 『새로운 논리학』의 중요한 내용이었다.

새로운 학문의 방법론인 귀납법

베이컨은 먼저 아리스토텔레스식의 논리학에서 가장 중요하게 여겨지던 삼단논법에 대한 비판부터 시작했다. 다음은 유명한 삼단논법의 사례이다.

모든 인간은 언젠가는 죽는다.	대전제
소크라테스는 사람이다.	소전제
그러므로 소크라테스는 언젠가는 죽는다.	결론

위의 추론 체계에 따르자면 모든 인간이 죽는다는 대전제가 성립된 이후에 소크라테스가 언젠가는 죽는다는 결론이 내려지게 된다. 베이컨은 이 추론 과정 자체에 대해서는 큰 불만이 없었다. 그가 아리스토텔레스식의 논리학에 대해서 공격하는 부분은 바로 맨 윗줄, 즉 대전제의 명확성 여부였다. 다시 말하자면 베이컨은 "정말로 모든 사람이 죽는가?"에 대해 의문을 제기했던 것이다. 모든 사람이 죽는다는 대전제는 소크라테스의 사망을 비롯한 여러 사례들이 종합된 후에 얻어질 수 있다. 그러나 아리스토텔레스 논리학에서는 사례들을 확인한 후에 종합해서 이 대전제를 얻으려 하지 않는다는 점이 베이컨이 가한 비판의 요지였다.

베이컨은 대전제를 찾아내는 새로운 방법으로 귀납법을 제시했다. 먼저 베이컨은 진정으로 참인 지식을 얻기 위해서는 개별 사건들로부터 시작해 보편적인 지식에 대한 진술로 거꾸로 나아가야 한다고 주장했다. 지식 획득의 첫 단계는 개별 사건들에 대한 정보 수집이었다. 그렇다면 정보 수집은 또 어떻게 해야 하는가? 먼저 정보 수집의 규모는 크면 클수록 좋을 것이다. 그리고 정보 수집 과정에서 명확하게 확인되지 않은 정보는 배제해야만 최종 지식에서 오류가 사라질 것이다. 이렇게 열심히 장기간에 걸쳐 정보를 수집하기 위해서는 당연히 여러 사람의 노력이 종합될 필요가 있는 것 또한 분명하다. 혼자서 전 세계의 사람들이 정말로 다 죽는지 확인하고 다닐 수는 없을 테니 말이다. 수집된 개별 사례들에 대한 정보는 다시 한번 확인 과정을 거쳐야 한다. 수집 과정에서 오류가 개입할 가능성이 여전히 남아 있기 때문이다. 확인 과정에서 중요한 점 역시 구체적이고 실제적인 확인이다. 누구의 말을 듣고, 누구의 책을 보고 수집한 정보는 믿을 수 없기 때문이다.

어느 정도 확실한 정보들이 수집되었다면 이를 기반으로 해서 베이컨이 공리라고 이름 붙였던 일반적 진술로 나아가야 했다. 베이컨은 개별 사례들을 통해 수집된 정보들의 공통적인 사항들을 바탕으로 했을 때만이 오류가 없는 일반적 진술을 확보할 수 있다고 주장했다. 전 세계의 사람들이 정말로 사망하는지에 대한 정보가 파악된 후에야 우리는 "사람은 언젠가는 죽는다"라는 일반적 진술을 확보할 수 있다는 것이다. 이렇게 얻어진 일반적 진술은 시작점이 되었던 개별 사례들보다는 더 넓은 포괄 범위를 가지게 될 것이다. 다시 인간의 사망을 예로 들자면 전 세계의 정보를 통해 얻어진, 사람은 언젠가는 죽는다는 일반적 진술은 이제 과거와 미래의 사례에도 적용될 수 있게 된다는 말이다.

베이컨은 이렇게 작동되는 귀납법이 삼단논법으로 대표되는 아리스토텔레스의 연역법과는 반대 방향으로 작동된다는 점을 지적했고, 당시 인정되고 있는 다른 방법들보다 월등히 우수하며 가장 토대가 확실한 진리들을 만들어 낼 것이라고 주장했다. 그리고 확실한 진리를 확보해 나가는 과정에서는 실제적인 확인 작업이 매우 중요했다. 실제적인 확인을 위해서 동원되어야 하는 구체적인 방법으로는 도구의 활용, 실험의 도입 등이 있었다. 그리고 이 모든 작업은 여러 사람들이 동참해서 협력할 필요가 있었다. 마지막으로 이렇게 힘들게 고생해서 얻어진 진리는 더 나은 생활을 가능케 하는 유용성을 가져야 했다.

네 가지 우상론을 통해 본 당시의 여러 방식에 대한 평가

귀납법을 제시한 베이컨은 『새로운 논리학』에서 당시 지식 생산에 관여하고 있던 다양한 부류의 집단들에 대한 평가를 내림과 동시에 유명한 네 가지 우상론을 제시했다. 네 가지 우상(idol)은 종족(tribe)의 우상, 동굴(cave)의 우상, 시장(market place)의 우상, 극장(theatre)의 우상이었다. 베이컨이 우상론을 제시한 이유는 과거의 다양한 학문 추구의 방식들이 자신이 거론하고 있는 폐단들을 벗어나지 못했기 때문임을 주장하기 위해서였다. 먼저 종족의 우상은 인간이라는 종족 전체에 공통된 폐단으로 감각의 불완전성, 이성 능력의 한계, 감정과 욕망으로 인한 문제들의 발생을 거론하는 내용을 담고 있었다. 동굴의 우상은 개인이 가지고 있는 특별한 선입견이나 의견으로 인해 발생하는 폐단을 의미하는 것으로, 평생을 동굴 안에 살던 사람이 바깥 세상에 나왔을 때 자신이 생각하고 있던 방식으로만 세상을 인식하는 잘못된 상황에 비유했다. 시장의 우상은 시장에서 많은 사람들이 자신들만 이해할 수 있는 방식의 언어나 몸짓을 통해 의미를 주고받음으로써 혼란이 벌어지는 상황을 빗댄 것으로, 인간이 사용하는 언어와 부호의 부정확한 전달 및 그 자체의 모호성 때문에 생기는 폐단이었다. 마지막으로 극장의 우상은 연극배우들이 주어진 대본을 따라서 연기하듯 특정 학파의 주장이나 입장에 입각해서만 자연현상을 이해하려고 하는 폐단을 지적하고 있었다.

우상론을 제시한 후 베이컨은 당시의 여러 학파 및 집단들에 대해 평가를 내렸다. 베이컨이 가장 심각한 오류를 범하고 있다고 몰아세운 집단은 아리스토텔레스를 추종하는 스콜라학자들이었다. 그는 베이컨은 스콜라학자들이 네 가지 우상 모두에 빠져 있다고 강하게 비판했다. 그는 이들의 방법론에서 배울 점은 거의 찾아볼 수 없으며 스콜라학풍을 완전히 대체할 때에만 올바른 학문 추구가 가능할 것이라고 주장했다. 이어 베이컨은 연금술사와 마술사들의 작업도 검토하며 이들의 작업에서는 배울 점도 많지만 동굴의 우상에 빠져 있다는 한계가 있기 때문에 조심해서 받아들여야 한다고 지적했다. 연금술사와 마술사들은 자신들의 경험 및 지식관에 너무 몰두한 나머지 다른 객관적인 경험들을 무시하는 경향이 있고 또 어렵사리 얻어낸 지식을 비밀스럽게 혼자만 알고 있으려는 경향을 보인다는 점에서 비판의 여지가 있지만, 그들이 작업을 할 때 사용하는 실제적인 검증방식 및 실험적 방법은 수용할 만하다는 것이 베이컨의 주장이었다. 수학자들에 대해 베이컨은 그들이 확실한 지식을 추구한다는 점에서는 의미 있는 작업을 수행한다고 평가했지만, 수학적 지식은 유용성이라는 면에서는 상대적으로 뒤떨어진다는 점을 지적했다. 마지막으로 베이컨은 장인들의 작업을 검토하면서 그들의 실험적이고 실제적인 작업 방식과 유용한 결과물의 생산이라는 목표는 높게 평가해야 하지만, 그들은 단편적인 지식을 종합하여 큰 체계를 만들어 내는 능력이 부족하다고 지적했다. 베이컨은 각각의 학파 및 부류에 속한 사람들이 가지고 있는 한계를 극복하고 올바른 방식의 지식추구를 달성하기 위해서는 다양한 사람들이 협동해서 작업을 수행해야 함을 주장했다.

2 귀납법, 실험적 방법, 과학단체

베이컨의 귀납법과 그 구체적인 실행 과정에 대한 주장은 과학혁명기에 새로운 방식으로 학문 활동을 하고자 했던 많은 사람들에게 영감을 주었다. 특히 베이컨은 귀납법을 설명하는 과정에서 장인들의 실제적인 작업에 대해 칭송했는데,

이는 과거에는 무식하다고 여겨지던 장인들의 활동을 인정할 수 있는 분위기를 만들어 내는 데 기여했다. 베이컨의 주장에 동조하는 새로운 과학자들은 실험적인 방법을 도입할 것이고, 사례들을 모아 그것들을 증거로 한 지식을 생산해 내게 될 것이며, 인류 문명 발전에 도움을 줄 수 있는 지식을 생산해 내게 될 것이다. 그리고 그러한 지식은 베이컨이 예전부터 생각했던 다름 아닌 국가 발전에 도움을 주는 지식이기도 했다. 이제 국가가 나서서 과학을 지원하고 발전시킬 필요성이 생기게 된 셈이다.

베이컨은 그가 사망했던 해에 출판한 『새로운 아틀란티스』(*The New Atlantis*, 1626)에서 지식 생산의 정치적 조직에 대한 자신의 이상을 조금 더 자세하게 제시했다. 이 책은 태평양 한가운데 떠 있으며 벤살렘(Bensalem)이란 수도를 가지고 있는 유럽인들은 모르는 신비의 섬에 대해 대단한 이야기를 풀어내 놓고 있었다. 그 섬은 유용한 지식 생산에 많은 관심이 있는 사람들이 중심적인 역할을 하면서 합리적으로 통치되는 나라이다. 베이컨이 상상했던 도시의 지적 활동 중심지는 "살로몬의 집"(Salomon's House)이라 불리는 기관이었다. 베이컨은 살로몬의 집에 소속되어 엄격하게 구분된 역할을 수행하고 있는 여러 사람들에 대해 자세히 설명했다. 사실을 수집하기 위해서 세계를 돌아다니는 사람들, 새로운 사실을 만들어 내기 위해 실험을 수행하는 사람들, 실험에 의해 검증해 볼 만한 후보격의 사실들을 서적에서 찾아내는 사람들, 그리고 이러한 모든 실험적 결과물들을 종합적으로 고려하고 새로운 실험 수행을 지시하는 사람들이 그들이었다. 이 서열의 최상층부에는 세 명의 자연의 해석자들이 있어서, 확실하게 검증된 사실을 취합하고 이를 사용해서 진리를 만들어 내고 있었다. 그리고 마지막으로 진리들로부터 결론을 도출해서 실용적인 지식을 만들어 내는 일을 담당하고 있는 또 다른 많은 사람들이 있었다. 이렇게 구성되어 있는 살로몬의 집은 인간 제국의 영역 확대를 향해 국가에 의해 운영되는 기관이었다.

베이컨의 상상의 섬에 존재했던 국가 연구기관인 살로몬의 집은 그가 『새로운 논리학』에서 설명했던 지식 추구의 목적과 그 올바른 방법에 대한 이상을 구체적으로 보여준다는 것 이외에도 또 다른 중요한 의의를 가진다. 살로몬의 집은 과학혁명기에 유럽에서 그와 유사한 형태의 과학 관련 기구가 출현하는 데 모델이 되었다. 본격적 의미에서 최초의 과학단체인 영국 왕립학회(The Royal Society of London for Improving Natural Knowledge)는 과학혁명이 마무리되어 갈 무렵인 1660년에 살로몬의 집을 모델로 세워진 기관이었다. 이제 과학자들은 과거와는 다른 목적 의식을 가지고 다른 방법을 사용해서 과학 활동을 하게 될 것이다. 과학은 유용한 지식으로 변모했으며, 그 지식을 생산해 내기 위해서는 실험이라는 방법을 동원해야 했다. 그리고 이제 국가도 이렇게 변모한 과학에 관심을 보일 시대가 서서히 열리고 있었다.

회의주의와 데카르트

베이컨이 실용적인 목표를 강하게 내세우며 실험적인 방법에 입각한 귀납법을 새로운 지식 추구의 방법으로 제시했다면, 한 세대 정도 뒤에 활약한 프랑스 출신의 철학자 데카르트는 수학적인 형태의 구성 요소들로만 이루어진 지식 추구의 방식을 내세우며 과학혁명의 후반부에 여러 자연철학자들에게 지대한 영향을 끼쳤던 인물이었다. 1596년에 태어난 데카르트는 예수회 대학에서 교육을 받았으나 학교를 졸업한 후 네덜란드로 이주했다. 데카르트는 네덜란드에서 아이작 비크먼(Isaac Beeckman, 1588~1537)을 만나면서 큰 영향을 받았다. 비크먼은 미세한 입자들이 물질을 구성하고 있다는 독특한 생각을 하던 인물이었다. 또한 그는 이 입자들이 일으키는 현상들을 수학적인 방식을 통해 해명할 수 있다면 올바른 방식으로 세계에 대한 이해를 할 수 있다고 주장하기도 했다. 이러한 비크먼의 사상은 나중에 데카르트가 고안한 체계의 첫 출발점이 되었다.

데카르트가 네덜란드에서 활동하던 17세기 초반에는 다양한 주장들이 등장하며 아리스토텔레스주의를 공격하고 있었다. 그중 하나는 르네상스 인문주의자들의 번역을 통해 다시금 주목을 받게 된 고대의 회의론이었다. 당시 많은 사람들에게 지적인 영감을 주었던 고대의 회의론자는 섹스투스 엠피리쿠스(Sextus Empiricus, 160~210)였는데, 그의 주장은 피론주의(Pyrrhonism)라는 이름으로 알려졌다. 섹스투스는 인간의 감각을 통해 얻은 지식도 믿을 만하지 못하며 인간의 이성을 통해 획득한 지식 역시 그 한계가 있기 때문에 신뢰할 수 없다는 입장을 고수하며 모든 문제에 대한 판단을 유보해야 한다고 주장했던 고대의 철학자였다. 피론주의는 아리스토텔레스의 철학 체계에 반대하는 사람들에게 매력적인 대안으로 여겨졌으나, 극단적으로 피론주의를 옹호할 경우 제대로 된 진리의 추구가 전혀 불가능하다는 문제도 안고 있었다. 이러한 분위기 속에서 몇몇 사상가들은 회의주의의 기본적인 입장은 수용하면서도 그 한계를 벗어날 수 있는 새로운 방식을 모색하기 시작했는데, 데카르트가 바로 그러한 인물 중 한 명이었다.

나는 생각한다. 그러므로 존재한다.

데카르트는 회의주의의 주장을 수용하여 모든 문제에 대한 판단을 유보해야 한다는 점에서부터 자신의 철학 체계 구성을 시작했다. 데카르트는 그 어떠한 것도 확실히 참이라고 받아들이지 말고 모든 사안에 대해 참, 거짓을 따져봐야 한다고 생각했다. 데카르트가 이를 위해 동원한 방법은 의심이었다. 데카르트는 조금이라도 의심이 드는 주장은 거짓의 가능성이 있는 것이라고 여겼다. 확실한 지식이란 거짓의 가능성이 전혀 없어야 할 터이고, 그렇다면 그 지식에 대해서는 전혀 의심이 들지 않아야 했기 때문이다. 데카르트에게는 이제 의심이 전혀 들지 않는 명제를 찾아내는 일만 남게 되었다. 하지만 문제는 여기에 있었다. 데카르트는 자신이 의심의 잣대를 들이대자 그 무엇도 의심을 피해갈 수 없다는 사실을 발견했다. 철학적인 명제들이나 주장들은 물론이고 주위 사물의 특성, 색깔 등 모든 것이 의심하려고 들면 의심할 수 있는 대상이었다. 내 앞의 빨간 장미를 보았을 때 갑자기 문득 혹시 빨간색이 아닌데 내가 잘못보고 있는 것은 아닐까 하는 의심이 든다면 그 장미가 빨간색이라는 주장은 거짓일 수도 있었다.

하지만 데카르트는 결국 자신이 아무리 부정해도 결코 의심할 수 없는 한 가지 사실을 발견해 냈다. 그 사실은 자신이 의심을 하고 있다는 것이었다. 자신이 의심하고 있다는 사실이 왜 확실한 것일까? 자신이 의심하고 있다는 사실이 거짓이 아닐까라고 의심하는 것 또한 의심에 속하기 때문이다. 의심을 한다는 것은 무엇인가? 의심을 한다는 것은 생각을 하고 있다는 증거이다. 그렇다면 생각이 가능하기 위해서는 무엇이 필요한가? 생각이 가능하기 위해서는 생각의 주체가 존재해야 한다. 이러한 과정을 통해 데카르트는 자신의 체계를 구축하는 과정에서 가장 근본이 될 명제인 "나는 생각한다. 그러므로 존재한다."를 만들어 냈다.

명징한 지식의 기본: 수학적 지식

데카르트는 생각하는 주체의 존재를 확인 한 후 여기서부터 출발하여 확실한 지식에 대한 형이상학적인 체계를 하나씩 쌓아 올렸다. 다음으로 데카르트는 그 형이상학적인 체계를 물질세계에 적용했다. 데카르트는 비크먼의 생각을 수용해 미세한 입자들이 가득 차 있는 세계를 그려냈고, 그 입자들은 스스로 움직일 수 있는 능력을 가지지 못한 불활성의 입자들이었다. 입자들은 외부로부터 충격을 받았을 때에만 움직일 수 있고, 이 움직임들이 종합되어서 세상의 변화가 가능해진다. 이러한 세상에서 변화를 파악하는 올바른 방식은 외부에서 주어진 충격이 얼마나 강한 정도로 어떠한 방향으로 가해지느냐를 명확히 이해하고 계산하는 데에서부터 출발한다. 충격의 강도와 방향은 모두 수로 표현 가능한 양이다. 바로 이러한 가정에서부터 출발하여 데카르트는 세상에 대한 확실한 지식은 수학적으로 접근할 때에만 획득 가능하다는 결론에 도달했다.

데카르트는 이러한 자신의 생각을 정리해서 자연에 대한 지식을 추구하는 방법을 설명한다는 의도로 『방법서설』(*Discours de la Méthode*, 1637)을 집필했다. 네덜란드에서 처음 출판된 이 책에서 데카르트는 전혀 도전받지 않을 완벽한 설명체계를 구축하려고 노력했고, 그 완벽한 설명체계는 바로 수학적으로 논증 가능한 체계였다. 데카르트는 자신의 주장이 실제로 자연을 설명함에 있어서도 유용하다는 점을 입증하려 했다. 『방법서설』은 제목에서 드러나듯이 어떠한 본문의 내용과 관련된 방법론을 설명하는 서론 격의 글이었다. 『방법서설』의 본문 격으로 데카르트는 『광학』(*La Dioptrique*, 1637), 『기하학』(*La Géométrie*, 1637), 『기상학』(*La Meteres*, 1637)을 같은 해에 출판하고, 이 글들에서 수학적인 방식을 통해 세상을 이해하는 실제 작업을 보여주었다.

데카르트의 기계적 철학

데카르트는 『방법서설』에서 제안한 자신의 체계를 『성찰』(*Meditationes de Prima Philosophia*, 1641), 『세계』(*Le Monde*, 1630~1633), 『철학의 원리』(*Principia Philosopiae*, 1644)와 같은 다른 저술들에서 더욱 발전시켰고, 이러한 데카르트의 체계는 기계적 철학(mechanical philosophy)이라는 이름으로 알려졌다. 기계적 철학이라는 명칭은 데카르트의 자연에 대한 지식을 추구하는 방법론을 수용했던 영국의 로버트 보일(Robert Boyle, 1627~1691)이 처음으로 사용했다. 비록 나중에 이름 붙여진 체계이긴 하지만 데카르트의 기계적 철학 체계는 많은 자연철학자들에게 받아들여지며 수학을 중심으로 한 새로운 방법론으로서 대접받았다.

기계적 철학이라고 불릴 체계를 설명하면서 데카르트가 염두에 둔 점은 어떻게 자연에 대한 확실하고 명징한 지식을 추구할 수 있을까에 관한 것이었다. 데카르트는 먼저 자연에 대한 설명을 제시함에 있어서 정신적인 영역에 해당하는 설명은 철저하게 배제해야 한다고 주장했다. 여기서 정신적인 영역이란 신학적인 설명, 신비주의적인 설명, 마술적인 설명 등을 의미했다. 데카르트는 미세한 입자들이 꽉 차 있는 공간에서 이 입자들의 움직임이 모여 자연의 변화가 일어난다고 생각했고, 이 입자들이 움직이는 방식을 설명함에 있어서 정신적인 영역을 철저하게 배제했던 것이다. 이제 입자들의 움직임은 신의 능력이나 마술적인 작용으로 설명이 불가능해지게 되었고, 오로지 외부의 충격에 의해서만 설명되어야 했다. 기계적 철학이라는 명칭은 바로 이러한 특징, 즉 기계가 서로 연결된 부분들이 직접 접촉을 하면서 작동을 하듯이 세상도 직접적인 작용에 의해서만 변화하게 된다는 점에 기인해서 붙여졌다. 결국 자연을 이해하는 데에 있어서의 관건은 직접적인 충격에 의해서 물체가 어떤 움직임을 갖게 되느냐, 즉 어떤 운동을 하게 되느냐를 파악하는 것이었다.

데카르트는 이와 더불어 자연에 대한 이해에 있어서 확실해 보이는 다른 개념을 한 가지 더 찾아내었다. 데카르트는 우리가 어떠한 물체를 상상할 때 색깔, 냄새, 모양 등 각 요소에 대해 여러 가지 불확실한 가정을 할 수 있지만 유일하게 확실한 점은 그 물체가 특정한 공간을 점유하고 있다는 것이라고 주장했다. 데카르트는 이 공간의 점유를 외연(extension)이라 명명하며, 외연이야말로 물체의 본성에 대해 우리가 확인할 수 있는 유일하게 참인 관념이라고 설명했다. 데카르트의 기계적 철학에서 확실하게 다룰 수 있는 대상은 외연을 점유하고 있는 물질(matter)과 그 물체가 충격에 의해 움직이는 운동(motion)뿐이다.

물질과 운동은 기계적 철학의 기본적인 출발점이자 가장 중요한 특징을 보여주는 개념들이다. 사실 아리스토텔레스 역시 물질과 운동을 중요시했었다. 하지만 아리스토텔레스가 이 개념들을 다룰 때 중시했던 점은 물질의 성질과 운동의 원인이었다. 하지만 데카르트는 물질과 운동을 다룸에 있어서 성질 규명, 원인 파악과 같은 불확실한 측면은 철저히 배제하고 오로지 물체의 크기나 운동의 방향, 속도와 같이 숫자로 표현될 수 있는 양만을 선택적으로 고려했다. 숫자로 표현될 수 있는 양을 공략하는 가장 적절한 방법은 당연히 수학이었다. 이렇게 해서 기계적 철학은 물질로 꽉 차 있는 세계의 변화를 수학적으로 규명하여 가장 확실한 지식 체계를 구축하겠다는 데카르트의 새로운 방법론의 기본이 되었다.

데카르트 이후의 기계적 철학

기계적 철학의 기본이 되는 주요 개념들을 제시하고 체계화시킨 사람은 분명 데카르트였지만, 사실 기계적 철학은 데카르트만의 독특한 철학체계는 아니었다. 데카르트에게 영향을 준 비크먼도 비슷한 생각을 공유하고 있었고, 갈릴레오 역시 크기, 모양, 수 등을 물체의 일차적 성질로 제시하며 기계적 철학과 유사한 주장을 제시했었다. 이처럼 많은 사람들이 부분적으로 동의하고 있던 생각들을 체계화한 기계적 철학은 데카르트 이후에 많은 추종자들을 만들어 냈다. 대표적인 인물로는 프랑스의 철학자 가상디(Pierre Gassendi, 1592~1655)가 있으며, 보일 역시 기계적 철학에 열렬히 동조했던 인물이다. 특히 보일은 많은 실험을 통해서 기계적 철학의 타당성을 입증하려고 노력했다. 기계적 철학은 데카르트가 활동했던 네덜란드에서도 크게 유행했는데, 크리스티안 회이헨스(Christiaan Huygens, 1629~1695)는 데카르트 이론 체계의 오류들을 수정하며 기계적 철학의 성공적인 적용을 위해 노력했던 인물이다. 마지막으로 거론해야 할 기계적 철학의 영향을 받았던 인물은 바로 뉴턴이다. 뉴턴은 결국에 가서는 기계적 철학을 거부하는 입장을 택했지만, 젊은 시절의 뉴턴은 데카르트의 저술들을 탐독하며 기계적 철학으로부터 많은 영감을 얻었다.

08

천문학의 혁명

르네상스 인문주의자들의 번역서들이 출간되면서 생겨난 변화들과 베이컨, 데카르트로 대표되는 새로운 방법론의 출현은 구체적인 자연 현상들을 연구하는 자연철학자들의 작업에 그 영향력을 발휘하게 된다. 최근의 많은 연구들은 16, 17세기의 사상적, 사회 · 문화적 변화들이 새로운 과학 연구 실행과 그 결과물인 새로운 이론 출현의 과정에서 상당히 중요한 요소였음을 지적하고 있다. 우리가 지금 살펴볼 천문학 혁명의 과정도 이에 해당한다.

천문학 혁명은 전통적으로 과학혁명을 대표하는 사례로 여겨졌다. 우주의 중심에 지구가 정지해 있다고 믿던 지구중심설에서 지구가 태양 주위를 도는 행성이라고 믿는 태양중심설로의 변화는 단순히 천문학 이론의 변화를 넘어서서 우주관, 세계관의 변혁까지 동반한 과정이었다. 이 과정은 한두 사람의 주장만으로 달성될 수는 없었다. 고대부터 16세기까지 발전해 온 우주에 대한 여러 생각들과 이론들은 상당히 복잡했고, 이를 전체적으로 바꾸기 위해서는 다양한 문제들이 해결되어야만 했다. 그 문제들을 조목조목 해결해 나갔던 천문학 혁명의 주인공들은 코페르니쿠스, 티코 브라헤(Tycho Ottesen Brahe, 1546~1601), 케플러, 갈릴레오, 뉴턴이었다.

2. 천문학 혁명의 시작을 알린 코페르니쿠스

좁게 보아서는 천문학의 혁명, 넓게 보아서는 과학혁명의 서막을 장식한 인물은 코페르니쿠스였다. 코페르니쿠스는 고대에 아리스토텔레스와 프톨레마이오스에 의해서 정식화되었던 천문학을 변화시키는 주장을 제안했고, 이후에 많은 과학자들이 해결해야 할 문제들을 던져주며 새로운 과학의 시대를 열었다.

1490년대 초 코페르니쿠스는 천문학 연구에 있어서 꽤나 유명했던 폴란드의 크라쿠프 대학(Krakow University)에서 공부하기 시작했다. 크라쿠프는 천문학으로 유명한 대학이었지만 한편으로는 고대 언어의 중요성을 강조하고, 고대의 저술들에 대한 박식함의 가치를 높이 평가하는 새로운 인문주의 교육의 중심지로도 부상하고 있던 곳이었다. 폴란드에서 인문주의의 영향을 받았던 코페르니쿠스는 르네상스의 본고장이라고 할 수 있는 이탈리아로 유학을 가서 의학 공부를 시작했다. 그 당시 이탈리아에서는 인문주의의 열풍 속에서 고대의 저술들이 다시 번역되어 출판되는 일이 많았다. 고대 천문학을 집대성한 『알마게스트』도 이탈리아의 베네치아에서 다시 출판되었는데, 바로 이때 코페르니쿠스는 이탈리아에 머무르고 있었다. 그는 비록 의학 박사학위를 따지는 못했지만, 고향인 폴란드에서 성직자로 일자리를 마련해 준 친척의 부름을 받고 귀환한 후 성직자 겸 천문학자로서의 삶을 이어나갔다.

폴란드로 돌아오고 몇 년 후인 1509년, 코페르니쿠스는 자신의 첫 번째 출판물을 발간했다. 그 출판물은 후기 고대 그리스 시를 라틴어로 번역한 것이었는데, 여기서 우리는 코페르니쿠스와 인문주의의 관련성을 엿볼 수 있다. 천문학과 관련된 코페르니쿠스의 글은 1512년에 세상에 나오게 되는데, 그 글의 제목은 『코멘타리오루스』(*Commentariolus*, 1512)였다. 이 글에서 코페르니쿠스는 프톨레마이오스의 우주 체계를 대체하기 위한 시도로 새로운 천문학 체계인 태양중심설에 대한 내용을 담아냈다. 『코멘타리오루스』는 비록 출판되지 않은 원고 형태였지만 16세기에 천문학자들 사이에서 상당히 널리 알려졌다. 하지만 코페르니쿠스의 새로운 체계를 온전하게 담은 출판물은 1543년까지 출판되지 않았다. 코페르니쿠스는 『코멘타리오루스』를 읽고 의견을 보내준 동료 천문학자들의 반응을 통해 자신이 주장하는 내용이 매우 새롭다는 것은 물론이고 당시의 종교적 상황으로 보아 상당히 위험할 수도 있다고 생각하기에 이르렀다. 때문에 자신의 이론을 세상에 선보이기를 주저하게 되었던 것이다.

자신의 이론을 세상에 공식적으로 알리기를 주저하고 있었던 코페르니쿠스가 결국 출판을 결심하게 된 과정에서는 동료 천문학자였던 레티쿠스(Georg Joachim Rheticus, 1514~1574)의 설득이 중요한 역할을 했다. 레티쿠스라는 젊은 천문학자는 그동안 코페르니쿠스가 얻어 온 수학적 천문학자로서의 높은 명성과 코페르니쿠스의 새로운 천문학 체계에 관한 소문에 이끌려 직접 그를 방문했다. 그리고 레티쿠스는 코페르니쿠스의 새로운 천문학을 배워 나가면서 그를 설득하기 시작했다. 이토록 새롭고 혁신적인 생각은 반드시 출판을 통해 세상에 알려져야 한다는 레티쿠스의 끈질긴 설득에 코페르니쿠스는 결국 자신이 이미 어느 정도 완성해 놓았던 원고를 넘겨주며 출판을 허락했다. 이렇게 해서 어렵게 세상에 나온 책이 바로 과학혁명의 서막을 알리는 『천구의 회전에 관하여』였다.

『천구의 회전에 관하여』

그렇다면 『천구의 회전에 관하여』는 대체 어떠한 내용을 담고 있는 책이었기에 과학혁명을 시작한 책이라고 평가를 받고, 또 저자인 코페르니쿠스는 그토록 출판을 주저했을까? 이 책에서 코페르니쿠스는 그 당시까지 상식이라고 여겨지던 우주의 모양새에 큰 변화를 주었다. 당시에 통용되던 우주의 모양새는 아리스토텔레스가 제안한 대강의 체계에 프톨레마이오스가 세부적으로 내용을 더한 것이었다. 이 체계에 따르면 우주의 중심에는 지구가 고정되어 있고, 태양과 달을 비롯한 행성들은 지구를 중심으로 한 동심원을 그리며 회전하게 되어 있었다. 그리고 하루에 한번 밤낮이 변화하는 현상을 설명하기 위해서 우주 전체를 감싸고 있는 제일 바깥의 천구인 항성 천구가 하루에 한번 회전해야만 했다. 이 아리스토텔레스적인 혹은 프톨레마이오스적인 우주 구조는 교회의 가르침과도 일치하고 있었고, 그 때문에 서양에서는 공식적인 우주 구조로 인정되고 있었다. 그런데 코페르니쿠스는 이러한 우주의 모양새에 여러 가지 수정을 가했던 것이다.

코페르니쿠스가 제안한 새로운 우주의 모양새에서 가장 분명한 변화는 지구와 태양의 위치가 바뀌었다는 점이었다. 새로운 우주 구조에서는 우주의 중심에 지구가 아닌 태양이 위치해 있었고, 지구는 예전에 태양이 있던 자리로 위치를 이동했다. 위치만 이동된 것이 아니었다. 예전에는 태양이 지구를 중심으로 회전했다면 이제는 지구가 태양을 중심으로 회전을 하게 되었다. 즉 과거의 지구중심설에서 탈피하여 코페르니쿠스는 태양중심설을 제안한 것이다. 새로운 우주 구조에서 지구는 우주의 중심이라는 매우 특별한 위치를 상실한 채 태양 주위를 1년에 한 바퀴 공전을 하게 된다. 예전 구조에서는 태양이 지구를 회전하면서 계절변화를 이끌어 냈다면 새로운 구조에서는 반대로 지구가 태양을 회전하면서 계절변화를 만들어 내는 셈이다.

이 뿐만이 아니었다. 새로운 우주에서 지구는 하루에 한 바퀴 사진도 히게 되었다. 코페르니쿠스는 예전 우주 구조에서 밤낮을 설명하기 위해 항성 천구를 하루에 한 바퀴 돌렸던 것을 대신해서 전체 우주에 비해서는 그 크기가 상당히 작다고 할 수 있는 지구를 회전시키는 방식을 택했다. 이제 새로운 우주 체계에서는 전체 우주가 하루에 한 바퀴 도는 어마어마한 운동은 사라졌다. 하지만 대신 정지해 있다고 생각되었던 지구가 천천히 움직이는 공전운동과 함께 빠른 속도로 자전을 하게 되었다.

코페르니쿠스가 새로운 우주론을 제시한 이유

지구와 태양의 위치 이동, 그리고 그 때문에 생긴 공전과 자전이라는 새로운 운동, 바로 이것이 코페르니쿠스의 이론의 주요 내용이었다. 그렇다면 코페르니쿠스는 왜 이러한 새로운 우주체계를 제시했을까? 코페르니쿠스가 새로운 우주체계를 제안했던 가장 중요한 이유는 과거의 우주 구조가 너무나 복잡했기 때문이었다. 당시에 인정받고 있던 프톨레마이오스의 우주 구조를 복잡하게 만든 주범은 앞서 헬레니즘시대의 천문학에서 소개했던 주전원(epicycle)이었다. 화성과 같은 외행성의 역행 운동을 설명하기 위해 프톨레마이오스가 선택한 주전원은 천문 관측이 정교해짐에 따라 관측수치와 이론상의 수치를 일치시키기 위해 그 수가 점점 더 늘어났고, 중세 말에 이르면 그 수가 60개를 넘어섰다. 프톨레마이오스 우주 구조의 그림에 주전원들을 모두 포함시키게 되면 그야말로 주전원들이 각 원에 주렁주렁 매달려 있는 상당히 복잡하고 어떻게 보면 지저분해 보이기까지 하는 그림이 만들어진다. 코페르니쿠스는 바로 프톨레마이오스 이론에 입각한 우주 구조의 이러한 복잡함, 지저분함을 해소하기 위해 새로운 우주 구조를 제안했던 것이다. 코페르니쿠스의 이론에 따라 지구와 태양의 위치를 바꾸게 되면 역행 운동이 주전원을 사용하지 않고도 설명될 수 있다는 장점을 가지게 된다. 새로운 구조는 비록 지구를 중심에서 이동시켰다는 난점을 가지기는 했지만 그 대신에 60여 개에 이르는 예전 구조에서 그야말로 주렁주렁 매달려 있던 주전원들을 한꺼번에 없애 버릴 수 있는 효과를 만들어 내었다. 이렇게 되면 그림이 단순해질 뿐만 아니라 천문학 계산 역시 훨씬 간편해지는 이득을 얻을 수 있었다.

그렇다면 코페르니쿠스는 자전은 왜 제안했을까? 자전 역시 우주의 운동을 간단하게 만들기 위함이었다. 과거의 우주 구조에서는 밤낮을 만들어 내기 위해 우주 전체를 한 바퀴 회전시켜야 했다. 코페르니쿠스는 이 운동의 비효율성을 지적했다. 지구에서 밤낮이 생기는 것을 설명하려면 지구를 돌리면 되지 왜 우주 전체를 돌려야 하는가란 의문에서부터 출발해서 그는 지구에 자전 운동을 부여했다. 이제 거대한 우주 전체는 정지한 채 지구만을 돌림으로써 밤낮이 생기게 된 것이다.

코페르니쿠스가 새로운 우주 구조를 제안한 배경에는 다름 아닌 간단함, 단순함에 대한 믿음이 있었다. 간단함 혹은 단순함에 대한 그의 믿음은 르네상스 플라톤주의의 영향을 받은 결과였다. 이탈리아에서 유학을 하며 많은 인문주의자들과 교류를 했던 코페르니쿠스는 플라톤주의자들의 주장에 공감했던 인물이었다. 특히 르네상스 플라톤주의에서는 기하학을 중시했던 플라톤의 영향을 받아 단순한 기하학적 구조의 우수성 및 미적 우월성을 찬양했는데, 이러한 측면은 코페르니쿠스가 가장 단순하게 표현한 우주의 구조가 더 우월한 구조라는 생각을 가지게 되는 데 큰 영향을 미쳤다. 이렇게 단순하게 설명될 수 있는 우주에 대한 믿음은 코페르니쿠스가 더 단순한 우주의 모양새를 만들어 내기 위해 지구와 태양의 위치를 바꾸고 공전과 자전을 도입하는 데 중요한 역할을 했다.

새로운 우주론에 대한 반응들

코페르니쿠스는 『천구의 회전에 관하여』가 세상에 나옴과 동시에 병으로 사망했다. 그로 인해 비록 그가 그토록 출판을 주저하게 만들었던 걱정거리들이 현실화되는 장면을 직접 목격하지는 못했지만 『천구의 회전에 관하여』는 출판된 후 정말로 많은 논란을 불러 일으켰다. 그 논란은 크게 세 가지 정도로 정리되는데, 먼저 신학자들은 기독교 성서에 나오는 내용과 코페르니쿠스의 이론이 일치하지 않는다는 점에서 비판을 쏟아냈다. 이러한 비판의 흐름은 유명한 갈릴레오 종교재판의 배경이 된다. 다음으로 대학에 있던 스콜라학자 층에서는 코페르니쿠스의 이론이 상식과 맞지 않으며 아리스토텔레스의 운동 이론과도 맞지 않는다는 점에서 비판을 가했다. 이들은 주로 자전과 관련된 내용에 대하여 비판적 의견을 내놓았는데, 한 예로 지구가 정말로 하루에 한 바퀴 회전한다면 엄청난 속도로 돌고 있을 터인데 왜 지구에 있는 사람들은 그 회전을 전혀 느끼지 못하는가와 같은 질문이 있었다. 마지막으로 천문학자들 사이에서도 비판의 목소리가 생겼다. 천문학자들은 코페르니쿠스의 이론 덕택에 예전보다 훨씬 간단하게 우주를 설명할 수 있게 되었다는 점은 인정하면서도 천문학적 관측 사례를 들어 코페르니쿠스 이론의 문제점들을 지적했다.

코페르니쿠스는 『천구의 회전에 관하여』를 통해 새로운 문제를 던져 주었지만 그 문제들은 코페르니쿠스 혼자서 모두 해결해 낼 수 있는 성격의 것들은 분명 아니었다. 이와 더불어 코페르니쿠스는 아리스토텔레스의 주장들을 완벽하게 대체하지도 못했다. 비록 코페르니쿠스가 지구와 태양의 위치를 바꾸고, 지구에 자전과 공전이라는 운동을 부여하며 아리스토텔레스와는 다른 우주의 모습을 제안하기는 했지만, 그 역시도 아리스토텔레스 우주 구조를 구성하던 다른 주요 개념들에 대해서는 대안을 제시하지 못한 상태였다. 아리스토텔레스의 우주 구조에서 중요했던 천상계의 불변성, 천구의 존재, 우주의 원운동 등의 개념을 코페르니쿠스 역시 당연시하고 있었다. 더군다나 그는 주전원을 많이 없앴지만 몇 개는 아직까지도 남겨놓고 있었다. 이러한 점에서 코페르니쿠스는 과학혁명의 서막을 알린 인물이었다. 코페르니쿠스로 인해 야기된 문제들은 이후 약 150여 년의 기간을 거치며 하나하나 해결되어 나갔다.

천상계의 불변성과 천구 개념의 거부: 티코 브라헤

코페르니쿠스가 사망한 이후 유럽의 천문학자들 사이에 유명세를 떨친 인물은 티코 브라헤라는 덴마크의 천문학자였다. 티코 브라헤는 덴마크 국왕으로부터 영지를 하사받아 그곳에 큰 규모의 천문대를 설치하고, 천문학자들과 협조해서 정밀한 관측활동을 벌였던 인물이었다. 티코 브라헤가 운영했던 천문대의 이름은 우라니보르 천문대(Uraniborg)로, 하늘에 떠 있는 성이라는 뜻을 가지고 있었다. 티코 브라헤는 이 천문대에서 정밀하게 관측된 자료들을 토대로 당대에 가장 뛰어난 관측자라 인정받을 수 있었다. 또한 그가 소유하게 된 정밀한 관측 자료들은 그가 아리스토텔레스의 우주론을 비판하는 재료가 되었다.

1572년 티코 브라헤는 카시오페이아 자리 부근에서 이전까지 관측되지 않던 새로운 별이 생겨났음을 확인했다. 티코 브라헤는 별을 면밀히 관측해 다음과 같은 결론을 얻어냈다. 이 별은 없던 별이 새롭게 생겨난 것이 확실하며, 그 위치는 분명히 달보다 위이다. 이 결론은 아리스토텔레스 우주론의 주요 내용 중 하나가 사실과 다름을 의미했다. 아리스토텔레스에 따르자면 달 위 세계인 천상계는 완벽하고 변화가 없는 세계였다. 변화가 없는 세계라면 없던 것이 새롭게 생겨나고, 있던 것이 사라지는 생성과 소멸은 불가능했다. 하지만 티코 브라헤가 관측한 결과는 분명히 천상계에서 새로운 별이 탄생했다는 사실이었다. 바로 이 신성 관측을 바탕으로 티코 브라헤는 천상계는 변화가 불가능한 세계라는 아리스토텔레스의 주장에 큰 타격을 가했고, 이는 결국에는 천상계나 지상계나 별반 다를 것이 없는 세계일 수도 있다는 생각이 퍼지는 데 큰 영향을 주었다.

티코 브라헤는 관측팀을 이끌고 면밀하게 천체 관측을 수행한 결과를 바탕으로 아리스토텔레스와도 다르고 코페르니쿠스와도 다른 새로운 우주 구조를 제안했다. 이 구조에 따르면 우주의 중심에는 여전히 지구가 위치해 있었다. 지구를 중심에 두고 달과 태양이 회전하고 있는 것은 아리스토텔레스의 우주 구조와 동일했다. 그러나 5개의 행성은 코페르니쿠스의 우주 구조에서처럼 지구가 아닌 태양을 중심에 두고 회전하고 있는 것이 특징이었다. 이 우주 구조는 그 자체로 보자면 아리스토텔레스와 코페르니쿠스의 우주 구조를 적절히 채용한 과도기적 우주 구조라고 여겨질 수 있는 모습이었다. 하지만 16세기 말과 17세기 초에 이 구조는 상당한 영향력을 발휘했으며, 교황청에서도 티코 브라헤의 우주 구조를 인정할 정도였다. 중국에 들어와 서양 천문학을 전파한 예수회 선교사들은 바로 이 티코 브라헤의 우주 구조를 소개했었고, 중국 청나라에서는 이 구조를 이용해 새로운 달력을 제작하기도 했다.

그런데 티코 브라헤의 우주 구조에는 프톨레마이오스의 구조에서 찾아볼 수 없는 특징이 있었다. 티코 브라헤의 우주 구조에서는 지구를 중심에 두고 태양이 도는 궤도가 다른 행성의 궤도와 교차하고 있었던 것이다. 이는 아리스토텔레스가 말한 대로 천구가 하늘에 실제로 존재하는 사물은 아니라는 점을 보여주었다. 천구가 실제로 존재한다면 천구끼리 교차되는 일은 불가능하기 때문이다. 즉 티코 브라헤는 새로운 우주 구조를 제시하면서 천구가 단순한 궤도일 뿐이라는 주장을 한 셈이고, 자신이 획득했던 탁월한 관측 결과들을 토대로 이 내용을 설득해 나갔다. 티코 브라헤의 우주 구조가 큰 힘을 얻게 되면서 천문학자들 사이에서 천구 개념은 가상의 궤도로 생각되었고, 이는 아리스토텔레스 우주 구조의 또 하나의 중요 개념이 파괴되었음을 의미했다. 천구의 실제성은 코페르니쿠스도 자신의 책 제목을 『천구의 회전에 관하여』라고 지을 정도로 철석같이 믿고 있던 개념이었으나 티코 브라헤에 의해 거부된 셈이었다.

티코 브라헤는 말년에 자신을 총애하며 후원해 주던 국왕이 사망한 후 새로운 국왕이 들어서게 되면서 관측 및 연구 활동에 위기를 맞게 되었다. 새로운 국왕은 이전 국왕만큼은 천문학에 큰 관심이 없던 인물이었으며, 결국 티코 브라헤에게 하사했던 영지를 몰수하고 천문대도 폐쇄해 버렸다. 티코 브라헤는 새로운 후원자를 찾아 유럽을 떠돌다가 독일지역에서 새로운 일자리를 얻게 되었다. 티코 브라헤는 인생의 말년에 몇 년간을 루돌프 2세 아래에서 천문학자로 일했는데, 그는 이 기간에 수학적 능력이 뛰어난 젊은 천문학자를 협조자로 두고 연구를 계속했다. 바로 이 젊은 천문학자가 케플러이다.

티코 브라헤의 자료를 사용해 원운동을 거부한 케플러

케플러는 독일 도시 튀빙겐에서 천문학을 공부하는 동안 코페르니쿠스의 이론을 접했고, 이 때부터 코페르니쿠스의 우주 구조가 옳다는 믿음을 가지고 있던 인물이었다. 그는 1596년 자신의 첫 번째 저술인 『우주의 신비』(*Mysterium Cosmographicum*, 1596)를 출판했는데, 이 책의 내용은 코페르니쿠스의 우주 구조를 가정할 때 우주의 신비한 비밀을 풀어낼 수 있다는 것이었다. 이 저술에는 유명한 기하학적 우주 구조 그림이 포함되어 있으며, 이 그림은 케플러가 신플라톤주의의 영향을 지대하게 받은 인물임을 보여준다. 플라톤은 세상에는 5개의 정다면체(4, 6, 8, 12, 20)만이 존재함을 지적하며 자신의 자연학에서 매우 중요한 지위를 부여했다. 케플러 역시 이러한 플라톤의 가르침을 받아들이면서 이 정다면체들이 신이 우주를 창조할 때 기반하고 있던 기하학적 원리들의 본질과 관련된 심오한 그 무언가를 보여준다고 생각했던 인물이다. 케플러는 이 정다면체들을 이리저리 배열해 보는 작업을 수행했는데, 그가 얻은 결론은 코페르니쿠스의 우주 구조를 가정하고 행성들 간의 거리를 계산하면 정다면체들을 특정한 순서로 배열한 것과 비교해 볼 때 불과 5%밖에 오차가 나지 않는다는 점이었다. 이 결과를 토대로 케플러는 코페르니쿠스의 우주 구조야말로 우주의 숨겨진 신비를 풀어낼 수 있는 열쇠라고 깊게 믿게 되었다.

케플러는 1600년부터 프라하에서 티코 브라헤와 같이 천문학 작업을 했다. 공동 작업을 하는 동안 티코 브라헤는 자신의 우주 구조를 완벽하게 만들려는 의도로 연구를 수행했으나 케플러는 계속해서 코페르니쿠스의 우주 구조를 염두에 두고 있었다. 티코 브라헤는 자신의 우주 구조에서 가장 골칫거리였던 화성의 궤도 분석 작업을 케플러에게 맡겼고, 케플러는 티코 브라헤의 자료를 사용해 화성을 공략해 나가기 시작했다.

케플러와 티코 브라헤의 공동 연구는 그리 오래 지속되지는 못했다. 나이가 많고 덴마크를 벗어나 독일에서 새 일자리를 얻기까지의 과정에서 심신이 쇠약해진 티코 브라헤는 1601년에 사망했다. 하지만 케플러는 티코 브라헤가 사망한 이후에도 그가 자신에게 의뢰했던 화성 문제에 대한 공략을 이어 나갔다. 그는 티코 브라헤의 자료를 이용해 코페르니쿠스의 우주론을 완벽하게 만들기 위한 작업들을 수행했다. 코페르니쿠스의 우주 구조에서 아직 해결되지 않은 문제로 케플러가 염두에 두고 있었던 것들은 자신이 『우주의 신비』에서 그려냈던 기하학적 모형에 조금의 오차가 존재한다는 점과 코페르니쿠스의 우주 구조에 아직도 몇 개의 주전원이 남아 있다는 점이었다. 이 두 문제를 해결하기 위해 케플러는 8년 동안 화성만을 탐구했다.

오랜 연구의 결과로 케플러는 코페르니쿠스 우주 구조를 그대로 유지할 경우 당대 최고의 관측 자료인 티코 브라헤의 자료와 완벽하게 일치시킬 수는 없다는 점을 인정하게 되었다. 그는 그 이전까지 누구도 감히 깨뜨릴 생각을 하지 못했던 우주의 원운동이라는 개념을 거부하게 되었다. 케플러는 얼마 전 르네상스 인문주의 번역 열풍 속에서 새롭게 출판된 헬레니즘시대의 수학자 아폴로니오스가 설명했던 원추곡선론에 대한 책에서 영감을 얻어, 그 책에서 소개되었던 중요한 기하학적 대상인 타원을 사용해 보기로 마음먹었다. 코페르니쿠스의 구조를 유지하되 원 대신 타원을 적용해 티코 브라헤의 자료를 맞추어 본 결과는 놀랍게도 정확하게 일치했다. 그리고 타원을 사용할 경우 아직까지 완벽하게 사라지지 않았던 주전원도 완전히 제거할 수 있었다. 케플러가 완성해 낸 우주는 비록 조금 찌그러지기는 했어도 주전원이 지저분하게 달려 있는 우주는 아니었다. 우주는 이제 군더더기가 없이 깔끔해졌으며, 이는 코페르니쿠스 이래 계속해서 단순한 우주를 추구해 왔던 흐름이 마무리되었음을 의미했다.

케플러는 타원을 채택해 행성들의 궤도를 설명했으며, 수학적인 분석을 통해 행성들의 운행 속도에도 특정한 법칙이 성립함을 찾아냈다. 케플러는 행성들이 일정한 시간에 타원 궤도 위에서 동일한 속도로 움직이지는 않지만 일정한 면적을 쓸고 가는 식으로 움직인다는 점을 확인하고 면적 속도의 법칙을 제안했다. 이어서 그는 태양계의 모든 행성들이 특정한 관계식을 만족한다는 사실도 알아냈다. 케플러는 모든 행성들의 주기의 제곱이 태양으로부터의 평균 거리의 세제곱에 비례한다는 사실을 발견하고 이 법칙을 우주의 조화를 보여준다는 의미에서 조화의 법칙이라고 이름 붙였다. 이렇게 해서 우리가 알고 있는 케플러의 세 가지 천문학 법칙이 만들어졌다. 하지만 케플러는 문제를 해결함과 동시에 후대 학자들이 해명해야만 할 또 다른 중요한 문제를 남겨주었다. 그 문제는 바로 왜 행성은 타원 궤도로 돌며, 그 궤도를 유지할 수 있는가, 조화의 법칙은 왜 성립되는가 등의 문제였다. 즉 케플러 법칙들이 성립하는 이유에 대한 설명이 필요했던 것이다. 이러한 문제들의 최종적인 해결은 뉴턴에 이르러서 가능했다. 그리고 뉴턴은 이 문제를 해결하기 위해 만유인력이라는 새로운 힘을 가정해야 했고, 결국 천문학적 문제는 운동학적, 역학적 문제와 같이 해결되어야만 했다.

9 망원경이라는 기구로 하늘을 관찰한 갈릴레오

케플러가 타원을 도입해 코페르니쿠스 우주 체계의 문제들을 해결하고 후속 연구를 통해 여러 법칙들을 발견하고 있을 동시대에 남유럽의 이탈리아에서는 갈릴레오가 새로운 방식을 통해 천문학을 연구하고 있었다. 갈릴레오는 르네상스의 중심지였던 피렌체에서 궁정 음악가인 빈센쵸 갈릴레이(Vincenzo Galilei, 1520~1591)의 아들로 태어나 성장했다. 젊은 시절의 갈릴레오는 피사 대학에서 수학 강사를 하며 주로 역학적인 문제들에 관심을 가지고 연구를 진행했었다. 역학에 관심을 가지고 있던 갈릴레오가 천문학 연구에 본격적으로 뛰어들게 된 계기는 1609년에 망원경이라는 새로운 기구에 대한 소식을 전해 들은 것이었다.

갈릴레오는 망원경을 발명한 인물은 아니었다. 이미 한참 전부터 아랍지역에서는 렌즈를 이용해 사물을 확대하는 기구를 사용하고 있었으며, 서양에서 망원경을 처음 발명한 인물은 네덜란드의 렌즈 장인이었다. 갈릴레오는 네덜란드에서 멀리 있는 물체를 확대해서 볼 수 있는 기구가 제작되었다는 소문을 듣고 수소문한 끝에 그 정보를 알아내어 스스로 망원경을 제작했다. 그리고 갈릴레오는 최초로 망원경을 천체 관측에 사용해 의미 있는 발견들을 해 냈다.

갈릴레오는 망원경을 사용해서 여러 가지 천체를 관측했다. 그는 가장 먼저 쉽게 볼 수 있는 태양과 달을 관측했으며, 금성과 수성, 화성, 목성, 토성을 차례로 관측했다. 그리고 갈릴레오는 토성보다 더 멀리 있는 수많은 항성들까지도 망원경을 통해 들여다보았다. 망원경을 통해 갈릴레오의 눈에 비춰진 우주의 모습은 그 이전까지 사람들이 아리스토텔레스주의에 입각하여 생각하던 우주의 모양과는 매우 다른 것이었다. 갈릴레오는 그 결과들을 모아 『별의 전령』(*Sidereus Nuncius*, 1610)이라는 책을 출판했고, 이 책의 출판을 계기로 유명한 학자로 인정받기 시작했다.

아리스토텔레스는 우주는 지구와는 아주 다른 특징을 가진 세상이라고 설명했다. 그 이유는 지구를 구성하고 있는 물질과 우주를 구성하고 있는 물질이 다르기 때문이었다. 아리스토텔레스는 지구와는 다르게 우주는 에테르라는 특별한 원소로 구성되어 있다고 설명했다. 에테르라는 원소의 특징은 완벽하고 불멸성을 지닌다는 점이었다. 이렇게 완벽하고 불멸성을 지닌 에테르로 구성된 천체들은 당연히 완벽한 모양새로 완벽한 운동을 해야 하고, 또 영원불멸해야 했다. 다시 말하면 하늘나라에서는 불규칙한 변화가 존재할 수 없었으며, 여러 천체들은 가장 완벽한 모양새인 매끄러운 구형을 지니고 있어야 했다. 이와는 달리 4원소로 구성된 지구와 그 주변은 불규칙한 변화도 많이 일어나는 세상이었다. 게다가 지구는 쉽게 관찰할 수 있듯이 그 표면이 울퉁불퉁하다. 지구는 높은 산도 존재하고 깊은 골짜기도 존재하는 곳이다. 갈릴레오 이전까지는 우주와 지구가 이렇듯 다른 세상으로 인정받고 있었다. 그러나 망원경을 통해 모습을 드러낸 우주의 모습은 과거에 생각하던 것과는 매우 달랐다.

아리스토텔레스의 이론에 따르면 태양은 완벽한 구체여야 하고 어떠한 변화도 일어날 수 없었다. 그러나 갈릴레오는 망원경을 통해 태양을 면밀히 관찰한 결과 태양에서 불규칙한 움직임을 발견해 냈다. 그것은 태양의 흑점이었다. 갈릴레오는 태양에 검은 점들이 존재한다는 것을 발견했고, 이 점들의 모양과 위치도 불규칙하게 변한다는 사실도 발견했다. 태양에 이어 갈릴레오가 관찰한 대상은 달이었다. 망원경을 통해 갈릴레오의 눈에 비친 달의 모양새는 매끄러운 공 모양이 아닌 울퉁불퉁한 모양이었다. 아리스토텔레스의 설명에 따르자면 달도 천체 중 하나이기 때문에 그 표면은 매끄러워야만 했다. 하지만 갈릴레오는 달에 분화구가 존재하고 푹 꺼진 지형도 존재한다고 보고했으며, 이 결과를 자세하게 그림을 그려 출판했다. 그리고 갈릴레오는 정확히 그린 그림을 바탕으로 달의 분화구의 높이를 계산하여 그 높이가 지구에 존재하는 가장 높은 산보다도 더 높다고 결론 내렸다.

이어서 갈릴레오는 여러 행성들을 망원경을 통해 바라보았다. 관측을 통해 갈릴레오는 금성의 위상 변화를 확인했고, 목성을 관측하던 중에는 이상한 별들이 목성 주위에 존재함을 발견하기도 했다. 갈릴레오는 약 3개월에 걸쳐 이 별들을 자세하게 관찰한 후 별들의 개수가 총 4개이며, 이 4개의 별들이 목성 주위를 일정한 궤도를 따라 회전하고 있다고 보고했다. 즉 갈릴레오는 목성의 4개 위성을 발견한 것이다. 아리스토텔레스 우주론에서는 모든 천체가 오직 지구만을 중심에 두고 회전하고 있었다. 그러나 갈릴레오는 지구가 아닌 목성을 중심에 두고 회전하는 위성을 4개나 발견함으로써 아리스토텔레스 우주론이 반드시 옳은 이론은 아니라는 점을 지적했다.

이어 가장 멀리 있는 행성인 토성을 본 갈릴레오는 토성이 쌍둥이 별로, 2개가 붙어 있는 눈사람 형태의 별이라고 보고했다. 이는 모든 천체는 완벽한 구형이라는 아리스토텔레스의 주장과는 다른 관측 보고였다. 갈릴레오가 토성을 눈사람 모양의 별이라고 보고한 이유는 그때까지는 망원경의 성능이 토성을 정확하게 관측할 수 있을 정도로 우수하지 않았기 때문이었다. 우리는 현재 토성에는 토성 고리가 존재함을 알고 있다. 하지만 갈릴레오의 망원경으로는 이 고리까지는 관측할 수 없었고, 토성의 가운데 부분이 잘린 것처럼 희미하게 보였기 때문에 갈릴레오는 토성이 쌍둥이 별일 것이라고 보고했다. 그럼에도 불구하고 토성의 모양새에 대한 보고 역시 아리스토텔레스의 주장과는 다른 내용을 담고 있었다.

갈릴레오가 이러한 천체 관측 결과를 발표하면서 그 이전까지 코페르니쿠스나 케플러 등의 전문적인 천문학자가 어려운 수학 내용을 바탕으로 설명했던 새로운 우주론이 좀 더 쉽고 명확하게 많은 사람들을 대상으로 퍼져나갈 수 있게 되었다. 갈릴레오는 자신의 관측 결과를 바탕으로 코페르니쿠스를 옹호하는 주장을 펼치게 되고, 그 결과로 그는 종교재판이라는 사건에 휘말리게 된다. 이 종교재판으로 인해 갈릴레오 개인은 학자로서의 활동에 큰 타격을 입었지만, 그가 제시한 관측 증거들은 결국 코페르니쿠스의 우주론이 인정받는 데에 크게 공헌했다.

09

역학의 혁명

역학 혁명은 천문학의 변화에서부터 비롯되었다. 코페르니쿠스의 우주 체계가 발표되고 나서 그에 대해 제기된 비판 중에는 지구가 자전을 하는데 왜 어지럽지 않은가, 지구가 자전을 하는데 왜 수직 방향으로 쏘아 올린 대포알은 지구가 회전하면서 이동한 만큼 옆으로 떨어지지 않고 제자리로 떨어지는가와 같은 운동학적인 내용들이 있었다. 이러한 운동학적인 비판들은 천문학으로 대응할 수 있는 성격의 것들은 아니었다. 이 문제가 해결되기 위해서는 운동학 혹은 과학혁명기에 새롭게 이름이 붙여진 역학에 대한 논의가 필요했다.

이러한 이유 때문에 역학 혁명의 과정에서 중요한 역할을 했던 갈릴레오, 데카르트, 회이헨스, 뉴턴은 모두 천문학에도 관심을 가지고 있던 인물들이었다. 이들은 천상계의 문제를 변화시킨 천문학을 염두에 두고 지상계의 문제인 역학 연구에 몰두했다. 그리고 천문학 혁명과 역학 혁명의 마지막 인물인 뉴턴은 천상계의 문제와 지상계의 문제를 통합하며 두 혁명을 완결지었다.

갈릴레오와 운동의 상대성

갈릴레오는 자신의 천문학 연구를 집대성하여 『두 가지 우주 체계에 관한 대화』(*Dialogo dei Due Massimi Sistemi del Mondo*, 1632, 줄여서 『대화』)를 출판하며 여기에 코페르니쿠스의 우주 체계를 옹호하는 내용을 담아냈다. 이 책에서 갈릴레오는 코페르니쿠스 우주 체계가 왜 더 그럴듯한 우주의 모양새를 그려내고 있는가를 설명함과 동시에 새로운 우주 체계에 대해 가해졌던 비판을 무력화시키는 작업을 수행했다. 코페르니쿠스의 우주 체계에 대해 가해졌던 비판 중에는 운동학 혹은 역학적인 문제들도 포함되어 있었다. 이러한 이유로 『두 가지 우주 체계에 관한 대화』 안에는 자연스럽게 역학에 대한 논의가 포함될 수밖에 없었다.

갈릴레오는 비판자들을 상대하기 위해 가장 기본이 되는 운동의 개념을 공략했다. 그것은 운동 상태와 정지 상태의 구분 문제였다. 아리스토텔레스가 제시한 운동론의 기본 내용 중 하나는 원인의 유무에 따른 운동의 구분이었다. 아리스토텔레스는 모든 운동에는 원인이 필요하며, 원인이 있으면 운동이 생긴다는 방식으로 원인과 운동을 일대일 대응시켰다. 원인이 없이 발생할 수 있는 자연스러운 운동(natural motion)은 극히 예외적인 사례일 뿐 일상적인 운동은 모두 원인을 필요로 했다. 반대로 정지 상태는 어떠한 원인도 작용하고 있지 않은 상태였다. 만약 어떠한 원인이 작용한다면 반드시 이에 상응하는 변화, 즉 운동이 일어나야만 했다. 정리하자면 아리스토텔레스 운동론에서 운동 상태와 정지 상태는 원인의 유무에 따라 구분되는 정반대의 상태였다.

갈릴레오는 운동 상태와 정지 상태는 절대적인 구분이 가능한 상태가 아니라는 점을 주장하며 아리스토텔레스의 운동론을 공격했다. 그는 잔잔한 물 위로 전혀 흔들림 없이 동일한 속도와 방향으로 운행하고 있는 배에 탄 사람과 강둑 위에서 그 광경을 지켜보고 있는 사람의 사례를 들어 운동과 정지가 절대적인 구분이 아닌 누가 누구를 보느냐에 따라 달라지는 상대적인 개념이라고 주장했다. 예를 들어 배가 떠갈 때 배 안에 있는 사람은 자신이 정지해 있다고 느끼지만 강둑에서 그 광경을 지켜보는 사람은 배에 탄 사람이 움직인다고 인식한다. 이러한 내용을 정리해 갈릴레오는 운동은 운동을 하지 않는 물체에 대해서 상대적으로 나타나는 것이고, 그 운동을 같이하고 있는 물체에 대해서는 나타나지 않는다고 운동의 상대성(relativity) 원칙을 제시했다.

운동이 상대적이라는 생각은 이제 더 이상 운동을 해석할 때 원인을 규명하려는 시도가 무의미해졌음을 의미했다. 과거에는 원인과 운동이 대응되었기 때문에 운동을 일으키는 원인을 반드시 따져야 했었다. 하지만 이제는 원인이 작용하더라도 반드시 운동 상태가 일어난다고 보장할 수 없게 되었다. 하나의 운동 상태는 여러 원인이 복합적으로 작용한 결과일 수도 있고, 거꾸로 여러 원인이 작용해도 그 원인들이 평형을 이룰 경우 정지 상태로 관찰될 수도 있기 때문이다. 이는 역학적 논의에 있어서 던져지는 질문이 변화하게 됨을 의미했다. 과거에는 운동을 바라볼 때 왜(why) 그 운동이 일어나는가가 규명의 대상이었다면, 갈릴레오 이후에는 어떻게(how) 운동이 수행되는가가 점점 더 중요한 질문이 되었다.

관성 개념의 제시

『대화』가 출판된 후 갈릴레오는 종교재판을 받았다. 종교재판에서 코페르니쿠스에 대한 옹호를 금지당한 갈릴레오는 노년기에 자신이 젊은 시절에 수행했던 역학으로 연구 주제를 재설정하고 마지막까지 연구와 집필에 몰두했다. 이렇게 해서 세상에 나오게 된 갈릴레오의 마지막 저서가 『두 가지 새로운 과학』(*Discorsi e Dimostrazioni Matematiche, Intorno a Due Nuove Scienze*, 1638)이다. 『두 가지 새로운 과학』에서 갈릴레오가 제시하는 새로운 과학이란 고체의 강도에 대한 과학과 움직이는 물체에 대한 과학이었다. 이 중 고체의 강도에 대한 부분은 정역학(statics)에 해당하는 내용을 담고 있으며, 움직이는 물체에 대한 부분은 동역학(dynamics)에 해당하는 내용을 설명하고 있다. 이 책에서 갈릴레오는 무게 평형 문제, 등속과 등가속 운동의 문제, 투사체의 문제, 낙하의 문제 등 다양한 주제에 대해 실험을 수행한 결과를 소개했고 그 결과를 수학의 형식을 사용해 정리했다.

갈릴레오가 제시한 문제 중 하나는 마찰이 전혀 없는 경우 공을 굴리면 어떻게 되는가였다. 갈릴레오는 굴러가는 공과 공이 지나는 면 사이에 마찰이 전혀 없다면 수평면으로 굴러간 공은 계속해서 같은 속도로 굴러갈 것이라는 결론을 내렸다. 이는 방해물이 없는 경우 물체가 한 번 주어진 속도로 운동을 지속한다는 것, 즉 관성(inertia)에 해당하는 주장이었다. 갈릴레오는 이 주장을 제시할 때 관성이라는 표현을 쓰지 않았을 뿐만 아니라 공이 계속 굴러가는 수평면을 지구 중심으로부터 동일한 거리에 있는 면으로 오해하면서 운동의 방향을 원운동 방향으로 설정했다. 이 점을 고려할 때 갈릴레오를 관성 개념의 발견자라고 말하기는 어렵다. 하지만 갈릴레오가 제시한 이 개념은 이후 많은 역학 연구자들이 운동의 기본 원리로 받아들이며 더 많은 성과들을 만들어 내는 출발점이 되었다는 점에서는 높이 평가될 만하다.

갈릴레오의 방법론: 실험과 수학

수평면에서 공을 굴리는 실험을 현실 세계에서 실제로 수행하면 갈릴레오가 말한 결과는 나오지 않는다. 왜냐하면 현실 세계에서는 아무리 정교하게 다듬어도 마찰이 전혀 없는 공과 면을 만들어 낼 수 없기 때문이다. 그렇다면 갈릴레오는 근거 없이 상상으로만 그러한 주장을 했을까? 지금까지 발견된 갈릴레오의 실험 노트들을 보면 갈릴레오는 다양한 실험들을 수차례에 걸쳐 수행했고, 앞의 수평면 실험도 실제로 수행한 적이 있었다. 하지만 실제 실험에서는 결코 갈릴레오가 주장한 결론에 일치하는 자료가 산출될 리가 없었고, 무한히 공을 굴리는 실험은 현실적으로 불가능했다. 바로 여기에 갈릴레오가 사용한 방법론의 특징이 있다. 갈릴레오는 문제가 되는 현상에 관한 실험을 많이 수행하여 기본 자료를 얻어 낸 후 이를 바탕으로 이상화된 조건을 가정했다. 그리고 머릿속에서 다시 실험을 수행하는 사고실험(thought experiment) 과정을 거쳐 이를 수학적인 논증의 형식으로 제시했다.

수평면에서 공을 굴리는 실험을 예로 들어보자. 갈릴레오가 실제로 수행한 실험은 매끄러운 레일과 공을 준비한 후, 레일의 한 쪽 끝을 위쪽으로 구부린 다음 공을 굴리는 실험이었다. 이 실험에서 갈릴레오는 공을 굴리기 시작한 높이와 완벽히 똑같지는 않지만 거의 비슷한 높이까지 공이 레일을 따라 올라감을 확인했고, 이어서 레일의 경사를 더 비스듬히 조정해서 같은 결과를 얻었다. 이로부터 갈릴레오는 마찰이 전혀 없을 경우를 가정해 공은 같은 높이로 올라갈 것임을, 그리고 레일이 수평으로 뻗어 있을 때에는 공이 계속해서 굴러갈 것임을 유추해 냈다.

갈릴레오가 수행한 다른 사고실험의 예는 무거운 물체와 가벼운 물체를 떨어뜨렸을 때 두 물체가 동시에 떨어진다는 유명한 실험이다. 피사의 사탑 실험이라고도 알려져 있는 이 실험의 결과를 설명할 때 갈릴레오는 사고실험을 통해 결론을 도출하는 방식을 택했다. 무거운 물체와 가벼운 물체가 떨어질 경우 아리스토텔레스의 설명에 따르면 무거운 흙 원소가 많이 포함되어 있는 무거운 물체가 먼저 떨어져야만 했다. 갈릴레오는 높은 곳에 올라가 무게가 다른 두 물체를 떨어뜨리는 실험을 실제로 수행해 본 후 두 물체가 동시에 떨어짐을 확인했다. 하지만 갈릴레오는 자신의 실험 결과에 입각해서 물체는 무게에 상관없이 동시에 떨어진다는 주장을 제시하지는 않았다. 갈릴레오의 말을 빌리자면 실험을 해 볼 필요도 없이 확실한 사실이었기 때문이었다.

왜 갈릴레오는 실험을 직접 수행해서 결과를 얻었음에도 불구하고 그 실험 결과를 토대로 논의를 진행시키지 않았을까? 그 이유는 갈릴레오의 표현대로 실험을 해 볼 필요도 없이 확실한 사실이었기 때문이 아니라 실제 실험의 보고로는 설득이 불가능한 주장이었기 때문이다. 높은 곳에서 두 물체를 떨어뜨리는 실험은 매우 간단하기 때문에 갈릴레오 이전에도 많은 사람들이 직접 수행했었다. 네덜란드의 수학자 시몬 스테빈(Simon Stevin, 1548~1620)은 심지어 아래에 소리판을 깔아 놓고 두 물체를 낙하시켰을 때 동시에 소리가 들린다는 조금 더 정교한 실험을 갈릴레오에 앞서 수행한 적이 있었다. 하지만 이러한 실험은 수백 번을 수행했다고 보고하더라도 아리스토텔레스주의자의 주장을 완벽하게 반박해 낼 수 없는 한계를 가지고 있었다. 실제로 갈릴레오의 저술에서 등장하는 아리스토텔레스주의자는 실험 결과를 받아들일 수 없다고 주장하며 다음과 같이 말했다. "맨눈으로 봤을 때 똑같이 떨어지는 것처럼 보일 수도 있다. 하지만 면밀히 관찰하면 아주 조금의 차이가 났음을 확인할 수 있을 것이다. 지금 아주 조금의 차이가 나는 것은 그다지 높지 않은 곳에서 두 물체를 떨어뜨렸기 때문이다. 만약 엄청나게 높은 곳에서 떨어뜨린다면 그 차이는 상당히 커질 것이다." 이러한 방식으로 반박하는 아리스토텔레스주의자를 설득하기 위해서 갈릴레오는 실제 실험의 반복이 아닌 사고실험을 통한 재구성이 필요했다. 갈릴레오는 무거운 물체와 가벼운 물체가 아주 높은 곳에서 떨어지는 도중에 갑자기 연결되어 버리는 상황을 가정하고 이에 대한 논증을 통해 자신의 결론을 확인하는 방식을 택했다. 사고실험은 새로운 법칙을 발견하는 계기가 되었을 뿐만 아니라 실제 실험만으로는 입증하기 어려운 주장을 논증하는 도구로도 사용된 셈이다.

데카르트의 물질로 꽉 차 있는 공간 안에서의 운동

갈릴레오는 관성 개념을 제시하는 데에는 성공했지만 그 개념을 명확하게 법칙화하는 데까지는 나아가지 못했다. 관성 법칙을 명확하게 제시한 인물은 데카르트였다. 데카르트는 자신의 기계적 철학에 입각하여 세상의 변화과정을 설명하려는 원대한 목표를 세우고 자연에 대한 연구에 뛰어들었는데, 이 과정에서 역학과 관련된 중요한 주장을 제시했다.

데카르트가 생각한 세계는 미세한 입자들이 꽉 차 있는 공간이었다. 이 입자들은 스스로 움직일 수 있는 능력을 가지지 못한 불활성의 알갱이들이었다. 이 입자들이 공간을 빈틈없이 빼곡히 메우고 있기 때문에 데카르트가 생각한 세계에는 진공이 존재할 수 없었다. 이 입자들이 움직일 수 있는 유일한 방식은 입자끼리의 충돌에 의해 운동과 관련된 어떠한 양이 전달되는 것뿐이었다. 데카르트는 그 운동과 관련된 양을 '운동의 양'(quantity of motion)이라 불렀다. 이러한 이유로 데카르트의 체계에서는 충돌이 어떠한 방식으로 일어나고, 또 충돌이 일어날 때 운동의 양이 어떻게 전달되는가를 설명하는 것이 가장 기본적으로 중요한 과제였다. 이러한 문제들을 해결하기 위해서 데카르트는 신을 도입할 수밖에 없었다.

사실 데카르트의 기계적 철학에서는 신의 능력을 비롯한 정신 영역에 속하는 요소를 자연 현상을 설명하는 데 도입하는 것을 꺼리고 있었다. 이 때문에 데카르트는 자신의 설명 체계 내에 신을 도입하더라도 아주 제한적인 부분에만 국한시켰다. 데카르트가 신을 도입해야 설명이 가능하다고 생각했던 부분은 먼저 물질 자체의 창조 부분이었다. 세상을 꽉 채우고 있는 입자들은 어떻게 만들어졌을까? 데카르트는 이 입자들을 신의 창조물로 보았다. 두 번째로 신이 필요했던 부분은 입자의 최초 운동이었다. 입자들은 충돌에 의해서만 움직일 수 있다고 가정하더라도 최초의 운동은 필요했다. 신은 바로 물질세계에 최초의 운동을 부여한 작인이었다. 마지막으로 신이 필요했던 부분은 충돌이 일어나는 과정을 규정하는 법칙부분이었다. 데카르트는 충돌이 일어나는 과정에서 무작위로 변화가 일어나는 것이 아니라 신이 부여한 자연 법칙에 따라 변화가 일어난다고 주장했다. 데카르트는 어쩔 수 없이 신을 도입하기는 했지만 자신의 기계적 철학의 원칙에 맞추어 신이 개별적인 입자에 어떠한 영향력을 행사하는 것은 철저히 배제시켰다.

데카르트가 자연 법칙(law of nature)이라고 부른 법칙은 세 가지였다.

첫째, 모든 물체는 외부로부터 온 어떤 충격이 그 상태를 변화시키지 않는 한 동일한 상태를 유지하려고 한다.

둘째, 운동하는 물체는 직선으로 그 운동을 계속하려 한다.

셋째, 운동하는 물체가 자신보다 강한 것에 부딪히면 그 운동을 잃지 않고, 약한 것에 부딪혀서 그것을 움직이게 만들면 그것에 준 만큼 운동을 잃는다.

데카르트의 첫째 자연 법칙은 운동 상태에 있는 물체는 운동 상태를 유지하고, 정지 상태에 있는 물체는 정지 상태를 유지한다는 말이고, 여기에 둘째 법칙을 더하면 나중에 뉴턴이 말할 관성의 법칙이 된다. 데카르트는 갈릴레오가 지적했던 상태 유지에 운동의 방향을 원 운동에서 직선 운동으로 변화시키며 관성의 법칙을 완성한 셈이다. 관성의 법칙이 완성되었다는 것은 아리스토텔레스의 운동론에 있어서 매우 중요한 위상을 차지했던 원 운동의 자리를 이제는 직선 운동이 차지하게 되었음을 의미했다. 아리스토텔레스는 원 운동을 자연스러운 운동으로 분류했었고, 직선 운동은 원인이 필요한 자연스럽지 않은 운동으로 취급했었다. 그러나 이제 직선 운동은 신이 부여한 자연 법칙에 따라 일어나는 설명이 필요없는 운동으로 격상되었다. 이제 설명이 필요한 운동은 직선 운동이 아닌 원 운동이 되었다.

회이헨스와 원운동의 분석

데카르트는 거의 평생을 네덜란드에서 지내며 학자들과 교류하고 학문 활동에 매진했다. 이러한 배경 속에서 데카르트를 추종한 학자들이 네덜란드에서 많이 배출된 것은 그리 놀라운 일이 아니다. 네덜란드 출신의 자연철학자들 중 역학 혁명에 크게 기여한 인물은 회이헨스였다.

회이헨스는 고위직 관료를 연이어 배출한 부유한 집안에서 태어나 큰 어려움 없이 자연철학 연구에 매진했던 인물이다. 유력한 집안 출신인 덕택에 회이헨스는 젊은 시절부터 네덜란드 내에서 명성이 자자한 여러 학자들과 교류할 기회를 가질 수 있었고, 이 과정에서 데카르트의 사상 체계도 접하게 되었다. 회이헨스는 데카르트의 기계적 철학에 공감하며 데카르트의 주장을 실제 자연 세계에 적용하려 노력했던 인물이다. 이러한 회이헨스가 관심을 가진 문제 중 하나는 데카르트에 의해서 자연스러운 운동의 지위를 상실하여 설명이 필요한 운동으로 바뀐 원 운동의 분석이었다.

원 운동은 자연스러운 운동의 지위를 상실하게 되었지만 여전히 중요한 운동이었다. 게다가 사실 원 운동은 데카르트 체계를 이해하고 설명하는 데 있어서도 중요했다. 데카르트의 세상은 물질로 꽉 차 있는 닫힌 공간이었고, 이 안에서는 충돌에 의해서만 운동이 가능했다. 그런데 공간이 무한히 크게 열린 것이 아니라 닫힌 것이었기 때문에 충돌에 의해서 움직이게 된 입자들의 운동은 결국 순환적인 모양새를 가질 수밖에 없었다. 무한히 직선 방향으로 진행하기 위해서는 무한한 공간이 필요한데, 데카르트는 무한한 공간을 용인하지 않았기 때문이다. 데카르트는 우주 구조를 설명하는 과정에서 입자들의 움직임이 소용돌이(vortex)를 이루게 되고 이 결과로 여러 구조물들과 천체의 회전이 가능해진다고 말했다. 소용돌이 모양으로 순환한다는 말은 결국에는 원 운동을 고려해야 했음을 의미했다.

회이헨스는 바로 이 원 운동의 문제를 공략했다. 그는 데카르트가 소용돌이를 설명하면서 도입했던 원심적 압력이라는 생각을 발전시켜 원 운동을 하는 물체가 원을 벗어나서 접선 방향으로 나아가려고 하는 경향을 원심력(centrifugal force)이라고 명명했다. 회이헨스는 원심력이 현재에는 질량이라고 부르는 물질의 양에 비례할 것이라는 생각에서부터 출발해 기하학적인 분석을 수행했고, 속도의 제곱에 비례하지만 원의 반지름에는 반비례함을 확인했다. 이를 토대로 회이헨스는 원심력을 수량화하여 제시했다.

이 이외에도 회이헨스는 최초의 진자시계를 제작한 인물로도 유명하다. 진자의 원리는 갈릴레오가 발견한 결과였는데 회이헨스는 이 원리를 응용해 실제 시계 제작에 성공했다. 회이헨스가 진자시계를 제작한 동기는 당시 네덜란드의 선박들이 아시아 무역을 위해 원거리를 항해할 때 정확한 경도 측정을 돕기 위한 것이었다. 회이헨스의 시계는 육지 위에서는 어느 정도 정확하게 작동했지만 배 위에서는 거의 제대로 작동하지 않아서 그의 목표는 달성되지 못했다. 하지만 회이헨스 같은 유력한 집안 출신의 자연철학자가 기구 제작에 나섰다는 점은 과학혁명이 마무리되어 가는 17세기 후반이 되면 장인과 학자의 구분이 16세기와 비교했을 때 상당히 허물어졌음을 보여준다.

뉴턴의 『프린키피아』

케임브리지 대학에서 수학 교수직을 맡고 있던 뉴턴은 여러 가지 문제에 관심을 가지고 있던 학자였다. 당시의 수학 교수들은 대부분 수를 써서 하는 학문 전반에 관한 관심을 공유하고 있었다. 이는 앞서 살펴보았던 피사 대학의 수학 강사였던 갈릴레오가 천문학과 역학에 관심을 가졌던 것에서도 확인할 수 있다. 뉴턴은 접선이나 면적을 구하는 수학 문제, 천문학, 역학, 광학 등 다양한 분야에 대해 연구를 진행했다. 한 분야에 국한되지 않고 다양한 관심사를 연결시켜 가며 연구를 진행했던 뉴턴을 우리는 천문학 혁명의 완성자, 역학 혁명의 완성자, 미적분학의 발명자라고 평가한다. 뉴턴을 천문학 혁명과 역학 혁명의 완성자라고 부를 수 있게 만들어 준 그의 유명한 저서는 『자연철학의 수학적 원리』 혹은 줄여서 『프린키피아』였다. 『프린키피아』에서 뉴턴은 이전에 활약했던 학자들이 제시한 내용들을 체계적으로 정리하고, 수학적인 증명을 제공하며 고전 역학 체계와 근대 천문학 체계를 완성시켰다.

『프린키피아』는 총 세 권으로 이루어진 방대한 분량의 책이다. 그는 먼저 질량, 운동량과 같은 기본적인 개념들을 정의 내렸다. 이어서 뉴턴의 운동법칙에 해당하는 세 가지 법칙을 제시했다. 첫 번째 법칙은 관성의 법칙이다. 뉴턴은 데카르트가 자연 법칙이라는 이름을 붙여 제시했던 법칙들 중 첫 번째와 두 번째 법칙을 합쳐서 관성의 법칙으로 정식화했다. 뉴턴의 두 번째 법칙은 "운동의 변화는 가해진 힘에 비례하며, 그 힘이 가해진 직선 방향으로 나아간다"고 명시되어 있다. 이는 오늘날 우리가 F = ma라 해석하는 내용을 당시의 개념을 사용해 표현한 것이다. 세 번째 법칙은 작용과 반작용의 원리이다.

개념 정의와 기본 법칙을 설명 한 후 1권에서 뉴턴은 저항이 없는 공간에서 운동이 어떠한 방식으로 일어나는가를 수학적으로 규명했다. 2권은 보다 복잡한 내용을 다루었는데, 여기서 뉴턴은 저항이 있는 공간 안에서의 운동을 다루었다. 저항이 있는 공간은 다름 아닌 데카르트가 가정했던 공간이다. 데카르트는 물질로 꽉 차 있는 공간을 가정하고 있었는데, 꽉 차 있는 물질은 다른 물질이 운동할 때 저항으로 작용할 수 있기 때문이다. 뉴턴은 케임브리지 대학을 다니던 시절에 자신을 지도했던 교수 아이작 배로우(Isaac Barrow, 1630~1677)의 권유로 데카르트 체계를 열심히 공부한 적이 있었다. 이 과정에서 뉴턴은 한때 데카르트의 기계적 철학에 매료되기도 했지만 결국 그 한계를 알아채고 대안을 모색해 나갔고, 따라서 2권은 바로 데카르트와는 다른 대안적인 설명을 담고 있다. 3권에서 뉴턴이 다룬 내용은 천문학이다. 뉴턴은 1권에서 자신이 도출한 결과들을 태양계에 적용했고, 여러 문제들을 훌륭하게 설명해 냈다. 여기서 눈여겨 볼 점은 뉴턴이 2권이 아닌 1권의 결론을 적용했다는 부분이다. 1권은 저항이 없는 공간을 다루고 있었고, 이 결과를 3권에서 사용했다는 말은 뉴턴이 우주에는 저항이 없다는, 즉 우주가 진공 상태라는 가정을 했음을 보여주는 것이다. 3권에서 뉴턴은 만유인력이라는 새로운 힘을 도입해서 코페르니쿠스 이래 제시되었던 여러 가설들과 당시 천문학계에서 가장 골칫거리였던 케플러의 법칙들을 수학적으로 증명했다.

이렇듯 『프린키피아』는 수학을 사용해 이전까지의 성과를 증명해 내면서 이제는 새로운 우주 체계에 대한 주장과 새로운 역학 이론들이 그럴싸한 가설이 아니라 증명된 법칙임을 보여주었다. 이와 더불어 뉴턴은 『프린키피아』라는 한 권의 책에서 동일한 원리 및 개념을 사용해서 천상계에 해당되었던 천문학의 문제와 지상계에 해당되었던 역학의 문제를 동시에 해결하는 중요한 업적을 남겼다. 즉 뉴턴에 의해서 천상계와 지상계는 더 이상 분리하여 생각할 필요가 없는, 두 세계 모두 만유인력과 운동법칙에 의해 지배받는 세계로 통합된 것이다. 뉴턴이 천문학 혁명의 완성자, 역학 혁명의 완성자라 불림과 동시에 과학혁명의 완성자라고 평가받는 이유는 바로 이 때문이다.

10

생리학의 변혁과 자연사의 변화

과학혁명기에는 천문학, 역학, 수학 등의 수리과학 분야뿐만 아니라 인체의 구조를 다루는 생리학 분야에서도 큰 변혁이 있었다. 수리과학 분야에서의 변화가 아리스토텔레스의 주장들을 뛰어 넘는 과정이었다면, 생리학 분야에서의 변화는 중세까지 인체 이론에 대해 가장 중요한 고대 학자로 추앙받던 갈레노스의 이론을 넘어서는 과정이었다. 생리학에서의 변화는 해부라는 새로운 방식이 도입되면서 발견된 증거들을 토대로 시작되어 피가 인체를 순환한다는 이론으로 마무리되었다. 생리학 혁명의 과정에는 베살리우스, 하비 등의 인물이 중요한 기여를 했다.

한편, 16, 17세기의 자연사는 천문학, 역학, 생리학만큼의 급격한 변화를 겪지는 않았다. 하지만 자연사 분야에서는 새로운 동식물에 대한 정보를 꾸준히 수집하고 이를 체계화하는 자연사 관련 기관들을 설립하며 18세기에 있을 자연사의 변혁, 즉 분류 체계의 변화를 착실하게 준비해 나갔다. 자연사는 베이컨이 주장했던 정보의 수집과 정리, 협동연구 등의 덕목을 직접 수행했던 분야였고, 영국과 네덜란드 등 대항해시대의 주역으로 발돋움했던 나라에서 활발히 연구되었다.

갈레노스의 인체 이론

생리학 혁명의 내용을 본격적으로 다루기에 앞서 우리는 갈레노스의 인체 이론에 대해 조금 자세하게 살펴보아야 한다. 왜냐하면 생리학 혁명은 갈레노스 체계에 대해 제기된 문제를 해결하면서 진행되었기 때문이다. 헬레니즘시대에 활약했던 갈레노스는 서양 고대 의학을 집대성한 인물이었다. 그의 인체 이론은 이후 약 1500년 동안 서양에서 인체를 이해하는 기본적인 이론으로 대접받았다. 갈레노스는 이론과 실제를 아우르는 150여 편의 저술을 남긴 것으로 유명하다. 갈레노스의 인체 이론은 나중에 아랍지역으로 전파되어 체계화되었다. 아비케나가 저술한 『의학정전』은 기본적으로 갈레노스 체계에 입각해 인체 이론 및 의학을 정리한 책이다. 갈레노스의 저술들과 아비케나의 저술은 중세 후반 유럽 대학에서 교재로 채택되어 의학 교육에 사용되었으며, 과학혁명이 시작될 즈음까지도 이 분야에서는 가장 높은 권위를 지니고 있었다.

갈레노스의 인체 이론은 인체를 크게 세 영역으로 나누어서 설명한다. 그 세 영역은 소화계, 호흡계, 신경계이다. 갈레노스 인체 이론에서 특이한 점은 각각의 영역을 관장하는 영(spirit)이 있다고 제안한 것이다. 인간이 음식을 섭취하여 얻어진 영양분은 '자연의 영'(natural spirit)이 되어 기능을 하며, 호흡을 통해 얻은 생명력은 '생명의 영'(vital spirit)이 되어 기능을 하고, 마지막으로 정신활동은 '동물의 영'(animal spirit)에 의해 가능해진다고 설명되었다.

각각의 영이 무엇이고 어떠한 기능을 하는가에 대해 갈레노스가 제시한 내용을 정리해서 설명하자면 다음과 같다. 먼저 인간이 음식을 먹으면 위와 장을 거쳐 소화되어 영양분으로 변화되고, 이렇게 변화된 영양분은 간으로 이동된다. 자연의 영이 만들어지는 곳은 바로 간이다. 자연의 영은 다름 아닌 '피'를 의미했다. 간에서 만들어진 자연의 영, 즉 피는 특정한 통로를 따라 온몸으로 퍼지게 된다. 신체의 어느 부분에서건 상처가 났을 때 피가 나오는 것은 자연의 영이 온몸 구석구석까지 전달되기 때문이다. 피가 이동하는 특정한 통로는 정맥이었다. 정맥을 통해 이동된 피는 몸 전체로 이동된 후 사용되어 소모가 되어 버린다. 새로운 피를 만들어 내기 위해서는 다시 음식물을 섭취해야만 했다. 사람이 매일 음식을 먹어야 하는 이유는 바로 생명의 영을 만들어 내기 위함이었다.

다음은 생명의 영이다. 자연의 영인 피는 정맥을 타고 온몸으로 퍼진다. 그중 일부는 심장에 도달하게 된다. 심장은 가운데의 격막에 의해 우심실과 좌심실로 구분된 구조를 가지고 있다고 여겨지고 있었다. 정맥을 통해 심장에 도착한 피는 먼저 우심실에 모이게 되고 이 중 일부는 격막에 난 구멍을 통과해 좌심실에 도착하게 된다. 심장에서 좌심실은 생명의 영이 만들어지는 곳이다. 좌심실에서는 격막 구멍을 통과해서 들어온 피의 일부와 허파를 통해 들어온 공기가 만나게 된다. 피와 공기가 결합하여 생성되는 생명력의 원천이 바로 생명의 영이었다. 좌심실에서 만들어진 생명의 영은 피와는 다른 통로를 통해 온몸으로 퍼져나가서 생명력을 공급하는 기능을 수행하는데, 생명의 영의 통로는 동맥이었다.

마지막으로 동맥을 타고 이동하는 생명의 영 중 일부는 뇌 깊숙한 곳에 숨어 있다고 생각되었던 'rete mirabile'라는 기관으로 도달하게 되고 이곳에서 동물의 영으로 변환된다. 동물의 영은 신경계를 지배하는 영으로, 이를 통해 사람의 정신 활동과 감각 작용이 가능해진다. 생각하는 바에 따라 몸이 움직이는 것과 피부에 가해진 자극을 느낄 수 있는 것은 모두 동물의 영이 기능한 결과로 설명되었다.

갈레노스 이론 체계는 음식물의 소화에서부터 출발해서 신경 및 정신 활동까지가 유기적으로 연결되어 있는 특징을 가지고 있다. 따라서 어느 한 부분에서 문제가 생기게 되면 다른 부분에도 영향을 미쳐 건강하지 않은 상태로 빠지게 된다. 그리고 또 한 가지 중요한 특징은 세 가지 영이 제대로 작동하기 위해서는 적절한 음식물과 좋은 공기의 흡수가 필수적이라는 점이다. 모든 영은 결국 음식물의 소화와 공기의 호흡의 결과로 만들어지고, 적절한 음식과 공기가 흡수될 경우에는 조화롭게 작동하지만 그렇지 못할 경우에는 신체에 문제가 생기게 된다고 여겨졌다.

근대 초의 해부학

16세기에 들어서면서 서양에서는 인체에 대한 해부를 시작했다. 그 중심지는 이탈리아의 파도바(Padua) 대학이었으며, 해부를 통해 갈레노스 인체 이론에 대한 의문을 제기했던 인물은 이 대학의 해부학자 베살리우스였다. 서양에서 인체

해부는 헬레니즘시대 초기에 무세이온에서 잠시 시행된 적이 있었으나, 그 이후로부터는 금기시되어 왔던 행위였다. 학자 층에 속해 있었던 의사들은 손을 써서 해부를 한다는 것이 자신들의 지위에 걸맞지 않은 행위라고 여겼기 때문이었다. 물론 이러한 생각이 퍼진 데에는 플라톤이나 아리스토텔레스와 같은 고대의 철학자들이 손을 쓰는 작업을 무시했던 것도 영향을 미쳤다. 손을 써서 하는 작업도 꺼림칙한데 더군다나 인체 해부는 인간의 시체를 만지면서 해야 하는 행위였으니 당시의 의사들이 해부를 등한시했던 것이 아주 이상한 일은 아니었다. 고대 및 중세에 의사란 철학적으로 인체 구조를 이해하는 사람이지 피를 만지며 수술을 하거나 해부를 하며 시체 안을 들여다보는 사람은 아니었던 셈이다. 이는 과학혁명 이전의 의사들이 지금의 용어로 표현하자면 내과의사의 성격이 강했음을 의미한다. 내과의사를 지칭하는 영어단어는 'physician'인데, 이는 'physics' 즉 자연학에 통달한 의사라는 뜻이다.

이러한 상황에서 베살리우스와 같은 몇몇 의사들이 해부를 수행했다는 것은 상당히 놀라운 일이었다고 평가할 수 있다. 베살리우스는 자신이 직접 해부를 수행하면서 갈레노스의 이론이 사람이 아닌 개나 원숭이와 같은 다른 대상을 통해 얻어진 결론이라는 점을 지적하기도 했고 무엇보다도 손을 써서 획득하는 지식의 중요성을 강조했다. 이탈리아에서 행해지기 시작한 해부는 점점 그 중요성이 인식되면서 다른 국가들로 퍼져나갔다. 네덜란드에서 16세기에 설립되어 의학 교육으로 명성을 떨쳤던 레이덴(Leiden) 대학에서는 해부를 수행하는 장면을 학생들이 참관할 수 있는 해부학 극장(theatrum anatomicum)을 세우기도 하였다. 이 기관은 평소에는 학생들이 해부 광경을 목격할 수 있도록 운영되었지만 도시의 축제일과 같은 특별한 경우에는 일반 시민들에게 해부를 시연하는 곳으로 운영되었기에 해부학 극장이라는 명칭을 가지고 있었다.

베살리우스의 『인체의 구조에 관하여』

베살리우스는 1543년에 출판한 『인체의 구조에 관하여』라는 저서에서 자신이 실제로 수행한 해부를 통해 발견한 새로운 증거들을 제시하며 갈레노스 이론에 대해 다양한 의문을 제기했다. 베살리우스는 심장을 해부한 결과 갈레노스가 우심실과 좌심실을 구분하는 격막에 존재한다고 설명했던 격막구멍이 실제로는 존재하는 않는다는 점을 밝혀냈다. 또 한 가지의 발견은 정맥의 굵기가 간보다 심장에서 더 두껍다는 점이었다. 갈레노스 이론에 따르면 간에서 피가 만들어져서 온몸으로 퍼져나가고 그 일부만이 심장으로 전달된다. 이럴 경우 상식적으로 출발점인 간 쪽 혈관의 굵기가 심장 쪽 혈관보다 훨씬 더 두꺼워야 한다. 하지만 베살리우스는 실제 해부를 통해 정반대임을 보여주었던 것이다. 이어서 그는 심장의 우심실과 좌심실에 담겨 있는 피의 양을 비교하면서 또 다른 갈레노스 이론의 모순점을 찾아냈다. 갈레노스 이론에서 피는 일단 우심실로 모여들고 그중 일부만이 격막 구멍을 통해 좌심실로 전달되어 생명의 영이 만들어진다고 설명되고 있었다. 이런 경우 좌심실보다는 우심실에 피가 더 많이 모여 있어야 한다. 하지만 베살리우스가 해부를 통해 확인한 결과는 오히려 좌심실에 더 많은 피가 몰려 있다는 사실이었다. 이 밖에도 그는 허파에서 심장으로 공기만을 전달한다고 여겨졌던 허파정맥에도 피가 존재함을 발견했다.

베살리우스는 이러한 증거들을 바탕으로 갈레노스 체계의 문제점을 지적했다. 하지만 베살리우스는 문제점을 지적했을 뿐 그를 대체할 새로운 가설이나 설명을 제시하지는 않았다. 베살리우스가 『인체의 구조에 관하여』를 출판한 목적은 갈레노스 체계를 뒤엎기 위해서가 아니라 갈레노스 체계의 부분적인 사소한 오류들을 수정하여 완벽한 갈레노스 체계를 구축하는 데 있었기 때문이다. 이러한 면에 주목한 과학사 학자 피터 디어는 코페르니쿠스와 베살리우스를 과거의 학문을 완전하게 완성시키려고 한 인물들이라고 평가하며 혁명적 인물이라기보다는 르네상스적인 인물이었다고 평가한다. 하지만 일단 시작된 해부 행위가 점점 더 퍼지면서 갈레노스 체계의 문제점은 더 많이 지적될 수밖에 없었다. 베살리우스 이후에 활동한 해부학자들은 다양한 해부학적 증거들을 찾아내어 갈레노스를 비판하기 시작했고, 17세기 초 하비(William Harvey, 1578~1657)는 이러한 증거들을 종합하여 자신의 새로운 인체 이론을 제시하게 된다.

하비의 『심장과 피의 운동에 관하여』

갈레노스 체계에 대한 의문이 점점 더 쌓여간 17세기 초에 새로운 인체 이론을 제시한 인물은 영국의 의사이자 생리학자인 하비였다. 하비는 이탈리아의 파도바 대학에서 의학 공부를 하며 해부학적 지식을 쌓았고, 영국으로 돌아와서 의술 활동을 펼치며 명성을 떨친 의사이자 학자였다. 하비는 유학 시절 배운 갈레노스 이론 체계에 대한 문제점을 심사숙고 한 끝에 완전히 새로운 인체 이론을 만들어 냈다. 하비가 제안한 인체 이론 중 가장 중요한 부분은 피가 간에서 만들어져서 몸에서 소비되는 것이 아니라 심장에서 나와 온몸을 한 바퀴 순환한 후 다시 심장으로 돌아들어간다는 피 순환 이론이었다. 하비는 이러한 내용을 담은 저서 『동물의 심장과 피의 운동에 관한 해부학적 논고』(*Exercitatio Anatomica de Motu Cordis et Sanguinis in Animalibus*, 1628)를 출판했고, 이를 통해 과학혁명의 한 부분인 생리학 혁명에서 주역이 되었다.

피가 간에서 만들어져서 완전히 소모되는 것이 아니라 심장에서 나와 다시 심장으로 돌아들어간다는 피 순환 이론을 하비가 제안하기까지는 다양한 요소들이 영향을 미쳤다. 가장 먼저 베살리우스 등의 선배 학자들이 제시한 해부학적 증거들이 갈레노스 체계의 문제점에 대한 대안을 제시하는 데에 영향을 미쳤다. 그 외에 하비는 만약 피가 온몸에서 완전히 소비된다면 하루에 얼마만큼의 피가 생산되어야 하는가를 직접 계산해 보며 갈레노스의 이론이 옳지 않음을 확인했고, 자신의 새로운 피 순환 이론이 타당하다는 점을 입증하기 위한 실험을 수행했다. 그리고 그는 어떻게 심장이 피를 온몸으로 순환시킬 수 있는가를 설명하기 위해서 심장을 해부하여 그 구조를 설명했다. 1500년 넘게 전승되어 오던 갈레노스의 인체 이론을 반박하기 위해서는 당시 사람들이 받아들일 수 있는 다양한 증거들이 필요했다. 해부학적 증거들은 소수의 전문가들을 설득할 수 있을지는 몰라도 다른 대다수의 사람들을 설득해 내기에는 부족한 증거였다. 이러한 이유로 하비는 다양한 방식을 동원해야만 했던 것이다.

갈레노스 인체 이론에 따르면 피는 매일 간에서 새로 만들어지고 온몸에서 소모된다. 피를 만들어 내는 원천은 소화된 음식의 영양분이었다. 하비는 이러한 갈레노스의 주장이 타당하지 않음을 확인하기 위해 하루에 피가 얼마나 만들어져야 하는지를 계산해 보았다. 하비는 혈관에 상처가 날 경우 뿜어져 나오는 피의 양을 측정했다. 맥박이 한번 뛸 때마다 피가 뿜어져 나오는데 하비는 이 양을 약 7g으로 잡았다. 실제로는 이보다 많은 양이 뿜어져 나오는데 하비는 논증의 확실성을 강조하기 위해 최소의 양을 잡아서 계산에 사용했다. 하비는 1분에 맥박이 뛰는 횟수도 아주 작게 잡아 약 40회 정도로 잡았다. 이렇게 되면 1시간(60분)에는 대략 2000회 이상의 맥박이 뛰게 되어 14kg 정도의 피가 흐르는 셈이 된다. 이를 다시 24시간, 즉 하루로 계산해 보면 300kg이 넘는 양의 피가 하나의 혈관으로 흘러가는 셈이다. 혈관 하나로 흘러가는 피가 300kg이라면 아마도 하루 동안 온몸에서 소비되는 피의 양은 최소 1t은 되어야 할 것이다. 하비는 이러한 계산의 결과를 가지고 그다지 많지 않은 양의 음식을 먹어서 하루에 1t 이상의 피를 만들어 내는 것은 불가능하기 때문에 갈레노스의 이론대로 피가 소모되어 없어지는 것이 아니라 일정량의 피가 순환해야 함을 주장했다.

하비는 피를 순환시키기 위해서는 동력이 필요하다고 생각했다. 그래서 그가 생각한 순환의 동력은 심장이었다. 하비는 심장이 수축할 때 피가 뿜어져 나오기 때문에 순환이 가능하다고 설명하며, 심장이 펌프와 같은 원리로 작용한다고 말했다. 이는 17세기 초에 여러 기계들이 개발되면서 학자들도 기계에 대해 관심을 가지기 시작한 당시의 상황을 보여준다.

하비는 피의 양을 계산하고 펌프를 심장에 유비시킨 것과 함께 사람들이 직접 자신의 이론이 타당하다는 점을 확인할 수 있도록 실험을 설계한 후 수행했다. 그 실험은 과학의 역사에서 유명한 실험 중 하나인 결찰사(ligature) 실험이다. 하비는 결찰사라는 실로 팔오금 부위를 단단히 묶어 동맥과 정맥을 모두 막은 후의 상황을 관찰했다. 갈레노스 체계대로라면 동맥과 정맥을 통해 손 방향으로 흘러내려가야 할 자연의 영과 생명의 영의 통로가 모두 막혔기 때문에 결찰사 위쪽의 혈관이 도드라지게 부어올라야 했다. 하지만 관찰 결과는 결찰사 위 부분에서는 동맥만이 도드라질 뿐 정맥은 변화가 없었다. 이는 무엇인가가 동맥을 통해서만

팔 아래쪽으로 이동하고 있다는 증거였다. 다음으로 하비는 결찰사를 느슨하게 풀어 동맥은 열어 놓고 정맥만을 차단한 후 그 변화를 관찰했다. 동맥 혈관이 정맥 혈관보다 피부 깊숙이 위치해 있다는 사실을 이용한 실험 설계였다. 이 경우 갈레노스 체계를 따르자면 자연의 영이 흘러내려가야 할 정맥이 막혔기 때문에 결찰사 위쪽의 정맥이 부풀어 올라야 한다. 하지만 이번에도 실험 결과는 갈레노스 체계와 달랐다. 정맥은 결찰사 위쪽이 아닌 아래쪽에서 부풀어 올라왔던 것이다. 하비는 이 실험 결과를 동맥을 통해 내려갔던 피가 정맥을 통해 다시 심장 쪽으로 올라오던 중 통로가 막혀서 발생한 현상이라고 해석했다. 즉 실험을 통해 하비는 피가 동맥을 통해 나갔다가 정맥을 통해 다시 심장으로 모여들게 됨을, 즉 피가 순환함을 보여준 것이었다.

하비 이후의 생리학의 문제

하비는 정량적 계산, 기계론적 사고, 치밀한 실험 등을 통해 피의 순환 이론을 제시했지만 아직 하비의 이론이 완벽히 수용되기 위해서 해결되지 못한 몇 가지 문제가 있었다. 그중 가장 중요한 점은 피가 순환된다고 주장하기 위해서는 피가 동맥에서 정맥으로 옮겨가는 과정에 대한 설명이 필요한데 그에 대한 해명이 부족하다는 것이었다. 완벽한 순환이 되기 위해서는 어느 한 부분에도 단절이 있어서는 안 되는데, 하비는 이 두 혈관의 연결 부위에 대해서는 침묵했다. 이 문제의 해결을 위해서는 새로운 기구의 발명이 필요했다.

네덜란드의 장인이었던 뢰벤후크(Anton van Leeuwenhoek, 1632~1723)는 1648년 미세한 구조를 확대해서 볼 수 있는 기구인 현미경을 발명했다. 그는 평생 동안 400여 개의 현미경을 제작하여 기구 제작자로 유명해졌고, 자신이 개발한 현미경을 가지고 관찰한 동식물들의 구조에 대한 내용을 출판하여 자연철학자로 발돋움했던 인물이었다. 뢰벤후크는 현미경을 통해 관찰한 성과들을 인정받아 1680년에 영국의 과학단체인 왕립학회의 회원으로 선출되었다.

뢰벤후크의 현미경은 다양한 사람들에게 환영받았다. 갈릴레오의 망원경이 천문학에 새 지평을 열어주었다면, 뢰벤후크의 현미경은 생명의 세계에 대한 학문의 발전을 위한 길을 열어주었다. 의사들과 생리학자들은 뢰벤후크의 현미경으로 인체의 기관들을 면밀하게 관찰하기 시작했으며, 그 과정에서 동맥과 정맥이 모세혈관이라는 눈에 보이지 않을 정도로 미세한 혈관들에 의해서 이어진다는 사실을 발견했다. 이 발견 이후 하비의 피 순환 이론은 타당한 인체 이론으로 급속하게 수용되었다.

하비가 해결한 문제는 갈레노스의 첫 번째 영인 자연의 영에 관한 문제였다. 자연의 영 문제가 해결되자 생리학자들은 자연스럽게 두 번째 영인 생명의 영으로 관심을 옮겼다. 생명의 영은 피와 공기가 만나 생성된 영이었기 때문에 학자들은 차차 호흡 및 공기에 대한 문제에 관심을 가지게 되었다. 17세기 말부터 의사와 생리학자, 그리고 자연철학자들은 공기에 대하여 집중적으로 공략을 시작했다. 보일, 로어(Richard Lower, 1631~1691), 후크(Robert Hooke, 1635~1703), 메이요(John Mayow, 1641~1679) 등은 다양한 관심사에서 출발해 공기에 관한 연구들을 진행했던 인물들이다. 공기에 대한 관심은 18세기에도 계속 지속되었고, 결국 공기를 구성하는 다양한 성분들이 분리되기에 이르렀으며, 이는 18세기 말 화학 혁명의 밑거름이 되었다.

9 과학혁명기의 자연사

자연사는 지구 위에 분포하는 동물, 식물, 광물 등의 특성을 정확하게 기술(description)하고 그 효용을 탐구하는 학문이다. 다시 말해 자연사의 기본은 개별 대상들의 세밀한 특징들을 면밀하게 관찰하고 이를 정리하는 것이라 할 수 있다. 이처럼 개별 대상을 중시하는 성격이 강한 학문 분야였기 때문에 자연사에는 우주론이나 운동론 분야에서처럼 일반화시킨 거대한 이론 체계가 그다지 많이 존재하지 않았다. 자연사와 관련된 거의 유일한 이론 체계로는 개별 대상들의 특징을 분석한 후 유사한 대상끼리 묶어내는 분류 체계가 있었다. 그런데 분류 체계가 변화되기 위해서는 과거의 분류 체계를 바꾸어야 할 만큼 수많은 개별 대상들에 대한 새로운 보고가 필요했다. 유럽인들은 아리스토텔레스가 분류 체계를 제시한 후 거의 2000년 동안 같은 지역에 거주하며 같은 동물, 같은 식물, 같은 광물을 보고 지냈었다. 이러한 이유로 과거의 분류 체계는 오히려 다른 자연철학 분야보다 더 흔들림 없이 지속되어 내려오고 있었다. 하지만 과학혁명이 일어났던 16, 17세기에 서양인들은 유럽을 넘어 새로운 지역으로 진출을 시작했고, 이 과정에서 수많은 새로운 대상들에 대한 보고들이 이루어지기 시작했다. 자연사의 관점에서 볼 때 과학혁명기는 다음 세기에 일어날 분류 체계의 변화를 위한 증거들을 열심히 수집하던 시기였다.

15세기 말 포르투갈과 스페인을 필두로 서양인들은 아시아, 아프리카, 아메리카라는 새로운 지역을 향해 항해를 시작했다. 16, 17세기가 되면서 유럽인들의 진출은 더욱 활발해졌고 세계 각지에 상관과 교역소를 세워 원거리 무역을 진행했는데, 이 때 그들은 이전에는 접할 수 없었던 새로운 동물, 식물, 자연 환경, 부족들과 마주하게 되었던 것이다.

과학혁명기에 자연사 정보 수집에 가장 열성적이었던 나라는 영국과 네덜란드였다. 이 두 나라는 초창기에 해상 주도권을 쥐고 있던 포르투갈과 스페인으로부터 그 영향력을 빼앗으며 가장 강력한 해상 국가로 발돋움했다. 이와 더불어 영국과 네덜란드는 동인도회사라는 원거리 무역을 전담하는 기구를 창설해 항해와 무역을 조직화하고 체계화했다. 영국과 네덜란드의 동인도회사는 당시 중요한 무역품이었던 차, 커피, 향신료, 염료 등에 대한 정확한 정보를 필요로 했었는데, 이러한 정보는 다름 아닌 개별 동물이나 식물에 대한 자연사적 정보였다. 또한 이들 국가는 새로운 지역으로 진출하면서 그곳의 풍토병을 경험하였고, 이를 치료하기 위해 각 지역의 약재에 대한 정보도 수집하기 시작했다. 약재에 대한 정보 또한 식물에 대한 자연사적 정보였다.

영국과 네덜란드로 보고된 자연사적 정보들은 조직화되었고 자세하게 연구되었다. 이 측면에서는 네덜란드가 영국보다 한발 더 앞서 나갔다. 네덜란드는 16세기 말에 레이덴 대학을 설립하고 그 부설기관으로 열대 식물원을 개원했다. 레이덴 대학 당국은 식물원을 맡아서 총괄할 인물로 당시에 유명했던 클루시우스(Carolus Clusius, 1526~1609)를 초빙했다. 레이덴 식물원은 동인도회사와 긴밀한 협력체계를 구축하고 아시아와 아프리카, 그리고 아메리카에서 들여온 식물들을 직접 재배하며 그 특징들을 연구하기 시작했다. 이 과정에서 과거의 분류 체계로는 분류하기 힘든 새로운 특징들을 가진 식물들이 나타나기 시작했으며, 이러한 특징들은 다음 세기에 새로운 분류 체계가 탄생하는 데에 기본 재료가 되었다. 18세기에 새로운 분류법을 제안할 린네(Carl Linnaeus, 1707~1778)가 레이덴 대학에서 공부했던 인물임을 생각해 보면 이 기관이 자연사의 발전 과정에 있어서 대단한 기여를 했음을 확인할 수 있다.

과학혁명기의 자연사는 베이컨이 제안했던 과학 방법론을 실제로 수행했던 분야였다고 평가할 수 있다. 자연사에 관련된 정보 수집을 직접 수행한 사람들은 선원이나 상인들이었다. 이들은 각 지역에서 종자나 묘목을 구해 자신들의 나라로 보냈으며, 각 지역의 원주민들이 제공하는 정보에도 귀를 기울였다. 이렇게 보낸 정보들은 다시 식물원으로 보내져 재검토되고 종합되어 식물학 교수들에 의해 체계화되었다. 그리고 이 정보들의 취합, 처리 과정에서 동인도회사는 인력 동원이나 장비 조달과 관련한 지원을 아끼지 않았다. 즉 자연사 연구는 베이컨이 주장했던 것처럼 여러 사람들이 조직적으로 분업화해서 협동연구를 진행하는 방식으로 진행되었던 것이다. 마지막으로 이렇게 획득된 자연사 정보는 유용한 정보로 재탄생되었다. 어떠한 종류의 식물이 더 높은 가치를 지니는지, 특정한 지역에서는 어떠한 품종으로 플랜테이션 농업을 하는 것이 더 적절한지에 대한 결과들이 보고되었다. 또한 어떠한 식물, 약재들이 풍토병을 치료하는 데 효과적인지에 대한 정보는 유럽인들의 제국주의적인 팽창에 기여했다. 자연사는 유용한 지식을 추구해야 한다는 베이컨의 주장에도 정확히 들어맞는 분야였던 것이다. 이러한 점에서 과학사 학자 해롤드 쿡(Harold Cook)은 과학혁명기의 자연사 연구를 17세기의 거대과학이었다고 평가한다. 과학혁명기의 자연사는 결정적인 이론 변화는 없었지만 수많은 사람들이 관심을 가지고 지식 발전에 참여하며 매우 역동적으로 수행되었던 분야였던 셈이다.

11

과학 활동의 새로운 공간 : 궁정과 과학단체

과학혁명 이전에 과학 활동이 이루어지던 공간은 대학이었다. 대학의 스콜라 학자들은 교양학부나 의학부의 교육을 위해서 부분적으로나마 자연철학이나 수학을 필요로 했고, 이 덕택에 자연철학은 제도적으로 명맥을 유지할 수 있었다. 하지만 대학 내의 자연철학은 기본적으로 아리스토텔레스만을 추종하는 입장을 고수했으며 거기서 벗어나는 이론이나 주장에 대해서는 강한 비판 혹은 무관심으로 대응했다. 즉 대학이라는 공간은 아리스토텔레스주의에 입각한 자연철학의 공간이었지 새로운 주장이 제시되고, 토론되고, 인정받을 수 있는 공간은 아니었던 것이다.

그래서 코페르니쿠스 이후 각 분야에서 우후죽순처럼 나타난 새로운 자연에 대한 주장과 입장들은 새로운 공간을 필요로 했다. 16세기에 새로운 주장을 시작한 학자들을 받아들인 곳은 군주나 고위 귀족의 궁정이었다. 17세기로 접어들어서는 과학자들 스스로 과학만을 위한 공간인 과학단체를 만들어 냈다. 왕립학회와 과학아카데미가 대표적인 과학단체의 사례였다. 새로운 과학은 인정받을 수 있는 새로운 공간이 필요했던 것이다.

9 궁정의 후원

르네상스가 본격화되면서 유럽의 고위 귀족들이나 군주들은 학자와 예술가들을 후원하기 시작했다. 특히 이탈리아의 도시국가를 통치하던 군주들이나 공화국의 고위층 인사들, 그리고 교황은 이러한 후원에 열성적이었다. 이 지배층 인사들은 인문주의자들을 후원하여 번역 사업을 진흥시켰으며, 건축가를 후원해서 새로운 형태의 성당이나 기념비적인 구조물들을 세웠다. 또한 그들은 미켈란젤로(Michelangelo di Lodovico Buonarroti Simoni, 1475~1564), 라파엘로(Raffaello Sanzio da Urbino, 1483~1520)와 같은 예술가들을 후원해 지금까지도 유명한 여러 예술 작품을 창작하는 데 도움을 주기도 했다. 이렇듯 다양한 전문인들이 지배층으로부터 후원을 받았는데, 그중 한 부류는 의사, 수학자, 자연철학자 등과 같은 학자 계층이었다.

이탈리아에서 시작된 학자들에 대한 궁정의 후원은 점차 다른 유럽 국가의 궁정으로 퍼져나갔다. 우리가 과학혁명을 다루면서 살펴보았던 많은 학자들 중 궁정의 후원을 받았던 사람들은 일일이 나열하기 힘들 정도로 많다. 그중 유명한 경우만 꼽아 보자면 갈릴레오는 초기에는 카르다노(Gerolamo Cardano, 1501~1576)라는 유력한 정치가의 후원을 받았고, 나중에는 이탈리아의 피렌체를 실질적으로 다스리는 권력을 가지고 있던 메디치 가문의 후원을 받았다. 데카르트 역시 말년에 후원을 받았는데 그의 후원자는 스웨덴의 왕비였으며, 케플러의 경우는 합스부르그가의 왕 루돌프 2세의 후원을 받았다. 티코 브라헤는 덴마크 국왕의 후원을 받아 천문대를 운영했었다. 하비는 영국 왕실의 의사로 활약했다.

이처럼 궁정의 후원은 과학혁명 초기에 새로운 과학의 탄생, 전파, 수용에 큰 역할을 했던 장소였고, 많은 과학사 학자들의 연구를 통해 후원의 특징들이 밝혀졌다. 과학사 학자들은 후원이 개인적인 선호도에 따라서 마구잡이로 작동되는 것이 아닌 일정한 규율, 에티켓, 관습, 보상 방법 등을 가진 시스템이었음을 지적했다.

궁정 후원의 시스템

궁정 후원은 준비과정부터 시작해서 실제로 후원을 얻어내기까지, 그리고 후원을 획득한 후에 특정한 임무를 수행하기까지 상당히 체계적인 규율들이 작동하는 과정이었다. 먼저 후원을 받으려는 피후원자는 미래의 후원자가 될 군주나 귀족에게 선물을 선사해야 했다. 이 때 선물이란 자신의 특별한 발견물이나 발명품, 작품을 보내는 행위, 자신이 출판한 책의 서문에 미래의 후원자를 언급하며 헌정하는 행위 등을 의미했다. 후원자가 이러한 선물들이 마음에 들어 후원을 결정하게 되면 다양한 후원 중개인들이 중간에서 계약을 체결했다. 일단 후원을 받게 되면 피후원자는 다양한 임무를 수행했는데 예술가일 경우에는 그림을 그리면 되었고 건축가라면 건물을 설계하면 되었다. 그렇다면 학자는 궁정에서 어떠한 임무를 수행하며 어떻게 계약 관계를 지속해 나갔을까? 그 구체적인 내용은 스페인의 사례를 통해 살펴보도록 하겠다.

16세기 말 스페인은 유럽 내에서 가장 넓은 영토를 확보하고, 아메리카 식민지를 경영하던 초강대국이었다. 따라서 스페인의 전성기였던 16세기 말 펠리페 2세(Philip II, 1527~1598)가 통치하던 시절의 스페인 궁정의 후원을 살펴보는 것은 절대 군주의 후원 성격을 이해하는 데에 도움을 준다. 당시 최고의 가톨릭 군주였던 펠리페 2세는 그 명성에 걸맞게 수많은 학자들과 예술가들을 후원했다. 그가 후원했던 학자 계층으로는 수학자, 연금술사, 의사 등을 대표적으로 들 수 있다. 피후원자들은 왕자들의 교육을 담당했고, 국가가 자랑거리로 내세울 상징물의 제작 과정에 참여했으며, 저술 활동의 결과물을 군주에게 헌정하여 군주의 위상을 높이는 데에도 기여했다. 또 이들은 자신들의 지식을 실제적으로 이용해서 군주나 국가에 도움을 주는 일에도 힘을 쏟았다. 의사의 경우 왕과 왕족의 치료를 담당함으로써 자신들의 임무를 다했다. 수학자와 천문학자들은 측량, 축성 등의 업무에서 자신들의 지식을 활용하기도 했지만 항해술의 개선과 관련된 연구에도 참여했다. 스페인은 1580년 포르투갈을 합병하며 그야말로 신대륙과 아시아 항로를 거의 독점했으므로 항해술의 개발은 필수적이었기 때문이다. 항해술과 관련되어서 이들이 해결해야 할 당면과제 중 하나는 경도 측정 방법을 알아내는 것이었다. 펠리페 2세는 많은 연금술사들을 후원한 것으로도 유명했는데, 연금술사들은 남미에서 채광한 은을 수은을 사용해 제련하는 기법인 아말감법을 발전시키는 데 공헌했고, 또 스페인의 국고가 바닥나는 비상사태가 닥쳤을 때에는 은화 대신 은으로 도금한 동전을 제조하는 데에 자신들의 지식을 활용하기도 했다.

스페인의 사례를 살펴본 대로 후원을 베푸는 군주의 입장에서는 학자를 받아들였을 경우 그들을 다양하게 활용할 수 있었다. 후원자가 볼 때 학자들은 그들의 지식을 이용할 수도 있고 문화가 발달한 국가임을 과시할 수 있는 성과물을 제공하기도 하는, 일석이조의 효과를 얻어낼 수 있는 후원의 대상이었다. 반대로 학자들 역시 후원을 받게 되면서 다양한 긍정적인 변화를 이끌어 낼 수 있었다. 우선 학자들이 후원을 받게 되면 경제적인 문제가 해결되었다. 과학혁명기에 활동했던 학자들은 크게 세 부류로 분류되는데, 회이헨스처럼 집안이 아주 부유했던 경우, 코페르니쿠스처럼 성직자나 법관과 같은 다른 직업을 가지고 있었던 경우, 대부분이 여기에 속하는 다른 특별한 직업이 없는 경우이다. 세 번째 부류에 속하는 학자들이 가족을 부양하고 생계를 유지하면서 학문 활동을 지속할 수 있었던 데에는 궁정의 후원이 큰 역할을 하였다. 후원을 받게 되면서 나타나는 긍정적인 다른 변화는 명칭이 변하면서 지위가 상승하게 된다는 점이었다. 궁정에 소속되기 이전에 수학 강사였던 갈릴레오는 메디치 가문의 후원을 받게 되면서 '토스카나 대공의 궁정 철학자'로 공식적인 직함이 바뀌었다. 직함이 바뀌었다는 것은 그 학자를 대하는 다른 사람들의 태도가 같이 변화하게 됨을 의미했다. 갈릴레오의 경우 후원을 받기 이전에는 그가 어떠한 새로운 주장을 했을 때 대부분 무시당하며 다른 학자들로부터 별다른 반응을 얻어내지 못했다. 하지만 대공의 철학자가 된 이후에는 갈릴레오가 어떠한 새로운 주장을 발표할 때마다 다른 학자들의 반응이 쏟아져 나와 그 주장에 대한 토론이 가능해졌다. 이러한 토론을 통해 학자들은 자신의 주장을 더 세련되게 가다듬을 수 있었으며, 이러한 과정이 있었기에 과학혁명기의 많은 새로운 주장들이 힘을 얻어갈 수 있었던 것이다. 마지막으로 궁정은 학자들의 주장이 넓은 지역으로 급속하게 전파되는 데에도 도움을 주었다. 궁정은 기본적으로 고위층 인사들이 활동하는 공간이었기 때문에 이곳을 드나드는 사람들이나 궁정들 사이의 외교 네트워크를 통해 궁정학자들의 새로운 발견이 사회적으로 영향력 있는 사람들에게 널리 그리고 빨리 전파될 수 있었다. 갈릴레오와 케플러는 동시대에 살면서 자주 천문학과 관련된 의견을 주고받았는데, 이들의 의견 교환은 궁정 사이의 외교 네트워크를 통해 이루어졌다.

2 갈릴레오와 메디치 가문의 후원 관계

앞서 설명한 궁정 후원의 전반적인 특징들을 잘 보여주는 유명한 사례는 갈릴레오와 메디치 가문 사이의 관계이다. 이 사례는 학자들이 후원을 받기 위해 어떠한 방안들을 동원했는지, 후원을 획득하기 위해 필요한 것은 무엇이었는지, 그리고 후원을 받은 후에 학자들의 삶이 어떻게 변화되었는지와 같은 다양한 측면들을 아주 잘 보여준다.

갈릴레오는 후원을 받기 전 피사 대학에서 수학 강의를 하며 생계를 유지하던 수학자였다. 대학에서 강의를 했다고는 하지만 정식 교수는 아니었으며, 매년 계약을 갱신해야 하는 불안정한 고용상태였고, 보수도 넉넉하지 않았다. 이 때문에 갈릴레오는 생계를 유지하기 위해 자신이 발명한 기구들을 내다팔거나, 돈 많은 상인들의 자제들에게 수학을 가르치는 가정교사로서의 일도 병행해야 했다. 무엇보다도 갈릴레오에게 불만족스러웠던 상황은 자신이 아무리 뛰어난 연구를 하더라도 어떤 학자도 귀기울여주지 않는다는 점이었다. 갈릴레오는 이 당시에 역학 연구에서 상당한 진전을 이루었으나 일개 수학 강사에 불과한 갈릴레오의 말에 적극적으로 대응해 주는 이는 없었다. 한마디로 지위 낮은 수학자였던 갈릴레오는 무시당하고 있었다.

이러한 상황에 처해 있던 갈릴레오는 주변의 사람들이 궁정에 들어가면서 경제적인 면이 나아지는 것은 물론이고 학문적인 면에서도 지위가 급상승하는 광경을 목격하면서 자신도 궁정으로의 진입을 꿈꾸게 되었다. 궁정에 들어가기 전에는 장인(artisan)이라 무시당하던 사람들이 궁정의 후원을 받게 되면 예술가(artist)

로 대접받는 사실을 목도한 것이었다. 갈릴레오는 후원 중개인들과 접촉하며 자신을 받아줄 만한 궁정을 물색하기 시작했고, 결국 그는 피렌체를 다스리던 메디치 가문의 코시모 대공을 최종 목표로 결정했다. 약 십여 년에 걸친 기간 동안 갈릴레오는 코시모 대공과 메디치 가문에 수많은 선물들을 보냈다. 그는 메디치 가문에 특별한 행사가 있을 때마다 축하 편지를 보냈으며, 왕자의 결혼식 때에는 엄청난 크기의 자철광을 구해서 선물로 보내기도 하였다. 그는 무료로 왕족의 수학 교육을 돕기도 했었다. 하지만 갈릴레오의 바람과는 달리 메디치 가문의 코시모 대공은 갈릴레오를 궁정학자로 불러들이지 않았다. 갈릴레오가 보낸 선물들은 코시모 대공의 눈에 그리 특별해 보이지 않았기 때문이었다. 게다가 대공의 후원을 원하는 경쟁자는 많았는데, 갈릴레오는 그다지 유명한 인물도 아니었다.

코시모 대공의 후원을 획득하기 위해서는 정말로 깜짝 놀랄 만한 선물이 필요했다. 갈릴레오가 오랫동안 대공의 호감을 사기 위해 보냈던 선물들은 번번이 실패에 그쳤었는데, 결국 그는 1609년 말에 코시모의 마음에 쏙 들 만한 선물을 마련하는 데에 성공했다. 그 선물은 자신이 제작한 망원경을 통해 관찰한 목성의 위성 4개였다. 갈릴레오는 목성 주위에 4개의 위성이 존재한다는 사실을 발견하고 바로 중개인을 통해 메디치 가문으로의 진입을 시도했다. 갈릴레오는 밤낮으로 대공에게 바칠 선물을 준비하기 위해 노력했다. 밤에는 계속해서 관측을 진행하여 실수가 없도록 했고 낮에는 그 관측 결과를 담은 책을 썼다. 이렇게 해서 출판된 책이 우리가 천문학 혁명에서 살펴보았던 『별의 전령』이었다.

갈릴레오가 목성의 위성을 발견하고 이를 메디치 가문에게 줄 놀라운 선물로 여긴 데에는 그럴 만한 이유가 있었다. 그 이유는 메디치 가문이 예전부터 가문의 수호신으로 주피터(그리스 신화의 제우스)를 내세우고 있었고 메디치 가문의 수호성이 목성이라는 것이었다. 이러한 사실을 잘 알고 있던 갈릴레오는 자신의 발견을 메디치 가문의 수호신과 수호성에 연결시켰다. 『별의 전령 』 서문에서 갈릴레오는 다음과 같이 이야기했다. 수천 년 동안 많은 천문학자들이 목성을 관측해왔지만 목성 주위의 위성은 자신의 눈에만 보였다. 그래서 왜 이러한 일이 벌어졌는지에 대해 골똘히 생각하던 중에 목성이 메디치 가문의 별이라는 것을 떠올리게 되었고, 메디치 가문의 수호성인 목성이 갈릴레오에게 모습을 드러냄으로써 메시지를 전달하려고 신호를 보낸 것임을 알게 되었다. 그래서 갈릴레오는 목성이 전하는 메시지를 메디치 가문에 전달하려 한다. 이와 같은 서문을 집필한 후 갈릴레오는 자신은 목성의 메시지를 메디치 가문에 전달하는 전령일 뿐이라는 의미에서 책 제목을 『별의 전령』이라 붙였고, 자신이 발견한 목성의 위성 4개를 합쳐서 '메디치의 별들'이라 명명했다. 그리고 각각의 위성에 대해서는 메디치 가문의 왕자 4명의 이름을 붙였다.

하늘의 별, 4개씩이나 되는 별을 선물받은 코시모 대공은 흡족해했다. 그래서 메디치의 별들과 『별의 전령』을 헌정받은 대공은 갈릴레오를 궁정의 일원으로 받아들였다. 이 과정에서 갈릴레오의 직함은 메디치 가문의 궁정 철학자로 바뀌었다. 직함을 얻음으로써 갈릴레오는 단순한 수학 계산을 전문으로 하는 수학자가 아닌 우주의 구성을 고민할 자격이 있는 철학자로 재탄생했다. 철학자 신분을 획득한 이후 갈릴레오는 적극적으로 우주론과 코페르니쿠스에 대한 연구를 수행하고 발표했다. 예전에는 자신이 아무리 새로운 이론을 주장해도 반응이 없던 사람들이 궁정 철학자가 된 이후부터는 즉각적인 반응을 보이기 시작했다. 예수회 소속의 학자들, 다른 궁정의 학자들, 고위층 귀족들 모두가 갈릴레오의 연구에 관심을 가졌던 것이다. 이러한 새로운 분위기 속에서 갈릴레오는 우주론에 대한 연구를 지속했고, 그는 이 성과들을 모아 『두 가지 우주 체계에 관한 대화』를 출판했다.

궁정 후원의 한계

과학혁명기에 활동했던 많은 학자들에게 새로운 기회를 부여한 궁정이란 공간은 자유로운 의견 개진과 상호 비판을 가능케 해 주었다는 점에서 분명 과거의 대학에 비해서는 긍정적으로 평가될 만한 곳이었지만 완벽한 공간은 아니었다. 가장 큰 문제는 후원의 여부가 군주나 귀족의 취향에 의해 결정되다 보니 지속성이 떨어졌고 갑자기 후원이 중단될 위험이 도사리고 있었다는 점이다.

힘들게 후원을 받는 데 성공했다 하더라도 이 후원이 무한정 계속되는 것은 아니었다. 때로는 군주의 취향에 더 맞는 선물을 제시한 사람이 등장함으로 인해 자리를 빼앗길 수도 있었고, 특별히 경쟁자가 없을 경우라도 사소한 잘못으로 인해 군주의 미움을 사게 될 경우에는 그 자리를 지켜내기 어려웠다. 후원자의 사망도 궁정의 후원을 불안정하게 만드는 주요 원인이었다. 후원자의 사망은 과거에 후원을 받던 인물들이 새로운 인물들로 교체될 수 있다는 것을 의미했고, 대부분의 피후원자들은 후원자가 사망할 경우 후원을 유지하기 위해서 전전긍긍해야 했다. 이와 같은 문제가 전혀 없는 경우라도 후원을 받는다는 것은 연구 이외에 궁정 학자로서 부여받은 여러 임무를 수행하며 자연에 대한 연구에 몰두할 시간을 빼앗긴다는 것을 의미하기도 했다.

후원의 불안정성 및 부작용을 보여주는 사례를 구체적으로 거론하자면 다음과 같다. 갈릴레오는 메디치 가문의 후원을 통해 크게 성장한 인물이었지만 후원의 부작용도 경험했다. 갈릴레오가 회부된 종교재판의 이면에는 교황청과 메디치 가문의 미묘한 정치적인 관계가 있었다. 티코 브라헤는 그에게 섬을 하사하고 그 섬에 천문대를 지어줄 만큼 그를 총애하던 국왕이 죽자마자 다음 왕위에 오른 아들에 의해 후원을 박탈당했다. 그 후 티코 브라헤는 덴마크를 떠나 새로운 후원자를 찾을 때까지 몇 년 동안 고생해야 했다. 합스부르그 왕가의 후원을 받았던 케플러는 많은 시간을 국왕이 원했던 점성술에 할애해야 했기 때문에 천문학 연구에 몰두할 수 없었다. 데카르트는 자신의 후원자였던 스웨덴 왕비의 스케줄에 맞추어 새벽에 강의를 진행해야 했고, 결국 그는 스웨덴의 쌀쌀한 새벽 날씨를 견디지 못하고 폐렴에 걸려 사망했다.

궁정의 후원은 분명히 학자들에게 매력적인 기회였다. 적어도 후원이 지속되는 한 학자들은 안정적인 환경에서 연구를 진행할 수 있었다. 궁정의 후원을 받음으로써 학자들은 경제적인 문제도 해결할 수 있었고, 명성도 획득할 수 있었다. 하지만 점차 후원이 보편화되면서 자연을 연구하는 학자들 사이에서는 개인이나 궁정의 후원이 아닌 지속성이 보장되는 지원을 확보하자는 목소리들이 나오기 시작했다. 영속적인 지원을 할 수 있는 권위는 국가가 가지고 있었다.

초기의 과학단체

최초의 과학단체는 궁정 후원의 연장선에서 출현했다. 최초의 과학단체로 평가받는 린체이 아카데미(Academia dei Lincei)는 이탈리아의 몬티첼리니 후작인 페데리코 체시(Federico Angelo Cesi, 1585~1630)의 후원을 받아 1603년에 조직되었다. 이 모임의 회원은 자연철학과 수학에 관심 있는 사람들이었고, 자연을 면밀하게 관찰한다는 점을 강조하기 위해 매서운 시력을 가졌다고 알려졌던 스라소니를 아카데미의 이름으로 선택했다. 갈릴레오도 후에 회원이 되었으며 그는 자신이 이 아카데미의 회원인 것을 매우 자랑스럽게 여겼다. 린체이 아카데미는 회원들이 연구 결과를 출판할 때 그 비용을 보조해 주기도 했고, 방대한 도서관을 마련하여 회원들의 연구 활동에 도움을 주었다. 하지만 이 모든 사업들은 아카데미 자체의 동력에 의해서 진행되었다기보다는 뒤에서 아카데미를 후원하고 있었던 체시에 의해 기획된 것이었다. 린체이 아카데미는 아카데미의 형태를 가지고 있었지만 개인 후원의 성격을 완전히 벗어나지 못했고, 결국 체시가 1630년에 사망하자마자 해산되었다.

1656년 이탈리아에서는 린체이 아카데미에 이어 치멘토 아카데미(Academia del Cimento)가 창설되었다. 치멘토 아카데미는 메디치 가문 출신의 레오폴드 공이 후원을 담당했다. 치멘토는 실험이라는 뜻을 가진 단어였으며, 그 뜻에 걸맞게 치멘토 아카데미에서는 회원들이 유명한 실험들을 직접 수행하고 확인해 보는 활동을 했다. 치멘토 아카데미 역시 레오폴드 공이라는 개인의 후원에 상당히 의존하는 단체였는데, 이는 공식적인 인가도 없이 설립되어 활동을 시작했다는 점과 정규 회합 시간도 없이 레오폴드 공이 기분이 내킬 때마다 회의를 소집했던 것에서 드러난다. 설립될 때에도 공식적인 인가를 받지 못했던 이 단체는 해체될 때에도 마찬가지였다. 레오폴드가 추기경이 되어 로마로 떠나게 되면서 치멘토 아카데미는 흐지부지 해산되었다.

린체이 아카데미와 치멘토 아카데미는 최초의 과학단체라는 점에서 의의가 있지만, 개인적인 후원과 과학단체의 중간적인 체제를 유지했다는 점에서 볼 때 본격적인 의미의 과학단체라고는 평가하기 어렵다. 이 두 단체를 경험한 자연철학자들은 더 이상 개인에 의존하지 않는 영구적인 학자들의 모임을 만들기 시작했다.

02 영국의 왕립학회

영국에서는 1645년 정도부터 과학자들 스스로 모임을 만들기 시작했다. 실험적 연구에 관심을 가지고 있던 연구자들은 옥스퍼드에서 모여 스스로를 '실험철학 클럽'이라 부르며 토론회를 열기 시작했다. 이 당시 영국은 왕정, 청교도 혁명에 이은 크롬웰(Oliver Cromwell, 1599~1658)의 공화정, 왕정복고 등 일련의 정치적인 변혁이 진행되던 시기였는데, 실험철학 클럽 모임의 주동자들은 이리저리 모임 장소를 옮겨가면서 회합을 계속했다. 1660년 왕정복고로 새 국왕 찰스 2세(Charles II, 1630~1685)가 들어선 후 회원들은 런던에 모여 존 윌킨스(John Wilkins, 1614~1672)를 중심으로 모임을 재조직했고, 국가가 나서서 과학자들의 모임을 지원해 줄 것을 요구하는 제안서를 제출했다. 1660년에 결성된 이 모임이 바로 '자연 지식의 증진을 위한 런던 왕립학회', 줄여서 왕립학회(Royal Society)였다. 찰스 2세는 이 모임을 공식적으로 승인하고 '왕립'이라는 명칭의 사용을 허가했다. 드디어 과학자들이 먼저 모임을 만들고 공식적으로 국가의 인정을 받은 최초의 본격적인 과학단체가 탄생한 것이다.

왕립학회의 초기 회원들은 국왕에게 승인을 요청하면서 베이컨주의를 전면에 내세웠다. 그들은 베이컨의 언급들을 인용하며 지식 진보를 통해 국가 및 사회 발전에 기여할 것임을 내세웠고, 협동적으로 연구를 진행할 예정임을 밝혔다. 이는 과학자들이 자신들의 모임을 국가로부터 공식적으로 승인받기 위한 명분을 제시한 것이었다. 하지만 초기 회원들이 국가로부터 원했던 것은 왕립이라는 이름의 사용만은 아니었다. 그들은 연구를 진행시키는 데에 필요한 다양한 지원 또한 국가에 요청하고 있었다. 하지만 이들의 두 번째 바람은 이루어지지 않았고 이로부터 영국의 왕립학회의 독특한 특징이 나타났다.

당시 국왕이었던 찰스 2세는 국가 발전을 위한 과학 지식 증진에 힘쓰겠다는 대의명분에 찬성하여 왕립학회를 인가해 주었지만, 왕립학회의 회원 대다수가 정치적으로 볼 때 자신과는 정반대에 속하는 공화파였기 때문에 직접적인 지원을 해 주는 데에는 부정적인 입장을 취했다. 국가로부터 왕립이라는 그럴싸한 명칭은 하사받았지만 실질적인 지원은 전혀 받지 못한 왕립학회의 운영은 회원들의 회비에 의존할 수밖에 없었다. 이러한 상황하에서 학회 운영을 위해서는 회원을 늘려야 했고, 결국 왕립학회는 과학자가 아닌 그저 과학에 관심이 있는 사람들에게도 학회의 문을 열게 되었다.

그렇지만 과학에 관심이 있다고 해서 아무나 학회에 가입할 수 있는 것은 아니었다. 회비를 낼 수 있는 경제적인 능력을 가진 사람이어야 했으며, 또 어느 정도의 사회·문화·경제적인 지위를 가지고 있어 다른 사람들과 같이 어울릴 수 있어야 했다. 이렇다 보니 왕립학회는 점점 영국 신사계급의 모임이 되어 갔다. 네덜란드의 장인이자 현미경의 발명자인 뢰벤후크를 외국인 회원이라는 자격으로 받아들였을 때 왕립회원들 사이에서는 그가 신사계급에 걸맞지 않은 장인이라는 이유로 격론이 오간 적이 있었는데, 이는 왕립학회 구성원의 특징을 잘 보여주는 예이다.

신사계급이 학회의 주축이 되면서 왕립학회의 특징들이 하나둘씩 생겨났다. 먼저 전문적인 학자들이 아닌 신사들이 회원의 다수였고 별다른 지원도 없다 보니 학회가 처음 생겼을 때 제안했던 조직적인 협동연구는 수행되지 못했다. 그래서 왕립학회는 주로 개인적으로 연구한 결과를 발표하는 장소로 변모되었다. 회원 대다수가 과학에 있어 비전문가이다 보니 발표의 내용에 있어서도 신사계급이 관심을 가질 만한 주제들이 점점 더 많은 비중을 차지하게 되었다. 어려운 수학이나 수리과학보다는 흥미롭게 발표를 지켜볼 수 있는 실험이 발표 주제로 많이 선택되었던 것이다. 왕립학회 회원들이 관심을 가졌던 또 한 가지 분야는 자연사였다. 자연사의 경우 특이한 동물이나 식물을 보고하는 것만으로도 가치 있게 여겨졌는데, 이러한 발견에는 비전문가인 신사계급도 직접 동참할 수 있었기 때문이다.

전문적인 연구를 협동적으로 진행할 수는 없었지만 왕립학회는 그 밖의 다양한 기능을 수행하며 영국의 과학이 진전되는 데에 긍정적인 역할을 했다. 먼저 왕립학회는 과학적 업적을 공인해 주는 역할을 했다. 개별 연구자들은 자신이 발견한 사실들을 왕립학회에서 발표했고, 실험을 재연해 보이기도 하였다. 이를 참관한 회원들은 그 내용에 대해서 목격자의 역할을 하면서 연구가 제대로 이루어졌다는 것을 확인해 주었다. 이러한 발표가 많이 진행되면서 왕립학회는 발견의 우선권을 확인해 주는 기능도 병행하게 되었다. 학자들은 자신의 연구 결과를 왕립학회에 제출함으로써 어느 누구보다 자신이 먼저 그 내용을 발견했음을 공식적으로 인정받게 된 것이다. 이와 더불어 왕립학회에 제출된 업적들은 책자로 묶여 배포되었다. 이 과정에서는 왕립학회의 서기였던 올덴버그(Henry Oldenburg, 1619~1677)가 중요한 역할을 했다. 올덴버그는 과학 활동에 대한 정보 수집을 위해 많은 사람들과 서신을 교류하여 정리한 내용과, 발표를 위해 왕립학회에 제출된 문건들을 묶어 『철학회보』(*Philosophical Transactions*)를 발간했다. 『철학회보』는 지금까지도 진행되고 있는 가장 오래된 과학학술지이다.

2 프랑스의 과학아카데미

영국에서 왕립학회가 창설된 직후 프랑스에서도 과학단체가 만들어졌다. 영국에서 왕립학회가 과학자들의 자발적인 모임으로부터 태동되어 왕에게 승인을 얻어 창설되었던 것과는 달리 프랑스의 과학단체는 정부의 주도로 만들어졌다. 이러한 태생적인 차이로 인해 프랑스 과학단체의 성격은 왕립학회와는 상당히 달랐다.

프랑스의 과학단체인 왕립과학아카데미(Académie Royale des Sciences)는 1666년에 파리에 세워졌다. 과학아카데미는 당시 집권하고 있던 루이 14세의 재상 콜베르(Jean-Baptiste Colbert, 1619~1683)의 주도로 입안되어 세워졌던 기관이다. 루이 14세는 강력한 절대왕정을 추구하여 태양왕이란 별명을 얻었던 인물이고, 콜베르는 루이 14세가 절대왕정 체제를 구축할 때 가장 측근에서 그를 보좌했던 인물이다. 절대왕정이란 국가의 모든 조직 체계를 국왕 아래로 복속시킨 강력한 중앙 집권적인 정치 체제를 말하는데, 이러한 체제가 구축되는 과정에 있어서 과학 활동도 예외가 될 수는 없었다. 콜베르는 자연에 대해 연구하는 프랑스의 대표적인 학자들도 공식적으로, 그리고 제도적으로 국왕의 명령을 받는 체제 아래로 묶어 놓기를 원했고, 이러한 목적을 달성하기 위해 과학아카데미를 창설하였다.

왕립학회가 비록 왕립이라는 이름은 달고 있었으나 회원과 임원의 선출과 관련된 권한을 자체적으로 행사할 수 있었던 단체였던 것과는 달리 과학아카데미는 출발부터 국가 기관의 성격을 가지고 있었다. 그래서 과학아카데미의 회원들은 봉급을 받았으며, 그에 따라 부여되는 임무들도 수행해야 했다. 국가의 최고 과학기관이라는 명칭에 걸맞게 과학아카데미에서는 프랑스에서 활약하고 있던 최고의 과학자들 12명만을 회원으로 임명했으며, 외국에서 명성을 떨치고 있던 몇몇 과학자들을 특별회원으로 초빙했다. 데카르트주의자로서 이미 대단한 명성을 얻고 있던 네덜란드의 회이헨스와 이탈리아 출신의 저명한 천문학자 카시니(Giovanni Domenico Cassini, 1625~1712)가 특별회원에 포함된 사람들이다.

과학아카데미는 크게 수학 분과와 자연학 분과로 나뉘어 조직되었고, 급료를 받는 회원들은 매우 수요일과 토요일에 전체 회합에 참여해야 할 의무가 있었다. 수시로 열리는 각 분과의 소규모 회합 참석은 물론이고 말이다. 게다가 아카데미 회원들은 국가에서 발주한 연구과제에 참여해 공동 연구를 진행해야 했다. 과학아카데미에서 수행했던 유명한 공동연구의 사례는 미터법 제정 프로젝트였다. 이와 더불어 회원들은 장인들이 특허를 받기 위해 제출한 서류들을 심사하는 일도 맡아서 했다.

이처럼 수행해야 할 임무가 많았던 만큼 정부로부터 받는 지원도 막강했다. 정부는 회원들에게 최고의 과학자에 걸맞은 급료를 지급했으며 연구를 위한 천문대, 식물원, 도서관 등의 부속기관들도 설치해 주었다. 그리고 무엇보다도 과학아카데미 회원으로 임명되었다는 사실 자체가 국가로부터 최고 과학자라고 공인받은 것이었기 때문에 회원들의 자부심은 실로 대단했다.

과학아카데미에 모인 회원들은 각 분야의 최고 전문가들이었고 그들은 정기적인 회합을 통해 서로의 연구 성과에 대해 활발한 토론을 벌였다. 과학아카데미에서는 왕립학회에서처럼 어려운 내용의 발표를 기피하는 일은 벌어지지 않았다.

오히려 다양한 분야의 최고 전문가들이 한곳에서 토론을 벌이면서 서로의 아이디어를 주고받는 일이 많았다. 이러한 분위기 속에서 과학아카데미에서는 과학의 전 분야에 걸쳐 수준 높은 연구와 토론이 진행되었으며, 특히 수리과학 분야에서 많은 성과를 올렸다.

과학단체의 의의

과학혁명기에 설립된 대표적인 두 과학단체인 왕립학회와 과학아카데미는 그 설립과정부터 연구진행방식까지 너무도 다른 점이 많았기 때문에 동일선상에 놓고 비교하기는 어렵지만 몇 가지 공통점은 가지고 있었다. 그리고 이 공통점으로부터 과학단체의 의의를 찾아낼 수 있다.

과학단체는 대학이라는 학문의 공간의 대안적인 장소로 급부상했던 궁정의 한계를 넘어선 과학 활동의 장이었다. 과학아카데미는 물론이고 왕립학회 안에서 과학자들은 오로지 과학에 대해서만 집중적인 토론을 벌일 수 있었다. 이는 과학적 주장에 대한 판단이 과학단체를 통해 과학자들 손으로 넘어오게 되었다는 점을 의미했다. 과거에 과학적 진술의 타당성 여부가 교회의 입장이나 권력자의 취향에 좌우되어 판단되는 경우가 있었다면, 과학단체가 설립된 이후부터 과학적 진술에 대한 판단은 과학단체 안에서 과학자들에 의해 이루어지게 되었다. 이는 과학이 점차 독자성을 확보하게 됨을 의미했다.

이와 더불어 과학단체는 과학이 국가로부터 그 중요성을 인정받게 되는 계기를 마련했다는 의의를 가진다. 그 이전의 과학은 연구자가 개인적인 지적 욕구를 만족시키기 위해 수행했던 작업이거나, 권력자의 과시를 위해 수행되었던 활동이었다. 하지만 과학단체가 설립되면서 과학은 점차 국가 발전에 기여할 수 있는 행위로 변모하기 시작했다. 베이컨이 주장했던 과학의 목표가 점차 가시화되었던 것이다. 이를 일찍 알아 챈 프랑스 정부는 처음부터 과학에 적극 투자하기 시작했고, 18세기 후반부터는 영국 정부도 왕립학회를 적극적으로 지원했다. 과학은 과학단체를 기반으로 점차 사회 내에서 그 영향력을 키워갔던 것이다.

마지막으로 과학단체는 향후 과학 발전에 있어서 지대한 영향을 미쳤다. 영속적인 지원이 가능해졌다는 면에서도 과학단체는 중요한 기여를 했고, 18세기 이후 대부분의 과학자들이 과학단체에 소속되어 연구 활동을 벌였다는 점도 이를 확인시켜 준다. 새로운 연구 성과들은 과학단체 안에서 토론되고, 비판받고, 수정되며 점점 더 확실한 체계를 구축해 나갈 수 있었다. 과학단체는 과학혁명기가 마무리될 즈음에 설립되었기 때문에 과학혁명의 진전 자체에는 큰 영향을 미치지 못했지만, 다음 시기의 과학 활동을 책임지는 것은 과학단체의 몫이었다.

12

과학혁명기의 종교, 실용학문, 수학

갈릴레오의 종교재판 사건은 앞서 나가고 있는 과학의 발목을 붙잡은 보수적인 기독교의 태도를 보여주는 상징적인 사건으로 많이 거론되어 왔다. 용감한 과학자 갈릴레오는 교회로부터 핍박을 받았음에도 불구하고 "그래도 지구는 돈다"는 말을 남겼다고도 전해진다. 하지만 갈릴레오 종교재판은 과학에 대한 종교의 억압으로만 치부하기에는 너무 다양한 요인들이 함께 작용한 복잡한 사건이었다. 그리고 갈릴레오가 남겼다는 "그래도 지구는 돈다"는 말은 나중에 제자가 만들어 낸 허구에 불과하다. 과학혁명기의 과학과 종교의 관계는 서로 갈등을 겪은 측면도 있었지만 전반적으로 볼 때 평화로운 관계였다. 어찌 되었건 과학혁명은 기독교권 국가들에서 일어난 사건이었다.

과학혁명기에는 천문학, 역학만큼은 아니지만 실용학문, 수학 등의 분야에서도 의미 있는 변화들이 진전되었다. 다양한 계층의 사람들이 외과의사, 연금술사, 그리고 실용수학자로 활동하면서 과학혁명기에 쏟아져 나온 새로운 지식들을 실생활에 적용시켰다. 그리고 이들의 활동은 반대로 학자 층에 영향을 미치기도 했다.

갈릴레오의 종교재판

갈릴레오 종교재판의 직접적인 원인이 되었던 책은 그가 오랜 기간 동안 궁정

학자 생활을 하며 착안한 생각들을 정리해서 출판한 『대화』였다. 『대화』에서 갈릴레오는 프톨레마이오스의 체계와 코페르니쿠스의 체계를 옹호하는 주인공들을 등장시켰고, 이들이 다양한 문제에 대해 토론을 벌이는 대화체 형식을 사용했다. 이 안에서 주인공들은 "가면을 쓰고 연극을 하는 것처럼" 각각의 입장에 맞게 주장을 펼쳤을 뿐이었지 정작 어느 우주론이 더 옳은가에 대해 판단내리는 것은 어렵다고 말하며 교회의 입장을 따르는 것이 타당하다고 말했다. 바로 이러한 특징으로 인해 『대화』는 당시 이탈리아에서 책을 출판하기 위해 반드시 거쳐야 했던 사전 검열을 무사히 통과해 세상에 나올 수 있었다.

『대화』의 내용을 조금 더 자세히 살펴보자면, 우선 세 명의 주인공이 등장한다. 아리스토텔레스주의자이며 프톨레마이오스의 우주관을 옹호하는 심플리치오(Simplicio), 갈릴레오의 입장을 대변하며 코페르니쿠스를 옹호하는 살비아티(Salviati), 마지막으로 사회자 역할을 맡아 토론을 진행하는 사그레도(Sagredo)가 그 세 명이다. 이 세 명의 등장인물들은 4일에 걸쳐 어느 우주론이 더 타당한가에 대해 공방을 벌인다. 책의 앞 부분에서 이들은 두 우주론의 장단점을 공정하게 비교해 보겠다고 다짐하지만, 내용이 전개되면 될수록 그 전체적인 흐름은 코페르니쿠스를 지지하는 쪽으로 흘러간다. 사회자 역할을 맡은 사그레도는 첫날 토론 후반부에서부터 편파적으로 살비아티를 칭송하는 언급들을 자주 던지는 모습을 보이고, 다음날 대화에서부터는 거의 2:1의 상황으로 토론이 진전된다. 『대화』의 내용을 따라가다 보면 갈릴레오가 코페르니쿠스의 체계를 더 타당하게 생각하고 있음을 분명하게 알아챌 수 있지만, 책 어디에도 그런 생각이 명확하게 쓰여 있지는 않다. 이런 점 때문에 갈릴레오는 종교재판이 진행될 때까지도 자신은 아무런 잘못이 없다고 착각을 하게 되었다.

사전 검열을 통과시켜 주었던 교황청에서는 뒤늦게 자신들이 책 내용을 꼼꼼하게 검토하지 않았던 실수를 깨달았다. 그리고 교황청에서는 이 실수가 단순히 자신들이 꼼꼼하지 못해서 발생한 것이 아니라, 갈릴레오가 처음부터 의도를 가지고 자신들을 속였기 때문이라고 생각했다. 『대화』는 이탈리아어로 쓰여졌고 구성도 아주 재미있었기 때문에 이 책의 인기는 대단했다. 그런데 이 책의 인기가 높아지면서 교회 당국이 분노할 만한 소문이 이탈리아 내에 퍼지기 시작했다. 책 속에서 살비아티와 사그레도에게 계속해서 무시당한 심플리치오가 사실은 교황을 모델로 했다는 소문이었다. 이 소문을 접한 교황 우르반 8세(Urban VIII, 1568~1644)는 격노했다. 우르반 8세는 추기경 시절 메디치 가문을 자주 방문했었기 때문에 갈릴레오와 친분이 있었던 인물이었다. 갈릴레오가 자신의 호의를 저버리고 자신을 웃음거리로 만들어버렸다고 느낀 교황은 갈릴레오를 처벌할 방법을 강구하라 명령했다.

종교재판소에서는 갈릴레오를 잡아들이기 위한 명분을 찾아 나섰다. 아무리 교황이라도 기분이 상했다는 이유와 항간에 떠도는 소문만을 가지고 갈릴레오를 잡아들일 수는 없었기 때문이다. 결국 종교재판소에서는 그로부터 16년 전인 1616년에 이전의 교황이 내렸던 금지령을 이용하기로 결정했다. 1616년 금지령의 내용은 코페르니쿠스의 『천구의 회전에 관하여』를 금서 목록에 포함시키고 향후 코페르니쿠스를 옹호하는 저작물의 출판을 금지하는 것이었다. 사실 갈릴레오는 이 금지령을 염두에 두고 있었기 때문에 직접적으로 코페르니쿠스를 옹호하는 언급을 단 한 번도 남기지 않았던 것이었다. 갈릴레오는 그 정도면 안전할 것이라고 생각했지만 그것은 갈릴레오의 잘못된 판단이었다. 종교재판소에서는 갈릴레오에게 재판장으로 출두를 명령했고, 갈릴레오는 메디치 가문의 만류에도 불구하고 자진 출두했다.

이미 결론을 가지고 있었던 재판은 급속히 진행되었다. 1633년 4월 22일에 열린 첫 공판에서 재판관은 갈릴레오의 죄목을 나열하며 그에게 자백을 요구했다. 하지만 갈릴레오는 자신의 책에 코페르니쿠스를 옹호하는 언급을 직접적으로 남긴 적이 없음을 계속해서 상기시키며 무죄를 주장했다. 종교재판소의 의도와는 달리 재판은 점점 지연되었고, 그만큼 공판의 횟수는 늘어났다. 재판을 빨리 매듭지으라는 교황의 요구에 시달리던 종교재판소는 긴 재판에 지친 갈릴레오에게 회유와 협박을 병행해 사용하면서 자백하기를 종용했다. 결국 6월 22일에 열린 4차 공판에서 갈릴레오는 결국 자신의 죄를 시인했고, 다음날 발표된 판결문에서 갈릴레오는 "이단의 혐의가 짙다"라는 죄목으로 종신가택연금형을 받았다. 사실이 판결은 갈릴레오가 자백의 대가로 약한 죄명과 처벌을 얻어낸 것이었으며, 메디치 가문도 형량을 낮추기 위해서 막후에서 상당한 노력을 기울인 결과였다.

갈릴레오가 받은 종교재판은 그가 코페르니쿠스를 옹호했다는 이유만으로 발생한 사건은 결코 아니었다. 이 재판에는 사전 검열의 문제, 교황의 분노, 종교개혁을 겪은 이후 교황청이 처해 있었던 상황 등의 다양한 요인들이 얽혀 있었다. 그리고 이 재판은 당시 치열하게 벌어지고 있었던 종교전쟁인 30년 전쟁을 둘러싸고 메디치 가문과 교황청 사이에 발생했던 정치적 알력 다툼에도 적지 않은 영향을 받았다. 이러한 이유로 갈릴레오 종교재판을 과학혁명기의 과학과 종교의 관계를 극명하게 보여주는 사례로 보기는 어렵다. 전체적으로 보자면 갈릴레오의 종교재판 과정은 새로운 과학에 대해 교회가 철퇴를 내린 것이라기보다는 괘씸죄에 걸려든 한 늙은 과학자에 대한 처벌의 성격이 강했다.

자연이라는 책

과학혁명기의 과학과 종교의 관계를 연구하는 역사가들은 갈릴레오가 종교재판에서 남겼다는 "그래도 지구는 돈다"는 언급에 대해 그 당시 상황은 그러한 말을 남길 수 없었으며, 갈릴레오가 그런 말을 할 사람도 아니었다는 데에 대체로 동의한다. 오히려 역사가들이 당시의 종교와 과학의 관계를 잘 보여준다고 여기며 주목하는 것은 "자연이라는 책"에 대한 갈릴레오의 언급이다. 갈릴레오는 자신의 자연에 대한 연구가 성서와 다른 입장을 띠고 있는 것처럼 보이는 것에 대해 우려를 표명한 메디치 가문의 크리스티나 대공비에게 그 내용을 해명하는 편지를 보냈는데, 그 내용을 요약하면 다음과 같다. 하나님은 인간에게 자신의 뜻을 전할 두 권의 책을 남겨주셨는데, 그 하나는 성서이고 다른 하나는 자연이라는 책이다. 성서는 천당(heaven)에 도달하는 방법을 알려주고, 자연이라는 책은 하나님의 창조물인 하늘(heaven)이 어떻게 운행하는가를 알려준다. 자연을 연구하는 것은 하나님의 뜻을 파악하는 길 중 하나이다. 자연이라는 책은 수학이라는 언어로 서술되었고, 도형과 숫자라는 글자로 쓰여 있다.

위의 요약에서 갈릴레오는 자연을 연구하는 것이 비록 성서의 입장과는 다를지 몰라도 궁극적으로는 그것이 참된 하나님의 뜻을 밝히는 길이라는 주장을 펴고 있다. 그는 성서 연구와 자연 연구가 그 방식과 목적에서 차이를 보이지만 결국 하나님의 의도를 파악한다는 같은 목표를 가지고 있다고 생각했다. 갈릴레오 이후, 이 자연이라는 책이라는 개념은 많은 자연철학자들에게 받아들여졌다. 자연을 연구하는 학자들은 자연이라는 책이라는 개념을 내걸고 자유롭게 자신의 연구를 수행할 수 있었다. 뉴턴 역시 이러한 입장을 취한 인물이었다. 뉴턴은 『프린키피아』의 일반 주해 부분에서 자신의 수학적 연구의 결과물과 신학의 조율을 꾀하면서 자연에 대한 철저한 연구가 하나님의 뜻을 밝히는 지름길이라고 공언했다. 자연이라는 책이란 생각은 과학혁명기에 과학과 종교의 관계에 있어서 종교재판 사건처럼 극단적인 갈등보다는 서로의 입장을 존중하며 조화를 추구하는 모습이 더 일반적이었음을 보여준다. 과학혁명기의 학자들은 대부분의 경우 하나님의 뜻을 밝힌다는 대의명분을 내걸고 자신의 연구를 수행했던 것이다.

2 실용학문의 부흥

과학혁명기에는 실용학문 분야에서도 적지 않은 발전이 있었다. 새로운 계층에 속한 사람들이 자신들의 활동에 대한 정당성을 주장하며 활동 영역을 넓혀 갔고, 그들 중에는 장인, 실용수학자, 외과의사, 연금술사 등이 포함되어 있었다. 이들 실용학문 분야의 종사자들은 이전 중세에 비해 빠르게 변화했던 당시 사회 속에서 스스로의 가치를 증명하며 학자들과는 다른 방식으로 새로운 지식들을 창출해 나갔다. 그리고 그렇게 창출된 지식은 학자 층에 영향을 미치기도 하였다.

아르키메데스류의 저서가 출판되면서 자극을 받은 장인 계층은 스스로 수행한 연구 결과를 담은 책들을 발표하기 시작했다. 이들은 학자들의 사변적인 논의에 반대하며 실생활에 응용될 수 있는 지식을 위주로 책을 출판했다. 독일 작센 지방의 광산 기술자였던 아그리콜라는 자신의 경험에 입각하여 광산을 어떻게 개발해야 하는지와 금속 가공술인 야금술을 설명한 저서 『금속에 관하여』를 출판했다. 아그리콜라는 장인답지 않게 라틴어를 사용해 광석 채굴 과정과 제련 과정을 자세히 설명했다. 아그리콜라는 이 저술에서 전문적인 용어들에 대해 새로운 정의까지 내리며 광업이 상류층이 관심을 가질 만한 분야임을 역설했다. 영국의 항해사였던 로버트 노먼(Robert Norman)은 항해를 위해 나침반을 만들고 개선시켰던 경험을 바탕으로 『새로운 인력』(*The Newe Attractive*, 1581)을 저술했다. 이 책에서 노먼은 나침반과 자석의 특징에 대해 설명했고, 나침반의 바늘이 지역에 따라 정확하게 북쪽을 가리키지 않고 약간 편향되는 현상에 대해서도 언급을 남겼다. 노먼의 책은 나중에 자연철학자 길버트(William Gilbert, 1544~1603)가 『자석에 관하여』(*De Magnet*, 1600)를 출판할 때 중요한 참고도서가 됐다. 연금술 분야에서는 리바비우스(Andreas Libavius, 1555~1616)가 중요한 저술을 남겼다. 그는 『연금술』(*Alchemia*, 1597)에서 연금술의 원리와 그 활용처, 그리고 연금술 기구에 대해 자세한 설명을 제시하며, 연금술이 신비주의적인 이상한 활동이 아니고 실생활에 아주 유용한 학문임을 주장했다.

의학 분야에서는 외과 의사들의 활약이 두드러졌다. 과학혁명이 진행되고 있던 때는 많은 전쟁이 발발한 시기였고, 전쟁사 학자들이 군사혁명이라고 부르는 전쟁 양상의 획기적인 변화도 진행되던 시기였다. 과학혁명기에 유럽에서는 30년 전쟁과 같은 대규모 전쟁들이 많이 발발했고, 이전까지 용병 위주로 전투를 수행했던 것과는 달리 국민병을 모집해서 전투를 벌이다 보니 사상자도 과거 전쟁에 비해 훨씬 많이 발생했었다. 이러한 상황에서 외상에 대한 치료 기술을 겸비하고 있던 외과 의사들은 많은 치료 경험을 쌓을 수 있었다. 외과의들은 갈레노스식의 인체 이론만을 중시하며 실제 치료에는 무지한 대학의 내과의들에 대해 비판의 목소리를 내기도 했다. 그 대표적 인물은 파라켈수스(Paracelsus, 1493~1541)였다. 독일 출신의 의사이자 신비주의자였던 파라켈수스는 갈레노스식의 이론은 실제 치료 능력이 전혀 없다고 강하게 비판하면서 자신은 식물성 약재보다는 무기화합물을 이용해 치료에 성공했음을 주장했다. 파라켈수스는 초승달이 떴을 때 생긴 상처가 보름달이 떴을 때의 상처보다 더 심각하다고 말하는 등 치료 과정에 점성술적인 요소를 강하게 개입시켜서 비판을 받기도 했지만 실제 치료술의 중요성을 강조하는 그의 주장은 많은 추종자를 얻었다. 외과 의사들이 실제 경험을 통해 축적한 치료법들은 과학혁명이 진전되면서 학자들에게까지 전파되어 영향을 미치기도 했다. 하비는 자신의 피 순환 이론 체계를 세우는 데 있어서 외과의들의 지식을 적극 활용했다.

수학을 활용해서 실제 문제 해결에 나섰던 실용수학자도 이 시기에 큰 활약을 했다. 실용수학자들은 자신들의 계산술과 기하학 지식을 활용해 측량술, 축성술, 항해술 등의 분야의 발전에 크게 기여했다. 전에는 없던 대포가 전장에서 본격적으로 사용되면서 그것을 방어하는 성곽의 형태도 변화해야 했다. 예전 성곽 축조에서는 적군이 넘어오는 것을 막기 위해 높게 성벽을 쌓아 올리는 것이 가장 중요한 관건이었지만 새로운 성곽은 사람이 넘어오는 것을 막는 동시에 대포 공격을 견뎌 낼 수 있어야만 했다. 이로 인해 성곽의 높이는 낮아지는 대신 복잡한 기하학적 구조를 가진 형태의 이른바 '이탈리아식 성곽'이 유럽에 퍼지기 시작했다. 이탈리아식 성곽에는 다양한 기하학적 구조를 가진 돌출부들이 포함되어 있었고, 이를 효율적으로 건설하기 위해서는 땅의 넓이 및 경사도에 대한 정확한 측량과 기하학적 계산을 통한 설계가 필수적이었다. 이러한 배경 속에서 측량과 축성 기술을 보유하고 있던 실용수학자들은 자신들의 지식을 활용할 기회를 잡을 수 있었다. 대표적으로 이탈리아의 실용수학자 타르탈리아(Niccolò Fontana Tartaglia, 1499~1557)는 측량과 축성에 대한 내용을 정리해 『질문들과 다양한 발견들』(*Quesiti et Inventioni Diverse*, 1546)을 출판했다.

실용수학자들의 지식은 바다에서도 활용되었다. 원거리 항해가 본격화되면서 각국에서는 항해술의 개선에 적극적인 노력을 기울였고, 실용수학자들은 이 영역의 발전에 적지 않은 기여를 하였다. 사실 항해술은 다양한 분야의 지식이 같이 발전해야 효과를 얻을 수 있는 종합 과학적인 성격을 가지고 있는 분야였다. 조선기술을 가진 장인들은 배를 개선해야 했고, 자연사학자들은 해류나 바람에 대한 정보를 종합해야 했다. 기구 제작 장인들은 나침반, 육분의 등의 항해 도구를 개선시켜야 했다. 실용수학자들은 여기서 지도 제작과 항로 계산술의 개선을 담당했다. 지도 제작술 방면에서 가장 두각을 나타냈던 인물은 남부 네덜란드에서 활동하던 메르카토르(Gehard Mercator, 1512~1594)였다. 네덜란드는 당시 가장 왕성하게 해상 활동을 벌이던 국가였는데, 메르카토르는 항해자들이 편리하게 항로를 결정할 수 있도록 도움을 주는 지도를 제작했다. 지도를 제작하기 위해서는 구형인 지구의 모습을 평면에 옮겨야 하기 때문에 기본적으로 기하학적 지식이 필요했다. 메르카토르가 제작한 지도에는 우리가 현재 등각도법이라고 부르는 투시법이 이용되었다. 이 지도의 특징은 지도를 펼쳐 놓고 출발지에서 목적지까지를 직선으로 연결한 후 측정되는 각도에 따라서 배의 방향을 유지하면 항해 거리는 조금 길어질지는 몰라도 결국에는 그 목적지에 도착할 수 있게 만들어 준다는 데에 있었다. 이는 당시로서는 혁신에 가까운 발견이었으며, 메르카토르의 지도 덕택에 경험이 그리 많지 않은 항해자도 안전하게 목적지를 향해 출항을 할 수 있게 되었다. 메르카토르 지도가 제작된 이후 항해사들에게 그 지도는 필수품이 되었다.

과학혁명기 수학의 변화

우리가 마지막으로 과학혁명기에 변화를 겪은 사례로 점검할 분야는 수학이다. 앞서 실용수학 분야에서 다양한 변화가 있었음을 지적했는데, 이러한 변화들은 이론적인 수학의 변화도 이끌어냈다.

과학혁명기 수학 분야의 변화로는 두 가지 정도를 지적할 수 있다. 먼저 수학에서도 과거의 전통을 넘어서는 일이 있었다. 천문학에서는 프톨레마이오스, 역학에서는 아리스토텔레스, 생리학에서는 갈레노스가 넘어야 할 벽이었다면 수학에서는 아리스토텔레스와 에우클레이데스였다. 과학혁명기에 수학 분야에서는 아리스토텔레스와 에우클레이데스가 규정했던 수학의 구분이 깨졌다. 에우클레이데스를 넘어서게 되면서 유럽에서는 새로운 형식의 수학이 출현했다. 새로운 수학은 이전까지 분리되어 있었던 기하학과 대수를 통합하여 자연 세계에 대한 문제를 해결했다. 그리고 이 기법은 미적분이라는 명칭을 얻었다.

전통적인 수학: 기하학과 대수학의 구분

아리스토텔레스는 기본적으로 수학을 그리 긍정적으로 평가한 인물은 아니었다. 그러한 이유로 그는 다양한 분야에 대한 저술을 남겨 놓았음에도 불구하고 유독 수학과 관련된 저술은 남기지 않았다. 하지만 그는 수학의 대상이 되는 수와 크기의 특징에 대해서 몇 가지 언급들을 남겨 놓았는데, 바로 이 언급들이 과학혁명기까지 향후 수학 분야의 발전 방향을 규정지었다.

아리스토텔레스의 주장의 핵심은 크기와 수는 반드시 구분해서 다루어야 한다는 것이었다. 그는 수학의 대상이 양(qunatity)이지만 양은 다시 서로 다른 성격을 지니는 불연속적인 수(discrete number)와 연속적인 크기(continuous magnitude)로 분류된다고 주장했다. 아리스토텔레스가 수와 크기를 구분하는 데에 사용했던 기준은 그것들이 무한히 나누어질 수 있는가, 무한히 나누어질 수 없는가였다. 아리스토텔레스에 따르면 수는 무한히 나누어질 수 없는 양이며 계속 나누다 보면 언젠가는 더 이상 나누어지지 않는 기본 단위(unit)에 도달하게 되는 양이다. 따라서 수는 기본 단위들의 합, 즉 1들의 합에 의해 만들어진 자연수로 구성되는 양이었다. 반면 크기는 무한히 나눌 수 있는 양이고 그렇기 때문에 연속적인 양이었다. 아리스토텔레스는 길이, 넓이, 부피, 시간 등을 크기의 예로 들었다.

자칫 이론적인 설명에 그칠 수도 있었던 아리스토텔레스의 구분이 그 이후의 수학자들에게 큰 영향을 미쳤던 것은, 이 구분을 고대의 대표적인 수학자 에우클레이데스가 그대로 받아들여 수학적으로 정형화시켰기 때문이었다. 에우클레이데스는 『원론』을 구성하면서 아리스토텔레스의 구분을 철저하게 따라 수학을 두 분야로 나누어버렸다. 에우클레이데스는 수학을 연속적인 크기를 다루는 기하학과 불연속적인 수를 다루는 산수로 구분지었다.

에우클레이데스의 『원론』은 이후 헬레니즘, 로마, 중세를 거치는 동안 변함없이 수학 분야에서 가장 권위적인 저술로 인정받았고, 1600년경까지 어느 누구도 에우클레이데스의 기하학과 산수의 구분을 깨뜨릴 생각을 제시하지 못했다. 아랍을 통해 새로운 기법인 대수가 소개되어 산수를 대체했지만, 이러한 변화를 겪은 후에도 대수는 여전히 자연수만을 다루는 분야였다.

변화의 시작

이러한 기하학과 산수 혹은 대수의 구분은 16세기 말과 17세기 초를 거치면서 서서히 무너지기 시작했다. 네덜란드의 수학자 스테빈은 저서 『산수』(*L'arithmetique*, 1585)에서 수는 크기까지 설명할 수 있는 양이고, 산수를 크기의 영역에도 적용할 수 있다고 선언하며 에우클레이데스에 반기를 들었다. 그는 이러한 주장을 구체화하기 위해 『십분의 일』(*De Thiende, The Tenth*, 1585)에서 자신이 개발한 십진 소수 체계를 제시했다. 그 이전까지는 완전한 수는 자연수뿐이고, 분수나 무리수 등의 기타 수들은 기하학의 영역에서 길이를 표현할 때에만 사용되는 불완전한 수로 취급받았다. 스테빈은 1.414와 같은 방식으로 자연수, 무리수, 분수를 동일하게 표현할 수 있는 새로운 수 체계를 제안하며 크기와 수의 통합을 시도했다. 이어서 프랑스의 수학자 비에트(François Viète, 1540~1603)는 기하학에서 크기를 표현할 때만 사용되던 기호를 대수학에 적용하여 기호 대수학(symbolic algebra)을 창시했다. 이 역시 기하학과 대수의 벽을 허무는 작업의 일환이었으며, 비에트의 기호 대수학에 의해 방정식의 구조와 해에 대한 연구가 본격적으로 시작되었다. 영국의 수학자 네이피어(John Napier, 1550~1617)는 새로운 계산법인 로그(logarithm)를 개발했다. 로그는 곱셈 연산을 덧셈 연산으로 바꾸어주는 획기적인 계산법이었다. 네이피어는 로그표를 제작할 때 스테빈의 십진 소수 체계를 사용했다. 로그는 특히 복잡한 계산을 하던 천문학자들에게 환영받았고, 아주 빠른 속도로 그 사용이 확산되었다. 로그는 발명된 지 30년도 채 지나지 않아 중국까지 퍼졌다.

미적분학의 탄생

스테빈과 비에트 등의 인물들에 의해 기하학과 대수의 구분이 허물어진 후, 17세기에 들어서는 이 두 분야를 통합시킨 수학 분야가 새롭게 출현하게 되었다. 새로운 수학은 해석기하학(analytic geometry)이란 분야였다. 해석기학학을 창시한 수학자는 데카르트와 페르마(Pierre de Fermat, 1601~1665)였다. 이들은 기하학의 대상인 곡선에 대한 문제를 해결할 때 대수적인 방법을 사용했다. 특히 데카르트는 좌표계를 도입하여 곡선을 좌표로 표현한 후 방정식을 이용해 접선, 법선, 면적 등의 문제를 고찰했다. 한편, 페르마는 곡선을 다룸에 있어서 극대와 극소 개념을 새롭게 도입했다. 이후 17세기를 거치면서 많은 수학자들이 새로운 개념들을 제안하여 미분법에 해당하는 접선 문제와 적분법에 해당하는 면적 문제를 푸는 방식들을 고안해 냈다. 이탈리아의 카발리에리(Bonaventura Cavalieri, 1598~1647)는 무한소 개념을 제시했고, 영국의 존 윌리스(John Wallis, 1616~1703)는 무한급수에 대해 연구했다. 이러한 새로운 개념과 방법들은 모두 곡선을 대수적으로 공략하기 위해 제시된 것들이었다.

새로운 개념들과 방법들이 제시되면서 곡선은 이제 수학적으로 분석이 가능한 대상으로 점차 바뀌어갔다. 네덜란드의 스호텐(Frans van Schooten, 1615~1660), 드 비트(Jan de Witt, 1629~1672)와 뉴턴의 선생이었던 배로우 등의 수학자들은 특정한 곡선의 면적을 구하고 접선을 구하는 해법들을 계속해서 발전시켰다. 하지만 17세기 말까지의 수학자들은 접선 구하기와 면적 구하기에 대해 많은 사실들을 발견했음에도 불구하고 이 두 문제가 사실은 깊은 연관이 있다는 사실을 간파하지 못했다. 두 문제가 사실은 더하기와 빼기와 같이 역연산의 관계에 있다는 사실을 발표한 사람은 뉴턴과 독일의 라이프니츠(Gottfried Wilhelm von Leibniz, 1646~1716)였다. 두 인물은 서로 독립적인 연구를 통해 미분과 적분이 역연산 관계에 있다는 사실을 알아내고, 오늘날 미적분학의 기본정리라고 부르는 내용의 정리를 발표했다. 해석기하학이 출현한 후 50여 년에 걸친 수많은 수학자들의 노력이 집대성되어 미적분학이 탄생한 순간이었다.

미적분은 이후 거의 모든 과학 분야에서 사용하는 언어가 되었다. 18세기 이후 미적분학은 미분방정식으로 발전되었고, 이 기법은 물리학, 화학, 생물학은 물론이고 경제학 분야에서도 사용되었다. 과학혁명기의 수학자들은 갈릴레오가 말한 자연이라는 책을 읽어 낼 구체적인 언어를 만들어 냈는데 그 언어가 바로 미적분이었다. 이는 과학혁명의 또 다른 기여 중 하나였다.

13

과학혁명의 완성과 뉴턴주의

뉴턴은 『프린키피아』를 출판하여 천문학 혁명과 역학 혁명을 매듭지었다. 하지만 뉴턴의 기여는 그것만이 아니었다. 뉴턴은 『프린키피아』의 후속으로 『광학』(*Optics*, 1704)을 출판하여 자연 연구의 중요한 방법으로 실험이 정착되었음을 보여주었다. 이와 더불어 뉴턴은 다음 세대에서 어떠한 방식으로 자연에 대한 연구를 진행해야 하는가에 대한 전망을 보여주었다. 이러한 의미에서 뉴턴은 과학혁명을 완성한 인물이자 과학에 새로운 시대를 열어준 인물이었다.

뉴턴의 명성은 과학계에 국한되지 않았고, 사회 전역으로 퍼져 나갔다. 17세기 후반부터는 뉴턴의 학문과 방법론을 추종하는 뉴턴주의가 퍼지기 시작했다. 뉴턴주의는 과학혁명의 결과들과 서양 근대 사회를 이어주는 다리 역할을 했다.

『프린키피아』를 출간하기까지의 뉴턴

뉴턴은 1642년 영국에서 소지주의 아들로 태어났다. 하지만 뉴턴이 태어나기 직전 아버지가 사망했고, 태어난 지 2년 만에 어머니가 재혼을 하는 바람에 그는 할머니와 함께 생활해야만 했다. 뉴턴은 의붓아버지가 사망하고 어머니가 다시 돌아올 때까지 약 10년 동안 어머니 없이 자랐다. 뉴턴을 심리학적으로 연구한 일부 학자들은 뉴턴이 나중에 보이는 여러 특이한 성격이 어린 시절의 상황 때문에 생긴 것일 수도 있다고 분석하기도 한다. 뉴턴은 자신을 비판하는 사람들에게 과도할 정도로 민감한 반응을 보여 격렬한 논쟁에 휘말린 경우가 많았다.

뉴턴은 케임브리지 대학에 입학해 본격적인 공부를 시작했다. 뉴턴은 이 때부터 수학에 재능을 보였으며, 그를 눈여겨 본 수학자 배로우는 뉴턴에게 자신의 수학 지식을 전수해 주고 당시의 다양한 자연철학적 논의에 대해 심도 있는 학습을 해 볼 것을 뉴턴에게 권유했다. 특히 배로우는 뉴턴에게 데카르트의 『기하학』과 그 이외의 다른 저술들을 꼼꼼히 읽어보라 추천했다. 데카르트의 『기하학』이 너무 어려워 이해가 안 될 때마다 첫 장부터 다시 읽었다는 뉴턴의 기록을 보면 그가 얼마나 열심히 데카르트의 수학과 철학을 공부했는지 짐작할 수 있다. 뉴턴은 이 과정을 통해 기계적 철학의 장점과 그 안에 내포되어 있는 모순점, 불확실한 주장들까지 간파했다. 뉴턴은 대학을 다니는 동안 플라톤주의자들과 어울리며 영향을 받았고, 헤르메스주의에 대해 관심을 보이기도 했다.

뉴턴 연구자들은 1666년을 기적의 해라고 부른다. 뉴턴은 1665년 학교 주변에 퍼진 흑사병을 피해 2년 동안 고향집에 머물렀다. 이 기간 동안 뉴턴은 집중적으로 연구를 수행했고, 나중에 만유인력이 되는 거리 제곱에 반비례하는 힘, 프리즘 실험을 통해 정립된 색깔 이론, 미분과 적분의 관련성 등에 대한 중요한 생각들을 발전시켰다. 흑사병이 잠잠해진 후 학교로 돌아온 뉴턴은 젊은 나이임에도 불구하고 수학 교수로 임명되었다. 뉴턴의 스승인 배로우는 갑자기 여생을 신학 연구에 몰두하겠다고 선언하며 학교 당국에 사직서를 제출했고, 자신의 후임자로 뉴턴을 적극 추천했다. 그래서 뉴턴은 1669년 케임브리지 대학 루카스좌 수학 교수(Lucassian Professor of Mathematics)가 되었다.

교수가 된 이후 뉴턴은 광학과 수학에 대한 강의를 했는데, 뉴턴의 강의를 들었던 학생들의 증언을 들어보면 그다지 뛰어난 선생은 아니었던 것으로 보인다. 왜냐하면 뉴턴은 당시의 최신 이론들을 강의에서 소개했는데, 그 내용이 상당히 어려웠음에도 학생들의 이해를 돕기 위해 친절한 설명을 해 주지 않았기 때문이다. 강의에 신경을 덜 쓴 대신 뉴턴은 연구에 매진했다. 뉴턴은 고향에 머무는 동안 착안했던 생각들을 발전시켰으며, 반사망원경의 제작에도 성공했다. 뉴턴은 이

반사망원경의 제작을 왕립학회에 보고했고, 그 기여를 인정받아 회원으로 선출되었다. 왕립학회의 회원이 된 뉴턴은 1672년 학회에서 빛과 색깔에 관한 논문을 발표했다. 이 발표로 인해 뉴턴은 후크와 논쟁에 휘말리게 되었다. 후크는 당시 왕립학회의 실험전문가로 상당한 명성을 가지고 있던 인물이었다. 후크는 뉴턴의 실험에 오류가 있다고 지적하면서 그 실험결과를 비판했고, 뉴턴은 이에 대해 강한 어조로 대응했다. 하지만 왕립학회는 이 논쟁에서 신인과학자 뉴턴이 아닌 유명한 실험전문가 후크의 손을 들어주었다. 이 논쟁 이후 뉴턴은 왕립학회로의 발길을 끊고 홀로 연구에 집중했다.

비록 왕립학회에 참여하는 것은 중단했지만 뉴턴은 몇몇 과학자들과는 개인적인 연락을 계속해서 주고받았는데, 그중 한 명이 천문학자 핼리(Edmond Halley, 1656~1742)였다. 핼리는 당시 관측되었던 혜성의 주기를 계산하고, 항해를 통해 남반구의 별들을 관측한 후 남반구의 성도(星圖)를 제작했던 유명한 인물이다. 핼리는 뉴턴으로부터 거리 제곱에 반비례하는 힘이라는 새로운 개념을 도입해 당시 천문학계의 과제였던 케플러 법칙이 성립하는 이유를 풀어냈다는 소리를 들었다. 핼리는 이 내용을 확인한 후 뉴턴에게 그것을 출판해야 한다고 강력하게 권유했다. 핼리는 여러 이유를 대며 긴 분량의 책을 쓰는 것을 기피하는 뉴턴을 설득했고, 한편으로는 왕립학회의 회원들을 설득해 뉴턴의 책을 출판하는 데 드는 비용을 보조해 준다는 약속을 받아냈다. 뉴턴은 일 년 반 정도 책을 집필하는 데 몰두했고, 결국 1687년에 『프린키피아』를 완성했다. 핼리의 노력이 없었다면 천문학 혁명과 역학 혁명을 완성시킨 『프린키피아』는 세상에 나올 수 없었을지도 모른다.

『프린키피아』

『프린키피아』는 500쪽이 넘는 방대한 분량의 책이다. 이 책은 앞서 역학 혁명에 관한 부분에서 설명했듯이 세 권으로 이루어져 있고, 만유인력과 운동의 세 가지 법칙을 제시한 후 이를 이용해 역학과 천문학을 설명하는 내용을 담고 있다. 뉴턴은 『프린키피아』를 에우클레이데스적인 형식에 맞추어 완벽한 수학 서적처럼 구성했다. 그는 공리, 정의, 정리, 명제 등으로 체계적으로 분리해 내용을 제시하고 각각의 정리에 대해서 수학적인 증명을 엄밀하게 제시했다. 특이한 점은 뉴턴이 이 당시에 미적분학과 관련된 많은 내용을 알고 있었음에도 불구하고 철저하게 기하학만으로 내용을 구성했다는 점이다. 이는 새로운 수학인 미적분을 사용함으로써 생길 수 있는 불필요한 비판을 피해 가려는 뉴턴의 의도가 반영된 결과였다. 뉴턴은 예전에 왕립학회에서 벌였던 후크와의 논쟁을 떠올렸던 것이다. 뉴턴이 처음에 『프린키피아』의 집필을 꺼렸던 이유 중 하나도 자신에게 가해질 비판이었다. 뉴턴의 의도는 책을 쓸 때 사용한 언어에서도 드러난다. 뉴턴은 정식 교육을 받은 학자만이 읽을 수 있는 라틴어를 사용했다. 어떻게 보자면 『프린키피아』는 아무나 읽으라고 출판한 책은 아니었던 셈이다.

이러한 뉴턴의 조심스러운 구성과 언어 선택에도 불구하고 그가 우려한 일은 결국 벌어졌다. 이번에도 후크가 뉴턴의 성과에 대해 비판하여 논쟁이 벌어졌는데, 그는 뉴턴이 자신의 생각을 표절했다고 주장했다. 그 증거로 후크는 뉴턴과 광학에 대한 논쟁을 벌인 지 몇 년 후인 1679년에 뉴턴에게 보낸 편지를 제시했는데, 그 편지에서 후크는 거리제곱에 반비례하는 법칙을 언급했었다. 하지만 우리가 앞서 본 대로 뉴턴은 이미 1666년경에 그 생각을 하고 있었다. 후크는 뉴턴이 자신이 보낸 편지에서 아이디어를 얻어 만유인력을 제시했다고 주장했지만, 뉴턴은 자신의 연구일지와 후크가 보냈던 편지내용을 일일이 제시하면서 후크의 주장에 반박했다. 이 논쟁은 『프린키피아』가 출판되기 직전에 벌어졌는데, 그것 때문에 기분이 상한 뉴턴은 『프린키피아』에 그나마 몇 번 포함되어 있던 후크에 대한 인용을 모조리 삭제해 버렸다. 왕립학회의 회원들 역시 이번에는 후크의 주장이 터무니없다고 판단하며 뉴턴의 공을 인정해 주었다.

당대 천문학계의 지상 최대의 과제였던 케플러 법칙을 증명했다고 소문이 난 『프린키피아』는 출판되자마자 큰 반향을 일으켰다. 새로운 힘과 법칙들에 대한 뉴턴의 설명에 감탄하며 뉴턴을 열렬히 지지하는 사람들도 생겨났고, 뉴턴이 미처 고려하지 못했던 부분을 문제 삼으며 비판의 목소리를 내는 사람들도 생겨났다. 전체적으로 보자면 뉴턴은 영국에서는 환영받았지만, 대륙에서는 비판받았다. 이 당시 과학에 대한 연구에서 앞서 가던 프랑스, 네덜란드, 독일 등지에서는 데카르트주의가 유행하고 있었기 때문이다. 데카르트주의자들은 기계적 철학의 기본 원칙들에 충실하려는 입장을 고수하고 있었는데, 그 원칙 중 하나는 자연에서의 모든 작용은 직접적인 충돌에 의해서만 일어날 수 있다는 것이었다. 데카르트주의자들이 보기에 멀리 떨어진 물체 사이에 인력이 작용해 서로 끌어당긴다는 주장은 매개물이 없는데도 힘이 전달된다는 주장이었고, 이는 데카르트가 그렇게도 없애려고 했던 신비로운 힘이 다시 도입된 것에 불과했다. 뉴턴은 만유인력이 왜 작용하는지에 대한 문제는 알 수 없다고 단언했는데, 이러한 뉴턴의 태도는 대륙에서 활동하는 데카르트주의자들의 비판을 더욱 심화시켰다.

『광학』

『프린키피아』의 출판 후 뉴턴은 승승장구했다. 그는 영국 과학계의 자랑거리로 떠올랐으며, 케임브리지 지역을 대표하는 의원직도 역임했다. 1696년에는 조폐국장으로 임명되어 행정업무도 오랫동안 수행했다. 그런 와중에 왕립학회 안에서 뉴턴과 오랫동안 갈등을 빚었던 후크가 1703년에 사망했다. 뉴턴은 후크가 사망한 그 해에 왕립학회의 회장으로 선출되었다. 같은 해에 그는 프랑스 과학아카데미의 준회원 자격도 얻었다.

왕립학회의 회장이 된 후 뉴턴은 후크로 인해 제대로 인정받지 못했던 자신의 연구 성과를 정리해서 출판하는 일을 본격적으로 시작했다. 30년 전에 왕립학회에서 발표했었으나 후크의 비판을 받았던 빛과 색깔에 대한 연구를 1년에 걸쳐 정리한 뉴턴은 『광학』이라는 그의 두 번째 저서를 1704년에 출판했다.

『프린키피아』가 내용을 정확히 이해할 수 있는 학자들만을 대상으로 쓴 책이었다면 『광학』은 많은 독자를 확보하려는 의도를 가지고 집필된 책이었다. 『광학』은 라틴어가 아닌 영어로 집필되었고, 이는 반드시 학자가 아니더라도 관심 있는 많은 사람들이 책을 읽어주기를 바란 뉴턴의 생각이 반영된 결과였다. 내용에 있어서도 『광학』은 수학이 아닌 쉽게 이해할 수 있고, 원한다면 따라서 재연해 볼 수도 있는 실험들을 많이 포함시키고 있었다. 『광학』에 수록되어 있는 실험들 중 유명한 것은 백색광이 7가지 단색광들로 분리됨을 확인하기 위해 두 개의 프리즘을 설치해 빛을 통과시킨 실험이었다. 첫 번째 프리즘을 통과한 백색광은 7가지 색깔의 단색광으로 분리되고, 이 단색광들을 두 번째 프리즘에 통과시켰을 때에는 더 이상 굴절에 의해 분리되지 않음을 확인하면서 뉴턴은 빛이 7가지 색깔로 구성되어 있음을 주장했다.

『프린키피아』가 수학의 중요성을 보여준 저술이었다면 『광학』은 과학혁명기에 새롭게 자리 잡은 실험 또한 자연을 연구함에 있어서 가치 있는 작업이라는 것을 보여주었다. 뉴턴이라는 최고의 과학자가 실험에 관한 책을 출판한다는 것 자체가 실험의 중요성을 각인시키는 것이었다. 게다가 『광학』은 다음 세대의 과학자들이 자연에 대한 연구를 진행할 때 참고할 만한 방향을 설정해 준 지침이 되었다. 뉴턴은 『광학』의 끝부분에 '질문들'이라는 제목의 부록을 수록했는데, 이 부분에서 그는 자신이 자연에 대해 생각하고 있는 의문들, 관심은 있지만 미처 연구하지 못한 주제들, 여러 가지 연구들의 성공 가능성 등에 대해 서술했다. 그 질문들 중 18세기에 큰 영향을 미친 것은 31번째 항목이었다. 여기에서 뉴턴은 당시에 학자들 사이에서 새롭게 관심을 끌고 있던 열, 빛, 전기, 자기, 화학 현상에 대해 이야기했다. 뉴턴은 이 현상들이 아주 흥미롭지만 아직까지 연구가 많이 진전되지 못하여 제대로 이해되지 못하고 있음을 지적한 후, 이 현상들을 탐구함에 있어서 각각의 특성을 나타내는 입자들을 가정하고, 그 입자들 사이에는 서로 끌어당기거나 밀치는 힘이 작용한다고 상정한다면 완벽한 이해에 도달할 수도 있을 것이라고 예상했다. 이를 정리하면 『프린키피아』의 모델을 다른 현상에도 적용해 보자고 제안하는 것이었다. 다음 세대의 과학자들은 이 제안을 심각하게 받아들이면서 연구를 진척시켰다. 18세기는 뉴턴의 영향으로 입자론의 시대가 되었다.

과학혁명을 완성시킨 뉴턴

뉴턴은 코페르니쿠스 이래 약 150여 년에 걸쳐 지속된 과학혁명의 대미를 장식한 인물이다. 뉴턴을 과학혁명의 마지막 주인공으로 평가하는 이유는 그가 그 이전에 제기된 주장들을 체계적으로 정리하여 증명했고, 새롭게 등장한 방법론들을 완벽하게 정착시켰기 때문이다. 또한 뉴턴이 과학단체의 회장직에 오르면서 과학단체가 과학 활동의 본격적인 무대로 자리매김했다는 점도 무시할 수 없다. 과학사 학자들은 뉴턴이 여러 흐름을 종합했다는 의미에서 뉴턴의 이러한 활약을 '뉴턴 종합' 이라고 부른다.

먼저 뉴턴은 천문학 혁명과 역학 혁명을 각각 종합했다. 그는 『프린키피아』를 통해 케플러 법칙을 증명해 내면서 태양계의 구조와 관련된 모든 문제를 해결했다. 수많은 논란을 만들어 냈던 코페르니쿠스의 우주 구조는 뉴턴 이후에는 참된 우주의 구조로 인정받게 되었다. 또한 역학에서도 뉴턴은 갈릴레오 이후 발전해 온 가속도나 관성과 같은 새로운 개념들을 완벽하게 정착시키며 운동과 관련된 문제들을 증명해 냈다. 뉴턴에 의해 고전 역학 체계가 완성되었으며, 이 체계는 20세기 초에 양자 역학에 의해 도전받기 전까지 200년이나 지속되었다.

둘째로 뉴턴은 천상계와 지상계를 종합했다. 뉴턴은 『프린키피아』에서 천상계의 문제인 천문학과 지상계의 문제인 역학을 동시에 다루었다. 이 뿐만 아니라 뉴턴은 동일한 힘과 법칙을 가지고 두 영역의 문제를 해결했다. 과거에 천상계와 지상계는 결코 동일한 원리가 적용될 수 없는 전혀 다른 세계였다. 하지만 이 두 세계는 뉴턴에 의해서 만유인력과 세 가지 운동 법칙에 의해 지배받는 동일한 세계로 통합되었다.

셋째로 뉴턴은 수학과 실험을 종합했다. 수학과 실험은 과학혁명 내내 여러 행위자들에 의해 그 중요성이 강조되어 왔던 새로운 자연을 탐구하는 방법이었다. 수학은 계산만을 주로 수행한다는 이유로 과거에는 철학에 비해 낮게 평가되던 분야였다. 하지만 과학혁명이 진전되면서 갈릴레오, 데카르트, 데카르트주의자들, 그리고 수학자들은 수학이 자연이라는 책을 읽어내는 기본 언어임을 줄곧 주장했었다. 이러한 흐름 마지막에 서 있던 뉴턴은 『프린키피아』에서 자연철학의 원리를 제공하는 언어로 수학의 지위를 격상시켰다. 본래 『프린키피아』의 제목은 『자연 철학의 수학적 원리』였다. 더불어 뉴턴은 실험 내용을 주로 담은 『광학』을 출간하면서 실험이 자연 연구에 있어서 필수적인 행위라는 것을 몸소 보여주었다. 장인들, 연금술사들, 헤르메스주의자들, 그리고 베이컨과 그 추종자들 모두는 과거에는 손을 쓰는 작업이라 무시받았던 실험의 중요성을 강조한 과학과 관련된 행위자들이었다. 드디어 실험은 뉴턴과 같은 사람이 전문적인 책을 쓸 정도로 중요한 연구 방법으로 인정받게 된 것이다.

뉴턴주의

뉴턴이 과학계에서 큰 명성을 얻게 되면서 뉴턴의 생각과 방법론을 추종하는 입장과 사람들이 늘어나게 되었다. 이러한 입장과 사람들을 뉴턴주의와 뉴턴주의자라고 부른다. 뉴턴주의는 뉴턴이 『프린키피아』와 『광학』에서 내비쳤던 생각을 심도 있게 조명했고, 뉴턴의 과학적인 입장과 가설들을 적극적으로 받아들였다.

뉴턴주의가 가장 먼저 퍼진 곳은 당연하게도 영국이었다. 왕립학회 회장에 오르며 영국 과학계의 실질적인 대표자가 된 뉴턴은 왕립학회라는 공간을 이용해서 자신의 과학을 적극적으로 전파하며 스스로 뉴턴주의가 영국에 퍼지는 과정에 적극적으로 개입했다. 뉴턴은 왕립학회에서 과거에 후크가 맡고 있던 실험책임자라는 직책에 자신을 추종하는 인물들인 혹스비(Francis Hauksbee, 1660~1713)와 데자굴리어(John Theophilus Desaguliers, 1683~1744)를 새롭게 임명했다. 이들이 맡은 임무는 뉴턴이 강조했던 요소들을 중심으로 인력과 척력의 작용을 보여주는 실험들을 학회의 회원들에게 보여주는 것이었다. 후에 데자굴리어는 왕립학회를 벗어나 런던 시내에서도 대중 강연을 하며 뉴턴의 과학을 전파시켰다.

뉴턴주의는 뉴턴이 중시했던 거의 모든 것을 추종하는 입장이었다. 뉴턴주의자들은 실험과 수학을 중시했으며 과학적으로는 입자론을 받아들였다. 그리고 그들은 관찰이나 경험에 의해 확인할 수 없는 물질의 본질이나 원인과 같은 문제들은 다루지 않는다는 뉴턴의 입장에도 동조했다. 뉴턴은 만유인력의 원인을 묻는 질문에 대응하면서 "나는 가설을 세우지 않는다"는 유명한 말을 남겼다. 이것은 자신이 데카르트주의자들처럼 보이지 않는 입자가 소용돌이 운동을 일으킨다는 것과 같은 확인할 수 없는 가설을 세우지 않고 만유인력이 만들어 내는 현상에만 집중하는 과학자라는 것을 강조하는 언급이었다.

뉴턴주의자들은 사안에 따라서 개별적으로 의견을 조금씩 달리하는 경우도 있었지만, 미래에 대한 낙관주의라는 공통점을 가졌다. 그들은 뉴턴의 방법을 따른다면 머지않아 자연에 대한 많은 문제들이 차차 해결될 수 있을 것이라고 믿었다. 그리고 그렇게 자연에 대한 문제들이 해결된다면 더 나은 사회로 발전할 수 있을 것이라고 믿었다. 이러한 과학에 대한 낙관론은 과학자들만 공유한 생각이 아니었다. 뉴턴주의는 점차 과학자라는 울타리를 넘어 다양한 집단으로 퍼져나갔다. 과학혁명이 마무리되고 18세기가 시작되면서 뉴턴주의에 매료된 사람들은 과학에 의해 발전하게 될, 그리고 과학을 모델로 삼아 사회 내의 다양한 문제들을 해결해 나가게 될 미래를 꿈꾸게 되었다. 그렇기 때문에 과학은 더욱 열심히 연구해야 하는, 관심을 가져야 하는, 그리고 지원을 해야 하는 행위로 여겨지게 되었다.

제3편

근대과학의 발전

14. 계몽사상과 18세기의 과학
15. 라부아지에와 근대 화학 체계의 형성
16. 프랑스혁명기의 과학
17. 산업혁명과 기술 혁신
18. 다윈과 진화론
19. 독일 과학의 성장
20. 전자기학의 형성
21. 열역학의 형성

제3편 근대과학의 발전에서는 과학혁명의 결과가 본격적으로 퍼지기 시작한 18세기와 19세기의 과학 활동의 변화를 다룬다. 과학혁명의 완성자 뉴턴의 다양한 측면을 추종하던 뉴턴주의는 18세기에 계몽사상과 결합하게 되면서 큰 흐름을 이루게 되었다. 전문적인 과학자들만이 아닌 일반 지식인들도 과학에 관심을 가지게 되었고, 이러한 관심은 새로운 계층인 여성과 일반 시민들에게까지 퍼져나갔다. 과학이 사회적으로 인정받게 되면서 정치권에서도 과학을 중시하며 과학을 장려하는 일들이 벌어지기 시작했다. 18세기 과학계 내부의 흐름도 뉴턴의 영향을 크게 받아 뉴턴주의에 입각한 연구들이 많이 수행되었으며, 특히 화학 분야에서는 새로운 기법, 이론, 방법으로 무장한 라부아지에의 근대적인 화학 체계가 형성되었다.

프랑스혁명과 산업혁명을 거치며 과학은 점점 사회적으로 중요한 행위로 변모되고, 또 인정받게 되었다. 과학은 전문직업의 반열에 오르게 되었고, 산업 기술과의 관련성도 증대되어 갔다. 이어진 19세기에 과학은 전문화의 시대로 접어들게 되었다. 화학에서부터 시작된 과학 분야의 정립은 물리학으로 이어졌다. 전자기학과 열역학 분야가 정립되면서 물리학의 대상이 되는 현상들 사이의 연관성이 본격적으로 고려되었고, 이는 결국 물리학이라는 분야의 정립으로 이어졌다. 생물학 분야에서는 다윈의 자연선택설이 나오며 인간과 동물, 식물을 아우르는 설명체계가 제시되었다.

한편, 18세기까지 영국과 프랑스가 주도했던 과학계는 19세기에 들어 독일의 급성장을 목격했다. 독일은 대학 개혁을 통해 과학 발전의 기틀을 마련한 후, 전문화된 연구와 교육을 통해 다른 나라들을 추월해 나갔다. 독일의 대학 모델은 유럽의 다른 국가들과 미국으로 전파되었으며, 이를 기점으로 전문화된 과학을 연구하는 제도들이 하나둘씩 완비되기 시작했다.

history of Science

14

계몽사상과 18세기의 과학

뉴턴주의는 18세기로 접어들면서 계몽사상과 결합했다. 계몽사상가들은 뉴턴주의와 과학혁명의 성과를 모델로 내세우면서 사회 개혁을 주장했고, 그 과정에서 과학은 점점 더 넓은 계층으로 확산되었다. 과학의 중요성에 대한 인식은 국가의 지원을 강화해야 한다는 목소리를 만들어 냈고, 다른 한 쪽에서는 대중 과학의 유행이라는 현상을 만들어 냈다. 18세기의 구체적인 과학 활동은 입자론에 입각하여 뉴턴의 업적들을 더 공고히하는 방향으로 진행되었다.

계몽사상

역사가들은 18세기를 계몽사상(Enlightenment)의 시대 또는 계몽시대라고 규정한다. 왜냐하면 18세기 내내 계몽사상이 유럽 내에서 강력하게 퍼졌고, 이 사상에 입각하여 더 나은 사회를 향한 다양한 노력들이 기획되고 실행에 옮겨졌기 때문이다.

계몽사상은 18세기에 프랑스로부터 시작되어 전 유럽으로 퍼져 나갔던 사고방식과 문화적 조류를 말한다. 계몽사상은 그 말이 의미하듯 어떤 대상을 깨우치게 만들어 더 긍정적인 방향으로의 전환을 꾀했다. 깨우칠 대상은 바로 인간이었다. 계몽사상가들은 자신들이 살고 있던 유럽 사회가 크고 작은 문제들로 혼란스

러우며 모순에 가득 차 있다는 현실 파악을 사상 체계의 출발점으로 삼았다. 그들은 왜 이러한 모순이 가득한 세상에서 살 수밖에 없는가를 규명해 보고자 했다. 가능성은 크게 두 가지였다. 그 하나는 세상을 구성하고 있는 인간 자체가 모순으로 가득한 존재이기 때문에 인간이 모인 사회는 그런 식으로 이루어질 수밖에 없다는 것이었다. 다른 하나는 인간은 뛰어난 존재이지만 인간을 둘러싼 법, 제도, 종교, 관습 등의 사회적인 요소들이 잘못되었기 때문에 사회의 혼란이 야기된다는 것이었다. 계몽사상가들은 이 중 두 번째를 그 이유로 택했다. 인간은 그 자체로 뛰어난 능력을 지닌 존재였다. 바꾸어야 할 것은 인간을 둘러싼 다른 요소들이었다. 그들은 모든 문제는 인간을 '계몽' 시켜서 올바른 방식으로 사고하고 행동하게 만들면 해결될 수 있을 것이라 믿었다. 이성이라는 뛰어난 능력을 가진 인간은 계몽될 수 있는 존재이기 때문이었다.

계몽사상가들은 이러한 생각을 열성적인 집필 활동을 통해 전파했다. 그들은 이성을 가진 인간을 계몽시키기 위해서는 제대로 된 교육이 중요하다고 여기며 교육 체계의 개선을 주장했다. 그리고 그들은 사회 전체의 윤리에 대해 큰 관심을 보이며 개선을 추구했다. 계몽사상가들은 기본적으로 낙관적인 미래상을 가지고 있었다. 그들은 이렇게 인간을 계몽시키면 결국 잘못된 사회의 여러 제도나 관습들이 개선되리라 믿었다. 그리고 그들은 그 개선을 위한 방안들을 강구했다.

하지만 문제는 잘못된 사회 제도나 관습을 고쳐야 한다는 목표가 아니라 그 방식에 있었다. 과연 어떻게 하면 그 개선이 이루어질 수 있을까? 계몽사상가들은 자신들의 생각을 구체화시킬 수 있는 본받을 만한 사례가 필요했다. 만약 어떤 영역에서 이성적인 사고 및 행동에 의해 잘못된 체계가 올바른 방향으로 정립된 경우가 있다면, 그 과정을 학습한 뒤 그것을 다른 영역에 적용함으로써 개선이 가능할 것이기 때문이었다. 계몽사상가들은 그 사례를 어렵지 않게 찾아냈다. 바로 이전 시기에 과학 분야에서 일어났던 변화들은 모범 사례로 여길 만한 특징들을 충분히 보유하고 있었다. 그들의 눈에 과학혁명은 이성적인 토론을 통해 잘못된 아리스토텔레스적 과학을 뒤집고 올바른 방향의 과학을 정립한 사건으로 보였다. 그리고 과학혁명에 대한 관심이 자연스럽게 과학혁명의 완성자인 뉴턴에게로 이어지자, 뉴턴주의와 계몽사상이 연결되었다.

2 볼테르와 뉴턴주의

계몽사상과 뉴턴주의를 본격적으로 연결시킨 인물은 초기 계몽사상가인 볼테르(François-Marie Arouet, Voltaire, 1694~1778)였다. 프랑스에서 태어난 볼테르는 법학을 전공했고, 직업을 찾던 중 곤란한 사건에 휘말리게 되어 1725년에 영국으로 망명했다. 프랑스에서 제대로 정착하지 못했던 볼테르의 눈에는 영국의 모든 것이 긍정적으로 보였다. 프랑스와는 다르게 영국은 의회의 합의를 거쳐 국가가 운영되고 있었으며 종교를 박해하는 일도 없었다. 또 영국은 해상 무역을 통해 전 세계를 누비고 있었으며, 사회적으로 인정을 받는 인사들은 뛰어난 과학자를 포함하여 자신의 분야에서 성공한 사람들이었다. 이에 비해 자신이 떠나 온 프랑스는 여전히 왕이 독재하고, 종교에 대한 박해가 남아 있으며, 아직도 농업 사회에 머무르고 있었다. 또한 프랑스에서는 사회적으로 성공하기 위해서 개인의 능력보다 신분이 중요했다. 볼테르의 눈에 영국은 프랑스와는 정반대로 가장 발전한 사회였다.

볼테르가 영국에 머무는 동안 뉴턴이 사망했다. 영국인들은 뉴턴의 죽음을 매우 슬퍼했으며, 뉴턴의 장례식은 거의 왕족이 죽었을 때처럼 성대하게 거행되었다. 뉴턴의 매장지는 사회의 저명인사들만 묻힐 수 있던 웨스트민스터(Westminster)였다. 볼테르는 이 과정을 모두 목격했다. 장례식을 보며 볼테르는 영국에서는 뉴턴처럼 소지주의 아들로 태어난 사람도 평생 동안 업적을 쌓으면 대단한 존경을 받게 된다는 점에 다시 한 번 감명받았다. 이 사건 이후 볼테르는 뉴턴이 어떤 일을 했기에 죽고 나서 저런 대접을 받는가에 대해 궁금해 하며 뉴턴의 저술들을 읽고 그에 대한 정보들을 모으기 시작했다. 뉴턴의 과학에 대한 방법론과 태도, 그리고 연구 결과를 파악한 볼테르는 뉴턴이야말로 위대한 업적을 이루어 낸 인간 이성의 상징이라 생각하게 되었다.

후에 프랑스로 돌아오게 된 볼테르는 자신이 영국에서 경험하며 생각했던 사안들을 묶어 『철학적 편지들』(*Lettres Philosophiques sur les Anglai*, 1734)이라는 책을 출판했다. 이 책에서 볼테르는 계몽사상의 기본이 될 입장들을 제시했다. 연이어 그는 뉴턴의 자연철학에서 주요한 사항들을 자신이 이해한 바대로 설명한 『뉴턴철학의 요소들』(*Eléments de la Philosophie de Newton*, 1745)을 펴냈다. 이 책은 주로 『광학』의 내용을 바탕으로 집필되었으며, 프랑스의 일반 지식인들 사이에서 뉴턴의 사상이 알려지게 되는 계기가 되었다. 볼테르의 계몽사상에 동조하는 사람들 역시 그의 글들을 통해 점차 뉴턴과 과학에 관심을 가지게 되었다. 볼테르는 뉴턴을 제대로 알리기 위해서는 『프린키피아』에 대해서도 제대로 된 설명을 해야 한다고 생각했다. 하지만 볼테르는 이 작업에 쉽게 착수하지 못했는데, 그 이유는 『프린키피아』는 수학 지식이 부족한 사람이 읽고 이해하기에는 너무 어려운 책이었기 때문이다. 이러한 상황에서 볼테르에게 도움을 준 인물은 그의 연인이었던 샤틀레 부인(Mmn. du Châtelet, 1706~1749)이었다. 거의 독학에 의해 엄청나게 뛰어난 수학적 소양을 보유하고 있던 이 여성은 볼테르를 대신해서 『프린키피아』를 프랑스어로 번역해 냈다. 프랑스어 번역본의 출판은 뉴턴의 이름이 더 급속하게 프랑스에서 퍼지는 데 크게 기여했다.

9 백과전서 운동

볼테르에 의해 뉴턴주의가 프랑스에 널리 알려지게 된 후, 많은 계몽사상가들은 뉴턴주의에 공감했으며, 이성의 상징으로서 과학을 강조하는 내용이 담긴 출판물들을 제작했다. 계몽사상가들이 펴낸 과학을 옹호하는 출판물들이 홍수를 이루었으며, 이들 중 몇몇은 직접 과학연구를 수행하기도 했다. 달랑베르(Jean le Rond d'Alembert, 1717~1783)는 수학연구를 수행했으며, 콩도르세(Nicolas de Condorcet, 1743~1794)는 통계와 수학에 대한 연구를 수행했다.

계몽사상가들의 출판물들 중 과학과 계몽사상의 상호 관련성을 가장 극명하게 보여준 사례는 『백과전서』(*Encyclopédie*, 1751)였다. 『백과전서』는 지금의 백과사전과 비슷한 형식을 갖추고 정치, 경제, 문화에서부터 과학과 기술에 이르기까지 각 분야에서 중요한 지식들을 자세하게 설명했다. 『백과전서』가 계몽시대에 중요했던 것은 그 집필진들이 특이했기 때문이었다. 약 15년에 걸친 집필 과정에서는 디드로(Denis Doderot, 1713~1784)와 달랑베르가 편집 책임을 맡았고, 계몽사상가들을 중심으로 한 당시의 지식인들 거의 모두가 집필진으로 참여했다. 이 작업에서 계몽사상가들이 중추적 역할을 했기 때문에, 당시에는 그들을 백과전서파(Encyclopédiste)라고도 불렀다.

계몽사상이 강하게 반영된 『백과전서』는 보통의 백과사전과는 다른 몇 가지 특징을 가지고 있었다. 먼저 『백과전서』는 과학과 기술에 많은 분량을 할애했다. 그리고 이 부분을 서술하는 집필자들은 뉴턴주의와 과학을 적극적으로 소개했다. 이는 과학과 뉴턴주의에 우호적이었던 계몽사상가들의 의도가 반영된 결과였다. 다음으로 『백과전서』는 단순히 지식 전달을 목적으로 한 것이 아니라 궁극적으로는 사회 변혁을 목표로 했다. 이 역시도 이성을 바탕으로 한 교육을 통해 최종적으로는 사회의 모순을 개혁하겠다는 집필진의 의도에 의해 정해진 방향이었다. 예를 들어 정치체계를 설명할 때 왕정에 관한 항목에서는 부정적인 측면을 강조했고 공화정에 관한 항목에서는 바람직한 체제라는 말을 덧붙임으로써 『백과전서』는 독자로 하여금 사회가 어떠한 방향으로 변해야 할지를 제시해 주었다. 이러한 책의 내용에 놀란 프랑스 정부는 판매를 금지하는 조치를 취하기도 했지만, 『백과전서』는 2만 부가 넘는 판매고를 올리며 지식인들 사이에서 엄청난 인기를 끌었다. 『백과전서』를 통해 계몽사상가들은 일반 지식인들에게 자신들의 생각을 설파할 수 있었고, 그 안에서 강조되었던 과학과 뉴턴주의는 전문적인 과학자가 아닌 일반 지식인 계층으로 널리 퍼져나가게 되었다.

과학에 대한 관심의 확산과 대중 과학

『백과전서』는 일반 지식인이라는 과학의 새로운 청중을 만들어 냈다. 그런데 18세기에 과학의 청중으로 새롭게 등장한 계층에는 일반 지식인 이외에 다른 사람들도 있었다. 그들은 여성들과 일반 시민들이었다.

과학은 과거에는 전적으로 남성들의 전유물이었다. 여성들은 과학을 공부할 기회를 갖지도 못했고, 연구를 수행한 결과를 자신의 이름을 걸고 발표할 수도 없었다. 물론 18세기에도 이러한 상황이 크게 달라진 것은 아니었다. 그러나 18세기에 여성들은 자신들이 주도적으로 장악하고 있던 문화공간을 통해 과학에 대해 토론하며 과학의 새로운 청중이 되어 갔다. 여성들이 장악했던 문화공간은 바로 살롱(salon)이었다.

살롱은 매주 지정된 요일 오후에 상류층 인사의 응접실에서 개최되었던 작은 소규모 모임이었다. 살롱과 다른 모임들의 차이는 그것이 상류층 인사의 부인에 의해 관리되었다는 점에 있다. 그렇다고 해서 살롱에 참여하는 사람이 모두 여성은 아니었다. 여성들은 보통 운영자의 역할을 했고 대부분의 참여자는 남성들이었다. 살롱은 특히 프랑스에서 유행했다. 살롱을 운영하면서 여성들은 이전까지 남성들끼리만 독점했던 주제들에 대해 남성과 동등한 입장에서 토론할 수 있는 기회를 가지게 되었다. 그 주제들 중 하나는 과학이었다.

살롱에서 여성들은 문학과 철학의 명사들을 초청하여 토론했다. 프랑스의 살롱은 얼마나 명성이 있는 사람을 초대할 수 있는가에 따라 유명세가 달라졌다. 이러한 분위기 속에서 계몽사상가, 그리고 때로는 자연철학자들은 과학의 내용과 전망, 뉴턴주의 등의 주제에 관한 자신의 의견을 여성들에게 알리고 같이 토론을 진행할 수 있었다. 『프린키피아』의 실제 번역자인 샤틀레 부인의 살롱과 마들렌느 드 스퀴데리의 살롱, 그리고 랑부예 후작 부인의 살롱은 자연철학과 관련된 논의가 자주 진행된 곳이었다. 살롱에서 여성들은 데카르트주의와 뉴턴주의를 비교하는 토론에도 참여하며 과학에 대한 관심과 안목을 넓혀 갔다.

살롱이 여성을 과학의 새로운 청중으로 맞이했다면 대중 강연은 일반 시민들에게 과학의 내용, 전망, 가치를 전파했다. 18세기에는 과학과 관련된 많은 대중 강연이 열렸고, 대중 강연을 전문적으로 수행하는 사람들이 생겨났다. 대중 강연은 강연장, 학회 모임, 광장 등 다양한 곳에서 열렸다.

왕립학회의 실험 책임자였던 데자굴리어는 과학 대중 강연자로도 유명한 사람이었다. 그는 왕립학회의 모임이 있을 때마다 뉴턴주의에 입각한 실험들을 고안하여 시연했다. 왕립학회에서 실험을 시연하는 것도 넓게 보면 대중 강연의 일환이라고 볼 수 있는데, 18세기까지도 왕립학회의 회원 대부분은 비전문가 신사계층이었기 때문이다. 데자굴리어는 실험가로서 명성이 높아지자 런던에서 장소를 대여해 과학 강연을 정기적으로 열었다. 런던에서 연 강연에는 더 다양한 계층의 사람들이 청중으로 참여했다. 대중 강연에서 데자굴리어는 전기나 화학 실험을 통해 청중에게 재미있고 놀라운 광경들을 보여준 후 그 원리를 간단히 설명하면서 뉴턴주의의 우수함과 과학의 힘, 그리고 과학발전의 필요성 등에 대해 설명했다.

데자굴리어가 18세기 전반기에 유명한 영국의 대중 강연자였다면 후반기에 유명해진 인물은 프리스틀리(Joseph Priestley, 1733~1804)였다. 프리스틀리는 광장에서 사람들을 모아놓고 대중 강연을 많이 열었다. 그는 연소 현상이나 열 현상과 관련된 실험들을 많이 소개했으며, 강연을 통해 자신이 지지하고 있던 연소 이론인 플로지스톤 이론을 퍼트리기도 했다. 프리스틀리의 강연은 지역 신문에서 광고를 할 정도로 큰 인기를 끌었으며, 사람들은 이 유명한 강연자를 플로지스톤 박사님이라고 불렀다. 프리스틀리 역시 강연을 통해 과학의 유용성과 가치에 대해 강한 주장을 설파했으며, 이 강연을 들은 사람들은 과학의 놀라운 힘에 감탄하며 막연하지만 과학은 참 좋은 것이라는 생각을 공유하게 되었다. 과학에 대한 낙관주의는 대중 강연을 통해 일반 시민 계층에게도 퍼져나갔던 것이다.

02 18세기 과학의 변화

과학혁명을 거치면서 새로운 체계를 정립해 낸 과학계에서는 18세기 동안 그 체계를 완벽하게 만들기 위한 작업에 몰두했다. 18세기 과학의 세부 분야에서는 뉴턴주의에 입각해 다양한 연구들을 진행했으며, 과학에 대한 관심이 증대되면서 예전보다 그 발전 속도가 빨라지기 시작했다.

물리과학 분야에서는 뉴턴이 『광학』에서 제시했던 방향을 연구지침으로 삼았다. 과학자들은 뉴턴이 제안했던 대로 열, 빛, 전기, 자기와 같은 당시까지 제대로 규명이 되지 않은 현상들에 대해서, 뉴턴이 제시했던 모델인 입자를 가지고, 뉴턴이 사용했던 인력과 척력이라는 힘을 통해 공략했다. 18세기의 과학자들은 빛 입자, 열 입자인 칼로릭(caloric), 전기의 양극과 음극 입자, 자기의 N극과 S극 입자를 가정하고 이들을 총칭해서 무게가 없는 입자들(imponderable fluid)라고 불렀다. 이 입자들은 무게는 없지만 자기들 사이에서, 그리고 일반 입자와의 사이에서 인력과 척력을 일으키며 그 결과로 다양한 현상을 만들어 낸다고 여겨졌다. 18세기에는 바로 이러한 가정에 입각해 많은 실험들이 수행되었고, 그 과정에서 각각의 현상에 대한 이해가 점차 깊어졌다. 이를 통해 얻어진 몇몇 연구 결과들은 뉴턴주의를 더욱 강화시켜 물리과학자들에게 뉴턴주의는 그냥 받아들일 만한 가설이 아니라 정말로 성과를 얻어낼 수 있는 지침서의 역할을 하게 만들었다. 프랑스의 쿨롱(Charles Augustin Coulomb, 1736~1806)은 전기에 대한 연구를 수행하면서 전기력을 수식화해 발표했는데, 그 결과는 거리 제곱에 반비례하고 전하량끼리의 곱에 비례하는 다시 말해 정확히 뉴턴의 만유인력과 같은 형태를 가지고 있었다.

18세기에는 수학자들 역시 전반적으로 보면 뉴턴의 영향 아래에서 연구를 진행했다. 당시의 수학자들이 생각하고 있던 중요한 연구 주제는 크게 두 가지였다. 첫째로 수학자들은 뉴턴의 『프린키피아』의 내용을 미적분학을 이용해 심화시키는 작업에 착수했다. 18세기의 수학자들은 과거와는 다르게 뉴턴이 새롭게 제안한 미적분을 손에 쥐고 있었다. 하지만 정작 뉴턴은 『프린키피아』를 미적분이 아닌 기하학만을 사용해서 구성했었다. 이에 18세기 수학자들은 뉴턴의 방법을 써서 뉴턴의 책을 재구성하는 작업에 들어갔다. 이 과정에서 역학과 관련된 많은 새로운 문제들이 제기되었으며, 미적분을 동원한 해법들이 개발되었다. 베르누이(Bernoulli) 가문의 수학자들이 이 과정에 크게 기여했고, 18세기 말의 수학자 라그랑주(Joseph Louis Lagrange, 1736~1813)는 『해석 역학』(*Mécanique Analytique*, 1788)에서 『프린키피아』 1, 2권의 내용이었던 역학을 새로운 수학을 사용해서 집대성했다. 3권의 내용이었던 천문학은 라플라스(Pierre Simon Laplace, 1749~1827)의 『천체 역학』(*Mécanique Céleste*, 1799~1825년까지 총 5권)에 의해 미적분학으로 새롭게 해석되었다.

수학자들의 두 번째 연구 주제 역시 미적분학과 관련된 것이었다. 미적분학은 뛰어난 문제 해결 능력으로 인해 18세기 벽두부터 수학자들 사이에서 큰 환영을 받았다. 하지만 아직까지 미적분학과 관련된 극한, 무한소, 연속, 미분가능, 적분가능 등의 개념들이 명확하게 제시되어 있지 않은 상태였기 때문에 기하학을 옹호하는 옛 수학의 지지자들은 새로운 수학에 대해서 의심의 눈초리를 보냈다. 한 예로 영국의 버클리(George Berkeley, 1685~1753) 주교는 『해석학자』(*The Analyst*, 1734)라는 글에서 미적분학에 대해 과학적 논의도 전혀 아니며 이중의 착오에 의해 우연히 답을 구하는 방법에 불과하다며 강하게 비판했다. 이에 일군의 수학자들은 미적분학의 관련 개념들을 명확하게 제시하며 그 토대를 확실히 하는 작업에 들어갔다. 이 과정에서 큰 기여를 한 인물은 스위스 출신의 수학자 오일러(Leonhard Euler, 1707~1783)였다. 오일러는 『무한소 해석 입문』(*Introdectio in Analysin Infinitorum*, 1748), 『미분법』(*Institutiones Calculi Differentials*, 1755), 『적분법』(*Institutiones Calculi Integralis*, 1768)을 연이어 출간하여 미적분학의 기초를 다졌다. 이 과정에서 오일러는 이후에 수학에서 가장 중요한 개념 중 하나가 될 함수(function)를 제안하기도 했다. 오일러에 의해 토대가 닦인 후 이 문제는 달랑베르, 라그랑주 등에 의해 계속 연구되어 결국 19세기 초 코시(Augustin-Louis Cauchy, 1789~1857)가 제안한 ε~δ법을 통해 완성되었다.

자연사 분야에서는 새로운 분류 체계가 제안되는 일이 일어났다. 과학혁명기 동안 자연사 분야에서는 큰 이론 체계의 변화는 없었지만 다양한 정보들을 새롭게 수집하는 일을 열성적으로 수행했다. 이 결과들이 모아져서 정리가 이루어진 18세기에, 분류학자들은 과거의 분류 체계로는 더 이상 세상에 대한 설명이 불가능하다는 점을 인식하게 되었고, 대안적인 체계를 찾게 되었다. 이러한 요구에 답한 인물은 스웨덴의 자연사학자 린네(Carl von Linné, 1707~1778)였다. 린네는 꽃을 기준으로 해서 여러 다른 생명체들을 분류하는 새로운 체계를 세웠다. 그는 먼저 식물을 수술의 수, 비율, 배열에 따라 24개의 강(綱)으로 나눈 후, 각 강을 암술의 수에 따라 목(目)으로 나눴다. 계속해서 그는 목을 열매를 맺는 방식에 따라 속(屬)으로, 속을 개별적인 특징에 따라 종(種)으로 구분했다. 종, 속, 목, 강에 이르는 근대적인 분류 체계가 제안된 것이다. 그는 개별 식물의 명칭을 라틴어를 써서 속과 종으로 붙이는 이명법 체계도 제안했다.

린네의 분류 체계와 이명법은 동물에도 적용되었다. 린네의 새로운 체계는 당시에 알려진 모든 생명체를 구조적인 특징에 따라 체계적으로 분류했다는 점에서 큰 의미를 가지지만, 과학의 언어를 통일했다는 점에서도 의의를 가지는 작업이었다. 18세기를 거치면서 과학의 거의 전 분야에서는 새로운 사실들이 발견됐다. 새로운 동물과 식물뿐만 아니라 새로 발견된 공기의 성분, 새로운 원소라고 부를 만한 것들이 넘쳐나던 시기였다. 하지만 이들은 서로 다른 언어를 통해 보고되면서 동일한 것임에도 불구하고 서로 다른 것으로 알려지는 경우가 많았다. 이러한 상황에서 린네는 전 세계의 자연사 학자들이 동일하게 사용할 공통언어를 제시한 셈이다. 18세기의 자연사는 적어도 용어의 통일이라는 점에서는 다른 어떤 분야보다 앞서나갔다.

15

라부아지에와 근대 화학 체계의 형성

연금술은 과학혁명기와 18세기를 거치면서 정량적이고 체계적인 분야로 점점 변모해 갔다. 이러한 변화가 일어나는 데에는 기체화학자라고 불리는 사람들이 크게 기여했고, 화학 현상에 대한 관심을 가질 필요가 있다고 이야기했던 뉴턴의 영향도 무시할 수 없었다. 특히 18세기에는 연소 현상을 어떻게 해석할 것인가에 대해 많은 논란이 있었고, 이 과정에서 플로지스톤 이론이 힘을 얻었다.

라부아지에는 이 플로지스톤을 대신해서 연소를 일으키는 원소로 산소를 제시하며 화학 체계의 변화를 꾀했다. 그는 정밀한 실험과 정량적인 분석을 통해 연소 이론을 확립했으며, 기본 원소들의 목록을 제시했다. 이러한 작업을 수행하며 라부아지에는 자신이 하고 있는 작업을 분명하게 화학이라고 부르기 시작했다. 2000년 넘게 서양에서 실행되던 연금술은 18세기 말에 화학이라는 새로운 명칭을 획득했고, 새로운 명칭은 새로운 체계와 새로운 설명 방식을 요구하게 되었다. 역사가들은 이 변화를 화학 혁명이라고 부른다.

18세기의 기체화학

화학과 관련된 현상에 대한 관심은 과학혁명기부터 지속되어 왔었다. 16세기의 연금술사 파라켈수스는 아랍지역에서 제시되었던 3원리설을 받아들여 연금술의 기본 원리로 제안했다. 물질의 모든 성질은 가연성, 유동성과 휘발성, 고체성과 안전성을 나타내는 황, 수은, 염(salt)의 작용으로 설명될 수 있다는 것이 3원리설이었으며, 이는 기체, 액체, 고체에 대한 설명 체계이기도 했다. 17세기의 보일은 공기펌프를 통한 실험에서 몇몇 기체의 성질을 보여주는 연구를 수행했다. 파라켈수스와 보일의 연구는 그 내용과 방식 모두에 있어서 달랐지만 적어도 한 가지 공통점은 가지고 있었다. 그 공통점은 더 이상 아리스토텔레스의 4원소설을 가지고는 물질세계를 설명하기 어렵다는 인식이었다.

과학혁명이 마무리되어 갈 무렵 물질세계를 연구하는 사람들의 관심은 점점 기체 쪽으로 집중되어 갔다. 기체에 대한 관심이 증대된 배경으로는 보일과 같은 사람이 기체에 대한 연구에서 성과를 얻은 점과 생리학 혁명이 마무리된 후 호흡에 대해 연구가 시작된 점 등을 들 수 있다. 여기에 뉴턴의 영향이 더해졌다. 뉴턴은 『광학』의 질문 31번에서 기체와 화학적 친화도(chemical affinity)에 대한 연구가 필요함을 지적했었다. 기체에 대한 관심은 18세기까지 이어져 기체화학이라 부를 만한 연구 전통을 수립했다.

18세기의 기체화학자들은 공기가 아리스토텔레스가 말한 것처럼 단일한 성분이 아니라 다양한 성분들이 모여 이루어졌다는 사실을 구체적인 기체들을 분리해 내며 입증했다. 먼저 헤일스(Stephen Hales, 1677~1761)는 생리학적인 관심에서 출발하여 '고정된 공기'(fixed air: 탄산 가스)를 분리해 냈다. 헤일스는 이 성분을 분리해 내는 과정에서 기체 수집기라는 기구를 제작해서 활용했는데, 이는 기체를 물이나 수은이 가득 찬 플라스크에 통과시켜 거품으로 올라오게 만들어 수집해 내는 기구였고, 18세기의 표준적인 기체 연구 기구가 되었다. 이어서 블랙(Joseph Black, 1728~1799)은 지금의 이산화탄소에 해당하는 기체를 분리해 냈다. 기체의 분리는 계속해서 진행되었다. 캐번디시(Henry Cavendish, 1731~1810)는 오늘날의 수소에 해당하는 '가연성 공기'(inflammable air)를 찾아냈고, 대중 강연자로도 유명했던 프리스틀리는 '나빠진 공기'(vitiated air: 질소)와 '초석의 공기'(nitrous air: 일산화질소) 등을 찾아냈다. 이 기간 동안에는 산소에 해당하는 기체도 발견되었다. 나중에 라부아지에에 의해서 산소(oxygen)로 불리게 될 이 공기는 셸레(Carl Wilhelm Scheele, 1742~1786)와 프리스틀리 등 다수의 사람들에 의해 발견됐는데, 당시에는 발견자의 관심사에 따라 '생명의 공기', '뛰어나게 호흡이 잘되는 공기', '플로지스톤이 빠져나간 공기' 등 다양한 이름으로 불렸다.

18세기의 기체화학자들이 얻어낸 결과에서는 두 가지 점 정도가 눈에 띄는 특이한 점이다. 먼저 기체들을 발견한 사람이 어떠한 관심사에 입각해서 그것을 찾아냈는가에 따라 다양한 이름이 통용되었다. 때로는 동일한 기체를 놓고도 서로 다른 이름으로 부르며 다른 것으로 착각하는 경우도 있었다. 또 한 가지 주목할 점은 프리스틀리가 발견한 기체의 이름인 플로지스톤이 빠져나간 공기이다. 과연 플로지스톤이 무엇이었기에 산소에 해당하는 기체의 명칭에 그것을 거론했을까? 이를 이해하기 위해서 우리는 플로지스톤 이론을 살펴보아야 한다.

2 플로지스톤 이론과 프리스틀리

플로지스톤(phlogiston)이란 연소 현상을 일으키는 입자를 의미했다. 이 이론은 독일의 슈탈(Georg Stahl, 1660~1734)에 의해 연소 현상을 종합적으로 설명하는 과정에서 도입되었다. 파라켈수스의 3원리설에 입각해서 물질의 변화를 탐구하던 연금술사들은 나무와 같은 물질이 불에 연소되는 것은 안에 포함되어 있던 황이 빠져나가는 과정이라고 여겼고, 금속이 하소(calcination, 煆燒)되어 금속재(calx)가 되는 것은 수은이 빠져나가는 과정이라 여겼다. 슈탈은 이 두 현상이 하나의 과정으로 종합될 수 있다고 생각하며, 두 과정을 모두 물체 안에 결합되어 있던 플로지스톤이라는 연소입자가 빠져나가는 과정으로 설명했다. 금속과 나무는 탈 때 그 안에 있던 플로지스톤을 방출하게 되고, 그 결과로 부스러져서 녹과 재가 된다는 설명이었다.

플로지스톤은 18세기 과학의 큰 흐름이었던 뉴턴주의에도 아주 적합한 이론이었다. 먼저 플로지스톤이 입자라는 점에서 매력적이었다. 플로지스톤은 불에 잘 타는 물체와 잘 타지 않는 물체를 구분하는 근거도 되었다. 나무가 불에 잘 타는 것은 플로지스톤을 많이 함유하고 있기 때문이었다. 게다가 플로지스톤은 연소 현상 이후의 무게 변화도 훌륭하게 설명해 낼 수 있었다. 무거웠던 나무가 불에 탄 후에 재로 변해서 가벼워지는 것은 그 안에 들어 있던 플로지스톤이 빠져나갔기 때문이었다. 이렇듯 당시의 과학 흐름에 적합한 플로지스톤 이론은 추종자들을 만들어 냈고, 이 이론에 입각해 연구를 수행해서 가장 유명해진 인물은 영국의 화학자이자 강연자인 프리스틀리였다. 프리스틀리는 직접 연소에 대한 실험도 많이 수행했고, 강연을 통해 그 결과를 알리면서 플로지스톤 박사라는 별명을 얻을 정도로 이 이론의 대표적인 인물이었다.

프리스틀리는 밀폐된 좁은 공간에서 어떤 물질을 태우면 완전히 다 타버리기 전에 연소 과정이 멈추어 버리는 경우가 있다는 점에 집중해서 실험들을 수행했다. 실험과 이론적인 고찰 끝에 그는 물체가 연소되는 과정은 플로지스톤이 빠져나오는 과정이고, 연소가 멈춘다는 것은 플로지스톤이 더 이상 빠져나오지 못하기 때문이라는 결론을 얻었다. 즉 주위의 공기가 플로지스톤이 포화된 상태에 이르면 연소를 멈춘다는 것이었다. 그렇다면 공기에 플로지스톤이 하나도 들어 있지 않다면 어떻게 될 것인가? 그 경우에는 아마도 물질의 연소가 매우 잘 일어날 것이다. 프리스틀리는 여러 가지 기체를 분리해 그 안에서 물체를 연소시켜 본 결과를 토대로 가장 연소를 잘 일으키는 공기를 찾아냈다. 그리고 그 공기를 '플로지스톤이 빠져나간 공기'라고 이름 붙였다.

프리스틀리와 그 동조자들은 플로지스톤 이론을 철석같이 믿고 있었지만, 플로지스톤 이론에 전혀 문제가 없는 것은 아니었다. 가장 대표적인 골칫거리는 금속재의 무게 문제였다. 플로지스톤 이론에 따라 금속을 설명해 본다면, 금속은 플로지스톤을 조금밖에 함유하고 있지 않기 때문에 불에 잘 타지 않는다. 하지만 고열로 가열하면 금속도 타게 되는 데 이렇게 해서 금속재가 만들어진다. 금속은 소량의 플로지스톤만을 함유하고 있었기 때문에 금속재의 무게는 빠져나간 플로지스톤의 무게만큼 조금 줄게 될 것이다. 하지만 문제는 여기에 있었다. 금속재의 무게는 원래 금속보다 조금 무거웠기 때문이다. 이 문제를 해결하기 위해 프리스틀리를 비롯한 여러 플로지스톤 이론 추종자들은 보조적인 설명들을 제시했지만 모든 사람을 만족시킬 수는 없었다.

라부아지에와 산소

플로지스톤 이론의 문제점을 인식하고 있던 화학자 중 한 명은 프랑스의 라부아지에였다. 1743년 파리에서 태어난 라부아지에는 법학을 전공했지만 큰 흥미를 가지지 못하고 결국에는 자신의 재능을 자연에 대한 연구에 쏟기로 결심했다. 1760년대 후반부터 화학에 대한 연구를 시작한 라부아지에는 이후 프랑스혁명기에 처형될 때까지 프랑스 과학계의 중심부에서 활발한 활동을 벌였다.

1773년경 라부아지에는 플로지스톤 이론에서 문제가 되었던 실험들을 반복해서 수행했다. 그는 수은을 가열해서 수은의 금속재를 얻어내는 실험을 수행하면서 그 무게가 얼마나 증가하는지를 정확히 측정했다. 이 실험에서 라부아지에는 당시 사람들이 간과하고 있던 점에 주목했는데, 그것은 주위 공기의 무게였다. 라부아지에는 매우 정밀한 실험을 통해 수은이 금속재로 변할 때 주위 공기의 무게가 조금 줄어드는 것을 측정했다. 그는 수은재의 무게가 늘어난 양과 공기가 줄어든 양을 비교하는 보충 실험을 통해, 수은재는 줄어든 만큼의 공기가 수은과 결합해서 만들어진 산물이라고 결론을 내렸다. 이 실험 이후 라부아지에의 목표는 어떤 공기가 수은이 타는 과정에서 결합했는가를 찾아내는 것이 되었다.

그 공기를 찾기 위해 라부아지에가 다양한 실험에 몰두해 있던 1774년 프리스틀리가 파리를 방문하게 되었다. 프리스틀리는 다양한 실험들을 파리에서 선보였는데, 그중에는 그가 최근에 성공한 아주 어려운 실험이 포함되어 있었다. 프리스틀리는 라부아지에를 만나 자신이 발견한 플로지스톤이 빠져나간 공기에 대해 설명해 주었고, 이 새로운 공기를 사용해 자신이 성공한 실험에 대해서도 알려 주었다. 프리스틀리는 한 번 가열해서 만들어 낸 수은재를 다시 엄청난 고온에서 가열시켜 거꾸로 수은을 얻어내는 실험에 성공했었다. 프리스틀리는 수은재가 일반 공기 중에 포함되어 있는 플로지스톤을 흡수해 내면서 다시 수은으로 돌아가게 되었고, 주위에 있던 공기는 수은재에 플로지스톤을 모두 빼앗겨버려 '플로지스톤이 빠져나간 공기'가 되었으며, 이 플로지스톤이 빠져나간 공기는 연소를 엄청나게 잘 일으키는 성질을 가진다고 라부아지에에게 설명해 주었다. 이 대화를 통해 라부아지에는 프리스틀리의 플로지스톤이 빠져나간 공기가 자신이 찾고 있던 공기라고 알아차리게 되었다.

라부아지에는 후속 실험을 통해 이 공기가 금속재를 만들어 내는 것이 확실하다는 점, 이 공기가 나무와 같은 일반 물질의 연소에도 반드시 필요하다는 점, 그리고 이 공기가 비금속물질들과 반응하여 산(acid)을 만들어 내는 능력을 가지고 있다는 점 등을 확인했다. 라부아지에는 이 공기의 이름을 산을 만드는 원리라는 뜻을 가진 'oxygéne'으로 붙였다. 라부아지에의 산소가 발견된 순간이었다.

과연 라부아지에는 산소의 발견자인가? 이는 당시에도 논란이 되었고, 과학사학자들도 완벽한 의견 일치를 보지 못하고 있는 문제이다. 앞서 살펴보았듯이 분명 산소에 해당하는 기체를 먼저 분리해 낸 것은 프리스틀리였다. 게다가 프리스틀리는 이 기체의 몇몇 특징들도 규명해 냈다. 하지만 이 기체에 현재까지 사용되는 명칭을 부여하며 현대적인 의미의 산소를 제안한 것은 라부아지에였다. 우리가 현재 연소 현상과 관련해서 받아들이고 있는 설명 체계는 플로지스톤 체계가 아닌 산소 체계이고, 그러한 점에서 라부아지에를 산소의 발견자로 평가하는 입장이 더 강하다. 하지만 산소의 발견으로 가는 역사적 과정은 그렇게 간단하지 않았다. 만약 플로지스톤 체계가 계승되었다면 우리는 산소의 발견자로 프리스틀리를 거론할지도 모르는 일이다.

화학 혁명

산소의 발견자와 관련된 논란이 있음에도 불구하고 라부아지에를 근대적 화학 체계의 형성 과정에서 중요한 기여를 한 인물로 평가하는 이유는 후속 작업들을 통해 화학에 다양한 사안들을 제안했고, 그 제안들이 연금술을 근대적인 화학으로 변화시키는 데에 큰 기여를 했기 때문이다. 역사가들은 이러한 라부아지에의 작업에 대해 화학 혁명이라는 용어를 사용해 설명한다. 화학은 라부아지에를 거치면서 산소를 중심으로 하는 이론 체계의 변화뿐만 아니라 연구 실행의 방식, 성격, 언어 등 다양한 방면에서 변혁되었다.

라부아지에의 화학 연구의 방식 중 특이한 점 하나는 치밀한 정량적 접근이었다. 과학혁명을 거치면서 연금술에서는 정량적인 접근을 계속해서 강조해 왔었다. 연금술사들은 과거의 연금술이 물질의 성질을 중시했던 것과는 달리 정확한 계량을 통해 물질의 특징을 파악하는 방법을 점점 더 중시하고 있었다. 이러한 경향은 18세기 기체화학자들을 통해 강화되어 라부아지에에 이르게 되면 화학은 기체의 무게를 측정해서 고려할 정도로 고도로 정량적인 작업이 되었다. 정량화 과정의 정점에 서 있던 라부아지에는 화학 분야의 기본 법칙이 될, 반응에 참여하는 물질들의 무게의 합은 반응 이전과 이후에 동일하다는 '물질보존의 법칙', 즉 지금의 질량보존의 법칙을 제시했다.

라부아지에는 자신이 발견한 연소 현상을 지배하는 원소에 산소라는 이름을 붙였다. 이러한 방식을 확장해서 그는 다른 원소들에 대해서도 이름을 붙이고 화합물을 읽어내는 방식인 명명법(nomenclature) 체계를 완성했다. 산소를 비롯하여 수소, 탄소, 질소 등이 새로운 이름을 획득하며 새로운 체계로 들어갔으며, 화합물들은 18세기에 사용되던 성질을 나타내는 이름들이 아닌 그 물질을 구성하는 원소들의 이름을 사용해 새롭게 명명되었다. 고정된 공기는 산소와 탄소가 결합된 것이기에 산화탄소(carbon oxide)가 되었고, 초석의 공기는 산소와 질소가 결합한 것이기에 산화질소가 되었다. 이러한 명명법 체계의 개선은 당시의 여러 요인들이 라부아지에에게 영향을 준 결과였는데, 콩디악(Étienne Bonnot de Condillac, 1714~1780)을 비롯한 계몽사상가들은 지식 발전에 있어서 용어가 먼저 통일되어야 함을 주장했었고, 자연사에서 린네가 제안한 이명법 체계도 용어 통일의 모델이 되었다. 라부아지에의 명명법으로 인해 화학자들은 이름만 보아도 그 구성 성분을 알 수 있는 새로운 체계를 손에 넣게 되었다.

라부아지에는 화학을 표현하는 방식에도 변화를 주었다. 그는 과거에 화학 반응을 말로 설명하던 관행에서 벗어나 수학화된 방정식을 활용해서 표현하는 화학 반응식을 사용했다. 이는 화학이 형식적인 면에 있어서도 당시 가장 앞서 가던 물리과학의 수학적인 표현 방식과 유사하게 변모했음을 의미했고, 화학의 위상이 강화되는 데에 적지 않게 기여했다.

라부아지에의 기여로 마지막으로 거론할 점은 그가 '화학'이라는 용어를 빈번하게 사용했고, 학문 분야 형성에 기초가 될 만한 작업들을 수행했다는 것이다. 라부아지에는 연금술이라는 용어를 버리고 화학이라는 용어를 전면에 내세워 자신의 주장을 제시했고, 자신과 당대 연구자들의 결과들을 모아 교과서적인 저술 『화학 원론』(*Traité Élémentaire de Chimie*, 1789)을 펴냈다. 이 제목은 수학에 에우클레이데스의 『원론』이 있다면 화학에는 자신의 『화학 원론』이 있음을 강조하기 위해 라부아지에가 의도적으로 선택한 것이었다. 라부아지에는 같은 분야에 대한 관심을 가지고 연구를 수행하는 사람들과 서로 교류하면서 동질감을 만들어 내는 데에도 열성적이었다. 그들은 이제 '화학자'로 불리게 되었으며, 그들이 모인 회합은 '화학회'가 되었다. 라부아지에는 화학자들의 연구 결과를 모아 이 분야에 대한 내용만을 독점적으로 수록한 학술지 『화학연보』(*Annale de Chimie*)도 창간했다. 화학은 독자적인 법칙, 방법론, 언어 체계, 교과서, 구성원, 학술지까지 갖춘 과학 분과로 탄생하게 되었고, 화학 혁명이란 용어는 이러한 변화를 전체적으로 설명하고 있는 것이다.

라부아지에 이후의 화학

라부아지에에 의해 시작된 변화가 본 궤도로 올라 정말로 화학이 과학의 엄연한 분과가 되기 위해서는 후속 연구들에 의해 그 발전이 지속되어야 했다. 이를 위해서는 화학에 대한 관심이 널리 공유되면서 화학을 공부하는 사람들이 꾸준히 나와야 했다.

18세기 말에 화학 분야에 대한 관심은 예전에 비해 상당히 커졌다. 몇몇 산업 분야에서 화학적 지식을 이용해서 상품들을 생산하기 시작했고, 산업혁명이 본격화되면서 화학 지식에 대한 수요는 더욱 증가되었다. 산업혁명은 직물업에서부터 시작되었다. 과거의 직물업은 가내에서 직물을 짜고 천연 염료를 사용해서 가공하는 방식이었지만 산업혁명으로 공장에서 직물이 대량 생산되면서 화학적 기법들이 본격적으로 도입되었다. 직물을 하얗게 표백하는 일, 직물을 염색하는 일 등 많은 과정에서 화학이 개입되었다. 이와 더불어 산업혁명의 신기술인 증기기관을 돌리기 위해서는 철과 석탄이 필요했다. 채광과 제련 과정은 화학적 지식이 필요한 것이었다. 또한 당시에 유럽에서 인기를 끌기 시작한 도자기 산업도 화학적인 지식을 필요로 하는 분야였다. 화학 지식의 수요는 충분했다.

프리스틀리와 라부아지에 같은 사람들이 명성을 떨칠 수 있던 데에는 이와 같은 화학에 대한 관심과 수요가 배경이 되었다. 이러한 배경 속에서 많은 연구자들은 새로운 화학 분야로 자신의 진로를 결정했고, 이들에 의해 화학에서는 일련의 법칙들과 실험 성과들이 계속해서 보고되었다.

라부아지에는 화학 체계를 세웠지만 거의 대부분의 경우에 그렇듯이 그가 모든 문제를 해결한 것은 아니었다. 예를 들어 라부아지에가 제시한 원소 목록만 보더라도 개선의 여지가 많았다. 그는 연금술 전통에 속해 있던 '원리'(principle)라는 용어를 사용해서 자신의 원소표를 만들었다. 게다가 그의 원소표에는 빛과 열입자인 칼로릭도 포함되어 있었다. 『화학 원론』에서 모든 산은 산소를 포함한다고 설명했던 것도 잘못된 내용이었다. 이러한 부족함은 이후 차차 개선되어 갔다.

영국에서 화학 연구와 강연 활동을 했던 영국의 데이비(Humphry Davy, 1778~1829)는 뮤리에이트 산(muriatic acid: 염산의 옛 명칭)에는 산소가 전혀 포함되어 있지 않음을 보였다. 그는 이어서 옥시뮤리에이트 산(oxymuriatic acid: 염소의 옛 명칭)은 산소가 포함되어 있지 않은 새로운 원소임을 주장했다. 그는 라부아지에의 원소였던 칼로릭에 대해서도 부정했다. 데이비는 열 현상은 칼로릭 같은 열 원소 때문에 생기는 것이 아니라 운동에 의해 발생하는 현상일 뿐이라는 입장을 취했다.

라부아지에의 원소를 대체할 원자(atom) 개념을 제시한 사람은 영국의 돌턴(John Dalton, 1766~1844)이었다. 뉴턴의 자연철학에 심취하기도 했던 돌턴은 각각의 원소가 고유한 원자를 가진다는 가정에서부터 출발하여 물질의 기본 단위는 원자라고 주장했다. 돌턴의 원자는 고대 원자론처럼 동일한 원자들을 가정하지도 않았고, 데카르트의 입자설처럼 3가지만을 제시하지도 않았다. 돌턴이 자신의 의견을 종합해 1808년에 출판한 『화학철학의 새 체계』(*New System of Chemical*

Philosophy, 1808)에는 수십 가지의 원자가 제시되어 있었다. 물론 이 중 다수는 라부아지에의 원소에서 채용한 것이었지만 말이다. 돌턴 이후 원자라는 단위는 20세기 초 그 세부 구조에 대한 연구가 진전되기 이전까지 약 100년 동안 물질의 가장 작은 단위로 여겨지며 화학 연구의 토대가 되었다. 이후의 화학 연구는 원자, 그리고 원자들이 결합한 물질 특성의 최소 단위인 분자를 중심으로 진행되었다.

16

프랑스혁명기의 과학

프랑스혁명은 근대 사회 체제를 형성한 주요 변혁 중 하나로 평가받는 역사적인 사건이다. 18세기 말 발발한 프랑스혁명은 정치사상면에서 이후의 사회에 지대한 영향을 미쳤다. 역사상 최초로 자유와 평등이 인간의 기본 권리로 내세워지며 민주주의 체제의 근간이 형성되었기 때문이다. 사회 속에서 그 비중이 점점 커져 가고 있던 과학은 프랑스혁명과 같은 사회 전반에 걸친 변화와 영향을 주고받을 수밖에 없었다. 정치적인 변화는 과학에 영향을 주었고, 반대로 과학 역시 사회적인 변화에 영향을 주었다. 그리고 이러한 과정을 거치면서 과학과 정치와의 관계는 점점 더 밀접해졌다.

프랑스혁명

프랑스혁명은 자유와 평등 사상에 입각한 민주사회의 출현을 알린 사건이었다. 프랑스혁명의 사상적 배경은 계몽사상이었다. 18세기 내내 계몽사상가들은 인간 이성의 계발과 잘못된 사회 구조에 대한 개혁을 주장했다. 이들이 주장했던 사회 구조에 대한 개혁이 급진적인 방식으로 가시화되었던 사건이 프랑스혁명이었다. 많은 역사가들은 프랑스혁명의 기점을 국왕과 귀족, 성직자의 잘못된 정치에 대항하는 시민군이 정치범 수용소였던 바스티유(Bastille) 감옥을 습격한 1789

년 7월의 사건으로 잡는다. 이 사건 이후 약 25년 동안 프랑스는 엄청난 정치적 변혁을 거쳤다. 혁명파의 집권과 자유와 평등을 내세운 인권선언의 발표, 국왕의 공개 처형과 공화국의 선포, 혁명파의 실각, 나폴레옹의 집권과 황제 등극, 대규모 전쟁 수행, 구왕조의 복귀까지 많은 일들이 일어났다.

이러한 정치적 변혁의 과정에서 과학계 역시 영향을 받을 수밖에 없었다. 과학은 이미 사회 깊숙이 뿌리내려 있었고, 과학아카데미의 성격에서 볼 수 있듯이 프랑스와 같이 과학과 정치의 관련성이 깊은 국가에서 과학은 사회 변화와 결코 무관할 수 없었다. 혁명기에 프랑스 과학의 대표 기관이었던 과학아카데미는 구왕정의 지원을 받은 기관이었다는 이유로 문을 닫게 되었다. 하지만 계몽사상에 입각한 프랑스혁명은 과학에 부정적인 영향만 미친 것은 아니었다. 이 기간 동안 프랑스 과학자들은 교육 체계를 개선했고, 대규모 연구 프로젝트를 수행했으며, 라플라스를 중심으로 활발한 공동 연구를 벌이면서 프랑스 과학의 전성기를 맞이하기도 했다. 그리고 이 과정에서 과학은 점점 전문 직업으로서의 체계를 갖추어 가기 시작했다.

라부아지에의 처형과 과학아카데미 폐쇄

프랑스혁명 기간 동안 벌어진 가장 충격적인 사건 중 하나는 과학아카데미의 폐쇄와 라부아지에의 처형이다. 이 일은 사실 과학에 대한 적대감에 의해 빚어진 사건이라기보다는 구왕정 시대에 프랑스 과학계가 너무 정부와 관련이 깊었던 데서 비롯된 정치적인 성격이 강한 사건이었다. 이유야 어찌되었건 당시 프랑스 과학계는 이 일을 충격적으로 받아들였다.

과학아카데미의 폐쇄는 처음부터 과학아카데미만을 특별히 지목해서 계획된 일은 아니었다. 정권을 잡은 강경 혁명파는 이전 시대에 왕으로부터 지원을 받던 국왕 산하의 모든 아카데미의 문을 닫고 이를 통폐합해서 새로운 기관을 세우겠다는 계획을 수립했다. 혁명파의 눈에 문학아카데미나 예술아카데미와 같은 기관은 국가의 발전을 위해 봉사한다기보다는 국왕에게 아첨하는 기관으로 보였기 때문이다. 그런데 문제는 이러한 국왕 산하의 아카데미에 과학아카데미도 포함되어 있었다는 점이다. 혁명파에는 기본적으로 계몽사상에 동의하고 있는 사람들이 다수였고, 그렇기 때문에 과학에 호의적인 입장을 취하고 있었다. 따라서 과학아카데미를 예외로 할 것인가에 대한 고민이 시작되었고, 당시 과학아카데미와 프랑스 과학계의 대표 격이었던 과학자 라부아지에는 과학은 국왕이 아닌 국가를 위해 봉사했다고 의견을 피력하며 과학아카데미의 폐쇄를 막기 위해 혁명파를 설득하고 다녔다.

하지만 라부아지에의 희망대로 일이 진행되지는 않았다. 몇몇 급진적인 혁명 당원들은 과거에 세금징수원 일을 겸했던 라부아지에의 개인 이력을 들추어내며 민중을 핍박한 인물이라 비판했다. 여기에 장인 계층이 반발하고 나섰다. 과학아카데미의 회원들은 장인들이 신청한 특허서류를 심사하는 것을 업무의 하나로 수행하고 있었는데, 이 과정에서 과학자들과 장인들 사이에서는 의견 다툼이 많았다. 장인들은 아카데미의 과학자들에 대해 왕의 비호를 받으며 쓸데없는 이론 연구나 하는 사람들이라고 비판했고, 라부아지에의 체포와 과학아카데미의 폐쇄를 주장했다. 이러한 반대 의견들이 점점 더 힘을 얻게 되면서 결국 과학아카데미는 문을 닫게 되었고, 대표자로 여겨졌던 라부아지에는 단두대에서 공개 처형당했다. 이 사건을 겪은 후 라그랑주는 백년에 한번 나올까 말까 한 위대한 과학자가 일분도 안 되서 목숨을 잃게 되었다는 점에서 매우 안타까워했다고 전해진다.

과학아카데미를 폐쇄시킨 혁명파의 의도는 무엇이었을까? 혁명파가 과학 자체에 반대한 것은 아니었다. 그들은 과거 정부와 너무나 밀접하게 연관되어 있던 과학에 대해서 반대했던 것이다. 모든 아카데미를 없애버린 후 혁명파는 프랑스 학사원(Institute de France)이라는 기관을 3부(class)의 구조를 가진 형태로 창설하여 여기에 모든 아카데미들을 통폐합해서 재배치했다. 이 학사원의 1부로 가장 큰 규모를 자랑하던 분과가 과학이었다. 학사원 1부는 명칭만 새로워졌을 뿐 과거 과학아카데미의 구조와 인원을 거의 그대로 승계했다. 혁명 정부에서도 과학은 여전히 필요했고, 중시되었던 분야였다.

혁명기의 교육 체계 변화

제대로 된 교육을 통해 인간 이성을 계발하겠다는 계몽사상에 동조하던 혁명파는 교육 체계의 개혁에 박차를 가했다. 그들은 올바른 교육을 위해서는 제대로 된 교사의 양성이 필수적이라는 생각에서 사범학교를 창설했다. 에콜 노르말(École Normale)은 이러한 필요에 입각해서 1795년에 문을 연 학교였고, 이 학교를 개교하고 운영하는 과정에 당시의 과학자들이 깊게 개입했다.

혁명기에는 에콜 폴리테크니크(École Polytechnique)라는 또 하나의 중요한 학교가 문을 열었다. 에콜 폴리테크니크는 처음에는 토목학교로 개교되었으나 곧이어 그 성격이 변화되어 최고급 교육을 통해 국가의 엘리트를 양성하는 학교로 자리 잡았다. 이 학교의 교수진을 살펴보자면, 라플라스가 물리학과 수학을 가르쳤고, 라그랑주가 새로운 수학인 해석학(analysis)을, 몽주(Gaspard Monge, 1746~1818)가 기하학을 가르쳤다. 즉 당대 최고의 과학자들이 에콜 폴리테크니크에 교수로 포진해 있었던 셈이다. 이들은 자신들의 연구 결과를 바탕으로 강도 높은 교육을 시킨 것으로 유명하다. 에콜 폴리테크니크를 졸업한 학생들은 사회의 각 분야로 진출했는데, 그중 하나는 과학 분야였다. 최고급 과학 교육을 받은 학생들 중 다수는 과학자의 길을 자신의 직업으로 선택했으며 향후 뛰어난 과학 활동을 벌였다. 푸아송(Simçon Denis Poisson, 1781~1840)이 그 대표적인 인물이다. 에콜 폴리테크니크는 이후 과학 교육을 통해 인재를 양성하려는 다른 국가들에서 교육 기관을 창설할 때 모델이 되었다.

에콜 폴리테크니크는 혁명기에 학사원과 더불어 프랑스 과학의 중심지 역할을 수행하기도 했다. 우선 많은 과학자들이 교수로 소속되어 있었다는 점에서 그러한 분위기가 형성되었다. 이 학교에서는 교수들의 연구 성과와 학생들의 우수한 과제들을 묶어서 정기 간행물을 출간했는데, 이 간행물의 수준은 유럽 내의 어느 학회지보다도 우수했다. 『에콜 폴리테크니크 저널』(*Journal de l'École Polytechnique*)이 그것으로, 이 간행물은 많은 과학자들의 데뷔 무대가 되기도 했다.

9 미터법 제정 프로젝트

혁명기 동안에 과학자들은 교육 체계의 개선에도 적극 가담했지만 다른 국책 사업들에도 관여했다. 이 시기에 과학자들이 수행한 정부 주도의 프로젝트 중에서 가장 규모가 크고 향후 지대한 영향을 미친 것은 미터법 제정 프로젝트였다.

혁명 이전에 프랑스 전역에는 수십 가지가 넘는 단위가 사용되고 있었다. 지방마다 다른 길이나 무게의 단위를 쓰는 경우가 많았고, 같은 단위를 쓰더라도 실제 길이나 무게가 다른 경우가 허다했다. 이러한 상황은 정부에게 있어서도, 국민들에게 있어서도 불만족스러웠다. 정부는 단위가 통일되지 않아 효율적인 세금 징수와 통치에 걸림돌이 된다고 여겼으며, 국민들은 귀족이나 부자들이 자기 마음대로 단위를 바꾸기 때문에 자신들만 손해를 본다고 생각하고 있었다. 새롭게 정권을 잡아서 효율적인 통치를 하고자 했으며, 또 귀족이 아닌 시민 혹은 국민의 입장에서 정치를 펼친다는 명분을 내세우고 있었던 혁명 정부에서는 이 문제에 대해 심각성을 느끼고 도량형 제도 통일을 위한 작업에 착수했다. 혁명 정부는 과학아카데미에 이 문제에 대한 사전 예비조사 보고를 올릴 것을 주문했다.

당시 과학아카데미의 서기였던 콩도르세는 도량형 개혁 계획을 의회에 제출했고, 곧바로 라그랑주, 라부아지에, 콩도르세 등으로 구성된 준비 위원회가 결성되었다. 준비 위원회에서는 십진법에 입각해서 길이, 무게, 부피의 단위가 통일되어야 함을 주장했다. 사실 혁명 정부가 들어선 후 프랑스에서는 십진법에 입각한 다른 단위들의 개혁 작업들도 수행되었는데, 각도와 달력이 그 대상이었다. 이 결과로 혁명기 동안 프랑스에서는 각도를 60진법이 아닌 십진법으로 대체했고, 한 달에 30일씩 있는 새로운 달력을 사용하기도 했다.

십진법을 사용한 도량형 통일에 대한 기초안이 마련된 후, 본격적인 조사 위원회가 다시 꾸려졌다. 새로운 위원회에는 라그랑주, 라플라스, 몽주, 콩도르세가 소속되었으며, 새 위원회에서는 무엇을 기준으로 하여 단위를 정할 것인가가 논의되었다. 처음에는 진자를 이용한 단위의 제정이 논의되었으나 누구라도 인정할 만한 객관적인 잣대를 사용해야 한다는 의견이 우세해지면서 결국에는 길이 단위의 기준으로 지구의 둘레가 결정되었다. 위원회에서는 지구 둘레의 4천만분의 일을 1m로 정한 표준 단위를 제정하겠다고 제안했고, 이 계획을 받아들인 혁명 정부는 1791년 10만 리브르라는 당시로서는 어마어마한 금액이 투입된 이 프로젝트를 승인했다. 프로젝트가 본격적으로 진행되면서 과학아카데미에서는 지구의 둘레를 오류 없이 가장 정확하게 측정하기 위해서 회원들을 총동원했다. 지구의 둘레를 측정하기 위해서는 원정대도 파견해야 했고, 천문학도 응용해야 했다. 길이에 바탕해서 다른 무게나 부피의 단위를 정하기 위해서는 물의 정확한 무게도 알아야 했다. 물론 다른 단위들과의 비교도 필요했다. 이 모든 작업들을 수행하기 위해서 과학아카데미의 거의 모든 회원들은 총 5개의 분과로 나뉘어 연구를 진행했다.

이 프로젝트는 과학아카데미가 폐쇄되면서 잠시 위기를 겪었지만 학사원 1부로 재편된 이후에 라부아지에만 빠진 채로 다시 재개되었다. 과학자들은 놀라울 정도로 정밀한 기구들을 제작해서 세밀한 측정을 수행했으며, 이 결과를 토대로 결국 지구의 둘레를 완벽히 측정하고 1m, 1g, 1ℓ라는 길이, 무게, 부피의 단위를 제정해 냈다. 혁명 정부는 이 사업의 완수를 대대적으로 홍보했고, 전국적으로 새로운 제도를 시행했다. 우리가 사용하고 있는 단위는 이러한 과정을 통해 만들어졌다.

미터법 제정 프로젝트는 프랑스 과학의 특징을 단적으로 보여주는 사업이었다. 당시에 어느 나라도 이러한 대규모 프로젝트를 위해 과학에 투자한 사례는 없었으며, 또 프랑스처럼 조직적으로 그런 프로젝트를 수행할 만한 능력을 갖춘 나라도 없었다. 중앙집권화되고 조직화된 프랑스 과학아카데미는 혁명기에 여러 가지 고초를 겪기도 했지만 미터법 제정이라는 엄청난 사업을 완수해 냈던 것이다. 이 프로젝트의 완성은 프랑스 과학자들의 우수함을 과시함과 동시에 과학의 힘을 보여준 사건이기도 했다. 정부는 과학의 힘과 그 중요성을 다시 한 번 실감하게 되었으며, 이는 혁명기에 과학이 사회적으로 인정을 받으며 전문 직업화와 관련된 여러 권한을 획득할 수 있는 배경이 되었다.

9 나폴레옹 집권기의 과학

프랑스혁명기의 후반부에 해당하는 나폴레옹의 집권기(1799~1815)는 프랑스 과학의 황금기라고 평가받는 기간이다. 이 시기에 프랑스에서는 다양한 분야에서 연구 결과들이 쏟아져 나오며 그야말로 연구의 황금기를 구가했으며, 과학 활동에 대한 지원도 상당히 풍족하게 이루어졌다.

나폴레옹은 포병 장교 출신으로 혁명기의 혼란한 와중에 쿠데타를 통해 정권을 획득한 인물이었다. 정권을 잡은 나폴레옹은 스스로 황제 자리에 오르며 혁명 정부에서 힘들게 수립했던 공화정을 무너뜨렸다. 그는 유럽 대륙의 절반가량을 점령했던 대규모 전쟁을 벌였으며, 전성기에는 유럽의 황제처럼 군림했다. 프랑스를 공화정에서 다시 왕정으로 복귀시킨 나폴레옹의 통치기를 프랑스혁명에 포함시키는 이유는 그가 프랑스혁명을 통해 새롭게 만들어진 여러 제도들을 유럽 각국에 이식했기 때문이다. 독일, 네덜란드, 스페인 등 서유럽을 거의 지배했던 나폴레옹은 점령국에 프랑스의 제도들을 이식했다. 형식적이긴 했지만 혁명기에 만들어진 자유와 평등을 내세운 법체계를 이식했고, 각 정부 조직도 프랑스와 유사하게 만들었다. 과학아카데미의 작업을 통해 달성된 미터법도 이 때 다른 나라들로 퍼졌다. 1m라는 길이의 단위가 프랑스만의 단위가 아닌 전 세계 사람들이 사용하는 공통단위가 된 데에는 나폴레옹의 공이 컸다.

포병 장교는 수행해야 하는 임무의 특성상 수학적 교육을 받아야 했던 사람들이다. 장교 시절부터 측량술, 탄도학 등의 수학 분야에서 꽤나 재능을 보였던 나폴레옹은 나중에 정권을 잡고 나서도 과학에 우호적인 정책들을 펼쳤다. 그는 프랑스의 힘의 원천 중 하나는 과학에 있다고 믿으며 학사원이나 에콜 폴리테크니크와 같은 기관들에 대한 지원을 늘렸다. 그는 과학자들을 행정 요직에 임명함으로써 프랑스가 과학을 우대한다는 점을 만방에 과시하기도 했다. 물론 과학 연구 자체에 대한 지원도 있었다. 나폴레옹은 라플라스에게 엄청난 금액의 연구비를 지원해서 라플라스가 연구팀을 이끌 수 있도록 도움을 주기도 하였다. 이러한 과학에 대한 집중적인 지원이 제공되었던 약 15년간의 그의 통치 기간 동안 프랑스 과학계에서는 전쟁 와중임에도 불구하고 많은 성과들이 쏟아져 나왔고, 학자들은 이에 바탕해 나폴레옹 통치기를 프랑스 과학의 황금기로 평가하고 있다.

하지만 나폴레옹의 집권은 그리 오래 지속되지 못했다. 영국과 러시아와의 전쟁에서 패한 그는 결국 외국 세력에 의해 퇴위당했다. 그런데 흥미로운 점은 나폴레옹의 퇴위 이후에는 프랑스 과학 활동의 동력이 상당히 처지기 시작했다는 점이다. 이는 몇 가지 요인들이 겹쳐져서 생긴 결과였다. 우선 나폴레옹 통치 기간 동안 그에게 협력했던 과학자들에 대한 숙청작업이 이루어지면서 과학계의 분위기가 좋지 않았다. 대표적인 사례는 나폴레옹의 총애를 받았던 과학자 중 한 명인 몽주였다. 몽주는 나폴레옹의 퇴위 후 학사원과 에콜 폴리테크니크 등 그가 몸담고 있던 모든 기관들에서 쫓겨났다. 한때 황제의 측근에서 과학자문 역할을 했던 몽주는 결국 빈민굴에서 외롭게 사망했다. 정치권과의 밀접한 연관은 과학자들에게 때로는 독으로 작용할 수도 있었던 것이다. 이와 더불어 나폴레옹이 펼쳤던 폭넓은 과학 지원이 끊긴 것도 연구의 동력 상실 원인 중 하나였다. 물론 여기에는 프랑스에 상대적으로 뒤처져 있었던 영국과 독일 과학의 급성장도 덧붙여야 하겠다.

프랑스 과학계 내에서는 이러한 부침이 있었지만 나폴레옹의 집권기의 프랑스 과학의 이미지는 다른 나라들에 영향을 미쳤다. 독일과 영국 등 프랑스에게 점령을 당했었거나 전쟁을 겪어야 했던 나라들에서는 프랑스의 강력한 힘이 다름 아닌 과학에서 비롯되었다고 여기는 주장들이 제기되었다. 이러한 주장에 바탕해 다른 유럽 국가들에서는 프랑스만큼은 아니더라도 이전에 비해서는 훨씬 적극적으로 과학에 대한 진흥책들을 마련하기 시작했다. 독일에서는 대학개혁을 통해 과학을 발전시키려는 움직임이 일어났고, 영국에서는 과학진흥협회 등의 새로운 기관을 세워 과학 발전을 도모하기 시작했다. 나폴레옹은 과학의 중요성을 유럽에 본격적으로 전파시킨 인물이기도 했던 셈이다.

라플라스 프로그램

나폴레옹이 집권했던 시기의 과학 활동의 성격을 잘 보여주는 사례는 나폴레옹의 선생이기도 했던 과학자 라플라스가 벌인 연구 프로그램이다. 라플라스는 나폴레옹이 젊은 시절 포병학교를 다닐 때의 선생이었다. 이러한 사제 관계를 배경으로 나폴레옹은 자신의 통치 기간 동안 라플라스를 과학계의 대표자로 생각하고 그에게 막대한 지원을 아끼지 않았다. 라플라스는 나폴레옹의 든든한 경제적인 지원을 등에 업고 자신의 연구 프로그램을 진행시켰다. 역사가들은 이 연구 프로그램을 가리켜 라플라스 프로그램이라 부른다. 라플라스는 당시의 과학자들을 규합하여 뉴턴이 제시했던 무게가 없는 입자들에 대한 연구를 완성시키는 원대한 계획을 실행에 옮겼다. 라플라스 프로그램에는 화학자 베르톨레(Claude Louis Berthollet, 1748~1822), 게이-뤼삭(Joseph louis Gay-Lussac, 1778~1850)을 비롯하여 자기학 연구자 비오(Jean Baptiste Biot, 1774~1862), 복굴절 현상을 발견한 말뤼(Étienne Louis Malus, 1775~1812), 다방면의 수리과학에 대해 연구한 푸아송(Simçon Denis Poisson, 1781~1840) 등이 있었다. 이들 모두는 현재 각 분야의 과학 교과서에서 중요한 비중을 차지하는 사람들로, 이 명단을 보면 라플라스 프로그램이 얼마나 대단한 사람들에 의해 추진된 연구 프로그램이었는지를 짐작할 수 있다. 라플라스와 그 동조자들은 열, 빛, 전기, 자기와 같은 무게가 없는 입자들에 대해 서로의 인력과 척력을 가정해 설명 체계를 완성시키려 노력했다. 18세기 내내 수행된 실험 결과들은 이들이 수학적, 이론적 분석을 할 재료가 되었다.

라플라스 프로그램은 초기에는 의미 있는 성과들을 만들어 냈으나 시간이 지남에 따라 그 동력이 점차 상실되어 갔다. 입자론만으로는 설명이 되기 힘든 현상들이 연구가 진행되면서 출현했기 때문이었다. 게다가 1815년 나폴레옹이 실각하여 최고 권력자의 자리에서 쫓겨나게 되면서 이 프로그램에 대한 지원이 끊기고, 라플라스의 권위 또한 같이 실추되면서 연구 모임은 점점 와해되었다. 결국 라플라스 프로그램은 뉴턴주의를 완성하겠다는 포부로 출범하였지만 결국에는 뉴턴주의의 한계를 보여주며 막을 내리게 되었다. 이 프로그램 이후 과학계에서는 입자론 대신 파동론을 내세운 연구 결과들이 본격적으로 등장하게 되었고, 이는 이후 19세기의 경향을 보여주는 변화였다. 비록 뉴턴주의의 완성이라는 꿈을 이루지는 못했지만 라플라스 프로그램은 그 연구 과정에서 수많은 문제 해결 기법을 개발해 냈다는 점에서는 향후 과학 발전에 있어서 큰 기여를 했다. 라플라스 프로그램에서 개발된 수학적 기법들, 특히 미분 방정식의 다양한 해법들은 이후 과학 분야, 더 멀게는 공학 분야에서 기본적인 문제 해결 기법이 되었다.

9 과학의 전문 직업화

프랑스혁명을 거치며 과학계는 많은 변화를 겪었다. 마지막으로 언급해야 할 의미 있는 변화는 과학이 전문 직업의 반열에 올라서게 되었다는 점이다. 과거에 전문 직업으로 대접받은 직종은 중세 대학에서 전문학부에 소속되어 있던 세 직종, 즉 성직, 법률직, 의사직 세 가지뿐이었다. 전문 직업으로 대접받았다는 말은 아무나 그 직업을 택할 수 없으며 국가에 의해 자격이 인정된 사람들만이 그 직업을 택할 수 있었음을 의미한다. 프랑스혁명을 거친 이후 과학은 앞의 세 직종과 더불어 전문 직업으로 인정받게 되었다.

전문 직업이라고 말할 때에는 보통 다음의 세 가지 요건이 충족되었음을 의미한다. 첫째로 전문 직업은 단순한 업무가 아니라 체계적인 학문적 지식 습득을 바탕으로 어떠한 일을 수행함을 전제로 한다. 이는 전문 직업이 육체노동이나 경험에 의해 숙련된 기술과는 구별된다는 뜻이다. 둘째로 전문 직업은 그 직종에 종사함으로써 경제적인 문제가 해결될 수 있어야 함을 전제로 한다. 과학으로 말하자면 연구가 되었건 교육이 되었건 간에 어쨌든 과학만 가지고 수입을 올려서 생계를 유지할 수 있어야 한다는 의미이다. 세 번째 요건은 그 직업에 종사하는 사람들이 스스로 배타적인 권한을 소유하고 있어야 한다는 것이다. 이는 쉽게 설명하면 그 직업군에 들어갈 수 있는 사람들의 자격을 판단하는 권한을 해당 전문 직업 자체가 지님을 의미한다. 예로 들자면 의사 자격증을 의사협회에서 발급할 수 있음이 여기에 해당한다.

프랑스혁명 이전 프랑스에서는 위의 세 가지 요건 중 첫 번째만 충족된 상태였다. 과학혁명을 거치면서 과학의 수준이 상당히 높아졌고, 18세기에는 과학자로 활약하기 위해서 상당히 체계적인 교육이 필요한 상황이 이미 만들어져 있었다. 그러므로 두 번째와 세 번째 요건이 프랑스혁명을 거치면서 충족되었다고 볼 수 있다. 두 번째 요건은 혁명기 동안 에콜 폴리테크니크와 같은 기관들이 생겨나면서 과학자들이 과학 연구와 교육만을 통해 돈을 벌 수 있는 여건이 충족되어졌다. 이후 프랑스에는 많은 고급 학교들과 더불어 경도국, 자연사 박물관과 같은 기관들이 연이어 생기며 과학자들이 자신들의 지식을 활용해 생계를 유지할 수 있는 일자리가 더 늘어났다.

마지막 세 번째 요건은 혁명기 동안 과학자들이 많은 행정직을 맡고 정책 결정 과정에 참여하면서 스스로의 위상을 높여가는 과정에서 달성되었다. 라부아지에는 화약의 제조와 수급을 책임지는 화약 행정직에 종사한 적이 있었으며, 몽주는 해군장관으로 임명되어 전쟁 준비 및 물자 수급을 총괄하는 일을 수행했다. 라플라스는 내무부 장관직을 수행했었으며, 수학자 푸리에(Joseph Fourier, 1768~1830)는 오랜 기간 동안 도지사직을 맡았다. 혁명이 일어나기 직전부터 나폴레옹 집권기까지 과학자들의 이러한 행정참여는 계속되었다. 이 과정에서 과학자들은 자신들의 능력을 보여주며 정치권으로부터 인정을 받을 수 있었고, 정부는 과학이 여러모로 쓸모 있는 분야이며 법관이나 의사처럼 특별한 권한을 부여해 줄 필요가 있는 직종임을 점차 깨닫게 되었다. 혁명기에 추진된 미터법 제정 프로젝트 역시 이러한 믿음을 더욱 강화시켰다. 미터법 제정은 과학자가 없었다면 달성하기 힘든 종류의 거대한 사업이었고, 이 결과는 국가 운영에 큰 도움을 주는 성과이기도 했다.

프랑스혁명기에 과학은 국가가 필요로 하는 지식과 과학자라는 인력을 제공했고, 그 대가로 국가로부터 전문 직업으로 전환하기 위한 정치적·법률적 권한을 부여받았다. 과학의 전문 직업으로의 전환은 곧이어 다른 국가들에서도 이루어졌다. 유럽 내의 국가들은 프랑스를 모델로 과학을 전문 직업으로 전환했고, 과학의 전문 직업화는 얼마 지나지 않아 미국으로, 그리고 결국에는 전 세계로 퍼져나가게 되었다.

17

산업혁명과 기술 혁신

산업혁명이라는 말은 영국의 경제학자이자 사회개혁가인 아놀드 토인비(Arnold Toynbee, 1852~1883)가 자신의 저서 『산업혁명』(*The Industrial Revolution*, 1884)에서 쓰면서부터 널리 사용되기 시작한 말이다. 그는 1760년부터 1840년까지 영국에서 일어난 변화로서, 농업 및 가내수공업 경제에서 기계에 바탕을 둔 공장제 공업으로 변화했던 과정을 두고 산업혁명이라고 불렀다. 토인비가 산업혁명이라는 말을 사용한 이래로 이 말은 단순히 18세기 말 영국에만 국한된 것이 아니라 19세기의 프랑스, 독일, 미국, 일본 등 세계 여러 나라의 경제 · 사회적 변화를 지칭하는 말로 확대되었다.

산업혁명의 요인

18세기 중엽에서부터 19세기에 걸쳐 영국에서 일어난 산업혁명은 기술상의 변화뿐만이 아니라 여러 가지 사회경제적 · 문화적 변화가 복합적으로 얽히면서 진행되었다. 산업혁명이 일어나기 이전에 이미 새로운 농업기술의 등장과 공유지의 사유화로 농산물 생산량이 급증하였다. 이런 농업상의 혁명은 잉여농산물을 제공하여 급격한 인구증가를 가능하게 했다. 또한 토지의 사유화 운동으로 농촌 거주자들이 도시로 몰려들어 산업계에서는 값싼 노동력을 공급받을 수 있었고,

커다란 구매시장도 생겨났다.

산업혁명이 정력적으로 진행되는 데에는 새로운 기술을 개발하고, 공정을 고안 · 개선하며, 능률과 경제성을 중시하는 영국 지주와 자본가들의 기업정신도 커다란 몫을 했다. 더욱이 당시의 낮은 이자율은 많은 사람들로 하여금 모험적 산업에 매력을 느끼게 만들었다. 이외에도 대영제국의 팽창과 함께 교역이 꾸준히 증가했으며, 특히 기술혁신이 가져온 물품의 가격인하와 그에 따른 수요증가에 따라 직물수요가 폭발적으로 증가했다. 더욱이 이 시기에 계속된 전쟁은 경제발전을 촉진한 요인으로 작용하기도 했다.

기술적인 차원에서 산업혁명은 철과 강철이라는 새로운 소재의 활용, 석탄과 증기기관과 같은 새로운 동력원의 사용, 방적기나 역직기와 같은 새로운 기계의 발명, 공장제라는 새로운 노동 분업체계의 발전, 증기기관차나 증기선과 같은 새로운 운송 및 통신 수단의 발전, 그리고 표백 · 염색 · 도예 등 새로운 기술의 발전 등 다양한 변화를 동반하며 진행되었다.

02 철 생산의 급증

산업혁명이 정력적으로 추진된 배경에는 무엇보다도 철을 저렴한 가격으로 많이 생산할 수 있게 한 기술진보가 커다란 역할을 했다. 18세기까지 영국의 제철산업은 엄청난 목재를 소비하였다. 당시 군함의 건조에도 많은 목재가 소비되었기 때문에 영국은 목재 기근에 시달릴 수밖에 없었다. 목탄 대신 석탄을 이용해서 철광석을 녹일 수도 있었지만, 석탄에는 탄소뿐만이 아니라 철의 생산품에 영향을 미치는 황이나 인 성분도 포함되어 있었기 때문에 양질의 철을 얻는 데 어려움이 있었다. 용광로의 철에 포함된 유황은 석탄을 코크스화함으로써 제거될 수 있었다. 1709년 에이브러엄 다비(Abraham Darby, 1678?~1717)는 목탄 대신 코크스를 이용한 용선법을 고안함으로써 양질의 철을 생산할 수 있는 기술적 바탕을 만들어 주었다. 1740년대에는 벤저민 헌츠먼(Benjamin Huntsman, 1704~1776)이 도가니 제강법을 창안함으로써 우수한 강철을 과거에 비해 아주 짧은 시간과 저렴한 가격으로 생산할 수 있게 만들어 주었다.

1783년 헨리 코트(Henry Cort, 1740~1800)는 기존의 햄머질보다도 경제적으로 철봉을 만들 수 있는 압연기를 개발했다. 그 이듬해 헨리 코트는 선철로부터 연철을 생산하는 새로운 정련기술을 창안했다. 헨리 코트가 개발한 새로운 압연기술과 정련기술은 영국의 제철산업 발전에 커다란 영향을 미쳤다. 더욱이 연철과 목탄을 혼합해서 아주 양질의 주철을 만드는 기술도 개발되면서 연철과 주철은 산업혁명의 핵심적 소재로 부상하게 되었다. 또한 반사로(reverberatory furnace)도 이 시기에 개발되어 쇳물이 석탄연료의 불순물에 의해서 오염되는 위험을 감소시켰다.

철 생산이 급증하면서 철은 토목과 건축의 소재로도 쓰이게 되었다. 1779년 '산업혁명의 스톤헨지'(Stonehenge of the Industrial Revolution)라고 불리는 철로 만든 거대한 교량인 아이언브리지가 영국 세번 강에 에이브러엄 다비 3세(Abraham Darby III, 1750~1791), 토머스 프리처드(Thomas Farnolls Pritchard), 존 윌킨슨(John Wilkinson, 1728~1808) 등에 의해서 건설되었다. 석탄과 철광석의 산출량이 꾸준히 증가하고 철강산업에서 나타난 일련의 기술개발에 힘입어 18세기를 거치는 동안 풍부하고 값싼 철의 생산이 가능하게 되었고, 이것은 산업혁명의 밑거름이 되었다.

제임스 와트의 증기기관

철 생산기술의 발전은 무엇보다도 새로운 동력원이었던 증기기관의 출현을 가능하게 만들어 주었다. 1712년 토머스 뉴커먼(Thomas Newcomen, 1663~1729)은 철 생산기술의 발전에 힘입어 대기압 증기기관을 만드는 데 성공했다. 이 대기압기관은 보일러에서 만들어진 증기가 실린더에서 응축될 때 생기는 힘에 의해서 피스톤을 움직이게 하는 것이었다. 이 뉴커먼의 대기압 증기기관은 제작비는 쌌지만, 석탄을 많이 소비하고 유지비가 많이 드는 결점이 있었다. 즉, 이 뉴커먼의 증기기관은 물을 엄청나게 많이 소모해서 물가이면서 동시에 석탄생산지가 가까운 곳에만 설치가 가능했다.

제임스 와트(James Watt, 1736~1819)는 이 대기압 증기기관을 개량하여 완벽한 기관인 이른바 '와트의 증기기관'으로 개량시켰다. 1736년 스코틀랜드 작은 조선소 마을인 그리녹에서 태어난 제임스 와트는 1754년부터 인근의 대도시인 글래스고에서 실험 장치, 악기, 측량 기구를 만드는 도제 훈련을 받았다. 이듬해 그는 더 넓은 세상을 경험하기 위해 영국의 수도인 런던으로 가서 과학 탐구 도구를 제작하던 존 모건 밑에서 훈련을 받고 머리와 손을 결합한 '철학적 도구 제작자'로 성장했다. 1756년 8월 고향으로 돌아온 와트는 1757년 7월부터 글래스고 칼리지에 작은 워크숍을 차려 놓고 실험 기구들을 제작하는 일을 하게 되었다. 대학에서 일하면서 와트는 소위 스코틀랜드 계몽사조라고 일컬어지는 과학기술, 역사, 철학, 경제학 등 새로운 사상들을 동시에 접하게 된다.

글래스고 칼리지의 유명 과학자이며 잠열 이론의 창시자인 조지프 블랙은 와트에게 자신의 실험실 장비를 만들어 달라고 주문했으며, 심지어는 자신의 집에서 사용할 알람시계까지 만들어 달라고 부탁했다. 머리와 손이 결합된 철학적 도구 제작자로 훈련을 받은 와트는 이제 과학 실험 장비, 악기, 측정 도구 등 모든 영역의 기구를 제작하는 종합 기구 제작 회사 형태로 자신의 비즈니스를 확대할 수 있었다.

글래스고 칼리지에서 데모 장비를 개발하던 와트는 마침내 1712년 뉴커먼이 발명한 대기압 기관도 교육용으로 제작하게 되었다. 제임스 와트는 이 뉴커먼 기관을 개량해서 산업혁명에 중요한 역할을 하게 되는 증기기관을 발명했다. 즉, 그는 실린더의 열을 그대로 유지한 채 그 속의 증기만 냉각시키는 방법으로 분리형 응축기(separate condenser)를 고안해서 1765년에 자신의 증기기관을 발명하게 된다. 이 와트의 증기기관은 연료가 적게 들 뿐만 아니라, 물가 이외의 지역과 석탄의 산출지에서 먼 곳에도 이 동력기계를 설치할 수 있다는 장점이 있었다. 이에 따라 공장입지 선정이 용이해져서 당시에 부상하던 방직공업과 연결될 수 있었고, 결과적으로 산업혁명이 아주 강력하게 진행될 수 있었던 것이다.

증기기관의 보급과 철 생산의 증가에 힘입어 운송수단도 놀라운 발전을 보였다. 1798년 리처드 트레비식(Richard Trevithick, 1771~1833)은 크기가 작고 대기압보다 훨씬 고압인 증기기관을 발명함으로써 철도를 이용한 운송 시스템의 가능성을 열어 놓았다. 1814년 조지 스티븐슨(George Stephenson, 1781~1848)은 자신이 설계한 최초의 증기기관차를 공개하였다. 1830년에는 스티븐슨이 설계한 리버풀-맨체스터 철도가 개통되어 본격적인 철도시대의 개막을 알렸다. 증기기관의 출현은 수상교통도 혁신적으로 변화시켰다. 1807년 미국의 로버트 풀턴(Robert Fulton, 1765~1815)은 와트와 볼튼(Matthew Bolton)의 증기기관을 장착한 최초의 증기선을 진수시켰다. 뉴욕과 올바니(Albany) 사이를 운항하던 이 '클러몬트 호'는 최초로 상업적으로 성공한 증기선이었다.

2 산업혁명기의 과학자와 기술자

산업혁명기에는 과학자들과 기술자들 사이에 각종 단체나 모임이 생겨나 그들 사이의 인적 교류와 연결이 활발하게 이루어졌다. 과학자들과 기술자들이 서로 교류하고 가까워져서 같은 계층이 되었으며, 심지어는 같은 사람이 두 가지 분야 모두에서 활동하는 일도 볼 수 있게 되었다. 영국 버밍엄에서 창설된 루나학회(Lunar Society)에서는 다윈의 할아버지인 이래즈머스 다윈, 볼튼, 조지프 프리스틀리, 제임스 와트, 웨지우드(Josiah Wedgwood, 1730~1795) 등이 함께 활동했다.

맨체스터에서는 '문학과 철학학회'(Literary and Philosophical Society)가 창설되어 존 돌튼과 제임스 줄 등이 활동했다. 이들 영국의 과학단체는 당시에 신흥 부르주아 집단의 새로운 가치와 자기 표현수단으로 활용되면서 급부상하여 과학자들과 기술자들의 교류를 도왔다. 또한 이 단체들의 많은 구성원들이 실제 기술 분야에 종사하였으며, 과학적 지식을 공부하고 연구하기도 했다.

산업혁명기에 과학자들과 기술자들 사이의 광범위한 교류가 존재했었음에도 불구하고 당시에는 과학적 지식이 새로운 산업 창출과 기술 혁신에 직접적으로 기여했다기보다는 기술에 관한 지식을 수집, 정리하고 거기에 이론적인 설명을 부여하는 것이 고작이었다. 이 시기에는 과학이 기술발전을 이끌었다기보다는 오히려 산업 발전이 기술개발과 과학적 진보를 선도했다. 산업혁명 과정에서 커다란 영향력을 행사했던 증기기관은 근대의 새로운 상징물로 지식인과 대중들에게 강한 인상을 남겼다. 증기기관은 새로운 공학 분야인 기계공학 분야의 형성에 기여했으며, 새로운 과학인 열역학의 출현에도 결정적인 역할을 했다.

18세기 후반과 19세기 초에 나타난 영국과 프랑스의 산업혁명기에 과학이 새로운 공학 분야를 출현시킨 사례는 찾기 힘들다. 토목공학(civil engineering)은 군사기술에 대응하는 민간기술이라는 의미로 용어가 만들어졌고, 기계공학도 공장제도의 정착과 공작 기계 및 도구의 발전, 잦은 전쟁과 군사무기의 혁신, 새로운 동력기관의 등장과 지속적인 발전에 힘입어 형성될 수 있었다. 첨단 과학기술 지식이 산업에 직접 응용되어 그때까지는 없었던 새로운 산업을 출현시킨 것은 전기 산업과 화학공업이 출현한 19세기 중반 이후의 일이다.

2 철강 기술의 혁신

19세기 중반 이후 유럽의 산업은 더욱 고도화되어 갔다. 우선 이 시기에는 전통적인 철강 산업 분야에 혁신적인 변화가 나타났다. 베세머 제강법, 평로법, 염기성 제강법 등 새로운 혁신적 제강법이 경쟁적으로 등장함으로써 강철이 대량으로 생산되며 세계는 바야흐로 '철강의 시대'에 진입하게 되었다. 1856년 8월 기계학자 헨리 베세머(Henry Bessemer, 1813~1898)는 영국과학진흥협회에서 '연료 없이 가단성 철과 강철을 제조하는 방법'(*The Manufacture of Malleable Iron and Steel Without Fuel*)이라는 제목으로 새로운 제강법을 발표했다. 베세머가 창안한 새로운 제강법에서는 선철의 주변에 열을 가해 정련시키는 전통적인 방식을 사용한 것이 아니라, 철 내의 규소와 탄소가 산화되면서 생성된 열을 사용해서 용융된 선철 속에 공기를 불어넣음으로써 탄소 제거 작업을 신속하게 진행시키는 방법을 채택했다.

1851년 미국의 윌리엄 켈리(William Kelly, 1811~1888)도 이와 유사한 방법으로 철강을 만드는 데 성공했다. 하지만 그는 헨리 베세머가 철강 제조 특허를 출원했다는 소식을 듣고 난 뒤인 1857년에서야 미국에서 서둘러 특허를 출원했다. 켈리의 특허 출원에도 불구하고 세계 철강업계에서 헨리 베세머의 지위는 흔들리지 않았다. 베세머가 창안한 제강법은 과거와는 비교도 할 수 없을 정도의 빠른 속도로 다량의 강철을 제조할 수 있었고, 강철의 가격도 계속 하락하여 강철은 연철과도 가격 경쟁이 가능하게 되었다.

1860년대를 거치면서 계속 새로운 제강법이 개발되어 철강 생산 기술은 경쟁적으로 발전했다. 우선 1856년 지멘스(Carl Wilhelm Siemens, 1823-1883)는 축열원리(regenerative principle)를 이용한 새로운 용광로를 개발했다. 축열원리란 산화된 배기 기체를 용광로의 가열에 다시 사용해서 연소하는 공기와 연료를 과열시키는 방법으로 이 방법을 이용하면 연료를 절감하면서도 대단히 높은 온도를 얻을 수 있었다. 1864년에는 프랑스의 피에르 마르탱(Pierre-Émile Martin, 1824~1915)이 고철을 집어넣어 탈탄 작업을 용이하게 하는 방법을 창안했다. 피에르 마르탱은 지멘스가 개발한 새로운 가열 방식을 자신이 창안한 고철을 집어넣는 방법과 결합시켜 1865년 평로법(open hearth process)이라는 새로운 제강법을 개발했다. 지멘스-마르탱 평로법은 강철을 제조하는 시간이 베세머 제강법보다는 길었지만, 베세머 강보다 더 우수한 양질의 강철을 생산할 수 있었다.

영국은 철강 분야에서 기술혁신을 제일 먼저 이루어 내어 19세기 중반 이후 세계 철강업에서 선두로 나섰다. 기술적인 측면뿐만이 아니라 철광석의 확보라는 측면에서도 영국은 다른 나라에 비해 유리한 입장에 있었다. 초기의 혁신적인 제강법들은 모두 인을 0.1% 이상 함유하지 않는 적철광을 요구했었는데, 영국은 자국에 적철광상을 지니고 있었을 뿐만이 아니라, 스페인으로부터 적철광을 안정적으로 수입할 수 있었다. 반면에 독일과 프랑스를 비롯한 대륙의 국가들은 자국 내에 적철광상을 갖지 못했고, 철광석을 모두 수입에만 의존해야 했다. 결국 영국은 철강 기술 혁신과 철광석 확보의 우위에 힘입어 초기 철강의 시대에 세계 철강 시장을 지배할 수 있었다. 1875년 영국은 세계 철강의 40%를 생산했으며, 독일은 영국의 반, 프랑스는 3분의 1밖에 생산하지 못했다.

한편, 1879년 런던의 즉결재판소 서기인 토머스(Sidney Gilchrist Thomas, 1850~1885)는 그의 조카인 웨일스 철공소의 화학자인 길크라이스트(Percy Carlyle Gilchrist, 1851~1935)와 함께 인과 규소가 다량 함유된 값싼 철광석으로부터 비교적 양질의 강철을 만드는 새로운 방법인 염기성 제강법을 창안해 내었다. 염기성 제강법이란 인과 규소의 화합물을 분리하기 위해서 염기성인 석회석을 용융된 철에 혼합하고, 전로 내벽도 산성인 규토질 내화벽돌 대신에 염기성 물질로 바꾼 것으로, 창안자들의 이름을 따서 토머스-길크라이스트 법(Thomas-Gilchrist process)이라고도 부른다.

염기성 제강법의 등장에 따라 대륙의 국가들도 스웨덴, 로렌 지방 등에 매장된 값싼 철광석을 이용할 수 있게 되었으며, 이 새로운 기술 개발은 이에 수반되어 나타난 산업 조직 및 경영상의 변화와 연결되면서 영국과 독일 사이의 철강 산업 경쟁은 새로운 국면에 접어들게 되었다. 무엇보다도 독일에서는 국가의 보호 아래 거대한 독점 기업이 형성될 수 있었고, 제련 및 압연 과정이 수직 결합된 일관 제철소 형태의 거대한 종합철강회사가 등장하게 되었다. 철강 산업이 거대화되면서 제품의 표준화, 작업의 기계화가 빠른 속도로 진행되어 대량 생산이라는 새로운 생산 시스템이 발전했다. 이런 일련의 기술 혁신과 산업 조직의 고도화를 통해 독일의 철강 생산성은 급격히 상승했으며, 세기말을 거치면서 독일의 철강 생산량이 영국을 앞지르게 되었다.

9 내연기관의 발명과 새로운 운송혁명

19세기 중반 이후 가솔린을 사용한 새로운 내연기관이 출현되면서 운송수단의 혁명을 예고했다. 1860년 에티엔 르누아르(Étinne Lenoir)는 전기로 점화하는 가스 엔진을 제작했다. 1876년에는 오이겐 랑겐(Eugen Langen)과 함께 르누아르의 가스 엔진을 개량하던 니콜라우스 오토(Nicholaus August Otto)가 대기압 가스 기관이 지닌 결점을 보완한 우수한 사행정 엔진을 만드는 데 성공했다. 오토의 사행정 엔진은 1885년 고틀리프 다임러(Gottlieb Daimler)와 카를 벤츠(Carl Benz)에 의해서 근대 자동차에 활용되어 새로운 수송혁명을 이끌었다. 또한 1892년 루돌프 디젤(Rudolph Diesel)은 현대적인 도로 수송에 적합한 아주 경제적인 디젤 엔진에 대한 특허를 출원하면서 내연기관은 운송 수단의 대표적 원동기로 자리를 잡았다.

물론 제1차 세계대전 이전까지 자동차는 단지 취미용 내지 사치품에 속했다. 1904년 당시 영국에서 사용되던 자동차는 1만9천 대에 불과했다. 하지만 포드주의와 테일러주의로 대변되는 대량 생산기술이 자동차 생산에 적용되고, 자동차가 자유롭게 달릴 수 있는 도로 체계가 갖추어지고 일반인들도 자동차를 소유할 수 있게 되면서 자동차는 육상 교통의 대표적 운송수단으로 자리를 잡았다. 따라서 자동차는 1920년에 6백5십만 대로 증가했으며, 1938년에는 헨리 포드의 새로운 생산방식에 힘입어 미국에서만 한 해에 2백5십만 대의 자동차가 생산되었다.

02 전기 에너지 시대의 도래

19세기 중반 이후 인류는 과학기술의 발전에 힘입어 전기라는 새로운 에너지원을 이용할 수 있게 되었다. 전기를 동력으로 이용하려는 시도는 1820년 덴마크의 과학자 한스 크리스찬 외르스테드가 전류가 흐르는 도선 위에 놓인 나침반이 움직이는 것을 발견하면서 시작되었다. 이듬해 마이클 패러데이는 이것을 바탕으로 초보적인 전동기를 만들었으며, 1831년에는 자기를 이용해서 전기를 발생시키는 최초의 발전기를 만들었다. 패러데이가 자기를 이용해서 전기를 발생시키는 실험에 성공한 이래로 많은 발명가들이 초보적인 형태의 발전기를 발전시켜 나갔다.

당시에 발전기의 출력은 영구 자석의 세기에 제한되어 있었기 때문에, 강한 전력을 얻는 데에는 많은 어려움이 있었다. 1860년대를 거치면서 몇몇 발명가들은 영구 자석의 도움이 필요하지 않은 발전기를 발명했다. 1871년 벨기에 태생의 전기공학자인 그람(Zénobe Théophile Gramme, 1826~1901)은 처음으로 상업적으로 의미가 있는 발전기를 개발했다. 1873년 빈 산업 박람회에서 그람과 함께 발전기를 개발하던 퐁텐(Hippolyte Fontaine, 1833~1910)은 실수로 그람의 발전기를 다른 발전기에 연결했다. 그러자 그람의 발전기는 반대로 전동기처럼 돌기 시작했다. 결국 그람과 퐁텐은 그람의 발전기에 직류를 가하면 매우 강력한 전동기가 된다는 사실을 발견함과 동시에 단순한 실험실 수준을 넘어 산업적으로 활용이 가능한 최초의 직류 전동기도 개발했다. 이리하여 그람의 발전기와 전동기, 전기를 빛으로 바꾸는 전등은 새로운 전력 산업을 구성하는 핵심 발명품으로 남게 되었다.

전기는 산업용 원동기뿐만이 아니라 조명 시설로 사용되면서 19세기 후반 산업 사회의 모습을 엄청나게 변화시켰다. 전기는 에너지의 전송, 변환, 제어 면에서 다른 에너지에 비해 탁월한 이점을 지니고 있었다. 우선 전기는 에너지 손실을 최소화하면서 공간적으로 멀리 떨어져 있는 다른 지역으로 에너지를 쉽게 전송할 수 있다. 또한 전기는 빛, 열, 운동 등 다양한 형태의 에너지로 쉽게 변환할 수 있으며, 차폐가 간단해서 다양한 회로를 이용해 제어하기도 용이하다. 따라서 전기는 원동기 설치 장소의 문제점을 해결해 주었을 뿐만 아니라 아주 정교한 동력 관리도 가능하게 해 주었다.

전력공급체계의 정착: 교류와 직류

전력공급체계를 처음으로 만든 사람은 전등을 발명한 토머스 앨바 에디슨(Thomas Alva Edison, 1847~1931)이었다. 에디슨은 1878년 10월 15일 뉴욕에 에디슨 전등회사(Edison Electric Light Company)를 설립하고 전력을 고객들에게 공급하는 전력 사업을 시작하였다. 1882년 1월 12일에는 런던에 세계 최초의 공공 발전소가 설치되었으며, 1882년 9월 4일 뉴욕 시에서는 에디슨 전등회사가 펄스트리트 중앙 발전소의 점보 발전기의 가동을 시작했다. 이때 에디슨의 전력회사에서는 전력공급방식으로 낮은 전압의 직류 전력을 사용했다. 이런 직류 전송방식은 뉴욕과 같은 인구밀집지역에서는 유리했으나 원거리 전력수송에는 에너지 손실이 크다는 문제가 있었다. 당시 에디슨회사의 전력수송 거리는 단지 수 킬로미터에 불과했다.

원거리 전력수송에 문제가 있었음에도 불구하고 에디슨의 전력공급체계는 뉴욕 시에서 런던, 베를린 등 세계 여러 도시들로 기술이전이 되었다. 아울러 초기 직류전력 공급체계의 확산과 함께 이 체계 내의 약점을 보완하기 위한 많은 노력도 나타났다. 그러나 직류전력체계를 주장하는 발명가와 공학자들은 1880년대에 직류전력 공급체계 내의 비경제적인 전력수송 방식의 문제점을 해결할 수 없었다.

직류전력 공급체계가 원거리 전력수송에서 나타나는 문제점을 해결하지 못하게 되자, 새로운 집단의 발명가들이 등장하여 직류 전력 공급체계 밖에서 이 문제에 대한 해결점을 찾기 시작했다. 이미 1881년 프랑스인 뤼시앵 골라르(Lucien Gaulard, 1850~1888)와 영국인 존 딕슨 기브스(John Dixon, Gibbs, 1834~1912)는 일련의 교류전력 공급체계로 영국에서 특허를 냈다. 1885년 미국의 발명가이며 제조업자인 조지 웨스팅하우스(George Westinghouse, 1846~1914)는 상업적으로 이용하기 위해 이 특허를 구입했다. 이듬해 그는 웨스팅하우스 전기회사를 설립하여 교류전력 공급체계를 바탕으로 전력을 상용화할 계획을 세웠다. 웨스팅하우스에서 일하던 젊은 미국인 발명가 윌리엄 스탠리(William Stanley, 1858~1916)는 영국에서 구입한 특허를 바탕으로 변압기를 완성시키고 더 나아가 고정전압 교류 발전기를 발전시켰다. 스탠리는 1886년 매사추세츠의 발전소에서 전압을 3,000볼트로 높여 송전한 후 그것을 다시 수신소에서 500볼트로 낮추어 수신함으로써 교류전력체계의 실용성을 처음으로 입증해 보였다.

그러나 이것으로 교류전력체계의 우위가 지켜진 것은 아니었다. 당시 교류전력체계 쪽에는 경제성이 있는 교류전동기를 가지고 있지 못했다. 에디슨의 직류전력체계에는 전력수송에 약점이 있었고, 웨스팅하우스의 교류전력체계에는 아직 산업에 활용 가능한 교류전동기가 없다는 약점이 있었기 때문에 직류전력 공급체계와 교류전력 공급체계 사이에 치열한 경쟁이 본격화되었다.

1888년 크로아티아 태생의 발명가 니콜라 테슬라(Nikola Tesla, 1856~1943)는 다상(多相)교류체계라는 새로운 전력체계를 제안했다. 테슬라는 이 새로운 체계에서 회전하는 자기장에 의한 유도 전동기를 사용했다. 직류와 교류 사이의 체계 전쟁은 이제 발명왕 에디슨과 새롭게 등장한 천재 발명가 테슬라의 대결이 되었다.

테슬라는 이미 1884년 뉴욕의 65번가 사무실로 에디슨을 찾아간 적이 있었다. 하지만 에디슨과 테슬라는 전혀 다른 기질을 갖고 있었고, 에디슨은 테슬라의 아이디어에 관심을 두지 않았다. 반면에 웨스팅하우스사는 테슬라 체계의 근본적인 중요성을 인식하였으며, 곧 이 특허를 사들였다. 이 새로운 전력공급체계는 콜럼버스의 신대륙 발견 400주년을 기념하기 위해 1893년 시카고에서 열린 콜럼버스 세계 박람회에서 웨스팅하우스사에 의해 처음으로 대중 앞에 공개되었다. 이 박람회에는 수많은 전동기, 발전기, 교류발전기 등 당시 새로운 발명품들이 출품되었는데 이것은 나중에 전력산업 발전의 초석이 되었다.

이 박람회가 있은 후, 나이아가라 폭포에서 버팔로 시로 전력을 공급하는 효과적인 방법을 찾던 국제 나이아가라 위원회는 전력공급방식으로 1893년에 선보인 웨스팅하우스의 교류전력체계를 선택했다. 1895년 8월 나이아가라 발전소가 가동되었으며 1896년에는 버팔로 시로 교류전원이 송전되기 시작했다. 그 후 교류전력체계는 서서히 전력공급방식에 있어서 주도권을 차지하기 시작했다. 결국 교류전력체계는 거대규모의 수력발전 체계를 비롯한 지역개발 정책, 나중에는 원자력 발전 계획과 맞물려 현대사회의 중심적인 전력공급체계가 되었다.

18

다윈과 진화론

근대 과학 사상이 등장하고 계몽주의시대를 거쳐 19세기 전반까지도 사람들은 종이 안정되고 변하지 않는다고 생각했다. 이것은 보통 사람들의 경험에도 부합될 뿐만 아니라 생물이 창조주의 계획에 따라 만들어졌다고 믿는 기독교 신앙과도 부합되는 것이었다. 이미 17세기 말 영국의 자연학자인 존 레이(John Ray, 1627~1705)는 『창조의 작업에서 나타난 신의 지혜』(*The Wisdom of God manifested in the Works of Creation*, 1691)라는 책에서 신은 지혜와 자비로 그가 창조한 모든 생명체가 살아가는 데 필요한 구조와 기능을 지니게 하였다고 주장했다. 기독교 과학자들은 신의 작품인 자연을 탐구함으로써 자연과 인간에 대한 신의 보살핌과 창조의 계획에 대해 알 수 있다고 믿었다.

진화론의 배경: 분류학의 발전과 자연신학

하지만 18세기를 거치면서 잦은 탐험과 여행을 통해 새로운 종이 발견됨에 따라 동식물을 합리적인 체계로 분류하는 새로운 분류학(taxonomy)의 필요성이 대두되었다. 18세기 초 린네(Carl von Linné)는 『자연의 체계』(*Systema Naturae*, 1735)라는 책에서 동식물에 대한 체계적인 분류 방법을 발전시켰다. 린네는 동식물 사이의 분류 관계에는 기본적으로 신에 의해 주어진 창조의 질서가 깔려 있다고 생각했다.

동물학자 퀴비에(Georges Cuvier, 1769~1832)는 동물들이 기능적으로 잘 조직화되어 있다는 전제 아래 자신의 동물 해부학 논의를 전개했다. 18세기 말 지구 전역에서는 포유류의 화석들이 많이 발견되었는데, 그중에는 코끼리를 닮은 것도 있었다. 1796년 퀴비에는 새롭게 발견된 멸종 화석을 분석하면서 이들 사이에 서로 다른 점을 특히 강조하여 이들이 단순한 변종이 아니라 분류학적으로 완전히 다른 종이라고 주장했다.

19세기에 이르러서도 존 레이의 작업을 계승한 자연신학은 동식물의 형태와 구조에서 신의 의지나 지적인 설계(design)를 찾으려고 했다. 19세기 자연신학의 대표적 인물인 윌리엄 페일리(William Paley, 1743~1805)가 집필한 『자연신학, 자연 현상에서 모은 신의 존재와 속성에 관한 증거들』(*Natural Theology, or Evidences of the Existence and Attributes of the Deity, Collected from the Appearances of Nature*, 1802)은 수없이 많은 판을 거듭하면서 당시 사상계에 커다란 영향을 미쳤다. 페일리는 이 책에서 모든 생명체가 생존하는 데에는 신의 보살핌이 필요하다는 것을 보여주려고 노력했다. 즉 생명체는 외부 세계에 완전히 적응하고 있으며, 적응 자체는 신의 설계의 결과라고 주장했다.

2 종의 변화: 라마르크의 용불용설

한편, 지구 전역에 대한 잦은 탐험과 여행을 통해 당시의 분류 체계로는 구별하기 힘든 새로운 종들이 많이 발견되면서 종 사이의 엄격한 경계에 대한 믿음이 흔들리고 종이 변화할 수도 있다는 생각이 고개를 들기 시작했다. 분류학의 체계를 마련한 린네조차도 다양한 잡종이 만들어지고 분류학상으로 구별하기 어려운 다양한 중간 종이 발견되면서 종이 변할지도 모른다는 의구심을 가졌다.

마침내 라마르크(Jean Baptiste de Lamarck, 1744~1829)는 종의 변화에 시간의 차원을 도입하여 종이 변화한다는 주장을 제기했다. 그는 1809년 『동물철학』(*Philosophie Zoologique*)을 통해 자주 사용하는 형질이 누적되어 동물들에게 다양한 변화가 나타났다고 주장했다. 라마르크는 이 책에서 동물들의 생활에서 나타나는 욕구와 외부 세계의 환경 변화에 대한 동물의 적응 과정이 바로 종이 변화하는 원인이라고 말했다.

라마르크의 이론은 등장하자마자 무엇보다도 전문학계로부터 비판을 받았다. 전문가들은 일단 길들여진 동물도 자연에 놓아주면 다시 원래의 성질로 돌아가는 것을 근거로 라마르크의 주장을 반대했다. 특히 라마르크가 이런 주장을 논문 형태로 발표한 것이 아니라 일반 대중을 상대로 책의 형태로 발표한 것은 동물학을 전문 과학 분야로 만들려는 동료 학자들로부터 비난을 받았다. 특히 당시 학계에서 커다란 영향력이 있던 동물학자 퀴비에는 다양한 과학적인 근거를 제기하며 라마르크의 진화론에 반대했다. 그는 당시에 발견된 화석들의 증거를 통해 동물의 형태는 등장할 때부터 멸종할 때까지 변화가 거의 없었다고 주장했다.

오 지질학의 발전: 격변론과 점진론

지구 전체에 대한 여행과 탐험을 통해 다양한 지리학적 자료가 축적되고 새로운 광물과 암석이 발견되면서 18세기 말과 19세기 초 지질학(Geology)이 새로운 학문 분야로 정착되었다. 지질학의 발전은 진화론의 형성에도 커다란 영향을 미쳤다. 당시 지구의 지각 형성에 관한 지질학적 이론은 크게 격변론(Catastrophism)과 동일과정설 혹은 점진론(uniformitarianism)이라는 두 진영으로 나뉘어 서로 대립하면서 발전해 나갔다.

우선 격변론은 베르너(Abraham Gottlob Werner, 1750~1817)의 수성론자(neptunist) 전통을 계승한 것으로, 과거 대홍수와 같이 현재에는 나타나지 않은 엄청난 지질학적 변화를 통해 지각의 모습이 형성되었다고 주장하였다. 이런 지질학적 이론은 당대의 동물학자들이 지녔던 종에 대한 견해와 서로 연결되어 있었다. 퀴비에는 격변론을 수용하여, 생명체가 커다란 지질학적 변화를 통해 멸종되거나 새롭게 나타나며 일단 한번 등장하고 나면 멸종될 때까지 종의 모습 자체에는 커다란 변화가 없다고 믿었다.

동일과정설 혹은 점진론(uniformitarianism)은 제임스 허튼(James Hutton, 1726~1797)을 위시한 화성론자(volcanist) 전통을 계승한 것이었다. 라이엘(Charles Lyell, 1797~1875)은 『지질학 원리』(*Principle of Geology*, 1830~32)에서 점진론의 기본적인 개념을 확립했다. 점진론에서는 지구는 서서히 변화하면서 현재의 모습을 갖추었다고 보았다. 라이엘은 지질학적 변화를 설명할 때 항상 현재도 작용하고 있는 종류의 원인과 용어로 과거를 설명해야 한다고 주장했다. 즉 지구는 과거에도 현재와 같이 지질학적 격변이 거의 없는 정상 상태였으며 비록 작은 규모이지만 오랜 세월을 통해 변화가 누적되면서 현재와 같은 커다란 지질학적 변화가 나타났다고 생각했다.

점진론은 오랜 세월에 걸친 변화를 기본 가정으로 하고 있었기 때문에 점진론자들이 주장하는 지질학적 변화가 나타나기 위해서는 지구의 나이가 당시에 생각했던 것보다 훨씬 길 필요가 있었다. 1650년 아일랜드의 대주교 어셔(James Ussher, 1581~1656)는 지구가 기원전 4004년 10월 23일 전날 밤에 창조되었다고 말했다. 이후 이것은 교회가 주장하는 천지창조의 전통적인 연대가 되었다. 성서학자들은 지구의 나이를 약 6천년으로 보았지만 지구의 나이가 이보다 더 길 것이라는 주장이 나타나기 시작했다. 예를 들어 18세기 조르주 루이 르클레르가 본명인 자연학자 뷔퐁(Georges-Louis Leclerc, Comte de Buffon, 1707~1788)은 뜨겁게 달군 쇠공을 식히는 실험을 통해 얻은 자료를 바탕으로 지구 크기의 공이 식는 데 걸리는 시간을 계산하여 지구의 나이가 약 7만 5천년이라고 주장했다. 종의 안정성을 믿었던 점진론자 라이엘도 지구의 나이가 엄청나게 길다는 것에는 반대하지 않았다. 지구의 나이가 점점 길어지는 추세는 종이 변화한다는 이론이 등장하는 데에 긍정적인 영향을 미쳤다.

찰스 다윈과 비글호 상의 여행

찰스 다윈(Charles Darwin, 1809~1882)은 부유한 중산층 가정에서 태어났다. 그의 할아버지 이레이지머스 다윈(Erasmas Darwin)은 의사로서 진화의 사상을 지니고 있었다. 외할아버지는 웨지우드(Josiah Wedgwood)로 영국 도자기 산업을 이끌던 산업자본가였다. 아버지는 할아버지만큼 탁월한 재능은 없었지만 기독교에 대해 회의적인 인물이었다. 찰스 다윈은 1839년 자신의 사촌인 웨지우드 가문의 에마(Emma Wedgwood)라는 여성과 결혼하여 다른 가족들과 마찬가지로 풍족한 삶을 살 수 있었다. 그는 평생 동안 돈을 벌기 위해 공부한다기보다는 자신이 하고 싶은 공부와 새로운 연구를 하며 지낼 수 있었다. 다윈 부부는 충분한 유산 상속도 받았고 여유 자금도 대부분 철도 주식에 투자하여 비교적 안정적인 수익을 창출했다. 이런 자유로운 학문 활동은 다윈을 기존의 학설로부터 자유롭게 만드는 데 커다란 역할을 했다. 하지만 다윈은 25세 이후 평생 구토, 복부 팽창, 오한, 경련, 현기증을 동반하는 병에 시달리는 육체적 고통 속에서 살았다. 자신이 곧 죽을지도 모른다는 강박 관념에도 불구하고 다윈은 70세가 넘도록 오래 살았다. 다윈의 위대한 저작들은 이런 지옥과 같은 육체적 고통 속에서 집필되었다.

학창 시절 다윈은 에든버러 대학에서 의학을 공부했다. 하지만 곧 의학을 포기하고 케임브리지의 클라이스트 칼리지로 가서 인문 교양을 공부했다. 케임브리지에서 다윈은 페일리의 『자연신학』을 읽고, 적응이 신의 설계를 가리킨다는 것에 강한 인상을 받았다. 그는 교과과정을 통해 과학에 관한 공부를 하지는 못했지만 식물학 교수였던 존 스티븐스 헨슬로(John Stevens Henslow) 목사와 지질학 교수였던 에덤 세지윅(Adam Sedgwick) 목사에게 강한 인상을 받았다.

헨슬로 교수는 다윈의 생애에서 가장 커다란 영향을 미치게 될 비글호 상의 여행에 동참할 기회를 만들어 주었다. 아버지의 염려와 반대에도 불구하고 외가의 측면 지원과 헨슬로 교수의 도움으로 다윈은 1831년부터 1836년까지 비글호라는 지도 작성을 위한 영국 해군의 측량조사선을 타고 남아메리카 해안을 조사할 기회를 얻었다.

에덤 세지윅은 격변론을 믿었던 지질학자였다. 하지만 그의 교육이 다윈의 지질학적 생각에까지 영향을 미치지는 못했다. 찰스 라이엘의 『지질학 원리』는 1830년과 1832년에 두 권의 책으로 출판되었다. 1831년 다윈은 당시에 막 출판된 『지질학 원리』 1권을 가지고 비글호에 탑승했다. 지질학자로서 교육을 받고 싶어했던 다윈은 비글호 안에서 찰스 라이엘의 『지질학 원리』를 읽고 스스로 점진론자가 되었다. 점진론에서는 지구가 서서히 산과 바다가 생성되고 없어지면서 종들은 자신이 살 수 있는 곳으로 이주하거나 점차적으로 멸종했다고 보았다. 라이엘은 종의 안정성을 철저히 믿었지만 지질학적 시간이 아주 길다고 주장했기에 그가 정립한 지질학적 이론은 다윈에게 생명체가 변화할 가능성이 있다는 쪽으로 생각하도록 만들었다.

비글호를 타고 세계를 여행하면서 다윈은 거대한 포유류의 화석을 비롯해 유럽에서는 사라진 많은 멸종 화석을 발견하였다. 무엇보다도 다윈은 남미에서 종들이 서로 영토를 차지하려고 경쟁하고, 이 경쟁의 결과가 환경의 변화에 의해 영향을 받는다는 증거를 얻었다. 특히 페루 해안에서 800킬로미터 정도 떨어진 화산섬들인 갈라파고스(Galápagos) 군도에서 얻은 관찰은 진화론을 발전시키는 데 결정적인 역할을 하였다. 갈라파고스 군도는 파충류들의 낙원이었는데, 이곳에서는 불과 수십 킬로미터 떨어진 여러 섬에서 서로 다른 동물군, 식물군이 존재했다. 각 섬마다 등껍질이 서로 다른 거대한 갈라파고스 거북들이 살고 있었다. 특히 이 지역에 서식하는 핀치 새들이 먹이를 찾는 다양한 방법에 따라 저마다 적합한 형태로 아주 다양한 부리 모양을 하고 있었다는 것은 다윈에게 깊은 인상을 심어주었다.

다윈이 이 표본을 영국으로 가져왔을 때 당시 저명한 조류 분류학자이자 박제 제작자였던 존 굴드(John Gould, 1804~1881)는 이것들이 서로 다른 종이라고 다윈에게 말했다. 퀴비에와 마찬가지로 굴드는 종의 안정성을 믿고 있었다. 다윈은 굴드의 말을 듣고 난관에 봉착했다. 그는 신이 이 작은 섬들을 점유하고 있는 다양한 종류의 종들을 서로 독립적으로 창조했다는 것을 액면 그대로 받아들이기 힘들었다. 다윈은 남미에서 가까스로 날아 들어온 핀치 새들이 각 섬의 환경에 맞도록 적응해 나가면서 조금씩 변화하여 각 섬마다 다양한 부리를 갖춘 새들이 번식하게 됐다고 정리하는 것이 보다 납득할 만한 설명이라고 생각했다.

다윈의 노트에 따르면, 적어도 1837년 3월까지는 다윈이 갈라파고스 군도에서 얻은 증거를 바탕으로 종의 변화 가능성을 조심스럽게 추론하기 시작했다는 것을 알 수 있다. 갈라파고스 군도에서 본 다양한 핀치 새들은 서로 다른 종일 가능성이 있다. 아마도 이런 차이는 외부 환경에 대한 적응의 결과로 나타났을 것이다. 다윈은 이런 작은 차이가 시간이 오래 지나면서 단순히 종 사이의 변화뿐만이 아니라 과(family), 심지어는 그보다 더욱 높은 수준의 분류학상의 변화를 일으킬 수도 있었을 것이라고 확대해서 추론했다.

점차로 다윈은 진화는 분명히 일어나고 외부 환경에 대한 적응이 진화에 중요하다고 잠정적으로 생각하게 되었다. 하지만 갈라파고스 군도에서는 기후와 풍토가 같은 데도 불구하고 각 섬마다 서로 다른 종들이 존재한다. 따라서 같은 기후와 풍토 등이 기계적으로 종의 분포를 결정해 주지 못하는 문제는 어떻게 해결할 것인가? 외부 환경에 대한 적응이 단순히 기후나 풍토에 대한 적응만을 의미해서는 갈라파고스 군도에서 관찰한 많은 사실을 설명할 수 없었다.

외부 환경에 대한 적응과 변종의 문제를 고민하던 다윈은 종을 실제로 변화시키는 육종 과정에서 종의 변화에 대한 실마리를 얻어냈다. 당시 원예가, 동물사육사들은 교배를 통해 새로운 종을 만들어 내고 있었다. 즉 그들은 우수하고 좋은 종은 선택해서 번식시키고 그렇지 않은 것은 번식하지 못하게 하는 방법을 쓰고 있었다. 동물사육사들은 인위적 선택(artificial selection)을 통해 사람의 선호에 따라 종을 선택적으로 변화시킨다. 하지만 자연계에는 인간 사회와는 달리 특정한 목적에 따라 종을 선택하는 사육사란 존재하지 않는다. 이제 남은 과제는 자연에서는 이런 선택이 어떻게 일어나느냐 하는 것이었다.

자연계에서 종의 선택이 일어나는 과정에 대한 실마리는 맬서스의 『인구론』(1789)에서 얻어졌다. 비글호에서 돌아온 지 2년, 종의 변화 가능성에 대한 추론을 하고 체계적인 연구를 시작한 지 18개월째인 1838년 9월 28일 다윈은 우연히 '재미 삼아' 맬서스의 『인구론』을 읽기 시작했다. 다윈은 이 책을 읽는 동안 생존경쟁의 결과 종이 멸종하거나 변화할지도 모른다는 중요한 착상을 하게 되었다.

맬서스는 이 책에서 식량은 산술급수적으로 증가하는 반면에 인구는 기하급수적으로 증가해서 생존경쟁은 필연적으로 나타난다고 전제했다. 본래 맬서스의 책은 기본적으로 비관적인 견해를 바탕에 깔고 있었다. 그의 책은 인간 진보의 가능성을 믿는 낙관주의적 견해와는 거리가 먼 것이었다. 하지만 다윈은 이 책에서 맬서스와 같은 비관적 견해보다는 자연에서의 새로운 진화 가능성을 찾아냈다. 맬서스의 책은 같은 종들 사이의 생존경쟁을 이야기하고 있지만, 이것을 자연 속에서 다른 종들 사이의 경쟁으로 확대하면 종들 사이의 변화를 설명할 수 있다는 착상을 하게 된 것이다. 즉 생존경쟁에서 살아남지 못한 종들은 멸종하고 반대로 살아남은 종들은 세대를 거듭하여 진화하게 되는 것이다. 다윈이 방문했던 갈라파고스 군도에서 기후와 풍토가 같은 데도 불구하고 서로 다른 동식물 분포가 존재하는 것은 바로 자연 속에서 끝없이 반복되는 종들 사이의 경쟁 때문이다. 이리하여 다윈은 자연 내에서 나타나는 진화의 메커니즘으로 생존경쟁에 바탕을 둔 자연선택(natural selection) 개념을 창안하게 되었다.

다윈이 찾으려고 했던 것은 단순히 진화라는 사실 자체만이 아니었다 진화에 대한 생각은 이미 그의 할아버지도 지니고 있었다. 다윈이 찾으려고 했던 것은 자연에서 나타나는 진화의 확실한 원인이자 작동 원리인 진화의 메커니즘이었다. 다윈이 진화의 메커니즘을 찾으려 했던 것은 당시 과학철학의 분위기를 반영한 것이다. 당시 영국에서는 허셸(John F.W. Herschel, 1792~1871), 휴얼(William Whewell, 1794~1866) 등에 의해 과학에서의 엄밀한 방법론을 강조하는 분위기가 팽배해 있었다. 우선 허셸은 자연과학 내에서 확고한 연역적 체계와 양적인 법칙의 중요성을 강조하면서 '참된 원인'(true cause)에 의한 설명을 강조했다. 또한 휴얼도 합리주의적인 전통에 따라 원인에 입각한 설명을 강조했는데, 이런 합리주의적 전통은 다윈의 과학적 설명 스타일에 영향을 미쳤다. 맬서스의 『인구론』에서도 다윈은 '생존경쟁'이라는 개념뿐만이 아니라 맬서스의 전제가 법칙적이고, 양적이며, 연역적이었다는 것에 깊은 인상을 받았다.

당시 분류학은 고대 그리스에서부터 내려온 뿌리 깊은 철학적 이론, 즉 자연의 스케일(scala naturae) 혹은 존재의 거대한 사슬(great chain of being) 개념을 바탕에 깔고 있었다. 당시 지식인들 사이에는 포유류, 어류, 무척추동물 등 높은 수준부터 아주 낮은 단계에 이르기까지 자연에 다양한 생명체들이 존재한다는 생각이 상식적인 차원에서 널리 퍼져 있었다. 예를 들어 알렉산더 포프와 같은 18세기 시인들도 존재의 사슬 개념을 믿고 있었다. 다윈의 진화론은 생명에 대한 이 오랜 통념을 공통 조상이론으로 재편한 것이었다. 다윈의 유명한 노트북에는 "나는 '생명의 나무'(the tree of life)라고 생각한다"라는 결정적인 말과 함께 유명한 다이어그램이 등장한다. 다윈의 진화론은 기본적으로 '생명의 나무'로 일컬어지는 분기 메커니즘, 즉 공통의 조상에서 분기되어 내려온 다양한 종의 분류를 가정하고 있다. 이 공통 조상 가설, 즉 '생명의 나무'에 대한 비유는 자연선택론과 함께 다윈의 진화론을 구성하는 핵심적인 근간을 이룬다.

『종의 기원』이 발간되기까지

1838년 말 다윈은 생존경쟁과 자연선택이 진화의 원동력이라는 결론을 내렸다. 하지만 다윈은 자신의 생각이 낳게 될 물의, 자신과 가족들이 사회적으로 매장될 가능성, 특히 종교적 저항을 염려해서 식물학자 조지프 후커(Joseph Dalton Hooker, 1817~1911)를 비롯한 몇몇 측근에게만 '마치 살인을 고백하는 심정으로' 그 내용을 조금만 알리고 그 뒤 20년 동안 발표하지 않았다.

진화 사상에 대한 당시 학계의 비판은 대단히 혹독했다. 1844년 대중적인 정기간행물을 내는 에든버러의 출판업자 로버트 체임버스(Robert Chambers)는 익명으로 『창조 자연사에 관한 흔적』(*Vestiges of the Natural History of Creation*)이라는 베스트셀러 책을 출간해 파문을 일으켰다. 나중에 체임버스가 저자라는 것이 밝혀진 이 책은 종의 변화가 신의 계획에 포함되어 있다며 종의 변화 가능성에 대해 대중들을 상대로 설파했다. 하지만 이 책의 주장에 대해 전문 학자들은 과학적, 철학적, 종교적 근거를 제시하며 혹독하게 비판했다. 다윈도 이 책이 제시한 근거에 대해서는 못마땅해했다. 진화에 대한 어설픈 생각을 세상에 내어 놓을 때 어떤 일이 벌어질 것인가 하는 것은 이 책에 대한 반응만을 보아도 분명히 예견되었다. 이 책이 진화 사상을 바라보는 당시의 맹목적인 사회 분위기에 일종의 백신 역할을 한 것은 사실이지만 다윈도 명확한 근거 없이는 진화에 대한 자신의 생각을 그대로 표출시킬 수 없었다. 결국 다윈은 진화와 관련된 관련 증거만을 계속 수집하며 기약 없이 자신의 이론을 발표할 때만 기다릴 수밖에 없었다. 결국 다윈은 자연선택이 진화의 메커니즘이라는 결론을 내린 뒤 20년 동안 진화에 대한 자신의 생각을 숨긴 채 다른 자연학자들과 교류하고 자연학에 대한 연구를 지속하였다.

1846년에서 1854년에 이르는 동안 다윈은 특이하게 생긴 작은 해양 동물인 따개비(Barnacle)에 대한 자연학을 연구했다. 절지동물에 속하는 따개비는 조개와 같은 연체동물의 껍데기에 구멍을 뚫고 기생하며 살면서 플랑크톤을 잡아먹고 사는 작은 게의 일종이다. 이 동물은 겉으로 보기에는 자웅동체이지만 생식기관만을 가진 작은 수컷이 성충이 되면서 암컷에 기생해서 평생을 살아가는 기이한 생활을 하고 있다. 다윈은 이 연구를 통해 자웅동체의 종이 양성을 지닌 종으로 이행할 수 있는 가능성이 있다는 것을 확인했다. 거의 움직이지 않는 정주생활, 게의 발에서 변형된 다리로 플랑크톤을 잡아먹고 사는 모습 등, 따개비의 특이한 생활방식에 대한 다양한 연구를 통해 다윈은 생명체가 어떻게 생명의 나무의 분기를 이루며 적응과 진화를 하는가에 대한 이해도 얻을 수 있었다. 생물학 분야에서 전문적인 교육 과정을 제대로 거치지 않았던 다윈은 이 따개비에 대한 연구를 통해 생물학자로서의 위치도 학계에서 분명히 굳힐 수 있었다.

따개비를 연구하는 동안 다윈의 자연신학과 기독교에 대한 태도에 있어서 커다란 변화가 있었다. 다윈은 케임브리지 대학 재학 중 페일리의 『자연신학』을 읽고 신의 무한한 보살핌에 따라 생명체는 외부세계에 완전히 적응한다는 생각을 받아들였다. 하지만 다윈의 종교에 대한 믿음은 점차로 약화되어 갔고 생명체가 외부세계에 완전히 적응하는 것이 아니라 단지 상대적으로만 적응한다고 다윈의 생각이 바뀌게 된다. 즉 생명체들은 신의 보살핌 속에서 자연에 완전하게 적응하는 것이 아니고 외부 상황에 따라 상대적으로 적응하기 때문에 종이 멸종하기도 하고 심지어 변화할 수도 있다. 특히 1851년 4월 사랑하는 딸 애니가 10세의 나이로 세상을 떠나자 다윈은 엄청난 충격을 받고 비통함과 상실감에 빠져 기독교에 대한 믿음을 완전히 버리게 된다. 아내 에마는 기독교에 대한 신앙이 여전히 깊었음에도 불구하고 다윈은 집안에서도 믿음의 문제에서 자유로워졌다.

종교의 압박으로부터 해방된 다윈은 1850년대 중반부터 지질학자 라이엘, 식물학자 조지프 후커, 미국의 식물학자 에이서 그레이(Asa Gray, 1810~1888) 등을 포함한 몇몇 동료들에게 자기 이론의 세부를 알리고 더욱 과감하게 자신의 생각을 담은 책에 대한 집필을 구상하기 시작했다. 그러던 차에 1858년 다윈과 유사한 생각을 담은 자연학자 앨프리드 윌리스(Alfred Russel Wallace, 1823~1913)의 논문이 동남아시아로부터 도착했다. 윌리스는 1848년 아마존을 여행하고 1854년 이후에는 말레이 제도를 방문하여 확인한 여러 증거를 바탕으로 인간 조상에 대한 단서를 찾고 있었다. 또한 그는 맬서스의 『인구론』을 읽고 인구 과잉 및 생존경쟁의 논리를 인간 사회에서 동물계 전체로 확대 적용하게 된다. 1858년 마침내 그는 자연선택이 진화의 메커니즘이라는 결론을 내리고 논문을 집필해서 평소 부탁받은 표본을 제공하며 연락하고 지내던 다윈에게 보냈다.

6월 18일 윌리스의 논문을 받은 다윈은 이 논문에 담긴 생각이 자신의 생각과 매우 유사하다는 것을 알고 크게 충격을 받았다. 다윈은 윌리스의 생각이 자신의 생각과 유사하다고 여겼지만 윌리스의 논문은 다윈의 생각과는 약간의 차이가 있었다. 윌리스는 사회주의적 관점에서 자연선택의 목적이 정의로운 사회를 실현하고 완벽한 인간 이상을 구현하는 것이라고 생각했다. 윌리스의 자연선택에는 다윈과는 달리 사회주의적인 이상향이 깔려 있었다. 하지만 변이와 생존투쟁, 자연선택에 관한 윌리스의 언급을 보고 다윈은 이보다 더 놀라운 우연의 일치는 없다고 생각했다. 아마도 이것은 다윈이 자신의 생각에 비추어 윌리스의 원고를 읽었기 때문일 것이다. 다윈은 비글호 항해 이후 20여 년에 걸친 자신의 노력이 수포로 돌아갈 것을 염려하며 절망했다. 결국 라이엘과 후커와 같은 측근들이 개입해서 다윈은 자신의 연구에 대한 요약문을 1858년 7월 1일 린네학회에서 윌리스의 논문과 함께 동시에 발표하게 되었다. 이후 다윈은 자신의 자세한 생각을 담은 책을 서둘러 집필하기 시작하여 1859년 11월 본래의 계획보다 훨씬 적은 분량으로 『종의 기원』(*Origin of Species*)이라는 이름의 책으로 출간하였다.

『종의 기원』 이후

염려했던 바와 같이 다윈의 『종의 기원』은 출판 이후 많은 문제를 야기시켰다. 우선 진화 그 자체도 문제였지만 자연선택이 진화의 모든 과정을 설명할 수 있는 진정한 메커니즘인가에 대해서도 의견이 분분하였다. 더욱이 종교적 측면에서는 자연에서 차지하는 인간의 위치도 문제가 되었고, 창조주의 뜻에 상관없이 무작위로 선택되는 자연선택 메커니즘도 기독교에서 철저하게 믿어 오던 신의 설계 및 의지 문제와 충돌되었다.

과학을 진흥시키기 위한 민간단체인 영국과학진흥협회(BAAS: British Association for the Advancement of Science)는 1831년 요크에서 공식적으로 창립되었다. 당시 의장이었던 버논 하코트(Vernon Harcourt)는 "과학의 대상들에 대한 보다 체계적인 방향"을 제시하고, '과학의 연구자'(cultivators of science)들 사이에 토의를 증진시키는 것을 창립 목적으로 제안했다. 이 제안서에서 과학의 경작자, 연구자라는 의미의 과학자(scientist)라는 말이 처음으로 만들어졌다.

1860년 6월 영국과학진흥협회의 모임에서 헉슬리(Thomas H. Huxley)와 윌버포스(Samuel Wilberforce) 옥스퍼드 주교 사이에 논쟁이 벌어졌다. 이 논쟁에서 헉슬리는 다윈의 옹호자로 나서서 논쟁을 유리하게 이끌었다. 미국에서는 에이서 그레이가 다윈의 주장을 옹호하면서 진화론을 확산시켰다. 이리하여 적어도 1870년까지 진화 그 자체에 대해서는 대부분의 대중들이 수용하게 된다. 보수교회에서도 진화라는 생각 자체에 대해서는 마지못해 받아들였다. 하지만 그들은 진화 과정도 신의 목적의 한 표현으로 간주하였고, 임의적인 형태의 자연선택에는 적대감을 보였다. 더욱이 학자들 사이에서도 자연선택이 진화의 진정한 메커니즘인가 하는 것에 대해서 의견의 일치를 보지는 못했다.

영국의 대중 철학자 허버트 스펜서(Herbert Spencer, 1820~1903)는 다윈의 '자연선택' 이론을 '적자생존'(survival of the fittest)이라는 교의로 대중화시켰다. 적자생존 개념에는 몇 가지 문제점이 있었다. 우선 유리한 형질은 확산되고 불리한 형질은 사라진다는 표현이 문제였다. 하나의 형질이 유리하다는 것의 근거는 적자생존을 통해 자손을 확산시킨 다음에만 확인이 가능하기 때문에 적자생존 논리에는 은연중에 동어반복적인 요소가 들어갈 여지가 많다. 실제로 스펜서는 자신의 진화 사상을 전개하면서 자연선택보다는 라마르크의 이론을 더 선호했다. 그 이유는 획득된 형질이 계속 전승된다는 라마르크의 이론이 스펜서의 진화론에서 나타나는 자기계발의 이데올로기에 더욱 적합하기 때문이었다. 다윈의 옹호자였던 헉슬리도 자연선택이 진화의 유일한 메커니즘이라는 것은 받아들이지 않았다. 그는 진화가 임의로 선택된다기보다는 보다 발전되고 일관된 방향으로 진행된다는 것을 믿고 싶어했다.

다윈은 자신의 자연선택 이론을 형성하는 데 허셀, 휴얼과 같은 영국의 자연철학자들의 영향을 받았지만, 정작 다윈의 『종의 기원』이 출판된 이후 과학방법론에 관심이 많았던 이들 자연철학자들은 다윈의 자연선택 이론에 많은 문제점이 있다고 지적하였다. 허셀은 자연선택 이론에 대해 생명의 발달을 위해한 우연 요소의 결합으로 설명하려는 뒤죽박죽 법칙(law of higgeldy-piggeldy)이라고 냉소적으로 비평하였다. 철학자들이 보기에 다윈의 자연선택 이론은 유용한 특성이 전승된다는 식의 동어반복적인 측면이 있고, 예측이 불가능하며 관찰 가능하지도 않았다. 이런 근거로 많은 과학철학자들은 다윈의 이론이 참된 원인에 입각한 설명을 제공하지는 못하고 있다고 보았다.

진화가 매우 천천히 일어난다는 다윈의 주장을 뒷받침하기 위해서는 지구의 나이가 아주 길다는 것이 밝혀져야 했다. 하지만 중견 물리학자였던 켈빈에 의해 라이엘의 정상상태 지질학이 당시에 밝혀진 물리학의 법칙과 양립하기 힘들다는 주장이 제기되었다. 1868년 켈빈은 자세한 열역학적 · 물리학적 계산을 통해 지구의 나이가 점진론 지질학이 요구하는 것보다 길지 않다는 것을 지적하였다. 켈빈의 계산에 의하면 오차의 한계를 고려하더라도 지구의 나이는 1억년을 넘지 않았고 이런 기간은 다양한 진화를 설명하기에 너무 짧았다. 진화론 논쟁과 관련된 지구의 나이 문제는 1900년을 전후해서 방사성이 발견되면서 해결의 실마리가 잡혔다. 켈빈의 계산에는 방사능 붕괴에 따른 가열과 냉각의 요인이 결여되어 있었다. 1910년대부터 방사능 연대측정 기술이 개발되어 지구의 나이는 점점 늘어났고, 1940년대에 이르면 지구의 나이가 약 46억년 정도 된다는 것이 학계에서 정설로 받아들여지게 되었다.

2 멘델의 유전학의 출현과 재발견

1900년을 전후해서 많은 생물학자들이 진화론자가 되었지만 그들은 다윈주의 자체는 죽었다고 믿었다. 다윈의 진화론은 자연선택에 바탕을 두고 종의 변이 문제를 설명했지만, 당시의 진화론은 특정 형질이 다음 세대에 전달되는 유전의 문제를 해결할 수 없었던 것이 치명적인 약점이었다. 유전에 대한 실마리는 1866년 그레고르 멘델(Johann Gregor Mendel, 1822~1884)이라는 잘 알려지지 않은 수도사의 논문에 의해 제공되었다.

멘델은 오스트리아-헝거리 제국 내 브륀(Brünn)이라는 작은 도시의 아우구스티누스회 토마스 수도원에서 완두를 가지고 연구를 수행했다. 그는 29,000개의 완두(Pisum sativum)를 재배하고 실험하면서 교배와 역교배를 반복했다. 멘델은 동식물에서 새로운 품종을 만들어 내는 정원사나 동물사육사들이 행한 인위 선택에 대한 이론적인 근거를 마련하기 위해 이런 실험을 반복했던 것으로 여겨진다. 1856년에서 1863년까지 7년 동안 완두와 다른 식물로 연구를 한 뒤 멘델은 자신의 발견을 '식물 잡종에 관한 실험'이라는 이름으로 브륀 지방의 자연학 학회에서 1865년 2월 8일과 3월 8일 두 번에 걸쳐 발표하였다. 멘델의 논문은 학회에서 호평을 받았고 몇몇 지방 신문에 보도되기도 했다. 멘델이 발표한 논문은 그 이듬해 이 학회의 학회지인 『브륀 자연학연합학회지』(*Verhandlungen des naturforschenden Vereins Brünn*)에 44쪽의 분량으로 출판되었다.

멘델은 학회지에서 받은 40부의 논문 사본 가운데 적어도 12부 이상을 당시에 유명한 과학자들에게 보내주었다. 하지만 멘델의 발견은 멘델의 생애 동안에는 과학자들 사이에서 그다지 커다란 주목을 받지는 못했다. 우선 멘델은 과학자라기보다는 고립된 연구를 했던 수도사였다. 멘델은 교사가 되기 위해 물리학을 공부했지만 두 번의 시험에도 불구하고 중등교사 자격 국가시험에 합격하지 못했으며, 수도원 정원에서 생물학을 연구했다고 해도 그 분야의 전문학자로서는 인정받지 못한 상태였다. 더욱이 그가 브륀(현재는 체코 공화국 영토인 브르노)이라는 소도시에서 별로 읽히지 않은 지방 학회지에 논문을 기고했던 것도 널리 퍼지는 데 약점으로 작용했다. 과학 방법론도 당시 기준으로 보면 다소 생소했다. 당시에는 결정론적인 과학 방법론이 퍼져 있었기 때문에 멘델의 논문이 당시에는 다소 생소한 통계적인 방법을 사용했던 것도 학문적인 주목을 받지 못한 한 요인으로 작용했다.

멘델 유전학은 1900년을 전후해서 드프리스(Hugo de Vries), 코렌스(Carl Correns), 체르마크(Erich Tschermak) 등에 의해 재발견된 것으로 알려져 왔다. 체르마크가 재발견자라는 주장은 더 이상 받아들여지지 않고 있지만, 멘델 유전학의 재발견 과정은 네덜란드의 드프리스와 독일의 코렌스 사이의 치열한 우선권 논쟁과 연관이 있었다.

멘델의 논문은 애초에 정원사들의 인위 선택 방법에 대한 이론적 근거를 제시하기 위해 작성되었다. 따라서 그의 논문은 이미 1900년 이전에 주로 농산물 육종 분야에서 널리 인용되고 있던 상황이었다. 달맞이꽃의 돌연변이 현상을 발견한 드프리스는 네덜란드의 유명한 식물학자였다. 그는 1900년 전에 멘델의 논문을 읽었으나 멘델 법칙 재발견과 연관된 첫 논문에서는 멘델을 언급하지 않았다.

당시에 비슷한 연구를 했던 독일의 코렌스는 드프리스가 보낸 첫 논문의 사본을 받고 커다란 충격을 받았다. 드프리스의 논문에는 달맞이꽃, 양귀비, 옥수수 등 12개 종 이상의 식물 종에서 코렌스가 연구한 것과 동일한 잡종들의 관계를 설명하고 있었기 때문이다. 코렌스는 유전 법칙의 발견에 대한 우선권이 드프리스에게 돌아갈 것을 인식하고 자신의 발견에 "멘델의 법칙"이라는 용어를 사용했다. 결국 드프리스는 다음에 출판한 두 논문에서 유전 법칙의 발견과 관련해서 멘델의 우선권을 인정할 수밖에 없었다. 과학자들 사이의 우선권 논쟁의 결과 멘델은 유전 법칙의 발견자로 기록되면서 멘델의 유전학도 재발견되었던 것이다.

9 사회적 다윈주의와 우생학

다윈의 진화론은 사회 진보사상과 연결되어 사회적 다윈주의(Social Darwinism)의 형태로 전개되었다. 사회적 다윈주의는 빅토리아시대의 영국 자본주의의 경쟁적 분위기를 정당화하는 사상이었다. 즉 생존경쟁에서 이긴 사람이 사회 진보를 위해 유용한 사람이며, 따라서 국가는 빈민구제법과 같은 복지 정책을 실시하기보다는 오히려 개개인들 사이의 자유로운 경쟁을 장려해야 사회가 발전한다고 생각했다. 사회적 다윈주의자들은 개개인들 사이의 경제적 경쟁에 완전한 자유를 주기 위해 자유방임(laissez-faire)의 정책을 실시해야 한다고 주장했다. 다윈의 진화론은 몇몇 기업인들에게 자유 기업 시스템을 옹호하는 수단으로 이용되었으며, 심지어 강한 국가가 약한 국가를 식민 지배하는 것을 정당화하는 약육강식의 제국주의 이데올로기로도 활용되었다.

국가가 적합하지 않은 시민들의 확대를 막아야 할 의무가 있다는 주장은 우생학이라는 새로운 학문을 태동시키기도 했다. 우생학(Eugenics)은 다윈의 친척이었던 프랜시스 골튼(Francis Galton, 1822~1911)에 의해 본격적으로 제기되었다. 당시 영국에서는 능력 있는 상류층들은 자녀수가 적은 데 비해 가난한 사람들의 경우에는 더욱 많은 아이들을 낳고 있었다. 따라서 빈민가에서 많이 나타나는 열악한 유형의 인간들이 확산되는 것은 국가와 민족의 타락을 유발할 수 있었다. 이를 막기 위해 국가가 개입하여 인위적인 선택을 통해 유용한 유형의 인간들을 확산시켜 민족의 성격을 개선하고자 했다.

골튼이 제안한 우생학 운동은 다양한 형태로 확산되었다. 실제로 우생학은 19세기 말 영국 상류 사회의 친교 모임에 적용되어 상류 사회 출신들 사이의 혼인을 장려하는 근거가 되었다. 하지만 우생학은 곧 극단적인 인종차별의 형태로 나타났다. 1920년대 보수적 분위가가 팽배했던 미국에서는 우생학을 근거로 동유럽 및 중국인에 대한 이민금지법을 실시하기도 했다. 나치 독일에서는 아리안 족을 미화하기 위한 민족 우월주의의 근거가 되었으며, 혈우병, 정신박약자, 집시 등 열악한 인간들에 대해 불임 프로그램을 실시하고 급기야 홀로코스트와 같은 잔인한 인종 청소 행위를 자행하는 근거가 되기도 했다.

19

독일 과학의 성장

19세기 말부터 20세기 초까지 독일은 세계의 과학을 주도했다. 하지만 적어도 18세기 말까지 독일은 영국, 프랑스의 기준으로 볼 때 한마디로 후진국이었다. 독일은 전반적으로 빈곤했으며, 사회경제적으로는 아직도 봉건상태에 머물러 있었다. 정치적으로도 군소 국가로 분할되어 있었으며, 독일민족 전체를 아울러 공통적인 요소라고는 단지 언어와 문화뿐이었다. 이런 상황에서 18세기와 19세기를 거치면서 형성되었던 전통적인 독일 지식인 집단은 세습 신분이나 재력보다는 교육과 지식 바탕으로 사회적 지위를 얻은 일종의 비경제적 지식 부르주아(Bildungsbürgertum) 집단이었다.

독일의 전통적인 지식인들은 정치적 · 경제적 관심이 강했던 영국과 프랑스의 지식인들과는 본질적으로 성격이 달랐다. 독일 지식인들은 영국과 프랑스와 같은 선진 지식인들이 선호했던 실용적 · 물질적인 지식보다는 추상적 · 형이상학적 · 미학적 지식에 더 관심이 많았다. 학문을 대하는 태도도 그들은 인격도야 및 전인적인 교양 형성을 강조하는 신인문주의 전통을 강하게 고수했으며, 정치적으로는 국가의 문화적 대표자로서 보수적인 경향을 띠고 있었다.

9 신인문주의와 대학교육 개혁

전반적으로 후진적이었던 독일의 상황이 크게 바뀌게 된 것은 나폴레옹 전쟁 시기를 통해서였다. 이때 군소 국가들이 프로이센을 중심으로 결집했으며, 길드 제도 폐지와 같이 중세 잔재를 청산하려는 경제체제의 개혁도 실시됐다. 무엇보다도 이 당시 독일에서는 독일의 후진성에 대한 자각이 있었던 지식인들의 주도 아래 대학 및 중등학교 교육 개혁이 정력적으로 추진되었다. 당시 대학 개혁은 훔볼트(Wilhelm von Humboldt, 1767~1835)를 비롯한 신인문주의자들이 주도했다. 이들의 대학 개혁 노력으로 중세 대학의 잔재가 많이 남아 있던 독일 대학 내에서 철학부가 강화되었으며, 중등 교육 개혁으로 대학에 들어오는 학생들의 자질도 향상되었다. 1809~10년 신설된 베를린 대학교는 당시 독일 대학 개혁의 선봉 역할을 했다.

이러한 신인문주의자들의 대학 개혁은 국가 권력과 독일적 철학 전통의 결합이라는 독특한 양상을 띠었다. 이에 따라 19세기 독일 대학에서는 거의 절대적인 학문의 자유, 대학의 진리탐구에 대한 헌신, 반실용주의, 넘치는 지적 활력 등이 전형적인 특징을 이루게 되었다. 특히 1809년 프로이센의 교육부 장관이 되어 교육 개혁을 주도했던 훔볼트의 교육 철학은 초기 독일 대학의 성격을 규정하는 데 결정적인 영향을 미쳤다. 훔볼트는 대학의 의무가 구태의연한 지식의 주입 · 전수가 아니라 적극적으로 새로운 진리를 추구하고 헌신하는 것이라고 주장하면서, 자유로운 연구와 상호 비판이 대학교육에 꼭 필요하다고 생각했다. 이런 독일 대학의 개혁 분위기 속에서 교수는 곧 교육자이면서 연구자라는 근대적인 새로운 교수직의 모습이 나타났다.

자유분방하며 상호 비판적인 연구 전통은 문헌학(Philologie)을 중심으로 시작되었다. 문헌학에서 나타난 전통은 곧 인문학 및 고전학 분야 전체로 확대되었고, 이들 분야의 연구 세미나에서 행한 철저한 비판적 연구 전통은 1820년대 이후 자연과학 분야에도 흡수되어 자연과학 분야에서 체계적인 연구 분위기가 형성되는 데 기여했다. 한편, 1820년대 이후 독일에는 프랑스의 엄밀하고 분석적인 과학방법론이 도입되기 시작했다. 1825년 프랑스의 게이뤼삭에게서 엄밀한 분석화학 방법을 배운 리비히(Justus Freiherr von Liebig, 1803~1873)는 기센 대학 내에 유기화학 연구실을 설립했으며, 1834년에는 야코비(Karl Gustav Jacob Jacobi, 1804~1851)가 쾨니히스베르크(Königsberg) 대학교에서 수학 세미나를 시작했다. 또한 베를린 대학교의 요하네스 뮐러(Johannes Müller)는 생리학, 해부학, 동물분류, 병리학 분야의 전통을 세워 나갔으며, 헤르만 헬름홀츠는 처음에는 하이델베르크 대학교에서 생리학 전통을, 그리고 나중에는 베를린 대학교에서 물리학 분야의 연구 전통을 세워 나갔다.

19세기 초반 독일 대학에서 다른 곳에서는 보기 드문 높은 과학적 생산성이 나타난 요인에 대해서는 몇 가지 차원에서 생각할 수 있다. 우선 독일 대학이 지녔던 지방분권(decentralization)적 성격과 경쟁(competition) 유발 메커니즘에 대해 주목할 필요가 있다. 지방분권적인 독일 대학들에서는 학문적 자유와 이동의 자유가 존재했기 때문에 대학 사이에 경쟁이 유발될 수 있었고, 이런 경쟁을 통해서 수준이 높은 과학자 사회가 형성될 수 있었으며, 능력 있는 과학자들에게 그 능력에 상응하는 보상을 해 줌으로써 과학연구에 동기를 부여했다. 이러한 대학 간의 경쟁은 1840년대까지는 기존 분야의 새로운 연구 성과의 전파에 기여했고, 1840년대 이후에는 과학자들이 가능성 있는 하위분야(subfield)를 개척함으로써 과학이 더욱 세분화되고, 전문화하는 데 기여했다.

19세기 초반 독일에서 과학이 제도적으로 정착하고 과학의 연구 수준이 획기적으로 높아진 데에는 지방분권적인 경쟁 유발 메커니즘 못지않게 프로이센 국가의 대학 행정 장악과 그에 따르는 경쟁기준의 변화도 커다란 기여를 했다. 18세기 독일 대학에서 교수의 임용과 승진을 평가할 때 중요하게 작용했던 것은 학생들의 수, 특정 대학 내의 교수 집단의 평가, 지방 영주의 영향력 등이었다. 즉 교수의 임용과 승진에 있어서 무엇보다도 대학 내적인(collegiate), 제도적인(institutional), 교육적인(teaching) 역할이 강조되었던 것이다.

그러나 나폴레옹전쟁 이후 프로이센을 중심으로 독일의 국가들이 결집하게 되면서, 과거의 지방영주가 지녔던 교육에 관한 권한을 프로이센 정부가 행사하게 되었고, 이에 따라 교수의 임용과 승진의 기준을 국가가 정하게 되었다. 결국 프로이센 정부가 교육 정책에 직접 개입하게 되면서 임용과 승진에 있어서 특정 대학 내의 역할이나 지방영주의 영향력은 현저하게 감소했고, 대신 학문적 업적에 바탕을 둔 학문 분야 내적 기준(disciplinary criteria)이 임용과 승진에 결정적으로 작용하게 되었다. 특히 대학에서 젊은 교수들과 사강사들은 학문적 업적을 기준으로 삼아 서로 연구 경쟁을 하게 되었고, 결과적으로 이것이 독일 대학 내에서 이루어지는 학문의 질을 경쟁적으로 향상시키는 데 기여했던 것이다.

독일통일과 교육 체제의 발전

1870년과 1914년 사이에 독일은 고도의 산업사회로 탈바꿈했다. 독일의 경제 성장은 이미 1870년 이전에 시작되었지만, 독일 제국의 성립과 함께 성장이 가속화되면서 1890년과 1915년 사이에 철강생산을 비롯한 독일의 산업성장은 최고도에 달하게 된다. 빌헬름시대(빌헬름 2세가 통치했던 1890~1918년의 시기)에는 특히 과학을 기반으로 해서 새롭게 생겨난 산업인 화학공업과 전기공업이 크게 발전했다.

빌헬름시대에는 고도의 경제적 · 물질적 성장과 아울러 대학과 특히 고등공업학교(Technische Hochschule)의 성장이 뚜렷하게 나타났다. 독일 대학의 학생수는 1885년 27,000명에서 1911년에는 거의 56,000명으로 증가했다. 고등공업학교의 학생수는 같은 기간 동안 3,000명에서 11,000명으로 증가하여 대학에 비해서 그 증가율이 더욱 높았다. 이러한 학생수의 증가에 따라 전통적인 독일 지식인들은 교육수준의 하락을 우려했으며, 자신들의 가치관과는 다른 새로운 사고방식을 지닌 대중 집단의 등장에 따라 자신들의 전통적인 지위에 대한 위협을 느꼈다.

18, 19세기를 통해 독일에서 형성된 신인문주의적인 교육문화 전통 속에서 1870년 이전까지 독일의 모든 대학생들은 교양교육의 일환으로 김나지움에서 그리스어와 라틴어를 비롯한 고전어를 배워야만 했다. 이에 따라서 19세기의 거의 모든 수학자들과 물리학자들도 신인문주의 전통 내에 있었던 김나지움에서 수학

과 자연과학보다는 고전어를 위주로 해서 교육을 받았다. 이외에도 당시 중등학교 내의 수학과 자연과학의 위치는 고전학을 비롯한 인문학에 비해 열악했다. 즉 중등학교 내에서 수학이나 자연과학 교사들은 승진을 비롯한 학교 내의 여러 대우 면에서 고전학 교사들에 비해 심한 차별대우를 받았던 것이다.

19세기 중반 이후부터 독일에서는 그리스어와 라틴어를 가르치던 전통적인 김나지움 이외에, 그리스어는 가르치지 않고 라틴어만 가르치던 '실업계 김나지움'(Realgymnasium), 고전어를 전혀 가르치지 않던 '상급실업학교'(Oberrealschule) 등이 생겨났다. 실업계 김나지움에서는 그리스어 대신에 현대어와 약간의 수학과 자연과학을 가르쳤고, 상급실업학교에서는 그 대체 정도가 더욱 컸다. 프로이센의 실업계 김나지움을 나온 학생들은 현대어와 자연과학을 전공하기 위해 대학에 진학할 권한이 있었고, 1882년에는 이와 같은 권한이 상급실업학교에까지 확대되었지만, 1900년까지 대부분의 대학교육직과 정부요직은 이런 '실과학교'(Realanstalten) 출신에게는 폐쇄되어 있었다.

19세기 동안 줄곧 고등공업학교도 대학과 동등한 지위를 부여받지 못했다. 입학자격에 있어서도 전통적인 대학보다 수준이 낮았고 교육기간도 대학에 비해 짧았다. 이에 따라 독자적으로 박사학위를 수여할 수도 없었으며 고등공업학교의 교수는 동료급의 대학교수과 동등한 대우를 받지 못했다. 이런 갈등요소가 있었기 때문에 빌헬름시대의 급격한 경제적 · 사회적 변화 속에서 기존의 신인문주의 전통에 대한 강한 저항이 나타나게 되는데, 그 구체적인 형태로 중등교육 및 대학교육 개혁운동이 거세게 일어났다. 교육계에서 이런 개혁운동은 중등학교 수학 및 자연과학 교사들, 고등공업학교의 기술자들이나 교수요원들, 대학의 수학 및 물리학 교수들에 의해서 주도되었다.

2 과학조직가 펠릭스 클라인

대학교수들 중에서 이런 개혁운동을 가장 집요하고 영향력이 있게 추진한 사람은 유명한 수학자 펠릭스 클라인(Felix Klein, 1849~1925)이었다. 수학을 물리학이나 기술에 응용하는 데 지대한 관심이 있었던 그는 빌헬름시대의 대학 및 중등교육 개혁과정에서 수학 · 자연과학 · 공학의 통합이라는 자신의 생각을 관철시키려고 노력했다.

클라인은 1871년 괴팅겐에서 교수자격 과정을 이수한 뒤 1872년 23세의 나이에 에를랑겐 대학의 교수로 임용되었다. 이 때 그는 그 뒤 전개될 현대수학의 향방에 커다란 영향을 미치게 되는 이른바 '에를랑겐 계획'을 내놓았다. 이 계획에서 그는 프랑스의 가스파르 몽주(Gaspard Monge, 1746~1818)가 체계화시킨 화법기하학의 기본 개념을 더욱 발전시킴으로써 기하학적인 문제를 불변이론(Invariantentheorie)을 바탕으로 이해하고자 했다. 또한 이 계획을 수행하는 과정에서 그는 가우스와 리만이 발전시킨 비유클리드 기하학을 사영기하학적 관점에서 파악하였으며, 변환군을 바탕으로 하는 '군'(Gruppe)의 개념을 확립했다.

클라인은 자신의 기하학적 선구자인 몽주와 마찬가지로 빌헬름시대의 대학 및 중등교육 개혁과정에서 프랑스식의 이상형, 즉 파리의 에콜 폴리테크니크를 모범으로 삼고 교육개혁 운동을 진행시켰다. 프랑스혁명 과정에서 생겨난 에콜 폴리테크니크 출신의 우수한 수학자들은 상당수가 유명한 공학자들이기도 했는데 클라인은 이것이 바로 당시 독일의 대학이 본받아야 할 점이라고 생각했다. 그는 수학을 물리학이나 기술에 응용하는 데 지대한 관심이 있었으며, 빌헬름시대의 교육개혁 과정에서 수학, 자연과학, 공학의 통합이라는 자신의 생각을 관철시키려고 노력했던 것이다.

20~30대에 이미 수학 분야에서 탁월한 업적을 남긴 그는 괴팅겐 대학 교수가 된 40대부터는 학문 활동보다는 과학조직가로서 수완 있는 역할을 해냈다. 클라인은 19세기 말과 20세기 초에 걸쳐서 수많은 수학자, 물리학자가 참가했던 수리과학백과사전의 편집인이었으며, 각종 수학 저널의 편집인으로 있으면서 19세기 수학계를 좌지우지했다. 한편, 클라인의 과학조직가로서의 활동은 그의 절친한 친구이며 프로이센 정부관리였던 프리드리히 알트호프(Friedrich Althoff, 1839~1908)와의 협력을 통해서 이루어졌다. 무엇보다도 클라인은 교육부 관리였던 알트호프의 도움을 받아 괴팅겐 대학을 비롯한 프로이센 교수임용에 막대한

영향을 미쳤다.

독일 최초의 산학협동 협의체

클라인의 교수임용에 대한 영향력은 비단 수학에만 국한되지 않고, 자연과학과 공학 분야에도 막강한 영향력을 행사했다. 예를 들어 클라인의 지도 아래 교수자격 과정을 이수했으며, 후일 뮌헨 대학 교수로서 양자론 분야에서 커다란 역할을 하게 되는 좀머펠트(Arnold Sommerfeld, 1868~1951)는 클라인의 강력한 추천에 힘입어 1900년 아헨 공대의 기술역학(Technische Mechanik) 교수로 임용될 수 있었다.

또한 클라인은 1898년 바이어 염료회사의 소유주이며 경영자로 화학 분야의 기술연구를 위한 교육개혁을 추진하던 지방의회 의원인 폰 뵈팅거(Henry Theodor von Böttinger)와 함께 알트호프의 도움을 받아 괴팅겐응용물리진흥협회(Göttinger Vereinigung zur Förderung der angewandten Physik)라는 단체를 결성했다. 1901년 이 단체의 활동은 수학 분야에까지 확대되었는데, 이것이 바로 산업체와 대학을 연결하는 독일 최초의 산학협동 협의체였다.

알트호프의 대학교육 개혁

알트호프는 1882년부터 1907년까지 무려 4반세기 동안 프로이센 교육부(Kultusministerium)의 고등교육 및 대학행정 책임자로 있으면서 빌헬름시대의 교육정책을 비롯한 과학 · 문화정책에 막대한 영향력을 행사했다. 알트호프는 수많은 양의 교육행정업무를 오랫동안 권위주의적이고 관료적이며 심지어는 전제적인 형태로 지속적으로 추진했다. 그는 또한 카이저를 직접 알현하며 카이저 앞에서 계속 강연을 하였고, 재무부(Finanzministerium)를 비롯한 다른 행정부처 사람들과 개인적인 친분이 있었으며, 심지어는 의회도 움직일 수 있는 영향력을 지니고 있었다. 후에 그는 '과학의 중재자'(moderator scientiarum)라고 일컬어졌는데, 프로이센의 대학개혁과 고등공업학교의 급성장, 중등교육의 개혁 등은 거의 대부분

그의 재직중에 이루어졌다.

독일통일 후 교육은 제국의 관할 아래 있던 것이 아니라 개별 독일국가에 맡겨져 있었다. 그러나 프로이센의 교육개혁은 전체 독일어권 교육정책의 변화에 커다란 의미가 있다. 우선 프로이센은 독일의 개별국가들 중에서 가장 크고 영향력이 강했으며, 당시 21개의 독일 대학 중 10개를 포함하고 있었고, 1872년에서 1915년 사이에 세워진 23개의 대학 물리학 연구소 중 10개가 프로이센이 세운 것이었다. 또한 프로이센의 교육정책은 다른 개별국가의 모범이 되었기 때문에 프로이센의 교육정책의 향방은 다른 개별국가의 교육정책의 흐름에도 커다란 영향을 미쳤다.

고등공업학교와 대학의 통합을 추진하던 클라인은 공학자들과의 긴밀한 관계를 유지하기 위해 1895년 대학교수의 신분으로 독일공학자협회(Verein Deutscher Ingenieure)에 회원으로 가입했으며, 공학자들에게도 박사학위를 수여하고 고등공업학교가 박사학위를 줄 수 있는 권한(Promotionsrecht)을 갖게 하기 위해 노력했다. 클라인, 알트호프의 끈질긴 노력과 카이저의 호의 속에서 마침내 고등공업학교는 1899년 박사학위를 수여할 수 있는 권한을 얻어 대학과 '공과대학'(Technische Hochschule)은 법적으로나마 동등한 대우를 받게 된다. 이와 더불어 중등학교 교육개혁도 보다 강력하게 추진되었는데 그동안 차별대우를 받던 실업계 김나지움과 상급실업학교도 이 때를 즈음하여 전통적인 김나지움과 동등한 대우를 받게 되었다.

2 과학연구의 제도화와 학문의 분화

19세기 후반 독일의 물리학은 이론과 실험 분야에서 모두 높은 제도적 성장을 보였다. 19세기 중반까지 독일 대학의 물리연구소는 교수의 개인적인 용돈(Taschengeld)에 의해 유지되던 사적인 '물리학 연구실'(ein physikalisches Kabinett)이 대부분이었다. 그러나 1870년에서 1895년에 이르는 동안 독일의 이러한 사적인 성격의 연구실은 근대적인 '물리학 연구소'(ein physikalisches

Institut)로 바뀌게 된다. 국가에 의한 재정지원, 훌륭한 실험시설, 강의실, 학생들의 실험실습실, 한 명의 정교수(Ordinarius)와 한두 명의 부교수(Außerordinarius), 사강사(Privatdozent), 조교(Assistent), 정기적인 세미나와 콜로키움 등이 갖추어지면서 과학연구가 제도적으로 정착되고 좋은 연구여건이 조성되게 된다.

또한 19세기 후반에 이르러 물리학 분야 내에는 이론물리학과 실험물리학의 체계적인 분화가 생겨났다. 물리학과 내에 물리학 정교수 자리가 늘어나는 한편 이론물리학 부교수 자리가 생겨나기 시작했다. 막스 플랑크(Max Planck, 1858~1947)의 임용과 승진 과정은 이론물리학 분야의 분화와 제도화 과정을 잘 보여준다. 당시 베를린 대학에서는 이론과 실험을 동시에 담당했던 키르히호프(Robert Kirchhoff, 1824~1887)가 죽자 그의 자리를 이론을 전공하는 물리학자로 대체하려 했다. 이 과정에서 베를린 대학은 당시 유명했던 루트비히 볼츠만(Ludwig Boltzmann, 1844~1906)과 하인리히 헤르츠(Heinrich Hertz, 1857~1894)를 끌어들이는 데 실패하자 그들보다는 뒤처져 있던 막스 플랑크를 이론물리 담당 부교수로 임용했다. 이리하여 베를린 대학은 실험물리학을 가르치는 정교수 외에 이론을 가르치는 부교수를 갖는 체계가 된다. 그 후 3년 뒤 플랑크는 정교수로 승진하여 전임자인 키르히호프와 같은 직위에 올라가고, 1894년 베를린 대학 물리학과의 대부격이었던 헬름홀츠(Hermann von Helmholtz)가 죽자, 플랑크는 헬름홀츠를 '보좌하는' 이론물리학자가 아니라 완전히 독자적인 위치를 굳힌 이론물리학 교수가 되었다. 같은 해 베를린 대학의 또 다른 물리학 교수인 쿤트(August Kundt, 1839~1894)가 죽자 그의 후임으로 실험물리학자인 에밀 바르부르크(Emil Warburg)가 임용되어, 이제 베를린 대학에서는 이론물리학 분야와 실험물리학 분야의 분화가 제도적으로 정착되게 되었다.

경쟁적 과학연구 풍토의 조성

이러한 제도적 정착과 더불어 독일 대학 내에서 형성된 치열한 경쟁적 구조에 힘입어 19세기 말 독일 대학은 높은 과학적 생산력을 나타내게 된다. 당시 독일의 교수들은 마치 요즈음의 프로운동선수들과 비슷한 행동유형을 지니고 있었다.

독일의 분권화된 교육정책과 상이한 역사적 배경에 따르는 강한 지역감정으로 인해서 각 개별국가들은 우수한 교수들을 스카우트하여 개별국가들의 위신을 높이려고 했다. 또한 교수와 학생 모두에게 학문적 이동의 자유가 보장되어 있었기 때문에 교수들은 좋은 연구시설, 보다 나은 직위, 높은 연봉이 보장되기만 하면 언제라도 자신들의 조수 · 학생들과 함께 집단이주할 준비가 되어 있었다. 각 개별국가들의 이러한 치열한 스카우트 경쟁은 교수들의 연구의욕을 높이는 한 요인이 되었다.

또한 빌헬름시대에 독일에서는 급격한 산업화로 인해 과학기술 인력의 필요성이 급증했고, 더욱이 인구 증가로 인해 학생수가 폭발적으로 증가했다. 대학은 증가하는 학생수를 감당하기 위해 사강사의 수를 계속 늘려 나갔다. 사강사는 대학교수와는 달리 국가에 의해 완전히 채용된 교직자가 아니며 대학에 일시적으루 고용되어 강의수나 학생수에 따라 약간의 급료를 받고 있는 사람들이었다. 그들은 교수로 임용되기를 기다리는 사람들이었지만 경제적으로는 아주 어려운 생활을 하는 일종의 대학 내의 프롤레타리아였던 것이다. 학생수가 증가함에 따라 대학의 사강사의 수도 계속 증가했지만, 엄격한 권위주의 사회 속에서 소수의 특권을 누리고 있었던 독일 대학 교수들과 교육 당국은 이에 상응하는 교수수의 증가를 계속 억제했기 때문에 사강사가 교수가 되기란 더욱 어려운 일이 되었다. 19세기 말과 20세기 초 독일 과학의 급성장은 이렇게 사강사들이 교수가 되기 위해 처절하게 경쟁을 하는 과정에서 얻어졌으며, 실제로 이 시기의 과학사에서 중요한 업적의 상당수가 과학자들의 사강사 시절에 이루어졌다. 예를 들어 특수상대성이론의 형성과 수용에 큰 역할을 했던 아브라함(Max Abraham, 1875~1922), 보른(Max Born, 1882~1970), 막스 폰 라우에(Max von Laue, 1879~1960) 등도 사강사 시절에 상대성이론에 관한 논문을 내놓았으며, 특히 막스 폰 라우에는 1912년 뮌헨 대학 사강사 시절에 결정격자 내에서의 X-선 회절현상을 발견해 자기 스승 막스 플랑크보다 먼저 노벨상을 받았다.

제국 차원의 연구소 설립

한편, 19세기 말부터 독일에서는 제국의 차원에서 지원한 거대연구소들이 나타났다. 1887년 독일 전기산업의 개척자인 에른스트 베르너 폰 지멘스(Ernst Werner von Siemens, 1816~1892)의 개인적인 노력과 독일제국 정부의 협력으로 제국물리기술연구소(PTR: Physikalisch-Technische Reichsanstalt)가 설립되었다. 특히 이 연구소의 설립에는 영국이나 프랑스의 산업자본가들과는 달리 순수물리학에 대한 강한 애착을 가지고 새로운 순수물리연구소의 설립을 주창 · 지원했던 지멘스의 역할이 컸다. 독일제국의 수도인 베를린에 위치하면서 국가의 산업발전에 필요한 표준을 정하는 일을 주로 담당했던 이 연구소는 과학적 · 기술적 · 산업적 차원에서 독일제국이 새로이 획득한 정치적인 힘과 권위의 상징이었다. 또한 이 연구소의 근처에는 샤를로텐부르크 공과대학(Technische Hochschule Charlottenburg)이 있었는데, 빌헬름시대에 와서 PTR과 샤를로텐부르크 공과대학은 기존의 베를린 대학과 함께 비약적으로 성장했고, 결과적으로 베를린은 세계 물리학의 중심도시가 되었다.

베를린에 위치한 이 세 물리연구소의 연구 성과가 합쳐져 이루어낸 것이 현대 양자물리학의 시발점이 되었던 막스 플랑크의 흑체복사이론이었다. 1894년 PTR의 초대 소장이었던 헬름홀츠가 죽은 뒤 물리실험실을 조직화하고 관리하는 데 탁월한 재주가 있었던 실험물리학자 프리드리히 콜라우시(Friedrich Kohlrausch)가 헬름홀츠의 뒤를 이어 이 연구소를 맡게 되면서 PTR은 비약적 성장을 하게 된다. 이 시기에 PTR과 샤를로텐부르크 공과대학에서는 탁월한 능력을 지녔던 실험물리학자들인 빌헬름 빈(Wilhelm Wien, 1864~1928), 오토 룸머(Otto Lummer, 1860~1925), 페르디난트 쿠를바움(Ferdinand Kurlbaum), 하인리히 루벤스(Heinrich Rubens) 등이 정부의 재정적 지원을 비롯한 좋은 제도적 조건 속에서 연구활동을 했다. 당시 급성장하던 독일 조명산업에서는 필라멘트에서 방출되는 스펙트럼의 가시영역과 가시영역 밖의 전자기적 에너지 분포를 비롯한 복사현상에 대한 보다 넓은 이해를 원했는데 PTR의 유능한 실험물리학자들은 독일 조명

산업계의 이러한 현실적 요구에 제도적으로 부응하기 위해 복사현상에 대한 면밀한 실험을 행했다. PTR과 샤를로텐부르크 공과대학에 있던 실험물리학자들의 엄밀한 실험결과를 바탕으로 베를린 대학의 이론물리학 교수였던 막스 플랑크는 고전물리학의 범위를 벗어난 새로운 흑체복사법칙과 작용양자 개념을 얻어 내게 되는데, 이 복사법칙을 1905년 아인슈타인(Albert Einstein, 1879~1955)이 자신이 새롭게 제창한 광양자 가설로 재해석하면서 양자 불연속성이라는 새로운 양자물리학 개념이 등장하게 된다.

과학과 제국주의 이데올로기

한편, 빌헬름시대에는 과학과 산업의 연결이 본격화되었고 이러한 상호결합은 국가의 적극적 개입에 의해서 더욱 강화되었다. 그런데 여기서 주목해야 할 점은 빌헬름시대의 과학은 산업적 · 군사적 의미 이상을 지니고 있었다는 것이다. 독일제국 내에서 과학은 국가의 명예와 위신 차원에서도 진흥 · 육성되었다. 모든 새로운 과학적 · 기술적 연구 성과에는 소위 '국가의 스탬프'가 찍혀서 따라다녔다. 1896년 초 뷔르츠부르크 대학의 뢴트겐이 '새로운 종류의 광선'을 발견했다는 보고에 접한 카이저 빌헬름 2세는 이 새로운 발견을 치하하면서 다음과 같은 축하전문을 보냈다. "본인은 우리의 조국 독일에 인류를 위한 커다란 축복이 될 새로운 과학의 승리를 안겨준 하느님을 찬양합니다." 대학교수들이 오늘날의 프로운동선수들에 비견되는 성격을 지니고 있었다면, 세계를 놀라게 한 새로운 과학적 발견은 요즈음의 올림픽 금메달 획득 내지 세계선수권대회 우승에 해당되는 취급을 받았던 것이다. 빌헬름시대의 과학기술 발전은 이러한 국수주의적 발상과 맥을 같이하고 있었다.

빌헬름시대의 과학기술은 산업뿐만이 아니라 국내외 정치 · 문화와도 밀접한 연결을 맺고 있었다. 독일의 물리학을 비롯한 정밀과학은 대외정책적인 차원에서 소위 '문화적 제국주의' 정책의 한 요소로 이용되었다. 즉 독일은 제국주의 식민지 쟁탈과정에서 외국의 경쟁자들을 문화적으로 압도하고 궁극적으로는 경제적 · 정치적 이득을 얻기 위해서 사모아, 중국 등지에 해외 과학연구소를 설립하는 등 정밀과학을 비롯한 추상적 · 문화적 활동을 대외정책적으로 이용했던 것이다.

카이저 빌헬름 협회의 창립

과학의 중재자 알트호프는 그가 죽기 얼마 전에 새로운 형태의 물리 · 화학연구소를 설립할 계획을 세웠다. 그는 유능한 젊은 과학자들이 대학에 임용된 뒤 강의를 비롯한 일상적인 교육업무에 시간을 너무 많이 빼앗겨 연구활동에 많은 지장을 받고 있다는 것을 잘 알고 있었다. 이런 문제점을 해결하기 위해서 그는 과학자들이 강의로부터 해방되어 전적으로 연구에만 전념할 수 있는 연구소를 만들어야 한다고 생각했다.

알트호프의 이런 계획은 그가 죽은 뒤인 1911년 카이저 빌헬름 협회(Kaiser-Wilhelm Gesellschaft)—현재의 막스 플랑크 과학진흥협회의 전신—의 설립에 의해서 실현되었다. 이 협회의 기본계획을 창안했으며 초대 회장이었던 아돌프 폰 하르낙(Adolf von Harnack, 1851~1930)은 카이저에게 제안한 설립취지에서 기초과학의 연구는 산업의 발전에 필수적이며 군사력과 과학은 위대한 독일을 지탱하는 두 기둥이라고 강조했다. 신학자이며 역사학자였던 그는 이 보수적인 협회 내에서 전통적인 훔볼트식의 신인문주의 이념과 새로운 산업사회의 요구, 세계의 군사강국으로 부상하려 했던 독일제국의 요구 등을 결합시키는 정치적인 재치가 있었다.

국가에 대한 충성심과 자신의 학문분야에서 맡은 바 책임감이 강했던 보수적인 지도급 독일 지식인들은 정부의 엄청난 재정적 지원에도 불구하고 초기에 정부의 간섭을 배제하고 이 협회 운영의 자율성을 확보하는 데 성공했다. 당시 젊은 무명의 물리학자였던 아인슈타인이 플랑크와 네른스트(Walther Nernst, 1864~1941)의 노력에 의해서 1913년에 새로이 설립된 카이저 빌헬름 물리학연구소의 초대 소장에 임명된 것은 이런 모습을 잘 보여준다. 프로이센의 재무부 장관은 아인슈타인이 이끄는 연구소에서 행하는 순수물리학 연구가 어떻게 산업적 · 군사적 측면에서 국가를 도울 수 있는지 이해할 수 없었다. 그러나 보수적 지식인들과 정부와의 상호신뢰와 공조관계, 그리고 곧이어 발발한 제1차 세계대전 덕택으로 순수물리 분야에서도 협회의 자율성은 확보되었다.

정부의 막대한 지원과 함께 학문적 자율성을 지닌 카이저 빌헬름 연구소의 설립으로 기존의 대학 내에서는 감당할 수 없었던 방사화학(Radiochemie)을 비롯한 거대규모의 과학도 가능하게 되었다. 이리하여 아인슈타인이 이끄는 물리학연구소, 프리츠 하버(Fritz Haber, 1868~1934)가 이끄는 물리화학연구소, 그 이후 계속적으로 이어지는 다른 연구소들의 설립으로 베를린은 세계 과학의 중심지로서의 위치를 다시 한번 굳혔다. 따라서 제1차 세계대전이 발발하기 직전까지 독일은 세계의 과학을 주도할 충분한 능력과 그 바탕이 되는 구조적 조건을 갖추게 되었던 것이다.

20 전자기학의 형성

인류는 오래 전부터 마찰시킨 물체들이나 자석들이 서로 끌리거나 밀치는 것을 알고 있었다. 서로 떨어져 있으면서도 끌어당기거나 밀어내는 신비한 작용을 하는 전기와 자기에 관한 지식은 오랫동안 경험 과학의 영역에서 다루어졌다. 전기와 자기, 그리고 빛은 물리적으로 서로 연관되어 있다. 전류는 자기장의 일으키고 자기장의 변화는 전류를 발생시킨다. 가시광선을 포함해서 모든 빛은 전자기파의 일종이다. 전기, 자기, 빛 현상을 통합한 사람은 스코틀랜드 출신의 물리학자 맥스웰(James Clerk Maxwell, 1831~1879)이었다. 그는 자신의 이름이 붙여진 4개의 전자기 방정식을 정립하여 새로운 통합 학문인 전자기학을 완성시켰다.

자기학의 기원

자석은 이미 기원전부터 유럽과 중국에서 발견되었으나, 자석이 남북 방향을 가리킨다는 사실은 중국에서 기원 전후로 알려진 것으로 추정된다. 자석의 지남성이 발견된 이후 중국의 풍수가들은 자석을 택지나 묘소의 방향을 잡는 데에 이용했다. 중국인들은 물에 자침을 띄워 방향을 찾는 방법을 알고 있었는데, 11세기에 이르면 이 방법을 항해에도 사용하게 된다. 나침반의 원조인 이 장치는 당시에 중국에 왔던 아랍 상인들에게 전해졌고, 마침내 유럽 선원들에게도 알려지게 되었다.

자석이 유럽 문헌에서 본격적으로 언급된 것은 13세기에 들어와서였다. 1269년 프랑스 천문학자 페레그리누스(Petrus Peregrinus de Maricourt)는 『자석에 대한 편지』(*Epistola de magnete*)라는 책자에서 자석을 지구의 본을 딴 작은 천체 모형으로 간주하면서, 자석의 극성, 나침반 등 자석의 다양한 성질에 대해 언급했다. 페레그리누스는 체계적인 실험을 바탕으로 그 때까지 유럽에 알려진 자석에 관한 지식을 종합하여 서구 자기학에 대한 학문적 기초를 마련했다. 그러나 페레그리누스의 이 선구적인 논의는 계속 이어지지 못하고 유럽에서 잊혀졌다.

300여 년이 지난 뒤인 1581년 영국의 선원이자 기계제작자인 로버트 노먼(Robert Norman)은 런던에서 『새로운 인력』(*The Newe Attractive*)이라는 책을 출판하고 여기에서 다시 자석에 관한 논의를 시작했다. 이 책에서 노먼은 지자기의 방위각과 복각에 대해 언급하는 등 나침반의 성질에 대한 논의를 전개했다. 당시에 몇몇 지식 계층은 실제적인 일에 종사하는 장인들과 접촉을 하며 그들로부터 지식을 얻어내기도 했다. 즉 지식 계층에 속하는 윌리엄 길버트(William Gilbert, 1544~1603)는 노먼과 같은 장인계층의 사람들이 실제 생활에서 경험적으로 얻은 자기에 관한 지식을 바탕으로 자기학에 대한 체계적인 논의를 전개할 수 있었던 것이다.

길버트는 1600년 『자석에 관해서』(*De Magnete*)라는 책에서 자석에 관한 지식을 정리하여 자기에 대한 이론적 체계를 세웠다. 그는 자기 현상이 지구의 균질한 부분들이 서로 일정한 방향으로 향하려는 성질이라고 이해하는 한편, 자석이 일정한 방향을 향하는 이유는 자석이 전체 지구의 근본적 형상에 부합하려는 충동 때문이라고 생각했다. 길버트는 살아 있는 지구의 작은 분신이라는 뜻으로 자석을 'Terrella' 라고 불렀다. 길버트는 자기력을 살아 있는 영혼과 유사한 것으로 보았기 때문에, 그의 작업은 근대적인 기계적 철학 개념과는 동떨어진 것으로서 기본적으로 물활론적 성격의 르네상스 자연주의 전통 내에 있는 것이었다.

정전기 장치와 대중 실험

이미 고대 그리스인들은 호박(琥珀)을 모피에 문지르면 깃털 같은 가벼운 물체들을 끌어당긴다는 사실을 발견했다. 영어의 'electricity'라는 단어도 그리스어로 '호박'이라는 뜻의 엘렉트론(elektron)에서 비롯되었다. 자기와 마찬가지로 전기에 대한 본격적인 연구도 역시 길버트에 의해 시작되었다. 길버트는 『자석에 관해서』라는 책에서 자기 이외에 전기에 대해서도 논의하고 있다. 하지만 그는 자신의 책에서 전기와 자기를 철저히 구별하여 다루었다. 그는 전기력은 자기력과는 달리 전기소(electrical effluvium)라는 극히 희박한 액체, 즉 수분에 의해 매개된다고 생각했다.

길버트 이후 전기에 관한 연구는 예수회(Jesuit) 관련 과학자들과 이탈리아에서 실험을 주로 하던 치멘토 아카데미(Accademia del Cimento)의 회원들을 중심으로 수행되었다. 우선 왕립학회의 '실험 책임자'(curator of experiment)였던 프랜시스 혹스비(Francis Hauksbee, ca. 1666~1713)는 수은 기둥 위의 진공에서 발생하는 빛을 연구하던 중 전기를 연속적으로 발생시키는 기구를 제작했다. 그는 회전하는 유리공이나 원판을 이용해서 전기를 발생시킨 뒤 이 전기로부터 발생하는 다양한 섬광현상에 대해 연구했다.

아마추어 실험가로서 왕립학회지인 『철학 회보』(*Philosophical Transactions*)에 자주 기고했던 스티븐 그레이(Stephen Gray, 1666~1736)는 1729년 정전기 발생장치에서 나오는 정전기는 인체나 사물과의 접촉에 의해 아주 멀리까지 전달된다는 것을 발견했다. 정전기 전달 현상은 전기 현상에 관한 많은 볼거리를 제공했다. 이 실험은 여러 사람이 다양한 물질을 잡고 있을 때 전기력이 전달되는 모습을 분명하게 보여줄 수 있었다. 18세기와 19세기 초 유럽과 일본, 그리고 심지어는 조선에서도 정전기와 관련된 다양한 퍼포먼스가 많은 사람들 앞에서 흥미롭게 시연되었다.

두 가지 전기적 유체

젊은 보병장교였던 뒤페(Charles-François de Cisternai Dufay, 1698~1739)는 1733년 그레이의 실험을 더욱 체계적으로 확대해서 금속을 제외한 거의 모든 물질을 비벼서 전기를 발생시키는 데 성공했다. 뒤페는 다양한 물질들로부터 전기를 발생시킨 뒤 이를 종합하여 전기가 수지성(resinous)과 유리질(vitreous)이라는 두 가지 종류가 있다고 주장했다. 유리병과 같은 유리성 물질을 마찰시켜 만든 전기는 호박과 같은 수지성 물질을 마찰시켜 만든 전기를 끌어당기고, 같은 종류의 전기들은 서로 밀친다는 것이다. 한편, 뒤페의 동료이며 계몽사조기에 프랑스를 대표하는 전기학자인 아베 놀레(Abbé Jean Antoine Nollet, 1700~1770)는 이 두 가지 서로 다른 전기를 띤 물체에서 나오는 전기적 유체의 흐름이 서로 반대인 것을 실험적으로 보여주었다.

뒤페와 놀레가 전기가 두 가지 형태의 유체로 이루어져 있다고 주장한 데 반해서 충실한 뉴턴주의자였던 벤저민 프랭클린(Benjamin Franklin, 1706~1790)은 전기가 한 종류의 유체로 이루어졌다는 일 유체설(One-Fluid Theory)을 주장했다. 그는 뉴턴의 중력 에테르에 대한 설명과 유사하게 압력에 의해 인력과 척력을 나타내는 단일한 정적인 전기 '대기'(atmosphere) 이론을 제안했다. 무엇보다도 프랭클린은 1749년 번개 실험을 제안하고 1752년 실제로 연을 날리는 실험을 하여 번개가 일종의 전기적 작용이라는 것을 보인 것으로 유명하다. 프랭클린이 했던 연날리기 실험은 실제로는 매우 위험한 것이었는데, 1753년 러시아 과학아카데미의 유능한 물리학자였던 리히만(George Wilhelm Richmann)은 이와 유사한 실험을 하다가 사망하기도 했다.

전기에 대한 정량적 이해

한편, 전기를 저장할 수 있는 일종의 축전지로서 전기 현상을 이해하는 데 많은 도움을 주었던 라이덴 병(Leyden jar)은 독일의 클라이스트(Ewald Georg von

Kleist, ca. 1700~1748)와 네덜란드의 무센부룩(Pieter van Musschenbroek, 1692~1761)에 의해 발명되었다. 1746년 1월 무센부룩은 온도계의 척도를 창안한 것으로 유명한 프랑스 파리 과학아카데미의 레오뮈르(René-Antoine Ferchault de Réaumur, 1683~1757)에게 라이덴 병을 이용해서 얻어낸 자신의 놀라운 실험 결과에 대해 알렸다.

1767년 조지프 프리스틀리(Joseph Priestley, 1733~1804)는 뉴턴의 중력 법칙과 같이 전하도 거리에 반비례하는 인력이 작용한다는 사실을 발견했다. 그 뒤 글래스고의 조지프 블랙의 학생이었던 존 로빈슨(John Robinson, 1739~1805)의 실험(1769년), 헨리 캐번디시(Henry Cavendish, 1731~1810)의 실험(1771년), 군사공학자이자 토목공학자였던 샤를 오귀스탱 드 쿨롱(Charles Augustin Coulomb, 1736~1806)의 실험(1785년) 등을 통해 전기 및 자기 현상에 대한 정량적인 법칙이 얻어지게 되었다. 결국 18세기를 거치는 동안 전기 및 자기 현상에 대한 다양한 실험적 사실이 발견되고 전기와 자기에 대한 지식이 누적되면서 다양한 해석들이 나타났으며, 전기 · 자기에 대한 정량화도 함께 진행되었던 것이다.

02 동전기의 발견

1780년대에 볼로냐 대학의 해부학 교수였던 루이기 갈바니(Luigi Galvani, 1737~1798)는 금속을 개구리 신경에 접촉했을 때 개구리가 움츠리는 것을 관찰했다. 그는 동물에게서 전기가 발생하는 이른바 동물전기 현상을 발견하고 이것을 1791년 세상에 발표했다. 당시 갈바니는 이것이 동물에게서 발생한다고 생각하고 동물전기라고 불렀지만, 실상 전기는 쇠와 구리가 접촉해서 발생한 것이었으며, 개구리는 이 실험에서 단지 검출기 역할만을 했었다. 물론 갈바니도 두 금속의 접촉에 의해서만 전기가 발생한다는 것을 알았지만, 그는 해부학자였기 때문에 전기 현상에 대한 설명보다는 생리학적인 측면에 더욱 많은 관심을 집중했다.

갈바니의 친구였던 볼타(Allesandro Volta, 1745~1827)는 갈바니와는 달리 동물의 생리학적 현상보다는 전기 자체에 더 많은 관심을 가지고 있던 사람이었다.

그는 1794년부터 금속만을 가지고 전기를 발생시키는 실험을 한 끝에 갈바니 실험에서 개구리는 단지 검출기 역할만을 한다는 것을 알아내었다. 즉 서로 다른 금속들이 젖은 도전체를 사이에 두고 접촉할 때 흐르는 전기가 발생하고, 이것을 여러 개를 쌓아 기둥으로 연결하면 강한 전류를 얻어낸다는 것을 알아냈다. 바로 이것이 인공 전기 발생 기관인 볼타 전지의 효시가 된다.

금속전기와 동물전기 논쟁

금속전기를 옹호하는 볼타의 주장에 대해 동물전기 옹호자들은 반대 입장을 표명했다. 동전기 발견 직후 금속전기와 동물전기 옹호자들 사이에는 열띤 논쟁이 벌어졌고, 이 과정에서 수많은 황당한 실험들이 행해졌다. 갈바니의 조카인 조바니 알디니는 갈바니의 동물전기를 옹호하기 위해 베디리를 이용해 죽은 사람을 살리는 엽기적인 실험을 했다. 알디니는 동물전기 현상을 이용해 죽은 시체에 생명을 불어넣을 수 있다고 믿었다. 이 황당한 실험을 위해 그는 동물의 사체, 심지어는 처형된 사형수의 시체를 이용하기도 했다.

보기에도 끔찍한 이 실험은 당시에 유럽 전역에서 커다란 반향을 일으켰다. 영국의 '왕립 익사사고 구조회'에서는 이 방법이 사고로 사망한 사람들을 살리는 응급수단으로 활용될 수 있다고 생각했다. 이들의 희망은 오늘날 심장 박동이 일시적으로 멈춘 사람을 구조할 때 사용하는 전기충격 장치에서 구현되었다고 할 수 있다. 전기를 이용해 무생물에 생명을 불어넣는다는 발상은 1818년에 셸리가 출간한 괴기소설 『프랑켄슈타인』에서도 등장한다.

이미 볼타는 1797년 동물전기 이론을 제압하고 자신의 접촉 이론을 입증할 결정적인 증거를 얻어냈다. 3년 뒤인 1800년 볼타는 최초의 전기 배터리를 대중 앞에 선을 보이면서 자신의 배터리가 지닌 증거 효과를 극대화시킴으로써 동물전기 옹호자와의 논쟁에서는 마침내 대중적인 차원에서도 승리했다. 이 소식은 곧 당시 프랑스 황제로 즉위해서 유럽을 지배하고 있던 나폴레옹에게 전해져 이듬해 볼타는 나폴레옹 앞에서 배터리에 의해 전기가 발생하는 것을 시연하기에 이른다. 나폴레옹은 제국의 영토 내에 편입된 이탈리아의 볼타에게 상을 수여하였고, 이로써 볼타는 학문적 명성과 아울러 정치적인 힘도 갖게 된다.

자연철학주의와 에너지 상호 변환

볼타의 배터리 발명 소식은 곧 유럽의 여러 나라에 전달되어 새로운 여러 학문 분야들이 탄생되는 계기가 되었다. 우선 볼타의 연구가 영국의 왕립학회지에 발표된 뒤 험프리 데이비(Humphry Davy, 1778~1829)는 전기 분해에 관한 연구를 통해 나트륨(sodium)과 칼륨(potassium)과 같은 새로운 화학원소를 발견했다. 전기화학은 영국보다도 독일에서 더 많은 각광을 받았다. 특히 당시 독일에서는 자연철학주의의 영향을 받아 낭만주의적인 과학이 유행하고 있었는데, 화학 물질과 전기의 상호작용을 다루는 볼타의 전기화학은 이 사조에 속했던 과학자들에게 많은 주목을 받았던 것이다.

독일의 과학자 리터(Johann Wilhelm Ritter, 1776~1810)는 자연적 힘의 단일성 및 변환 가능성에 많은 관심을 가지고 있었던 과학자였다. 그는 자연철학주의 사조의 전도사들인 노발리스, 셸링 등과 교분을 가지고 있었고, 화학적 에너지, 전기적 에너지, 빛 에너지 등이 서로 변환이 가능하다고 믿고 있었다. 에너지 변환 가능성에 대해 관심이 많았던 그는 갈바니 전기에 대해 좀 더 알기 위해 이탈리아에 있는 볼타를 방문하는 열의를 보이기도 했다. 자연철학주의의 이런 전통은 동역학주의(Dynamismus)라고 불렸는데, 이것은 무게가 없는 입자를 바탕으로 자연을 수학적으로 이해하려고 하는 원자주의(Atomismus)와 대립되는 개념이었다.

천왕성을 발견해 국제적으로 유명해진 영국의 천문학자 윌리엄 허셸(William Herschel, 1738~1822)은 1790년대를 통해 태양 스펙트럼의 온도에 관한 실험을 실시했다. 그는 태양 스펙트럼의 붉은 색 끝이 자주색 끝보다 뜨거운 것을 관찰한 뒤 이것을 바탕으로 1800년 그는 열 작용과 관련되고 가시광선 영역에서 벗어나 있는 적외선을 발견했다. 독일의 낭만주의적 과학 전통 속에서 리터는 그 이듬해 자연철학주의의 중요한 철학 원리 가운데 하나였던 양극성(Polarität)의 원리에 입각해서, 적외선의 반대편에 에너지가 변환 가능한 새로운 현상이 나타날 것이라고 추측했다. 결국 그는 태양 스펙트럼의 자주색 끝에 위치하면서 강한 화학적 작용을 보이는 자외선도 발견했다.

9 전자기 효과의 발견

전자기 효과를 발견한 외르스테드(Hans Christian Oersted, 1777~1851)도 바로 독일의 낭만주의 과학자들과 밀접한 연결을 맺고 있던 덴마크 과학자였다. 외르스테드가 전기의 흐름이 자석의 움직임에 영향을 미치는 전자기 효과를 발견한 것도 그가 자연의 통일된 힘을 찾으려는 자연철학주의적인 전통 속에 있었기 때문이었다. 리터와 교분을 가지면서 서로 긴밀한 서신 연락을 하던 그는 이미 1813년에 전자기적 효과를 예견하는 논문을 발표한 바 있었다. 1820년 7월 21일 코펜하겐에 있던 외르스테드는 『전류가 자침에 미치는 영향에 관한 실험』이라는 라틴어로 쓰인 책자를 전 유럽의 친구들에게 보냈다. 이 책은 매우 모호하고 사변적인 형태로 서술되어 있었기 때문에, 전 유럽의 과학자들은 저마다 이 놀라운 현상을 재확인하려는 다양한 실험을 반복하게 되었다.

외르스테드의 발견 소식이 프랑스에 처음 전달되었을 때 비오(Jean Baptiste Biot, 1774~1862)와 푸아송(Siméon-Denis Poisson, 1781~1840) 같은 프랑스 과학자들은 이 발견을 믿기 어렵다고 생각하면서 이것이 과학적 사실이 아닐 것이라고 생각했다. 하지만 적대적인 입장을 지녔던 프랑스 과학자들도 이 현상을 실험적으로 확인하면서 수학적이고 분석적인 태도로 이 현상을 다시 주목하게 되었다. 1920년 9월 4일 아라고(François Arago, 1786~1853)는 아카데미에 이 사실을 발표하고 11일에는 이 실험을 재현해 보였다. 그 뒤 앙페르(André Marie Ampére, 1775~1836)는 9월에서 11월 사이에 전류가 흐르는 두 평행 도선 사이에 작용하는 힘을 발견하는 한편 전자기 효과와 관련된 현상을 수학적으로 정리하였다. 1820년에서 1825년을 거치는 동안 앙페르는 외르스테드의 발견을 전류가 흐르는 두 도선 사이의 작용으로 일반화하는 수학적 이론을 전개하는 데 성공했다.

외르스테드의 발견은 열, 전기, 자기, 빛 사이의 변환 가능성을 기대했던 많은 낭만주의 학자들의 연구를 자극했다. 괴테의 색깔이론에 열광했던 독일 베를린의 제백(Thomas Johann Seebeck)은 태양 스펙트럼의 색과 온도의 관계에 대해 관심이 많았다. 외르스테드의 발견에 자극을 받은 제백은 열, 전기, 자기 사이의 관련성에 대한 실험을 실시했다. 그의 애초 실험 목적은 열에서 자기 현상을 얻어내는 것이었지만, 대신 그는 구리와 비스무트의 두 금속을 접속하여 열을 가하면 전기가 생성될 수 있다는 것을 발견했다. 1834년 프랑스의 장 샤를 펠티어(Jean Charles Peltier)는 제백의 실험과 정반대의 경우로 전기가 열을 흡수할 수 있다는 것도 발견했다.

영국 왕립연구소의 창립과 과학 대중화

영국 왕립연구소(Royal Institution)는 럼퍼트 백작(Count Rumford, 원명 Benjamin Thompson, 1753~1814)과 조지프 뱅크스(Joseph Banks)의 주도로 1799년 "유용한 기계적 발명과 진보를 일반적으로 소개하는 것을 용이하게 하고 과학적 지식을 확산"시킬 목적으로 설립되었다. 초창기부터 영국 왕립연구소는 과학을 대중화시키는 데 커다란 역할을 했다. 럼퍼드는 험프리 데이비(Humphry Davy, 1778~1829)를 왕립연구소의 강사(lecturer)로 추천했다.

영국의 실험 물리학자 마이클 패러데이(Michael Faraday, 1791~1867)는 바로 그의 대중 강연 덕분에 과학자로서 성공할 수 있었다. 가난한 대장장이의 아들로 태어난 패러데이는 13세의 나이에 학업을 포기하고 서적 판매 및 제본공으로 생활을 영위해야 했다. 어려서 그는 브리태니커 백과사전에 나오는 전기에 관한 127쪽의 글을 읽고 과학에 흥미를 갖게 되었다. 1812년 왕립연구소에서 전기화학자 험프리 데이비의 강연을 듣게 되었는데, 데이비와의 만남은 패러데이의 인생에 있어서 커다란 전환점이 되었다. 1813년 데이비의 조수가 된 그는 이때부터 1861년 사임할 때까지 평생 동안 왕립연구소와 인연을 함께하면서 과학 연구와 대중을 상대로 한 과학 강연을 지속했다.

9 패러데이와 전자기 유도의 발견

패러데이는 1824년 벤젠과 부틸렌을 발견했으며, 벤졸을 분리하는 등 화학자로서 활동하기도 했다. 하지만 패러데이는 전기화학과 전자기학 분야에서 보다 괄목할 만한 업적을 내었다. 패러데이는 영국에 있었지만 데이비 등의 작업을 통해 자연의 통일적인 힘을 찾으려는 독일 자연철학주의의 영향을 받았다. 이런 영향 아래서 그는 1820년 10월 1일 외르스테드의 발견을 스스로 확인해 보기도 했다. 그가 1831년 전자기 유도 법칙을 발견하고, 1849년 결국에는 실패했지만, 중력이 다른 종류의 힘에 미치는 영향을 실험적으로 확인하려고 시도한 것도 바로 이런 영향 때문이었다.

서로 다른 힘들이 상호 영향을 미치는 것에 관심이 많았던 패러데이는 1825년에서 1828년 사이에 이미 전자기 유도를 확인하려는 초보적인 실험을 했었다. 하지만 당시에는 패러데이가 사용했던 측정 장치의 한계로 말미암아 전자기 유도 현상을 확인하는 데에는 실패했다. 그러다가 1831년 8월 29일 패러데이는 오늘날의 변압기와 유사한 장치를 고안하는 데 성공했다. 패러데이는 이 변압기를 이용해서 자신의 실험을 더욱 정교하게 진행시켜 마침내 10월 17일 전자기 유도 현상을 발견하고, 이를 11월 왕립학회에서 발표했다. 이때 패러데이는 전자기 유도 현상을 설명하면서 전압에 의해 극화된 입자선의 기하학적 표현인 유도력선(line of inductive force)이라는 말을 사용했다.

1845년 패러데이는 자기장에 의해 편광면이 회전하는 광자기 회전효과를 발견했으며, 비스무트와 유리와 같은 물질이 반자성의 성질을 보임을 실험을 통해 발견했다. 광자기 회전 효과와 반자성에 대한 설명을 하는 과정에서 그는 자기력선(Magnetic Field) 개념을 처음으로 도입했다. 자기장 개념을 더욱 발전시킨 패러데이는 1852년 "자기력선의 물리적 특성"(The physical character of the lines of force)이라는 논문에서 힘들은 주위 공간을 통한 굽어진 역선에 의해서 서로 매개된다고 주장했다. 결국 그는 자기력선을 단순한 설명의 도구가 아니라 실제로 존재하는 실재라고 믿게 되었던 것이다. 패러데이의 자기력선과 장의 개념은 맥스웰의 전자기학의 성립에 결정적인 역할을 하게 된다.

대중 강연 및 퍼포먼스로서의 과학

패러데이는 평생 동안 왕립연구소와 인연을 함께하면서 과학 연구와 대중을 상대로 한 과학 강연을 지속함으로써 영국 과학문화 창달에 기여했다. 1826년 패러데이는 크리스마스 강연을 도입했는데, 이 강연은 그 뒤 21세기까지 계속되고 있으며, 1966년부터는 텔레비전으로 방영되어 매년 수백만 명의 시청자들을 확보하고 있다. 또한 패러데이는 1826년 금요 저녁 담화(Friday Evening Discourse)를 개최하여 저명 과학자들을 초빙해서 왕립연구소 회원들과 함께 대화를 갖는 시간도 마련했다. 결국 데이비, 패러데이, 틴들, 윌리엄 브래그로 이어지는 영국 왕립연구소의 활동은 영국 과학 대중화 운동의 선도적인 역할을 했다.

보여주기 위한 과학은 이 시기에 물리학에서 커다란 위치를 차지하게 되었다. 특히 최초의 세계 박람회인 1851년 런던 박람회에서는 산업혁명의 수많은 발명품들이 전시되어 사람들의 마음을 사로잡았다. 박람회가 끝난 뒤 여기에 전시된 물품이 바탕이 되어 1857년 런던의 사우스켄징턴에는 과학박물관(Science Museum)이 개관되어 수많은 과학 실험 장비들이 대중들에게 공개되었다.

가우스와 베버의 전자기학 연구

패러데이의 전자기 유도 현상에 대한 관심은 대륙에서도 이어졌다. 독일의 수학자 가우스는 물리학자 빌헬름 베버(Wilhelm Weber, 1804~1891)와 함께 1831년부터 '괴팅겐 7인 사건'이라는 정치적 사건 때문에 베버와의 공동연구가 불가능해진 1837년까지 지구자기학을 정력적으로 연구했다. 자장의 세기에 수학자인 가우스의 이름이 붙게 된 것도 가우스의 이런 업적 때문이었다. 또한 가우스는 과학적 발견을 실용적으로 응용하는 데에도 관심을 보였는데, 한 예로 1831년 패러데이가 전자기 유도 현상을 발견하자, 이 원리를 이용해서 베버와 함께 전신장치를 발명해서 실제로 통화를 해보기도 했다.

패러데이가 제창한 장의 개념을 받아들이게 되면서 가우스는 전자기력이 무한한 속도가 아니라 유한한 속도로 전파된다고 생각하게 되었다. 1845년 3월 19일 가우스는 자신의 공동연구자였던 빌헬름 베버(Wilhelm Weber, 1804~1891)에게 빛과 유사한 속도로 전달되는 전자기 전달 현상에 관한 생각이 담긴 편지를 보냈다. 하지만 유한한 전파 속도를 지닌 전자기장 개념이 담겨 있는 가우스의 이런 선구적인 생각은 당시에는 세상 사람들에게 알려지지 않았고, 가우스가 죽은 뒤에 출판된 가우스 전집에 수록되어 맥스웰의 전자기 법칙이 완성된 뒤에 맥스웰에 의해 재평가되었다.

맥스웰과 케임브리지의 수학적 전통

패러데이의 자기력선과 장의 개념은 맥스웰의 전자기학의 성립에 결정적인 역할을 하게 된다. 앙페르, 패러데이, 톰슨 등에 의해 발전한 전자기학을 수학적으로 체계화하여 전기 및 자기 현상에 대한 통일적 기초를 마련한 사람은 스코틀랜드 에든버러 태생의 물리학자 맥스웰(James Clerk Maxwell, 1831~1879)이었다. 맥스웰은 1847년 16세의 나이로 에든버러 대학에 입학하여 광학과 열역학 분야에서 활동하던 물리학자인 포브스(James David Forbes, 1809~1868)와 스코틀랜드 상식철학(philosophy of common sense)으로 유명한 형이상학자 윌리엄 해밀턴(William Hamilton, 9th Baronet, 1788~1856)의 영향을 받으면서 성장했다. 에든버러 대학 시절 맥스웰은 기하학과 강체 문제에 관한 논문을 발표하기도 했다.

1850년부터 맥스웰은 스코틀랜드를 떠나 케임브리지 대학에서 공부하게 되었다. 당시에 케임브리지 대학에서는 수학 트라이퍼스(Mathematical Tripos)라는 졸업 시험 제도가 있었다. 케임브리지 대학의 학생들은 튜터의 도움을 받아 졸업 시험을 준비하는 동안 철저한 수련 생활을 하게 되었다.

맥스웰은 우등졸업생 제조기(wrangler maker)라는 명성을 갖고 있었던 튜터(tutor) 윌리엄 홉킨스(William Hopkins) 밑에서 공부했다. 맥스웰 이외에도 사원수(quaternion)의 연구로 유명한 수리물리학자 테이트(Peter Guthrie Tait, 1831~1901), 점성 유체의 행동에 관한 연구로 유명한 영국의 수학자이자 물리학자인 스톡스, 열역학 및 전자기학 연구로 유명한 윌리엄 톰슨, 매트릭스와 공간 기하학 연구로 현대 순수수학의 형성에 커다란 역할을 한 아서 케일리(Arthur Cayley, 1821~1895), 고전역학의 권위자이며 탁월한 케임브리지 대학 선생이었던 루스(Edward John Routh, 1831~1907) 등도 모두 홉킨스의 지도 아래 과학자로 성장한 사람들이었다. 이외에도 맥스웰은 케임브리지 대학에서 귀납 이론으로 유명한 철학자 윌리엄 휴얼(William Whewell, 1794~1866)과 스톡스 등의 영향도 받으면서 성장했다.

수학 트라이퍼스에서 출제된 시험 문제의 출제 경향 자체가 이곳을 졸업한 사람들의 학문적 경향에도 영향을 주었다. 당시 케임브리지에서는 무엇보다도 수학, 수리물리학, 수리천문학 등이 서로 혼합된 혼성 수학(mixed mathematics)의 전통이 매우 강했다. 또한 수학 트라이퍼스 시험 제도 내에서 물리학은 해석 동력학의 형태로 수학 교과 과정의 한 부분에 포함되어 있었다. 이런 영향을 받아 케임브리지 수학자들은 기하학적이고 역학적인 유비를 사용하는 것을 선호했으며, 나중에 물리학자로서 활동하게 되는 과학자들도 전기 동력학을 다루면서 해석학적인 수학 도구를 많이 사용했다. 맥스웰의 전자기학이 출현하게 되는 데에도 이런 기하학적이고 기계적인 유비의 전통이 밀접한 연관성을 지니고 있다.

2 맥스웰 전자기학의 성립

맥스웰은 1854년 수학 트라이퍼스 시험에서 루스에 이어 차석 우등졸업생(second wrangler)으로 케임브리지 대학을 졸업했고, 아울러 루스와 공동으로 첫 스미스 상(Smith's Prize)도 수상하는 영광을 얻었다. 그는 트리니티 칼리지의 펠로우로 선출되었지만, 아버지의 건강이 악화된 관계로 다시 스코틀랜드로 돌아갔다. 1856년 맥스웰은 애버린(Aberdeen)의 매리셜 칼리지(Marischal College)의 자연철학 교수가 되었다. 이곳에서 그는 색채 이론과 전자기학 개념의 형성에 있어서 중요한 작업을 하게 된다.

1810년 빛의 파동론을 부활시킨 토머스 영은 적색, 녹색, 청색으로 모든 색조를 만들 수 있다는 빛의 삼원색 이론을 제기하였다. 맥스웰은 이것을 더욱 확장시켜 영의 삼원색뿐만이 아니라 다양한 형태의 세 가지 색의 조합으로 모든 색조를 만들어 낼 수 있다는 것을 보여주었다. 1861년 맥스웰은 세 가지 필터로 사진을 찍고 그 사진을 조합하는 방식으로 최초의 컬러 사진을 만들었다.

맥스웰의 전자기학은 패러데이가 발견한 전기와 자기에 대한 대칭적인 관계를 통찰하면서 얻어졌다. 학창시절부터 기하학에 많은 관심을 가졌던 맥스웰은 전자기력의 작용이 기하학적으로 표현되고 있는 패러데이의 역선 개념에 주목했다. 아울러 맥스웰은 열과 전기 현상 사이의 기하학적 유추에 관해 논의하고 있는 톰슨의 논문에도 관심을 가졌다. 1856년에 발표한 "패러데이의 역선에 관해서"(On Faraday's Line of Force)라는 논문은 초기 맥스웰의 학문적 성향을 잘 보여주고 있다. 그는 이 논문에서 물리적 가설과 이론의 방법을 일단 유보하고 유추의 방법을 사용해서 패러데이의 역선과 관련된 문제에 접근했다. 여기서 맥스웰은 패러데이의 역선을 물리적 표현으로 보지 않고 단지 기하학적 유추 표현으로 보았다. 한편, 같은 해 톰슨은 패러데이가 발견한 광자기 회전효과를 자기의 소용돌이 이론으로 설명할 수 있다고 주장했다. 맥스웰은 톰슨의 논문을 접한 뒤 패러데이 자기력선을 물리적으로 취급할 수 있다고 생각하게 되었고, 이후 패러데이의 역선을 이해하는 데 소용돌이 메커니즘을 과감하게 도입했다.

1860년 런던의 킹스 칼리지 교수가 된 맥스웰은 보다 물리적인 관점에서 패러데이의 자기력선을 바라보게 된다. 우선 그는 1861~62년에 출판한 "물리적 역선에 관해서"(On the Physical Lines of Forces)라는 논문에서 전자기장을 가설적이고 유추적인 차원을 넘어서 물리적이고 역학적인 관점에서 다루었다. 이 논문에서 그는 톰슨과 랭카인(William Rankine, 1820~1872) 등에 의해 제안된 미립자 소용돌이(molecular vortices) 모형을 도입했다. 또한 맥스웰은 유체역학적이고 기계적인 유비를 이용해서 전자기장을 '자기-전기 매질'로 이루어진 꿀벌집 모양의 세포 에테르로 묘사했다. 여기에서 각 세포는, 그것들의 운동이 불균일한 자장 내의 전류의 흐름에 해당하는, 일종의 '공전 입자'(idle-wheel particle)의 층에 의해서 둘러싸인 미립자 소용돌이로 구성되어 있다. 물론 이런 설명이 가상적이고 유추적인 성격을 지녔다는 것을 잘 알고 있었던 맥스웰은 이 모형이 어디까지나 잠정적이고 일시적인 가설이라는 것을 일관되게 강조했다. 하지만 그는 곧이어 광자기 회전을 고려해 볼 때 이 소용돌이 회전은 물리적 실재를 표현한다고 주장했다.

맥스웰의 전자기학의 성립에 중요한 의미를 가지는 것은 무엇보다도 그가 여기서 비탄성 유체의 탄성 변위 뒤틀림(elastic displacement distortion) 현상에 대한 유추로서 전기적인 변이전류(displacement current) 개념을 도출해 내었다는 것이다. 이런 논의는 기계적인 형태에서 나온 것으로 전류, 전하를 중심으로 하는 전자기학적 논의를 바탕으로 했다기보다는 유체역학적인 유비에 의한 전기장을 중심으로 서술된 것이었다. 탄성 변위 뒤틀림 현상에 대한 유추로 변이전류 개념을 새롭게 도입한 것은 자신의 전자기 방정식을 완전한 형태로 유도하는 데 커다란 역할을 하였다.

새롭게 도입한 전자기 방정식은 파동 방정식의 형태로 변형되어 전자기파의 존재도 예언되었다. 맥스웰은 탄성체의 속도를 피조(Armand Hippolyte Louis Fizeau, 1819~1896)가 측정한 빛의 속도와 비교해 본 뒤 광학과 전자기학의 통합 가능성을 시사했다. 이런 통일적인 이해를 바탕으로 해서 그는 마침내 "빛은 전기적, 자기적 현상을 일으키는 것과 같은 매질의 횡파로 구성되어 있다"는 결론에 이르게 되었다. 1873년 맥스웰은 그간의 연구를 정리하여 『전자기론』(*Treatise on electricity and magnetism*)이라는 책을 출판해 자신의 전자기학 체계를 완성하였다.

에테르 물리학과 심령 과학

19세기 후반에 전자기 현상을 활용해서 생명체에서 발현되는 신비의 광선을 찾으려는 많은 시도가 이어졌다. 전기 방전 현상 분야에서 많은 업적을 낸 영국의 물리학자 윌리엄 크룩스는 심령 현상에 관한 엄밀한 실험을 한 것으로도 유명하다. 그는 인간의 뇌가 전자기파를 주고받아 사람들이 서로의 생각을 원격으로 전달할 수 있다고 생각하면서 실험실에서 이와 연관된 수많은 정교한 실험을 실시했다. 크룩스를 비롯한 영국의 물리학자들은 전기 현상으로 발현되는 신비한 광선에 주목하고 이것이 심령 현상에서 나오는 전자기 현상일 가능성이 높다고 생각했다. 당시에 케티 킹이라는 여자 유령 사진이 많은 화제를 불러일으켰는데 당대의 유명 과학자들도 이 현상에 관심을 가졌다.

에테르 물리학의 신봉자였던 영국의 올리버 로지(Oliver Lodge)는 에테르를 통해 발현되는 심령 작용의 가능성에 대해 많은 관심을 가지고 있었다. 그는 한 사람에게서 다른 사람에게로 생각을 전달하는 텔레파시(telepathy)가 실제로 존재할 수 있다고 확신했다. 즉 그는 자신의 자서전에서 기존의 물리학이 생명과 사고의 영향을 받는 살아 있는 유기체의 행동도 포괄할 수 있도록 확대되어야 한다고 선언했다. 생물학과 심리학은 이질적인 과학이 아니며 물리적 우주에 속한 것으로 그들의 행동 양식은 에테르가 중심적인 역할을 할 미래의 물리학의 용어로 서술될 수 있어야만 한다고 그는 믿었다.

헤르츠의 전자기파 발견과 대륙의 물리학

맥스웰의 전자기학이 처음부터 많은 사람들에 의해 호의적으로 받아들여진 것은 아니었다. 맥스웰의 전자기학의 성립에 많은 영향을 주었던 톰슨은 맥스웰의 전자기학을 죽을 때까지 받아들이지 않았으며, 특히 독일의 과학자들은 맥스웰의 이론과는 완전히 다른 전자기학 체계를 구축해 나가고 있었다. 맥스웰이 전자기학을 완성하던 무렵 독일에서는 베버의 전자기학 전통에 따라 쿨롱 법칙과 앙페르 법칙을 포괄하는 전자기학을 전개했다. 앙페르가 발견한 전자기 법칙은 독일의 빌헬름 베버를 비롯한 추종자들에 의해서 원격작용에 의한 전자기 역제곱 법칙으로 발전되었다. 즉 베버의 영향을 받은 많은 독일 과학자들은 전자기력이 무한대의 속도로 전파된다고 생각했던 것이다.

독일에서 맥스웰의 전자기학이 수용되어 결과적으로 상대성 이론의 출현으로 이어지게 만드는 데에는 헤르츠가 전파의 존재를 실험적으로 확인한 것이 분수령

이 되었다. 당시 독일 과학의 대부였던 헬름홀츠(Hermann von Helmholtz, 1821~1894)는 베버의 전자기학을 더욱 세련되게 발전시켜 나가고 있었다. 1879년 베버의 이론 틀 내에서 매질의 극화 개념을 이해하려고 노력하고 있었던 헬름홀츠는 베를린 아카데미에서 유전성 극화에 의한 전자기 효과를 검출하는 내용을 현상 공모 문제로 출제했다. 그는 자신의 박사과정 학생이었던 헤르츠(Heinrich Hertz, 1857~1894)에게 이 문제를 풀도록 격려했으나, 헤르츠는 당시에 이 전자기 효과를 실험적으로 검출하는 데에 실패했다.

결국 헤르츠는 전자기 효과 검출 실험이 아닌 다른 주제로 박사학위를 하게 되었다. 그 뒤 헤르츠는 베를린, 킬 등을 전전하다가 1885년 카를스루에 고등공업학교(Technische Hochschule Karlsruhe)의 물리학 정교수가 되었다. 바로 여기서 그는 1887년 10월에서 1888년 2월 사이에 전기스파크를 이용해서 행한 유명한 전자파 발견 실험에 성공하게 되었던 것이다. 헤르츠는 전체적으로는 헬름홀츠의 이론틀 내에서 실험을 진행시켰으나, 결과적으로 그의 실험은 베버의 전자기학을 더욱 발전시킨 헬름홀츠의 이론을 부정하고 맥스웰의 전자기 이론을 검증한 셈이 되었다.

맥스웰의 전자기 이론의 중요성을 처음으로 인식한 대륙의 과학자는 오스트리아 과학자 볼츠만(Ludwig Boltzmann, 1844~1906)이었다. 맥스웰의 통계적 작업을 통해 그를 알게 된 볼츠만은 1872년 유전체에 대한 연구에 맥스웰의 전자기 이론을 적용하였다. 또한 1884년 볼츠만은 1879년 슈테판(Josef Stefan, 1835~1893)이 실험적으로 발견한 온도에 따른 열복사의 관계를 맥스웰의 전자기학을 이용해서 전체 복사 에너지가 절대온도의 4제곱에 비례한다는 훗날 슈테판-볼츠만 법칙으로 알려지게 되는 법칙을 유도했다.

맥스웰의 전자기 이론이 대륙에서 본격적으로 받아들여지게 된 것은 헤르츠가 전파의 존재를 실험적으로 입증하고 난 뒤의 일이었다. 헤르츠의 실험 이후 독일에서는 맥스웰 전자기학이 급속도로 전파되었고, 다양한 논의를 통해 마침내 로렌츠의 전자론과 아인슈타인의 상대성 이론의 출현으로 이어지게 되었던 것이다.

21

열역학의 형성

인류는 아주 오랜 옛날부터 뜨거움과 차가움에 대해 알고 있었다. 하지만 인간의 감각으로 쉽게 분별할 수 있는 온도라는 존재를 정량적으로 이해하기는 무척 힘든 것이었다. 온도라는 개념이 분명하게 정착되기까지는 측정 장비의 발전, 물리학의 계량화 및 수학화, 새로운 에너지원의 출현 등 수많은 요인들이 개입되었다.

열에 대한 최소한의 정량적인 개념은 뜨거움과 차가움을 구별하는 온도계가 발명되면서 가능하게 되었다. 1592년 갈릴레오는 초보적인 온도계를 발명하였다. 이때 그는 온도 측정을 위한 팽창 매질로 공기를 사용했는데, 갈릴레오가 발명한 이 기체 온도계는 구체적인 온도 단계가 없어 체계적인 정량적 측정은 사실상 불가능했다. 기체의 온도는 밀도와 밀접한 연관이 되어 있었기 때문에 당시의 온도계는 기압계와 서로 혼용되며 함께 발전하였다. 이 기체 온도계가 점차로 액체 온도계로 대체되면서 비교적 정확한 온도 측정이 가능하게 되었다.

온도계가 등장한 이래로 과학자들은 저마다 수많은 형태의 온도 체계를 고안해 냈다. 18세기 초에 이르면 무려 35종류나 되는 다양한 온도 체계가 창안되었다. 그 가운데에서 스웨덴의 천문학자였던 셀시우스(Anders Celsius, 1701~1744), 네덜란드의 가브리엘 파렌하이트(Gabriel Fahrenheit, 1686~1736), 프랑스의 레오뮈르(René-Antoine Ferchault de Réaumur, 1683~1757) 등이 제안한 온도 체계가 비교적 널리 사용되었다. 18세기 초 파렌하이트는 오늘날 우리가 화씨라고 부르는 온도 체계를, 그리고 1742년 셀시우스는 수은을 사용해서 섭씨온도 스케일을 창안했다. 파렌하이트는 애초에 물의 빙점을 30, 체온을 90으로 정했는데, 이것이 나중에 32와 96으로 바뀌었다가 최종적으로 빙점은 32, 체온은 98.6으로 정해졌다. 오늘날에는 별로 알려지지 않고 있지만 1730년 프랑스의 레오뮈르는 물의 빙점을 0, 비등점을 80으로 정한 온도 스케일도 제안했었다. 이 체계는 창안 당시에는 다른 체계에 비해 아주 널리 사용되었지만, 19세기 말에 다른 체계들로 흡수, 교체되었다. 이리하여 우리는 현재 물의 빙점을 32로 하고 비등점을 212로 하여 그 사이를 180 등분한 화씨온도 체계와, 물의 빙점을 0으로 하고 비등점을 100으로 하여 그 사이를 100 등분한 섭씨온도 체계를 사용하게 된 것이다.

칼로릭 이론의 등장

온도계의 등장과 함께 18세기를 거치는 동안 열에 대한 정량화도 함께 진행되었다. 특히 물리학자인 라플라스와 화학자인 라부아지에는 열량계를 이용해서 열에 대한 정량화 작업을 추진했다. 이들이 전개한 열에 대한 이론적 논의는 뉴턴주의의 영향을 받아 열을 무게가 없는 입자로 생각하는 칼로릭 이론에 바탕을 둔 것이었다. 18세기 말 처음으로 등장한 화학 교과서에서는 칼로릭, 빛 등이 화학 원소와 마찬가지로 근본 물질로 간주되었다. 근대적인 원소의 개념을 확립했던 라부아지에가 열거한 원소 가운데에는 빛과 함께 열의 양을 나타내는 칼로릭도 포함되어 있었다.

카르노와 열기관 이론의 발전

프랑스혁명을 전후하여 프랑스에서는 현대전에 적합한 기술 장교들을 교육시키기 위한 전문 이공계 교육기관이 등장하였다. 당시 프랑스에서는 정치, 군사, 산업 조직이 밀접하게 연결되어 있었는데, 가스파르 몽주(Gaspard Monge)와 라자르 카르노(Lazare Carnot)는 그 예를 보여주는 대표적인 인물들이었다. 라자르 카르노는 혁명 공안위원회 위원 출신으로 나폴레옹 휘하에서 전쟁에 참여했고, 프랑스 산업에 분업 체계와 기계를 도입하는 데 결정적인 역할을 했던 인물이다.

19세기 프랑스의 대표적인 이공학 교육기관이었던 에콜 폴리테크니크에서 체계적인 교육을 받은 공학자들은 칼로릭 이론을 기반으로 해서 열 현상에 대한 수학적 논의를 전개시켜 나갔다. 예를 들어 라자르 카르노의 아들인 사디 카르노(Sadi Carnot, 1796~1832)는 열기관을 연구 대상을 삼고 열 효율 문제를 수학적으로 다루었다. 카르노 이외에도 에콜 폴리테크니크에서 전문가로서의 분명한 경력을 쌓은 많은 젊은 과학자들은 열의 전도도, 온도 변화, 기울기 등과 같은 열과 관련된 수학적인 문제에 많은 관심을 가졌다.

1824년 사디 카르노는 "열의 동력에 관한 고찰"(Reflexions sur la puissance motrice de feu)이라는 글에서 열기관의 열효율은 그 열기관의 구성 물질에 관계없이 그 열기관을 구성하는 두 온도만의 함수라는 주장을 내어 놓았다. 카르노는 물이 높은 위치에서 낮은 위치로 떨어지면서 일을 하게 되는데, 이 때 물의 양과 한 일의 양의 비가 두 위치의 차이만의 함수로 표현되는 데에 주목했다. 물의 낙차와 마찬가지로 열도 높은 온도에서 낮은 온도로 내려가면서 일을 하게 된다. 이 때 열의 양과 그 과정에서 한 일의 비, 즉 열효율은 두 온도의 차이만의 함수로 기술될 수 있다는 것이 카르노의 핵심적 주장이었다.

카르노의 논문은 프랑스 과학아카데미에 공식적으로 제출되었다. 하지만 열기관의 효율을 이론적으로 다룬 카르노의 이 논문은 공학적인 내용과 표현으로 되어 있었기 때문에 출판 당시에는 별로 주목을 끌지 못하고 아카데미의 엘리트 학자들에 의해 철저하게 무시되었다. 이 논문은 아주 적은 수량만 출판되었고 따라서 문헌의 전파 속도도 느릴 수밖에 없었다. 더욱이 1832년 카르노가 콜레라로 사망하면서 그의 작업은 흔적을 찾아보기가 힘들어졌다. 카르노의 논문이 출판된 지 20년 뒤 영국의 윌리엄 톰슨이 파리를 방문해 카르노 논문의 사본을 구하려 했지만, 서점에서도 사본을 발견할 수는 없었다.

수리물리학의 부상

18세기 초 프랑스에서는 새로운 해석학적 방법을 활용하여 전기, 빛, 열 등 실험 과학 분야를 다루는 수리물리학이 성장하기 시작했다. 라플라스는 나폴레옹의 적극적인 후원 아래 베르톨레와 함께 열, 빛, 전기, 자기, 모세관 현상, 화학적 친화력 등의 다양한 현상들을 물질입자 내지 '무게가 없는 입자'들과 그것들 사이의 인력과 척력과 같은 근거리 힘을 사용해서 수학적으로 설명해 내려는 웅대한 계획을 추진했다. 이 프로그램에 참여했던 대표적인 인물로는 비오(Jean-Baptiste Biot, 1774~1862), 푸아송(Siméon-Denis Poisson, 1781~1840) 등을 들 수 있다.

라플라스의 프로그램은 나폴레옹의 몰락과 함께 서서히 쇠퇴했지만, 수리물리학 전통은 새로운 세대의 물리학자들에 의해 계승되었다. 푸리에(Joseph Fourier, 1768~1830)는 1822년 『열 해석론』(*Théorie analytique de la chaleur*)에서 훗날 푸리에 급수로 알려지게 되는 무한 수열 분석 방법을 사용하고 칼로릭 이론에 입각해서 고체에서 열이 전도되는 열전도 현상을 수학적으로 다루었다.

영국에서는 찰스 배비지(Charles Babbage)와 존 허셸(John Herschel) 같은 젊은 수학자들이 혁명기와 나폴레옹 시기에 발전한 해석학적 전통을 받아들였다. 찰스 배비지를 비롯한 급진적 개혁자들은 케임브리지의 전통적인 시험 제도를 비판하고 개혁의 필요성을 역설했다. 18세기 후반부터 대학의 시험 제도는 구두시험에서 점차로 필기시험으로 전환되었다. 수학은 필기시험을 통해 졸업생의 성적을 평가하는 유일한 과목이었다. 우등 졸업생은 통상 최우수 합격자인 랭귤러(wangular), 2급 합격자(senior optime), 3급 합격자(junior optime)로 나누어졌다. 특히 랭귤러 가운데 수석 랭귤러(senior wangular), 차석 랭귤러(second wangular), 3위 랭귤러(junior wangular)는 명예로운 높은 평가를 받았다.

1830년대와 40년대를 통해 트리니티 칼리지의 학장이었던 윌리엄 휴얼(William Whewell)은 트라이퍼스 제도를 개혁하고 합리화하는 데 핵심적인 역할을 했다. 수학 트라이퍼스로 상징되는 대학의 시험제도 개혁은 케임브리지 대학 내에서 수학적 전통을 형성시키는 데 커다란 영향을 주었다. 배비지, 허셀, 휴얼 등의 노력으로 케임브리지에서는 수학 졸업 시험 제도인 수학 트라이퍼스(Mathematical Tripos)가 자리 잡았고, 19세기를 통해 케임브리지 혼성수학 및 수리물리학이라는 독특한 수학적 문화가 형성되었다.

19세기 초 독일에서는 사변적인 자연철학주의가 팽배해 있었지만, 포겐도르프(Johann Christian Poggendorff)가 1824년 『연보』를 창간하고 1840년대에 이르러 독일의 대표적인 물리학 저널로 자리 잡게 되면서 물리학 분야 내의 강력한 수학적 전통이 확립되기에 이른다. 당시 독일의 물리학이 수학화되는 데에는 독일의 수학자들인 가우스, 리만, 노이만 등이 많은 기여를 하였다.

에너지 보존 법칙의 동시 발견

한편, 1840년대에 들어와서 여러 형태의 에너지들, 즉 역학적 에너지와 열, 화학적 에너지 등이 서로 같은 종류의 물리적 양이고, 이것들이 서로 바뀔 수 있다는 생각이 과학자들 사이에서 받아들여지게 되었다. 에너지가 서로 변환 가능하다는 생각이 퍼지게 된 데에는 프랑스의 계몽사조에 대한 반발로 독일에서 유행하던 자연철학주의(Naturphilosophie)의 영향이 컸다. 셸링, 노발리스를 비롯한 자연철학주의자들은 18세기에 프랑스에서 성장한 분석적 · 기계적 사고에 반감을 갖고 자연에 다시 조화와 감성을 부여했다. 자연 전체를 포괄하는 유기체적인 자연관을 선호했던 자연철학주의자들은 자연의 여러 가지 다양성의 밑바탕에는 통일적인 것이 존재하고 있다고 생각했다. 이런 사조의 영향 아래 1840년대에 열역학 제1법칙에 해당하는 에너지 보존 법칙이 몇몇 사람들에 의해서 동시에 발견되었다.

본래 의사였던 마이어(Julius Robert Meyer, 1814~1878)는 1840년 네덜란드 동인도회사로 떠나는 선박의 의사로 재직하면서 열대 지방을 여행했다. 이때 그는 승선한 열대인들의 정맥피가 마치 동맥피처럼 붉은 것을 알게 되었다. 우선 그는 이런 현상이 나타나는 이유는 열대의 열이 혈액의 산화에 영향을 미쳤기 때문이라고 보았다. 그는 더운 열대지방에서는 몸속에서 열을 덜 방출하기 때문에 열대인의 정맥피가 유럽인보다 붉은 모습을 띤다고 결론을 내렸다. 이런 추론을 바탕으로 음식물이 몸 안으로 들어가서 열로 변하고, 이것이 몸을 움직이게 하는 역학적 에너지로 변한다는 생각을 기초로 해서 모든 종류의 에너지들이 서로 변환 가능하며, 전체 에너지의 양은 보존된다는 주장을 내놓았다. 즉 화학 에너지, 열 에너지, 역학적 에너지 등이 서로 같은 종류의 물리적 양이며, 자연에서 에너지는 사라지지 않고 보존된다는 것이다.

그는 자신의 이런 생각을 뒷받침하는 구체적인 예로서 "365m 높이에서 떨어질 때 생기는 일은 같은 무게를 0°에서 1° 높이는 열과 같다"고 주장하였다. 그는 열과 일의 변환 계수를 계산하고 자신의 생각을 정리해서 물리 분야의 전문학술지인 『물리학 및 화학 연보』(*Annalen der Physik und Chemie*)에 보냈다. 하지만 당시 '새로운 물리-화학 잡지'를 표방하며 학술잡지를 새롭게 개편하려던 편집인 포겐도르프(Johann Christian Poggendorff, 1796~1877)는 마이어의 논문이 너무 사색적이고 실험과 수학에 바탕을 둔 전문적인 물리학 논문이 되기에는 미흡하다고 생각하여 수록을 거절했다.

마이어의 논문 수록이 거부당한 것은 당시 독일 과학이 초기의 낭만주의적인 단계를 벗어나 과학 방법에서 분석적이고 수학적인 것을 강조하는 형태로 제도화되어 기존의 자연철학주의에 영향을 받은 낭만적인 과학 활동에 대해 반발했다는 것을 말해 주는 한 예에 해당한다. 마이어는 할 수 없이 1842년 자연철학주의에 대해 그나마 호의적이었던 구스타프 리비히(Justus von Liebig, 1803~1873)가 운영하는 화학저널인 『화학 및 약학 연보』(*Annalen der Chemie und Pharmacie*)에 자신의 논문을 기고했다.

근육 생리학 분야에서 열의 역할을 연구하던 헬름홀츠(Hermann von Helmholtz, 1821~1894)는 1842년에 마이어가 한 작업을 모른 채로 1847년 생체의 열은 생명력에 의한 것이 아니라 음식물의 화학 에너지에 의한 것이라는 주장을 내놓았다. 그는 여러 형태의 에너지들이 서로 변환 가능하다고 생각하고, 역학적 에너지에만 적용되던 에너지 보존 법칙을 다른 에너지까지 확장시켰다. 헬름홀츠는 이런 생각이 담긴 논문을 포겐도르프의 『물리학 및 화학 연보』에 투고

했지만, 마이어와 마찬가지로 편집인으로부터 수록을 거부당했다. 헬름홀츠도 할 수 없이 이 내용을 물리학회 강연집인 『에너지 보존 법칙에 관해서』(*Über die Erhaltung der Kraft*, 1847)라는 소책자로 출판하게 되었던 것이다.

에너지 보존 법칙에 관한 생각은 독일뿐만이 아니라 실험적 전통이 강했던 영국에서도 등장했다. 영국의 제임스 줄(James Prescott Joule, 1818~1889)은 1840년대의 여러 작업을 통해서 에너지는 보존되고 또 여러 형태로 나타날 수 있다고 생각하면서 이것을 실험적으로 보여주려고 노력했다. 줄은 자신의 실험을 정리해서 1850년 "열의 역학적 등가에 관해서"(On the mechanical equivalent of heat)라는 논문으로 출판하고, 여기서 772파운드가 1피트 내려갈 때 생기는 역학적 에너지로 물 1파운드(453그램)를 화씨 1도 올릴 수 있다는 것을 실험적으로 보여주었다.

에너지 보존 법칙으로 정립되기 시작한 에너지 개념은 19세기 물리학과 관련된 여러 분야들을 통합하는 데 커다란 역할을 했다. 열, 전기, 자기, 빛 등 실험과학과 관련된 여러 분야들이 에너지 개념을 바탕으로 해서 서로 통일적으로 이해할 수 있게 되면서 물리학 분야를 혁명적으로 변화시켰다. 에너지 변화 가능성과 에너지 보존 법칙이 출현하는 데 사변적인 자연철학주의가 영향을 준 것은 사실이지만, 수학적 테크닉의 발전과 에너지 개념의 정립을 통해 열, 전기, 자기, 빛을 다루는 물리 분야들은 엄밀한 수리물리학과 결합될 수 있었다.

카르노-클라페롱 이론과 열역학 제2법칙의 출현

철도 공학자였던 에밀 클라페롱(Émile Clapeyron, 1799~1864)은 그때까지 잘 알려지지 않고 있었던 카르노의 이론을 수학적으로 다시 정리해서 물리학자들과 공학자들에게 소개하면서 카르노의 열기관 효율에 관한 이론은 세상 사람들의 주목을 받기 시작했다. 에콜 폴리테크니크를 졸업한 그는 1820년대에 러시아에서 일하다가 1830년대에 프랑스로 돌아왔다. 1834년 그는 카르노의 작업을 아카데미 과학자들이 선호하는 추상적인 수학적 용어로 번역하여 열기관에 대한 자신의 논문을 출판했다. 그는 카르노의 발견을 압력과 부피의 그래프 형식인 다이어그램으로 표현하였다. 이 도해 방식은 제임스 와트가 증기기관을 발명하면서 사용한 것인데, 당시에는 산업 비밀에 속했다. 러시아에 있었던 클라페롱은 영국 엔지니어들이 특허권하에 러시아의 제조 공장에 와트의 증기기관을 설치할 때 이것을 접했을 것으로 추정된다.

1847년 6월, 훗날 켈빈 경(Lord Kelvin)이 되는 윌리엄 톰슨(William Thomson, 1824~1907)은 옥스퍼드에서 열린 영국 과학진흥협회 모임에서 에너지 보존 법칙에 관한 실험을 하고 있던 줄을 만났다. 이때 톰슨은 에너지 보존 법칙을 입증하려는 줄의 실험에 대한 발표를 들을 기회가 있었다. 줄의 발표를 들은 뒤 톰슨은 칼로릭 이론을 사용한 카르노의 법칙과 줄의 에너지 보존 법칙이 서로 모순된다고 생각하게 되었다. 카르노와 클라페롱의 견해에 의하면 칼로릭이라는 열 입자는 높은 온도에서 낮은 온도로 떨어지면서 일을 할 때 칼로릭의 양은 전혀 변하지 않는다. 그런데 줄의 에너지 보존 법칙은 열과 일이 같은 종류의 양이기 때문에 일을 할 때에는 칼로릭 양에 변화가 생겨야만 하고 따라서 이 두 주장 사이에는 서로 모순이 존재하게 되는 것이다.

1850년 당시 베를린의 공병 및 공업학교 교수였던 루돌프 클라우지우스(Rudolf Clausius, 1822~1888)는 "열의 동력에 관해서"(Ueber die bewegende Kraft der Wärme)라는 논문에서 카르노의 원리와 줄의 에너지 보존 법칙 사이에 존재하는 모순을 해결하는 방안을 제안했다. 열효율은 두 온도만의 함수라는 카르노의 원리를 줄의 에너지 보존 법칙과 부합되게 하기 위해서는 열에서 일이 나올 때는 항상 높은 온도에서 낮은 온도로 내려간다는 것을 가정해야 한다는 것이다. 즉, 열은 항상 높은 온도에서 낮은 온도로 흐르고, 외부의 일의 작용이 없이는 낮은 온도에서 높은 온도로 올릴 수 없다. 이런 생각을 바탕으로 해서 클라우지우스는 열역학 제2법칙을 초보적인 이해가 가능한 형태로 나타낼 수 있었다.

1851년 톰슨은 "열의 동력학적 이론에 관해서"(On the Dynamical Theory of Heat)라는 논문에서 한편으로는 클라우지우스의 우선권을 인정하면서도 자기 나름대로 카르노의 이론과 줄의 에너지 보존 법칙 사이에 존재하는 모순을 해결하는 방안, 즉 열역학 제2법칙에 대한 새로운 해석을 제안했다. 톰슨은 외부의 도움 없이는 차가운 물체에서 뜨거운 물체로 스스로 옮겨갈 수 없는 이유에 대해 열은 낭비(dissipation)가 되기 때문에 일단 일이 열로 바뀐 뒤에는 그 열이 모두 일로 바뀔 수 없기 때문이라고 주장했다. 톰슨은 이렇게 열이 낭비되는 과정을 비가역적(irreversible) 과정이라고 말하고 "현재의 물질세계에는 역학적 에너지가 낭비되는 일반적 경향이 존재한다"고 결론지었다.

클라우지우스는 1857년 "우리가 열이라고 부르는 운동에 관해서"(Ueber die Art der Bewegung, welcher wir Wärme nennen)이라는 글에서 기체에 대한 운동학적 이론을 전개하기 시작했다. 여기서 클라우지우스는 분자를 당구공으로 간주할 뿐만이 아니라 병진 운동, 회전 운동, 진동 운동 등 복잡한 분자 운동을 고려하여 기체 운동을 다루었다. 클라우지우스의 이 논문은 19세기 기체 분자 유동론의 본격적인 시작을 알린다는 점에서 그 역사적 의미가 크다고 하겠다.

1850년 열역학 제2법칙에 대한 정성적인 논의를 제기한 이후 클라우지우스는 이에 대한 수학적 표현을 찾으려는 노력을 계속 경주했다. 이런 일련의 작업의 결과 클라우지우스는 엔트로피라는 새로운 물리량을 정의하게 되었다. 1865년 클라우지우스는 $dS = \frac{dQ}{T}$라는 방정식(S는 엔트로피, T는 온도, Q는 열의 양)을 기술하면서 엔트로피(entropy)라는 말을 처음으로 사용했다. 이때 그는 열 현상을 지배하는 두 개의 일반적 법칙을 제안했다. 우선 그 하나는 열역학 제1법칙으로 '우주의 에너지는 항상 일정하다'는 것이다. 다음으로 '우주의 엔트로피는 항상 증가한다'는 열역학 제2법칙에 대한 수학적 표현이다. 하지만 당시에 클라우지우스가 수학적으로 전개한 엔트로피 개념은 에너지 개념에 비해 직접적으로 이해되기 힘든 것이었고, 또한 개념 자체도 모호한 점이 많아 적지 않은 오해를 불러일으키기도 했다.

2 열역학 법칙의 동시, 복수 발견

열역학 법칙의 형성에서 보여지는 두드러진 모습은 이 발견들이 여러 과학자들에 의해 거의 동시에 발견되었다는 것이다. 과학사에서는 이런 동시, 복수 발견(Simultaneous, Multiple Discovery)이 흔하게 나타난다. 과학사회학자 머튼(Robert K. Merton)은 과학사에서 이런 동시 발견이 오히려 통상적인 형태에 속한다고 주장하고 있다. 즉 과학적 발견은 천재들의 능력에 의해서만 이루어지는 것이 아니라, 과학적 이론의 발전 등 내적 요인, 사회 · 경제 · 사상 등의 외적 요인에 의해 영향을 받는다는 것이다. 머튼의 과학사회학에서는 에너지 보존 법칙과 엔트로피 법칙과 같은 열역학 법칙도 여러 요인들이 서로 맞물려 사회적으로 성숙되어 나타났다고 보고 있다.

동시 발견이 흔하게 나타나기 때문에 과학사적으로 동시 발견의 경우 과학자들 사이에 우선권 논쟁(priority controversy)이 치열하게 나타난다. 열역학 제2법칙의 발견을 둘러싸고 윌리엄 톰슨과 클라우지우스도 치열한 논쟁을 벌였다.

열에 대한 통계적 접근

한편, 열역학은 대개의 경우 수많은 입자로 구성된 계를 다루기 때문에 통계적인 취급을 해야 한다는 생각도 등장하게 되었다. 열에 대한 통계적 접근의 필요성을 처음으로 인식한 사람은 맥스웰(James C. Maxwell, 1831~1879)이었다. 1855년과 1859년 사이에 맥스웰은 애덤스 상의 문제였던 토성 띠의 안정성에 관한 역학적 연구를 하면서 많은 물체들에 대한 상호작용을 다룰 때에는 통계적 취급이 필요하다는 것을 느끼게 되었다.

19세기 통계학은 물리 현상보다는 인간을 다루는 인구학에 기원을 두고 있다. 맥스웰은 케임브리지 학창시절 케틀레(Adolphe Quetelet)의 확률론 작업을 소개한 존 허셀의 리뷰를 읽으면서 통계 이론에 관심을 갖게 되었다. '사회물리학'(social physics)에 관심을 가졌던 케틀레는 많은 모집단을 이해하는 방법으로 통계학을 사용하였다. 허셀의 리뷰는 케임브리지의 많은 사람들에게 통계학을 접하게 만들었고, 젊은 맥스웰도 허셀의 리뷰를 통해 확률과 통계에 관심을 갖게 되었다.

맥스웰은 1859년부터 많은 분자들로 구성되어 있는 기체 동력학의 문제를 다루면서 열역학의 문제를 통계적으로 다루기 시작했는데, 주로 속도의 분포에 관한 논의를 중점적으로 다루었다. 1866년과 1868년에 발표한 "기체의 동력학 이론에 관해서"(On the Dynamical Theory of Gases)라는 논문에서 맥스웰은 분자들의 속도 분포가 최소 제곱(Least Square) 이론에서 관찰 오차의 분포를 나타내는 것과 같은 형태를 띤다고 간주하고, 기체의 확산, 점성, 열전도도 등과 관련된 여러 열역학적 문제를 통계적으로 다루었다.

맥스웰의 악령과 정보 엔트로피

기체들의 운동을 통계적으로 취급하였지만, 맥스웰 자신이 결정론을 포기하고 비결정론을 받아들인 것은 아니었다. 하지만 그는 열역하 제2범치이 화률저 성겨을 지니고 있다는 것을 느끼고 있었다. 1867년 맥스웰은 피터 테이트(Peter Guthrie Tait, 1831~1901)에게 보낸 편지에서 후일 톰슨에 의해 '맥스웰의 도깨비'(Maxwell's Demon)라는 이름으로 세상에 알려지게 되는 유명한 이야기를 시작했다. 개별 분자의 운동을 탐지하고 이에 반응할 수 있는 가설적인 지적 존재, 말하자면 맥스웰의 도깨비가 있다면 열역학 제2법칙이 위배될 가능성이 있다는 것이다. 맥스웰은 열역학 제2법칙이 자연계에서 절대적인 법칙이 될 수 없고, 단지 통계적인 확실성을 지닌다는 것을 보이기 위해 이 가상적인 장치를 고안했다. 탐지 능력 자체에는 정보가 들어 있고 따라서 도깨비의 행위 자체가 엔트로피를 감소시키고 있기 때문에 정보 자체도 엔트로피와 관련이 된다.

맥스웰이 이 문제를 제기했던 당시에는 이런 이해가 없었고, 따라서 맥스웰 악령 이야기는 정보 엔트로피 개념이 분명하게 확립된 20세기 중반에 이르기까지 해결하기 힘든 수수께끼로 남아 있었다. 1956년 레옹 브리우웽(Léon Nicolas Brillouin, 1889~1969)은 『과학과 정보이론』(*Science and Information Theory*)이라는 책에서 엔트로피와 정보 이론 사이의 관계를 밝힘으로써 정보는 음의 엔트로피에 해당하고, 따라서 맥스웰의 도깨비를 이용한 장치는 불가능하다는 것이 많은 사람들에 의해 분명하게 인식되었다.

볼츠만 통계역학의 출현

맥스웰에 의해 논의되기 시작한 기체에 대한 동역학적 이론을 더욱 발전시켜 오늘날 우리가 통계역학이라고 부르는 일련의 역학 체계를 완성한 사람은 오스트리아 물리학자인 루트비히 볼츠만(Ludwig Boltzmann, 1844~1906)이었다. 볼츠만이 맥스웰의 기체 운동론을 처음으로 접한 증거는 1868년에 출판한 열평형에 관한 논문에서 나타난다. 이 논문에서 볼츠만은 맥스웰이 논의한 분자의 속도 분포에 관한 논의를 더욱 확장시켜 오늘날 우리가 맥스웰-볼츠만 속도 분포함수라고 부르는 식과 모든 통계역학의 계산에서 기본이 되는 '볼츠만 인수'를 얻어냈다.

맥스웰과 볼츠만은 평형 상태에 도달하지 않은 상태에서 평형 상태로 가는 과정도 설명할 수 있어야 비로소 평형 상태의 분포 법칙에 대한 완전한 이해를 얻을 수 있다고 생각했다. 맥스웰의 작업을 더욱 확장시키려던 볼츠만은 수송 방정식(transport equation)으로 알려지게 되는 보다 일반적인 해법을 찾아 나아갔다. 우선 그는 열역학적 엔트로피를 분자 짜임새(configuration)의 통계적 분포와 연결시켜 분자 수준의 무질서도 엔트로피의 증가에 해당한다는 것을 보여주려고 노력했다. 여기서 열역학 제2법칙을 해석하는 것으로 '볼츠만의 최소 정리' 혹은 '볼츠만의 H-정리'로 알려지는 논의가 등장하게 되었다. 이것은 엔트로피의 증가의 법칙을 역학의 법칙과 확률의 방법을 사용해서 유도해 낸 것이다.

H-정리를 둘러싼 논쟁들

1872년 볼츠만은 기체 분자가 열 평형에 도달하는 과정을 보여주기 위해 기체 내의 일반적인 수송 과정에 관한 논의를 전개했다. 기체 운동론 역사상 가장 중요하고 영향력 있는 업적의 하나인 이 논문에서 볼츠만은 일반적인 수송 방정식으로부터 기체의 확산, 점성, 열전도 계수를 계산할 수 있음을 보여주려고 노력했다. 하지만 볼츠만의 수송 방정식에 대한 정확한 해를 구하는 것은 특별할 경우를 제외하고는 무척 어려운 일이었으며, 이후 수많은 학자들이 이 문제를 해결하기 위해 노력했다. 이외에 볼츠만은 비평형 상태에서도 엔트로피의 정의를 확장해서 사용할 수 있는 볼츠만의 H-함수에 관한 논의도 전개했다. 1872년 논문에서는 H-함수는 E-함수로 표현되어 있었는데, 1890년대에 와서 E는 H로 표현이 바뀌어 오늘에 이르고 있다. 이리하여 비평형 상태에서 H-함수는 항상 감소한다는 볼츠만의 H-정리가 등장하게 되었다.

볼츠만의 H-정리로 열역학 제2법칙의 통계적인 처리가 어느 정도 해결된 듯이 보였으나, 1876년 빈 대학에서 볼츠만과 함께 연구하던 요제프 로슈미트(Joseph Loschmidt, 1821~1895)가 볼츠만의 해석을 비판함으로써 이 둘 사이에는 치열한 논쟁이 일어나기 시작했다. 로슈미트는 가역적인 뉴턴 역학의 법칙으로는 비가역적인 엔트로피 증가 법칙을 유도해 낼 수 없다고 주장하면서 볼츠만의 통계역학이 지닌 근본적인 문제점을 지적했다. 뉴턴 역학으로 비가역적인 열역학 제2법칙을 유도할 수 없다는 것은 이미 윌리엄 톰슨에 의해서도 지적된 사항이었다.

로슈미트의 반론에 대해 볼츠만은 처음에는 실제 세계 내에서 과정의 비가역성은 운동 방정식이나 분자 사이의 힘의 법칙에 의해 나타나는 것이 아니라, 초기 조건의 문제 때문에 야기된다고 대응했다. 로슈미트와의 논쟁을 통해 볼츠만은 열역학 제2법칙이 절대적인 것이 아니라 확률적인 것이라는 것을 더욱 분명하게 인식하게 되었다. 이런 논쟁 과정을 통해 1877년 볼츠만은 열역학 제2법칙과 열 평형 상태에 관한 확률 계산 사이의 관계를 규명하기 위한 그간의 논의를 정리함으로써 자신의 통계역학의 대체적인 골격을 완성했다. 이 논문에서 그는 엔트로피와 확률 사이의 관계인 $S = k\log W$라는 유명한 관계식에 해당되는 식을 확률 방법을 써서 유도했다. 여기서 W는 체계의 주어진 거시 상태에 상응하는 미시 상태의 가능한 분자의 배열수이고, S는 엔트로피를 말하며, k는 볼츠만 상수이다. 엔트로피에 대한 볼츠만의 새로운 해석으로 클라우지우스가 발견한 엔트로피는 가능성이 가장 높은 배열 혹은 무질서를 나타내는 양으로 다시 탄생하게 되었다.

1890년 푸앵카레(Henri Poincaré, 1854~1912)는 삼체문제를 다루는 현상 논문에서 일정한 전체 에너지를 갖고 유한한 부피 내에서 움직이도록 제한된 임의의 역학 체계는 종국적으로 특정한 초기 짜임새로 되돌아온다는 정리를 발표했다. 영원 회귀의 원리는 이미 독일 철학자 프리드리히 니체(Friedrich Nietzsche, 1844~1900)에 의해 예언적이고 형이상학적인 관점에서 제기된 적도 있다. 이 회귀 정리를 받아들이게 되면 엔트로피는 시간에 따라 무한정 증가할 수는 없고, 언젠가는 초기 값으로 되돌아와야만 한다. 이 회귀 정리를 볼츠만의 통계역학에 적용할 경우 볼츠만의 H-정리는 항상 유효하지는 않을 수도 있었다.

1895년 12월, 베를린의 젊은 수학자로서 당시 플랑크의 학생이었던 체르멜로(Ernst Zermelo, 1871~1953)는 이 회귀 정리를 이용하면 열역학 제2법칙에 위배되는 역학 모형을 만들 수 있고, 따라서 열역학 제2법칙이 경험적으로 유효한 것이라면 결정론적인 역학적 관점을 거부해야 한다고 주장했다. 체르멜로의 주장은 1896년 『물리학 연보』에 발표되었고, 이어 볼츠만과 체르멜로 사이에 열띤 논쟁이 벌어졌다. 볼츠만은 푸앵카레의 회귀 정리는 자명한 것이지만, 체르멜로는 그것을 열 이론에 잘못 적용하고 있다고 주장했다. 즉 푸앵카레의 회귀 정리는 자신의 H-정리에 모순되지 않고 오히려 서로 완전히 조화될 수 있으며, 서로 양립 가능하다는 것이다. 우선 평형 상태는 단일한 짜임새가 아니라 엄청나게 많은 가능한 짜임새의 집단이다. 특정한 초기 상태로 회귀하는 것은 아주 오랜 시간이 지나야만 나타나는 하나의 요동으로서 이것이 일어날 가능성은 아주 희박하다. 따라서 볼츠만은 푸앵카레의 회귀 정리를 받아들이더라도 엔트로피의 증가를 의미하는 자신의 H-정리의 유효성은 그대로 유지된다고 주장했다. 이리하여 볼츠만은 열역학 제2법칙은 절대적인 것이 아니라 통계적인 성격을 지닌 것이라는 것을 점점 더 분명하게 인식하게 되었다.

볼츠만의 죽음과 통계역학의 부활

1894년 슈테판이 죽자 볼츠만은 빈 대학으로 옮겨 그의 후임이 되었으며, 1896년에서 1898년 사이에 『기체론 강론』(*Vorlesungen Über Gastheorie*)을 출판하면서 기체 운동 이론을 포함한 통계물리학의 일반적인 체계를 완성했다. 볼츠만의 통계역학이 수용되는 과정은 현대 양자론이 등장하는 과정과 간접적으로 연결을 맺고 있다. 1900년 막스 플랑크가 새로운 복사이론을 제기하면서 볼츠만의 논의를 마지못해 받아들였고, 그 이후 과학자들 사이에서 볼츠만의 통계역학은 서서히 받아들여지게 되었던 것이다. 하지만 원자의 실재를 부정하던 에른스트 마흐(Ernst Mach, 1838~1916)와 그의 추종자들은 볼츠만의 통계역학이 바탕으로 하고 있는 원자론에 대해 계속 끈질기게 비판을 가했으며, 이 과정에서 볼츠만은 심각한 학문적 고립 상태에 빠지게 되었다.

1906년 9월 5일 볼츠만은 스스로 목을 매어 자살했다. 볼츠만이 세상을 떠난 때를 전후에서 브라운 운동과 같은 요동 현상에 관한 분자 운동에 관한 비평형 통계 이론이 1905년 독일의 아인슈타인, 1906년 폴란드의 마리안 폰 스몰루초프스키(Marian von Smoluchowski, 1872~1917)에 의해 전개되었으며, 1908년경 프랑스의 장 페랭(Jean Perrin, 1870~1942)은 브라운 운동에 관한 아인슈타인과 마리안 폰 스몰루초프스키의 이론을 입증하는 실험을 하여 원자의 실재를 경험적으로 보여주는 데 성공했다. 이와 아울러 1905년 이후 흑체복사 이론과 연관된 양자론이 점차로 과학자들 사이에서 수용되어 갔으며, 핵 및 원자에 대한 다양한 실험적 사실이 등장했다. 볼츠만이 죽은 뒤 그가 이룩한 통계역학은 과학자들 사이에서 수용되어 물리 현상을 다루는 핵심적인 학문 분야로 정착되었다.

MEMO

제4편

과학기술과 현대사회

22. X-선의 발견과 핵과학의 출현
23. 현대물리학의 형성 : 양자역학, 상대론, 현대우주론
24. 노벨상과 현대과학
25. 과학의 미국식 발전
26. 산업적 연구의 본격화
27. 연구중심대학의 성장과 대학의 상업화
28. 과학기술 집단연구의 보편화
29. 과학기술과 국방연구 : 핵무기개발과 과학자
30. 첨단 과학산업단지의 성장
31. 현대 생명과학의 발전
32. 정보통신혁명과 인터넷
33. 환경사상의 부상
34. 새로운 과학관

제4편 과학기술과 현대사회에서는 현대 과학기술의 학문적 전개 과정, 사회 속에서 과학기술이 다루어지는 모습 등을 살펴보고 있다. 우선 여기서는 핵과학, 상대성이론, 양자역학, 우주론, 생명과학 및 유전공학 등의 형성 과정을 살펴보면서 현대 과학기술의 모습을 개괄하고 있다. 아울러 산업체의 연구개발, 과학의 미국식 발전, 연구중심대학의 성장과 대학의 상업화, 과학기술 집단연구의 보편화, 노벨상과 현대과학 등 현대 과학기술의 변화에 따라 등장한 새로운 연구 방식에 대해서 조망하고 있다.

현대 사회에 들어와서 과학기술의 사회적 성격에 대한 관심이 높아지고 있다. 본 책에서는 사회를 구성하는 다양한 이해 세력과 밀접한 연결을 맺으면서 발전하고 있는 현대 과학기술의 모습도 사회적인 측면에서 살펴보고 있다. 대학의 국방연구, 현대 바이오산업에서 나타나는 생명윤리 문제, 정보통신시대의 정보보안과 사생활 침해 문제, 전 지구적 환경문제 등 과학기술과 연관된 다양한 사회 문제를 다루고 있다.

마지막으로 이 책은 과학사, 과학철학, 과학사회학을 통합적으로 이해하는 과학기술학 분야의 형성과정을 살펴보고 있다. 과학철학 분야에서 나타난 논리실증주의, 탈경험주의 사조를 조망하고, 과학기술학 분야에서는 기능주의 사회학, 사회구성주의, 행위자 네트워크 이론의 흐름을 간략하게 소개한다. 지난 100년의 역사를 통해 나타난 과학의 흐름에 대한 분석을 바탕으로 과학을 바라보는 태도가 오늘날 어떻게 변화하고 있는가에 대한 이해를 높이고자 한다.

22

X-선의 발견과 핵과학의 출현

20세기 과학에 대한 시대구분을 할 때 많은 사람들은 1895년을 그 기점으로 잡는다. 1895년은 독일의 과학자 뢴트겐이 X-선이라는 새로운 종류의 광선을 발견한 해였다. 뢴트겐이 이 새로운 광선을 발견한 뒤에 이에 자극되어 그 이듬해 프랑스의 베크렐은 우라늄에서 최초로 방사선을 발견했으며, 1897년에는 영국의 J.J. 톰슨이 음극선의 전하량과 질량의 비를 측정하는 데 성공해서 1899년경에는 음극선의 입자성이 강력하게 부각되었다. 톰슨에 의한 음극선의 입자성 발견은 20세기에 들어와서 상대성이론이 출현하는 계기를 마련해 주었으며, X-선의 본성에 대한 논쟁과정에서 파동-입자 이중성이라는 빛에 대한 새로운 인식이 나타나게 된다. 또한 방사선의 발견은 핵변환의 발견으로 이어졌고, 급기야 핵분열이 발견되어 우리는 핵에너지시대에 진입하게 되었다. 결국 20세기 과학은 X-선의 발견을 계기로 해서 그 새로운 모습을 드러내게 된 것이다.

음극선 연구의 시작

1858년 독일의 수학자 율리우스 플뤼커(Julius Plücker, 1801~1868)는 자력이 기체방전에 미치는 영향에 대해서 실험을 하던 중 자석 근처에서 기체방전이 어느 정도 휘는 것을 관찰했다. 더 나아가 그는 그 이듬해 방전관의 음극 근처에서 밝은 녹색의 발광현상이 나타나는 것을 관찰했다. 그러나 당시 그가 사용했던 '진공관' 의 진공도는 그다지 높지 않아서 더 이상의 정밀한 실험은 할 수가 없었다.

한편, 1855년 독일 본의 유리기구 제작자인 하인리히 가이슬러(Heinrich Geißler, 1814~1879)는 개스킷이 필요 없는 수은 진공펌프를 발명했는데, 이것으로 기체방전관 내의 진공도를 대기압의 만분의 1 정도로 낮추는 것이 가능하게 되었다. 이와 아울러 1864년에는 독일 태생의 기구제작자인 룸코르프(Heinrich Daniel Rühmkorff, 1803~1877)가 불꽃유도 코일을 개발해서 1피트 이상의 거리에서 불꽃을 일으킬 수 있는 고전압을 발생시킬 수 있게 되었다.

가이슬러의 수은 진공펌프와 룸코르프의 고전압 발생장치를 이용해서 플뤼커의 제자였던 빌헬름 히토르프(Johann Wilhelm Hittorf, 1824~1914)는 1869년 고진공 방전관 속에서 '글로우 광선' (Strahlen des Glimmens)을 발견할 수 있었다. 그는 이 광선이 고체 뒤편에 그림자가 생기게 하는 등 음극에서 직선으로 전파된다는 것과, 자장에 의해서 휘어지고 유리에 닿으면 발광을 한다는 것을 관찰했다. 그 뒤 플뤼커와 히토르프의 실험을 확인한 독일의 물리학자 골트슈타인(Eugen Goldstein, 1850~1930)은 이 광선을 '음극선' (Kathodenstrahlen)이라고 불렀다.

1878년 영국의 크룩스(William Crookes, 1832~1919)는 고진공관('Crookes tube') 속에서 나타나는 전기방전 현상을 연구하여 방전관 내의 암부(暗部; 'Crookes dark space')의 두께가 방전관 내의 분자의 압력이 감소함에 따라 넓어지는 것을 발견했다. 그리고 그 이듬해 그는 음극선이 고체를 통과할 때 그림자가 생기는 것과 자장에 의해서 휘어지는 것을 명확하게 보여주었다. 이런 일련의 연구를 종합해서 크룩스는 음극선이 음으로 하전된 분자의 흐름으로 이루어져 있다고 주장하고, 이것을 보통의 기체, 액체, 고체 상태와는 다른 물질의 '제4상태' 라고 불렀다.

음극선이 하전된 분자의 흐름으로서 물질의 제4상태에 해당한다는 크룩스의 주장에 대해서 음극선을 에테르적인 파동으로 해석했던 독일의 과학자들은 강한 비판을 가했다. 우선 1883년 킬 대학에 있던 하인리히 헤르츠(Heinrich Hertz,

1857~1894)는 글로우 방전에 관한 자신의 실험을 바탕으로 해서 음극선이 정전기장에 의해서는 휘지 않는다고 주장했다. 즉 헤르츠는 음극선이 빛과 유사한 것이라고 생각했으며, 음극선이 자장에 의해서 휘는 것도 빛의 편광면이 자장에 의해서 회전되는 광자기 회전효과와 유사한 것으로 해석했다. 헤르츠의 이런 생각은 하인리히 비데만(Heinrich Wiedemann, 1826~1899), 골트슈타인 등과 같은 독일의 다른 중견 과학자들도 받아들였던 생각이다.

한편, 카를스루에 고등공업학교에서 행한 전자파 확인실험으로 유명해진 뒤 본 대학으로 자리를 옮긴 헤르츠는 1892년에는 음극선이 얇은 금박을 통과할 수 있다는 것을 발견했다. 헤르츠는 그의 제자인 레나르트(Philipp Lenard, 1862~1947)에게 이 실험을 계속해 볼 것을 권유했다. 레나르트는 음극선관의 한쪽 끝에 얇은 알루미늄판('레나르트 창문')을 대고 여기에 음극선을 쏜 다음 이 금속창문을 통과해서 나오는 광선의 성질을 여러 기체들 속에서 면밀하게 점검했다. 이 실험에서 레나르트는 음극선에 관한 여러 가지 중요한 성질들을 관찰했지만, 그 역시 헤르츠의 견해를 받아들여 음극선을 빛과 유사한 것으로 보았다. 레나르트의 이 실험은 곧이어 나타나게 될 뢴트겐의 X-선 발견실험으로 이어졌다.

2 뢴트겐의 X-선 발견

1894년 5월 5일 레나르트는 뢴트겐에게서 음극선을 금속박판에 쏘기 위한 실험장치에 관한 문의편지를 받은 적이 있었다. 이때 레나르트는 뢴트겐에게 레나르트 창문에 사용되는 금속박편을 만드는 방법을 알려주었다. 레나르트의 도움을 받아서 뢴트겐은 레나르트의 실험을 반복해 볼 수 있었다. 그러나 이 실험을 하던 중 뢴트겐은 대학의 학장으로 뽑혀서 당분간 자신의 음극선 실험을 할 수가 없었다. 1895년 10월말 임기를 마친 뢴트겐은 1년 전에 자신이 한 실험을 다시 한번 반복해 보았다. 1895년 11월 8일 저녁 뢴트겐은 놀라운 현상을 목격하게 되는데, 후일 신문기자와 행한 인터뷰에서 그는 그날의 상황을 다음과 같이 술회하고 있다.

"그날 나는 검은 종이로 완전히 둘러싸여 있는 히토르프-크룩스관으로 작업을 하고 있었다. 책상 위에는 백금시안화바륨 종이 한 묶음이 놓여 있었다. 관에 전류를 흘려보내고 나자, 종이 위에는 이상한 검은 선이 비스듬하게 생겼다. 당시 관점에서 보면 그것은 빛 때문에 생긴 것이었다. 그러나 전기 아크등에서 나오는 빛조차도 이렇게 뒤덮인 종이는 통과할 수 없기 때문에 관에서 빛이 나온다는 것은 완전히 불가능했다."

그때 히토르프-크룩스관에서는 룀코르프 고전압 발생장치에 의해서 음극선이 유리관의 금속 벽에 빠른 속도로 충돌해서 새로운 종류의 광선인 X-선이 검은 종이를 뚫고 나와서 백금시안화바륨을 감광시켰던 것이었다. 이 놀라운 현상을 목격한 뢴트겐은 이 사실을 아무에게도 알리지 않고 실험을 계속해 나갔다. 12월 22일 그는 자신의 처를 실험실로 불러서 그녀의 손을 X-선으로 찍어보았는데, 이때 처음으로 살아 있는 사람의 뼈를 사진으로 찍을 수 있음을 확인했다. 이리하여 12월 28일 뢴트겐은 그간의 실험을 정리해서 뷔르츠부르크 물리 · 의학 학회지에 "새로운 종류의 광선에 관해서"라는 논문으로 발표했다.

이 짧은 논문은 곧 인쇄되어 뢴트겐은 1896년 신년에는 이미 논문의 별쇄본을 X-선 사진과 함께 자신의 친구들에게 보낼 수 있었다. 1월 4일에는 독일 물리학회 50주년 기념학회가 있었는데, 뢴트겐의 발견은 이때 전 독일 과학자들에게 알려졌다. 의학자들은 X-선의 의학적 중요성을 재빠르게 알아차리고 뢴트겐에게 강연을 요청했다. 학계뿐만이 아니라 독일, 오스트리아, 영국의 언론들도 이 놀라운 발견을 대서특필해서 뢴트겐은 일약 세계적인 유명인사가 되었다. 1월 9일에는 카이저 빌헬름 2세로부터 이 새로운 발견을 치하하는 축전이 날아왔다. 프랑스의 수학자인 앙리 푸앵카레(Henri Poincaré, 1854~1912)는 1896년 1월 20일 인간의 뼈가 찍힌 뢴트겐 사진을 파리의 아카데미에서 회람시켰는데, 이런 일이 있은 지 얼마 뒤인 그해 2월 24일에 베크렐은 아카데미에서 강한 투과성을 지닌 우라늄 화합물의 감광현상에 대해서 처음으로 발표하게 된다. X-선의 발견은 이렇게 여러 분야에서 커다란 영향을 미쳤기 때문에 뢴트겐은 발견 당시 노벨의 유언에 따라 제정된 노벨상의 물리학 분야의 첫 수상자로 선정되었다.

X-선은 뢴트겐 이전에 여러 사람에 의해서 만들어졌었을 것이다. 18세기에 많

이 만들어졌던 정전기 발생장치에서 나오는 스파크에서도 이미 X-선이 발생했었을 것이고, 1879년 크룩스 자신도 음극선 주변에서 사진 건판이 흐려지는 것을 불평하곤 했었다. 더구나 레나르트를 비롯한 몇몇 독일 물리학자들은 크룩스 관 주변에서 발생하는 발광현상을 목격했다. 그러나 그들은 음극선의 성질을 연구하는 데 그들의 관심을 집중하는 바람에 발견의 기회를 놓쳤다. 특히 레나르트의 창문실험은 X-선 발견에 가장 근접했던 실험이었으며, 실제로 레나르트는 뢴트겐이 히토르프-크룩스관을 제작하는 데 도움을 주었다. 레나르트는 자신이 이 중대한 발견을 하지 못한 것에 대해서 매우 애석하게 생각했으며, 특히 뢴트겐이 X-선 발견에 관한 논문을 쓰면서, 자신의 도움에 대해서 언급하지 않은 것에 대해서 크게 못마땅하게 생각했다.

9 톰슨의 전자 발견

1897년 4월 30일 영국 왕립연구소(Royal Institution)의 금요 저녁 회의에서 J. J. 톰슨(Joseph John Thomson, 1856~1940)은 지난 4개월간에 걸친 음극선에 대한 실험 결과를 발표했다. 이 발표에서 그는 음극선이 수소 원자의 1/1000 정도의 질량을 지닌 음으로 하전된 미립자(corpuscle)이며, 원자들은 바로 이 미립자들로 구성되었다고 주장했다. 톰슨이 발견한 이 미립자를 훗날 사람들은 전자(electron)라고 부르게 되었다.

하지만 톰슨은 평생 동안 전자라는 개념에 대해서 대단히 못마땅하게 생각했으며, 전자 발견 공로로 노벨상을 받을 때에도 그는 전자라는 말 대신에 '미립자'(corpuscle)라는 말을 사용했다. 톰슨 자신은 전자라는 말을 사용하기를 무척 싫어했기 때문에 자칫 잘못했다가는 그는 전자의 발견자로 남지 않을 수도 있었다. 우선 19세기 말 전자기학 분야에서 최고의 권위자였던 로렌츠와 영국의 과학자 라모 등은 이론적인 차원에서 전자라는 개념을 톰슨보다 먼저 사용했었다. 또한 비헤르트라는 과학자는 전자의 전하량과 질량의 비를 톰슨보다도 더 정확하게 측정했으며, 자기장에 의해 스펙트럼선이 분리되는 '제만 효과'를 발견한 제만도 전자의 전하량과 질량의 비를 측정했었다. 사실 톰슨은 이들에게 전자 발견의 우선권을 놓칠 수도 있었다. 그렇다면 왜 톰슨만이 유일한 전자의 발견자로 기록되었으며, 전자를 발견한 공로로 노벨상까지 받게 된 것일까?

톰슨은 학문적으로 탁월했을 뿐 아니라 다른 어떤 과학자보다도 전자의 발견자로서 자신의 이미지를 가장 잘 홍보할 수 있던 사람이었다. 우선 톰슨은 당시에 세계 실험 과학의 중심지 가운데 하나였던 캐번디시연구소의 소장이었다. 따라서 캐번디시연구소를 중심으로 한 톰슨의 학파는 그 당시 과학계의 여러 분야에서 성공적으로 자리를 잡았으며, 이에 따라 톰슨의 제자들은 톰슨이 발견한 미립자가 지닌 역사적 의미를 전자를 발견한 것으로 전파시키는 데 성공했던 것이다.

물론 홍보만으로 전자 발견자가 된 것은 아니었다. 톰슨이 전자의 발견자로 기록된 이유는 그가 전자라는 것을 확인할 수 있는 실험적 현상을 정확히 보여주었기 때문이다. 즉 전자를 분리해 내고, 측정하고, 조작할 수 있는 확실한 방법을 보여줌으로써 전자가 실재한다는 것을 실험적으로 증명했기 때문에 톰슨이 전자를 발견했다고 할 수 있다. 1900년 이후 전자의 속성은 여러 학자들에 의해서 계속 서서히 발견되어 나갔다. 1913년 밀리컨(Robert A. Millikan, 1868~1953)은 자신의 유명한 유적 실험을 통해 전자의 하전량을 아주 정확히 측정함으로써 분명한 의미에서 단일 전자의 실재가 실험적으로 증명되었다.

자연방사선의 발견

자연방사선은 1896년 초 프랑스의 앙리 베크렐(Henri Becquerel, 1852~1908)에 의해서 처음으로 발견되었다. 그해 2월 24일에 베크렐은 아카데미에서 강한 투과성을 지닌 우라늄 화합물의 감광현상에 대해서 처음으로 발표했다. 실상 베크렐의 집안은 3대째 명문 공과대학인 에콜 폴리테크니크를 나와서 우수 연구소인 자연사 박물관에서 일했던 명문 과학자 집안이었는데, 그들은 대대로 분광학을 비롯해서 우라늄 화합물을 포함한 여러 물질들의 형광현상에 대한 연구를 해오고 있었다. 이런 의미에서 베크렐이 자연방사선을 발견한 것은 이미 오래전부터 예견된 것이나 다름없었다.

5월까지 계속된 연이은 발표로 베크렐은 투과성, 감광성, 이온화 성질 등 자연방사선의 여러 성질들을 규명했지만, 그의 이러한 발견은 뢴트겐 광선과는 달리 많은 과학자들의 주목을 받지는 못했다. 이 새로운 광선에 주목했던 소수의 사람 가운데 한 사람이 폴란드에서 파리로 유학을 와서 젊은 과학자인 피에르 퀴리(Pierre Curie, 1859~1906)와 이제 막 결혼을 한 뒤, 박사학위 논문 주제를 찾고 있었던 마리 퀴리(Marie Curie, 1867~1934), 즉 마리아 스쿠오도프스카(Maria Skłodowska)였다. 퀴리 부인은 기존의 화학적 분석방법 외에 남편이 자신의 전문 연구영역인 물성에 관한 연구경험을 활용해서 만들어 준 검전기를 이용하는 새로운 분석방법을 사용해서 우라늄보다 강력한 방사성 물질을 찾아나갔다. 엄청난 양의 피치블렌드를 처리하는 고된 작업 끝에 마침내 1898년 비스무트와 유사한 폴로늄을, 1899년에는 바륨과 유사한 라듐이라고 하는 새로운 방사선 물질들을 추출해 내는 데 성공했다. 퀴리 부부가 폴로늄과 라듐을 발견하면서 방사선에 관한 연구는 과학자들 사이에서 커다란 주목을 받기 시작했기 때문에, 그들의 작업은 단순히 새로운 방사성 물질을 발견했다는 것 이상의 의미를 지니는 것이었다.

9 러더퍼드의 방사선연구

방사선 분야가 주요 관심분야로 부상되면서, 많은 과학자들이 방사선에 대해서 연구하게 되었다. 그 가운데서도 가장 두각을 나타낸 사람은 뉴질랜드 태생으로 영국에서 공부한 뒤 1898년부터 캐나다 몬트리올의 맥길(McGill) 대학에서 연구하고 있던 영연방 과학자 어니스트 러더퍼드(Ernest Rutherford)였다. 그는 1897년 독일의 화학자 G.C. 슈미트가 방사성을 지닌 것으로 알아낸 토륨을 실험대상으로 하여, 방사성 물질이 일으키는 이온화를 측정하는 전기적 장치를 이용해 실험을 했다. 이 전기적 실험 장치로 러더퍼드는 1898년 방사선이 한 가지가 아니라 서로 다른 두 가지 성질을 지닌 물질로 이루어져 있다는 것을 처음으로 확인했다. 이후 러더퍼드는 1902년까지 방사능 물질에서 방출되는 방사선이 얇은 물질막에 의해서 아주 쉽게 흡수되는 알파선, 음극선과 유사하고 매우 빠르게 움직이는 베타선, 그리고 투과력이 매우 강하며 센 자장에 의해서도 휘어지지 않는 감마선으로 이루어져 있다는 것을 확인했다. 이런 구분은 퀴리 부부를 비롯한 이 분야의 전문가들이 적극적으로 수용함에 따라 많은 사람들이 사용하게 되었다. 알파선이 헬륨의 원자로 이루어져 있다는 추측은 알파선의 입자적 성격이 확인된 뒤에 여러 사람에 의해서 계속 제기되었었다. 그러나 그 존재는 1908년경 러더퍼드와 가이거가 전기적 방법과 황화아연 결정을 이용한 섬광계수법을 각각 고안해서 이 두 방법 모두에 의해서 알파입자를 정확히 셀 수 있게 되고, 분광학적 방법에 의해 알파선이 헬륨이라는 것이 판명된 뒤에야 분명하게 확인되었다.

현대판 연금술 : 핵이 변환되다

1902년 초 러더퍼드와 프레드릭 소디(Frederick Soddy, 1877~1956)는 토륨의 방사성 활동이 시간이 지나면서 다시 회복되는 현상을 목격하고, 이것을 바탕으로 토륨이 방사선을 내면서 더욱 강한 방사성을 지닌 토륨 X로 변환된다고 하는 과감한 가설을 내세웠다. 즉 원소가 방사선을 방출하면서 새로운 원소로 변환한다는 것이다. 같은 시기에 프랑스에서도 피에르 퀴리 팀이 이와 비슷한 연구를 하고 있었다. 그러나 그들은 피에르 퀴리의 강한 실증주의적인 경향 때문에 원소 자체가 변환한다는 지극히 가설적인 생각을 쉽게 받아들일 수 없었으며, 물질변환이 아니라 주로 방사성 원소가 방출하는 에너지 측정에 대한 연구에 집중하고 있었다. 방사성 원소가 변환된다는 것이 확인되고, 이에 따라 생성되는 여러 방사성 물질이 연구되면서, 많은 과학자들은 자신들이 새로운 원소를 발견했다고 여겼었다. 당시에는 원소를 구분하는 것이 원자량의 차이에 의해서 정해졌기 때문이었다. 이러한 혼란은 1913년 방사성 원소와 그의 주기율 법칙과의 관계를 연구하던 소디가 핵의 전하량은 같지만, 원자량이 서로 다른 소위 '동위원소'라는 개념을 제기하고, 뒤이어 모즐리(Henry Gwyn Jeffreys Moseley, 1887~1915)가 X-선 분광학을 바탕으로 해서 원자번호를 원자량이 아닌 핵의 전하량에 의해서 재정의하면서 점차로 해소되었다.

9 최소 전하량 논쟁: 밀리컨과 에렌하프트

20세기 초 물리학계에서는 자연에 존재하는 최소 전하량의 존재를 둘러싸고 두 물리학자 사이에 치열한 논쟁이 벌어졌다. 1910년을 전후해 벌어진 이 논쟁 이후 여기에 참가했던 두 물리학자들은 과학계에서 서로 다른 운명의 길을 가게 되었다. 즉, 이 논쟁에 참가했던 두 논객 중 한 사람은 전자의 기본 하전량을 측정한 공로로 노벨상을 받았으나, 다른 한 사람은 전자의 최소 전하량의 존재를 부정하면서 정신적으로 파멸의 길을 걷게 된다. 승리의 주인공은 잘 알려진 바와 같이 미국의 로버트 밀리컨(Robert A. Millikan, 1868~1953)이었으며, 패배자로 낙인 찍히게 되는 인물은 바로 오스트리아 빈 대학의 물리학자인 펠릭스 에렌하프트(Felix Ehrenhaft, 1879~1952)였다.

밀리컨이 전자의 하전량을 측정하게 된 데에는 시카고 대학에서 마이컬슨이 이룩한 기초 상수에 대한 정확한 측정(precision measurement)의 전통이 큰 역할을 했다. 밀리컨은 1921년 시카고 대학에서 캘리포니아 공과대학(California Institute of Technology)으로 옮길 때까지 마이컬슨의 뒤를 이어 이곳 시카고 대학의 라이어슨 연구소(Ryerson Laboratory)를 미국 물리학의 중심지로 이끌었으며, 시카고 대학에서의 이러한 물리학 연구전통은 밀리컨의 후임인 컴프턴(Arthur H. Compton, 1892~1962)에 의해서 계속 이어졌다.

1907년부터 밀리컨은 전자의 기본 하전량을 측정하기 위한 실험 방법을 계속 개량해 나갔다. 실험 조건을 다양화하기 위해 그는 물, 알코올 등을 동시에 실험에 활용해 보았다. 1910년부터 밀리컨은 하전량 측정 실험을 위해 물과 알코올 이외에 기름을 사용하기 시작했다. 자동차 엔진오일에 사용되는 기름은 상대적으로 휘발성이 낮기 때문에 기름방울의 상하 이동을 30분에서 4시간에 이르기까지 오랜 시간 동안 측정할 수 있었다. 물 이외에 기름을 선택한 것은 밀리컨이 기본 하전량을 측정하기 위한 실험에서 커다란 전환점을 이룬다.

기름방울의 지름이 기체 분자의 평균 행정 거리의 크기에 가까워질 경우에는 기존의 스톡스 법칙을 그대로 적용할 수 없다. 이 문제를 극복하기 위해 밀리컨은 기존의 스톡스의 법칙에 커닝엄의 이론을 이용해서 교정을 한 소위 스톡스-커닝엄(Stokes-Cunningham) 법칙을 채용했다. 이외에도 그는 전자의 하전량을 정확히 계산하기 위해 공기의 점성도(coefficient of viscosity)를 아주 정확하게 고려하였다.

이런 많은 실험 오차를 제거해 나간 끝에 마침내 1913년 6월 2일 밀리컨은 4년에 걸친 자신의 실험 결과를 『피지컬 리뷰』에 발표했다. 당시에 그가 발표했던 기본 하전량은 4.774 ± .009 × 10-10(esu)이었다. 밀리컨은 자신이 얻은 값을 페랭(Jean Baptiste Perrin, 1870~1942) 등이 브라운 운동을 이용해서 얻은 값, 플랑크의 열복사 이론에서 얻은 값, 레게너가 방사선 방법으로 얻은 값과 비교해서 이들의 평균값이 기름방울 방법에 의해 얻은 값의 오차의 한계 내에 있음을 보였다. 더 나아가 밀리컨은 전자의 기본 하전량이 정확하게 측정됨으로써 분자의 기체상수, 플랑크 상수, 볼츠만 상수 등 물리학에 기본이 되는 여러 기초 상수들도 새롭게 계산할 수 있었다.

한편, 에렌하프트는 밀리컨에 비해 11살 아래의 젊은 과학자였지만, 적어도 과학 연구 경력과 명성에 있어서는 그 당시 밀리컨에 비해 훨씬 앞선 인물이었다. 1909년 에렌하프트는 밀리컨과 유사한 방법으로 전자의 '기본양자'를 측정해서 오늘날의 전자 전하량 측정치와 유사한 값을 얻었다. 하지만 밀리컨이 전자의 기본 하전량을 측정해서 논문으로 발표한 것을 본 에렌하프트은 1910년 4월 갑자기 자신이 전자의 기본 하전량보다 더 작은 전하량을 얻었다고 발표했다. 시간이 지남에 따라 그는 전자의 절반, 50분의 1, 100분의 1, 심지어는 1000분의 1의 양까지 발견했다. 그가 이렇게 전자의 기본 하전량의 존재를 부정하게 된 이면에는 당시 오스트리아에서 에른스트 마흐(Ernst Mach)를 중심으로 해서 전개되었던 반원자론 분위기와 부분적으로 연관을 맺고 있었다. 상대주의자 마흐는 죽을 때까지 원자의 존재를 부정했다.

에렌하프트가 논쟁을 벌인 것은 단지 전자의 기본 하전량 문제뿐만이 아니었다. 1930년대 중반 그가 자석의 N극과 S극이 독립적으로 존재하는 자기단극자(magnetic monopole)를 발견했다고 주장하면서 학계는 다시 논쟁의 소용돌이에 휘말렸다. 결국 그의 생애는 복잡한 물리 현상의 해석과 연관된 미해결의 논쟁으로 점철되었다고 할 수 있다.

러더퍼드의 원자모형

1909년 영국의 맨체스터에 있던 러더퍼드와 함께 연구하던 한스 가이거와 어니스트 마스던(Ernest Marsden)은 황화아연 결정판을 이용한 섬광계수법에 의해서 금속판막에 알파입자를 충돌시킬 때 직각 이상의 각도로 확산 반사되는 현상을 관찰했다. 이들의 실험으로 곧바로 원자구조에 대한 의문이 풀린 것은 아니었다. 당시 영국을 대표하는 과학자였던 J.J. 톰슨은 이미 원자 구껍질에 양전하가 균일하게 분포되어 있고, 이곳을 음의 전하를 띤 전자가 움직이고 있다는 원자모형을 제기했었다. 1910년 캐번디시 연구소에 있던 크라우서(J.A. Crowther)는 원자에 베타입자를 충돌시키는 산란실험을 실시해서 톰슨의 모형을 입증했다. 이런 상황에서 러더퍼드는 가이거와 마스던의 확산반사실험을 면밀하게 검토하는 한편, 크라우서의 베타산란실험도 비판적으로 점검했다. 이리하여 1911년 러더퍼드는 맨체스터 연구팀이 해낸 알파입자에 의한 실험의 결과를 종합하여, 원자는 그 중심의 아주 작은 영역에 양의 전하를 지닌 원자핵과 그 주위를 도는 전자들로 이루어져 있다는 새로운 원자모형을 제시했다. 이 가설은 1913년 가이거와 마스던이 했던 보다 정밀한 알파입자 산란실험에 의해서 확증되었고, 더 나아가 보어의 원자모형에서 채택되어 이론물리학 분야에서도 강력한 후원자를 얻었다. 결국 보어의 원자모형이 수용되는 과정은 러더퍼드의 원자모형의 수용과 한 배를 타게 되었던 것이다.

러더퍼드와 인공원소 변환

1914년 마스던은 섬광계수기로 알파입자의 운동을 연구하는 실험을 하던 중, 대단히 빠르고 알파입자보다 멀리까지 도달할 수 있는 수소입자의 존재를 확인했다. 그는 이것이 확실치는 않지만 아마도 라듐 C와 같은 방사성 물질에서 나오는 것으로 추정했다. 전쟁기간 중 러더퍼드는 틈틈이 마스던의 이 실험을 면밀하게 검토했는데, 1919년 그는 마스던이 관찰한 수소입자가 방사성 물질에서 직접 나온 것이 아니라 인공적으로 원소변환이 일어나 생긴 것이라는 놀라운 결론을 내리게 된다. 즉, 라듐 C에서 나온 알파입자가 공기 중의 질소와 충돌해서 산소의 동위원소가 생기고 여기서 빠른 속도의 수소가 생겼다는 것이다. 핵변환은 이제 자연적으로 발생하는 것이 아니라 인공적으로도 가능하다는 것이 확인되었다.

러더퍼드는 원소의 인공변환 실험을 계기로 해서 소위 '러더퍼드의 핵자위성 모형'을 발전시켰다. 즉 원자핵 속에서는 몇몇 작은 원자핵들이 서로 위성운동과 유사한 복잡한 운동을 하고 있다는 것이다. 또한 그는 빠른 알파입자를 가벼운 원소의 핵에 매우 가깝게 접근시킬 때 이 입자들의 상호작용에서 나타나는 힘이 역제곱법칙에 따르지 않는다는 것에 주목하고, 이것이 핵 내부의 복합적인 구조 때문이라고 설명했다. 이외에도 그는 핵 내부의 전자가 양성자와 결합하여 중성을 나타낸다는 가설을 내놓았는데, 이런 주장은 1932년 제임스 채드윅(James Chadwick, 1891~1974)이 중성자를 발견함으로써 비로소 완전한 모습을 띠게 된다. 양자역학이 발전함에 따라 핵자와 알파입자와의 상호작용에서 나타나는 힘의 관계가 역제곱법칙에서 벗어나는 것은 핵자의 구조적인 문제가 아니라, 고전역학에서 벗어나는 양자역학적 효과라는 주장이 대두되었으나, 러더퍼드는 이것을 받아들이지 않았다. 하지만 러더퍼드의 주장과는 달리 핵의 붕괴현상을 다루는 데 있어서 양자역학의 유용성은 점차로 과학자들 사이에서 인정되기 시작했다. 1928년에 러시아의 젊은 과학자 가모프(George Gamow)는 핵 내부에서 빠져 나오는 알파입자의 에너지가 핵자 내의 포텐셜 장벽에 비해서 상당히 낮은 것에 주목했다. 그는 이런 현상을 높은 에너지장벽을 낮은 운동에너지로 뛰어넘을 수 있는 일종의 양자투과효과로 해석함으로써 핵붕괴현상을 성공적으로 설명했다. 거의 같은 시기에 미국 프린스턴 대학의 로널드 거니(Ronald Gurney)와 에드워드 콘든(Edward Uhler Condon, 1902~1974)도 이와 비슷한 견해를 발표했다. 이들의 작업은 과학자들로 하여금 핵현상을 설명하는 데 새로운 양자역학을 적극적으로 활용하게 만들었을 뿐만 아니라, 핵붕괴를 일으키는 데는 반드시 커다란 에너지의 입자만이 가능한 것은 아니라는 것을 실험 물리학자들에게 인식시켜 주어 핵물리학의 실험방향에도 커다란 영향을 미쳤다.

중성자의 발견

1932년 채드윅에 의한 중성자의 발견은 핵변환연구에 커다란 전환점을 준 또 하나의 사건이었다. 1930년 독일 베를린의 제국물리기술연구소에서 일하던 발터 보테(Walther Wilheml Georg Bothe, 1891~1957)와 베커는 폴로늄에서 나오는 알파입자를 베릴륨에 쏘았을 때, 다른 원소에서는 볼 수 없는 강력한 '감마선'이 나오는 것을 관찰했다. 프랑스에서도 퀴리 부인의 딸인 이렌 졸리오-퀴리(Iréne Joliot-Curie, 1926년까지 Iréne Curie, 1897~1956)와 그의 남편 프레데릭 졸리오-퀴리(Frédéric Joliot-Curie, 1926년까지 Jean-Frédéric Joliot, 1900~1958)가 보테와 베커가 관찰한 이 강력한 감마선으로 실험하던 중 1932년 1월 역시 놀라운 현상을 목격했다. 그들은 파라핀, 물, 셀로판 등과 같이 수소를 포함한 물질을 알루미늄장 앞에 삽입시키고, 여기에 보테와 베커가 관찰한 투과력이 강한 감마선을 쏘아 보았다. 그런데 이 경우에 이온화 상자로 잰 이온화의 강도는 통상의 감마선처럼 약해지는 것이 아니라, 오히려 반대로 엄청나게 증가했다. 그들은 이것이 수소 함유물질에서 나오는 양성자 때문이라는 것을 실험적으로 밝혔다. 그러나 만약 이 현상을 감마선에 의해서 나타나는 컴프턴 효과로 인해 양성자가 튀어나온 것으로 해석한다면, 그 감마선은 엄청난 규모의 에너지와 작용 단면적을 가져야만 했다. 이들의 놀라운 발표문은 1월 말 영국의 케임브리지에 도착했다. 이런 상황에서 마침내 1932년 2월 17일 채드윅은 1920년대를 통해 발전한 새로운 전자공학적인 실험기법을 도입해서, 보테와 베커가 관찰한 매우 강력한 '감마선'이 감마선이 아니라 수소원자와 질량이 비슷하고 중성을 띤 새로운 입자인 '중성자'라는 가설을 『네이처』지에 발표하게 된다. 보테와 베커가 관찰한 투과력이 강한 '감마선'은 실상은 감마선과 아울러 새로운 소립자인 중성자도 포함하고 있었던 것이다.

우라늄 핵분열의 발견

영국의 채드윅이 중성자를 발견한 뒤 수많은 과학자들은 이 중성자를 원자에 충돌시켜서 핵변환을 일으키는 실험을 했다. 중성자는 전하가 없기 때문에 쉽게 원자핵 가까이에 접근할 수 있고, 따라서 핵을 쉽게 변환시킬 수 있었기 때문에 당시 과학자들에게 이 중성자는 아주 유용한 연구수단이었던 것이다. 1930년대에 중성자를 원자에 충돌시켜 원자핵이 변환되는 것을 연구하던 수많은 과학자들 가운데 우라늄의 핵분열을 발견한 것은 독일의 오토 한(Otto Hahn, 1879~1968)과 프리츠 슈트라스만(Fritz Strassmann, 1902~1980)이었다. 그들은 1938년 말 우라늄에 중성자를 쏘면 바륨이 생성되고, 여기서 두세 개의 중성자가 나와서 이것이 연쇄반응을 일으킨다는 놀라운 사실을 발견했다.

우라늄을 연구하고 있던 여러 연구팀 가운데 왜 하필이면 베를린의 오토 한과 슈트라스만 팀이 우라늄 핵분열을 발견하게 되었을까? 당시 우라늄의 핵변환을 연구하던 팀에는 베를린 팀 이외에도 그들보다 유리한 위치에 있던 연구팀이 많았다. 우선 졸리오-퀴리 팀은 1934년 붕소, 마그네슘, 알루미늄 등에 폴로늄에서 나오는 강력한 알파선을 충돌시켜, 최초로 인공적으로 방사성 원소를 만드는 데 성공했다. 이런 실험을 본 로마의 페르미는 졸리오-퀴리가 사용한 고에너지 알파입자 대신에 채드윅이 발견한 느린 중성자로 인공적으로 원소를 변환시켜 방사성 물질을 만들려는 착상을 했다. 결국 엔리코 페르미(Enrico Fermi, 1901~1954)와 아말디(E. Amaldi), 다고스티노(O. D'Agostino), 라세티(F. Rasetti), 세그레(Emilio Gino Segrè 1905~1989) 등으로 구성된 로마의 연구팀은 1934년 중성자를 쏘아서 인공 방사성 물질을 만드는 데 성공했다. 이때 이들은 수많은 원소에 중성자를 쏘아서 원소변환을 했었는데, 마지막으로 우라늄에도 중성자를 쏘아서 우라늄보다 원자번호가 큰 초우라늄을 만들려고 시도하고 있었다. 또한 파리 팀도 1934년부터는 우라늄과 토륨에 중성자를 쏘아 핵의 변환과정을 연구하고 있었다.

학제간 연구조직의 중요성

우선 베를린 팀이 우라늄 핵분열을 발견하게 된 가장 커다란 요인 가운데 하나로 베를린 팀의 특이했던 연구조직을 들 수 있다. 당시 파리의 이렌느 퀴리를 중심으로 한 연구팀과 로마의 엔리코 페르미 팀은 주로 물리학자들로만 구성되어 있었던 반면에 베를린의 오토 한, 리제 마이트너(Lise Meitner, 1878~ 1968), 슈트라스만 팀은 물리학자와 화학자들로 구성된 완벽한 학제간(interdisciplinary) 연구팀이었다는 것이다. 우선 팀장인 오토 한은 유기화학자 출신으로 러더퍼드와 함께 핵현상을 연구한 경험이 있었던 방사화학자였다. 그는 1912년 설립 초기부터 카이저 빌헬름 화학연구소의 방사성 분과를 이끌고 있었다. 당시 독일에서는 드물었던 여성과학자인 리제 마이트너는 물리학자 출신이었는데, 한과는 이미 1907년부터 함께 연구를 했었다. 카이저 빌헬름 화학연구소가 설립되자 그녀는 처음에는 한의 연구실에서 방문연구원으로 일했으나, 1917년부터는 자신의 연구실을 얻어서 한과 계속 공동연구를 해 왔다. 페르미 팀과 졸리오-퀴리 팀의 작업을 검토한 뒤 1934년 가을, 중성자를 이용해서 우라늄을 변환시키는 실험을 한에게 제안했던 것은 물리학자였던 마이트너였다. 한과 마이트너는 핵변환 과정에서 생성되는 새로운 원소를 분석할 전문적인 분석화학자를 찾았는데, 그가 바로 슈트라스만이었다. 이렇게 다양한 분야에서 경험을 쌓은 과학자들의 협동적 연구가 베를린 팀이 우라늄을 발견하는 데 커다란 역할을 했다. 특히 파리 팀과 로마 팀에는 우수한 전문적인 분석화학자가 없었다는 것이 결과적으로 결정적인 약점으로 작용했다.

라듐과 바륨이 원소의 주기율표상에서 같은 2A족에 속해서 그것들의 화학적 성질이 비슷했다는 것도 이 연구에 전문적인 분석화학자가 필수적이었다는 것을 말해 준다. 주기율표상에서 2번째 세로축에 해당하는 제2A족 원소들은 원자 주위를 돌고 있는 최외각 전자들이 모두 2개씩이어서 다른 물질과 화학결합을 할 때 비슷하게 행동하기 때문에 서로 유사한 화학적 성질을 지니게 된다. 따라서 아주 꼼꼼한 분석화학자가 아니고서는 이것을 구별해 내기가 대단히 힘들다. 1930년대까지 과학자들이 얻은 원자변환 지식에 따르면, 원자번호가 92번인 우라늄은 자연 붕괴하여 알파선과 베타선을 방출하면서 당시까지는 발견되지 않았지만 우라늄보다 원자번호가 커다란 초우라늄 원소로 변환되거나, 혹은 원자번호 91번인 프로탁티늄, 90번인 토륨, 89번인 악티늄, 88번인 라듐 등과 같은 여러 원소로 변하다가 마침내는 안정한 납으로 되어 방사성 원소로서의 일생을 마치게 되어 있었다. 따라서 원자핵에 변환이 일어난다고 하더라도 이런 작은 범위에서 일어나지 우라늄이 절반으로 쪼개져서 원자번호가 56번인 바륨으로 변화한다고는 전혀 생각하지 못했다. 그들이 얻어 낸 생성물 속에는 분명히 바륨이 있었음에도 불구하고, 당시의 과학자들은 이것을 알아내지 못했다.

베를린 팀의 승리

1938년 7월 중순 마이트너가 나치의 체포 위험에서 벗어나기 위해 스웨덴으로 피신했다. 마이트너가 베를린을 떠나면서 이상적이던 베를린 연구팀이 깨어졌다. 이제는 마이트너가 빠진 상태에서 방사화학자 오토 한과 분석화학자 슈트라스만이 그들이 하던 연구를 계속해야만 했다. 베를린 팀의 분석화학자였던 슈트라스만은 기존의 핵물리학자들이 가지고 있던 선입관이 없이 오직 생성물의 화학조성을 분석화학적 방법으로 정확하게 분석해 내는 일에만 관심이 있었다. 그도 처음에는 마이트너의 추측대로 우라늄에 중성자를 쏘아서 만든 생성물에서 라듐을 찾기 위해 실험을 계속했다. 그러나 실험을 하면 할수록 자꾸 자신이 찾고자 했던 이 라듐이 바륨과 같이 행동한다는 느낌이 분석화학자인 그에게 와 닿았다. 물리학자들의 눈에는 보이지 않았던 바륨이 분석화학자의 손을 벗어날 수는 없었던 것이다. 결국 슈트라스만의 이 느낌을 확인하기 위해서 한과 슈트라스만은 함께 화학자의 입장에서 실험을 다시 한 번 꼼꼼하게 반복했다. 이 실험을 행한 다음 주 월요일인 1938년 12월 19일 그들은 마이트너에게 놀라운 결과를 전하게 된다. "우리는 점점 더 우리의 라듐 동위원소가 라듐처럼 행동하지 않고, 바륨처럼 행동한다는 놀라운 결론에 도달하게 됐다." 마이트너가 떠난 지 불과 5개월 뒤인 1938년 12월 베를린 팀은 마침내 중성자의 충돌에 의한 우라늄 핵변환의 생성물이 바륨이라는 것을 확인했다. 우라늄은 약간 작아진 것이 아니라, 완전히 두 쪽으로 갈라진 것이다.

일단 우라늄이 중성자에 의해 분열된다는 착상이 확인된 뒤에 나머지 메커니즘을 알아내는 것은 그리 어려운 문제는 아니었으며, 마이트너와 그의 조카인 오토 프리시(Otto Robert Frisch, 1904~1979)의 해석에 힘입어 거의 순식간에 대략의 우라늄 분열 메커니즘이 나타나게 되었다. 즉, 우라늄은 바륨과 크립톤으로 분열된 뒤 두세 개의 중성자를 방출하고, 또한 심한 질량결손에 의해서 막대한 에너지가 연쇄적으로 발생하게 되는 것이다. 바로 이것으로 세계를 깜짝 놀라게 했던 원자탄의 기본원리가 발견된 것이다. 결국 현대사회에 커다란 영향을 미치게 될 우라늄 핵분열은 그 분야의 전문가들인 핵물리학자들에 의해서 발견된 것이 아니라 핵물리학과는 전혀 상관이 없는 분석화학자에 의해 그 발견의 실마리가 잡혔던 것이다.

페르미 팀이 핵분열을 발견하지 못한 데에는 연구조직의 차이뿐만이 아니라 그 외의 과학외적인 요인도 작용했다. 페르미 팀은 이탈리아의 정치적 변화로 인해서 사분오열되어 연구에 단절이 생겼다. 1938년 파시스트 인종법안은 페르미의 처에게 영향을 미쳤는데, 1938년 12월 페르미는 중성자를 사용해서 방사성 물질을 만든 공로로 노벨상을 받으러 스톡홀름에 갔다가 이탈리아로 돌아오지 않고 그냥 미국으로 건너가 버렸다.

오토 한과 슈트라스만에 의한 우라늄 핵분열의 발견으로 우리 인류는 새로운 핵에너지시대에 진입하게 되었다. 미국으로 건너간 페르미는 1942년에 최초로 원자로를 건설했고, 맨해튼계획에 참가한 수많은 과학기술자들에 의해서 1945년에는 원자탄이 제조되었다. 오토 한은 1945년 독일의 핵무기개발 의혹에 대한 연합국의 전후조사 때문에 영국에 잡혀가 억류되어 있는 상태에서 우라늄 핵분열을 발견한 공로로 노벨 화학상의 수상자로 선정되었다. 당시 노벨상위원회와 분과는 핵분열 분야에 대한 수상 유보를 주장했지만 과학아카데미가 리제 마이트너와 프리츠 슈트라스만을 제외하고 오토 한만을 수상자로 선택했다. 리제 마이트너는 1924년부터 죽을 때까지 계속 노벨상 후보로 꾸준하게 추천되었지만 결국 노벨상을 받지는 못했다. 우라늄 핵분열의 발견에 결정적인 실마리를 제공했던 슈트라스만도 노벨상을 받지 못하고 1980년 생애를 마감했다.

23

현대물리학의 형성 : 양자역학, 상대론, 현대우주론

20세기 물리학에 가장 커다란 영향을 미쳤던 두 가지 물리 이론은 상대성이론과 양자론을 꼽을 수 있다. 상대성이론은 시간과 공간이 서로 분리되어 있었던 고전 물리학적인 시공 개념을 혁명적으로 변화시켜 새로운 시간-공간 4차원 다양체와 현대적인 팽창우주론의 이론적 배경이 되었다. 또한 에너지가 띄엄띄엄 존재하는 에너지 양자로 되어 있다는 양자론은 빛의 본질과 원자 및 분자 구조를 해명하는 데 획기적인 전환점을 만들어 주었다. 양자론은 양자역학으로 발전하였고, 급기야 양자역학에 대한 철학적 해석인 불확정성원리와 상보성원리로 말미암아 결정론적인 뉴턴주의 세계관은 비결정론적인 세계관으로 새롭게 변화되었다.

막스 플랑크와 광양자가설

20세기의 문턱에서 양자론의 포문을 연 사람은 막스 플랑크(Max Planck)였다. 19세기 말 독일의 조명산업에서는 전등의 필라멘트에서 방출되는 스펙트럼의 가시영역과 비가시영역에 대한 보다 넓은 지식을 필요로 했다. 이런 산업계의 요구에 부응해서 제국물리기술연구소(PTR)에서 일하던 빌헬름 빈(Wilhelm Wien, 1864~1928), 오토 룸머(Otto Lummer, 1860~1925), 페르디난트 쿠를바움(Ferdinand Kurlbaum), 하인리히 루벤스(Heinrich Rubens, 1865~1922) 등과 같은 당대의 유능한 실험물리학자들은 복사현상에 대한 면밀한 실험을 행했는데, 이들이 얻은 실험결과를 만족시키기 위해서 1900년 막스 플랑크는 새로운 복사법칙을 제기했다. 그런데 문제는 이 복사식이 서로 양립하기 어려웠던 연속적인 전자기학과 불연속적인 볼츠만의 통계역학을 모두 받아들일 때 보다 잘 설명된다는 것이었다. 플랑크는 그 이전까지 열역학 제2법칙을 논의할 때 볼츠만의 통계역학을 받아들이지 않았으나, 자신의 새로운 복사법칙을 설명하기 위해서 1900년에 처음으로 이를 받아들이게 된다. 또한 이때 플랑크는 흑체복사의 에너지가 플랑크상수라는 특정한 상수의 정수배가 되어야 한다는 주장을 하게 되는데, 흔히들 이것을 새로운 양자론의 시발점이라고 말하고 있다.

플랑크가 흑체복사의 에너지가 정수배로 변화한다는 중대한 가정을 처음으로 자신의 논문에서 쓰고는 있었지만, 그 자신은 빛이 바로 입자라는 생각에 대해서는 심한 저항감을 가지고 있었다. 1905년 아인슈타인은 광전효과를 설명하기 위해서 광양자가설을 제기했다. 아인슈타인은 플랑크와는 달리 처음부터 빛을 입자로 보고 자신의 논의를 전개했다. 또한 아인슈타인의 논문은 후일 고전적인 입자에 적용되는 맥스웰-볼츠만 통계와 빛과 같은 양자역학적인 입자에 적용되는 보스-아인슈타인 통계로 분명히 구분될 수 있는 통계역학적인 논의를 바탕으로 한 것이었으며, 볼츠만 통계와 구분이 애매했던 플랑크의 통계학적 논의와는 분명히 구별이 되는 것이었다. 즉, 플랑크가 사용한 정수배라는 의미는 구간의 의미로도 해석될 수 있는 여지가 있었고, 따라서 반드시 에너지의 불연속성을 가정하지는 않아도 되었지만, 아인슈타인의 광양자는 분명히 불연속적인 에너지의 존재를 전제로 한 것이었다.

아인슈타인의 광양자가설은 플랑크와 로렌츠(Hendrik Antoon Lorentz, 1853~1928)를 비롯한 당대의 중견 과학자들이 받아들이기에는 너무 과격한 것이었다. 그들은 광양자가설이 빛의 회절과 간섭 현상을 설명하기에는 무리가 있다고 생각했다. 아인슈타인은 이러한 빛의 이중적인 성격을 자신이 1905년에 광양자가설과 상대성이론과 함께 논의했던 브라운운동을 이용해서 설명했으나, 당시에는 많은 과학자들에게 이 문제가 만족스럽게 해결된 것은 결코 아니었다.

9 보어의 원자모형과 고전양자론

1913년 닐스 보어(Niels Bohr, 1885~1962)는 새로운 원자모형을 제안해서, 빛의 복사에 관한 이론이었던 양자론을 원자모형 문제와 연결시켰다. 1913년 보어는 러더퍼드(Ernest Rutherford, 1871~1937)의 새로운 원자모형과 플랑크와 아인슈타인의 광양자가설, 그리고 선 스펙트럼에 관한 발머계열 공식 등을 이용하여 자신의 원자모형을 제안하게 됐던 것이다.

실제내용상으로 볼 때 초기의 보어의 원자모형은 상당히 엉성한 것이었고, 따라서 정량적이라기보다는 정성적인 측면이 강한 것이었다. 이런 문제가 있었기 때문에 당시 대륙의 과학자들은 처음에는 이 보어의 원자모형에 대해서 깊은 회의를 나타냈었다. 그러던 차에 제1차 세계대전 중 독일의 좀머펠트(Arnold Sommerfeld, 1868~1951)가 타원궤도와 자신의 새로운 양자조건을 도입하여 수소원자의 미세구조를 해명하고, 수소 스펙트럼 문제를 거의 환상적일 정도로 정확히 풀어내었다. 보어의 원자이론은 이런 다음에야 비로소 많은 과학자들 사이에서 보어-좀머펠트 원자모형이라는 이름으로 수용되게 된다.

보어의 원자론은 수소원자 스펙트럼 문제는 아주 성공적으로 설명했으나, 이것이 그 다음으로 간단한 원소인 중성 헬륨원자도 잘 설명할 수 있는가 하는 문제가 제기되었다. 1913년 보어의 초기 원자모형이 나올 당시 보어 자신도 중성 헬륨에 대한 논의를 했었지만, 그때에는 아직 그것을 확인할 실험적 결과가 충분하게 존재하지 않았었다. 그러나 1920년경에 이르자 제임스 프랑크(James Franck, 1882~1964) 등과 같은 실험물리학자들의 연구에 의해서 헬륨원자의 이온화 에너지를 비롯한 많은 실험적 결과들이 얻어졌다. 1920년대 초에 이러한 실험적 결과가 보어-좀머펠트의 고전양자론에 의한 이론적 결과와 부합되는지를 확인하기 위한 철저한 검토 작업이 진행되었는데, 이런 연구 프로그램은 괴팅겐의 수학적 전통 속에서 성장한 막스 보른(Max Born, 1882~1970)에 의해서 정력적으로 추진되었다.

보어의 원자론이 그 다음으로 간단한 원소인 중성 헬륨원자도 잘 설명할 수 있는가 하는 문제를 해결하기 위해서, 1920년대 초에 보른은 볼프강 파울리(Wolfgang Pauli, 1900~1958)와 베르너 하이젠베르크(Werner Karl Heisenberg, 1901~1976)와 같은 자신의 공동연구자들과 함께 푸앵카레의 천체역학을 이용해서 이 어려운 삼체문제를 꼼꼼하고 일반적인 해법으로 풀어 나갔다. 그러나 공교롭게도 그 결과는 보어의 이론에 대해 부정적으로 나타났다. 이렇게 다전자 원자 혹은 분자의 특성을 설명하는 데에는 보어의 원자론이 불충분하다는 것이 일반적인 차원에서 제기되면서 1923년 초부터 고전양자론 내에 위기가 닥쳐오게 된다.

파울리와 배타원리의 출현

고전양자론 내의 심화된 위기는 헬륨 문제에서만 나타난 것은 아니었다. 1920년 초부터 이상제만효과를 다루는 분광학 분야에서도 기존의 고전역학적 모형에서 벗어나는 여러 가지 문제점들이 나타났다. 1896년 제만(Pieter Zeeman, 1865~1943)이 자기장 내에서의 스펙트럼선의 분리현상을 발견한 이래 분광학적 기술이 계속 향상되어, 1920년경에는 수많은 관측 자료가 쏟아져 나왔다. 여기서 가장 설명하기 힘들었던 현상 가운데 하나는 자기장에서 궤도각운동량과 오늘날 우리가 스핀각운동량이라고 부르는 양과의 커플링에 의해서 스펙트럼선이 복잡하게 갈라지는 현상인 이상제만효과였다. 이상제만효과와 원소의 주기율적 성질을 성공적으로 설명하여 고전양자론 내의 위기를 일단 해결한 것은 볼프강 파울리였다. 파울리는 1925년 비정상제만효과를 란데의 벡터모형으로 설명할 때 생기는 문제점을 해결하기 위해서, 고전역학적인 모형을 이용한 설명을 단호히 거부하고 주양자수, 방위양자수, 자기양자수 외에 제4의 양자수를 가정함으로써 소위 파울리의 배타원리를 제창하게 된다. 원자 내의 각 전자는 동일한 양자상태에 있을 수 없다는 이 배타원리를 바탕으로 파울리는 고전역학적인 개념을 부분적으로 함유하고 있었던 보어의 고전양자론의 문제점을 완전히 제거하고, 새로운 양자상태 개념에 입각해서 원소의 주기율적 성질에 대한 완벽한 설명을 얻어 냈던 것이다.

그러나 파울리가 1925년 초의 배타원리에 관한 그의 논문에서 현재 우리가 알고 있는 스핀 개념을 받아들인 것은 아니었다. 그는 자신의 제4의 양자수를 기계적이며 고전역학적인 모형으로 설명하는 것을 철저히 거부했다. 한 예로, 1925년 초 크로니히(Ralph de Laer Kronig)라는 한 젊은 물리학자가 파울리가 제안한 제4의 양자수를 전자의 스핀으로 해석할 수 있다는 내용을 파울리에게 말한 적이 있었다. 이때 파울리는 크로니히의 견해가 기계적이고 고전역학적인 해석이며 따라서 구시대적인 발상이라고 신랄하게 비판하였고, 이런 바람에 크로니히 자신은 그만 스핀가설에 관한 주장을 포기해 버리고 말았던 것이다. 결국 크로니히는 중대한 발견의 기회를 놓치고 말았다. 그 뒤 스핀 발견의 영광은 에렌페스트 밑에서 공부하던 윌렌벡(George Eugene Uhlenbeck, 1900~1988)과 하우트스미트(Samuel Abraham Goudsmit, 1902~1978)에게 돌아가 버렸다.

양자역학의 등장 : 행렬역학과 파동역학

1925년 7월 하이젠베르크는 고전양자론을 대체할 수 있는 새로운 역학체계인 행렬역학의 기본적인 틀을 얻어 냈다. 그는 일단 고전전자기적인 가상진동자를 이용해 고전적인 운동방정식을 만든 다음에, 새로운 양자법칙을 얻어 내기 위해 보어의 대응원리에 따라 기존 역학체계로부터의 의도적인 일탈을 모색했다. 또한 하이젠베르크는 파울리의 영향을 받아서 모든 물리법칙을 논의함에 있어서 항상 관찰 가능한 양만을 고려해야 한다는 철학적 입장을 받아들였다. 이런 의도적인 일탈을 통해서 하이젠베르크는 행렬의 곱에 해당하는 상징적인 곱셈을 자신의 논문에서 사용하게 된다.

그러나 하이젠베르크 자신은 이 역사적인 논문에서 그가 사용한 상징적인 곱셈이 수학적으로는 행렬의 곱셈에 해당한다는 것을 인식하지 못했다. 이것을 처음으로 알아낸 사람은 괴팅겐의 수학적 전통 내에서 성장했던 막스 보른이었다. 즉, 보른은 하이젠베르크의 논문을 살펴본 뒤, 하이젠베르크가 사용한 상징적 곱셈이 바로 자신이 대학시절부터 배워서 잘 알고 있었던 일종의 행렬곱셈이라는 것을 알아차렸다. 마침내 1926년 초 보른, 하이젠베르크, 요르단(Pascual Jordan, 1902~1980)은 서로 힘을 합쳐서 소위 '3인 논문'을 출판했는데, 이 논문의 출현과 함께 행렬역학은 그 기본적인 모습을 갖추게 됐다.

행렬역학이 완성되고 있는 동안 오스트리아의 물리학자 에르빈 슈뢰딩거(Erwin Schrödinger, 1887~1961)는 이와는 독립적으로 행렬역학과는 전혀 다른 새로운 양자역학 체계를 만들었다. 슈뢰딩거는 1924년 프랑스의 물리학자 드브로이(Louis de Broglie, 1892~1987)가 제안한 물질파이론을 일반적으로 발전시켜서 1926년 초 기존의 행렬역학과는 전혀 다른 파동역학을 만들어 내었다. 파동역학을 창안해 낸 슈뢰딩거는 원자 내의 전자가 정상적인 에너지 준위들 사이를 마치 도약을 하듯이 순간적으로 상태가 전이된다는 양자비약(quantum jump) 개념에 대해서 대단히 못마땅하게 생각했다. 이에 그는 이런 괴이한 개념을 포함하고 있는 하이젠베르크의 행렬역학을 연속체적인 자신의 파동역학으로 대체하려고 노력했는데, 이때 그는 자신의 파동함수가 실제 전자의 밀도를 나타낸다고 주장했다. 슈뢰딩거의 이런 연속체적인 견해와는 반대로 프랑크와 그의 공동연구자들이 여러 실험을 통해서 양자비약을 실험적 사실로 믿고 있었던 보른은 슈뢰딩거의 방정식을 충돌과정을 설명하는 데 이용하면서, 슈뢰딩거의 파동함수를 통계적이고 비인과적으로 해석했다. 즉, 슈뢰딩거의 파동함수의 제곱은 실제 전자의 밀도를 나타내는 것이 아니라 전자가 다른 입자들과 서로 충돌해서 나타날 수 있는 가능한 상태, 즉 확률을 말해 준다는 것이다.

2 양자역학에 대한 철학적 해석: 불확정성원리와 상보성원리

양자역학에 대한 철학적 해석을 최종적으로 주창한 사람은 하이젠베르크와 닐스 보어였다. 1927년 하이젠베르크는 감마선 현미경에 의한 사고실험을 통해서 불확정성원리라는 새로운 사고틀을 찾아냈다. 즉 우리는 한 전자의 위치를 좀 더 정확히 알기 위해서 더욱더 짧은 파장의 현미경을 써야 한다. 그러나 컴프턴 효과의 영향 때문에 우리는 그 전자의 운동량에 대해서는 그만큼 부정확한 값을 얻게 된다. 즉, 위치와 운동량은 아주 작은 범위 내에서 서로 불확실한 관계 내에 있게 되는 것이다.

한편, 양자역학의 철학적 기초에 대해 몰두했던 보어도 이와 비슷한 견해에 도달했다. 우리는 항상 거시세계의 용어와 거기에서 얻어진 개념을 바탕으로 원자현상이라는 미시세계를 기술할 수밖에 없기 때문에 미시세계를 기술하는 우리의 용어에는 어떠한 한계가 있게 마련이다. 즉 원자현상의 기술에 있어서 한 용어의 무모순성은 항상 그것의 정의가능성과 관찰가능성의 상보적 관계 때문에 제한을 받게 된다. 예를 들어, 빛과 물질 사이의 상호작용과 같은 미시세계의 현상이 거시적인 관찰명제인 입자나 파동 등에 의해서 정의될 때에는 어떠한 제한을 받게 된다는 것이다. 이러한 생각을 보어의 '상보성원리'라고 부른다. 후일 보어의 상보성원리는 "상호 배타적인 것들은 상보적이다"(Contraria sunt complementa)라는 명제로 일반화되는데, 보어는 이 개념을 위치와 운동량, 입자와 파동, 에너지와 시간 사이와 같은 물리학적 개념 사이의 상보적 관계뿐만이 아니라 정의(justice)와 사랑(love), 이성(reason)과 본능(instinct)과 같은 과학을 넘어선 문제에까지 확대시키려고 했다.

보어-아인슈타인 논쟁

아인슈타인은 하이젠베르크의 불확정성원리와 보어의 상보성원리에 의해 대변되는 양자역학의 비결정론적인 성격에 대해서 대단히 못마땅하게 생각했다. 양자역학의 비결정론적 성격을 비판한 것은 비단 아인슈타인만이 아니었다. 막스 폰 라우에, 슈뢰딩거, 막스 플랑크 등도 아인슈타인과 입장이 완전히 같은 것은 아니었지만, 코펜하겐 해석에 대해서 비판적이었다. 그러나 아인슈타인의 입장이 크게 부각된 이유는 그가 20세기에 가장 영향력이 있었던 과학자였고, 죽을 때까지 양자역학의 인과성 및 실재성 문제를 놓고 보어와 논쟁을 벌였기 때문이다.

1935년 아인슈타인, 포돌스키(Boris Podolsky), 로젠(Nathan Rosen, 1909~1995) 등은 양자역학에 대해 날카로운 비판을 가했다. 우선 그들은 "물리적 실재의 모든 요소는 물리이론 내에서 그 대응물을 가지고 있어야 한다"는 실재성의 기준과 "만약 하나의 계를 어떤 식으로든 교란시키지 않고, 우리가 물리량의 값을 정확히(즉, 확률이 1과 같게) 예측할 수 있다면, 그러면 이 물리량에 대응하는 물리적 실재가 존재한다"라는 조건을 갖추면 한 이론이 완전하다고 가정했다. 이런 완전성의 기준을 바탕으로 양자역학적 기술을 검토한 결과 그들은 파동함수에 의해서 주어지는 물리적 실재에 대한 양자역학적 기술은 완전하지 않다는 결론에 도달했다. 이것은 양자역학에 대한 불신을 계속해서 간직하고 있었던 아인슈타인의 입장을 반영한 논문이었다. 같은 해 슈뢰딩거도 관찰자의 측정행위가 대상에 영향을 미친다는 코펜하겐의 해석을 강하게 비판하고 나섰다. 이때 그가 했던 논의는 후일 '슈뢰딩거의 고양이역설' 이라는 이름이 붙어서 여러 사람들의 입에 오르내렸다.

20세기 후반에 이르러서도 양자역학의 인과성 및 실재성에 관한 논쟁은 비록 제한된 영역에서나마 계속되었다. 1950년대에는 데이비드 봄(David Bohm)에 의해서 결정론적인 숨은 변수이론이 제기되어 아인슈타인의 인과적 입장을 부활시키려고 했다. 1932년 폰 노이만(John von Neumann, 1903~1957)은 양자역학의 수학적 기초를 다루면서 양자역학은 숨은 변수이론의 가능성을 배제한다고 주장했는데, 봄은 이것을 반박하고 결정론적인 양자역학의 가능성을 찾고자 했던 것이다.

또한 1964년 벨(John Bell)은 실험에 의해서 양자역학의 문제를 확인할 수 있는 자신의 소위 '벨의 부등식' 을 제안하였다. 우선 그는 물체들이 공간적으로 분리되어 있을 때 순간적으로(즉, 빛의 속도보다 빠르게) 서로에게 물리적인 작용을 하지 못한다는 국소성(locality)의 조건을 가정했다. 그 다음 그는 공간적으로 분리되어 있으면서 양자역학적으로 연관되어 있는 하나의 이상적인 계를 고찰해서 이것으로부터 양자역학적인 예측이나 실험적인 결과와 비교할 수 있는 부등식을 도출했다. 이 논의는 양자역학이 지니는 국소성과 인과성의 문제를 실험적으로 확인해 볼 수 있는 논의라는 데에서 그 역사적 의미가 있다. 1970년대 이후 이 벨의 부등식을 확인해 보려는 여러 실험들이 행해졌다. 물론 그 실험 결과는 일단은 보어의 승리로 나타나고 아인슈타인의 꿈과는 거리가 먼 것으로 판명되었다.

2 아인슈타인과 특수상대성이론의 형성

양자론과 함께 20세기 물리학의 이론적 기초를 마련한 것은 아인슈타인에 의해 제창된 상대성이론이었다. 역사적인 맥락에서 살펴보면 아인슈타인의 상대성이론은 19세기를 통해서 부상되었던 고전역학과 고전전자기학 사이에서의 문제점을 해결하려고 노력하는 과정에서 나타났다. 19세기 후반기에 성장한 전자기학 분야에서는 움직이는 물체의 전자기 현상을 설명하기 위해서 다양한 전자기방정식을 만들어 나가고 있었다. 현재 우리는 움직이는 물체의 전자기 현상을 설명할 때 맥스웰의 전자기법칙의 형태를 바꾸지 않고 적용하고 있으나, 19세기에는 맥스웰 방정식도 다양한 전자기방정식 가운데 하나에 불과했다. 그런데 고전전자기 법칙들은 고전역학이 바탕으로 하고 있던 갈릴레오 변환에 대해서 불변이 아니었다는 데에 문제가 있었다. 즉 당시의 전자기법칙들은 서로 등속도로 움직이는 관찰자들의 입장에서 볼 때 서로 불변으로 유지되지 않는 문제점을 지니고 있었다.

하지만 19세기를 통해서 이것을 문제로 느끼고 새로운 해결점을 제시하려고 했던 사람은 극히 드물었다. 19세기에 대다수의 물리학자들은 우주에 꽉 차 있으며 압축이 되지 않는 완전 탄성체인 가상의 물질 에테르를 가정하여 전자기 현상을 설명하고 있었다. 에테르는 빛이 파동이라는 것을 믿고 있었던 19세기 과학자들에게는 꼭 필요한 가상의 물질이었다. 맥스웰 이후에 활동한 과학자들은 이 에테르의 성질에 대해서 저마다 다양한 논의를 전개했고, 이에 따라 전자기학 분야에서는 수많은 전자론이 등장하게 되었던 것이다.

1887년 미국의 마이컬슨(Albert Abraham Michelson, 1852~1931)과 몰리(Edward Morley, 1838~1923)는 자신들이 고안했던 간섭계를 이용해서 지구의 운동과 에테르와의 상호작용을 확인하려고 했으나, 지구운동이 에테르에 미치는 영향을 확인할 어떤 증거도 얻지 못했다. 당시 과학자들은 이 문제를 고전전자기학의 테두리 내에서 해결하려고 했다. 예를 들어 네덜란드의 물리학자인 로렌츠는 마이컬슨-몰리의 실험적 사실을 설명하기 위해서 1892년 지구의 운동방향으로 물체가 제한된 범위 내에서 수축한다는 하나의 미봉가설을 제기하기도 했다.

아인슈타인은 학창시절 주로 혼자 사색하면서 많은 시간을 보냈다. 하지만 그가 아주 고립되어 자신의 사고를 발전시킨 것은 아니다. 우선 학창시절 아인슈타인은 자신의 첫 번째 부인이 되는 밀레바 마리치와 함께 특수상대성이론에 관한 문제에 대해 고민한 것을 둘 사이에 교환된 편지로부터 알 수 있다. 취리히 연방공과대학교 시절 아인슈타인은 몇몇 친구들을 사귀었다. 아인슈타인이 사귀었던 친구 가운데 중요한 인물로는 마르셀 그로스만(Marcel Grossmann, 1878~1936)과 미셸 베소(Michele Angelo Besso, 1873~1955)를 들 수 있다. 우선 아인슈타인보다 1살 많았던 그로스만은 수학을 전공했으며, 나중에 아인슈타인이 일반상대성이론을 발전시킬 때 수학적인 계산을 도와주기도 했다. 아인슈타인보다 6살 위였던 베소 역시 아인슈타인과 평생 친구가 되었다. 베소는 아인슈타인에게 에른스트 마흐의 저작을 읽어보라고 권했으며, 아인슈타인과 물리학의 철학적 기초에 관해 계속 토론을 하면서 아인슈타인의 사고 형성에 영향을 주었다.

한편, 아인슈타인은 베른 시절 자신의 친구들인 콘라드 하비히트(Conrad Habicht, 1876~1958)와 모리스 솔로빈(Maurice Solovine, 1875~1958) 등과 함께 토론 동아리 올림피아 아카데미(Akademie Olympia)를 조직했다. 아인슈타인 결혼식에서 증인들이 되는 이 세 명은 저녁에 소시지, 과일, 차 등을 먹고 마시며 정기적으로 만나 물리학의 기초에 대한 열띤 토론을 벌였다. 토론의 주제는 주로 아인슈타인에 의해 주도되었는데, 에른스트 마흐와 리하르트 아베나리우스(Richard Avenarius, 1843~1898)의 경험비판론, 앙리 푸앵카레의 『과학과 가설』, 존 스튜어트 밀(John Stuart Mill, 1806~1873)의 논리학과 데이비드 흄(David Hume, 1711~1776)의 인과론 비판 등이 포함되어 있었다.

아인슈타인은 1905년 6월 30일에 제출한 "움직이는 물체의 전기동역학에 관해서"(Zur Elektrodynamik bewegter Körper)라는 논문에서 광속도 불변의 원리를 바탕으로 등속도로 움직이는 모든 관측자들에게 고전전자기법칙이 불변으로 유지되는 새로운 시공 개념을 제시하면서, 고전전자기학과 뉴턴 물리학 사이에서 존재했던 불일치를 해결했다. 아인슈타인이 마이컬슨-몰리의 실험에 대해서 알고는 있었지만, 이 실험 사실이 그가 상대성이론을 만드는 데 커다란 역할을 한 것으로 생각되지는 않는다. 오히려 이것보다는 1851년 피조(Armand-Hippolyte-Louis Fizeau, 1819~1896)가 발견한 현상으로 움직이는 액체 속을 지나는 빛의 속도가 액체의 굴절률의 역제곱에 비례하는 양만큼 고전역학적인 속도의 합성공식에서 벗어난다는 실험적 사실과, 1728년 제임스 브래들리(James Bradley, 1693~1762)가 발견한 별의 광행차에 대한 관측이 마이컬슨의 실험보다도 더 결정적인 영향을 미쳤다. 아인슈타인은 피조의 실험과 브래들리의 광행차 관측, 그리고 그가 학창시절부터 문제로 느끼고 있었던 움직이는 자석과 코일 사이에서 나타나는 전자기법칙 내의 불일치 현상에 불만을 느끼고 새로운 역학체계를 찾아 나섰던 것이다.

아인슈타인이 실제로 상대성이론을 유도해 내는 데에는 시계, 철도, 전신, 식민지 정복 등 19세기의 중요한 물질적 변화가 기본이 되었다. 상대성 이론이 출현할 당시에 스위스 베른의 특허국에 근무하던 아인슈타인은 전신 네트워크와 열차 정거장의 시계좌표를 이용하여 시간을 측정하는 실험을 하고 있었으며, 프랑스 경도국의 책임자였던 앙리 푸앵카레는 대륙간 시간좌표에 관한 지도를 작성하고 있었다. 이 두 사람들은 모두 동시성을 절대적으로 유지할 수 있는 순수한 시간이 존재하는지 아니면 시간이 서로 상대적인가를 결정하여야만 했다. 아인슈타인은 이 과정에서 동시성의 문제에 대해 관심을 갖게 되었고, 결국 자신의 상대성이론을 찾아냈다. 또한 푸앵카레 역시 경도국에서 대륙간 시간좌표에 관한 지도를 작성하다가 4차원 시공에 대한 자신의 견해에 도달했다.

아인슈타인의 상대성이론을 학계에서 널리 퍼지게 만드는 데에는 독일 물리학계의 거물인 막스 플랑크의 역할이 컸다. 플랑크는 당시 무명의 아인슈타인이 상대성이론을 발표했던 『물리학 연보』(*Annalen der Physik*)의 편집인이었을 뿐만 아니라 베를린 대학에서 유능한 여러 제자들을 길러내고 있던 독일 과학계의 중심인물이었다. 그는 학생들에게 상대성이론에 관한 주제를 선택하라고 독려했고, 그 자신도 아인슈타인의 상대성이론에 관한 논문을 쓰기도 했다.

상대성이론을 말할 때 많은 사람들이 4차원 시공세계를 언급하지만, 4차원 시공 개념은 1905년의 아인슈타인의 상대성이론에서 비롯된 것은 아니었다. 1908

년 괴팅겐의 수학자였던 민코프스키(Hermann Minkowski, 1864~1909)는 상대성 이론에 수학의 불변이론과 함께 4차원 시공좌표를 도입했다. 물론 민코프스키의 상대론이 등장하기 이전에 이미 전자기 현상을 설명하기 위해서 시간과 공간으로 구성되는 4차원 좌표를 사용한 사람이 있었다. 프랑스의 유명한 과학자였던 푸앵카레가 그 대표적인 인물이다. 하지만 그는 4차원의 비(非)유클리드 기하학의 실재성을 인정하지 않았고, 상대주의적인 지식관에 따라 기하학에 대한 규약주의적인 입장만을 견지했다. 반면에 민코프스키의 상대론에서는 4차원 세계가 절대적이고 실재적인 의미를 지니며, 아인슈타인 역시 4차원 시공세계의 절대성을 받아들였다.

일반상대성이론의 완성

1907년부터 아인슈타인은 중력장과 이에 상응하는 기준좌표계의 가속운동이 완전히 물리적으로 동등하다는 '등가원리'를 처음으로 인식했으며, 이후 아인슈타인은 등속도 운동뿐만이 아니라 가속 운동에도 적용되는 일반상대성이론을 완성하기 위해 피나는 노력을 하게 된다. 마침내 1915년 11월 아인슈타인은 그 뒤 우주론 분야에서 커다란 역할을 하게 될 최종적인 장방정식을 얻는 데 성공했다. 이때 아인슈타인은 뉴튼의 중력방정식을 자신의 '등가원리', 에너지 보존법칙, 물리적 인과성, 뉴턴의 중력방정식으로의 근사적 접근 등을 만족하도록 확장하는 물리적 추론과 리만 기하학과 텐서 미적분학과 같은 수학적 방법의 도움으로 자신의 완전한 장방정식을 얻어 냈다. 이제 우주는 유클리드 기하학에 의해서 표현되는 뉴턴주의적 우주가 아니라 비유클리드 기하학에 의해서 표현되는 굽어진 공간으로 표현되게 되었다.

1916년 3월 20일 『물리학 연보』에 발표한 일반상대성이론 논문에서 아인슈타인은 자신의 이론을 검증할 수 있는 세 가지 예들, 즉 수성의 근일점이 1세기에 43"만큼 궤도상에서 돈다는 것, 빛이 중력장 속에서 휜다는 것, 중력장 속에서 빛의 적색편이가 일어난다는 것을 제시했다. 수성의 근일점이 궤도상에서 돈다는 것은 이미 19세기 중반에 프랑스의 천문학자 르베리에(Urbain Jean Joseph

Leverrier, 1811~1877)가 관측했었는데, 아인슈타인은 자신의 이론이 이 르베리에의 관측결과와 일치한다고 주장했다. 그 당시 강한 중력장 속을 지날 때 생기는 빛의 적색편이와 굴절현상은 아직 관측되지 않았다. 태양 주변에서 빛이 휘는 현상은 제1차 세계대전 직후인 1919년 개기일식 때 영국의 일식관측대에 의해 처음으로 관측되었다. 1919년 일식 때 아인슈타인의 예언을 검증하기 위한 일식관측대가 조직되게 되었고, 그해 5월 29일 두 팀의 일식관측대들은 아인슈타인 효과의 존재 여부를 판단할 수 있는 최초의 사진들을 얻어 내었다. 그 뒤 1919년 11월 6일 긴급 소집한 영국 왕립학회와 왕립천문학회의 합동회의에서는 에딩턴(Arthur Stanley Eddington, 1882~1944)을 중심으로 해서 이 관측결과를 검토한 끝에 아인슈타인의 예언이 확증되었다고 발표했다. 다음 날 이 사실이 언론기관을 통해서 대서특필되면서 아인슈타인은 20세기 과학계에서 가장 유명한 과학자로 일반인들에게 기억되게 되었다.

일반상대성이론과 현대우주론

1916년 아인슈타인의 일반상대성이론이 등장한 이후 우주론 분야는 19세기 이전의 고전우주론과는 질적으로 다른 모습으로 발전했다. 상대성이론을 주창한 장본인인 아인슈타인은 우주론에서 물리적이며 정적인 우주론을 선호해서 자신이 발견한 장방정식에 우주상수를 추가해서 우주를 정적인 것으로 해석했다. 아인슈타인과 연결 관계를 가지고 있던 덴마크의 천문학자 드지터(Willem de Sitter, 1872~1934)는 아인슈타인의 물리적인 우주와는 다른, 물질이 없고 가상적인 또 다른 우주모형을 제안했다. 드지터의 모형은 많은 천문학자들에 의해 선호되었지만, 그의 우주모형 역시 아인슈타인과 마찬가지로 정적인 것이었다.

1920년대를 통해 몇몇 과학자들에 의해서 정적인 우주론과는 다른 팽창우주론이 제안되었다. 1922년 러시아의 지구물리학자이며 기상학자인 프리드만(Alexandr Alexandrovich Friedmann, 1888~1925)은 아인슈타인과 드지터가 제안했던 정적인 우주론과는 다른 새로운 팽창우주론을 수학적으로 전개했다. 이와는 독립적으로 1927년 벨기에의 가톨릭 신부이며 천체물리학자였던 조르주 르메트르(Abbé Georges Edouard Lemaître, 1894~1966)는 2년 뒤에 나타나게 되는 허블(Edwin Powell Hubble, 1889~1953)의 속도-거리 관계와 유사한 적색편이와 거리와의 관계를 언급하면서, 보다 물리적이고 실제적인 의미의 새로운 팽창우주론을 제안했다. 하지만 그 당시 이들 둘의 작업은 천문학자들 사이에서 커다란 주목을 끌지는 못했다.

한편, 1929년 미국의 허블은 윌슨 산의 100인치 망원경으로 은하들 사이의 거리와 적색편이를 체계적으로 연구해서 이 팽창우주론을 지지하는 중요한 천문학적 증거들을 발표했다. 허블 자신은 자신이 얻은 데이터를 팽창우주론을 입증하는 증거로 사용하는 데에는 무척 조심스러웠다. 하지만 1930년 에딩턴과 드지터 등과 같은 영향력이 있는 천문학자들은 정적 우주론이 새로운 천체관측 결과와 잘 맞지 않는다는 것을 인식하고 새로운 우주론을 모색하게 되었고, 이 과정에서 프리드만과 르메트르의 작업이 '재발견' 되었다. 이리하여 1930년을 기점으로 해서 천문학자들 사이에서는 정적인 우주론에서 팽창우주론으로의 인식의 변화가 나타나게 된다.

팽창우주론은 1940년대 중반 이후 대폭발이론(Big Bang Theory)과 정상상태 우주론(Steady-state Cosmology)이 등장하고 이 두 이론들이 서로 경쟁을 하면서 더욱 세련된 형태로 발전했다. 대폭발이론에서는 초기 우주에서 중성자 포획에 의해 원소가 형성되는 과정을 우주의 팽창과정과 연결했다. 우주의 뜨거운 초기 단계에 대한 논의는 1948년 조지 가모프(George Gamow, 1904~1968), 그의 제자 랠프 알퍼(Ralph Asher Alpher), 그리고 한스 베테(Hans Bethe)에 의해 공동으로 발표된 논문에서 처음으로 분명한 형태로 세상에 알려지게 되었다. 그들은 자연계에 존재하는 수많은 원자핵들은 특정한 온도와 밀도의 평형상태에서 만들어졌다기보다는 원초적 물질이 팽창하고 냉각되는 연속적인 형성과정을 통해서 단계적으로 만들어졌다는 주장을 내어놓았다. 이로써 원소형성과정과 우주팽창에 관한 논의는 서로 연결을 맺으면서 발전해 나갔다.

한편, 1948년 케임브리지 대학교 트리니티 칼리지의 천문학자들은 가모프의 팽창우주론과는 전혀 다른 정상상태 팽창우주론을 제기했다. 이 또 다른 우주론은 허먼 본디(Hermann Bondi), 토머스 골드(Thomas Gold)가 제안해서 프레드 호일(Fred Hoyle)에 의해 대폭발이론의 대안으로서 제기된 우주모형이었다. 우주론적인 동일과정설 혹은 점진론(Uniformitarian Theory)에 해당하는 이 정상상태 팽창우주론에 의하면, 우주는 항상 팽창하며 지속적으로 새로운 물질이 탄생해서 일정한 평균밀도를 유지하고 있다. 이후 천문학계에서 대폭발이론과 정상상태 팽창우주론은 서로 대립하면서 경쟁적으로 발전하게 된다.

1960년대에 이르러 가모프의 대폭발이론을 입증하는 우주배경복사가 발견되면서 대폭발이론이 정상상태 우주론을 누르고 우주론 분야에서 지배적인 학설로 부상됐다. 우주배경복사에 대한 이론적인 차원의 논의는 1948년부터 몇 번 있었지만, 1950년대를 통해서 우주배경복사를 찾으려는 연구 프로그램은 사실상 중단되었었다. 우주배경복사는 우주론과 직접적으로는 연관이 없이 발전했던 전파천문학 분야에서 발견되었다. 1965년 미국 뉴저지주 벨전화연구소에 있는 아노 펜지어스(Arno Penzias)와 로버트 윌슨(Robert Wilson)은 극히 예민한 잡음을 제거하기 위해서 마이크로파 탐지시험을 하던 중 우주의 모든 방향에서 밤낮과 계절에 상관없이 관측되는 복사선을 발견했다. 이들이 발견한 복사선은 결국 초기의 우주팽창과정에서 생겨나서 우주의 팽창과 함께 변화되어 현재의 마이크로파로 지구에서 관찰된 것으로 판명되었다. 이 우주배경복사는 가모프의 대폭발이론을 지지하는 결정적인 증거로 과학자들에게 받아들여지게 된다.

가속적으로 팽창하는 우주

1998년 미국과 오스트레일리아의 두 천문학 연구팀들은 서로 독립적으로 우주 팽창률에 대한 놀라운 결과를 발표했다. 이들은 모두 은하 거리에 대한 지표로서 거의 같은 크기의 고유 최고 광도를 지니고 있기 때문에 다양한 은하들의 거리를 비교하는 데 유용하게 쓰이는 Ia형 초신성들을 이용했다. 캘리포니아의 미국 국립 로렌스-버클리연구소의 솔 펄머터(Saul Perlmutter)가 이끄는 초신성 우주론 프로젝트(Supernova Cosmology Project)에서는 42개의 Ia형 초신성들의 겉보기 광도와 적색편이를 측정했다. 한편, 경쟁자인 오스트레일리아의 브라이언 슈미트

(Brian P. Schmidt)가 이끄는 하이-z 초신성 탐색팀(High-z Supernova Search Team)은 16개의 Ia형 초신성에 대한 연구를 바탕으로 자신들의 결론을 도출했다.

이 두 연구팀의 관측 결과는 놀랄 만한 것이었다. 즉 우주의 팽창률은 작아지는 것이 아니라 오히려 약간 가속을 하고 있는 것으로 나타났다. 우주가 이렇게 계속 가속하며 팽창을 하는 이유는 우주에 아직 우리가 모르는 엄청난 에너지원이 있기 때문이라고 추정할 수 있다. 이리하여 이들의 연구는 21세기에 들어와서 수수께끼 에너지인 암흑 에너지(dark energy)와 그에 대응하는 암흑 물질(dark matter)에 대한 관심으로 이어졌다.

9 통일장이론과 초끈이론

한편, 아인슈타인의 일반상대성이론이 나온 뒤 4차원을 넘어선 5차원 시공세계 좌표를 사용해서 물리학을 통일하려는 시도가 다각도로 행해졌다. 1921년에 쾨니히스베르크의 테오도르 칼루차(Theodor Franz Eduard Kaluza, 1885~1954)는 5차원 좌표를 이용해서 전자기 현상과 중력 현상을 통일하려고 했다. 1926년에는 코펜하겐에 있던 오스카 클라인(Oskar Benjamin Klein, 1894~1977)이 칼루차의 5차원 상대성이론을 도입해서 당시에 새롭게 형성된 양자역학을 설명하려는 시도를 했다. 이들의 시도는 칼루차-클라인 이론이라는 이름으로 학계에 알려졌다. 이런 다차원의 통일이론은 1970년대에 초끈이론(Superstring Theory)으로 구체화되면서 우주의 모든 힘과 입자를 통일시키려는 이론으로 발전했다. 초끈이론이란 1974년 프랑스의 세르크(J. Scherk)와 칼텍의 존 슈바르츠(John Schwarz)에 의해 제안되어 1984년을 전후로 존 슈바르츠와 런던대학 퀸 메리 칼리지의 마이클 그린(Michael Green)에 의해서 골격이 마련된 이론이다. 이 이론에서는 우주에 존재하는 4가지 종류의 힘과 수많은 입자들의 구조를 통일시키기 위해서 10차원의 시공구조를 가진 초끈의 존재를 제안했다. 끈이론은 1990년대 중반에 이르러 에드워드 위튼(Edward Witten) 등에 의해 11차원의 구조를 갖는 M-이론으로 발전했다.

중력, 전자기력, 강력, 약력 등 우주에 존재하는 모든 힘을 통일적으로 이해하려는 이론들을 확인하는 실험장치를 만드는 것은 지구상에서는 당분간 어려워 보인다. 이 분야의 연구는 주로 초기 우주에 대한 연구나 혹은 수학적 정합성에 의존하는 경향을 띠고 있다. 따라서 실험적인 뒷받침이 없는 상태에서 이 분야가 계속 발전할 수 있느냐에 대해서도 많은 논란이 제기되고 있다. 아무튼 과학자들은 자연의 모든 힘과 상호작용을 통일적으로 이해하는 통일이론을 계속 추구하고 있다.

24

노벨상과 현대과학

노벨상은 다이너마이드를 빌명해 서부가 된 알프레드 노벨(Alfred Nobel, 1833~1896)의 유언에 따라 제정된 상으로, 과학 분야에는 물리학, 화학, 생리·의학 등 3개 분야에서 시상된다. 이 상은 그해에 인류의 복리 증진과 과학에 있어서 가장 커다란 업적을 남긴 최근의 '발견', '발명' 혹은 '개선' 등을 해낸 사람들에게 주어진다. 1901년부터 수여하기 시작한 노벨상은 지난 2000년까지 100년 동안 노벨물리학상 17개국 162명, 노벨화학상 19개국 135명, 노벨생리의학상 20개국 172명 등 총 27개국에서 총 469명이 수상을 했다.

노벨은 그의 유언에서 과학 분야의 노벨상 선정에 관한 일체의 사항을 스웨덴 왕립 과학아카데미와 왕립 카롤린스카 의학연구소(의과대학)에 위임했다. 그의 유언에 따라 첫 수상자를 내기까지에는 5년이 걸렸다. 한편, 노벨상은 국적에 관계없이 살아 있는 사람에게만 수여된다. 좀 더 정확히 말하자면, 모든 수상자는 추천을 받을 당시뿐만이 아니라 상을 수여받는 순간에도 살아 있어야 한다. 최근까지 노벨상을 죽은 사람에게 추서해서 수여한 적은 없었다. 하지만 노벨상 수상 발표 이전에 죽은 사람을 수상자로 선정한 사례가 최근 나타났다. 랠프 스타인먼(Ralph M. Steinman)은 2011년 체내 면역시스템을 총괄하는 '수지상세포'(dendritic cell)를 발견한 공로로 노벨생리의학상 수상자로 발표되었다. 그는 노벨상 수상자 발표 바로 얼마 전에 이미 세상을 떠났다. 하지만 카롤린스카 의과대학의 노벨회의(Nobel Assembly)는 이미 그를 노벨상 수상자로 결정한 뒤였기 때문에 노벨회의는 이례적으로 그에게 노벨생리학상을 추서하기로 결정했다.

노벨 물리학상과 화학상은 스웨덴 왕립과학아카데미에서 그리고 생리의학상은 카롤린스카 의과대학에서 선정한다. 약 350명의 회원을 가지고 있는 스웨덴 왕립과학아카데미는 노벨상 선정을 담당할 노벨상위원회 위원을 아카데미 총간사의 주재로 선임하는데, 이 노벨상 위원회는 5명으로 구성하며, 3년 임기에 70세 미만의 경우 3번까지 연임이 가능하다.

노벨생리의학상(생리학상 혹은 의학상으로 생리학과 의학상이 아님)은 카롤린스카 의과대학의 50명으로 구성되는 노벨회의(Nobel Assembly)에서 선출한다. 카롤린스카 의과대학에서도 과학아카데미와 마찬가지로 3년 임기의 5명(65세 정년)으로 구성된 노벨상위원회를 선임하고 수상자 선정에 필요한 실무를 담당하게 한다.

스웨덴 과학아카데미에서는 노벨 물리학상과 화학상 이외에 '알프레드 노벨을 추모하는 경제학 분야의 스웨덴 은행상'(the Bank of Sweden Prize in Economic Sciences in Memory of Alfred Nobel)도 선정한다. 이 상은 흔히들 노벨경제학상이라고 부르지만 본래 노벨상은 아니며 노벨재단 및 관련 기관 내에서조차 이 분야를 노벨상이라는 이름으로 선정하는 것에 대해 많은 논란을 불러일으켜 왔다. 하지만 노벨경제학상도 선정 절차는 다른 노벨과학상과 유사하게 진행된다.

노벨상에는 과학 분야의 상 이외에도 노벨문학상과 노벨평화상이 있다. 노벨문학상은 스웨덴 아카데미에서 선정하며, 평화상은 스웨덴이 아닌 노르웨이에서 선정한다. 과거의 좋지 않은 역사적인 경험으로 인해 스웨덴과 노르웨이 양국 간의 국민적 감정은 좋은 편이 아니지만, 노벨은 스웨덴이 아닌 노르웨이에서 노벨평화상을 선정하라는 유언을 남겼다.

노벨상의 운용자금을 관리하는 노벨재단은 기금의 관리에만 권한과 책임이 있을 뿐, 수상자의 선정 과정에는 결코 개입할 수 없다. 즉 노벨상의 상금 액수는 노벨재단이 정하지만, 수상자의 선정은 전적으로 스웨덴의 왕립과학아카데미와 카롤린스카 의과대학의 권한으로 되어 있다. 1901년 처음 수여된 노벨상은 최초에는 약 4만2천 달러씩을 상금으로 지급했는데, 그 뒤 노벨재단의 수익금에 따라 상금은 계속 변화했다.

02 노벨상위원회가 노벨상 선정에 미친 영향

노벨상 선정의 공정성에 문제가 있다는 것은 지난 한 세기 동안 수없이 지적되어 왔다. 노벨상을 탈 만한 사람이 노벨상을 타지 못한 경우가 많았다는 것이라든지, 상당히 많은 노벨상 수상자들이 자신의 수상 내용이 자신의 최고 업적이 아니라고 술회하고 있다는 것은 과연 노벨상이 제대로 공정하게 수여되었는가에 대해 의문을 던지는 근거가 된다. 실제로 노벨상의 선정 과정에는 스웨덴 과학계의 중심인물들이었던 노벨상위원회의 위원들의 과학에 대한 태도가 커다란 영향을 미쳤다. 노벨상위원회의 기록은 명문화된 규정에 의해 50년이 지나야 학술 목적 등으로 이용하기 위해 공개할 수 있도록 되어 있다. 따라서 20세기 초반에 노벨상이 어떤 방식으로 운영되었는지는 학술적인 연구를 통해 밝혀지고 있다.

우선 초기 노벨화학상 수상자 가운데 물리화학 분야에 수상자가 많은 것은 노벨상위원회의 위원들 가운데 한 사람이었던 아레니우스(Svante Arrhenius, 1859~1927)의 영향력과 무관하지 않았다. 1880년대 이후 반트호프(J.H. van't Hoff, 1852~1911), 아레니우스, 오스트발트(Wilhelm Ostwald, 1853~1932) 등 소위 '이온주의자'들로 불리는 과학자들은 열역학과 같은 물리학적 방법을 화학에 적용하여 물리화학이라는 새로운 학문 분야를 정립하려고 노력했다. 아레니우스는 자신이 노벨상위원회의 위원이 된 뒤 어떻게 해서든 자신을 포함한 이 분야의 과학자들에게 노벨상을 주어 그 분야를 확고하게 만들고자 했다. 이런 의도가 작용해서 최초의 노벨화학상 수상자는 반트호프로 선정되었다. 아레니우스는 물리화학 분야를 기존의 유기화학 분야 등과는 다른 새로운 학문 분야로 정립시키려는 전략의 하나로 자신은 노벨물리학상을 받고 싶어했다. 그의 이런 의도는 성취되지 않았으나, 그도 1903년 전해질 속에서의 이온화 해리 이론으로 노벨화학상을 수상하였다. 자신이 노벨상을 타고 난 뒤 그는 '이온주의' 3인방 가운데 마지막 사람인 오스트발트의 노벨상 수상을 집요하게 추진했고, 결국 1909년 오스트발트도 노벨상을 받게 된다. 이렇게 물리 · 화학 분야의 노벨상 수상에 아레니우스가 미친 영향력은 오스트발트의 제자인 네른스트가 1921년 열화학에 대한 공로로 노벨화학상을 받을 때까지 계속된다.

초기 노벨물리학상 위원회 위원 5명 가운데 하셀베리, 탈렌, 옹스트룀 등 3명은 당시 스웨덴 웁살라 대학의 실험물리학적 전통을 강하게 대변하고 있던 인물이었다. 이들은 제1차 세계대전 이후까지도 초기 노벨물리학상의 성격을 규정하는 데 커다란 영향력을 행사했다. 즉 초기 노벨물리학상 수상자들은 대부분 실험물리학에서의 공헌으로 노벨물리학상을 수상했던 것이다. 예를 들어, 뢴트겐이 1901년 새로운 광선을 발견해서 첫 노벨상을 받은 것을 필두로 해서, 1902년 이론물리학자인 로렌츠는 제만과 함께 복사선에 관한 자장의 영향에 관한 연구로, 다음 해 베크렐과 퀴리 부부는 방사선 발견으로, 유명한 이론물리학자이기도 한 레일리(Third Baron Rayleigh, John William Strutt, 1842~1919)는 1904년 아르곤 발견으로, 레나르트와 톰슨은 음극선과 전기 방전에 관한 연구로, 이론 물리학자인 막스 폰 라우에는 1914년 결정에 의한 X선 회절 실험으로 노벨상을 받았다.

이렇게 초기 노벨물리학상이 실험물리학 분야에 치중해서 선정된 것은 당시 스웨덴 노벨물리학상 위원회의 의식적인 계획의 반영이었다. 하셀베리 위원은 그 무렵 국제 도량형 위원회의 스웨덴 대표였는데, 특히 정밀한 측정에 관심이 많았다. 그는 마이컬슨을 노벨상 후보로 열렬히 지지했는데, 그 이유는 마이컬슨이 간섭계를 발명해서 물리량 측정기술 분야에 놀라운 진보를 가져왔고, 이것이 그의 관심과 맞아떨어졌기 때문이다. 더구나 마이컬슨을 평가하는 그의 보고서에는 마이컬슨의 간섭계가 가져온 물리상수의 정밀도 향상에 대해서는 아주 장황하게 언급되어 있는 반면에, 아인슈타인의 상대성이론과 관련이 있는 마이컬슨-몰리 실험에 대해서는 단 한 문장밖에 나오지 않았는데, 이것으로도 그의 선정 의도를 충분히 짐작할 수 있다.

한편, 막스 플랑크가 왜 그렇게 오랫동안 수많은 사람들의 추천에도 불구하고 노벨물리학상을 그토록 늦게 받게 되었는지는 많은 사람들의 의혹을 받아 왔다. 이것도 역시 당시 스웨덴 과학의 맥락에서 초기 노벨상의 성격을 살펴볼 수 있는 좋은 예가 된다. 플랑크는 1900년 흑체복사를 설명하기 위해서 에너지 양자에 관한 역사적인 논문을 발표했다. 그러나 그의 에너지 양자 개념은 발표 당시에는 세상 사람들의 주목을 거의 받지 못했고, 플랑크 자신도 물리학의 혁명보다는 개선을 원했다는 점에서 양자론적 변혁은 그에게는 원하지 않은 혁명이었다.

1905년 아인슈타인이 광양자설을 발표하면서 플랑크 상수의 의미는 더욱 구체화되었고, 에너지 양자의 불연속성은 이제 분명한 형태로 나타났다. 더욱이 1907년부터 빈-플랑크의 복사법칙이 비열의 문제에 적용되면서 수많은 실험적 사실과 연결되었고, 이에 따라 과학자들 사이에서는 점차로 양자불연속 개념이 받아들여지기 시작했다. 그런데 이런 분위기가 1907년부터 노벨물리학상 후보로 계속 지명되고 있던 이론물리학자인 플랑크에게 노벨상을 수여하도록 작용한 것이 아니라, 오히려 실험물리학자인 빈이 1911년 새로운 복사법칙을 발견한 공로로 노벨상을 받도록 작용했다. 플랑크에 대한 거센 지명 압력에도 불구하고 노벨상위원회는 양자물리학의 진전을 계속 주시하는 한편, 양자불연속 개념의 문제점이 해결될지도 모른다는 희망 아래 계속 플랑크에 대한 시상을 연기시켜 왔던 것이다.

1913년 보어의 원자모형에서 플랑크의 가설이 사용되었고, 그 후 분광학 분야에서 양자론이 광범위하게 응용되고 있었지만, 노벨상위원회는 양자론에 대해서만은 거의 선입관적인 회의를 표명했다. 예를 들어 1918년 아레니우스는 "양자론은 아직도 만족스러운 완성 상태에 이르지 않았다"는 보고서를 제출했다. 1919년에 와서야 노벨상위원회는 플랑크에게 '에너지 양자의 발견으로 물리학 진보에 공헌한 그의 공적을 인정해서' 노벨물리학상을 수여했다. 그러나 이때에도 노벨상위원회는 플랑크의 업적이 갖는 이론적 중요성을 강조한 것은 아니었다. 오히려 위원회는 원자의 성질을 연구하는 데 플랑크상수가 지니는 보편상수적인 의미를 특히 강조해서, 양자 개념의 형성과정에서 플랑크가 기여한 측면에 대해서는 여전히 미심쩍게 생각하고 있었다.

새로운 과학이론에 대해 보수적이었던 스웨덴 과학계의 태도는 아인슈타인의 수상 과정에서 보다 분명하게 나타나고 있다. 아인슈타인은 1910년 오스트발트에 의해서 특수상대성이론으로 노벨상 후보로 처음 지명된 뒤, 제1차 세계대전을 거치면서 계속 노벨상 후보로 추천되는 빈도가 계속 늘어가고 있었다. 또한 추천 분야도 상대론을 비롯해서, 브라운운동, 고체의 비열, 양자론 등 여러 분야로 계속 확대되고 있었다. 더구나 1919년 일식관측 실험 이후에는 아인슈타인에 대한 후보 추천이 더욱 쇄도했다. 그러나 전쟁 이후에도 노벨물리학상 위원회는 여전히 보수적인 실험물리학자들에 의해서 독점되고 있었다. 그들은 1919년 일식관측 실험이 관측의 정확도에 대한 반론이 나올 수 있기 때문에 아인슈타인의 이론을 입증하는 결정적인 것은 아니라고 생각했다. 심지어는 상대성이론을 수용하느냐 아니냐는 단순한 믿음의 문제이지 과학적인 문제는 아니라는 견해까지 나왔다.

한편, 1920년 아인슈타인은 광전효과에 대한 업적으로는 처음으로 노벨상 후보에 올랐다. 곧이어 1921년은 노벨상위원회가 아인슈타인의 업적을 인정하게 되는 전환점이 되는 해였다. 우선 아레니우스에 의해서 아인슈타인의 광전효과에 대한 긍정적인 보고서가 처음으로 제출되었다. 또한 보어와 함께 연구한 경험이 있던 오젠이 1922년에 작성한 보고서에서는 이미 노벨상을 수상한 플랑크를 언급하면서, 플랑크상수와 관련되어 있는 아인슈타인의 업적을 높이 평가했다. 노벨상위원회는 오젠의 이런 평가를 상당히 긍정적으로 받아들였다. 이런 평가가 모태가 되어 아인슈타인은 이월된 1921년의 노벨물리학상을 1922년에 수상하게 된다. 그러나 아인슈타인에 대한 수상 근거는 그의 주된 업적인 상대성이론이 아니라, "이론물리학 특히 광전효과의 발견에 대한 기여"로 못 박아서 발표되었다.

플랑크와 아인슈타인의 수상 과정은 노벨상위원회가 새로운 혁명적인 이론을 취급할 때 보여주었던 의사결정 유형을 보여주고 있다. 즉 모든 새로운 발견이나 현상은 어느 정도 이론 의존적인 성격을 가지고 있고, 따라서 어떤 이론을 선택하느냐에 따라 그 관측이나 실험은 전혀 다른 식의 결론을 낼 수 있음에도 불구하고, 노벨상위원회는 계속 전통적인 물리학의 이론적 근거로만 새로운 혁명적 이론을 보아왔던 것이다. 초기 노벨상 위원회가 혁명적 이론에 대해 보수적인 태도를 보인 것은 이론물리학이 취약했던 당시 스웨덴의 상황에서는 어쩌면 당연한 일인지도 모른다. 아인슈타인이 노벨상을 받은 뒤 노벨상위원회의 상황은 급변했다. 하셀베리가 죽은 뒤 1923년 오젠이 그 후임이 되었고, 이어서 X-선 분광학 분야의 권위자인 시그반(Manne Siegbahn, 1886~1978)이 여기에 가세하였다. 이들에 의해서 노벨상 선정 과정에서 이론과 실험을 동시에 다루는 원자물리학이 강조되었고, 노벨상위원회는 실험물리학을 지나치게 강조하는 편견에서 벗어날 수 있게 되었다.

노벨상의 최종 선정

노벨상 수상자는 10월 초에 열리는 수상자 선정을 위한 최종 투표에서 다수결로 선정한다. 노벨 물리학상과 화학상의 경우 과학아카데미 회원 전원(350명)이 투표권을 가지지만, 실제로는 약 150명 정도가 투표에 참여한다고 한다. 아카데미 회원 가운데에는 외국인 회원도 있지만, 스웨덴 왕립과학아카데미의 외국인 회원은 투표권과 발언권이 전혀 없는 명예직이다. 생리의학상의 경우는 카롤린스카 의과대학에 있는 노벨회의(Nobel Assembly)의 50인 전문가가 최종 투표권을 가진다.

노벨 물리학상, 화학상, 생리의학상의 최종결정 구조를 비교하면 약간의 차이를 발견할 수 있다. 노벨 물리학상, 화학상의 경우는 아카데미 회원들이 대개 평균 연령이 많고 인원도 많으며 구체적인 사안에 대해서는 사실상 비전공자격인 회원들이므로 노벨상위원회 위원과 분과위원이 올린 후보자가 바뀔 가능성이 거의 없다. 반면에 노벨 생리의학상은 노벨회의(Nobel Assembly)가 전문적인 젊은 학자들로 구성되어 있어 이들이 실질적인 결정권자들이다.

노벨상 100년을 되돌아볼 때 최종 투표에서 후보가 바뀐 몇몇 사례가 나타나기도 한다. 특히 자료가 공개된 시기까지 최종 선정 과정을 면밀히 살펴보면 과학아카데미 전체회의에서 공정성에 대한 문제가 제기될 만한 경우가 과거에 분명히 있었다는 것을 알 수 있다.

1912년 당시 초전도체를 발견한 네덜란드 과학자 카메를링-온네스(Heike Kamerlingh Onnes, 1853~1926)는 노벨상위원회가 추천한 유력한 물리학 수상 후보자였다. 하지만 스웨덴인이며 자동 등대장치 발명가로서 수상이 있기 얼마 전에 실험 중 폭발 사고로 실명한 달렌(Nils Gustaf Dalén, 1869~1937)이 과학아카데미 전체회의에서 뜻밖의 동정표를 얻어 그해의 노벨물리학상을 수상했다. 온네스는 결국 다음 해인 1913년에 노벨물리학상을 수상했다. 1908년 노벨상위원회와 물리분과는 막스 플랑크를 노벨물리학상 후보로 추천했지만, 과학아카데미가 천연색 사진 발명가 리프만으로 바꾸어 수상자를 선택했다. 1945년 오토 한의 경우도 과학아카데미가 노벨상위원회의 결정을 번복한 예에 해당한다. 당시 노벨상위원회와 분과는 핵분열 분야에 대한 수상 유보를 주장했지만 과학아카데미가 공동연구를 했던 리제 마이트너와 프리츠 슈트라스만을 제외하고 오토 한(Otto Hahn, 1879~1968)만을 수상자로 선택했다.

노벨상이 국제적 명성을 얻은 요인

과학 분야에서 노벨상은 다른 어떤 상보다도 국제적인 명성을 지니고 있다. 즉 상금의 액수는 차치하더라도 노벨상을 수상하는 것만으로도 많은 사람들은 명예와 지위 상승 효과를 얻게 된다. 노벨상은 어떻게 해서 이런 국제적인 명성을 얻게 되었을까?

노벨상이 국제적인 명성을 얻게 된 첫 번째 요인으로는 상 자체가 지닌 개방성을 들지 않을 수 없다. 노벨상은 처음부터 수상자 선정 과정에서 세계 각국의 전문가들로부터 추천을 받았으며, 전 세계에서 정보를 구했다. 수상자 선정을 위한 규칙을 제정함에 있어서도 되도록이면 제한을 적게 둔 것도 노벨상이 국제적인 명성을 확보하는 데 도움이 되었다. 초창기부터 노벨상위원회는 스웨덴 국내 과학자에게만 상을 주어 돈이 국외로 빠져 나가는 것을 걱정하지 않았으며 국가와 상관없이 창의적이고 인류에 도움이 되는 연구를 한 과학자에게 상을 수여하는 방침을 세웠다. 이런 원칙 때문에 설립 당시 스웨덴 국왕은 노벨상에 관심이 없었으며 돈이 다른 나라로 나가는 것에 대해 달갑지 않게 생각하기도 했다.

노벨의 유언에 따라 노벨재단이 가진 돈의 40%에 해당하는 큰 돈을 노벨연구소에 학술연구 목적으로 지원하고, 스웨덴 과학자들이 국제적인 학문 수준을 유지하려고 노력한 것도 노벨상의 권위를 유지시키는 데 커다란 역할을 했다. 국제적인 수준의 포상 제도를 유지하기 위해서는 상을 수여하는 기관에 관여하는 학자들이 먼저 국제적인 수준의 연구를 해야 한다고 생각한 노벨의 선견지명이 돋보인 대목이다.

최초의 수상자로 뢴트겐이 선정된 것도 이후 노벨상의 이미지 형성에 결정적으로 기여했다. 당시에 독일 과학자 뢴트겐은 학계가 모두 인정하는 탁월한 연구 업적을 내었을 뿐만 아니라 대중적으로도 상당히 알려진 인물이었기 때문이다. 노벨상은 규정에 의해 재단 수익금 가운데 60% 이상을 상금으로 지출하게 되어 있다. 이 돈은 서구의 교수나 박사급 연구자가 평균적으로 받는 연봉의 6~7배에 해당하는데, 이런 엄청난 상금 액수도 노벨상 수상의 권위를 높이는 데 기여했다.

노벨상은 수상과 연관하여 다양한 과학문화를 확산시킨 것도 노벨상의 국제적 명성을 대중에게 확산시키는 데 기여하였다. 노벨재단은 단순한 시상식만을 준비한 것이 아니라 아예 노벨 주간을 설정하여 대중 강연, 화려한 연회 등등의 여러 가지 흥미로운 행사를 마련함으로써 노벨상에 대한 사회적 관심을 증폭시켰다. 이런 행사를 통해 과학의 내용을 잘 모르는 일반 대중도 노벨상에 대해 알게 되었고 많은 관심을 갖게 되었다.

노벨과학상이 노벨문학상과 함께 수여된 것도 노벨상에 대한 대중적 관심을 높이는 한 요인이 되었다. 노벨상 가운데 가장 대중적으로 알려진 상은 문학상이었다. 노벨문학상의 수상 소식이 알려지면 세계 각국은 수상작을 번역하여 베스트셀러로 만들었고, 일반 대중이 수상작을 직접 접할 수 있었다. 이런 형태의 참여와 접근성이 문학상뿐만이 아니라 노벨과학상과 같은 다른 노벨상의 인기도 유지시켜 주는 요인으로 작용했다.

마지막으로 100년이 넘은 기간 동안 훌륭한 과학자들이 거의 대부분 노벨상을 수상했다는 사실도 노벨의 권위를 지속적으로 유지시키는 주요 원천이 되고 있다. 만약 뢴트겐이 노벨상을 수상한 이후에 논란이 많이 되는 인물이 계속 수상했다면 어떤 과학자도 노벨상 수상을 달갑지 않게 생각했을 것이다. 훌륭하고 존경할 만한 과학자가 계속 수상하게 되는 것을 많은 사람들이 목격함으로써 자신도 노벨상을 수상하여 이 대열에 합류하게 되는 것을 영광스럽게 여기게 된 것도 노벨상의 권위를 장기간에 걸쳐 높여준 요소가 되었다.

노벨상이 세계적인 권위를 지니게 되면서 스웨덴은 노벨상 덕분에 많은 이익을 보고 있다. 우선 스웨덴은 세계 각국의 최신 정보를 가만히 스웨덴에 앉아서 받아 보고 있다. 왜냐하면 세계적인 학자들이 노벨상 수상을 염두에 두고 자신이 행한 창의적인 최신 연구를 스스로 스웨덴 노벨상위원회에 보내기 때문이다. 이런 최신 정보를 세계 각국으로부터 얻은 스웨덴은 기업 및 국가 전략을 수립할 때 엄청난 이득을 보고 있다. 또한 세계 최고급 연구원들은 노벨상위원회 관련 학자들에게 인지도를 높이기 위해 자발적으로 스웨덴에 와서 연구하기를 원하기 때문에 카롤린스카 의과대학과 노벨연구소에는 항상 수준 높은 세계적인 과학자들로 북적대고 있다. 해마다 10월이면 세계의 이목이 스웨덴으로 집중되면서 국가 이미지가 개선되고 국가 위상이 높아지는 것도 스웨덴이 노벨상을 통해 얻고 있는 중요한 이득이다.

노벨상과 스승-제자 관계

노벨상은 스승과 제자가 공동으로 수상하게 되는 상관관계가 상당히 강한 특징을 지니고 있다. 노벨상 수상자들의 약 절반 이상이 노벨상을 수상했거나 나중에 노벨상을 수상하게 되는 과학자들 밑에서 공부한 학생이었거나 공동연구자였다는 것이 이것을 말해 준다. 또한 노벨상 수상자를 배출하는 대학이나 연구기관도 상당히 집중되어 나타나고 있다. 이렇듯 초-엘리트(ultra-elite)들은 대개 스승과 제자로 이어지는 강한 사회적 전승 형태를 띠면서 서로 연결되어 있다. 노벨상을 타는 스승 밑에서 노벨상을 받을 제자가 나올 확률이 상당히 높다. 반대로 노벨상 수상자가 없는 국가나 연구기관에서는 처음 한 명의 노벨상 수상자를 배출하기가 무척 힘든 것이다. 하지만 일단 자생적으로 노벨상 수상자를 배출했을 경우에는 또다시 노벨상이 나올 개연성은 상당히 높다.

다른 과학 분야의 엘리트 그룹들과 마찬가지로 노벨상 수상자들은 비교적 적은 수의 대학에 소속되어 연구한다. 이런 집중 현상은 미래의 과학자들이 연구기관의 명성을 찾는 경향 때문에 나타난다. 박사과정을 마치고 성공적으로 과학자로서의 연구생활을 수행하기 위해서는 세계적인 명성을 갖는 대학이나 연구소가 매우 유리하기 때문이다. 노벨상 수상자들의 계보는 장래가 유망한 젊은 과학자와 경험 많은 스승 과학자들의 상호 연구 결과라고 생각할 수 있다. 노벨상 수상자들의 계보 추적에서 가장 놀라운 사실 중 하나는 미래의 초-엘리트 집단이 그들의 경력에서 매우 이른 시기에 과학적 네트워크에 명확하게 소속된다는 것이다.

9 변화가 요구되는 노벨상

노벨상은 지난 100년 동안 정치적 격변과 사회 변화 속에서도 최고의 인물들을 선정하며 높은 권위를 유지하여 왔다. 하지만 100년이 지난 지금 과학 분야의 노벨상은 과거와는 완연히 달라진 과학 활동의 양상 때문에 새로운 변화를 요구받고 있다. 우선 현재의 노벨상은 수상 분야 자체에 문제가 있다. 노벨이 살던 시기의 관점에서 보면 수학은 순수한 학문 분야로서 구체적인 방식으로 인류의 삶의 질 향상에 기여하지는 않는 것처럼 여겨졌다. 수학은 바로 이런 이유 때문에 노벨상 수상 분야에서 제외되었던 것이다. 수학 분야가 빠진 것은 말할 것도 없고, 물리학과 화학 분야가 명시되는 바람에 지구과학과 천문학은 계속 수상에 있어서 불이익을 받았다. 이런 이유로 현대 수학의 공리적 기초를 세운 힐베르트, 저장프로그램 전자컴퓨터의 발달에 기여한 폰 노이만, 사이버네틱스를 창시한 위너가 노벨상과는 상관없는 인물이 되었고, 에딩턴(Arthur Eddington, 1882~1944)이나 허블 같은 유명한 천문학자도 수상에서 제외되었다.

20세기 후반에 와서 다양한 학문 분야가 서로 합쳐져서 기존의 학문 분야 어디에도 속하지 않는 제 3의 영역에 해당하는 새로운 분야가 많이 나타났다는 것도 노벨상이 물리, 화학, 생리의학 분야에 대한 수상만으로 최고의 과학자를 빠짐없이 선정하기 힘들게 만들고 있다. 예를 들어 몬테 칼로 시뉼내기(Monte Carlo simulation)와 같은 분야는 수학, 물리, 화학, 생명, 천문, 컴퓨터공학 등 다양한 학문 영역에 걸쳐 있으면서 현대 과학의 여러 영역에서 독특한 영향력을 발휘하고 있다. 하지만 현재까지 이 분야는 노벨상과는 상관이 없는 분야로 취급받고 있다.

물리, 화학, 생명 등 단위 분야의 발전 과정에서도 다양한 학문 분야들이 융합되어 발전하는 방식이 더욱 보편화되었다. 예를 들어 모든 물질 구성 요소와 상호작용을 통일적으로 이해하려는 통일 이론 가운데 하나인 초끈이론(Super-string Theory)도 고에너지 물리학 분야뿐만이 아니라 대수기하학과 같은 수학, 우주론을 비롯한 천문학 등이 서로 상호 영향을 주며 복합적으로 발전하고 있다. 만약 노벨상위원회가 현재의 수상 분야 기준을 고수하면서 이 새로운 통일 이론을 완성한 사람에게 노벨상을 주려고 한다면 적지 않은 고민에 봉착하게 될 것이다.

죽은 사람에게는 노벨상을 수여하지 않는다는 규정도 노벨상이 최고의 과학자 모두에게 수여되지는 않았다는 근거가 된다. 원자번호를 원자핵의 전하량에 의해서 재정의한 영국의 과학자 모즐리는 제1차 세계대전에 참전하다 터키 전선에서 전사하는 바람에 노벨상을 받지 못했고, 1944년 DNA가 유전과정을 지배하는 핵심 물질이라는 것을 밝힌 에이버리(O.T. Avery, 1877~1955)는 왓슨(James D. Watson), 크리크(Francis H.C. Crick), 윌킨스(Maurice Wilkins)가 노벨상을 받을 때까지 생존하지 못해 결국 노벨상을 타지 못했다. 2000년 노벨물리학상 수상자 가운데에는 집적회로인 IC(Integrated Circuit)를 발명한 공로로 노벨상을 수상한 텍사스 인스트루먼트 회사의 잭 킬비가 포함되어 있었다. 집적회로는 페어차일드 반도체의 로버트 노이스가 잭 킬비와 서로 독립적으로 거의 동시에 개발한 것이었다. 하지만 로버트 노이스는 1990년에 죽는 바람에 노벨상 수상에서 제외되었다.

과학 분야 노벨상은 개인에 대한 수상을 원칙으로 하고 있으며 각 분야에서 최대 3인까지만 상을 수여하고 있다. 하지만 20세기 후반에 이르러 과학연구 자체가 점점 공동연구의 형태를 띠어 가면서 노벨상위원회로 하여금 개인에 대한 수상만을 고집하기 힘들게 만들어 가고 있다. 예를 들어 쿼크의 발견과 같은 거대과학의 연구에서는 한 연구에 무려 수백 명이 동시에 참가하고 있다. 이 가운데 과연 누구에게 노벨상을 수여하는가 하는 것은 아주 어려운 일이 아닐 수 없다. 몇 년 전부터 물리, 화학, 생리의학 등 3개 분야에서는 3명씩 무려 9명이 과학 분야의 노벨상을 수상하고 있다. 이처럼 수상 인원이 점점 많아지는 것도 최근에 나타난 집단연구의 보편화를 부분적으로 반영한 것이라고 볼 수 있다.

25

과학의 미국식 발전

20세기의 과학을 주도했던 미국은 19세기 말과 20세기 조에 유럽에서 형성된 과학의 모습을 자신들의 조건에 맞도록 바꾸어 놓았다. 즉, 유럽에서 만들어진 물리화학은 유럽보다는 오히려 미국에서 더욱 번성했으며, 고전양자론과 양자역학 등은 미국으로 건너가서는 미국적 토양 속에서 분자물리학, 양자화학, 고체물리학 등과 같이 실험과학과 밀접하게 연결되어 실용적인 성격을 지닌 학문들로 발전했다.

물리화학을 만든 사람들: 반트호프, 아레니우스, 오스트발트

흔히들 물리화학이라는 분야는 반트호프(Jacobus Henricus van't Hoff, 1852~1911), 아레니우스(Svante Arrhenius, 1859~1927), 오스트발트(Wilhelm Ostwald, 1853~1932), 이 세 사람에 의해서 만들어졌다고 말한다. 수많은 개혁의 움직임이 대개 주변부에서 싹텄던 것처럼, 이들 세 사람도 모두 당시 독일 과학의 주변부에서 자라났다. 우선 1852년에 태어난 반트호프는 네덜란드 출신이었고, 반트호프보다 7살 아래였던 아레니우스는 스웨덴의 웁살라 대학을 나왔다. 또한 러시아 발트 해의 국경에 있는 독일 변방에서 자라난 오스트발트도 처음에는 대학에서 자리를 잡지 못하고 고등공업학교를 떠돌다가 1887년에야 비로소 라이프치히 대학에 자리를 잡았던 것이다.

물리화학 분야를 형성시킨 이들 세 사람은 학문적으로도 서로 밀접하게 연결되어 있었다. 1884년부터 반트호프는 기체법칙인 아보가드로 법칙, 보일의 법칙, 게이-뤼삭의 법칙 등을 용액에 적용해서 자신의 삼투압법칙을 만들어 나가고 있었다. 이 과정에서 그는 묽은 용액 속에서 비례상수가 자꾸 변했기 때문에 일관된 삼투압법칙을 찾는 데 어려움을 겪고 있었다. 이때 아레니우스는 반트호프에게 보낸 편지에서 자신의 전리설을 알려주었고, 이를 바탕으로 해서 1887년 반트호프는 전해질 속의 이온의 수에 의해서 자신의 비례상수를 해석함으로써 비로소 완전한 삼투압법칙을 얻을 수 있었다. 이 논문은 같은 해 오스트발트가 주도해서 발간한 『물리화학지』(*Zeitschrift für physikalische Chemie*)의 창간호에 실렸다. 한편, 오스트발트는 아레니우스의 전리설을 바탕으로 해서, 1888년 1월 자신의 '희석의 법칙'을 발표했다. 이런 학문적 연결 속에서 형성된 이온주의 3인방들은 화학에 있어서 이론과 수학의 역할을 강조했으며, 물리학과 화학이 통일될 수 있고 또한 통일되어야 한다는 믿음을 공유하고 있었다. 결국 아레니우스 이온설, 반트호트의 삼투압법칙, 오스트발트의 희석의 법칙과 같은 중심이론이 성립되고, 『물리화학지』와 같은 물리화학 전문잡지가 나타났으며, 오스트발트의 『일반화학교본』과 같은 교과서가 만들어지고, 라이프치히 대학의 오스트발트연구실이 제도적으로 정착되어 가면서 물리화학 분야는 점차로 그 모습을 갖추어 갔던 것이다. 이 과정에서 반트호프, 아레니우스, 오스트발트는 핵심적인 역할을 했기 때문에 그들이 물리화학이라는 분야를 만들었다고 말하는 것이다.

물리화학 분야의 전파 및 제도화

라이프치히 대학의 오스트발트연구소는 그 뒤 발터 네른스트와 같은 우수한 제자들을 길러냈고, 1897년 새 건물이 완공된 뒤로는 더욱 많은 학생들을 배출할 수 있었다. 이리하여 오스트발트가 은퇴하는 1905년경에 이르게 되면 물리화학 분야는 여러 면에서 어느 정도 자리가 잡혀갔다. 우선 독일에서는 베를린, 괴팅겐, 라이프치히 대학에 물리화학 분야의 교수좌가 만들어졌으며, 오스트발트의 제자들은 하위직이기는 하지만 다른 많은 대학과 고등공업학교 등에서 교직자리를 얻을 수 있었다. 『물리화학지』는 계속 번성해 나갔고, 물리화학을 산업에 이용하려는 학술단체도 생겼다. 영국에서는 램지(William Ramsay, 1852~1930)와 워커(James Walker, 1863~1935)가 중심이 되어 물리화학 분야에서 학문적인 위치를 세워갔으며, 아레니우스와 반트호프도 스웨덴과 네덜란드에서 연구기반을 잡아나갔다.

하지만 당시 유럽에서는 물리화학의 성장을 막으려는 저항세력도 만만치 않았다. 우선 독일에서는 기존의 대학 내에서 막강한 힘을 행사하고 있었던 유기화학자들이 오스트발트가 주동이 된 물리화학을 곱지 않은 눈으로 보았고, 교육부 장관과 결탁해서 대학에서 물리화학의 교수좌가 독일의 전 대학으로 확산되는 것을 방해했다. 영국에서는 유기화학자보다는 오히려 무기화학자들의 저항이 심했으며, 프랑스에서는 독일과의 전쟁에서 패한 뒤 독일의 학위를 인정하지 않게 되면서 물리화학의 전파가 어렵게 되었다. 물리화학은 유럽에서 확립되었지만, 그것이 그곳에서 더욱 확산되는 데에는 많은 장애가 있었던 것이다. 이에 반해서 유럽에 비해 급성장을 하고 있었던 미국의 대학은 물리화학이라는 새로운 학문분야가 자리를 잡기에 상대적으로 유리한 곳이었다.

미국에서의 물리화학의 융성

물리화학을 제도화하려는 오스트발트의 꿈은 유럽이 아닌 미국에서 가장 잘 실현되었다. 오스트발트와 네른스트의 제자들은 미국의 하버드, MIT, 코넬, 위스콘신, 스탠퍼드, 컬럼비아, 존스 홉킨스 등의 대학에서 자리를 잡았으며, 새로이 부상하고 있던 산업체의 연구실에서 활동하는 데도 성공했는데, 이들 중에는 리처즈(T.W. Richards), 노이즈(Arthur A. Noyes, 1866~1936), 루이스(Gilbert N. Lewis, 1875~1946), 휘트니(Willis Rodney Whitney, 1868~1958), 랭뮤어(Irving Langmuir, 1881~1957) 등과 같이 탁월한 물리화학자들이 포함되어 있었다.

대체로 1908년 이전까지는 존스(Harry Clary Jones, 1865~1916)가 이끄는 존스 홉킨스 대학과 리처즈가 이끄는 하버드 대학이 미국의 물리화학 분야를 이끌었다. 그 뒤 이 두 대학의 영향력은 상대적으로 감소하였고, 제1차 세계대전이 발발하기 이전까지는 트레버(Joseph E. Trevor)와 뱅크로프트(Wilder D. Bancroft, 1867~1953)가 이끄는 코넬 대학과 노이즈가 이끄는 MIT가 중심대학으로 부상하게 된다. 특히 노이즈는 1919년 화학공학자들과의 불화로 그가 MIT를 떠나 칼텍으로 갈 때까지 쿨리지(William D. Coolidge, 1873~1975), 루이스를 비롯한 수많은 우수한 연구자들을 모으고 수준 높은 기초과학을 연구함으로써 MIT를 물리화학연구의 중심지로 만들었다.

1903년에 문을 연 노이즈의 물리화학연구소에서는 우선 강전해질이 오스트발트의 희석의 법칙에 따르지 않는 것에 주목하고, 이 비정상적인 현상을 설명하기 위해서 노력했다. 이런 문제를 해결하는 과정에서 그들은 화학결합을 전자의 이동으로 설명하려는 톰슨의 전자이론을 접하게 되었고, 마침내 그들의 논의는 화학결합의 성질과 화학결합에 있어서의 전자의 역할 등을 다루는 분자구조에 관한 문제로 발전했다. 이외에도 그들은 화학평형을 이해하는 데 필수불가결한 여러 기초상수들로서 화학반응에 수반되는 자유에너지를 측정하고, 그것을 표로 만드는 데 많은 노력을 기울였다.

한편, 루이스는 1912년 버클리 대학의 화학과 학과장으로 가게 되었고, 이때 브레이(William C. Bray)를 포함한 몇몇 학자들과 대학원생들도 함께 캘리포니아로 옮겨갔다. 루이스는 버클리에서 MIT에서 자신들이 했던 연구주제를 계속 발전시켰고, 이 과정에서 그는 자신의 유명한 원자가이론을 발표하게 된다. 결국 루이스의 분자구조이론은 강전해질의 비정상적인 행동을 설명하려고 했던 노이즈 물리화학연구소의 연구전통 속에서 나타났던 것이다. 루이스의 분자구조이론은 당시 물리화학자들에게 산과 염기를 재정의하게 만들어 주는 등 많은 도움을 주었지만, 정작 루이스와 노이즈를 비롯한 미국의 물리학자들은 강전해질의 문제는 해결하지 못했다. 이 문제는 1923년 유럽의 물리학자들인 드베이어(Peter Debye, 1884~1966)와 에리히 휘켈(Erich Hückel, 1896~1980)이 이온의 유동성에 영향을 미치는 강력한 이온 간 정전기력을 가정하고, 또한 통계역학을 포함한 복잡한 수학적 방법을 사용함으로써 해결했다.

또한 칼텍으로 옮겨간 노이즈는 그곳에서 자신이 MIT에서 행했던 연구 프로그램을 그대로 이식시켰고, 학생들에게 화학평형에 관한 연구뿐만이 아니라 X-선과 전자회절 기술, 분자구조를 연구하기 위한 적외선 분광학 등에 관한 연구를 강조하는 등, 물리학과의 광범위한 협동연구를 추진했다. 이런 토양에서 칼텍에서는 양자화학적 방법을 이용해서 화학결합과 분자구조의 이해에 대한 신지평을 열었던 라이너스 폴링(Linus Pauling, 1901~1994)이 배출되게 된다.

그러면 물리화학이 이렇게 미국에서 번성하게 된 요인은 무엇이었는가? 우선 당시 물리화학 분야가 새로운 분야였고, 또 다른 화학 분야에 비해서 근본적인 문제를 다룬다는 매력이 유능한 많은 사람들로 하여금 이 분야를 전공하게 만들었기 때문이라는 설명이 가능하다. 그러나 이것은 왜 독일을 비롯한 유럽이 아니라 유독 미국에서 물리화학이 번성하게 되었느냐에 대해서는 완전한 설명이 되지 못한다.

물리화학이 미국에서 번성하게 된 요인으로는 우선 당시에 성장하기 시작했던 미국의 산업체에서 많은 화학자들을 필요로 했다는 것을 들 수 있다. 즉, 제1차 세계대전이 발발해 독일의 원료가 차단되어 미국의 산업체들이 독자적인 연구개발을 해야만 되었기 때문에 화학자들이 산업체에서 새로운 역할을 할 수 있는 기회가 많아졌고, 물리화학자들도 제너럴 일렉트릭 연구소에서 활동했던 휘트니, 쿨리지, 랭뮤어 등의 예에서 보듯이, 이런 과정에서 소외되지 않았고, 점차적으로 산업체연구소에서 자신의 위치를 차지할 수 있었다. 이외에도 1901년 창립된 워싱턴의 카네기연구소가 처음 15년 동안 화학자들에게 지원했던 기금 가운데 85%가 당시 새로운 분야로 인정받았던 물리화학에 돌아갔다는 것 역시 물리화학 분야가 미국에서 자리를 잡는 데 있어 중요한 역할을 했다는 사실을 무시할 수 없다.

그러나 물리화학이 미국에서 자리를 잡게 된 보다 중요한 요인은 이 분야가 당시에 급격히 팽창하고 있던 미국의 대학에서 성공적으로 자리를 잡을 수 있었기 때문이라고 할 수 있다. 즉, 당시 급성장하던 미국의 대학에서는 학생들의 수가 급격히 팽창하고 있었고, 따라서 이런 학생들을 가르치는 일이 대학 보직자들에게는 커다란 문제였다. 이때 물리화학자들은 자신들이 물리화학이라는 새로운 분야의 전문가일 뿐만 아니라 많은 학생들에게 화학의 일반적인 개념을 가장 효과적으로 가르칠 수 있다는 것을 대학 총장들과 학과장들에게 인식시킴으로써 대학에서 자리를 잡는 데 성공했던 것이다.

고전양자론의 미국식 발전

보어의 원자모형과 좀머펠트의 일반화된 양자조건을 바탕으로 해서 형성된 고전양자론은 미국으로 건너가서는 실험 위주의 미국적 연구전통과 합쳐져서 분자구조에 대한 연구로 발전했다. 당시 유럽에서는 고전양자론 분야의 연구가 분자구조에 대한 연구보다는 물리학의 좀 더 근본적인 문제와 연관된 원자구조에 대한 연구에 집중되었었다. 즉 유럽에서는 원자구조에 대한 연구가 진척되면서 비정상 제만효과와 헬륨원자가 보어와 좀머펠트가 제기한 고전양자론적 방법에 의해서 설명되지 않는다는 것이 인식되었고, 결국에는 고전양자론의 문제를 극복하기 위해서 새로운 양자역학이 출현되는 과정을 겪는다. 물론 유럽에서도 호이를링거(T. Heurlinger), 크라처(A. Kratzer), 막스 보른 등의 과학자들이 띠 스펙트럼을 비롯한 분자 스펙트럼구조를 고전양자론과 결부시켜 연구했던 것은 사실이다. 그러나 유럽에서 행해진 분자구조에 대한 이들의 연구는 유럽 과학자들의 핵심적인 연구가 아니었고 오히려 주변적인 것이었다. 미국의 물리학-화학 공동체는 대략 1920년을 전후해서 형성되게 되는데, 이 시기에 미국인들은 유럽과 경쟁을 해야 하는 원자구조에 관한 연구를 선택한 것이 아니라, 유럽인들이 상대적으로 관심을 덜 집중했던 분자구조에 관한 연구에 초점을 맞추었다.

미국에서 양자론을 이용한 분자구조의 연구는 하버드 대학의 켐블(Edwin C. Kemble)에 의해서 시작되었다. 1916년 그는 덴마크의 물리화학자 비에룸(Niels Bjerrum)이 발전시킨 양자론적 분자분광학을 바탕으로 해서 원자분자 기체의 적외선 띠 스펙트럼의 구조를 해명하려고 했다. 켐블을 선두로 해서 1920년대에 이르면, 하버드 대학에는 멀리컨(Robert S. Mulliken, 1896~1986), 해리슨(George Harrison), 젠킨스(Francs Jenkins) 등과 같이 분자구조에 관한 실험적 · 이론적 작업을 병행하는 일련의 집단들이 형성된다.

미국은 적외선 분광학 분야에서 이미 오랜 전통을 지니고 있었다. 1880년대에 코넬 대학의 분광학자 니콜(Ernst Fox Nichols)은 적외선 측정기술을 발전시켰고, 그의 학생이었던 윌리엄 코블렌즈(William W. Coblenz)는 1905년 3권으로 된 적외선 분자분광학 카탈로그까지 출판했다. 미시간 대학에서는 랜들(Harrison Randall)이 니콜과 코블렌즈의 적외선 분광학 전통을 이어받아 이 분야에서 수많은 제자들을 길러냄으로써, 1920년대에 이르면 미시간 대학은 적외선 분광학 분야의 세계적인 연구중심지가 된다. 한편, 버클리 대학에서도 버지(Raymond T. Birge)를 중심으로 해서 제1차 세계대전 이후 분자구조를 연구하는 집단이 형성되어 갔다. 이리하여 버클리, 미시간, 하버드 대학들은 1920년대 초 미국의 양자론적 분자구조 연구의 중심지가 되며, 이 대학들을 중심으로 해서 양자론을 연구하는 미국의 물리학-화학 공동체가 형성되어 나갔다.

미국에서 양자론을 연구하는 과학공동체가 형성되는 데에는 이외에도 물리학과 화학에 대한 록펠러재단의 지원이 커다란 역할을 했다. 당시 록펠러재단에서는 박사후연구장학생(Postdoctoral Fellow)제도를 만들어, 많은 젊은 과학자들에게 강의의 부담 없이 연구를 할 수 있도록 지원해 주었다. 록펠러재단에서는 의학 이외의 분야에서 특히 물리학과 화학을 중점적으로 지원했었는데, 이 지원과정에서 분자구조를 연구하려고 했던 미국의 젊은 화학자, 물리학자들이 그 주된 혜택을 받았던 것이다. 즉 록펠러재단의 기금은 미국에서 분자과학이라는 새로운 연구공동체가 형성되는 데 적지 않은 기여를 했다.

분자과학을 전개함에 있어서도 미국의 과학자들은 미국인 특유의 실용주의적 태도를 보였다. 예를 들어, 당시 유럽에서는 원자스펙트럼을 설명함에 있어서 1/2의 양자수가 존재하느냐 아니냐 하는 문제를 놓고 파울리, 하이젠베르크, 란데, 좀머펠트, 보어를 비롯한 주도적인 양자물리학자들이 이론적인 차원에서 많은 논쟁을 벌였었다. 그러나 켐블과 버지와 같은 미국의 과학자들은 1/2 양자수가 과연 존재할 수 있는가 하는 이론적인 문제에는 그다지 고민하지 않았고, 추정된 에너지 항을 잘 설명할 수 있다는 실험적인 근거만으로 별다른 커다란 저항 없이 1/2 양자수를 받아들였던 것이다.

미국의 분자물리학자들은 유럽의 이론적 발전과는 별개로 자신들의 연구전통 속에서 곧이어 유럽에서 나타나게 되는 양자역학적인 설명에 해당하는 논의를 발전시켰다. 예를 들어, 멀리컨과 버지는 보어의 원자 내의 전자궤도에 관한 논의를 바탕으로 분자의 전자궤도에 관한 독자적인 개념을 발전시켰다. 특히 멀리컨은 유럽에서 프리드리히 훈트(Friedrich Hund)가 새로운 양자역학을 바탕으로 분자구조에 대한 설명을 하기 이전이었던 1926년에 이미 분자의 전자배치구조에 관한 핵심적인 생각을 전개하고 있었다. 즉, 유럽에서는 원자구조의 문제를 해결하기 위해 새로운 양자역학을 개발하고, 이것을 바탕으로 해서 분자구조의 문제를 다시 해결하려고 했지만, 미국에서는 고전양자론 내에서 자신들의 주요 관심분야인 분자구조의 문제를 그들이 만족하는 범위 내에서 성공적으로 해결하고 있었던 것이다.

양자역학의 미국식 발전

고전양자론뿐만이 아니라 미국으로 전파된 양자역학 역시 독일을 비롯한 유럽과는 상당히 다른 형태로 발전했다. 우선 미국인들의 실용주의적인 태도는 미국 과학자들이 양자역학을 수용하는 방식에 많은 영향을 미쳤다. 미국인들은 유럽 과학자들이 많은 관심을 가지고 논쟁을 벌인 양자역학의 문제들이었던 파동-입자 이중성, 시공 개념의 비가시성과 비인과성 등에 관한 논쟁에는 별로 관심이 없었다.

한 예로서 미국 하버드 대학에서 박사학위를 받고 1923년 말 박사후연구원으로서 유럽으로 가서 보어와 함께 연구했던 존 슬레이터(John Clarke Slater, 1900~1976)의 경우를 살펴보자. 유럽으로 건너간 슬레이터는 그곳에서 가상진동자라는 새로운 개념을 창안했었다. 당시 코펜하겐에 있던 보어는 슬레이터의 가상진동자 개념을 접한 뒤, 그 개념을 원자수준에서 에너지와 운동량 보존법칙을 파기하는 자신의 생각과 결합시켜 아인슈타인의 광양자가설을 공격하는 논문으로 변형시켰다. 그 뒤 슬레이터와 공동의 이름으로 출판된 보어의 생각은 아인슈타인의 광양자설을 확증하는 여러 실험들이 나타나면서 폐기되었지만, 슬레이터의 생각만은 유용한 것으로 나타나 다시 부활되었다.

유럽에서 이런 부정적인 경험을 했던 슬레이터는 미국에 온 뒤로 코펜하겐 해석을 비롯한 여러 양자역학의 철학적 논의에 대해서 냉담한 반응을 보였으며, 심지어는 이런 쓸데없는 문제에만 집착하는 유럽으로는 더 이상 유학을 갈 필요가 없다고 자신의 제자들에게 설파했다. 그 역시 양자역학을 배워서 그것을 발전시켰지만, 슬레이터가 관심이 있었던 분야는 화학과 관련이 깊었던 분자과학 분야였다. 이런 경향은 슬레이터에게만 해당되는 예가 아니었고, 오히려 미국인들의 전반적인 견해를 대변하는 것이었다. 즉, 미국인들은 실험과학과의 연결이 강한 영역인 화학이나 고체현상 등에 이 새로운 양자역학 체계를 응용하는 데 더욱 많은 관심을 가지고 있었던 것이다.

브리지먼의 조작주의의 영향

미국 과학자들의 이런 태도는 당시 미국에서 유행했던 브리지먼(Percy Williams Bridgman, 1882~1961)의 조작주의와도 관련이 있다. 브리지먼에 따르면 모든 과학적 개념들의 의미는 그 개념의 적용기준을 마련해 주는 명확한 실험적 과정인 조작에 의해서만이 명확해질 수 있다. 예를 들어, 길이라는 개념은 길이를 확정시키는 일련의 조작들을 지적함으로써 분명해진다는 것이다. 또한 조작주의적 입장에서는 한 이론의 관찰 가능한 결과가 곧 그 이론이 지니는 의미, 즉 경험적 의미를 구성한다. 미국인들은 이런 조작주의적인 생각을 바탕으로 하이젠베르크의 불확정성 원리를 포함한 양자역학의 철학적 딜레마는 더 이상 문제될 것이 없다고 보았다. 특히 브리지먼의 조작주의적 태도는 당시의 하버드 대학 출신의 과학자들을 포함한 미국 양자물리학자들에게 커다란 영향을 미쳤다. 우선 브리지먼의 지도로 양자론에 관한 학위논문을 썼던 켐블을 비롯해서, 브리지먼의 수업을 들었던 반 블렉(John Hasbrouck Van Vleck, 1899~1980), 브리지먼의 연구실에서 일했던 오펜하이머(J. Robert Oppenheimer, 1904~1967), 심지어는 슬레이터까지도 브리지먼의 영향을 받으면서 자랐다. 브리지먼의 영향력은 단지 하버드 출신들에게만 국한되지는 않았다. 칼텍의 화학자인 라이너스 폴링과 버클리에서 성장한 콘든의 저작에서도 브리지먼의 조작주의적 영향은 나타나고 있다.

이론과 실험의 결합

미국에서 양자물리학이 실험과 밀접하게 연결된 형태로 발전하게 된 제도적인 요인 가운데 하나는 영국이나 독일의 학과와는 달리 미국 대학 내에서는 이론물리학자와 실험물리학자가 같은 학과에 있었다는 것을 들 수 있다. 이에 따라 이론과 실험이 결합된 형태의 물리학이 성장했는데, 이것이 미국 이론물리학의 경험적이고 실용주의적이며 도구적인 성격을 더욱 강화시켰다. 물론 유럽에서도 괴팅겐, 코펜하겐, 로마에서와 같이 이론물리학자와 실험물리학자가 함께 일한 곳도 있었다. 그러나 유럽에서 이것은 거의 예외적인 형태였고, 미국의 경우에는 이론과 실험의 협력이 제도적인 규범의 형태를 띠고 있었다는 데서 그 결정적인 차이가 나는 것이다.

양자물리학이 실험과 밀접하게 연결된 형태로 발전했다는 것과 함께 미국의 물리학이 화학과도 밀접한 관련을 맺으면서 발전했다는 것도 양자화학이 미국에서 발전하게 되는 중요한 요인 가운데 하나가 된다. 고전양자론의 미국식 발전에 대한 앞의 논의에서 보았듯이, 미국에서는 19세기 말부터 특히 분광학 분야를 중심으로 물리학과 화학을 함께 연구하는 전통이 있었다. 특히 칼텍에서는 밀리컨, 노이즈, 헤일이 중심이 되어 이런 협동연구가 활발하게 진행되었고, 이런 분위기 속에서 폴링의 양자화학적 논의가 나타날 수 있었다. 슬레이터가 MIT의 물리학과 학과장이 된 뒤, 결국은 실패를 했지만, 폴링을 MIT로 불러서 자신과 함께 공동연구를 하려고 했던 것도 미국에서는 1930년대 초에도 물리학과 화학의 관계가 밀접했음을 말해 주고 있다.

미국 양자화학 공동체의 형성

1930년대 초에 이르면 1920년대의 급격한 성장을 바탕으로 미국에는 콘든(프린스턴), 켐블(하버드), 슬레이터(MIT), 데니슨(미시간), 멀리컨(시카고), 오펜하이머(버클리, 칼텍), 폴링(칼텍) 등으로 대변되는 미국의 양자화학 내지 양자물리학 공동체가 형성된다. 아인슈타인이 미국으로 건너온 뒤 미국에서 비로소 이론물리학이 발전하게 됐다는 지극히 근거가 없는 주장이 세간에는 많이 떠돈다. 결론적으로 말해 1933년 이후에 미국으로 건너온 망명 과학자들이 미국의 이론물리학 전통을 만들어 낸 것은 아니다. 앞에서 살펴본 바와 같이 그들이 건너오기 전에 이미 경험적 성격이 강한 미국의 이론물리학 전통은 분명하게 확립되어 있었다. 망명 과학자들은 다만 대개의 경우 미국 대학의 흐름에 자신을 적응시켰을 뿐이다. 예를 들어, 1936년 밀리컨은 미국으로 건너와 자리를 찾던 엘자서(Walther Elsasser, 1904~1991)에게 만약 당신이 핵물리학이나 천체물리학으로 자리를 잡으려 한다면 자리를 줄 수 없고, 지구물리학을 하기를 원한다면 자리를 줄 수 있다고 말한 적이 있었다. 결국 엘자서는 칼텍에 남기 위해서 지구물리학으로 전공을 바꾸어야만 했다. 또한 망명 과학자들은 코넬대의 한스 베테, 스탠퍼드대의 블로흐, 조지 워싱턴 대학의 에드워드 텔러와 조지 가모프, 퍼듀대의 노르트하임, 듀크대의 프리츠 론돈, 로체스터대의 바이스코프 등에서 보여지듯이, 당시의 이론물리학 연구의 중심대학이 아니라 이보다는 한 단계 낮은 대학들에서 새로운 연구센터를 만들어 나갔던 것이다.

양자전기역학의 형성

제2차 세계대전이 끝난 뒤 미국의 슈윙거(Julian Schwinger), 파인먼(Richard Feynman), 다이슨(Freeman Dyson) 등은 새로운 양자전기역학(quantum electrodynamics)을 발전시켰다. 그런데 이들 미국학자들은 1930년대에 물리학자들을 괴롭힌 상대론적 양자장론의 문제를 혁명적인 방법이 아니라, 실용주의적이고 보수적인 방법으로 극복했다. 즉, 디랙의 상대론적 방정식에 의해서 수소 스펙트럼의 미세구조에 대한 설명이 불가능하다는 것이 램(Willis Lamb, jr.)과 레더퍼드(Robert Retheford)의 실험에 의해서 나타나자, 미국의 이론물리학계는 이것을 문제 삼게 되었고, 이에 따라 재규격화(renormalization) 이론이라는 대단히 복잡한 이론이 등장했다. 이때 슈윙어, 파인먼, 다이슨 등이 고안한 계산 방법이 이 '램 편이'(Ramb-shift)를 무지무지하게 정확하게 계산하자, 과학자들은 양자전기역학의 정확도에 의심을 품지 않았고, 이것은 핵현상에도 장이론적인 설명이 가능하다는 믿음을 새롭게 강화시켜 주었다. 상대론적 전기역학 분야에서 위기가 올 때마다 1930년대에 파울리를 비롯한 독일 이론물리학자들은 1920년대에 자신들이 해냈던 방식대로 새로운 시공 개념과 운동 개념을 찾는 혁명적인 접근을 취했었다. 보어 역시 그가 20년대에 했던 대로 에너지 보존 법칙을 파기해서 이 문제를 해결하려고 했다. 그러나 1940년대에 미국 과학자들은 디랙의 상대론적 양자역학의 위기를 유럽의 학자들처럼 에너지 보존 법칙을 파기하거나 새로운 시공 개념을 만드는 혁명적인 방법으로 해결점을 찾은 것이 아니라, 실용적인 차원에서 그것을 보완하고, 기존의 상대론적 양자역학의 체계를 강화시키는 방향으로 논의를 전개시켰던 것이다.

26

산업적 연구의 본격화

20세기에 들어서면서 산업체에서는 기업체 내에 연구소가 설립되었고 이곳에서 과학적 지식을 바탕으로 기술개발을 추진하게 되었다. 특히 전기공업과 화학공업은 산업적 연구가 기업에 정착하는 데 선도적인 역할을 했다. 20세기를 거치면서 과학기술이 산업에 점차 커다란 영향을 주게 되었지만, 기업체 내의 산업적 연구개발 전략은 시대에 따라 커다란 변화를 겪었다.

직업적 발명가 시대

19세기 중반 이후 전기공업 분야에서는 수많은 천재적인 발명가들이 등장해서 개인적이고 독립적인 형태로 발명을 해 오고 있었다. 그러나 이들 직업적 발명가들은 과학적 지식과 추상적 이론에 입각해서 새로운 발명을 하지는 않았다. 대개의 경우 그들은 실제 실험이나 경험, 혹은 직관에 의존해서 자신의 발명품을 만들어 나갔으며, 또한 자신의 발명에 과학적 지식이 필수적이라고 생각하지도 않았다. 예를 들어, 3극 진공관(Audion)을 발명한 디 포리스트(Lee de Forest, 1873~1961)는 우리와는 전혀 다른 식으로 3극 진공관의 작동원리를 이해하고 있었다. 또한 '되먹임 회로'(feedback circuit)와 '수퍼헤테로다인 회로'(superheterodyne circuit), 그리고 주파수변조(FM) 방법을 발명한 암스트롱(Edwin H.

Amstrong, 1890~1954)은 자신의 발명품에 대한 물리학적인 이해는 하고 있었지만, 수학적 추상화를 혐오하고 평생 동안 수학자들과 논쟁을 벌였다.

직업적인 발명가가 나타나면서 발명 또한 조직적인 형태를 띠기도 했다. 직업적 발명가에 의한 조직적 발명의 전형적인 예로는 기계공, 화학자, 모형 제작가 등을 고용해서 많은 발명을 했던 토머스 에디슨(Thomas Alva Edison, 1847~1931)의 멘로 파크(Menlo Park) 연구실을 들 수 있다. 이런 조직적인 발명의 형태는 결국 다음 단계인 산업적 연구, 다시 말해서 과학자들이 직접 산업적 연구를 하는 형태로 발전했으나, 에디슨연구실에서 과학자들은 단지 보조적인 역할을 했을 뿐이다. 아직 과학에 기초한 발명은 산업적 연구개발의 지배적인 모습은 아니었던 것이다.

디 포리스트와 암스트롱

1906년 미국의 디 포리스트(Lee de Forest, 1873~1961)는 3극 진공관의 일종인 오디온(Audion)을 발명했다. 디 포리스트는 당시 3극 진공관을 작은 신호를 큰 신호로 변화시키는 증폭관으로 이용하지는 않았었다. 하지만 곧 이 3극 진공관의 특허는 AT&T에 의해서 구입되어 장거리 전화를 가능케 하는 증폭관으로 개발되게 된다. 진공관의 발명과 함께 이 당시에 급속도로 발전하던 전기회로 기술도 무선방송 및 무전기의 출현에 커다란 역할을 했다. 1913년 미국의 발명가 에드윈 암스트롱(Edwin H. Amstrong, 1890~1954)은 출력 신호의 일부를 다시 입력 부분으로 되돌려서 다시 증폭함으로써 수신기의 감도를 놀랍게 향상시키는 되먹임 회로(feedback circuit)로 특허를 출원했다. 진공관 기술과 전기회로 기술을 비롯한 전자공학의 발전에 힘입어서 페슨던이 고안했던 진폭 변조 기술은 마침내 무선방송 시대를 열었다. 1920년 마르코니의 무선전신회사는 15kW의 출력으로 매일 음악 방송을 송출했으며, 1922년에는 영국의 BBC사가 최초의 정규 방송 프로그램을 내보냈다.

라디오 방송 기술과 관련된 수많은 기술은 특허권을 둘러싼 끊임없는 법정 소송과 함께 발전했다. 우선 에드윈 암스트롱이 출원한 되먹임 회로 기술은 3극 진공관을 발명한 디 포리스트가 고안했던 기술과 비슷해서 논란의 여지가 있었다. 1922년 뉴욕의 순회 재판소는 당시에 AT&T의 후원을 받고 있던 디 포리스트가 웨스팅 하우스 회사의 지원을 받고 있던 암스트롱의 되먹임 회로를 침해한 것을 발견했다. 이때 암스트롱은 거의 파산 직전에 있었던 디 포리스트를 상대로 경제적 이득이 거의 없는 소송을 제기했다. 암스트롱에게는 돈보다도 발명의 우선권과 관련된 자존심이 걸린 소송이었다. 하지만 곧 디 포리스트 측이 암스트롱이 특허를 출원하기 이전인 1912년 8월에 디 포리스트가 작성한 되먹임 회로에 대한 착상이 담긴 공책을 제시하면서 사태는 더욱 복잡하게 전개되기 시작했다. 오랜 소송 끝에 1934년 미국의 대법원은 암스트롱이 1913년에 출원한 되먹임 회로의 탁월성을 인정하면서도 이와 유사한 생각이 디 포리스트를 비롯한 여러 사람들에 의해서 독립적으로 개발되고 있었다는 것을 인정하였다. 소득 없는 소송으로 자존심만 더욱 상하게 된 암스트롱은 되먹임 회로를 발명한 공로로 미국 무선공학자 협회로부터 수여받은 메달까지 반납해 버렸다.

직업적 발명가 시대의 종언

되먹임 회로 이외에도 암스트롱은 1933년 라디오 방송 기술의 역사에 길이 남을 또 다른 획기적인 발명을 해내었다. 그때까지 방송에서 사용하던 진폭 변조 방식은 여러 곳에서 도달하는 전파가 서로 간섭을 일으켜서 서로 혼신이 되거나 잡음이 생기고, 시간에 따라 세기가 달라지는 등 불안정하다는 단점을 지니고 있었다. 암스트롱은 진폭 변조 방식의 이런 문제점을 극복하기 위해서 잡음이 거의 없는 고감도의 새로운 변조 방식을 창안해 내었는데, 그것이 바로 스트레오 라디오 방송에서 주로 이용하는 주파수 변조(FM) 방식이었던 것이다.

1935년 11월 암스트롱은 미국 무선공학자 협회에서 FM 방식을 극적으로 대중 앞에서 선보임으로써 자신의 발명품의 우수성을 유감없이 과시했다. 고감도 방송으로 FM의 효율성이 입증되었음에도 불구하고, 미국 굴지의 무선장치 제조회사였던 RCA(Radio Corporation of America)와 그 회사 소유로 미국의 대표적인 방송사였던 NBC(National Broadcasting Company)에서는 암스트롱의 발명에 대해서 긍정적인 반응을 보이지 않았다. 이미 AM 방식으로 많은 투자를 해 놓은 RCA로서는 새로운 체계가 비록 몇몇 부분에서 우수하다 하더라도 그렇게 쉽게 채택할 수는 없었다. 결국 RCA의 미온적인 반응에 참다 못한 암스트롱은 독자적으로 새로운 체계를 구축하게 된다. 암스트롱이 혼신의 노력을 경주한 결과 기존의 거대한 AM 방송사와는 독립된 군소 방송 업체에 의해 FM 방송이 하나둘씩 시작되었고, 이에 따라 FM 수신 장치의 수요도 급증하게 된다. 하지만 당시에 RCA는 FM 방송 체계보다는 새로운 방송 매체인 텔레비전 방송에 더 많은 열을 올렸다.

제2차 세계대전 이후 보다 많은 FM 주파수대를 얻어내려는 암스트롱과 AM 방송과 텔레비전을 지지하던 RCA 사이에는 피할 수 없는 정면 대결이 벌어졌다. RCA 측의 입김이 강하게 작용하던 연방통신위원회에서 그때까지 FM 방송에서 사용하던 50메가헤르츠 주파수대를 현재 우리의 FM 방송도 사용하고 있는 88~108메가헤르츠의 새로운 주파수대로 옮기고, 이렇게 해서 비게 된 주파수대에 RCA가 선점한 텔레비전 방송 주파수가 들어설 것을 명령했던 것이다. 이에 따라 전쟁 이전에 만들어진 수많은 방송 시설과 수신 장치들은 무용지물이 되게 되었다. 연방 정부의 결정에 의해 커다란 타격을 입게 된 암스트롱은 곧 새로운 주파수대를 차지하려고 노력했지만, 대기업과의 싸움에서는 역부족이었다.

주파수대를 쟁취하기 위한 RCA와의 싸움에서 패배한 암스트롱은 1948년 RCA와 NBC가 자신의 FM 특허를 침해했다는 소송을 제기했다. 하지만 1954년까지 계속된 지리한 소송으로 그는 육체적으로 지치고 재정적으로 파산하여, 마침내 뉴욕의 자신의 아파트에서 10층 아래로 투신해 자살함으로써 파란만장한 생을 마감하게 된다. 그가 죽은 뒤 그의 미망인은 암스트롱 생전에 암스트롱에게 대기업과의 법정 소송이 무모하다는 것을 충고했던 암스트롱의 친구의 권유에 따라 RCA와 백만불에 합의함으로써, FM을 둘러싼 암스트롱과 RCA와의 법정 소송은 막을 내렸다.

전기공업 분야의 산업적 연구의 시작

전문적인 과학자들을 고용해서 연구개발을 하는 산업적 연구형태는 20세기 초에 전기공업 분야에서 나타나게 되는데, 제너럴 일렉트릭(General Electric) 회사의 연구실과 미국전신전화회사(American Telephone and Telegraph Company)의 벨전화연구소(Bell Telephone Laboratory)가 그 대표적인 예라고 할 수 있다. 1890년대 말 이 두 회사에서는 자신들만이 독점하고 있던 특허가 소멸되었고, 또한 정부의 반독점 법안이 강화되어 기업들의 합병을 통한 독점적 지위를 유지하기가 어려워졌다. 이에 GE와 AT&T에서는 기술적 우위를 점함으로써 자신들의 독점적 지위를 계속 유지할 수 있을 것이라고 생각하고, 처음에는 새로운 특허를 외부에서 사들이다가 결국에 가서는 회사가 자체적으로 새로운 기술을 개발하는 단계에까지 이르게 된다. 이 두 회사의 연구소들이 산업체 내에서 성공적으로 자리를 잡게 되는 과정은 전기공업 분야에서 산업적 연구가 정착되는 역사적 의미를 지닌다.

제너럴 일렉트릭의 산업적 연구

19세기 말 GE의 수석 기술자문이었던 스타인메츠(Charles P. Steinmetz, 1865~1923)는 새로운 특허기술을 개발해서 자신들의 독점적인 지위를 유지하기를 바랬던 GE의 경영진들에게 조명문제를 연구하는 화학연구소를 설립할 것을 제안했다. GE는 이 제안을 받아들여 1900년 회사 내에 연구소를 창립하기로 결정하고, 그 책임자로 라이프치히 대학의 오스트발트 밑에서 물리화학으로 박사학위를 받은 다음 MIT에서 일하고 있었던 물리화학자인 휘트니(Willis R. Whitney)를 고용하는 데 성공했다. 당시 독일에서는 폰 벨스바흐(Carl Auer Freiherr von Welsbach, 1858~1929)가 오스뮴-텅스텐 필라멘트 전구를 발명했으며, 특히 물리화학자인 네른스트는 실용적인 금속 필라멘트 램프를 발명했었다. 이때 미국 내에서 GE의 경쟁사였던 웨스팅하우스 회사가 재빠르게 네른스트로부터 이 특허를 구입하자, 미국 램프산업에서 GE의 입지가 위협받기 시작했다.

이리하여 휘트니의 첫 번째 임무는 어떻게 해서든 더 많은 과학자들을 고용해서 GE의 당면한 문제인 상품성 있는 램프를 개발하는 것이 되었다. 휘트니는 대학의 전임강사보다 높은 연봉을 내세워 유능한 과학자들을 산업체 연구실로 유인했다. 높은 봉급과 아울러 휘트니는 이들에게 대학연구실과 같은 학문적인 분위기도 만들어 주었다. 이리하여 그가 초기에 채용한 인물들 중에는 라이프치히 대학에서 박사를 한 뒤 MIT에서 물리화학 전임강사로 있던 물리학자 쿨리지(William D. Coolidge, 1873~1975), 그리고 괴팅겐의 네른스트 밑에서 박사학위를 받고 나서 자리를 물색하고 있던 화학자 랭뮤어(Irving Langmuir, 1881~1957)를 비롯해서 상당히 유능한 과학자들이 포함되어 있었다. GE연구실에서 쿨리지는 대학에서 하던 자신의 학술적인 연구를 계속한다기보다는 기업의 요구에 맞는 훌륭한 발명가로 변신해서 입사 후 5년 동안을 텅스텐 백열등을 만드는 데 온 힘을 바쳤다. 랭뮤어는 GE의 연구실에서 수많은 특허를 출원하는 한편, 학술논문도 왕성하게 출판해서 자신의 학문적 연구와 산업적 연구를 훌륭하게 병행했다. 물론 산업체에 왔던 많은 과학자들이 새로운 환경에 적응하지 못하고 산업체연구소를 떠나갔는데, 1932년에 노벨화학상까지 받았던 랭뮤어의 예는 아주 예외적인 것이었다. 그러나 GE에서의 랭뮤어의 성공적인 활동은 산업체에서도 훌륭한 과학연구를 할 수 있다는 좋은 선전 역할을 했다. 결국 랭뮤어를 포함한 이들 전문과학자들은 기업체 내에서 지금까지는 존재하지 않았던 새로운 역할 모형을 창출해 내었던 것이다.

AT&T의 산업적 연구

초창기부터 벨전화회사에서는 앨릭잰더 그레이엄 벨(Alexander Graham Bell, 1847~1922)의 특허가 주된 자산이었다. 그러나 1890년대에 이르러 벨전화의 주된 특허가 소멸되자, 벨전화회사는 발명가들로부터 새로운 특허를 구매하거나 아니면 회사 내에서 발명을 해서 특허를 낼 사람들을 고용해야만 했다. 벨전화회사는 회사 안에 이런 문제를 해결할 작은 연구부서를 만들었다. 이 연구부서는 창립 이후 계속 그 규모가 커지긴 했지만, 1885년부터 연구조직의 책임을 맡았던 헤이즈(Hammond V. Hayes)를 비롯한 벨의 경영진들은 회사 내 연구부서의 목적은 측정이나 검사를 하는 것이고, 연구개발 자체는 기본적으로 회사 밖에 있는 능력 있는 발명가들이 하는 것이라고 생각했다.

이러다가 1907년의 미국 경제에 나타난 공황의 여파로 회사가 재정적인 문제에 봉착함으로써 J.P. 모건(John Pierpont Morgan, 1837~1913)이 이끄는 은행 신디케이트가 회사에 영향권을 행사하게 되었다. 회사의 경영진이 달라지면서 AT&T의 연구개발 전략에 변화가 오게 되었다. 모건은 1878년에서 1887년까지 벨전화회사에서 일한 적이 있는 베일(Theodore Newton Vail, 1845~1920)을 벨의 후임으로 새 회장에 임명했다. 베일은 AT&T가 기술적 우위를 점유함으로써 미국 내 장거리 전화를 독점해야 한다고 생각했던 인물이었다. 취임 후 베일은 헤이즈를 해임하고, 존 카티(John J. Carty)를 연구부서의 새로운 책임자로 임명했다. 카티는 공학교육을 받지는 않았지만 기술 분야의 경험이 많았던 사람이었는데, 연구소를 운영하는 방식에 있어서 헤이즈와는 완전히 다른 생각을 하고 있었다. 즉, 그는 특허로 보호되는 유일하고 질 좋은 서비스를 바탕으로 장거리 전화를 독점하기 위해서는 과학자들을 잘 이용할 필요성이 있다고 생각한 사람이었다.

원거리 통신 문제와 증폭관의 개발

당시 벨전화회사가 당면했던 가장 커다란 문제는 원거리 통신 문제였다. 이 문제를 해결하는 방법으로 대학교수이며 발명가인 푸핀(Michael Idvorsky Pupin, 1858~1935)은 장하(裝荷)코일(loading coil)을 발명했고, 벨전화회사는 과거의 방식대로 회사 밖에서 개발된 이 특허를 사들여 원거리 통신 문제를 일단은 해결했다. 그러나 푸핀의 장하코일을 이용한 중계장치(repeater)로는 아직 동부해안과 서부해안 사이의 전화통신은 가능하지 않았다. 새로이 연구부서의 책임을 맡게 된 카티는 연구부서가 해야 할 새로운 핵심과제로 원거리 통신에 이용 가능한 증폭기를 개발하는 것을 선정하고, 이 계획의 실무를 시카고 대학의 로버트 밀리컨 밑에서 물리학 박사를 받은 뒤 MIT에서 일하다가 1904년 AT&T에 입사했던 주윗(Frank B. Jewett, 1879~1949)에게 맡겼다. 이어 주윗은 1911년 시카고 대학의 밀리컨 밑에서 공부한 과학자 아놀드(H.D. Arnold)를 새로이 채용해서 그와 함께 증폭관 개발에 나서게 된다.

동서해안 사이의 원거리 통신의 문제를 해결하기 위한 전자증폭기를 개발하는 과정은 산업적 연구가 출현되는 데 있어서 커다란 역사적 의미를 지닌다. 1906년 디 포리스트가 3극 진공관(Audion)을 발명했지만, 그는 그것을 증폭기가 아닌 수신기로만 사용했었다. 또한 그는 전자가 아닌 이온화된 기체의 역할을 중시함으로써 나중에 확립되는 3극 진공관의 원리와는 상당히 차이가 나는 방식으로 그 작동원리를 이해하고 있었던 것이다. 1912년 주윗과 아놀드는 디 포리스트가 만든 이 조잡한 장치가 증폭관으로 쓰일 수 있다는 것을 알았고, 이에 따라 재정난에 봉착해 있던 디 포리스트의 특허를 사들였다.

연구개발의 첫 번째 성과로서 1912년 아놀드는 수은증기 증폭장치를 개발했다. 그러나 이 개발품은 특성곡선의 왜곡이 심해서 전화기의 증폭기로는 사용할 수가 없었다. 아놀드를 위시한 AT&T의 연구자들은 원거리 통신에 적합한 새로운 증폭장치를 개발해야만 했다. 이 연구개발을 위해서 그들은 독일에서 고진공을 만들 수 있는 게더(Gaede) 진공펌프를 도입했으며, 1904년 독일의 베넬트(Arthur Wehnelt)가 개발한 산화막 금속필라멘트를 증폭관에 채용했다. 결국 그들은 새로운 고진공 증폭관을 개발해 내었고, 이것을 이용해서 1915년 1월 25일 뉴욕과 샌프랜시스코 사이의 동시대륙 간 전화통화를 가능하게 만들었다.

고진공 증폭관을 개발해서 대륙횡단 전화를 상업화하는 데 성공함에 따라 AT&T회사는 기업체 내에서 연구개발을 하는 것이 기업의 장래에 아주 중요하다는 것을 느끼게 되었다. 이런 회사 분위기에 힘입어 회사 내의 연구부서는 마침내 독립법인으로까지 성장하게 된다. 이리하여 1925년 1월 1일 AT&T의 자회사였던 웨스턴 일렉트릭 회사(Western Electric Company)의 공학부서의 업무를 이관해서 뉴욕시에 새로운 독립법인의 기업체연구소인 벨전화연구소(Bell Telephone Laboratory)가 설립되었다. 이 연구소의 초대 사장에는 주윗이, 그리고 연구부의 책임자에는 아놀드가 임명되었는데, 이후 벨연구소에서는 연구책임자가 연구부서의 관리책임자가 되는 것이 관례가 되었다.

9 데이비슨-저머의 전자회절실험

벨연구소는 전화사업에 필요한 연구개발을 위해 설립되었지만, 이곳에서는 기초과학연구도 부수적으로 진행되었다. 1927년 데이비슨(C.J. Davisson, 1881~1958)과 저머(Lester H. Germer, 1896~1972)가 드 브로이 물질파를 실험적으로 입증하는 전자회절실험에 성공한 것은 초창기 벨연구소에서 행해진 대표적인 기초과학연구라 할 수 있다. 데이비슨은 1911년 열전자방출에 관한 연구로 유명했던 프린스턴의 리처드슨(Owen W. Richardson) 밑에서 양이온의 열방출에 관한 논문으로 박사학위를 받았다. 그 뒤 그는 1917년 웨스턴 일렉트릭 회사의 연구부서에 합류했는데, 이때 저머를 그의 연구조수로 배정받았다.

당시 벨연구소에서는 3극 진공관의 특허권을 놓고 GE와 소송을 벌이고 있었다. GE의 과학자인 랭뮤어는 1913년 고진공 텅스텐 필라멘트를 이용한 3극진공관 증폭기를 개발했었는데, 이것이 아놀드가 개발한 산화피복을 이용한 증폭기와 특허소송이 걸리게 된 것이다. 데이비슨-저머의 전자회절실험은 GE의 랭뮤어와 AT&T의 아놀드 사이에 벌어진 이 소송과정과 간접적인 관련을 맺고 있었다. 데이비슨과 저머는 1919년부터 양이온 충격에 의한 열전자 방출에 대한 연구를 시작했는데, 이들의 실험은 처음에는 아놀드 진공관이 이용하는 산화막에 관한 것이었으나, 곧 순수 금속표면에 대한 충격실험으로도 발전했다. 즉, 진공관 연구의 부수적 연구로서 그들은 전자를 금속에 충돌시키는 실험을 했던 것이다. 당시에 벨연구소에서 기초연구가 회사 차원에서 지원된 것은 아니었다. 그러나 데이비슨은 자신의 연구를 회사에 정당화시켜서 연구소의 목적지향적인 연구와 자신의 개인적인 흥미를 일치시킬 수 있었던 것이다.

1923년에 이미 데이비슨과 그의 조수인 쿤스먼은 백금과 마그네슘에 대한 전자산란실험을 해서 후일 드 브로이 물질파실험에 근접하는 결과를 얻었지만, 이 실험은 1923년 쿤스먼이 회사를 그만두는 바람에 일시 중단되었다. 그러던 중 1926년 여름 데이비슨은 부인과 함께 영국으로 휴가를 갔었는데, 이때 그는 옥스퍼드에서 열린 영국과학진흥협회 학술회의에 참가할 수 있었다. 여기서 그는 막스 보른의 강연을 통해 드 브로이 물질파이론과 슈뢰딩거 파동역학을 접했고, 이에 자극받아 1923년 실험보다 진전된 새로운 실험계획을 세우게 된다. 무엇보다도 그들은 다른 곳과는 비교가 안 되는 연구소의 좋은 설비를 이용해서 양질의 단결정을 만들 수 있었고, 이런 좋은 연구조건 속에서 1927년 니켈 단결정에 의한 전자회절실험에 성공하게 된다. 데이비슨과 저머의 전자회절실험은 실용적인 연구를 하는 기업체의 연구실에서도 연구자 자신의 노력 여하에 따라 자신의 흥미에 맞는 순수 기초연구도 할 수 있다는 좋은 예가 된다.

벨연구소 내의 기초과학연구체계의 확립

벨연구소에서의 본격적인 기초과학연구는 1930년대부터 시작된다고 할 수 있다. 이미 1920년대부터 벨연구소에서는 최신 과학의 내용을 담은 과학저널과 책을 볼 수 있는 일급 도서관을 마련했으며, 자체 잡지도 출판했다. 이런 활동은 1930년대에 와서 점차로 자리가 잡혀갔으며, 콜로키움, 세미나, 외부 유명학자의 초청강연, 외부 세미나 참가 등을 통해 벨연구소의 과학자들은 새로운 학술정보를 획득할 수 있게 되었다. 이외에도 연구원들에게 봉급은 다 주면서 근무시간의 7분의 1일을 대학에서 대학원과정을 이수할 수 있도록 만들어 교육과 연구를 병행할 수 있는 연구분위기를 조성해 주었다.

1930년대 초의 대공황기에 벨연구소가 했던 인력수급정책은 산업체연구소의 운영에 있어서 한 모범적인 사례를 제시하고 있다. 어려운 회사여건으로 인해서 벨연구소에서는 대대적인 감원이 있었지만, 고학력 연구 인력보다는 저학력의 기술부 인력을 더욱 많이 감축했다. 따라서 벨연구소는 한동안 간부급이 과도하게 많은 형태로 운영되었다. 이런 정책 덕분에 나중에 벨연구소가 고체물리학 분야를 연구할 때 핵심적인 역할을 하게 되는 월터 브래튼(Walter Houser Brattain, 1902~1987), 제럴드 피어슨(Gerald Pearson)을 비롯한 우수한 과학자들이 잔류할 수 있게 되었다.

1936년 진공관 연구부에 있던 머빈 켈리(Mervin Kelly)가 연구부 관리자로 임명될 때 쯤, 공황의 여파는 어느 정도 제거되었다. 회사의 여건이 호전됨에 따라 그는 1936년 쇼클리(William Bradford Shockley, 1910~1989)를 새로이 입사시켰다. 한편, 1937년 데이비슨이 노벨상을 받게 되면서, 벨연구소에서는 보다 자유로운 기초과학연구를 허용하는 분위기가 확산되는데, 이러한 연구개발 분위기는 2차 세계대전을 거치면서 점차 벨연구소의 기업철학으로 정착되게 된다. 1920년대에 데이비슨은 자신의 기초과학연구를 회사에 합리화시켜야만 했었고, 자신이 노벨상을 받게 되는 실험도 회사의 집단적인 연구라기보다는 개인적인 측면이 강한 것이었다. 그러나 1936년 켈리가 연구부를 맡게 되고, 전쟁을 거치면서 벨연구소의 연구 분위기는 상당히 달라졌다. 기초과학연구를 경시하지 않는 이런 변화된 분위기 속에 벨연구소에서는 대학에서나 진행되던 양자고체론 연구가 진행되었고, 이것이 1947년의 점접촉 트랜지스터 발명으로 이어졌다.

트랜지스터의 발명 및 과학기술혁명

1945년 7월 벨연구소의 부사장으로 승진한 켈리는 현대물리학의 새로운 분야인 고체물리 연구와 다분야적인 팀 연구를 강조하는 정책을 표방하며, 물리연구부를 마치 대학을 방불케 하는 연구조직으로 재편했다. 예를 들어, 연구소의 한 부서인 고체연구부는 자기, 압전기, 반도체 등을 비롯한 여러 소그룹으로 나누어졌고, 더 나아가 개개의 소그룹은 각 전문가들로 이루어진 균형이 잡힌 혼합조직인 다분야적인 팀으로 짜여졌다.

프린스턴 출신의 고체이론물리학자인 존 바딘(John Bardeen)은 1945년 말 쇼클리의 반도체 연구팀에 합류했다. 그는 벨연구소의 이런 다분야적인 팀연구방식에 따라 검파기, 저항기, 서미스터 등을 연구하는 피어슨, 브래튼과 같은 실험물리학자들과 함께 같은 연구실을 사용했다. 이리하여 1946년 초에 조직된 쇼클리의 반도체연구 소그룹은 광범위한 분야에 걸친 전문가들을 포함하고 있었다. 쇼클리와 바딘은 고체이론물리학자들이었으며, 브래튼과 피어슨은 반도체 분야에서 10년 이상 연구한 실험물리학자들이었다. 여기에 숙련된 물리화학자였던 기브니(Robert Gibney)와 전자공학 전문가인 무어(Hilbert Moore), 그리고 두 명의 기술

조수가 또 따라붙었다. 이 다분야적인 팀으로 이루어진 연구조직에서 행한 연구개발의 성과로 1947년 12월 바딘과 브래튼은 출력이득 1.3, 전압이득 15인 최초의 점접촉 트랜지스터를 발명하였던 것이다.

쇼클리는 1947년 여름 유럽의 고체연구소를 방문해야 했기 때문에 아깝게도 이 역사적 발견에는 참가하지 못했다. 그러나 그는 자신의 전계효과 증폭기에 관한 이론을 더욱 발전시켜, 새로운 pn 접합 트랜지스터를 예언했다. 이 새로운 형태의 트랜지스터는 게르마늄 용융상태에서 단결정을 키우는 방법이 가능해진 뒤에야 만들어질 수 있었다. 초기의 점접촉 트랜지스터를 대체한 이 접합형 트랜지스터가 기반이 되어 마침내 새로운 반도체시대가 열리게 되었던 것이다. 1956년 쇼클리, 바딘, 브래튼은 트랜지스터 효과를 발견한 공로로 노벨물리학상을 받았다. 벨연구소에서 트랜지스터가 발명되는 과정은 개인적인 성격이 강했던 데이비슨의 전자회절실험과는 달리 회사의 집단적이고 조직적인 연구개발 전략이 이루어 낸 기초과학연구이자 응용연구였다는 점에서 기업체의 연구개발의 역사에서 또 하나의 획기적인 사례라 할 수 있다. 결국 산업체에서도 기초과학연구가 가능하다는 것이 확인되었으며, 이제 과학은 그 자체가 기술도 되는 새로운 모습으로까지 나타났다. 벨전화연구소에서 행해진 산업체의 기초과학연구는 20세기 중반 이후 나타난 과학기술혁명(Scientific Technological Revolution)의 전형적인 모습을 보여주고 있다.

화학공업과 연구개발

과학에 기초를 둔 연구개발은 비단 전기공업분야에서만 나타난 것이 아니었다. 화학공업을 비롯한 다른 산업에서도 이에 못지않은 과학에 기초한 연구개발의 형태가 나타났었다. 화학염료공업의 기원은 기센(Gießen) 대학의 리비히(Justus von Liebig, 1803~1873)의 연구실이었다. 1843년 이 연구실에서는 석탄으로부터 얻어지는 물질들을 연구하던 중 선명한 색을 띠는 여러 물질들을 발견했다. 이 연구에 참여했던 호프만(August von Hofmann, 1818~1892)이 1845년 영국의 왕립화학칼리지(Royal College of Chemistry)로 옮기면서 이러한 지식은 영국으로 전래되었고, 이를 바탕으로 1857년 영국인 퍼킨(William Henry Perkin, 1838~1907)이 아닐린(aniline) 염료를 발명했다.

퍼킨이 처음 작은 공장 규모로 시작한 아닐린 염료 생산은 곧 영국과 프랑스로 퍼졌다. 이리하여 1850~60년대에는 영국과 프랑스가 독일에 비해 화학염료 공업이 앞서 있었다. 그러나 1890년경에 이르게 되면 바이어, 획스트(Höchst), BASF(Badische Anilin Soda-Fabrik), Agfa(A.G. für Anilin-Fabrikation) 등을 위시한 독일의 화학염료회사들이 세계의 염료산업을 지배하게 된다. 이렇게 된 데에는 여러 요인이 있을 수 있겠지만, 독일정부의 적극적인 지원과 독일 염료회사 내의 산업적 연구의 제도적 정착을 들 수 있다. 독일정부는 기술적이고 전문적인 훈련을 받은 화학자들을 외국으로부터 활발히 유치했다. 이에 따라 1870년대 초 호프만을 비롯한 20~30명의 독일 화학자들이 독일에 다시 돌아왔으며, 이들은 화학염료를 비롯한 화학공업의 성장을 위해 필요한 지식을 제공하게 되었다. 이 화학자들은 물론 일단 대학에 자리를 잡았지만, 독일의 화학공업회사들은 대학의 화학교수들과 연결을 맺고 그들의 자문을 받거나 그들로 하여금 필요한 연구를 하도록 했고, 때로는 그들을 직접 회사에서 받아들이기도 했다.

1870년대 이후에 독일의 화학염료회사들에서는 서로 경쟁적으로 대학(Universität)이나 고등공업학교(Technische Hochschule)와 연결을 맺기 시작했다. 또한 독일통일 이후 독일제국은 자신들의 산업을 보호하기 위해서 특허법을 제정하게 되었다. 1877년 독일에서 발효된 특허법은 유기염료연구가 대학에서 산업체로 확산되어 가는 중요한 계기를 마련해 주었는데, 이 특허법이 발효되기 1년 전인 1876년 바이어회사(Friedrich Bayer & Co.)는 독일에서 처음으로 산업체 내에 초보적인 연구실을 설치해서 산업체 내의 연구개발을 시작했다.

2 미국 화학공업과 듀폰의 연구개발

미국에서는 제1차 세계대전을 겪으면서 화학공업 분야에서 산업적 연구가 본격화되었다. 즉, 전쟁으로 인해서 독일로부터의 화학원료의 공급이 중단되었고,

또한 전쟁에 필요한 무기를 개발하기 위해서라도 미국의 화학회사들은 독자적인 연구개발을 강화해야만 했다. 이런 역사적 조건 속에서 성장한 미국 화학공업의 산업적 연구개발 가운데 가장 대표적인 예들 가운데 하나는 나일론 개발의 신화를 창조한 듀폰사의 연구개발이라고 할 수 있다. 듀폰회사(Du Pont Company)의 1세기에 걸친 연구개발 과정은 과학에 바탕을 둔 연구개발이 얼마나 복잡한 과정을 거쳐서 상업적 성공으로 나타나는지를 보여주는 좋은 사례가 된다.

1802년 엘뢰테르 이레네 뒤퐁(Éleuthère Irénée du Pont, 1771~1834)에 의해 설립된 듀폰회사는 대대로 뒤퐁 가문에 의해 경영되던 가족회사로서 19세기에는 주로 흑색화약, 다이너마이트, 무연화약 등을 만들던 회사였다. 현대 듀폰사(E.I. du Pont de Nemours & Co.)는 1902년에 콜먼(Thomas Coleman du Pont, 1863~1930), 앨프리드(Alfred Irénée du Pont, 1864~1935), 피에르(Pierre Samuel du Pont, 1870~1954) 등 3인의 조카들이 100여 개가 넘던 회사들을 하나로 합쳐서 거대회사로 만들면서 탄생했다. 새롭게 출발한 듀폰회사에서는 연구개발도 중시해서 1902년 자회사였던 이스턴 다이너마이트 회사(Eastern Dynamite Company)에 폭발물 품질개선을 목적으로 이스턴연구소(Eastern Laboratory)를 설립했는데, 이것은 듀폰회사의 분산연구 시스템의 원조가 되었다. 다음 해 듀폰회사는 '실험소'(Experimental Station)라는 '종합' 연구소를 설립했다. 여기서는 기존의 흑색화약과 다이너마이트뿐만 아니라 신제품이었던 무연화약도 연구함으로써 훗날 듀폰회사의 거대규모의 중앙연구소의 원조가 되었다.

1910년부터 듀폰회사는 인수합병을 통해서 경영의 다각화를 시작하였다. 그러다가 제1차 세계대전의 영향으로 독일의 화학약품의 공급이 중단되면서 듀폰회사는 유기화학과 염료 산업에도 진출하게 되었다. 이리하여 1917년경에 이르러서 경영진들은 본격적인 경영다각화 의지를 가지고 유기화학 염료를 비롯한 다양한 염료를 생산하는 회사로 회사를 전환하기로 방침을 정하게 된다. 이런 다각적인 경영의 결과 듀폰회사는 다양한 화학 분야의 회사들을 사들여서 자신들의 자회사로 만들었다. 이리하여 듀폰회사는 니트로셀룰로오스(1910년), 셀룰로이드 플라스틱(1915년), 페인트 화학(1917년), 레이온 섬유(1920년), 셀로판 필름(1923

년), 합성 암모니아(1924년) 등을 만드는 수많은 소기업을 단위부서로 갖는 기업 형태를 띠게 되었다. 경영다각화와 전쟁의 영향으로 기업이 비대화되고 연구인력이 확대되면서 듀폰회사에서는 중앙연구조직만으로는 이를 모두 통제할 수 없었다. 따라서 1921년 듀폰은 연구개발의 분산화전략을 선언하였고, 듀폰의 연구개발도 중앙집권적인 연구보다는 단위부서가 각자의 분야에서 연구개발을 책임지는 분산적인 형태를 갖게 된다.

9 나일론 신화의 탄생

하지만 듀폰의 최대 발명품인 나일론은 이 분산화된 연구조직에서 유래된 것이 아니고, 듀폰의 과거 시대의 유물인 중앙연구조직의 산물이었다. 중앙연구조직의 하나인 화학부서의 책임지였던 찰스 스티인(Charles Stine)은 1927년 빙만하다시피 한 듀폰의 다양한 사업들에 확고한 과학적 기초를 세워줄 장기적인 차원의 기초연구조직을 설립할 계획안을 회사에 제출했고, 이것을 듀폰의 경영진이 승인했다. 그 뒤 스타인은 순수 기초연구를 표방하며, 기초 유기화학을 연구할 약 15명의 연구인력을 대학에서 구하려고 노력했다. 그러나 이 일은 결코 쉽지 않아서, 1928년 초까지 중합체 분야에서 순수연구를 할 수 있게 해 주는 조건으로 단 1명만을 고용하는 데 성공했다. 그가 바로 하버드 대학 화학과 전임강사로 있었던 31세의 캐로더스(Wallace H. Carothers, 1896~1937)였다.

1930년 듀폰의 기초연구조직은 아주 우연히 네오프렌 합성고무와 최초의 완전한 의미의 합성섬유를 발견했다. 직접적인 응용을 목표로 하지 않고 지극히 기초적인 연구를 하던 부서가 처음으로 상업적으로 의미가 있는 성과를 낸 것이다. 듀폰은 이미 고무 화합물을 제조하고 있었고, 레이온과 아세테이트 섬유와 같은 인조섬유를 생산하고 있었다. 한편, 캐로더스가 합성고무와 합성섬유를 발견한 지 몇 개월도 안 돼서 스타인은 승진을 했고, 이에 따라 그는 다른 부서로 가게 되었다. 스타인의 후임으로는 볼튼(Elmer K. Bolton)이 오게 되었는데, 그는 기초연구에 특권을 주었던 스타인과는 전혀 다른 연구개발 철학을 가지고 있던 인물이었다. 더구나 그는 예전에 스타인의 기초과학 계획에 반대했던 전력이 있던 사람이었고, 산업적 연구에 있어서도 상업적으로 이용 가능한 구체적인 성과를 중시했다. 취임 후 그는 캐로더스 연구팀에게 자유로운 기초연구보다는 상업성이 있는 연구를 할 것을 요구했다. 더욱 구체적으로 볼튼은 캐로더스 팀이 발견한 최초의 합성섬유가 매우 불안정하다는 것을 느끼고, 상업적 가치가 있는 좀 더 안정된 섬유를 연구개발해 줄 것을 캐로더스에게 요청했다.

처음 얼마 동안 캐로더스 연구팀은 볼튼의 요청을 받아들여 계속 열심히 연구를 했다. 그러나 이런 목적지향적 연구는 캐로더스에게 흥미를 주지 못했고, 그는 스타인 시절에 하던 방식대로 곧 다른 연구로 옮겨갔다. 캐로더스가 이렇게 연구주제를 가지고 왔다갔다하자, 볼튼은 캐로더스에게 섬유에 대한 연구를 할 것을 보다 강력하게 요구했다. 캐로더스는 볼튼의 명령에 따라 자신의 조수들에게 새로운 연구방향을 지시했고, 마침내 1934년 캐로더스 팀은 비교적 높은 온도에서도 안정되고 가수분해에 강한 최초의 폴리아미드인 나일론을 합성하는 데 성공했다.

1935년 봄, 캐로더스는 5-10 폴리아미드라는 물질을 최적의 화학섬유 후보로 추천했다. 그러나 볼튼은 캐로더스가 추천한 물질을 만들기 위해 필요한 중간물질의 값이 너무 비쌀 것 같아 캐로더스의 추천을 무시하고, 대신 풍부한 벤젠화합물로부터 값싸게 제조할 수 있는 6-6 중합체를 옹호했다. 연구개발을 한 과학자와 연구개발을 관리하는 책임자 사이에 갈등이 생긴 것이었다. 애초의 나일론 개발은 캐로더스의 기초연구팀이 비교적 자유롭게 한 것이었으나, 이런 갈등이 생긴 뒤로는 볼튼이 연구개발을 주도하고 캐로더스는 그 과정에서 밀려나게 된다. 그러자 캐로더스는 회사가 연구주제를 제한하는 것에 대해서 고민했으며, 점점 신경쇠약 증세를 보이다가 1937년 극약을 먹고 41세의 젊은 나이에 자살을 하고 말았다. 아깝게도 미국은 잠재적 노벨상 후보를 잃어버렸다.

연구개발의 주도권을 잡은 볼튼은 나일론 6-6을 상업화할 것을 결정했다. 그러나 나일론을 새로운 섬유로 개발하려는 계획은 아직 실험실상에서나 가능한 것이었다. 상업화를 하기 위해서는 연구실에서 했던 작업을 크게 확대할 필요가 있었고, 생산비 절감을 위해서는 고압합성기술을 이용해서 나일론을 만들 수 있는 중간물질을 만들어 내는 것이 무엇보다도 중요했다. 그 외에도 상업화를 위해서는 생산된 나일론을 가지고 실제로 옷감을 만들 수 있어야 했다. 다행히도 듀폰에는 고압합성이 전문인 암모니아부서와 섬유에 대해 잘 아는 레이온부서가 있었다. 이제 나일론 개발은 한 부서의 연구개발이 아니라 중앙연구조직에 의해서 관리되는 협동연구개발의 형태가 되었으며, 이에 따라 여러 연구를 병행하여 추진하는 거대한 규모의 연구개발로 발전되었다.

이 과정에서 듀폰의 중앙연구 관리자들은 그야말로 놀라운 연구개발 관리능력을 보이게 된다. 우선 상업적인 차원에서 5-10 폴리아미드가 아니라 나일론 6-6을 선택한 것이 첫 번째로 현명한 판단이었다. 그 다음 나일론 섬유를 뽑아내는 방법을 선택할 때, 레이온 섬유를 뽑아내는 방식인 건식 방사법(紡絲法)이나 아세테이트 섬유를 뽑아낼 때 사용하는 습식 방사법이 아니라, 새로운 용융 방사법을 선택했던 것도 역시 적절한 것이었다. 듀폰의 연구관리자들은 나일론을 개발하는 과정에서 실험실 단계에서, 반작업(半作業) 단계로, 실험공장 단계로, 상업적 생산단계로 진행하는 단계별 연구개발 전략을 서두름이 없이 단계별로 규모에 맞도록 가장 현명한 판단을 하면서 총지휘했던 것이다. 또한 연구관리자들이 나일론을 처음 상품화하면서 여성용 블라우스에 사용되던 값비싼 비단을 대체하려는 전략을 구사한 것도 아주 탁월한 선택이었다. 1940년부터 나일론이 시판되기 시작했는데, 때마침 태평양전쟁이 터져 일본으로부터 실크수입이 단절되는 바람에 듀폰은 나일론을 가지고 더욱 급속도로 여성용 고급의류시장을 잠식할 수 있었던 것이다. 결국 한 과학자가 기초연구를 하다가 실험실에서 우연히 발견한 나일론이라는 물질은 중앙연구조직 관리자들의 현명한 일련의 종합적인 연구개발 전략과 결합되면서 듀폰의 나일론신화가 탄생되었던 것이다. 이리하여 듀폰회사의 나일론 연구개발 전략은 기업의 성공적인 연구개발의 한 전형적 사례로 기록되게 되었다.

9 제2차 세계대전과 듀폰

기초과학에 바탕을 둔 듀폰의 연구개발 전략은 듀폰회사가 제2차 세계대전 중에 원자탄을 개발하는 맨해튼계획에 참가하면서 더욱 공고히 된다. 듀폰은 이 계획에서 시카고의 금속연구소 과학자들과 함께 생산용 원자로를 건설해서 그것으로부터 플루토늄을 생산하는 일을 맡았다. 이때 듀폰의 연구개발팀은 계획의 진행과정에서 과학자들과 마찰을 빚기도 했지만, 자신들의 나일론 개발전략을 그대로 적용하여 또 한번의 커다란 성공을 거둔다.

1942년 버클리 대학의 시보그(Glenn T. Seaborg)는 실험실상에서 미량의 플루토늄을 발견했다. 듀폰 팀은 이것을 캐로더스가 최초의 합성섬유를 발견한 경우처럼 간주하고, 이후 대량생산을 위한 생산개발계획을 세워 나갔는데, 이때 나일론 개발전략에서 얻은 자신들의 산업적 · 공학적 경험을 십분 활용했다. 이리하여 듀폰회사는 짧은 기간 내에 플루토늄을 대량생산하는 데 성공했고, 결과적으로 맨해튼계획을 성공적으로 이끄는 데 커다란 공헌을 했다. 플루토늄을 대량생산하는 데 성공함으로써 듀폰은 연구개발에 있어서 기초과학이 중요하다는 것을 다시 한번 확인했다. 즉, 제2차 세계대전 기간 중의 핵개발의 참여로 듀폰의 경영진들은 기초과학에 바탕을 둔 연구개발에 더 많은 돈을 투자함으로써 '새로운 나일론' 을 계속 창출해 낼 수 있다는 강한 믿음을 가지게 된 것이다. 또한 1938년 연방정부의 법무부 반독점실에 대기업의 독점을 규제하려는 성향의 인물이 기용되면서 미국 내에 강한 반독점 분위기가 나타난 것도 듀폰이 기초과학에 대한 투자를 강화하게 되는 한 요인으로 작용했다. 이리하여 기초과학에 바탕을 둔 거대한 규모의 연구개발로 기업을 성장시킨다는 것은 듀폰회사의 전형적인 기업문화로 자리 잡게 된다.

'새로운 벤처' 정책 및 그 한계점

전후에 듀폰 팀은 여러 분야에서 '새로운 나일론' 을 개발하려는 연구개발 전략을 세웠다. 그러나 엄청난 연구비를 지출하고 거대한 공장을 설립해서 대량생산을 시도했음에도 불구하고, 개발상품 가운데 상당수는 성공적으로 상업화하는 데 실패했다. 그 한 예가 '합성석' (synthetic stone)이라고 불렸던 포름알데히드 중합체인 델린 아세탈 수지(Delrin acetal resin)의 개발이었다. 포름알데히드는 값이

싸고 중합화하기 쉬웠다. 단 하나의 문제는 폴리포름알데히드가 아주 불안정해서 상대적으로 낮은 온도에서 포름알데히드로 전환된다는 것이었다. 중앙연구조직의 화학자들은 아주 순수한 포름알데히드를 얻는다면 그 중합체는 안정될 것이라고 믿었다.

1952년부터 듀폰은 수많은 연구인력을 투입해서 이 폴리포름알데히드에 대한 본격적인 연구개발을 감행했다. 그런데 이때는 실험실작업에서 반작업, 그리고 실험공장작업, 대량생산작업 식으로 순차적으로 진행했던 것이 아니라, 실험실작업과 판매부서의 마케팅작업을 동시에 진행하여 자신들도 의식하지 못한 사이에 본래의 나일론 개발전략에서 벗어나고 있었다. 시장에 내어놓기에는 아직 열에 너무 불안정하다는 것이 문제였지만, 듀폰의 연구원들이 중합체의 내부결합 자체는 상당히 안정되고 분해는 단지 사슬의 끝부분에서만 일어난다는 것을 발견한 뒤로는 듀폰의 연구개발 책임자들은 이 계획을 더욱 강력하게 추진했다. 그러나 생각했던 것만큼 값싸게 포름알데히드를 정제시킬 수가 없었다. 또한 상품개발팀이 델린의 상품화 결정을 좀 늦추어 달라고 요구했음에도 불구하고, 연구관리자들은 쇠를 대체할 수 있을 만큼 훌륭한 델린의 특성을 믿고 가능한 빨리 상품화할 것을 원했다. 더욱이 생산비 절감효과를 얻기 위해 그들은 실험공장 단계를 건너뛰고, 곧바로 대량생산으로 들어갔다. 즉, 폴리포름알데히드 개발에 관련된 연구관리자들은 반작업 단계와 실험공장 단계를 건너뛰고 실험실작업 단계에서 곧바로 상품화를 결정한 것이다.

델린을 상품화하는 데에는 무려 7년이라는 긴 연구개발 기간이 소요되었는데, 이런 기나긴 기간 동안의 강도 높은 연구개발 비용 때문에 상품의 값도 비쌀 수밖에 없었다. 실제로 델린의 개발은 듀폰 역사상 가장 값비싼 연구개발 계획으로 기록되었다. 그럼에도 불구하고 신상품을 개발해야 한다는 필요성 때문에 듀폰은 이후에도 계속 새로운 연구개발을 하면서 곧바로 상품화에 들어갔다. 델린의 예는 전후 듀폰회사의 연구개발에서 예외가 아니었고 오히려 통상적인 개발전략에 속했던 것이다.

1957년 듀폰회사의 화학부서가 중앙연구부서로 바뀌면서 듀폰의 기초과학에 바탕을 둔 연구개발 전략은 본격화되었고, 이런 연구전략으로 '새로운 벤처'(New Venture)를 추구하면서 듀폰은 계속 '새로운 나일론'을 기대했다. 또한 듀폰의 과학기술자들은 기업의 연구개발뿐만 아니라 학계 중심이었던 전문 학문분야까지도 선도하면서 과학기술 분야에서 논문출판활동도 책임지게 되었다. 이런 기초과학에 바탕을 둔 기업체의 연구전략은 기업체의 연구개발로서는 성숙된 단계에서나 나타날 수 있는 것이었다. 이런 거대규모의 연구개발 전략은 듀폰의 기업 이미지 제고에는 기여를 했지만, 연구개발 비용이 엄청나게 많이 든다는 문제점을 지니고 있었다. 결과적으로 듀폰의 연구개발 비용은 제2차 세계대전 이후 엄청나게 증가했으나, 새로운 생산품에 의해 측정된 연구개발의 생산성은 증가하지 않았다. 회사는 40여 종의 새로운 생산품을 개발하기 위해서 무려 20억 달러를 지출했으나, 수지타산의 면에서는 결과적으로 손해였다. 1960년대에 듀폰회사에게 이익을 주었던 효자상품들은 '새로운 벤처'가 본격화된 1960년 이후에 개발된 상품은 아니었고, 오히려 1930년대와 1940년대에 개발된 것이었다. 또한 회사에 이익을 주는 연구개발은 새로운 신물질의 개발보다는 기존에 개발한 물질의 공정을 개선하는 쪽이 훨씬 유리하다는 분석까지 나왔다. 급기야 1960년대 말에 와서는 회사의 경영진들조차 '새로운 벤처' 전체 프로그램의 실패를 선언했고, 회사의 전체 개발전략에 대해서도 의문을 던졌다.

1970년 듀폰회사는 기초과학 중심의 연구개발 전략에서 생산품 중심의 이윤에 바탕을 둔 분산적인 연구개발 전략으로 전환했다. 즉 자유방임적인 기초 연구개발 정책에서 상품 및 공정 개선을 염두에 둔 연구개발 정책으로 전환했으며, 신제품 개발뿐만이 아니라 기존 제품의 품질향상에도 주력하게 된다. 결국 1970년대 중반에 와서 듀폰회사는 자신들이 나일론 개발에서 재미를 보았던 기초과학에 바탕을 둔 연구개발 전략을 포기할 수밖에 없었다. 맨해튼계획에서 보여준 기초과학의 힘을 누구보다도 강하게 실감했던 듀폰의 경영진들과 연구책임자들은 1930년대에 자신들이 나일론 개발에서 성공했던 것이 단순히 기초과학적 연구를 바탕으로 했기 때문에 성공한 것만은 아니었다는 것을 간과했던 것이다. 20세기에 들어오면서 과학이 산업적 연구에서 중요한 역할을 하게 된 것은 사실이었지만, 실험실에서의 성공이 무조건 상업적 성공을 보장해 주지는 않았다. 나일론 개발과정이 말해 주듯이, 처음 단계에서는 기초과학이 연구개발을 주도하지만 연구 결과가 실제로 생산으로 나타나 상업적 성공을 거두기까지는 매우 복잡한 과정을 거치게 된다.

듀폰회사의 한 세기에 걸친 연구개발과정에서 보여주었던 것은 기업체의 연구개발이 성공하기 위해서는 기초과학뿐만이 아니라 기초과학에 의해 개발된 개발품을 상업적으로 성공시키도록 만드는 수많은 공정기술, 경영기술도 함께 어우러져야 한다는 것이었다. 기업체에서 연구개발을 성공적으로 하기 위해서는 기초과학 중심의 연구개발 정책과 상품 및 공정 개선을 위한 연구개발 정책이 적절히 조화되어야 했으며, 장기적 연구개발과 단기적 연구개발이 균형을 이루고, 대규모의 중앙집중적인 연구개발과 분산적 · 소규모적 연구개발도 회사의 규모에 맞게 적절히 추진될 필요가 있었다.

27

연구중심대학의 성장과 대학의 상업화

오늘날 미국 대학은 교육과 연구에서 세계 최고의 경쟁력을 지니고 있다. 미국 대학은 지난 150년 동안 대략 세 차례의 커다란 변화를 겪으면서 현재의 모습을 갖추었다. 그 첫 번째 변화는 19세기의 마지막 4반세기에 일어났다. 1862년 모릴 법안(Morill Act)이 발효되어 연방정부가 소유한 국유지를 주 의회에 무상으로 불하하고 이 토지에서 나오는 수익금을 대학의 설립 기금이나 운영비로 사용할 수 있게 되었다. 그 후 미국에서는 이런 움직임이 전반적인 무상토지불하운동(land grant movement)으로 확대되었고, 미국 도처에 수많은 무상토지불하대학(land grant college)들이 생겨났다. 이민자의 급증에 따라 학생수가 급증하였고, 이에 부응하듯 대학의 수도 급격히 증가했다. 이런 분위기 속에서 대학 설립 운동은 독일의 지성주의와 결합되어 교육보다도 연구를 더욱 강조하는 새로운 유형의 연구중심대학도 생겨났다.

두 번째로 커다란 변화는 제2차 세계대전 이후에 나타났다. 유사 이래 가장 커다란 전쟁이었던 두 번의 세계대전은 미국의 대학들을 국방연구에 집중하게 만들었고 과학기술자들은 엄청난 규모의 대형 프로젝트를 경험하였다. 전쟁 중과 전쟁 이후에 나타난 연방정부의 파격적인 지원 아래 미국의 선두 대학들의 대부분이 세계적인 연구중심대학으로 발전했다.

마지막으로 가장 최근의 변화는 냉전 종식 후인 1990년대 이후에 나타난 변화이다. 이미 1980년에 제정된 바이-돌 법안(Bayh-Dole Act)은 미국의 대학에게 연방정부에서 지원하는 연구비로 특허를 출원할 수 있도록 허용함으로써 대학이 상업화될 수 있는 바탕을 마련해 주었다. 더욱이 구소련이 붕괴하면서 대학에 대한 연방정부의 지원이 급격히 감소하였고, 대학에 대한 시장의 영향력이 급격히 커지면서 대학의 상업화가 촉진되었다.

2 미국 연구중심대학의 태동

미국에서 구태의연한 지식의 전수가 아니라 학문 연구를 더욱 중시하는 연구중심대학의 이념을 처음으로 내세운 대학은 1876년에 설립된 존스 홉킨스 대학이었다. 이 대학은 새로운 대학과 병원의 설립을 위해 700만 달러를 기부한 홉킨스의 유언에 따라 설립되었다. 당시 예일 대학의 지리학 교수로 있다가 존스 홉킨스 대학의 초대 총장이 된 길먼(Daniel Coit Gilman, 1831~1908)은 연구를 중시하는 독일 대학을 본받아서 새로운 유형의 대학을 미국에 정착시키려고 노력했다. 길먼은 1875년부터 1901년까지 무려 4반세기 동안 존스 홉킨스 대학에서 총장으로 봉직했다. 그는 연구의 지원을 대학이념으로 내걸었으며, 대학원 중심 대학으로 운영한다는 것을 강조하기 위해 처음에는 학부과정은 만들지도 않았다. 이런 대학 분위기에서 초대 물리학과 학과장이 된 헨리 로런드(Henry Augustus Rowland, 1848~1901)는 연구를 위한 실험실을 꾸미기 위해 유럽을 돌아다니면서 연구에 필요한 실험 장비들을 적극적으로 구입하기까지 하였으며, 이렇게 만들어진 연구소에서 에드윈 홀(Edwin Herbert Hall)은 박사논문을 준비하는 동안 1879년 그의 이름이 붙여진 소위 '홀효과'를 발견했다. 1890년대에는 스탠퍼드 대학과 시카고 대학 등이 설립되면서 미국에 전반적인 학문의 붐이 일어나게 되는데, 특히 시카고 대학에서는 마이컬슨, 밀리컨(Robert Andrews Millikan, 1868~1953), 아서 컴프턴(Arthur Holly Compton, 1892~1962)으로 이어지는 실험물리학 전통이 이때부터 시작되었다. 그러나 19세기 후반에 이르기까지 미국의 과학수준은 유럽에 비해 전반적으로 낙후되어 있었고, 강의나 교육에서 독립된 연구만을 위한 제도적 장치는 아직 요원한 실정이었다. 20세기에 들어와서야 미국에서는 과학 분야에서의 연구중심대학이 구체적으로 등장하기 시작했는데, 그 대표적인 예가 미국의 칼텍과 MIT라고 할 수 있다.

초기의 MIT

매사추세츠 공과대학(Massachusetts Institute of Technology), 즉 MIT는 남북전쟁을 전후해서 미국 사회가 새로운 공업사회로 진입하면서 이에 부응하기 위해서 1861년에 설립인가를 받아 1865년에 개교한 미국 명문대학 가운데 하나이다. 이 대학은 1916년 학교의 위치를 보스턴에서 케임브리지로 옮길 때까지는 '보스턴 텍' 이라는 이름으로 불렸는데, 한때 하버드 대학이 이 MIT를 흡수하려고 시도한 적도 있었다.

초창기부터 MIT에서는 공학과 기초과학 사이의 균형문제가 연구중심의 공과대학으로 성장하는 데 있어서 주요 난제 가운데 하나였는데, 물리화학과 화학공학 사이의 대립은 좋은 한 예라 할 수 있다. 20세기 초 MIT의 화학과에는 서로 대립하던 두 개의 연구소가 있었다. 1903년에 설립된 아서 노이즈의 물리화학연구소에서는 수준 높은 기초과학연구를 수행하고 있었고, 이에 반해서 1908년에 설립된 윌리엄 워커(William H. Walker)의 응용화학연구소에서는 대학과 산업체 간의 협력을 적극적으로 추구하고 있었다. 당시에 화학공학 분야는 아직 독립된 학과로 있지 않았으며, 따라서 워커와 노이즈는 학과의 운영문제를 놓고 서로 충돌했다. 처음에는 물리화학 분야가 화학공학에 비해 대학 내에서 영향력이 컸으나, 1910년부터 역전되기 시작하면서 대학 내에서 워커의 발언권이 상대적으로 강해졌다. 왜냐하면 전쟁으로 인해 독일의 화학원료 공급이 중단되고, 이에 따라 미국의 각 기업체들은 독자적인 연구를 강화해야 했으므로 화학공학 쪽의 계약과제가 엄청나게 증가했기 때문이다.

1920년대 MIT의 대학정책과 그 문제점

워커와 노이즈 사이의 갈등이 심화되었지만, MIT 본부에서는 두 프로그램 가운데 어느 하나를 선택하지는 않았다. 그러나 이 둘 사이의 갈등은 갈수록 심화되어, 1919년 봄 마침내 워커가 당시의 맥로린(Richard C. Maclaurin) 총장에게 최후통첩을 보내는 사태까지 벌어졌다. 일이 이 지경이 되자, 맥로린 총장은 할 수 없이 노이즈를 포기하고 워커를 선택해야만 했다. 이후 MIT는 응용과학과 공학 프로그램을 강화하고 산업체와의 연대를 강화하는 정책을 펴게 된다. 이런 정책을 효율적으로 수행하기 위해서 1920년 1월 MIT의 산업적 연구를 조정하고 기금을 확보하기 위한 산업연구협력부를 설립하는 것을 골자로 하는 소위 '기술계획'(Technology Plan)이 추진되게 되는데, 이 부서의 책임자로 워커가 임명되었다. 워커는 상한 대중적인 캠페인과 공세적인 판매술을 발휘해서 첫해에만 무려 40만 달러의 기금을 확보했는데, 이것은 당시 MIT의 1년 예산이 170만 달러라는 것을 생각하면 상당한 액수였다.

이런 상황에서 1920년 맥로린 총장이 갑자기 죽고 워커가 그 권한대행을 맡게 되면서, 잠시 MIT는 워커의 시대가 된다. 그러나 워커가 행한 산업체와의 마구잡이식 계약방식과 그의 독재적인 관리스타일에 대해서 교수진들이 집단적으로 반발하여, 대학운영위원회는 1921년 1월 워커를 사임시켰다. 워커의 사임에도 불구하고 MIT에서는 산업체와 연결이 계속 강화되어 갔다. 1920년대 초에 10만 달러였던 용역과제가 1920년대 말에는 무려 27만 달러로 약 3배가량 증가했으며, 또한 조지 이스트먼(George Eastman, 1854~1932)을 비롯한 산업가들이 낸 기부금도 급속도로 증가하여, 이 기간 동안 MIT는 아주 부유한 사립대학으로 발전했다.

하지만 기초과학 분야의 연구를 경시하고 지나치게 산업적 연구에 편중한 데 따르는 부작용도 나타났다. 즉 기초연구 분야 교수들의 이탈현상이 나타나면서 대학의 명성에 적지 않은 손실을 입혔다. 또한 대학교수들의 수입의 약 절반이 외부의 산업자문이나 연구에서 얻어져서, 대학이 마치 교수들의 대학교육 외적인 돈벌이를 보조하는 형식으로 나타나게 되었으며, 연구주제의 선정과 특허 문제에 있어서도 산업체로부터 간섭이 심화되어 대학의 자율성에도 문제가 생기기 시작하였다. 결국 1920년대에 MIT가 이루어 낸 산업적 연구의 성공은 기초과학을 희생시키고 심각한 행정적인 문제를 야기시키면서 가능했던 것이었다.

칼텍의 비약적 성장

1920년대에 MIT가 산업적 연구에 열을 올리고 기초과학 분야를 경시하고 있는 동안 이 틈을 비집고 비약적으로 성장한 공과대학이 있었는데, 그것이 바로 캘리포니아 공과대학(California Institute of Technology), 즉 칼텍이었다. 제1차 세계대전 이전에 칼텍은 '스룹공과대학'이라는 이름으로 불렸는데, 한해에 약 10여 명의 엔지니어를 배출하는 건물 한 채뿐인 작은 학교였다. 이 대학은 목재왕인 아서 플레밍(Arthur Fleming)을 비롯한 패서디나와 로스앤젤레스의 은행, 석유, 부동산, 전기 업자들이 대학재단의 이사진을 이루고 있었다. 그러나 1907년 천체물리학자 조지 헤일(George Ellery Hale, 1868~1938)이 이사로 가세하게 되면서, 지방대학인 스룹공과대학은 서서히 세계적인 대학으로 탈바꿈하기 시작했다. 헤일은 단광태양사진기의 발명가로서 태양흑점, 홍염, 채층을 연구하고, 태양의 자기장의 존재를 증명한 당시 미국의 영향력 있는 과학자였다. 또한 그는 카네기기금을 바탕으로 1908년 윌슨 산의 60인치 반사망원경을 건설했고, 나중에는 록펠러재단의 기금으로 팔로마 산의 200인치 천체망원경의 건설도 지휘했던 인물이다.

물리학, 화학, 천문학 사이의 협동적 연구를 열정적으로 원했던 헤일은 자신이 건설한 윌슨 산 천문대와 협동적 연구를 효과적으로 할 수 있는 방향으로 스룹공과대학의 개혁을 지속적으로 추진했다. 이를 위해서 그는 우선 MIT에 있던 노이즈와 시카고에 있던 로버트 밀리컨을 캘리포니아로 불러오려고 노력했다. 이 세 사람들은 사회적으로, 개인적으로, 학문적으로 서로 조화가 가능했던 인물들이었다. 즉, 그들은 우선 같은 나이 또래였으며, 인종적으로는 북유럽 계통이었고, 계층적으로는 상류사회 출신이었으며, 헤일의 협동연구 및 학제간 연구에 동감하던 사람들이었다. 더 나아가 이들은 국립연구회의(National Research Council)라는 조직을 통해 밀접한 연결 관계를 가지고 있었다. 국립연구회의는 제1차 세계대전 중에 헤일이 국방연구를 도울 목적으로 윌슨 대통령을 설득해서 만든 국립과학아카데미 소속의 민간단체였는데, 전후 이 단체는 록펠러재단과 카네기재단을 비롯한 공익재단으로부터 돈을 얻어 내어 기초연구를 지원하는 단체로 변신하게 된다. 즉, 이 단체는 양차대전 사이에 오늘날의 미국 국립과학재단(National Science Foundation)에 해당하는 역할을 했던 것이다.

마침내 1917년 1월 게이츠의 기부금으로 '게이츠 화학연구소'(Gates Chemical Laboratory)가 스룹공과대학에 세워지고, 1919년 워커와의 싸움에서 패배한 뒤 MIT를 떠난 노이즈가 소장을 맡게 된다. 이때 노이즈의 건의로 학교 명칭을 동부의 MIT에 필적한다는 의미에서 '캘리포니아 공과대학'(CIT)으로 바꾸었다. 다음으로 헤일은 유적실험으로 이미 명성을 날리고 있었던 밀리컨을 임용하기 위해서 미국 교수임용사상 전대미문의 방대한 조건을 제시했다. 우선 밀리컨에게 대학운영위원회(Executive Council) 의장직과 물리학과 학과장 자리를 주고, 당시 다른 대학 최고급 교수의 두 배에 해당하는 초특급 봉급을 주기로 약속했다. 또한 은퇴한 의사인 브리지가 기증한 노먼 브리지 물리학연구소(Norman Bridge Laboratory of Physics) 건물 1동을 밀리컨에게 제공했고, 남캘리포니아 에디슨회사가 기증한 백만 볼트급 고전압연구소도 만들어 주었다. 이에 덧붙여 재단이사인 플레밍이 물리학과에 백만 달러 그리고 전 대학에 4백만 달러의 증자를 했으며, 헤일은 윌슨 산 천문대의 사용권리와 자신이 확보한 카네기기금을 물리학과 화학 쪽으로도 돌릴 것을 약속했다.

헤일의 이런 노력으로 마침내 1921년 가을에 칼텍의 강력한 트로이카들이 집합을 하게 된다. 이들은 모두 각 대학에 연구비를 나누어 주는 국립연구회의 내의 영향력 있는 인물들이었으며, 밀리컨이 1923년에 노벨상을 타게 되는 것처럼 당시 미국의 최고급 과학자들이었고, 윌슨 산 천문대도 그 당시 세계에서 가장 유명한 천문대였다. 밀리컨은 또 약 100명의 남캘리포니아 유지로 구성되는 '칼텍 후원회'(California Institute Associate)를 조직했다. 그 내용은 1년에 약 1,000달러씩 10년 동안 후원해 주면, 대학에서는 그 보상으로 대학의 강연을 포함한 각종 행사들에 그 사람들을 초청해 주는 것이었다. 이 후원회는 불과 1년 만에 정원을 다 모을 수 있었는데, 이들이 낸 매년 10만 달러의 기금은 약 2백만 달러의 증여에 해당하는 역할을 했다.

소수정예주의와 칼텍 신화의 창조

공학과 기초과학 사이에 갈등이 있었던 MIT와는 달리 칼텍에서는 기초과학과 공학 분야가 처음부터 탄탄한 연결을 가지고 진행될 수 있었다. 또한 1920년대에 록펠러재단의 위클리프 로즈(Wickliffe Rose)가 내건 각 대학에 대한 연구지원 정책은 "가장 높게 발전한 분야들을 더 높게"(Making the peaks higher)라는 것이었는데, 소수 정예를 내세운 칼텍은 이 정책에 가장 합당한 조건을 갖춘 대학이었고, 실제로 물리과학 분야와 천문학 분야에서 많은 연구비를 얻을 수 있었다.

더 나아가 헤일은 1925년 생물학과를 맡을 적임자로 토머스 헌트 모건(Thomas Hunt Morgan, 1866~1945)에게 접근했다. 당시 컬럼비아 대학에 있던 그는 초파리 연구로 유명한 유전학의 대가였다. 헤일은 그에게 집요하게 접근해 결국은 임용에 성공하게 되는데, 이 역시 물리학과 화학의 협동연구를 염두에 둔 것이었다. 또한 지역적인 불리함을 극복하기 위해서 동부지역과의 긴밀한 연결을 유지하고, 더 나아가 H.A. 로렌츠, C.G. 다윈, P. 에렌페스트, C.V. 라만, A. 좀머펠트, A. 아인슈타인과 같은 유럽의 우수한 과학자들을 초빙해서 연구와 강의를 하게 하였다.

이런 우수한 연구조건 속에서 칼텍은 짧은 시간 내에 우수한 학생과 연구자를 모으는 데 성공하여, 마침내 비약적 성장을 하게 된다. 밀리컨이 이끄는 물리학 분야에서는 앤더슨이 양전자를 발견하여 노벨상을 수상하게 되며, 노이즈가 이끄는 화학과는 X-선 결정학과 양자화학, 생유기화학의 중심지가 되어 여기에서 노벨상을 두 개나 수상한 라이너스 폴링이 배출되었다. 또한 모건이 이끄는 생물학과에서는 막스 델브뤽(Max Delbrück, 1906~1981)을 위시한 파지그룹의 분자생물학자들이 모여들었고, 유럽에서 건너온 카르만(Theodore von Kármán, 1881~1963)은 칼텍을 항공공학의 중심지로 발전시켰다. 카르만은 1920년대에 칼텍에 구겐

하임 항공연구소(GALCIT)를 설립했는데, 이 연구소가 모태가 되어서 제2차 세계 대전 기간 중 칼텍에는 제트추진연구소(JPL)가 설립되었다. 이 제트추진연구소는 1958년 소련의 스푸트니크 충격 이후 미항공우주국이 설립되는 데 커다란 역할을 하게 된다. 결국 1930년대에 이르면 칼텍이 모델로 했던 MIT가 오히려 칼텍을 본받으려고 하는 역전현상이 벌어진다.

연방정부와 대학의 연결: 칼 컴프턴의 MIT 개혁

칼텍의 비약적 성장을 목격한 MIT에서도 1930년대에 이르러 강력한 개혁의 움직임이 일어났다. 1930년 7월 1일 당시 프린스턴 대학 물리학과 학과장이었던 칼 컴프턴(Karl Taylor Compton, 1887~1954)이 42세의 젊은 나이로 새로운 MIT의 총장으로 취임했다. 그는 컴프턴 효과로 유명한 아서 컴프턴(Arthur H. Compton)의 형이었는데, 1930년부터 1948년까지 무려 18년간 MIT에 총장으로 있으면서 오늘날의 MIT를 만드는 데 결정적인 역할을 한 사람으로 평가되고 있다.

컴프턴은 취임 후 대대적인 개혁을 단행했다. 당시 미국은 대공황기였기 때문에 대학의 산업체로부터의 연구용역이 급격히 감소하던 시기였다. 이런 상황에서 컴프턴 총장은 기업이 아닌 새로운 형태의 후원자를 물색했다. 연방정부는 기업을 대신할 새로운 후원자로 떠올랐고, 컴프턴 총장은 1933~35년에 루스벨트 대통령의 과학자문위원회(Science Advisory Board) 위원장을 맡으면서 연방정부에 접근했다.

컴프턴은 우선 대학본부가 단위 연구소들이 독립적으로 운영하던 산업적 연구용역을 산학협력단(Division of Cooperation)이라는 단일부서로 통합하고 총장이 직접 통제하게 만들었다. 또한 교수들의 임용과 승진 · 포상에 있어서 독창적 연구에 우선권을 주고 과도한 자문활동에는 불이익을 주는 식의 가이드라인을 채택하여, 교수들로 하여금 과도한 자문활동을 하는 것을 지양하고 높은 수준의 독창적 연구와 교육에 힘쓰도록 유도했다. 또한 기업이 비밀로 요구하는 계약과제에 대해서는 상당히 높은 간접경비(overhead charge)를 물려서, 이 기금으로 기초과학 분야의 교수들을 포함한 대학의 모든 교수들을 공평하게 지원했다. 학생교육에 있어서도 컴프턴은 학생선발요건을 강화해서 우수학생을 뽑았으며, 학부교육에서는 기초과학 과목을 강화했다. 또한 각 단위학과들도 과감하게 물갈이를 했다. 우선 유능한 젊은 분자물리학자인 존 슬레이터를 하버드에서 불러와 물리학과 학과장을 맡겼으며, 위클리프 로즈의 후임으로 록펠러재단의 학술지원을 맡은 워런 위버(Warren Weaver)의 신임을 얻고 있던 생물리학자인 프랜시스 스미트(Francis Schmitt)에게 접근하여 '생물공학' 과의 신설과 생물학과의 재건을 시도했다. 당시 워런 위버는 로즈의 1920년대 지원정책을 수정해서 록펠러재단의 중점 지원분야를 소위 '생명과정'(vital process) 혹은 '분자생물학' 분야와 같은 학제간 분야로 전환했다. 모건과 델브뤽이 중심이 된 칼텍은 이미 이런 지원정책에 알맞은 체제를 갖추었지만, 실용위주의 학문인 식품공학과 세균학을 위주로 했던 MIT는 록펠러재단의 지원을 얻어 내기에는 상당히 불리했다. 따라서 컴프턴은 기존의 생물학 분야를 물리학과 화학 등과 결합된 새로운 형태의 생물학과로 바꾸고, 완전히 새로운 학제간 학문분야인 '생물공학과'를 신설하려고 했다. 컴프턴의 이런 시도는 록펠러재단의 변화하는 연구비 지원정책에 대학이 적극적이고 능동적으로 대응하기 위한 것이었다. 결국 스미트는 1941년 MIT에 새로 만들어진 '생물공학과' 의 주임교수가 되었다.

컴프턴의 이런 개혁으로 기초과학 분야만이 성장한 것이 아니라, 결국에는 과학에 기초한 공학연구도 진척되어 공학 분야도 발전하게 되었다. 특히 컴프턴은 라운드 힐(Round Hill)의 연구팀을 강력히 지원했는데, 여기서는 에드워드 보울스(Edward Bowles)의 지휘 아래 마이크로파 통신을 비롯한 전기공학, 항공공학, 물리학, 기상학 등을 연구했다.

2차 세계대전과 연구중심대학의 확산

1940년 루스벨트 대통령은 '국방연구회의'(National Defense Research Council)를 창설하고, 컴프턴을 위원으로 그리고 MIT의 전기공학자로서 공대학장과 부총장을 지냈던 부시(Vannevar Bush, 1890~1974)를 위원장으로 임명했다. 그리고 1년 뒤에 루스벨트는 부시를 '과학연구개발국'(Office of Scientific Research and Development)의 국장으로 임명했는데, 부시와 컴프턴이 가지고 있었던 연방정부에 대한 이런 강한 영향력을 바탕으로 MIT에는 마이크로파와 레이더장비를 연구하는 래드랩(Radlab)이 설립되게 된다.

제2차 세계대전 중에 미국의 각 대학은 국방연구에 전념하였다. 칼텍은 고체연료 로켓을 개발하고, 존스 홉킨스 대학은 근접접촉 신관을 개발했으며, 시카고대학은 아서 컴프턴을 중심으로 해서 맨해튼계획에 참가해서 플루토늄 제조를 도왔다. MIT도 역시 원자탄 개발에 참가했지만, 더욱 중요하고 비중이 있었던 연구는 래드랩을 중심으로 한 레이더장비에 관한 연구였다.

이 래드랩은 그 규모에 있어서도 엄청난 것이었는데, 1944년경에 이르면서 이 연구소는 4,000명 이상의 물리학자, 엔지니어, 기능공들을 고용하는 거대한 연구소로 성장했다. 이처럼 전쟁은 과학자들에게는 집단적으로 일하는 것에 익숙해지게 만들고, 또한 대학의 역할을 교육보다는 연구가 주가 되게 만들어서 대학에서의 연구 규모와 조직을 근본적으로 변화시켰다. 더 나아가 제2차 세계대전과 그 이후의 냉전시기의 국방연구는 MIT의 성격을 근본적으로 바꾸어 놓았다. 즉, 대학이 연구중심대학, 대학원 중심대학으로 탈바꿈하게 된 것이다.

전후에도 MIT에서는 컴프턴의 후임자들인 제임스 킬리언(James Killian, 1948~57 총장 역임), 줄리어스 스트래튼(Julius Stratton, 1957~66 총장 역임) 등에 의해서 연방정부와의 연대강화를 밑거름으로 과학에 바탕을 둔 공과대학을 만들려는 컴프턴의 정책이 그대로 유지되게 된다. 1945년 설립된 전자공학연구소에서는 래드랩의 과학자들을 흡수하여 기초연구와 응용연구를 결합하는 연구 프로그램을 진행했으며, 새로이 생긴 서보연구소에서는 수치조절 공작기계와 디지털 컴퓨터를 개발했다.

대학의 국방연구도 전쟁이 끝난 뒤엔 일시적으로 급속하게 감소했으나, 곧 회복세로 돌아섰다. 링컨연구소(Lincoln Laboratory)와 계기연구소(Instrumentation

Laboratory)의 부상이 이것을 말해 주는데, 설립 초기에 링컨연구소에서는 SAGE 방공체계를 개발했으며 계기연구소에서는 관성유도시스템을 개발했다. 후일 이 두 연구소는 MIT의 주요 국방연구소로 자리를 잡게 된다.

한국전쟁 이후 냉전체계가 고착되면서 연방정부와 대학 간의 연결 관계가 전쟁 전에 못지않게 강화되게 되었고, 이에 따라 1955년부터는 연방정부로부터 대학이 얻어 낸 연구용역비가 전쟁기간 중의 수준을 능가하기 시작했다. 또한 교수 봉급의 절반가량이 연방정부에 의해 간접적으로 지급되어 1939년에서 1958년 사이에 MIT에서는 교수수가 2배로 증가될 수 있었고, 재커라이어스(Jerrold Zacharias), 브루노 로시(Bruno Rossi), 빅토르 바이스코프(Victor Weisskopf, 1908~2002) 등과 같은 우수한 연구자도 확보했다. MIT는 또한 1950년에 창설된 미국의 국립과학재단의 설립에도 적극적으로 개입했는데, 이처럼 연방정부와 대학 간의 협력을 추구했던 컴프턴의 정책은 무려 30년 이상 MIT에서 추진되면서 20세기 후반의 MIT 대학구조가 만들어지는 데 결정적인 역할을 했다.

우주개발 경쟁과 군산학 복합체

제2차 세계대전 이후 시작된 냉전체제는 1957년 10월 소련의 스푸트니크호 발사성공을 계기로 해서 미소 간의 우주개발경쟁을 가속화시켰다. 스푸트니크호는 미국인들에게 커다란 충격을 주었고, 이에 1958년 미국에서는 우주개발을 전담할 부서인 미항공우주국(NASA)이 신설되었다.

미국의 우주개발은 발사체에 관한 연구뿐만이 아니라 여타 과학기술 분야의 성과를 총망라한 종합적인 노력에 의해서 이루어졌다. 우선 1958년 이전에 미국에서는 시카고 대학을 중심으로 한 존 심슨(John A. Simpson)의 우주선 연구, 아이오와 대학의 밴 앨런(James Alfred Van Allen)의 지구 공간 근처의 전기-자기적 특성에 대한 연구 등 수많은 천체물리학적 기초연구가 진행되어 미국의 우주개발을 도왔다.

또한 미국의 우주개발에는 록히드회사, 맥도널드 더글러스회사와 같은 굴지의 항공전문회사들이 관여했으며, 스탠퍼드대학과 긴밀한 연결을 맺으면서 대학 주변에서 성장한 실리콘 밸리의 전자회사들도 미국의 우주개발에 발맞추어 초소형 집적회로를 개발하는 등 정부, 산업체, 대학 등이 서로 결합된 군·산·학 복합체의 모습을 띠면서 진척되었다.

이렇듯 미국의 우주개발계획은 케네디 대통령의 공약사업으로 이용되는 등 정치적 목적이 강하게 담긴 과학정책이었으며, 더 나아가 천체물리, 전자공학, 반도체 산업, 항공 산업, 대륙간 탄도미사일을 위시한 군사무기 개발 등 광범위한 요소가 결합되면서 진행되었다.

2 대학의 국방연구에 대한 비판

전후에 나타난 냉전시기의 군비경쟁에는 미국 유수의 대학들과 산업체들이 밀접하게 연관되어 있었다. 즉 MIT에서는 방공망체계의 건설을 비롯한 많은 국방연구가 진행되었으며, 스탠퍼드와 그 주변의 실리콘 밸리는 우주개발과 미사일개발의 긴밀한 연관 아래 성장했고, 버클리 · 시카고 · 프린스턴 등의 대학들과 듀폰회사를 비롯한 여러 산업체들은 핵무기개발에 활발하게 참여했다. 핵잠수함 계획, 핵발전소 계획, 핵융합 발전계획 등도 이런 군·산·학 복합체에 의해서 주도된 것이었다.

그러나 1960년대 후반 미국에서는 베트남전쟁이 심화되면서 펜타곤과 대학간의 연결을 비롯한 군·산·학 복합체에 대한 비판이 고조되었다.『일차원적 인간』(One-Dimensional Man, 1964)의 저자인 마르쿠제(Herbert Marcuse, 1898~1979)는 거대한 기술관리체계가 인간을 소외시키고 있다고 주장하면서, 문명비판적인 차원에서 거대 기술체계를 비판했다. 1969년 3월 4일 48명의 MIT 교수진들은 미국과학의 군사화를 경고하고 나섰다. 곧이어 스탠퍼드 대학에서도 전쟁연구를 반대하는 학생들과 교수진들의 서명운동이 일어났다. 이것은 제2차 세계대전 이후 미국 대학의 구조에 대한 근본적인 반성의 소리였다.

9 연구중심대학에서의 교육의 문제

연구중심대학은 본래 교육보다는 연구를 중시하면서 성장하였다. 하지만 연구중심대학의 임용과 승진 기준이 지나치게 연구 분야에만 치중되면서 교수들이 교육을 등한시하고 오직 자신의 연구 논문에만 집중하는 문제점이 생겼다. 이에 따라 미국의 연구중심대학에서 교수들이 연구만을 강조한 나머지 교육을 등한시한 것에 대한 반성이 나타나면서 몇몇 개혁 움직임이 나타나기 시작했다. 이러한 변화 가운데 가장 두드러진 것은 대학에서 교육과 학생 선택권을 강화하는 쪽으로 개혁하는 학생중심의 연구중심대학(Student-Centered Research Universities)의 출현이다.

이 시기에 공학 분야에서는 기존에 강조되던 분석적 능력 이외에 통합적 능력을 강조하는 경향이 나타나 대학 교육이 과거의 이론중심의 교육에서 실제적 · 통합적 교육을 강조하는 모습으로 변화하였다. 이리하여 미국의 여러 연구중심대학에서는 기존의 대학 교육 방식에 변화를 꾀하여 다양한 형태의 교수 및 학습개발센터를 설립하고 학부 교육을 강화하는 교육 개혁을 시도하였다. 그 커다란 흐름으로는 우선 각 대학들은 고객중심의 새로운 학습 공동체(learning community)를 창출시킨다는 모토 아래 교수와의 긴밀한 공동작업 및 튜터 방식의 교수법을 도입하고 학생중심의 교과과정을 개발하려고 노력하였다.

이리하여 대학에서 통용되던 해묵은 전통적인 기초 과목을 그대로 이수한다기보다는 핵심 문제해결 능력(core competence)을 함양시키는 것을 목표로 해서 더욱 세분화된 학제간 프로그램(interdisciplinary program)과 집중적인 소규모의 학습 조직을 제공하고 학생들에게 보다 강력한 지적, 장인적 열정을 불러일으키도록 배려했다. 예를 들어 환경, 자원, 에너지, 질병, 식량, 세계화 등 지구촌 현안에 대비할 수 있도록 과학기술과 인문사회과학이 연결된 새로운 교과목을 개발하였으며, 학생들에게 해외 연수 및 교육 여행의 기회를 주고, 기업체를 비롯해서 외부 기관에 의뢰하는 인턴십(outside internship) 활동을 강화하는 등 학생들이 대학을 떠나 스스로 외부 세계에 대한 체험을 할 수 있도록 유도하였다.

이외에도 독립적이고 개별적 교육(independent study)을 강조하여, 학생들로 하여금 스스로 자신이 공부할 코스를 만들고 자신의 전공을 디자인하거나 복수전공을 하게 만드는 독립적 교육 프로그램도 시도되었다. 신입생들에게는 앞으로 자신이 선택할 분야에 대한 이해를 높이기 위해 다양한 포럼과 통합 세미나(freshman seminar)를 제공하였고, 졸업생들에게는 자신이 배운 내용을 실제로 사회에 활용할 수 있도록 완성품의 형태로 만드는 캡스턴 경험(capstone experience)을 할 수 있도록 배려하였다.

2 대학의 상업화와 대학의 위상 변화

갈텍과 MIT의 성장 과정에서 우리가 파악할 수 있는 것은 공과대학의 발전에 있어서 기초 과학과 공학 사이에 균형을 유지하는 것이 매우 중요하다는 것이며, 연방정부의 지원과 산업체와의 협력 가운데 어느 곳에 더 치중할 것인가 하는 것도 대학의 중요한 성장 전략 가운데 하나였다는 점이다. 1990년대에 이르러 냉전시대가 종식됨에 따라 미국에서는 연방정부의 국방연구에 대한 투자가 급격히 감소하고, 따라서 연방정부와 대학 간의 협력 관계에 문제가 발생하여, MIT를 비롯한 미국의 각 대학에서는 산업체와의 재결합을 통해서 이 새로운 변화에 대응하려고 노력하면서 대학의 상업화 문제가 다시 부상되기 시작하였다.

1980년 연방대법원이 인공미생물에 대한 특허를 인정하면서 바이오산업의 성장 기반이 마련되었다. 같은 해 제정된 바이-돌 법안은 대학 및 연구자들에게 연방정부에서 지원하는 연구비로 특허 출원을 할 수 있도록 허용함으로써 미국에서 대학이 상업화될 수 있는 전기를 마련해 주었다. 1980년대 이후에 미국에서는 연구중심대학들이 상업화되면서 대학의 역할 및 위상에 대한 긍정적, 부정적 측면이 동시에 나타나고 있다. 즉 수요자 및 시장 중심의 대학 운영을 하면서 대학은 재정의 확대, 우수 학생 모집, 첨단 연구 능력의 향상, 경제 성장에 대한 능동적 기여의 측면에서 긍정적인 성과를 거두었다. 즉 1990년대 이후의 연방정부 재정 삭감에도 불구하고 미국의 연구중심대학들은 '분산되고 다원화되며 경쟁적인 환경' 속에서 급속도로 변화하는 시장 조건에 적응하는 놀라운 구조적인 역량과 글로벌한 경쟁 우위를 보여주었다. 하지만 이 과정에서 미국의 경우 대학 등록금이 엄청나게 인상되어 학생들의 부담이 증가하였고, 공공의 목적에 기여하는 대학의 사명도 퇴색되었다. 또한 대학의 독립성 및 학문의 자율성이 훼손되었고, 지식에 대한 공정한 중재자로서의 대학의 위상도 흔들리기 시작하였다.

대학의 상업화와 대학의 구조 개혁이 진행되면서 지식을 강조하는 전통적 대학의 역할과 실용적 기여를 강조하는 새로운 대학의 역할 사이에 나타나는 긴장관계를 조율하는 것이 대학 운영의 중요 정책적 고려 대상이 되었다. 대학에서 산출된 지식이 산업체로 이전하기 쉬운 구조를 지닌 학문 분야가 있는 반면에 문화적 이질성으로 인해 산학협력이 다소 힘든 분야도 대학에 동시에 존재하고 있다. 이런 차별성에 대한 이해를 바탕으로 대학의 새로운 위상을 정립하고, 분야별 · 대학별로 특성화된 적절한 연구 및 교육 유형을 선택해야 한다. 인문학 혹은 기초과학 분야의 필요성에 대한 폭넓은 이해가 필요하며, 지식과 돈으로 대별되는 대학의 양대 기능을 적절히 조화시켜 대학의 구조개혁을 진행시킬 필요가 있다.

대학의 산학협력을 유도할 때에도 기초연구를 경시하며 산학협력만을 강조했던 1920년대의 미국 MIT가 대공황 이후 경험했던 쓰라린 좌절의 역사를 되풀이해서는 안 될 것이다. 따라서 새로운 형태의 산학협력을 추진할 때에도 대학의 본래의 기능을 지속적으로 수행하면서도 대학의 역할을 새롭게 재정립하는 방향으로 전개시켜야 한다. 특히 합리적이고 안정적인 정부의 재정 지원은 대학의 상업화가 부당한 형태로 진행되는 것을 보완할 수 있는 주요한 정책 수단이 된다. 대학의 상업화에 따른 긍정적인 측면을 잘 활용하고 대학의 경쟁력을 높이며 지식과 학문의 공정한 중재자로서의 대학의 위상을 동시에 드높이는 것이 이제 대학개혁의 핵심으로 자리를 잡게 되었다.

28

과학기술 집단연구의 보편화

제2차 세계대전 이후에 발전된 과학의 가장 두드러진 특징 가운데 하나는 거대규모의 연구를 바탕으로 하는 소위 '거대과학'(Big Science)의 출현이라 할 수 있다. 즉 과거에는 개인이나 작은 집단에 의해서 수행되던 연구가 수십, 수백 명의 과학자들이 연구팀을 짜서 서로 협동해서 연구하는 식으로 발전하였다. 전쟁 중에 진행된 원자탄 개발은 이러한 거대과학의 출현의 바탕이 되었는데, 전쟁 후에는 이런 연구가 주춤하다가 한국전쟁 이후 냉전체계가 심화되면서 정부, 대학, 연구소, 군부, 산업체가 서로 연결되어 추진되는 거대규모의 과학이 세계 도처에서 나타나게 된다. 수백 명의 박사급 과학자들이 거대한 입자가속기를 이용해서 함께 연구에 참가하는 쿼크입자 발견계획, 우주개발과 연결되어 발전한 허블우주망원경 계획, 엄청난 연구비가 소요된 인간 유전자 해독연구인 인간게놈 계획, 제어핵융합 연구개발 계획 등등 수많은 거대규모의 연구가 이 시기에 나타났다.

윌슨 구름상자의 기원

오늘날 미시세계의 작은 입자들의 궤적을 추적하는 데에는 1952년 미시간 대학의 글레이저(Donald Glaser)가 발명한 거품상자(bubble chamber)가 유용하게 쓰이고 있다. 이 거품상자의 원조는 구름상자(cloud chamber), 혹은 안개상자

(Nebelkammer)로 1930년대 이후 우주선(cosmic ray) 분야에서 원자구성입자를 발견하는 데 결정적인 공헌을 했던 장치였다. 구름상자는 영국의 과학자 윌슨(Charles Thomson Rees Wilson, 1869~1959)에 의해 발명되었다. 윌슨의 구름상자는 원자물리학 실험 분야가 발전하는 데 결정적인 공헌을 했지만, 윌슨 자신은 원자물리와는 거리가 먼 기상학에서 활동했던 과학자였다. 70여 년에 걸친 긴 학문 여정 속에서 윌슨은 항상 날씨와 관련된 분야에서 연구 활동을 했던 과학자였다.

원자물리학 분야에서 쓰이는 구름상자가 기상학을 연구하던 윌슨에 의해서 등장하게 된 과정을 이해하기 위해서는 우선 윌슨이 성장하던 빅토리아시대의 학문적 특성에 대해서 알 필요가 있다. 영국 빅토리아시대의 과학자들은 그 어느 시대의 과학자들보다도 자연 현상을 실험실에서 재현하는 데 열광적이었다. 당시 영국인들에게 자연 현상을 탐구하는 것은 비단 과학자들만의 일은 아니었다. 빅토리아시대의 탐험가들은 사막, 정글, 남극과 북극의 빙산 등을 탐험했다. 자연의 색과 빛을 재현하려고 노력했던 윌리엄 터너(Joseph Mallord William Turner)는 훗날 인상주의 회화에 많은 영향을 준 영국의 낭만주의 화가였다. 당시의 윌리엄 터너를 비롯한 많은 영국의 화가들도 폭풍우, 산림, 절벽, 폭포 등 자연 현상들을 화폭에서 재현하려고 많은 노력을 기울였다.

특히 빅토리아시대의 과학자들은 기상학과 광학 분야에서 자연 현상을 모방하고 재현하는 모방실험(mimetic experimentation)에 열중했다. 즉 그들은 푸른 하늘, 먼지, 구름, 안개, 비, 천둥, 번개 등의 기상학 현상을 실제로 실험실에서 재현하기 위해 노력했던 것이다. 윌슨의 구름상자는 빅토리아시대의 이런 모방실험 전통에서 나온 것이었다. 원자물리학 분야에 유용하게 쓰일 수 있는 형태의 윌슨의 구름상자는 1911년이 돼서야 등장하게 되지만, 윌슨의 이 작업은 1890년대에 그의 기상학 분야에서 추구했던 모방실험의 결과로부터 나온 것이었다.

실제 비가 형성되는 것을 연구하기 위해서는 비의 형성과정을 실제로 사진을 찍어 보는 것도 중요하다. 윌슨은 이미 오래 전부터 구름과 같은 자연 현상을 사진으로 찍곤 했다. 1908년 윌슨은 당시에 워딩턴(A.M. Worthington)에 의해 출판된 『물튀김 연구』(*A Study of Splashes*)에 나오는 물방울과 물이 튀기는 모습에 대한 고속촬영 사진에 많은 흥미를 느꼈다. 윌슨은 다시금 구름 현상을 실험실에서 재현해서 그것을 촬영하고 싶어했다. 즉 사진기를 이용해서 음전하 입자와 양전하 입자가 서로 결합해서 구름이 형성되는 과정을 순간적으로 포착하기를 원했던 것이다. 결국 사진 기술을 이용해서 비가 생성되는 과정을 조사하려는 윌슨의 의도로 말미암아 윌슨은 기상학에서 다시 이온 물리학을 연구하는 방향으로 방향을 바꿀 수 있었고, 이런 연구 테마의 변화 과정에서 윌슨의 구름상자가 입자의 궤적을 촬영하는 장치로 이용되게 된 것이다.

1910년 12월 윌슨은 다시 자신의 구름상자 장치로 돌아왔다. 그는 이온화된 입자들을 이용해서 구름이 형성되는 과정을 연구했고, 이 과정에서 이온화된 입자들의 궤적을 실제로 볼 수 있게 만드는 구름상자가 탄생되었다. 1911년 4월 윌슨은 알파 입자, 베타 입자, 감마선, X-선 등이 지나가는 모습에 대한 희미한 사진을 발표했다. 이어 다음 해인 1912년 윌슨은 이들 입자들의 궤적에 대한 아주 선명한 사진을 얻을 수 있었다. 특히 알파 입자가 물질과 충돌해서 휘는 모습을 잘 보여준 선명한 사진은 당시 브래그(William Henry Bragg, 1862~1942)가 예측했던 알파 입자 궤적과 일치하는 것으로서 많은 과학자들에게 구름상자의 잠재적인 위력을 인식하게 만들어 주었다.

윌슨의 구름상자가 과학자들 사이에서 급속도로 퍼지게 된 데에는 케임브리지 대학과 밀접한 관련을 맺으면서 과학 실험장치를 제작, 판매해 왔던 케임브리지 과학기기회사(Cambridge Scientific Instrument Company)의 역할도 컸다. 윌슨의 구름상자가 나온 바로 이듬해인 1913년 케임브리지 과학기기회사는 상업용 구름상자를 판매하기 시작했고, 이에 따라 많은 과학자들이 이 장치를 쉽게 이용할 수 있게 되었다.

윌슨의 구름상자는 캐번디시 연구소에서 패트릭 블래킷(Patrick M.S. Blackett, 1897~1974)을 비롯한 여러 사람들의 손을 거치면서 지속적으로 발전해 나갔다. 1924년 한스 가이거(Hans Geiger, 1882~1945)와 발터 보테(Walther Bothe, 1891~1957)는 광양자의 존재를 확인하기 위한 실험을 위해 새로운 동시계수법에 의한 실험장치를 고안했다. 동시계수법은 1928년 가이거와 뮐러가 개발한 더욱 민감한 계수기와 결합되면서 우주선 분야에서 핵심적인 장치로 부상되었다.

1930년 이탈리아의 물리학자 브루노 로시(Bruno Rossi, 1905~1993)는 2중 동시계수기보다 발달된 형태인 3중 동시계수기를 개발했는데, 그의 전자공학적 기법은 주세페 오키알리니(Giuseppe P.S. Ochialini)에게 전수되었다. 1931년 오키알리니는 케임브리지에 도착해서 블랙킷을 도와 전자공학적인 동시계수 장치를 구름상자와 결합시켰다. 이리하여 우주선이 구름상자에 도착하면 이 신호를 전자공학적 장치가 감지해서 정확한 시간에 구름상자를 팽창시켜 사진을 찍을 수 있게 되었다. 블랙킷과 오키알리니는 전자공학적으로 조절되는 이 새로운 구름상자를 이용해서 칼 앤더슨(Carl David Anderson, 1905~1991)이 양전자를 확인한 직후에 바로 우주선에서 양전자의 존재와 디랙의 이론의 유효성을 확인했다. 이리하여 윌슨의 구름상자는 블랙킷의 개량 과정을 거쳐 오키알리니의 전자공학적 기법이 결합되면서 우주선 및 고에너지 분야의 연구에 엄청난 위력을 발휘하는 장치로 다시 태어나게 되었던 것이다.

로렌스-버클리 연구소의 성장

로렌스-버클리 연구소(Lawrence-Berkeley Laboratory) 혹은 그 전신이었던 방사연구소(Radiation Laboratory)는 입자가속장치인 사이클로트론을 발명한 어니스트 로렌스(Ernest Orlando Lawrence, 1901~1958)가 버클리 대학 물리학과의 작은 연구실에서 거대한 입자가속기 연구소로 발전시켰던 과학사상 중요한 의미를 지닌 연구소이다. 제2차 세계대전 이전에 이 연구소는 미국의 거대과학이 지니는 여러 형태의 존재양식을 마련해 놓음으로써 전후 거대과학연구가 보편화되는 데 선구자적인 역할을 했다.

이런 거대한 연구소가 출현되기 위해서는 물질적 자원, 돈, 인력, 기술력 등 여러 가지 조건이 만족되어야 했는데, 로렌스는 이런 모든 것을 자신의 주어진 여건으로부터 결합해 내는 놀라운 재능을 지닌 사람이었다. 우선 로렌스의 방사연구소의 핵심 실험장치인 사이클로트론은 이 연구소를 둘러싸고 있었던 고전압기술, 무선공학, 기계공학 등과 같은 기술적 조건이 아니었으면 만들어질 수 없었을 것이다.

2 캘리포니아의 역사적 조건

19세기 중반 이후 시작된 골드러시(gold rush) 이후 캘리포니아에서는 광업이 급속도로 성장했고, 이에 따라 20세기 초부터 이곳에서는 수많은 수력발전소가 생겨났으며, 산업체와 대학에서는 산학협동을 통해 다양한 고전압기술이 축적되어 있었다. 사이클로트론의 원리와 유사했던 공진가속방법은 1928년에 이미 독일 아헨의 비더뢰(Rolf Wideröe)에 의해서 고안되었고, 가속장치를 사용해서 처음으로 핵변환을 일으켰던 캐번디시의 월튼(E.T.S. Walton)도 이 방법으로 가속기를 만들려고 했었다. 그러나 사이클로트론이 개발되기까지는 아직 가속입자 집속기술을 포함한 수많은 기술적인 문제가 해결되어야만 했다.

캘리포니아의 무선공학과 기계공학은 로렌스와 리빙스턴(M. Stanley Livingston)이 사이클로트론을 만들기 위해서 필요했던 거대하고 강력한 전자석의 제작을 가능하게 해 주었다. 당시 팔로알토에 있던 연방전신회사(Federal Telegraph Company)는 대륙간 무선전파를 발생시키기 위해서 거대한 풀젠 아크 발생기(Poulsen arc generator)를 개발했었는데, 이 회사가 이 장치 속에 사용되었던 84톤의 거대한 자석을 로렌스에게 제공했다. 또한 캘리포니아의 발달된 수력발전기술을 대변하는 기계제작회사인 펠튼 수차회사(Pelton Waterwheel Company)가 이 자석을 1931년 12월 제작된 최초의 27인치 사이클로트론을 만드는 데 사용할 수 있도록 개량해 주었다. 이외에도 캘리포니아에서 발달했던 무선기술은 로렌스에게 사이클로트론에서 양성자를 가속시키기 위해서 필요한 강력한 고주파(radio frequency) 전기장을 만들어 주었다. 당시 로렌스의 학생이었던 리빙스턴과 슬론(David Sloan)은 가속장치를 만들기 위해 고주파 발진기를 만들었었는데, 이때 파롤 알토의 고주파관 제작자였던 찰스 리튼(Charles Litton)이 거대한 사이클로트론에 쓰일 발진기의 고주파관을 제작해 주었던 것이다.

록펠러재단을 위시한 크고 작은 공익재단들도 로렌스의 연구소가 성장하는 데 커다란 도움을 주었다. 당시 록펠러재단에서는 암 연구와 치료에 많은 관심이 있었고, 로렌스는 자신의 연구소에서 중성자를 이용한 치료법을 연구하게 함으로써 공익재단과도 긴밀한 연결을 맺을 수 있었다. 공익재단 못지않게 캘리포니아 주정부도 로렌스의 방사연구소 재정의 상당 부분을 지원했으며, 심지어는 연방정부도 국립 암 자문위원회를 통해서 로렌스의 연구소를 지원했다. 제2차 세계대전 이전에도 연방정부는 부분적이나마 대학의 연구를 지원했었다. 전쟁은 단지 그 지원의 규모만을 엄청나게 확대했을 뿐이다. 또한 미국에서 거대과학이 출현하는 데에는 미국인들의 거대규모의 작업에 대한 열의도 크게 작용했다. 즉, 로렌스의 방사연구소가 성장한 배경에는 금문교, 후버댐, 엠파이어스테이트 빌딩과 같이 세계에서 가장 커다란 것을 만들어 국가적인 자부심을 느끼려고 했던 미국인들의 문화적 심성도 크게 작용했던 것이다.

이외에도 대공황기와 같이 경제적으로 어려운 시절에 이런 거대한 연구소가 성장할 수 있었던 이면에는 당시에 로렌스의 연구소에서 가속기를 만드는 방법을 배우기 위해서 거의 무보수로 일했던 학생, 박사연구원, 객원연구원들의 희생도 숨어 있었다. 이들의 값싼 노동은 재정형편이 어려웠던 시절에 연구소가 지속적으로 성장하는 데 적지 않은 기여를 했다. 물론 이들은 이곳에서 배운 가속기에 관한 지식을 미국의 다른 지역과 유럽과 일본 등 세계 여러 나라로 전파시켰으며, 이에 따라 가속기를 바탕으로 한 거대과학 연구가 전 세계적으로 퍼지는 데 커다란 역할을 했다.

중성자, 양전자, 인공방사성, 뮤온의 발견과 같은 30년대에 이루어진 놀라운 발견들은 가속기를 이용해서 발견된 것은 아니었다. 당시에는 우주선 연구가 고에너지 물리학 분야에서 중요한 연구수단으로 자리 잡고 있었다. 하지만 1940년에 이르면 37인치와 60인치의 크기로 발전한 사이클로트론이 안정성과 효율 면에서 고에너지 물리학연구에 훨씬 우수하다는 것이 입증된다. 이것을 이용해서 카본 14에 대한 성공적인 연구를 할 수 있었고, 특히 1942년 버클리대학의 시보그는 우라늄 235 외의 또 다른 핵무기 제조원료인 플루토늄을 최초로 분리해 내는 데 성공했던 것이다.

2 방사연구소에서의 연구방식

버클리의 방사연구소와 같은 거대한 연구소가 출현함에 따라 과학연구방식도 지금까지와는 다른 새로운 모습을 띠게 된다. 우선 방사연구소가 계속 성장하면서, 이곳에서는 과학과 기술의 구별이 점점 더 모호해지기 시작했다. 즉, 과학을 연구하기 위해서 사이클로트론을 개발했지만, 그 진행과정에서 무선공학 · 진공공학 · 기계공학적 지식이 과학적 지식과 함께 어우러져 진행되었고, 많은 특허도 출원되었다. 또한 다른 연구소가 사이클로트론을 만들 때 여기서 쓰던 변압기, 검파기, 전송선, 발진기, 전극, 진공상자, 펌프, 검측기 같은 것을 만들었던 사람들의 도움이 필요하게 되었던 것처럼 가속기연구소 자체가 하나의 기술의 종합체였다.

과학과 기술의 구분이 불분명해지면서 가속기연구소에서는 기존의 학문분야 사이의 경계도 모호해졌고, 소위 다목적(multi-purpose) 연구, 학제간(interdisciplinary) 연구, 혹은 다분야간(multi-disciplinary) 연구라는 새로운 형태의 연구활동이 출현하게 되었다. 화학자, 생물학자, 의사들이 질병을 치료하기 위해서 새로운 방사성 물질, 고전압 X-선, 중성자 빔을 이용하려고 몰려들었고, 이에 따라 방사화학, 방사생물학, 핵물리학, 핵의학 등이 서로 결합된 완전히 새로운 학제간 분야인 핵과학이 생긴 것이다. 또한 가속기연구소는 과거의 과학연구에는 존재하지 않던 새로운 군대식 위계질서와 중앙집권적인 과학연구 관리체계를 만들어 내었다.

제2차 세계대전이 터지고 연방정부의 국방연구가 본격화되면서, 이 로렌스의 방사연구소는 엄청난 양적인 팽창을 하게 된다. 즉 전쟁기간 중에 이 연구소는 로렌스의 지휘로 원자폭탄의 개발에 적극적으로 참가했고, 이에 따라 국가의 엄청난 재정적 지원 아래 아주 거대한 연구소로 성장하게 되었던 것이다. 물론 이런 성장은 주로 수많은 산업기술자들이 추가된 기술상의 비대화를 의미했으며, 그 전체적인 골격은 이미 전쟁 전에 형성되어 있었던 것이다.

CERN의 출현

전후에 유럽에서도 스위스에 유럽공동원자핵연구소(CERN)라는 거대한 가속기 연구소가 나타났다. 1949년 말경에 이르면 유럽의 몇몇 핵 관련 과학자들은 이 분야에서 다국적 협력의 가능성을 신중하게 검토했다. 1949년 12월 프랑스 원자력위원회의 총책임자였던 도트뤼(Raoul Dautry)는 스위스에서 열린 유럽문화회의에서 핵과학을 위한 유럽의 연구소를 설립하기 위한 기초연구를 하자는 결의안을 통과시켰다. 그 뒤 미국의 유네스코 대표인 래비(Isidor Isaac Rabi, 1898~1988)도 피렌체에서 열린 유네스코 연례회의에서 핵과학을 비롯한 1~2개의 유럽의 연구소를 설립하자는 결의안을 제출했는데, 이것이 1950년 6월 유네스코 총회에서 채택되었다. 이에 따라 프랑스의 코와르스키(Lev Kowarski), 오제(Pierre-Victor Auger), 도트뤼, 이탈리아의 아말디(Edoardo Amaldi) 등을 포함한 유럽의 여러 과학자들은 이 유럽의 공동연구소의 설립문제를 보다 구체적으로 토론했고, 마침내 1950년 12월 세계에서 가장 강력한 가속기를 건설하자고 제안하게 된다. 이때 원자로계획은 군사상 · 산업상의 문제를 포함한 정치적인 문제 때문에 배제되었다. 이리하여 주로 오제의 노력에 의해서 이 문제는 1951년 12월 유네스코에 의해 소집된 유럽국가 간의 회의에 제출되었고, 1952년 2월 15일에는 영국을 제외한 유럽국가들이 모여 유럽 공동연구소의 설립을 구체화하는 공식적인 협정에 서명해서, 임시 CERN협회가 만들어지게 된다. 이 임시 CERN위원회는 그해 10월 연구소의 위치를 제네바로 정했고, 1952년 브룩헤이번 연구소에서 발표된 새로운 교대집속(alternating gradient focussing) 방법, 혹은 강집속(strong focussing) 방법을 채택한 25~30Gev(250~300억 전자볼트)의 양성자 싱크로트론(Proton Synchrotron)을 건설하기로 결정했다. 이후 1953년 7월에는 영국이 합류했고, 마침내 1954년 CERN이 정식으로 출범한다.

미국과 유럽의 차이

흔히들 이 연구소는 제2차 세계대전 이후 유럽이 미국과 경쟁하기 위해서 자국의 힘만으로는 이 엄청난 규모의 연구를 감당할 수 없기 때문에 정치가들과 연대하여 공동으로 CERN을 세웠다고 알고 있다. 그러나 이 연구소는 결과적으로는 미국 과학과 경쟁을 하게 되었지만, 처음부터 미국과 대항하기 위한 의도로 만들어진 것은 아니었다. 우선 CERN은 유럽에서 나타난 다국적인 과학 프로그램 가운데 최초의 시도였다. 만약 유럽에서 우주계획이 핵물리연구소보다 먼저 논의되었더라면, CERN은 아주 작은 규모로, 혹은 아주 뒤늦게 생겼을 것이다. 또한 CERN은 핵개발과 밀접한 관계가 있던 브룩헤이번 국립연구소(Brookhaven National Laboratory)와 같은 미국의 연구소와는 달리 군사적 이해관계 때문에 성립된 것은 아니었다. CERN은 아주 부자연스럽게 탄생한 국제연구조직이었고, 이런 연구조직이 나타날 수 있었던 것은 이것이 유럽의 주요 국가의 정치적 · 군사적 균형을 방해하지 않았기 때문이었다. 즉, CERN은 주로 기초연구를 하는 것으로 계획되었기 때문에 당시 군부를 포함한 이해당사자들은 이 연구소가 군사적 균형을 포함한 국가의 이해관계에 영향을 거의 미치지 않을 것으로 생각했었다.

미국의 경우 로렌스-버클리 연구소, 브룩헤이번 국립연구소 등은 국가적 차원의 지원을 받으며 성장하거나 혹은 탄생했기 때문에 군사적 · 산업적 요구를 수용해야 했다. 따라서 기초과학과 산업적 · 군사적 요구에 맞는 공학적 연구를 결합하는 실용적인 형태로 발전했으며, 연구소의 형태도 상당히 중앙집권적인 성격을 띠었다. 그러나 유럽의 CERN은 애초부터 국제적인 성격을 지녔었기 때문에 개별 국가들의 연구에 있어서 그 자율성이 인정되었고, 따라서 연구조직도 비교적 분산적인 성격을 띠었으며, 순수연구를 주로 했다. 또한 공학자와 과학자가 혼재되어 있던 미국과는 달리, 유럽에서는 아직 과학자들의 활동과 공학자들의 활동이 상대적으로 서로 구분되어 있었기 때문에 공학자와 과학자들이 서로가 서로를 간섭하지 않고 비교적 독립적으로 활동할 수 있었다.

한편, CERN에서는 미국보다는 더 큰 것을 만들어야 한다는 생각에서 가속기를 만드는 데에 있어서도 항상 필요한 것보다 더 크게 만드는 과대설계를 했다. 또한 당장의 이용가능성보다는 좀 늦게 만들더라도 기술적 완벽성을 지니고 순수과학의 입장에서 더 필요한 장치를 만들려고 했다. CERN이 1952년에 건설기간

이 길더라도 이제 막 나온 가장 최신의 싱크로트론을 만들려고 했던 것과, 1958년 양성자 싱크로트론에 사용할 거품상자를 가능한 한 크게 만들기로 한 것은 이런 성격을 잘 말해 준다.

CERN의 거품상자

1952년 미시간 대학의 글레이저(Donald Glaser)가 발명한 거품상자는 액화수소를 이용하는 장치로서 기존의 구름상자보다 우수한 최신의 가속기 검출장치였다. 애초에 CERN에서는 90cm의 거품상자를 만들 계획을 세웠었다. 이런 규모로 만들면 1960년에 완공예정인 28Gev 양성자 싱크로트론의 건설과 때를 맞추어 검출장치인 거품상자도 완성할 수 있었다. 그런데 1957년 당시 미국에서는 버클리의 루이스 앨버레즈(Luis Walter Alvarez, 1911~1988)가 이보다 더 커다란 1.8m(72인치)의 거품상자를 만들고 있었다. 따라서 미국의 검출장치보다 더 좋고, 또한 순수과학적인 입장에서도 유리한 것을 만들겠다는 생각에 2m의 거품상자를 만들자는 의견이 대두되었다. 이때 실험물리학자들은 될 수 있으면 빨리 실험을 하고 싶은 생각에서 작은 거품상자 쪽을 원했으나, 이론물리학자들과 그 장치를 건설할 공학자들은 늦더라도 커다란 것을 만들기를 원했다. 이들 사이의 힘겨루기를 한 결과 1958년 CERN의 책임자들은 2m의 거품상자를 선택했고, 이에 따라 거품상자의 완공이 늦어지는 바람에 CERN의 양성자 싱크로트론은 완성된 뒤 1년 동안은 검출기인 거품상자가 없는 상태로 지내야만 했다. 2m의 거품상자는 1964년이 돼서야 비로소 정상가동을 할 수 있었다. 조금 늦더라도 보다 완벽한 장치를 만들려는 CERN의 이런 의도는, 미국과는 달리 실용적인 문제에 덜 신경을 쓰고 순수 기초연구를 할 수 있었던 CERN의 연구여건과 어우러져서 1960~70년대에 CERN이 기초과학분야에서 많은 좋은 업적을 내게 되는 요인으로 작용했다.

02 거대과학 연구 활동의 특징

가속기와 같은 거대규모의 과학연구에서는 엄청난 규모의 연구비가 필요하기 때문에 정치 · 경제적인 요인이 과학연구를 크게 제한하고 있다. 한 예로 1990년대에 이르러 냉전이 종식되고 국방연구가 퇴조하면서 거대한 규모의 초전도 충돌형 가속기(SSC: Superconducting Supercollider) 건설계획이 폐기된 것을 들 수 있다. 1988년 레이건 대통령이 승인한 이 가속기 건설 사업은 역사상 가장 큰 과학 프로젝트 가운데 하나였다. 이 가속기는 길이 53마일짜리 터널을 따라 작동하도록 설계되었으며, 완공까지 약 80억 달러가 들고 10년이 걸릴 것으로 예상되었다. 그야말로 초대형 프로젝트이다 보니 일을 추진하는 사람들마다 장밋빛 청사진을 제시했다. 뉴저지 주 출신 공화당원으로 미국 하원의 과학, 우주 및 기술위원장을 맡고 있던 로버트 로(Robert Roe) 의원은 SSC 건설이 성공하면 우리는 이 세상에서 영원한 지식의 혁신을 일으킬 수 있다고 선언했다. 엄청난 돈이 투자되는 사업이었기 때문에 과학자들 사이에서도 의견이 엇갈렸다. 몇몇 정치인들은 SSC를 국가적 명예로 생각했고, 다른 정치인들은 일자리를 창출하기 위한 수단으로 생각하거나 심지어는 순전히 지역 선거구 전략의 일환으로 생각하기도 했다.

SSC 프로젝트는 과학적 근거나 주장과는 거의 관계없는 정치적 압력에 의해 그 운명이 결정되었다. 1990년대 초의 깊어지는 경제 불황과 미국 연방정부의 예산 위기 상황에서 관련 예산의 상당 부분이 텍사스 주에서 사용될 것이기 때문에 수십억 달러가 소요되는 SSC 프로젝트는 정치적 흥정 대상이 되고 말았다. SSC 관련 예산은 의료 및 교육, 그리고 다른 연구개발 관련 예산보다 우선순위에서 밀려났다. 제2차 세계대전 이후 미국의 물리학자들은 정부가 모든 예산을 지원하는 거대 프로젝트에서 익숙해 있었지만 냉전이 끝난 마당이라 국가 목표와 명백하게 연결되지도 못했던 이 프로젝트는 실패했다. 결국 이 계획이 중단되어 표준 모형의 검증을 필요로 했던 고에너지 물리학 분야에서는 과학 활동이 크게 위축되었다.

또한 거대과학 분야에서는 과학연구 자체도 실험기구에 대한 의존성이 과거와는 비교할 수 없을 정도로 커지게 된다. 만약 어떤 연구소에 거대한 거품상자가 설치되어 있을 경우, 한 연구자가 자신의 연구에는 거품상자보다는 다른 탐지장치가 더 좋다고 하더라도 자신의 뜻에 따라 마음대로 실험장치를 바꿀 수는 없다. 연구 행위 자체가 엄청난 비용을 필요로 하고, 개개인의 실험 방향도 장기적인 연구소의 계획과 부합되어야 하기 때문이다. 오히려 자신이 소속되어 있는 연구소의 설비에 맞게 자신의 연구를 변형시키는 것이 현명하다. 결국 거대규모의 과학 활동에서는 일단 설치된 실험장치가 그곳에 있는 과학자들의 장기적인 연구 활동을 제한하게 된다. 이렇게 거대규모의 연구에서는 과학자들이 과거처럼 자유롭게 자신의 연구주제를 선택하지 못하고, 거대한 연구조직의 위계 속에서 연구 활동을 하는 것이 관례가 된다.

거대과학 연구 활동의 또 다른 특징은 기술자가 과학실험 과정에서 단순한 보조 차원을 넘어서 매우 중요한 역할을 하게 되었으며, 이에 따라 연구소의 정책 결정 과정에서도 상당한 영향력을 미치게 되었다는 것이다. 기계의 역할이 커지면서 실험활동에 있어서 기계와 인간의 관계에도 변화가 오기 시작했다. 과거에는 주로 인간이 중심이 되어 기계를 조작하며 능동적으로 실험을 했으나, 이제는 측정 자체도 컴퓨터와 같은 고도의 기계가 대신하는 경우가 많아졌고, 이런 고도의 측정 기구에서 나오는 데이터를 분석하는 것이 과학자들 활동의 대부분을 차지하게 되었다. 실험행위 자체도 점차로 과학자와 실제 측정장치와의 구체적인 접촉이 아니라, 과학자와 데이터 처리장치와의 간접적인 대화로 변하게 된 것이다. 이런 행위는 또 대부분의 경우에 있어서 매일같이 반복되는 아주 판에 박힌 활동이 된다. 따라서 몇몇 과학자들은 이런 활동이 과학자들의 창조성을 박탈한다고 생각하면서 거대과학 연구 활동에 싫증을 느끼기도 한다. 실제로 거품상자를 발명해서 노벨상을 받았던 글레이저는 자신의 거품상자를 발전시키는 과정에서 나타났던 이런 반복적인 과학 활동에 대해서 회의를 느끼고 물리학 분야를 떠나 분자생물학 분야로 연구 분야를 옮겨 버렸다. 결국 거대한 관료조직 내에서 제한을 받으면서 연구를 해야 하며, 또한 일상적으로 반복되는 일을 해야 하는 말단의 과학자들에게 어떻게 하면 창조적이고 자율적인 과학 활동을 하도록 만들어 줄 수가 있느냐 하는 것이 거대과학이 해결해야 할 중대한 과제로 남게 되었다.

29

과학기술과 국방연구 : 핵무기 개발과 과학자

1933년 핵물리학자인 러더퍼드가 원자에너지의 산업적 이용가능성은 아직도 요원하다고 언급한 것에서 보듯이, 1938년까지도 원자에너지의 이용가능성은 희박해 보였다. 그러다가 1938년 말에 독일의 한과 슈트라스만이 우라늄 핵분열의 산물인 바륨을 발견하고, 다음해 1월 6일 이것을 발표하면서 사태는 돌변했다. 우라늄 핵분열 소식은 발견되자마자 급속히 퍼지면서 과학자들은 곧바로 이와 관련된 글을 발표했다. 한과 오랫동안 함께 연구했다가, 우라늄 핵분열 발견 직전에 독일을 떠나 스웨덴의 스톡홀름에 있던 리제 마이트너는 한에게서 핵분열 발견 소식을 듣고 크리스마스 휴가를 이용해 그녀를 방문한 오토 프리시와 함께 1월 16일에 공동으로 이에 관련된 글을 『네이처』지에 보냈으며, 미국의 프린스턴 고등연구소에서 머물고 있던 보어도 이 소식을 전해 듣고 1월 20일에 역시 『네이처』지에 핵분열과 관련된 글을 발표했다. 불과 한달도 안 되는 사이에 핵분열 소식은 지구를 완전히 한 바퀴 돈 셈이다. 프랑스 과학자들도 핵분열에 대해서 민감한 반응을 보였다. 1939년 4월 파리의 졸리오-퀴리 연구팀은 우라늄 238에서의 느린 연쇄반응의 가능성을 확인하고, 핵에너지를 이용할 목적으로 특허까지 출원했다.

한편, 당시 미국에 있던 실라르드(Leo Szilard, 1898~1964)를 비롯한 망명 과학자들은 나치 독일이 원자무기를 만들 가능성이 있다고 생각하고, 졸리오를 비롯한 핵분야 과학자들에게 무분별한 논문발표를 자제해 줄 것을 호소했다. 1939년 8월 실라르드, 아인슈타인, 부시 등은 독일 과학자들이 원자탄을 만들지 모르기 때문에, 가능하면 정부의 주의깊고 빠른 행동이 요구된다는 서한을 루스벨트(Franklin D. Roosevelt, 1882~1945)에게 전달했다. 이들의 건의에 따라 미국에서는 1939년 10월 핵문제를 자문할 기관인 '우라늄위원회'(Uranium Committee)가 구성되게 된다. 그러나 미국은 1941년 12월 진주만공격 이전까지는 핵개발에 대해서 그다지 심각하게 생각하지는 않았다.

9 영국의 핵개발

우라늄 핵분열이 발견된 직후 영국의 로런스 브래그(William Lawrence Bragg, 1890~1971)와 G.P. 톰슨(George Paget Thomson, 1892~1975) 등은 벨기에령 콩고에서 우라늄을 빨리 구입해야 한다고 주장하면서, 영국정부에 핵개발의 중요성을 강조했었다. 그러나 이 당시 영국의 정치가들은 이들의 주장에 대해 별 반응을 보이지 않았다.

1939년 9월 1일 나치가 전격작전(Blitzkrieg)으로 폴란드를 침공하면서 제2차 세계대전이 시작되었다. 이어 나치 독일은 1940년 4월에는 덴마크와 노르웨이를 침공했으며, 한달 뒤엔 벨기에와 네덜란드를 침공했다. 벨기에가 나치의 손아귀에 들어가자, 벨기에령 콩고의 우라늄이 나치 독일의 수중에 들어갈 처지에 놓이게 되었다. 이런 상황에서 1940년 봄 오토 프리시와 루돌프 파이얼스(Rudolf Ernst Peierls, 1907~1995) 두 과학자는 핵폭탄의 실행가능성이 충분히 있음을 강조하는 보고서를 구체적으로 제시하였다. 즉, 순수 우라늄 235에는 충분히 빠른 연쇄반응이 존재하며, 5킬로그램의 폭탄은 수천 톤의 다이너마이트의 위력을 가진다는 것이었다. 이들은 또한 우라늄 235(자연 상태에는 0.7%만 존재)를 분리할 수 있는 공업적 방법까지 제안했다. 이 보고서에 자극을 받아 영국은 핵무기를 개발하기 위한 구체적인 기구인 '모드위원회'(Maud Committee)를 신설하기에 이른다.

'모드위원회'는 1941년 여름 마침내 아주 명확하게 우라늄 235의 폭탄가능성을 보고하게 되고, 이에 정치가들이 적극적으로 원자탄 개발에 관심을 보이기 시작하면서 연구가 가속화되었다. 그러나 영국은 공습가능지역이었기 때문에 이런 거대한 계획을 수행하기에는 부적합하다는 의견이 제시되었고, 이에 따라 미국이나 캐나다가 원자탄 개발에 적합하다는 의견이 대두되었다. 이리하여 영미 공동 원자탄 개발계획이 등장하게 되었던 것이다.

2 미국의 핵개발: 맨해튼계획

미국은 전쟁 초기부터 국방과학연구기관을 설립해서 주로 레이더 개발에 주력했으나, 진주만기습 이후에는 원자탄 개발에도 본격적으로 나서게 된다. 미국에서는 우라늄 235 외에 자연에 보다 풍부하게 존재하고 있는 우라늄 238을 이용해서 만들 수 있는 또 다른 핵물질을 개발했다. 1940년 5월 버클리 대학의 에드윈 맥밀런(Edwin Mattison McMillan, 1907~1991)과 에이블슨(Philip M. Abelson)은 우라늄보다 원자번호가 큰 원자번호 93의 넵튜늄을 발견했고, 이어서 1941년 2월 버클리의 젊은 화학자인 시보그는 세그레와 함께 연구하여 플루토늄을 발견했다. 더욱이 세그레와 시보그는 1941년 5월 느린 중성자에 의한 플루토늄의 단면적이 우라늄 235의 1.7배라는 놀라운 사실을 계산해 내었다. 이제 우라늄 238을 핵변환시켜 만들 수 있는 플루토늄도 원자폭탄 제조가 가능하다는 것이 확인되면서, 핵무기 제조의 가능성은 더욱 높아졌다.

미국의 원자탄개발계획은 맨해튼계획(Manhattan Project)이라는 이름으로 구체화되었다. 이 계획은 거대한 생산설비의 운영과 보안 문제 때문에 미 육군이 주도했는데, 자문으로로는 OSRD 국장인 부시, 하버드 총장이며 NDRC 위원장인 제임스 코넌트(James Bryant Conant, 1893~1978), MIT 총장인 칼 컴프턴 등이 임명되었고, 이외에도 버클리, 시카고, 컬럼비아 대학의 원자물리학자들이 깊이 관여했다.

1942년 9월 이 계획의 책임자로 임명된 레슬리 그로브즈(Leslie Groves) 장군은 미국의 여러 대학, 연구소, 산업체, 군대 등을 총동원해서 이 거대한 계획을 진행시켰다. 우선 시카고에서는 원자로를 이용해서 우라늄 238로부터 플루토늄을 생산하는 것을 맡았다. 여기서는 1927년 노벨상을 받은 아서 컴프턴이 이끄는 금속연구소(Metallurgical Laboratory)가 중심이 되어 페르미, 유진 위그너(Eugene Paul Wigner, 1902~1995), 실라르드, 프랑크 등 많은 망명과학자들이 연구에 참가했다. 이외에 미국의 거대한 화학회사인 듀폰회사도 여기에서 커다란 역할을 했다. 플루토늄은 독성이 매우 강하고 취급하기도 힘들었다. 또한 무기를 만들기 위해서는 짧은 시간 내에 많은 양을 생산해야 한다. 듀폰회사는 이런 문제를 해결하는 데 있어서 자신들이 화학공업에서 얻은 경험을 십분 발휘했다. 결국 1944년 말부터 미국 서부에 핸퍼드 생산용 원자로(Hanford Production Reactor)가 플루토늄을 대량생산하기 위해서 가동되기 시작하였다.

TVA(Tennessee Valley Authority) 계획에 의해서 많은 전력을 생산하고 있던 곳인 테네시 주의 오크리지(Oak Ridge)에서는 우라늄 235의 분리농축을 맡았다. 이곳에서는 1934년 중수소의 발견으로 노벨상을 받은 유어리(Harold Clayton Urey, 1893~1981)의 지도 아래 기체확산법(gaseous diffusion method)을 이용해서 우라늄 생산을 위한 연구를 했다. 여기서도 켈로그(M.W. Kellogg) 건설회사, '카바이드 앤드 카본 케미컬'(Carbide and Carbon Chemical) 회사를 비롯한 미국 굴지의 회사들이 공장건설에 참여했다.

한편, 맨해튼계획과는 별도로 오크리지에 있던 필립 에이블슨은 미해군의 지원을 받아 열확산법(thermal-diffusion method)을 이용해서 우라늄 235를 분리농축하고 있었는데, 그로브즈는 에이블슨의 이 계획도 맨해튼계획에 끌어들였다. 이외에도 로렌스가 중심이 된 전자기 분리법이 오크리지와 버클리의 방사연구소(Radiation Laboratory)에서 진행되었다. 결과를 놓고 보면, 원폭제조에 있어서 이 방법의 공헌도는 다른 방법에 비해 무척 낮았다.

로스앨러모스 연구소와 오펜하이머

이렇게 해서 모아진 우라늄 235와 플루토늄은 폭탄제조를 위해 뉴멕시코 주의 로스 앨러모스(Los Alamos)로 다시 모아졌다. 여기서는 로버트 오펜하이머(Robert Oppenheimer)의 책임 아래 원자폭탄의 설계와 조립을 맡았는데, 1944년 가을에 이르게 되면 로스 앨러모스에는 거대한 실험실이 설치되고, 약 3,000명의 과학기술자들이 모여들게 된다. 오펜하이머는 여기서 탁월한 능력을 발휘하여 이 계획을 성공적으로 이끄는 데 커다란 역할을 했다. 그는 여기에 모인 많은 젊은 학자들에게 자신의 일이 조국을 위해서 무척 중요하다는 사명감을 갖게 했으며, 과학자들에게는 개인의 창조적인 능력을 살려주는 방향으로 연구를 하게 하면서도 원자폭탄의 제조라는 극비의 구체적인 목표를 달성하는 데 도움이 되도록 그들을 효과적으로 동원했다. 여기에 참가했던 대부분의 과학자들은 원자폭탄이 거의 완성될 단계까지 자신들이 하고 있는 일이 대량살상무기인 원자탄을 개발하는 것이라는 것을 거의 눈치를 채지 못했다고 한다.

애초에 이곳에서는 핵물질을 임계질량 이하의 두 개로 나눈 다음 빠른 속도로 서로 충돌시켜 임계질량이 넘게 만들어 기폭을 시키는 소위 '포격결합' 방법으로 원자탄을 제조하려고 했었다. 그러나 1944년 7월에 이르러 이 방법이 우라늄 235의 경우에는 가능하지만 플루토늄 239의 경우에는 이용할 수 없다는 것이 드러났다. 즉 플루토늄 239는 어느 정도의 크기가 되면 중성자를 포획하여 플루토늄 240을 만들어 자발적으로 붕괴되고, 이때 만들어진 중성자들이 조기에 핵폭발을 일으켜서 폭탄이 불발될 가능성이 있다는 것이 알려진 것이다. 만약 포격결합방식에서 소요되는 충돌시간에 비해서 이 자발적 핵분열에 걸리는 시간이 더 짧을 경우에는 핵폭탄이 불발될 위험성이 크다. 밝혀진 자료에 의하면 플루토늄 240이 플루토늄 폭탄에서 7%가 넘으면 폭탄을 만들 수 없다. 이렇듯 1944년 말까지도 전반적인 차원에서 핵무기 개발계획은 불확실했고 성공 여부도 의심스러웠다. 다행히 우라늄 235로 폭탄을 만드는 것에는 문제가 없었으나, 이 경우에는 실전에 활용이 가능한 우라늄 235의 양이 너무 적어서 1945년 여름까지도 핵실험에 사용할 1개밖에는 만들지 못할 상황이었다.

이런 위기상황이 닥치자 로스앨러모스에서는 포격결합 프로젝트를 즉각 포기하고, 과학기술자들을 총동원해서 빠른 시일 내에 새로운 방법을 찾아내지 않으면 안 되게 되었다. 이런 문제에 대한 해결책으로 젊은 물리학자인 네더마이어(Seth Neddermeyer)는 강력한 폭발물을 플루토늄 둘레에서 폭발시킴으로써 플루토늄을 순간적으로 압축되게 만들어 터지게 만드는 소위 내파(implosion)방법이라는 새로운 기폭방법을 발명했다. 이 방법에 대해서 폭탄전문가들은 처음에 무척 회의적이었지만, 헝가리 태생의 수학자 존 폰 노이만(John von Neumann)의 수학적인 계산에 의해 이 방법이 가능하다는 것이 확인된 뒤에는 원자탄 제작에 적극적으로 채택되었다.

이리하여 1945년 7월까지 꼬마(Little Boy)로 명명된 우라늄 235로 만든 폭탄 한 개와 뚱보(Fat Man)로 명명된 플루토늄으로 만든 폭탄 두 개가 제작되어, 마침내 1945년 7월 16일 뉴멕시코 주 사막에서 플루토늄으로 만든 폭탄을 사용해서 역사상 최초의 핵실험이 성공적으로 실시되었다. 핵실험이 성공하자마자 핵무기는 곧바로 전쟁에 사용되었다. 그해 8월 6일 히로시마에 우라늄 235로 만든 폭탄이 투하되어 최소 10만 명이 사망했으며 건물 7만 채가 반파 이상의 피해를 입었다. 8월 9일에는 나가사키에 남은 나머지 하나도 투하되어 1945년 말까지 7만 명이 사망했다. 8월 10일에는 워싱턴으로 일본의 항복제의가 도달했고, 8월 15일 마침내 일본은 무조건 항복을 했다.

독일의 핵개발과 미국의 성공요인

한편, 독일에서도 1942년 당시 우라늄연구가 영국과 미국의 수준 이상으로 진행됐었다. 하지만 우라늄 개발을 결정할 당시인 1942년 전쟁 상황은 독일에게 유리했으며, 따라서 독일의 지도부는 전쟁이 일찍 끝나리라고 생각했다. 이런 판단에서 오랜 시간이 걸리고 많은 자원이 요구되는 원자탄 개발 같은 계획을 추진할 필요성은 절실하지 않았다. 또한 하이젠베르크가 주도한 독일의 핵개발 팀은 주로 이론물리학자들이 주도했기 때문에 우라늄의 연구를 실험실 수준에서 곧바로 거대한 생산설비가 요구되는 산업적 · 군사적 수준으로 발전시킬 배경이 부족했다. 이것은 이론물리학자들뿐만이 아니라 실험물리학자, 화학자, 공학자, 그리고 거대한 설비의 건설경험이 많았던 산업가들이 함께 참가해서 성공할 수 있었던 미국과 비교해 볼 때 상당히 불리한 조건이었다. 원자탄 개발이 미국에서 성공한 것은 단순히 원자탄의 원리를 아는 물리학자가 있었기 때문만은 아니었다. 그것은 미국에는 활용이 가능한 수많은 자원이 풍부하게 있었다는 물질적 조건, 대학에서는 이론분야와 실험분야가 비교적 같은 문제를 가지고 활동했고, 물리학자와 화학자들이 서로 같은 연구소에서 함께 활동했었다는 제도적인 측면, 과학자가 공학자들과 밀접하게 연결되어 있었다는 미국 과학의 실용주의적인 성격, 1차 세계대전 이후 정치가와 효과적으로 협력할 수 있었던 과학행정가들이 꾸준히 성장해 왔으며, 1930년대 이래 산업체와 정부기관 내에 TVA계획을 비롯한 거대한 계획에 참가한 경험이 있었던 기획전문가들이 존재했었다는 역사적 조건과 같이 미국만이 지녔던 독특한 과학적 · 산업적 · 정치적 구조 속에서나 가능했던 것이다.

핵무기 투하과정과 반대운동

핵무기는 과학기술자들이 만들었지만 일단 만들어진 다음에 핵무기의 투하를 결정하는 과정에서는 과학자들보다는 정치가, 군부를 비롯한 다른 이해당사자들이 더 많은 영향을 미쳤다. 1945년 5월 8일 독일이 항복했을 때, 원자탄 제조는 거의 끝나가고 있었다. 일본은 아직 항복을 하지 않고 심하게 저항하고 있었지만, 일본에게는 원자탄을 제조할 능력이 없었다. 따라서 원자탄을 만든 과학자들은 원자탄의 오용을 우려하기 시작했다.

그러나 군부는 이미 많은 예산을 지출했기 때문에 원폭사용을 당연히 원했고, 또한 원폭이 전쟁전략을 혁명적으로 변화시킬 것이며 '이상적'인 조건 아래서의 원폭사용은 가치 있는 군사적 · 전술적 데이터를 제공할 것이라고 생각했다. 예를 들어 그로브즈 장군은 핵무기 완성 후 그것이 바로 전쟁에 사용될 것을 전혀 의심치 않았으며, 오히려 완성 전에 일본이 항복할 것을 우려했다.

한편, 트루먼(Harry S. Truman, 1884~1972) 대통령은 최소의 희생으로 태평양 전쟁을 조속히 끝내기를 원했다. 당시 정보로는 일본 본토침공의 경우 미국인 약 100만 명의 희생이 예상되고 있었다. 따라서 일본을 항복시키는 다른 가능성은 소련의 전쟁개입, 항복조건의 명문화, 원자탄 사용이라는 세 가지가 있었다. 1945년 봄까지 트루먼은 얄타협정에 따라서 소련의 전쟁개입을 희망했으며, 그의 측근들은 항복조건의 명문화도 고려하고 있었다.

이 당시 과학자들의 핵투하 저지노력은 대체로 비조직적이고, 산발적이었다. 그렇지만 그중에서 가장 조직적인 핵투하 반대운동을 폈던 사람은 아이러니컬하게도 1939년 핵무기 개발계획의 필요성을 가장 강조했던 실라르드였다. 실라르드의 노력에 의해 1945년 6월 11일 시카고 과학자들이 중심이 되고, 프랑크가 의장으로서 서명한 소위 "프랑크 보고서"(Franck Report)가 작성되었다. 이 보고서에서 과학자들은 국제적인 통제가 없으면 핵전쟁의 파국에 들어간다고 우려하고, 일본에 사전 경고 없이 적절한 목표에 핵무기를 사용해서 일종의 무력시위로 항복을 유도하자는 안을 내놓았다. 이런 과학자들의 주장은 부시나 코넌트 등으로 구성된 핵운용자문위원회에는 전달되었으나, 트루먼에게 전달되기 전에 핵무기 실험이 성공하게 된다. 이와 동시에 항복조건을 명문화한 포츠담선언이 발표되었는데, 일본은 이 포츠담선언을 거부했다. 이 상황에서 트루먼과 전쟁장관(Secretary of War) 스팀슨(Henry L. Stimson, 1867~1950)은 향후의 미소관계에 있어 주도권을 잡고 전쟁단축을 위해, 핵실험 성공 후 군부가 결재서류를 올리자 바로 투하하라고 결재했다. 즉, 그들은 핵투하의 여파에 대해서 그리 심각하게 생각하지는 않았다는 것이 분명하다.

전후의 핵운용 문제

전후에 핵무기의 가공할 위력이 인식되면서 이것을 운영 · 관리하는 것이 커다란 문제로 대두되었다. 이를 위해서 1945년 12월 20일 맥마흔(Brien McMahon) 상원위원이 마련한 맥마흔 법안(McMahon Bill)이 상원에 제출되게 된다. 이것은 맨해튼계획의 전후통제 및 모든 핵관계를 통제할 민간기구인 원자력위원회(Atomic Energy Commission)의 설립을 목적으로 하는 법안이었다. 본래의 이 법안에 의하면 AEC는 군부가 배제된 민간기구였다. 그러나 보수적인 성향의 상원의원들에 의해 제출된 수정안에서 군사적 관계가 삽입되어, 핵통제기구에 군부가 재등장하게 된다. 이리하여 1946년 말까지 맨해튼계획의 생산설비들이 AEC로 이관되는데, 이 위원회의 책임자 자리는 맨해튼계획에 참가한 과학자가 아니라 TVA의 책임자였던 데이비드 리리엔털(David Eli Lilienthal, 1899~1981)에게 맡겨졌다. 이는 그가 거대한 규모의 기술체계를 지원하고 운영할 수 있는 경험이 있는 사람이라는 것이 중시된 결과였다.

한편, 트루먼은 제2차 세계대전 중 루스벨트 대통령의 전시경제 자문이었던 버룩(Bernard Mannes Baruch, 1870~1965)을 UN AEC 위원장으로 임명하고, 미국이 국제적 권위에서 핵을 독점해야 한다는 내용의 소위 '버룩계획'(Baruch Plan)을 마련했다. 이 계획은 미국과의 대결을 의식하고 있던 소련에 커다란 정치적 위협을 주었지만, 소련의 핵개발로 결국은 실패로 돌아가게 된다. 소련은 이미 1942년 과학아카데미 안에 우라늄연구소를 설립하고 원자탄을 연구하고 있었다. 더욱이 1944년과 1945년 초 핵 스파이 푹스(Klaus Fuchs, 1911~1988)를 통해서 맨해튼계획의 진행사항을 소상히 알고 있었으며, 핵투하 이후에는 더욱 핵개발에 전력질주하고 있었다. 결국 1949년 8월 소련도 핵실험에 성공했다.

2 수폭개발과 과학자들의 반응

수폭개발의 경우에는 원폭의 개발과는 달리 전후의 복잡한 정치적 상황이 맞물려서 이를 개발하기 이전부터 매우 복잡한 기술적 · 전략적 · 윤리적 문제가 대두되게 된다. 이에 따라 과학자들의 수폭개발에 대한 반응도 매우 복잡하게 진행되었고, 많은 과학자들이 일관된 태도를 보이지 못하고 상당 부분 우왕좌왕하는 모습을 드러냈다.

우선 1942년부터 1945년 8월 핵투하 전까지 과학자들은 수폭제조도 염두에 두었지만 일단 원폭제조가 더욱 가능했기 때문에 수폭보다는 원폭에 더 치중했었다. 이때는 중수소를 이용한 수폭 프로그램에 직접 관계하던 에드워드 텔러(Edward Teller)뿐만이 아니라, 나중에 수폭개발에 반대를 표명했던 오펜하이머, 페르미, 한스 베테(Hans Bethe) 등도 단지 가설적인 수준에서만 수폭개발을 생각하고 있었던 것이다.

그러나 히로시마에 핵이 투하된 이후에는 오펜하이머, 로렌스, 아서 컴프턴, 페르미는 수폭개발에 반대하게 되었고, 이에 따라 1945~46년 겨울 오펜하이머와 텔러 사이에 불화가 생긴 것에서 보듯이, 핵 관련 과학자들 사이에서 수폭개발을 두고 서로 이견이 나타나기 시작했다. 특히 헝가리 태생의 이론물리학자였던 텔러는 나치보다도 소련을 더 불신했으며, 핵무기를 더욱 발전시키는 것이 미국 안보에 필수적이라고 생각했다.

1946년 12월 '버룩계획' 이 실패하고 냉전체제가 점점 공고화되면서 과학자들의 태도에는 다시 한 번 변화가 오게 된다. 페르미는 폭탄연구를 강조했으며, 오펜하이머와 코넌트는 마지못해 지지했고, 아서 컴프턴은 이전에 그가 주장했던 수폭개발 반대의견을 취소했다. 이 당시에 수폭개발은 광범위한 재무장계획의 하나로 인식되어, 과학자들이 수폭개발만을 끄집어내서 반대하지는 않았었다.

1949년 8월 소련의 첫 핵무기가 터진 이후에는 상황이 더욱 복잡하게 돌아가기 시작한다. 과학자집단은 크게 찬성파와 반대파의 두 쪽으로 갈라졌다. 로렌스, 텔러, 앨버레즈 등의 과학자들은 미국이 소련의 위협에 수폭의 개발로 대응해야 한다는 명분을 내세워 수폭개발에 적극 찬성하면서 구체적인 로비활동에 들어가기 시작한다. 즉, 로렌스와 앨버레즈는 맥마흔 상원의원과 접촉하면서 수폭개발을 강조했으며, 특히 텔러는 전략적인 근거뿐만이 아니라 과학적인 근거로도 열핵폭탄의 제조를 열심히 성토했다. 텔러는 수폭개발을 위한 결정적인 기술적 문제를 해결했을 뿐 아니라 수폭제조를 위한 연구를 담당할 새로운 국방연구소를 설립하는 데에도 커다란 영향을 미쳤기 때문에, 나중에 사람들에게 '수폭개발의 아버지' 라는 말을 듣게 된다. 이에 반해서 코넌트와 오펜하이머 등은 미소 간의 무기경쟁을 우려해서 수폭개발에 반대했다. 과학자들 사이의 이런 대립상황에서 1950년 1월 31일 트루먼 대통령은 정부 내에 있던 측근들의 의견을 종합한 뒤 수폭개발을 결정했다. 트루먼의 핵개발계획이 발표되자 실라르드, 리리엔털(전 AEC 위원장), 아인슈타인, 라이너스 폴링, 유어리를 위시한 대부분의 유명 과학자들이 열핵폭탄계획에 반대했다. 그러나 푹스의 핵 스파이 사건이 공개되고, 급기야 한국전쟁이 터지면서 정치적인 분위기는 수폭개발 쪽으로 더욱 기울게 된다.

마침내 1951년 텔러와 울람(Stanislaw Marcin Ulam, 1909~1984)은 원폭에서 방출되는 X-선을 이용해서 수소 동위원소를 압축시키는 일종의 '방사내파'(radiation implosion) 방식을 창안해서 수폭개발에 있어서 최대 걸림돌이었던 기술적 문제를 해결했다. 즉 플루토늄 원폭의 내파방식에서는 재래식 폭탄이 기폭에 이용되었었지만, 이제 수폭에서는 원자폭탄이 기폭에 이용된 것이다. 이쯤 되자 많은 수폭 관련 과학자들은 이제 수폭개발은 기술적으로 가능한 것이고, 따라서 더 이상의 반대가 무익한 것으로 생각하게 되었다. 이리하여 이전에는 수폭개발을 반대하던 많은 과학자들이 다시 수폭작업에 관여하기 시작했다. 페르미, 래비, 베테가 수폭개발에 참여했으며, 오펜하이머도 개발 자체는 인정하게 된다. 또한 기왕에 수폭이 기술적으로 가능하게 되었다면, 이제는 미국이 소련과의 수폭개발 경쟁에서 이겨야 한다고 생각하는 사람도 많아졌다. 이후 수폭개발은 반대가 거의 없이 순시간에 진행되어 갔다. 1952년 11월 1일 최초의 수폭실험인 '마이크' 실험이 태평양의 마셜군도에서 성공적으로 실시되었다. 그러나 이 수폭실험은 비행기에는 탑재할 수 없는 습식폭탄에 의해서 실시된 것이었다.

수폭연구는 1954년 1월 아이젠하워(Dwight D. Eisenhower, 1890~1969)가 향후 미국의 기본적인 핵전략이 되게 될 대량 보복전략을 발표하면서 더욱 급진전되었다. 1954년 3월 비행기에 탑재할 수 있으며 실전에 활용 가능한 폭탄으로는 최초의 수폭실험인 '브라보' 실험이 태평양에서 성공적으로 실시되었다. 이것은 15메가톤급으로 히로시마에 투하된 원폭(12.5킬로톤급)의 1천배가 넘는 위력을 가진 것이었다. 이 실험은 이후 국제적인 핵실험 반대운동이 일어나게 하는 기폭제 역할을 했다. 더욱이 1955년 11월에는 소련도 수폭개발에 성공함으로써 인류를 파멸로 이끌 수 있는 핵전쟁의 위험은 더욱더 우리 가까이 오고야 말았다.

30

첨단 과학산업단지의 성장

20세기에 들어와서 과학기술이 폭발적으로 발달하면서 과학을 연구하는 개별 연구기관의 차원을 넘어서 특정 지역을 포괄하는 거대한 대단위 연구단지까지 나타나게 되었다. 즉, 대학의 연구실, 산업체의 연구소, 국방연구소 등 다양한 연구 시설들이 한 지역을 중심으로 모여들면서 일종의 거대한 과학산업단지를 형성하는 것이 자주 나타나게 되었다. 이제 과학기술은 학술연구의 차원을 넘어서 지역 개발 및 지역혁신의 차원으로까지 발전했다. 20세기 후반에 이르러서는 이런 거대한 테크노폴리스가 세계 도처에 나타나게 되는데, 그 대표적인 예로는 MIT 주변의 Route 128, 영국 케임브리지 주변의 케임브리지 사이언스파크, 프랑스의 소피아-앙티폴리스, 스탠퍼드 대학과 밀접한 관련을 맺으면서 20세기 전자혁명을 주도했던 실리콘 밸리 등을 들 수 있다.

실리콘 밸리와 지역혁신

미국의 실리콘 밸리는 주변에 있는 스탠퍼드 대학과 밀접한 연결을 맺으면서 캘리포니아 주의 팔로 알토, 서니베일, 산타 클라라, 샌 호세로 이어지는 지역에 형성된 연구산업단지이다. 실리콘 밸리에서 혁신클러스터가 만들어지는 데에는 무엇보다도 지역혁신 비전을 가진 인물의 강력한 리더십, 즉 스탠퍼드 대학의 공대 학장이었던 프레드릭 터먼(Frederick Emmons Terman, 1900~1982)이 핵심적인 역할을 했다. 전후 스탠퍼드 대학을 대표하는 첨단 연구소로는 마이크로웨이브 연구소(Microwave Laboratory)와 스탠퍼드 선형가속기 센터(Stanford Linear Accelerator Center), 그리고 전자공학연구소(Electronic Research Laboratory) 등을 들 수 있다. 이 첨단 연구소들은 모두 프레드릭 터먼 학장의 집요한 대학 육성 전략에 의해서 이룩된 것이었다. 터먼은 모든 분야에서 자신의 경쟁자였던 MIT를 따라잡으려고 한 것이 아니라, 자신의 경쟁자들이 등한시하고 있으며, 또한 새로운 산업적 · 정치적 연결을 가능케 하는 몇몇 경쟁 가능한 분야만을 집중적이고 장기적으로 육성하는 계획을 수립했다. 실리콘 밸리의 형성 과정은 바로 이 터먼의 스탠퍼드 대학 육성 정책과 긴밀한 연결을 맺고 있었다.

스탠퍼드 대학의 성장

이미 1920년에 스탠퍼드는 MIT에서 물리학자 웹스터(David Locke Webster)를 임용해서 물리학과의 진흥을 도모했었다. 그는 학과의 강좌를 현대화시키고, 강한 연구 프로그램을 진행시키는 등, 스탠퍼드 대학의 발전에 많은 공헌을 했다. 그러나 그는 로렌스와 밀리컨과 같은 버클리나 칼텍의 경쟁자들에 비해 공익재단의 기금이나 기업의 용역을 확보하는 데에는 재주를 보이지 못했다. 한 예로 1935년 스탠퍼드 대학은 초고전압 X-선 관을 개발할 것을 계획했었지만, 기금을 확보하지 못해서 실패하고 말았다.

1930년 당시 스탠퍼드의 레이 라이먼 윌버(Ray Lyman Wilbur) 총장은 MIT의 컴프턴 총장과는 달리 외부 지원을 받는 데에 있어서 연방정부를 철저히 배제했다. 재선에 실패하여 루스벨트에게 대통령직을 넘겨 준 후버는 뉴딜 정책에 대해 신랄한 비판을 가했는데, 그는 스탠퍼드 대학의 재단과 긴밀한 연결을 맺고 있었다. 후버는 루스벨트 대통령이 취임하자마자, 자신의 충직한 친구이자 전 내무장관이었던 윌버와 함께 워싱턴을 떠나 캘리포니아의 팔로 알토로 옮겼다. 이리하여 후버는 스탠퍼드 대학의 재단 이사를 맡았고, 윌버는 총장으로 취임하게 되었다. 결국 후버와 친분이 두터웠던 윌버 총장은 루스벨트 대통령 재직 시에는 연방정부와 긴밀한 협력관계를 유지하지 않았다.

스탠퍼드 대학 주변은 낙후 지역이었지만, 이 지역은 이미 디포리스트가 3극 진공관을 발명했을 때부터 전자공학 연구 전통이 자리 잡고 있었다. 스탠퍼드 대학의 지원 아래 연방전신회사가 설립되었으며, 1920년대에는 해리스 라이언 등이 전기공학 관련 벤처를 창업하기도 했다.

스탠퍼드 대학에서 본격적인 산학협동이 이루어진 분야는 마이크로웨이브 관련 산업이었다. 스탠퍼드의 마이크로웨이브 연구는 물리학과 전기공학 모두에 관계하고 있었던 핸슨(William Hansen, 1909~1949)에 의해서 시작되었다. 핸슨은 1936년 전자를 가속시킬 수 있는 정상파 전기장을 만들어 내는 장치인 럼바트론(rhumbatron)을 개발했다. 핸슨의 이 럼바트론은 1937년 스탠퍼드 최초의 마이크로웨이브를 생산, 증폭, 탐지할 수 있는 진공관인 클라이스트론(klystron)이 나오게 하는 데 중요한 다리 역할을 하게 된다. 이 장치는 러셀 배리언(Russell Varian, 1898~1959)이 고안해 낸 것이었지만, 그의 형제인 시거드 배리언(Sigurd Varian, 1901~1961), 핸슨, 웹스터 등과의 협동작업의 산물이기도 했다.

클라이스트론은 곧 산업적 · 군사적 중요성이 인정되어, 스페리 자이로스코프 회사(Sperry Gyroscope Company)가 이 발명품의 후원자로 나섰다. 그러나 이 산학협동 과정에서 스페리 회사가 연구에 대해서 간섭하게 되면서, 특히 웹스터가 이에 대해 불만을 갖게 되었고, 대학연구실과 산업체 사이에 충돌이 생기게 되었다. 결국 웹스터는 1939년 12월 "과학과 특허는 물과 기름이 서로 섞이는 것보다 어울리기 어렵다"라는 말을 남기며 이 클라이스트론 계획에서 빠졌다. 그러나 다른 사람들은 이 계획에 계속 참여했다.

제2차 세계대전 동안 스탠퍼드 과학자들은 팔로 알토(Palo Alto)를 떠나 로스앨러모스, MIT, 하버드 등의 국방연구소에서 일하게 되었는데, 전쟁기간 중의 이런 국방연구를 통해서 그들은 스탠퍼드 대학의 발전에 연방정부가 중요한 역할을 할 수 있다는 것을 느끼기 시작했다. 즉, 클라이스트론의 군사적 중요성을 강조해서 연방정부로터 적극적인 지원을 얻어내고, 이런 지원을 바탕으로 기업의 간섭으로부터 상대적으로 자유롭게 될 수 있으며, 결국에는 대학에서의 순수 연구도 할 수 있게 된다는 생각을 한 것이다. 이리하여 전쟁을 거치면서 연방정부는 스탠퍼드 대학의 새로운 후원자로 떠올랐다.

프레드릭 터먼과 스탠퍼드 대학의 개혁

클라이스트론은 스탠퍼드 대학의 물리학과에서만 연구한 것은 아니었고, 전기공학과에 있던 터먼에게도 이것은 중요한 연구 주제였다. 프레드릭 터먼은 저명한 스탠퍼드 심리학자 루이스 터먼(Lewis Terman, 1877~1956)의 아들로서 MIT의 부시 밑에서 배웠던 전기공학자였다. 1930년대에 그는 줄곧 스탠퍼드에서 통신공학 분야의 연구 전통을 세우려고 노력했는데, 이 과정에서 물리학과에 있던 핸슨과 협동연구를 하게 된 것이다.

전쟁 중 그는 스승인 부시의 추천으로 MIT 래드랩의 하위 연구소로서 하버드에 위치했던 전파통신연구소(Radio Research Laboratory)의 책임자로 일하면서 레이더에 관련된 연구를 했다. 이미 클라이스트론의 개발 과정에서 물리학과 전자공학의 협동 연구의 중요성을 절실히 느꼈던 그는 이런 전쟁 기간 동안의 경험을 통해서 마이크로웨이브 전자공학의 혁신은 물리학과 전기공학의 학제간 협력과 아울러 대학, 산업체, 연방정부 사이의 결합을 통해서 이루어져야 한다는 믿음을 더욱 굳히게 된다.

1943년 윌버 총장이 물러나고, 터먼의 죽마고우인 트레시더(Donald Tresidder)가 새로운 총장이 되었다. 트레시더는 전임 윌버 총장과는 달리 산업체와의 협력을 강조했던 터먼과 핸슨의 마이크로웨이브 연구소 계획에 호감을 가지고 있던 사람이었다. 트레시더 총장과 좋은 관계 속에서 터먼은 1945년부터 무려 10년간 스탠퍼드 대학의 공대 학장으로 있게 되는데, 이 기간 동안의 터먼의 노력으로 스탠퍼드에서는 연구 구조의 일대 변화가 나타났다. 대학 또한 비약적으로 성장해서 마침내 2류 대학이라는 불명예를 씻고, MIT와 어깨를 겨룰 수 있는 일류대학으로 발전하게 된다.

1945년 대학 본부는 마이크로웨이브 연구소의 설립을 승인했다. 이 연구소는 이학부에 소속을 두었지만, 공학부와 긴밀한 연결을 가지도록 구성되었다. 즉, 물리학과에 있던 핸슨이 연구소 책임자로 임명되었고, 터먼의 학생이었던 긴즈튼(Edward Ginzton)이 그 아래 직책을 맡았다. 이리하여 이 연구소는 스탠퍼드 대학에서 행해진 물리학과 전자공학 사이의 학제간 연구의 전형을 이루게 되었다. 1949년에 이르면 스탠퍼드 대학 물리학과는 이 연구소 덕분에 '해군연구국'(Office of Naval Research)을 비롯한 연방정부의 지원으로 재정이 아주 풍족한 학과로 발전한다. 또한 스탠퍼드 물리학과에서는 연방정부의 돈으로 응용연구뿐만 아니라, 결과적으로는 순수과학 연구의 꿈도 실현시킬 수 있었다.

마이크로웨이브 연구소가 명성을 얻어감에 따라 터먼은 육·해·공군으로부터 계속 더욱 많은 연구계약을 맺을 수 있게 되었고, 이런 재정적인 안정 속에서 후일 스탠퍼드의 전자공학연구소라고 불리게 되는 핵심적인 연구 프로그램을 진행시킬 수 있게 되었다. 이런 성장을 바라보면서 1951년 터먼은 이제 스탠퍼드의 전자공학은 규모에 있어서는 MIT에 뒤질지 몰라도, 그 질과 생산성에 있어서 미국에서 가장 중요한 중심지가 되었다고 자부하게 된다.

SLAC의 출현

스탠퍼드 선형가속기 센터(SLAC)라는 거대한 선형가속기 연구소가 스탠퍼드에 만들어지게 되는 데에는 핸슨의 럼바트론을 비롯해서, 스탠퍼드의 개발품인 클라이스트론이 커다란 역할을 했다. 전후에 핸슨, 긴즈튼과 그들의 학생들은 도파관(waveguide) 속에서 전자들을 가속시키기 위해서 마이크로파를 이용하는 선형가속기 건설계획을 세우기 시작했다. 즉, 핸슨은 1940년 일리노이 대학의 커스트(Donald W. Kerst)가 만든 가속장치인 베타트론보다 더욱 강력한 가속기를 만들기 위해 전자를 강력하게 밀어보낼 클라이스트론을 개발하려고 했던 것이다. 1947년에 핸슨이 최초로 만든 Mark I 선형가속기는 약 3피트의 관으로 되어 있었는데, 이것으로 그는 전자를 약 1.5MeV(150만 전자볼트)로 가속시킬 수 있었다. 전후 마이크로웨이브 연구소에서는 기존의 20킬로와트 급 클라이스트론을 이보다 훨씬 높은 약 30~50메가와트 급으로 발전시키고, 이를 이용해서 10억 전자볼트 이상을 가속시킬 수 있는 거대한 규모의 선형가속기를 만들려는 계획을 추진하게 된다. 1949년 핸슨의 갑작스런 죽음에도 불구하고 긴즈튼이 곧 그의 후임이 되면서, 이 계획은 오히려 더 가속화되었다.

연구소가 성장함에 따라 마이크로웨이브 연구소는 두 개의 거대한 연구소로 나뉘었다. 그 하나는 옛 이름을 그대로 유지하면서 마이크로웨이브 관의 연구와 설계를 계속 담당하는 연구소로 발전했고, 그 다른 하나는 핵물리학 프로그램을 진행시키기 위해 거대한 입자가속기를 이용하는 고에너지 물리학연구소(High Energy Physics Laboratory)로 변모 · 발전했다. 1950년대 초에 이 고에너지 물리학 연구소는 호프스태터(Robert Hofstadter)와 파노프스키(Wolfgang Panofsky)를 추가로 끌어들여 1-GeV(10억 전자볼트)의 Mark III 가속기 프로그램을 진행시켰다. 특히 호프스태터는 1954년 이 가속기를 이용해서 원자핵의 크기와 구조에 관해서 연구했는데, 그는 이 연구에 대한 공로로 1961년 노벨상을 받았다.

Mark III 가속기를 완성한 뒤, 스탠퍼드에서는 더욱더 거대한 가속기를 건설하려는 프로젝트 M(Monster)을 세웠다. 이제 가속기의 규모가 점점 커지게 되면서, 이 계획은 물리학과의 통제 범위를 훨씬 벗어나고 있었고, 심지어는 대학의 차원도 넘어서고 있었다. 스탠퍼드의 과학자들은, 비록 연방정부기관인 원자력 위원회(AEC)의 재정적 지원을 받는다 하더라도, 될 수 있으면 국가 설비가 아니라 자신들이 연구장치를 쉽게 통제할 수 있는 대학 설비를 세우기를 원했다. 그러나 길이가 약 2마일이나 되는 거대한 가속기를 만드는 데 엄청난 돈을 대는 AEC는 만들어질 가속기 연구소가 될 수 있으면 국가 연구소의 성격을 띠어서 자신들이 직접적인 통제를 가할 수 있기를 원했다. 1930년대에 클라이스트론이 개발될 때 물리학자와 산업체가 연구 프로그램의 통제 문제를 놓고 다투었는데, 이제는 연방정부와 물리학자들이 서로 연구의 자율성 문제를 놓고 힘겨루기를 하게 된 것이다.

엄청난 규모의 연구장치를 세운다는 데에 대해서 물리학자들은 대체로 많은 기대를 가지고 있었지만, 일각에서는 우려의 목소리도 나타났다. 우선 유럽공동원자핵연구소(CERN)에서 책임자로 일하던 펠릭스 브로흐(Felix Bloch)는 거대 규모의 물리학을 하면서 지금까지 대학에서 하던 방식대로 연구를 하는 것이 불가능하다는 것을 잘 알고 있었다. 호프스태터도 자신이 Mark III 계획에서 얻은 경험으로부터 프로젝트 M을 국가 연구소로 조직하는 것을 반대했다. 만약 국가 연구소의 형태가 되면 자신들이 마음대로 실험장치를 사용할 수 없고, 거대한 중앙 관료 조직이 연구 프로그램을 자기 마음대로 통제할 것이라는 우려 때문이었다. 우려 반 기대 반의 상황에서 프로젝트 M에 참여하는 물리학자들, 학과, 대학본부, AEC 사이에는 밀고 당기는 긴장 관계가 조성되었고, 열띤 논쟁도 벌어졌다. 논쟁의 중심 주제는 크게 누가 가속기 연구소의 설계와 건설을 맡을 것인가, 연구 프로그램은 누가 통제할 것인가, 대학과 가속기 연구소 가운데 누가 연구원들의 봉급을 지불할 것인가 하는 것들이었다.

1957년 호프스태터, 긴츠튼을 포함한 고에너지물리학 연구소와 마이크로웨이브 연구소의 간부들은 서로 협의한 끝에 국방부, 국립과학재단, 원자력 위원회에 동시에 SLAC의 건설 계획안을 제출했다. 결국 많은 토론 끝에 아이젠하워 대통령은 건설 계획을 허락했고, 마침내 1961년 SLAC의 건설 계획이 의회에서 승인이 나게 된다. 새로운 가속기 연구소가 국가 연구소(national laboratory)냐 아니면 물리학과 연구소냐 하는 문제는 기존의 물리학과 교수진 외에 독자적인 교수진을 갖춘 국가 설비(national facility)라는 형태로 SLAC가 설립됨으로써 결판이 났다. 독자적인 교수진을 갖추게 된 것은 대학교수라는 직함이 있어야 우수한 연구자를 SLAC로 끌어올 수가 있었기 때문이다. 물론 교수의 수는 스탠퍼드 대학 본부가 통제했다. 이리하여 5년이라는 오랜 건설 기간 끝에 1966년 이 거대한 입자가속기 연구소는 가동을 시작했다.

실리콘 밸리의 형성

스탠퍼드의 '산업단지'(Industrial Park)는 터먼의 계획에 따라 1951년에 공식적으로 그 문을 열었다. 이미 1938년 스탠퍼드 동창들인 윌리엄 휴렛(William Hewlett)과 데이비드 패커드(David Packard)는 터먼의 권유로 휴렛-패커드(Hewlett-Packard) 회사를 창립하고 팔로 알토에 입주해 있었다. 1951년 배리언

조합(Varian Associate)이 입주한 것을 필두로 해서, 제너널 일렉트릭사의 마이크로웨이브 부서가 입주하였으며, 1954년에 휴렛-패커드 회사도 옮겨오는 등 여러 기업들이 스탠퍼드와의 산학협동을 기대하면서 스탠퍼드 산업단지 내의 부지를 임차해서 입주하게 된다. 하지만 1955년 터먼의 적극적인 권유로 쇼클리(William Shockley)가 벨전화연구소를 떠나 팔로 알토에 쇼클리 반도체 회사를 세울 때까지는 스탠퍼드 산업단지의 주요 업종은 반도체 산업이 아닌 마이크로웨이브 산업이었다.

쇼클리는 1954년 자신의 발명을 상업화하고 자신의 회사를 세우기 위해 벨연구소를 떠났다. 애초에 그는 보스턴 지역에서 창업을 할 생각이었지만, 인근의 대기업들이 투자를 하지 않았기 때문에 서부를 선택하게 되었던 것이다. 쇼클리 반도체 회사는 입주한 뒤 게르마늄을 이용한 쇼클리 다이오드를 생산했다. 이 쇼클리 다이오드는 무엇보다도 전화 산업에 이용될 가능성이 높았다.

하지만 다이오드 생산의 새로운 후보인 실리콘을 이용한 다이오드 기술 개발은 게르마늄에 비해 무척 힘이 들었고, 또한 개발비 자체도 쇼클리 반도체 회사가 감당하기에는 너무 커다란 규모였다. 이에 따라 쇼클리는 실리콘 기술 개발을 주저했는데, 이때 쇼클리 반도체 연구소에서 실리콘 반도체를 연구하던 로버트 노이스(Robert Norton Noyce, 1927~1990)를 비롯한 8명의 연구자들은 쇼클리 회사를 빠져나와 새로운 투자자를 찾았다. 쇼클리가 '8명의 배신자들'이라고 불렀던 이들은 마침내 페어차일드(Fairchild) 사진기 회사에 접근해서 1957년 팔로 알토에서 몇 마일 떨어진 곳에 페어차일드 반도체 회사라는 새로운 회사를 차렸고, 여기서 실리콘 반도체를 생산하기 시작했다.

스탠퍼드 산업단지는 이후 집적회로와 마이크로프로세서 개발 등을 선도하면서 20세기 반도체 혁명을 주도했다. 1959년 텍사스 인스트루먼트 회사(Texas Instrument Co.)의 킬비(Jack St. Claire Kilby)와 페어차일드 회사의 로버트 노이스는 최초의 집적회로인 IC(Integrated Circuit)를 개발했다. 이후 IC는 더욱 집적화가 진행된 대규모 집적회로(LSI)로 계속 발전되었다.

1968년 페어차일드의 로버트 노이스와 그의 오랜 동료인 고든 무어(Gordon Moore) 등이 주축이 되어서 N M Electronics가 창립되었고, 곧 앤드류 그로브(Andrew Grove)가 합류해서 Intel(Integrated Electronics)이라는 회사가 실리콘 밸리에서 창립되었다. Intel은 일본의 계산기 회사인 비지콤(Busicom)과의 계약을 바탕으로 스탠퍼드 대학 화학과 교수였던 테드 호프(Ted Hoff)의 감독 아래 단일한 칩 속에 모든 연산과 논리 회로가 가능한 특별한 목적의 칩을 개발했고, 마침내 1971년 11월 최초의 마이크로프로세서(Microprocessor)를 개발, 시판하게 되었다. 최초의 마이크로프로세서 Intel 4004는 2,250개의 트랜지스터를 집적한 것이었다.

결국 1957년 페어차일드 반도체 회사가 설립된 이후 20년 동안 스탠퍼드 대학 주변에는 약 100여 개의 반도체 회사가 분할과 합병을 거듭하면서 생겨났고, 예전에 오렌지 농장들이 있었던 산타클라라 지역에는 새로운 첨단 산업단지인 '실리콘 밸리'가 형성되었다. 1955년까지 7개였던 기업체 수가 1960년에는 32개, 1970년에는 70개, 1980년대에는 90여 개로 증가하였다.

대개의 경우 지역의 핵심이 되는 스타기업은 특정 지역의 혁신클러스터를 형성시키는 데 결정적인 역할을 하게 되는데, 실리콘 밸리의 경우에는 페어차일드 반도체회사가 그 역할을 수행하였다. 1965년까지 10개의 새로운 회사들이 페어차일드 회사에 근무했던 기술자들에 의해 창업되었다. 이리하여 페어차일드 회사의 창립 이후 약 20여 년 동안 설립된 약 80여 개의 주요 미국 반도체 회사 가운데 절반이 직·간접적으로 페어차일드 회사로부터 분사된 것이었으며, 이것은 이 지역에서 기술적 노하우를 확산시키는 데 결정적인 기여를 하였다.

실리콘 밸리의 형성 과정에서 각 기업들은 끝없이 분할과 합병을 거듭하였고, 새로운 혁신적 기술의 개발과 함께 수많은 작은 기업들이 이합 집산하는 모습을 보였다. 분산적이고 산만한 것과도 같은 이런 문화적 풍토는 지역혁신의 성공요인으로 인식되어 상호작용, 네트워킹, 학습 등의 개념이 지역혁신의 핵심요소로 자리를 잡게 되었다.

대학-정부-산업체의 연결

스탠퍼드 대학만이 실리콘 밸리의 형성 과정에서 주도적인 역할을 한 것은 아니었다. 이 지역의 항공산업 및 군부의 정책 역시 이 지역 산업 및 대학을 변화시키는 데 커다란 역할을 하였다. 1954년부터 록히드 항공회사의 미사일 부서가 서니베일에 있던 미항공우주국(NASA)의 전신인 미국항공자문위원회(National Advisory Committee on Aeronautics) 연구소와 스탠퍼드의 전자공학 연구소 근처에 자리를 잡았다. 이에 따라 이 지역은 극비의 미사일 연구를 비롯한 초고속 항공역학 연구의 중심지로 부상되었다.

한편, 스탠퍼드 대학에서는 이런 외부 조건에 부응하기 위해서 대학의 항공공학, 재료공학 관련 학과들을 이에 맞도록 개편해 나갔다. 더우이 1957년 소련의 스푸트니크호가 발사된 뒤로는 우주개발 경쟁이 가속화되었고, 이에 따라 항공기술과 아울러 트랜지스터를 비롯한 소형 반도체 기술이 급속도로 필요하게 되면서, 실리콘 밸리의 산업체들과 스탠퍼드 대학에서는 더욱 활발한 군·산·학 협동 작업이 이루어지게 되었다. 예를 들어 1961년 페어차일드 회사는 NASA와 집적회로 개발 계약을 체결하였는데, 이것은 이 지역이 반도체 집적회로의 중심지가 되는 데 커다란 역할을 수행했다. 실리콘 밸리가 형성되는 데에는 록히드 항공회사, 국방부, NASA 등도 일조하게 된 것이다.

결국 마이크로웨이브 산업의 형성에서 보는 것처럼 스탠퍼드 대학이 자신들의 연구 방향에 맞도록 지역 산업의 형성을 주도해 나가거나, 이와는 반대로 항공 관계의 경우처럼 외부적 요구에 맞도록 대학의 연구 방향을 적극적으로 변화시킴으로써 정부, 기업체, 대학이 서로 연결되는 실리콘 밸리라는 거대한 첨단 과학산업 단지가 형성되게 되었다.

MIT와 Route 128의 흥망

실리콘 밸리와 함께 적어도 1980년대까지 미국에서 쌍벽을 이루던 연구산업

단지로는 Route 128을 들 수 있다. 루트 128은 MIT와 밀접한 연결을 맺으면서 보스턴 시 주변의 벌링턴, 렉싱턴, 월덤으로 이어지는 지역에 형성된 기업 밀집 연구단지를 말한다.

미국의 동부와 서부를 상징하는 이들 두 연구단지는 제2차 세계대전 이후 국방연구와 첨단 과학기술 연구를 바탕으로 급성장하였다. 이들 두 지역은 모두 컴퓨터를 비롯한 정보기술 산업 분야에서 세계적인 경쟁력을 지닌 곳이었지만, 1980년대를 거치면서 위기를 겪으며, 서로 다른 운명의 길을 가게 되었다. 실리콘 밸리는 당시에 IT 산업 분야에 불어닥친 위기를 잘 극복하고 1990년대를 통해 지속적인 발전을 이룩한 반면에, MIT 주변의 루트 128은 서서히 경쟁력을 상실해 나갔다.

MIT 주변은 국방부로부터 많은 연구비를 받아 1940년대와 1950년대를 통해서 전자공학 분야의 중심지가 되었다. 전후에 MIT 주변은 전자공학 분야에서 커다란 역할을 했지만, 진공관에서 트랜지스터로 성장하는 전자공학 분야에서 전환하는 데는 보수적이었다. 특히 레이턴(Raytheon) 회사는 반도체 회사를 설립하려던 쇼클리의 제안을 거절했으며, 쇼클리는 MIT 주변이 아니라 캘리포니아 팔로알토에서 자신의 회사를 설립했다. MIT 주변의 회사들은 거대한 기업들이 지나치게 관료화되며 국방 관련 연구에 안주해 있었기 때문에, 새로운 기술 변화를 수용하는 데 상대적으로 둔감했던 것이다.

또한 1980년대 레이건 행정부에서 군사 프로그램을 다시 정력적으로 추진할 때 MIT 주변의 기업들은 미래의 추세와 역행하여 자신들의 전통적인 방식인 군수시장과의 연계를 강화시키는 방향으로 사업을 전개했다. 이렇게 군수시장에 대한 과도한 의존 체계는 1990년대 초 소련의 붕괴와 함께 냉전체계가 종식되자 심각한 위기를 맞으면서 붕괴하기 시작했다.

네트워크 중심의 지역문화의 중요성

스탠퍼드 대학 주변의 실리콘 밸리와 MIT 주변의 루트 128 지역이 서로 다른 운명의 길을 가게 된 것에 대해 색서니언과 같은 학자들은 분화된 지역의 기업 조직, 상호 학습을 가능하게 했던 네트워크 중심의 지역 문화가 커다란 역할을 했다고 주장하고 있다.

실리콘 밸리는 지역 네트워크 기반의 산업 시스템을 지니고 있었기 때문에 이 지역 내에서 기업 집단들은 지속적인 집단 학습을 통해 외부 변화에 유연하게 적응할 수 있었다. 즉 이곳에서는 인텔, 휴렛-패커드 등 상대적으로 작은 규모의 수많은 기업들이 분할과 합병을 거듭하면서 성장을 해 나갔고, 이 과정에서 비공식적인 교류를 포함한 수많은 상호작용과 활발한 공동 실천행위가 나타났다. 또한 지역의 밀도 높은 사회적 네트워크와 유연한 노동시장은 기업 내의 실험 정신과 기업가 정신을 고무시켰다.

반면에 MIT 주변의 루트 128에는 DEC(Digital Equipment Corporation)와 같이 거대하고 자체적으로 통합된 기업이 주로 위치하고 있었으며, 기업의 성장에 기업 비밀과 로열티가 중요한 역할을 하고 있었다. 이 지역의 기업은 서부와는 달리 중앙집권적이고 안정화된 거대한 조직을 이루고 있었다. 이런 점에서 실리콘 밸리와 루트 128은 네트워크 중심의 분산적인 구조와 독립적인 기업 구조, 지역 네트워크 중심의 기업 시스템과 중앙집권적인 구조 사이에 어떤 혁신 구조가 지역의 장기적인 발전에 효과적인가를 가늠하는 잣대가 되었던 것이다.

② 케임브리지 사이언스 파크의 경험

과학기술단지가 발전함에 있어서 네트워킹과 상호 정보 교환 및 학습의 중요성은 영국의 대표적인 연구단지인 케임브리지 사이언스 파크의 경험에서도 잘 드러나고 있다. 케임브리지 사이언스 파크는 1970년 케임브리지 대학이 부지와 건물을 제공하면서 트리니티 칼리지에 의해 설립된 첨단 과학기술단지였다. 케임브리지 대학의 트리니티 칼리지는 뉴턴이 활동하던 곳으로 이 칼리지가 단독으로 보유한 노벨상 수상자의 수가 프랑스보다도 많을 정도로 그야말로 세계적인 초일류 학술기관이었다. 또한 케임브리지 사이언스 파크 주변에는 아주 양호한 주거

시설이 위치하고 있고, 국제적인 공항으로의 접근성도 뛰어나 기업의 유인성이 높고 우수한 인재들이 쉽게 모일 수 있는 곳이었다. 이 지역은 또한 영국의 자존심에 해당하기 때문에 영국정부도 컴퓨터 분야를 비롯한 여러 첨단 과학기술 분야에 파격적인 지원을 아끼지 않았다. 이런 엄청나게 좋은 조건에도 불구하고 케임브리지 사이언스 파크는 미국의 실리콘 밸리와 비교할 때 상대적으로 몇몇 문제점을 안고 있었다.

우선 미국의 실리콘 밸리에서 각 기업들은 지역의 사회적 · 정치적인 관계 네트워크 속에 용해되어 서로 상호작용을 하면서 학습을 통해 지속적으로 성장한 반면에, 영국의 케임브리지 사이언스 파크 내의 기업들은 각 혁신 주체들 사이의 사회적 · 기술적 상호작용이 거의 없었다. 또한 실리콘 밸리의 벤처 산업은 자신들이 개발한 성공적인 기술을 바탕으로 자생적으로 성장한 반면에, 영국의 벤처 자본들은 정부의 조세 혜택을 통해 거의 인위적으로 만들어진 것들이었다. 이렇듯 대학 · 기업 · 연구소 사이에 기술과 정보의 교환이 거의 없고, 기업 사이의 연결고리도 취약한 상태에서 제아무리 세계적인 대학이 주변에 있다고 하더라도 성공적으로 이루어지기는 힘들었던 것이다.

실리콘 밸리의 성공 요인

실리콘 밸리의 지속적인 혁신과 창조적 파괴는 매 시기 위기 때마다 돌파력을 발휘했다. 특히 상호 학습을 가능하게 했던 네트워크 중심의 지역 문화와 분권화된 지역의 기업조직을 지녔던 실리콘 밸리 내에서 기업 집단들은 지속적인 집단 학습을 통해 외부 변화에 유연하게 적응할 수 있었다. 이런 개방적 협력 네트워크는 반복된 상호작용을 가능하게 하고, 동시에 경쟁의식을 강화하는 문화를 형성함으로써 탈집중화된 공동 학습을 증진시켜 지속적인 혁신을 가져다주었다.

학습과 혁신에는 실제로 행하고 대화하는 과정이 중요하다. 제품의 사용이나 기계, 장비의 실행 과정에서 발생하는 '사용에 의한 학습', '실행에 의한 학습', 그리고 여러 상이한 주체들 사이의 공식적 혹은 비공식적인 '상호작용에 의한 학습' 등 다양한 실천을 통해서 학습과 혁신이 얻어진다. 즉 다양한 학습 과정을 통해 주어진 문제에 대한 새로운 해결책을 모색하고, 다양한 아이디어를 융합, 수정하는 동안 새로운 혁신이 창출된다.

캘리포니아의 경우에는 쾌적한 주거 및 자연 환경도 우수한 핵심 인력을 유인하는 데 크게 기여했다. 터먼이 박사학위를 마쳤을 때 MIT에서 교수 임용 제의를 하였으나, 그는 결핵을 앓았었기 때문에 건강에 좋은 캘리포니아 팔로 알토에 머물기를 원했고, 결국 스탠퍼드 대학 교수가 되었다. 또한 윌리엄 쇼클리 역시 동부에서 레이턴(Raytheon) 회사가 그의 제안을 거절했을 때 그의 늙은 어머니가 캘리포니아에서 살고 있었기 때문에 터먼의 권유를 받아들여 팔로 알토에 반도체 회사를 차렸던 것이다.

2 클러스터와 혁신

클러스터란 지리적으로 인접하고 있는 연계 기업, 특정 영역의 연관 기관 등이 유사성과 보완성을 가지고 연결된 집단을 지칭한다. 즉 특정 분야에서 경쟁과 동시에 협력 관계인 기업, 전문 공급업체, 관련 산업의 기업 등과, 대학 · 공인기관 · 기업연합회 등의 기관들의 결집체를 통상 클러스터라고 부른다. 클러스터의 대표적인 예로는 이탈리아의 가죽 신발 및 가죽 패션 클러스터, 캘리포니아의 실리콘 밸리 등을 들 수 있는데, 이 클러스터 이론은 산업경쟁력 이론과 밀접하게 연관을 맺으면서 발전하였다.

클러스터는 혁신 과정에서 여러 이점을 지니고 있다. 즉 고객의 새로운 욕구와 동향을 빨리 감지할 수 있으며, 새롭게 부각되는 기술 · 공정 · 물류 정보를 쉽게 입수할 수 있다. 또한 클러스터 내 구성원들 사이의 지속적인 관계, 잦은 방문, 만남 등을 통해 혁신 과정을 조기에 일관성 있게 학습할 수 있다. 지식을 창출하는 대학, 기업, 연구소, 지식을 확산하는 지원 및 중개 기관, 지식을 최종적으로 활용하는 산업체들이 일정 지역 내에 자리 잡고 서로 긴밀하게 협력하여 혁신 클러스터로 발전한다.

혁신 클러스터에서 연구개발(R&D: Research and Development)은 '연구 및 사업화'(R&BD: Research and Business Development)로 그 의미가 확장된다. 이리하여 연구개발 과정에서 대학 및 연구소에서 만들어지는 지식뿐만이 아니라 창업 지원, 정보 공유 및 교류, 금융, 회계, 세제, 마케팅과 같은 지원 체계, 심지어는 주거 및 휴양과 같은 정주여건 개선도 중요한 의미를 지니게 되었다.

31

현대 생명과학의 발전

분자생물학이란 말을 처음으로 사용한 사람은 1930년대에 록펠러재단에서 자연과학 분야의 지원을 책임졌던 워런 위버(Warren Weaver)였다. 1938년 그는 록펠러재단이 중점 지원할 새로운 과학 분야로서 분자생물학을 지칭했다. 록펠러재단의 연구기금은 분자생물학이라는 새로운 학문분야를 출현시키는 데 커다란 기여를 한 것은 사실이지만, 당시에 분명한 형태의 분자생물학 분야가 있었던 것은 아니다. 1953년에 와서야 제임스 왓슨(James D. Watson)과 프랜시스 크릭(Francis Crick)이 유전현상의 메커니즘을 분자적 수준에서 밝혀냄으로써 분자생물학을 구성하는 중심개념이 확립되었고, 이에 따라 전문분야의 성립에 중요한 요소인 체계화된 지식이 갖추어지기 시작했다.

분자생물학의 출현에 기여한 다양한 연구 전통

유전인자로서의 DNA를 비롯한 오늘날의 분자생물학에서 다루는 주요 개념들이 형성되는 데에는 생물학적 분자의 구조에 대한 연구, 세포 내의 대사와 유전에 있어서의 생물학적 분자들의 상호작용에 대한 생화학적 연구, 생물체에서 세대 간에 정보가 전달되는 과정에 관한 연구 등 다양한 연구전통이 기여했다. 우선 생물학적 분자의 구조에 대한 연구는 X-선 회절의 발견과 함께 가능하게 되었다. 1912년 영국의 윌리엄 브래그(William Henry Bragg, 1862~1942)와 그의 아들 로런스 브래그(William Lawrence Bragg, 1890~1971)는 독일의 막스 폰 라우에와는 다른 방법으로 X-선의 회절현상을 발견했는데, 이들 부자의 연구가 밑거름이 되어 X-선 결정학의 기술을 이용해서 여러 생물분자의 구조를 밝히는 작업이 시작되게 된 것이다. 이리하여 1930년대 후반에 이르러서는 J.D. 버널(John Desmond Bernal, 1901~1971) 등에 의해서 케라틴과 같은 단백질과 핵산의 구조를 밝히는 작업도 본격적으로 시작되었다. 영국에서의 생물분자에 대한 이런 체계적인 연구의 전통은 후일 헤모글로빈과 미오글로빈이라는 두 연관된 단백질의 3차원적인 구조를 밝힌 존 켄드류(John Cowdery Kendrew, 1917~1997)와 막스 페루츠(Max Ferdinand Perutz)의 작업과 DNA의 구조를 밝히는 데 절대적인 공헌을 했던 모리스 윌킨스(Maurice Wilkins)와 프랜시스 크릭의 작업으로 이어진다.

양자물리학자인 보어의 유산

한편, 헝가리 태생의 과학자 에베시(György Hevesy, 1885~1966)는 1913년 납의 동위원소인 라듐 D가 보통의 납과 화학적으로 분리될 수 없다는 사실을 이용해서 라듐 D를 보통의 납과 섞어서 방사성을 추적하는 '방사성 지시자'(radioactive indicator)로 사용하는 방법을 고안해 내었다. 오늘날은 '방사성 추적자'(radioactive tracer) 방법이라고 불리는 이 기술은 당시에는 방사성 동위원소가 그리 많지 않아 그 중요성을 인정받지 못했다. 그러나 1931년부터 사이클로트론을 비롯해서 여러 입자가속장치가 고안되었고, 1934년 졸리오-퀴리 연구팀이 인공적으로 방사성 원소를 만드는 방법을 고안해 내었으며, 또한 1932년 채드윅에 의해서 발견된 중성자를 이용해서 보다 용이하게 방사성 원소를 만들 수 있다는 것이 알려지면서 상황은 달라졌다. 1935년 코펜하겐의 보어연구소에서 일하던 에베시는 중성자를 쏘아서 인의 동위원소인 인 32를 만들고, 이것으로 쥐의 생체 내의 인 대사작용을 연구하기 시작했다. 이리하여 방사성 추적자 방법은 생명체 내의 생화화적 과정을 연구하는 중요한 연구수단으로서 자리 잡게 된다.

에베시의 방사성 추적자 연구는 1930년대에 록펠러재단의 연구지원정책에 효과적으로 부응하기 위해 연구소의 연구방향을 생물학 쪽으로 재조정하려고 했던 보어의 연구전략과도 관련되어 있었다. 하지만 보어 자신도 생물학적 현상에 자신이 이루어 낸 양자역학적 성과를 적용하려는 데 관심이 많았다. 이미 그는 1932년 '생명과 빛' 이라는 강연에서 일종의 생물학적인 불확정성 원리를 제시했다. 보어는 이 강연에서 유기체를 단순히 화학작용에 의해서 설명하는 것은 원자를 전자의 위치로 설명하는 것과 마찬가지로 똑같은 어려움에 봉착할 것이기 때문에, 생물현상은 기계적이거나 환원적인 방법이 아니라 보다 높은 새로운 수준의 접근이나 개념으로 이해하여야 한다는 것을 강조했다. 보어의 이런 생각은 그의 추종자인 막스 델브뤽에 의해 계승되는데, 그는 원래 괴팅겐의 보른 밑에서 박사학위를 받은 원자물리학자였다. 박사학위를 받은 뒤 그는 록펠러재단의 연구장학생으로서 코펜하겐의 보어에게 가서, 당시 보어가 가지고 있었던 생각에 커다란 감명을 받았던 것이다. 델브뤽은 1935년 "유전자 변이와 유전자 구조의 본성에 관해서"라는 아주 사색적인 논문을 발표하면서 자신의 연구 분야를 물리학에서 생물학 분야로 바꾸었다.

보어와 델브뤽이 가졌던 생각은 1944년 말 슈뢰딩거에 의해서 출판된『생명이란 무엇인가』에서 더욱 구체적으로 논의되었다. 특히 이 책은 당시 원자분야가 아닌 새로운 분야를 찾고 있던 젊은 물리학자들에게 커다란 영향을 미쳤다. 이 책에서 그는 유전자를 하나의 정보운반체로 간주해야 한다고 주장하면서, 생명체는 지금까지 확립된 물리법칙을 벗어나지는 않지만 지금까지 알려지지 않았던 '또 다른 새로운 물리법칙' 도 포함해야 한다고 역설했다.

일유전자-일효소 설의 확립

유전물질인 핵산은 이미 1869년에 독일의 화학자 프리드리히 미셔(Johann Friedrich Miescher, 1844~1895)가 발견했지만, 당시에는 그것이 형질유전에 있어 중요한 역할을 한다는 것이 전혀 인식되지 않았었다. 유전자가 효소의 형성에 관계한다는 것은 20세기에 들어와서야 밝혀지기 시작했다. 1909년 개러드(Archibald Garrod)는 멘델의 유전자가 대사과정 가운데 특정한 단계에 영향을 미치는 것에 주목하고, 유전자가 효소의 생성과 그 기능에 영향을 미친다는 가설을 제안했다. 즉 한 개의 유전자에 의해서 대사과정에 필요한 효소결핍 현상이 발생하고, 이것 때문에 소위 '대사성 질병'이 발생한다는 것이다. 그러나 개러드의 이 작업은 멘델의 작업과 마찬가지로 그 후 약 30년 동안 과학자들의 주목을 끌지 못했다. 예를 들어 당시 고전 유전학을 이끌던 모건과 에머슨(R.A. Emerson) 등은 이러한 가설을 실험적으로 입증한다는 것이 매우 어렵다는 것을 느끼고, 실험적 기술이 가능했던 유전문제에만 그들의 연구를 집중했던 것이다. 즉 모건과 그의 공동연구자들은 생화학적 기초와는 상관없이 단지 논리적으로 일관되고 형식적인 차원에서 그들의 유전학 개념을 발전시켰던 것이다.

유전의 문제를 생화학적인 차원에서 본격적으로 접근한 사람은 네브래스카 출신의 조지 비들(George Wells Beadle, 1903~1989)이었다. 1931년 비들은 록펠러재단의 박사후연구장학생으로서, 모건이 이끄는 칼텍의 생물학과에서 초파리(Drosophila)를 가지고 자신의 연구를 시작했다. 이때 그는 역시 록펠러재단의 연구장학생으로서 유전학과 발생학의 관계를 연구하기 위해서 칼텍으로 온 에프뤼시(Boris Ephrussi)와 함께 연구하게 되었다. 칼텍과 파리에서 계속된 이 협동연구로부터 비들은 초파리가 유전에 관한 생화학적 현상을 연구하는 데 적합하지 않다는 것을 조금씩 느끼기 시작했다.

1937년 비들은 스탠퍼드 대학의 생물학 교수가 되었고, 여기서 미생물학자인 에드워드 테이텀(Edward Lawrie Tatum, 1909~1975)과 함께 연구할 수 있는 기회를 얻게 되었다. 테이텀이 지녔던 미생물에 관한 풍부한 지식 덕택에 비들은 초파리보다 연구하기에 편한 붉은빵곰팡이(Neurospora crassa)라는 새로운 연구대상을 찾아내게 된다. 이 붉은빵곰팡이는 세대시간이 짧고, 실험실에서 배양하기 용이했으며, 생화학적 변이의 구별이 쉽고, 변이유전자를 표현형과 연결시키기가 쉬웠다. 이 붉은빵곰팡이에 대한 연구에서 비들과 테이텀은 유전자의 변이가 효소의 변이를 일으키며, 각 유전자는 한 가지의 특별한 효소의 합성만을 조절한다고 하는, 후일 '일유전자-일효소 설'로 정착되는 획기적인 결론을 도출하게 된다. 초파리가 염색체 유전학을 열었던 것처럼 붉은빵곰팡이는 생화학적 유전학의 길을 열었던 것이다. 이리하여 1940년대 말과 1950년대 초에 이르게 되면, 유전자가 특정한 단백질의 생산을 통제함으로써 세포의 대사작용을 조절한다는 것이 분명해진다.

2 파지그룹의 형성

막스 델브뤽은 1937년 록펠러 재단의 장학금으로 미국의 칼텍으로 옮겼고, 여기에서 1938년 자기복제연구를 위한 이상적인 대상으로 박테리오파지를 선택했다. 파지라는 구체적인 연구대상을 잡은 델브뤽은 이로써 사변적이었던 초기의 모습을 벗고, 구체적인 형태의 연구 프로그램을 진행시킬 수 있게 되었다. 델브뤽은 록펠러 재단의 계속된 도움으로 다시 테네시 주의 내슈빌에서 일할 기회를 얻었고, 이곳에서 이탈리아 출신의 과학자 루리아(Salvador Edward Luria, 1912~1991)를 만났다. 1943년 델브뤽과 루리아는 박테리아와 박테리아파지 사이의 상호작용에 대한 논문을 발표했다. 1947년 칼텍의 교수가 된 델브뤽은 루리아, 허시(Alfred Day Hershey) 등과 함께 소위 '파지그룹'을 이끌었고, 그들은 1969년 노벨생리의학상을 공동으로 수상했다. 초기의 파지그룹의 과학자들은 파지가 박테리아를 잡아먹고 복제하는 파지의 유전적 재결합현상을 설명해 내는 등 많은 성과를 거두었지만, 유전자의 구조와 기능에 관련된 주요 문제를 푸는 데까지는 이르지 못했다. 그 이유는 우선 그들이 연구의 초점을 핵산이 아니라 주로 단백질에 맞추었다는 데 있다. 또한 파지그룹이 1940년대 초에 풍성한 결과를 내던 생화학적 접근에 대해서 경멸적이었던 것도 그들의 접근이 지녔던 한계였다.

1944년 O.T. 에이버리(1877~1955)와 그의 공동연구자들은 박테리아의 무독성 부분을 죽은 유독성 부분과 함께 섞으면, 무독성 부분이 유독하게 되는 형질전환현상을 관찰했다. 더욱이 에이버리 팀은 이 연구에서 이런 전환현상에 직접적으로 관여하는 물질을 추출해 내어 그것이 DNA라는 것을 밝힌 다음, 이 DNA가 바로 1928년 영국의 미생물학자 프레드릭 그리피스(Fredrick Griffith)에 의해 처음으로 발견된 소위 '형질전환의 원리'의 기본적 단위라고 주장했다. 그러나 그들은 이런 주장을 아주 조심스럽게 전개했다. 즉, 그들은 DNA가 곧 유전자이고,

거꾸로 유전자는 단순히 DNA라는 주장에 대해서는 심한 거부감을 가지고 있었던 것이다. 따라서 이 논문은 매우 모호한 형태로 출판되어 과학자들에게 DNA가 유전현상을 이해하는 데 결정적인 물질이라는 강한 인상을 심어주지는 못했다.

1950년대에 들어와서 파지그룹의 과학자들인 허시와 체이스는 인-32와 황-35의 방사성원소 추적자를 이용해서 파지감염에 대한 분자적 과정을 연구했다. 그들은 파지의 DNA에는 인-32의 추적자를 달았고, 파지의 단백질에는 황-35의 추적자를 달았다. 이런 연구기법을 바탕으로 그들은 1952년에 마침내 단백질이 아닌 파지의 DNA가 새로운 파지의 복제에 관계되는 생화학적 물질이라는 것을 밝힐 수 있었고, 이에 따라 DNA는 또다시 유전현상을 지배하는 핵심물질로서 더욱 분명하게 부상된다. 그리고 바로 이 단계에서 왓슨과 클릭의 이중나선에 대한 논의가 나타나게 된다.

이중나선

1928년 4월 6일 시카고에서 태어난 제임스 왓슨은 1947년 시카고 대학에서 동물학으로 학부를 마쳤다. 학부시절 이미 그는 슈뢰딩거가 쓴 『생명이란 무엇인가?』라는 책에 탐닉했다고 한다. 1950년 그는 인디애너 대학의 파지그룹 생물학자인 루리아 밑에서 파지 유전학으로 박사학위를 받았다. 그 뒤 1951년 봄 박사연구원으로서 케임브리지의 캐번디시 연구소로 가게 되는데, 여기서 그의 공동연구자인 크릭을 만났다.

프랜시스 크릭은 원래 영국 런던에 있는 유니버시티 칼리지에서 물리학을 공부했던 사람이었다. 제2차 세계대전이 발발하기 직전에 그는 고온에서의 물의 점성에 대해 연구하면서 박사논문을 준비하고 있었는데, 전쟁이 터지자 그는 이것을 그만두고 전쟁 관련 연구를 했다. 전쟁이 끝날 무렵 그 역시 왓슨과 마찬가지로 슈뢰딩거가 쓴 『생명이란 무엇인가?』를 접했다고 한다. 그러나 슈뢰딩거의 의도와는 달리 크릭이 이 책에서 감명을 받은 것은 생명현상을 지배하는 새로운 물리법칙이 있다는 것이 아니라, 물리학과 화학의 개념을 사용해서 생물학적 현상을 설명할 수 있다는 것이었다. 전쟁이 끝난 뒤 그는 당시 X-선 결정학 분야의 권위자였던 버널에게 가서 그와 함께 연구하려고 했으나, 버널이 거절하는 바람에 할 수 없이 케임브리지의 '곤빌 앤드 키스 칼리지'(Gonville and Caius College)로 가서, 그곳에서 존 켄드류, 막스 페루츠 등과 함께 헤모글로빈의 구조를 연구했다. 이런 상황에서 그는 왓슨을 만난 뒤 DNA의 X-선 회절유형에 대한 연구를 하게 되었던 것이다.

왓슨과 크릭은 당시까지 얻어졌던 많은 사실을 종합하고 또 여기에 자신들의 실험결과를 종합해서 가능한 DNA의 입체구조를 여러 방향에서 찾아 나갔다. 우선 런던 킹스 칼리지의 모리스 윌킨스와 그의 공동연구자 로절린드 프랭클린(Rosalind Franklin, 1920~1958)이 X-선 구조결정학 연구에서 얻은 결과에 의해 DNA의 분자가 3.4Å의 거리를 두고 규칙적으로 반복되는 나선형의 기하학적 구조를 가지고 있다는 것을 확인할 수 있었다. 그러나 이런 규칙적인 기하학적 구조 내에서 어떻게 DNA 분자의 화학적 안정성이 유지되는가를 밝혀내야만 했다.

애초에 크릭은 DNA 분자 내에서 같은 종류의 염기들이 서로 쌍을 이루어 결합을 한다고 생각했었다. 1951년 왓슨과 크릭은 케임브리지 수학자 존 그리피스(John Griffith)에게 이것이 이론적으로 가능한지를 계산해 줄 것을 부탁했다. 계산결과 그는 같은 종류의 염기들 사이보다는 오히려 다른 종류의 염기들이 수소결합의 형태로 서로를 끌어당긴다고 보는 것이 타당할 것 같다는 의견을 제시했다. 더욱 중요한 실마리가 오스트리아 출신의 망명 과학자 에르빈 샤르가프(Erwin Chargaff)와의 만남으로 얻어졌다. 1952년 6월 컬럼비아 의대에 있던 샤르가프는 케임브리지를 방문해서 왓슨과 크릭하고 대화를 가질 기회가 있었다. 샤르가프는 이미 DNA 분자 내에서 아데닌 대 티민, 구아닌 대 시토신의 비율이 1:1로 존재한다는 것을 발견했었는데, 바로 이 내용을 왓슨과 크릭에게 알려주었다. 존 그리피스와 샤르가프의 도움으로 왓슨과 크릭은 DNA를 구성하는 특정 염기들의 비가 1:1이라는 샤르가프의 규칙과 그 염기들 사이에 미치는 힘이 수소결합이라는 결정적인 단서를 찾아낼 수 있었다.

이외에도 그들은 1950년에 칼텍의 라이너스 폴링이 발표한 단백질의 폴리펩

티드 사슬과 알파-나선 구조에 관한 논문에서 쓴 접근법을 채용했다. 이 방법은 이론적인 고찰을 바탕으로 모형을 세우고, 그것을 X-선 결정학 기법에 의해서 확인하는 것이었다. 이리하여 그들은 샤르가프의 규칙과 염기 간에 작용하는 수소결합, 그리고 규칙적으로 반복되는 나선구조를 만족하는 가능한 모형들을 만든 다음, 이것을 DNA의 X-선 회절 사진과 비교 · 검토해 나갔다. 또한 윌킨스의 실험실을 방문해서 필요한 최신정보도 계속 얻어내었다. 마침내 그들은 1953년 4월 『네이처』지에 이중나선의 형태를 가진 DNA모형을 발표하게 된다.

이렇게 해서 DNA의 구조 자체는 규명되었지만, DNA가 어떻게 작용해서 수많은 단백질을 만들어 내는가 하는 것은 여전히 숙제로 남아 있었다. 이런 문제들은 1960년대 초에 이르러서 DNA 이외에도 중간 정보를 나르는 RNA를 비롯한 여러 종류의 RNA가 존재한다는 것이 확인되고, 오초아(Servero Ochoa, 1905~1993)와 니런버그(Marshall Nirenberg)가 서로 독립적으로 DNA의 3가지 염기 배열순서가 20종의 아미노산을 만들어 낸다는 가설을 제기하여 이것이 1964년경에 이르러서 상당 부분 확인됨으로써 비로소 해결되었다. 이와 아울러 1961년 프랑스의 과학자들인 프랑수아 자콥(François Jacob)과 자크 모노(Jacques Monod, 1910~1976)가 대장균(Escherichia Coli)을 이용한 연구에서, 유전자의 기본단위가 작동유전자(operator gene), 조절유전자(regulatory gene)와 실질적인 유전자인 구조유전자(structural gene) 들로 구성되어 있고, 조절유전자가 만들어 내는 억제물질(repressor)에 의해 구조유전자의 발현이 조절된다는 소위 '오페론 가설'을 제기하여 유전자의 조절 메커니즘 역시 점차로 분명하게 드러나기 시작했다.

9 새로운 과학질서

분자생물학 분야가 하나의 독립적인 분야로 확립되는 과정을 이해하는 데에는 분자생물학의 내용을 구성하는 기본적인 개념의 형성과정을 파악하는 것만으로는 충분하지 않다. 예를 들어 분자생물학 분야는 생화학 분야와 내용상 많은 부분이 서로 겹쳐 있었는데, 어떻게 분자생물학 분야가 생화학을 제치고 독자적인 학문 분야로 확립될 수 있었느냐 하는 의문이 생길 수 있다. 포스트모더니즘의 영향을 받은 몇몇 과학사가들은 이 과정에 대해서 미셸 푸코(Michel Paul Foucault, 1926~1984)의 지식/권력 구도를 바탕으로 해서 흥미로운 관점을 제시하고 있다.

왓슨과 크릭이 생명현상에 대한 연구에 획기적인 전기를 마련해 주면서, 이 분야의 지식은 점차 체계화되어 갔다. 이와 아울러 분자생물학 분야에서는 1959년에 창간된 『분자생물학저널』(*Journal of Molecular Biology*)을 비롯한 전문저널이 나오고, 또 이와 관련된 전문학술단체가 만들어졌다. 그러나 1960년대 중반까지 분자생물학 분야는 이미 학문적으로나 방법론적으로 확고한 위치를 갖고 있던 생화학 분야와는 달리 아직 학문적인 정당성을 갖고 있지는 못했다. 그렇지만 분자생물학자들은 생화학자들과는 달리 대규모적인 기업화의 가능성을 선전함으로써 정부로부터 대규모의 지원을 얻는 등 과학정책을 움직일 수 있는 힘, 즉 정치적 정당성을 가지고 있었다. 또한 분자생물학자들은 DNA와 같은 거대분자는 그보다 작은 생화학과 관련된 분자와는 다루는 내용이나 그 규모, 실험의 기법, 심지어는 산업적 이용가능성과 그 영향력 등 여러 면에서 차이가 있다고 주장한 반면에, 생화학자들은 분자생물학이 다루는 내용이나 방법은 생화학과 별반 다를 것이 없고, 따라서 분자생물학은 생화학의 한 부분에 불과하다고 주장했다. 예를 들어 에르빈 샤르가프는 "분자생물학은 면허를 받지 않은 생화학의 개업 행위"라고 주장했다. 이리하여 거대분자를 둘러싼 생화학자들과 분자생물학자들 사이의 싸움은 단순히 분자의 크기를 놓고 따지는 규모상의 싸움이 아니라 전통적인 질서를 고수하려는 진영과 새로운 초분야적인 과학질서를 만들어 내려는 진영 사이의 대결로 나타났다.

이런 대립적인 과학적 권위양식 사이의 싸움에서 분자생물학자들은 자신들의 새로운 학문 분야에 대한 정부의 개입을 적극적으로 유도하는 한편, 이를 바탕으로 분자생물학을 새롭게 재규정하고, 자신의 분야가 '분자수준의 생물학' 전반에 있어서 유일한 권위를 확보할 수 있게 되도록 노력했다. 물론 이 과정은 학문적으로는 잘 정립됐으나, 정치적으로는 상대적으로 민첩하지 못했던 분야였던 생화학의 전통적인 권위를 잠식해 들어가는 것과 동시에 진행되었다. 마침내 1960년대를 거치는 동안 분자생물학 분야는 자신들의 독자적인 학문적 권위를 확보했다. 즉 그들은 참여적인 행동으로 기존의 전통적인 학문 분야를 제치고 초분야적이고 다원주의적인 새로운 과학질서를 만들어 나갔던 것이다.

사회생물학과 유전학적 결정론

1970년대 중반 이후 사회생물학이라는 새로운 학문 분야가 등장하면서 인간의 사회적 행동은 선천적인 유전적 요인에 의해서 결정되는가 아니면 후천적인 교육과 사회화 과정을 통해 나타나는가 하는 문제가 우리 주위에서 자주 거론되었다. 생물학적 결정론과 문화적 결정론 진영 사이의 대립으로 대변되는 이 논쟁은 생물학 분야뿐만이 아니라 인문사회과학을 비롯한 학문 전 분야에서 커다란 논쟁을 불러일으켰으며, 최근 생명과학이 사회에서 차지하는 영향력이 증대되면서 더욱 많은 사람들의 입에 오르내리고 있다.

1975년 하버드 대학의 동물학과 교수이며 곤충학자인 에드워드 윌슨(Edward O. Wilson)은 『사회생물학: 새로운 종합』(*Sociobiology: The New Synthesis*)이라는 책에서 집단 생물학과 유전학을 도입해서 하등 생물에서 고등 사회성 생물, 그리고 인간 집단에 이르기까지 일관적으로 적용되는 통일된 생물학적 관점을 제시했다. 윌슨에 의하면 생물은 각각의 종을 구성하는 유전자를 기초로 하여 우연하게 구성된 유전자 조합이며, 인간을 포함한 생명체의 사회적 행동은 생명체의 유전자와 환경 사이의 오랜 상호작용의 결과로 나타난 것이다. 또한 생물체의 주요 기능은 유전자를 재생산하는 것이며, 생물체는 단지 유전자의 임시 운반자로서의 역할을 담당할 뿐이다. 즉 개개의 생물은 생화학적 교란을 최소화시키면서 유전자를 보존하고 확산시키는 정교한 장치의 일부로서 이 유전자를 운반하는 차량일 뿐이라는 것이다. 사람과 같이 고도의 사회성을 지닌 종들도 개체의 생존, 번식, 이타성을 능률적으로 발현시키는 행동을 할 때에만 자신들이 최대로 번식할 수 있다는 유전자들이 마치 아는 것처럼 행동하고 있다는 것이다. 따라서 이성 간에 서로 짝짓기를 하는 것이나 부모가 자식을 돌보는 숭고한 행위도 사실은 그 종들의 유전자에 이미 유전적으로 프로그램화되어 있는 생물학적 특성에 해당된다.

윌슨 자신은 사회생물학에서 얻어낸 결론을 인간의 사회성에 적용하는 경우에 대해서는 아주 조심스러운 접근을 하고 있지만, 그의 책이 포괄하고 있는 주제는 곧 인간의 문제로까지 확대되지 않을 수 없었다. 1971년에 출판된 『곤충의 사회』(*The Insect Society*) 등에서 주로 곤충을 대상으로 그들의 사회성을 연구했던 윌슨은 진화생물학, 동물행동학, 집단생물학, 유전학, 분자생물학 등을 통합하여 사회생물학의 이론을 구성하고, 이것을 인류학, 사회학 등과 같은 인간을 다루는 사회과학에도 확대 적용했던 것이다.

1976년 옥스퍼드 대학의 리처드 도킨스(Richard Dawkins)는 『이기적 유전자』(*The Selfish Gene*)라는 책을 출판해서 윌슨의 사회생물학을 더욱 극단적인 모습으로 이끌고 나갔다. 이 책과 그 후에 집필한 저술에서 도킨스는 인간을 포함한 동식물, 박테리아, 바이러스 등 모든 생명체는 DNA, 혹은 유전자에 의해서 프로그램된 생존 기계(survival machine)라는 주장을 폈다. 또한 그는 책의 제목에서 보여지고 있듯이 유전자는 본질적으로 이기적이며, 성공한 유전자에게 기대되는 특질 가운데 가장 중요한 것은 '무정한 이기주의'라고 주장했다. 그에 의하면 언뜻 보기에는 이타적인 행동도 실제로는 유전자가 주어진 환경 속에서 생존하기 위해 취한 행동이다. 즉 유전자는 한 개체 수준에서 '한정된' 이타주의를 육성함으로써 자신의 이기적 목표를 수행하고 있는 것이다. 따라서 보편적인 사랑이라든지 아니면 생명 전체의 번영이라든지 하는 개념은 진화론적으로 의미가 없게 된다.

도킨스의 주장은 너무 파격적이어서 그것이 인간에 그대로 적용될 경우 종교적 행위를 비롯한 인간의 숭고한 정신적 행위를 강조하는 종교와 충돌될 여지가 있었다. 도킨스는 이런 문제를 회피하기 위해 인간은 문화라는 것을 가지고 있는 특이함을 지니고 있다고 주장하고 있다. 우선 그는 문화 전달의 단위 혹은 모방의 단위를 유전자(gene)와 유사하게 밈(meme)이라는 개념을 도입했다. 곡조나 사상, 의복의 양식, 건축 및 도예 등은 모두 밈에 해당하는 예들이다. 도킨스에 의하면 인간은 유전자 기계로 조립되어 밈 기계로 교화된 존재이다. 이렇게 생각한다면 지상에서는 우리 인간만이 유일하게 이기적인 자기 복제자들의 전제적 지배에 대해 반역할 수 있는 존재가 되는 것이다. 도킨스는 인간이 문화라는 특이성을 지니고 있기 때문에 동물과는 상당히 다르다고 주장하고 있지만, 인간을 유전자 기계로 보는 그의 기본적인 입장에서는 추호의 변함이 없다.

사회생물학은 분자생물학적인 지식을 바탕으로 하고 있지만, 기본적으로 생물학적 결정론적인 입장을 취하고 있기 때문에 과거에 우생학이 지녔던 문제를 상당 부분 포함하고 있다. 따라서 윌슨과 도킨스에 의해 대변되는 사회생물학이 과거에 사회적 다윈주의가 제국주의 이데올로기로 악용되거나 우생학이 나치의 이데올로기에 악용되었던 것처럼 현대과학의 탈을 쓴 새로운 인종 차별적 과학으로 변질될 가능성이 있기 때문에 많은 진보적 과학자들은 이 학문 분야를 의혹의 눈초리로 보기도 했다.

윌슨의 『사회생물학』이 출간된 직후 윌슨과 같은 하버드 대학 생물학과에 있는 고생물학자 스티븐 굴드(Steven J. Gould)와 집단유전학자 리처드 르원틴(Richard C. Lweontin) 등은 윌슨의 주장이 지니고 있는 위험성을 즉각적으로 지적하고 나왔다. 이른바 '민중을 위한 과학의 사회생물학 연구 그룹'(Sociobiology Study Group of Science for the People)에 속하는 이들 과학자들은 6개월간 이 책에 대한 토론회를 가진 뒤, 『뉴욕서평』(*New York Review of Books*)에 윌슨의 사회생물학의 기본적인 견해에 반대하는 입장을 공개적으로 표명했다. 이들은 이 책에 대해 1910년에서 1930년 사이 미국의 보수 정치가 지배할 때 미국에서 시행한 불임법과 이민제한법과 궤를 같이하는 것으로 현대판 우생학을 부활하려는 의도를 지녔다고 비판했다.

사회생물학 논쟁은 문화주의와 생물학주의 사이에서 벌어졌던 해묵은 논쟁을 다시 부활시켜 유전학적 결정론과 문화적 결정론 사이의 갈등을 증폭시켰다. 유전학적 결정론을 극단적인 형태로 끌고 가면 인간의 본성은 유전자에 의해 유일하게 결정되며, 인간의 사회적 행동은 생물학적 특성에 의해 환원될 수 있다는 주장으로 발전할 수 있다. 반면에 문화적 결정론에 의하면 인간의 폭력성, 범죄성 등과 같은 사회적 행동은 기본적으로는 생물학적 요인이라기보다는 양육과 교육 등 사회화 과정에서 얻어진 산물이다.

2 우생학의 망령

생물학은 이미 19세기에 근대과학으로서 체계를 잡아가면서 본격적으로 사회에 영향을 미치기 시작했다. 무엇보다도 1859년 찰스 다윈(Charles Darwin, 1809~1882)이 발표한 『종의 기원』이라는 책은 발간되자마자 자연 속에서 차지하는 인간의 위치에 대한 문제를 간접적으로 다룸으로써 종교계를 비롯한 사회 전체 분야에 커다란 충격을 주었다. 다윈의 진화론은 자연 속에서의 인간의 위치에 대한 전면적인 사고 전환뿐만 아니라, 사회적 다윈주의라는 사회사상으로 발전해서 일반 사회적 영역에서도 커다란 영향을 미쳤다. 무엇보다도 다윈의 진화론은 프랜시스 골튼(Francis Galton, 1822~1911)에 의해서 우생학으로 발전하면서 동물의 진화뿐만 아니라 인간의 진화 더 나아가 사회의 진화 문제를 거론하게 되었고, 이에 따라 더욱더 커다란 사회적인 영향력을 발휘하기 시작했다.

우생학(eugenics)은 1883년 골튼이 처음으로 만들어 낸 말로서 특히 미국으로 건너가 구체적인 법제화 과정을 거치면서 막강한 사회적인 영향력을 행사하게 된다. 미국의 우생학자들은 미국을 우생학적으로 보호한다는 명분 아래 이탈리아, 그리스, 동구, 중국 등에서 밀려드는 '열악한' 인종들의 이민을 제한하려고 했으며, 비정상인 등을 거세시키는 불임법(sterilization law)을 입법화할 것을 주장했다. 우생학적 논리는 나치에 의해 그 극단적인 모습을 드러내기도 했다. 나치는 1933년 독일에서 집권해서 1945년 권력을 상실할 때까지 게르만 민족이 우생학적으로 우수하다는 것을 소위 과학의 힘으로 입증하려 했으며, 유태인 · 흑인 · 동성애자 등이 말살되어야 하는 이념적 근거로 사용하기도 했다. 나치가 우생학을 이처럼 충격적인 수단으로 이용한 이래로 조야한 수준의 우생학적 논리는 한동안 자취를 감추었다. 하지만 최근에 들어와서 분자생물학의 발전에 힘입은 새로운 생명과학기술이 발전하면서 새로운 과학적 지식으로 무장한 새로운 유형의 우생학이 부활되고 있다.

유전공학의 발전과 생명윤리

제임스 왓슨과 프랜시스 크릭이 유전의 비밀을 해명하는 DNA 이중 나선의 모형을 발표한 이래로 성장을 거듭한 생명과학기술은 생명의 비밀을 밝히는 데 많은 공헌을 한 것은 사실이지만 이런 학문적 성과와 아울러 인간이 생명을 자유자재로 조작하게 되면서 다른 한편에서는 그동안은 경험하지 못했던 새로운 사회적인 문제를 야기시키고 있다.

1972년 폴 버그(Paul Berg)는 살아 있는 세포에 새로운 유전자를 집어넣고자 하는 목표를 달성하기 위해 다른 유기체의 DNA 조각들을 최초로 접합했다. 하지만 하이브리드 DNA 고리를 대장균에 처음으로 삽입하여 새로운 유전 물질을 처음 만든 것은 그 이듬해 실험 결과를 발표한 스탠퍼드 대학의 스탠리 코헨(Stanley Cohen)과 캘리포니아 대학교의 허버트 보이어(Herbert Boyer)였다. 폴 버그는 암을 유발하는 유전자가 들어 있는 대장균이 확산될 잠재적 위험성에 대한 우려 때문에 DNA 재조합 실험을 중단하였던 것이다. 폴 버그는 1975년 2월 150여 명의 생물학자들과 법률가들과 함께 유전자 재조합의 위험성을 지적하면서 위험성에 대한 대비책이 마련될 때까지 이 분야의 연구를 일시적으로 정지하자고 세계에 호소하였다. 하지만 이들의 노력도 유전자를 조작하여 변형하고 재조합하는 새로운 기술들이 계속 등장하는 것을 막지는 못했다. 유전자 재조합이 성공하면서 유전자를 분자 가위에 해당하는 제한 효소를 이용하여 유전자의 조각을 잘라 낸 뒤 이를 재결합시켜 공학적으로 이용하려는 새로운 유전자 조작 기술은 놀라운 속도로 발전하였다.

1980년 미국의 대법원은 인공미생물에 대한 특허를 처음으로 인정하면서 바이오테크놀로지 분야에서 기업체의 연구개발의 길을 열어놓았다. 최초의 특허를 받은 인공미생물은 제너럴 일렉트릭 회사의 미생물학자 차크라바티(Ananda Chakrabarty)가 개발한 유막을 소화시키는 박테리아였다. 이리하여 미국의 기업체에서는 바이오테크놀로지에서 산출되는 연구 테크닉, 유기체, 분자들에 대해서도 특허를 받을 수 있게 되었다.

인간의 유전자에 대한 연구는 다른 생명체의 유전자에 대한 연구와는 비교가 안 될 정도로 강한 사회적 영향력을 지니게 된다. 따라서 인간의 유전자에 대한 본격적인 연구는 시작 초기부터 강한 논란의 대상이 되어 왔다. 1990년대에 들어와서 본격적으로 추진되었던 인간게놈계획(Human Genome Project)은 인간의 유전 정보를 하나씩 해독해 내려던 계획으로 20세기 후반에 출현된 거대과학 연구의 전형적인 형태 가운데 하나였다. 이 계획은 1990년부터 미국에서 에너지부(DOE : Department of Energy)와 국립보건원(NIH : National Institute of Health)의 지원으로 진행되었으며, 미국 이외에 일본, 영국, 이탈리아, 프랑스, 러시아 등이 참가하는 국제적인 연구 프로젝트로 발전하였다. 이 인간게놈계획은 이들 유전 정보를 체계적으로 해독하는 것으로서 암과 같은 불치병 치료와 신약 개발과 같은 인류 복지 증진에 기여할 수 있는 긍정적인 측면을 많이 부각시키면서 진행시켰지만, 생명 윤리 문제에 대한 문제점도 동시에 제기하였다.

인간게놈계획은 셀레라 지노믹스 회사의 크레이그 벤터(Craig Venter)의 획기적인 분석 방법과 생물정보학(bioinformatics)의 발전에 힘입어 2003년 34,000개의 인간게놈을 해독하는 데 성공하였다. 구조유전체학(structural genomics)의 발전은 곧이어 유전자로부터 만들어지는 단백질의 구조와 기능을 밝히는 기능유전체학(functional genomics)으로 이어졌다.

유전 공학적 기법은 신약개발과 품종개량뿐만 아니라 범죄 수사 영역에도 응용되어 그 사회적 영향력을 발휘하고 있다. 1984년 영국의 생화학자 알렉 제프리스(Alec Jeffreys)는 개인의 신원을 분자적 차원에서 확인할 수 있는 DNA 지문 감식법을 개발했다. 일란성 쌍생아를 제외한 각 유기체에서 유일하게 발견되는 DNA 서열 부분, 즉 소위성(minisatellite)이 존재하는 것을 이용한 이 유전자 지문 감식법은 범죄 수사와 법의학 분야에서 놀라운 위력을 발휘하고 있다.

1983년 미국 세투스 회사(Cetus Corporation)의 멀리스(Kary B. Mullis)는 DNA의 절편을 기하급수적으로 증식시킬 수 있는 중합효소연쇄반응(polymerase chain reaction)을 개발하여 유전자 분석을 더욱 용이하게 만들어 주었다. 중합효소연쇄반응이란 전체 디옥시리보핵산(deoxyribonucleic acid/DNA) 게놈에서 특정 DNA

절편만을 선택적으로 복제하여 증폭시킴으로써 시험관 내에서 효과적으로 DNA를 탐색하고 분리할 수 있는 기법이다. 30회 정도의 증식으로 약 10억배로 DNA 절편을 증폭시킬 수 있었다.

1978년 7월 25일 영국의 의학자들인 패트릭 스텝토(Patrick C. Steptoe, 1913~1988)와 로버트 에드워즈(Robert G. Edwards)는 최초의 실험관 아기 루이스 브라운(Louise Brown)을 체외수정(in vitro fertilization)으로 탄생시키는 데 성공했다. 체외수정 방법이 개발된 이후 이 문제에 대한 윤리적, 종교적 논쟁이 뒤를 이었다. 특히 1987년 로마 가톨릭 교회는 체외수정을 반대하는 교의를 내렸다. 가톨릭 교회의 주된 반대 근거는 자궁 착상에 사용되지 않는 인간 배아를 파괴하는 행위가 무분별하게 자행될 수 있고, 남편 이외의 다른 사람에 의해 체외수정이 가능해짐으로써 부부 행위와 출산 사이의 본질적 연관 관계를 갈라놓는다는 것이었다. 이외에도 난자, 정자, 혹은 미래의 착상을 위해 인간의 배아를 냉동하는 기술을 포함해서 인간의 태아를 상대로 실험하는 것도 심각한 윤리적 문제를 야기시켰다.

32

정보통신혁명과 인터넷

20세기는 인간이 정보를 저장하고 그것을 다른 곳으로 전달하는 통신능력을 그 이전의 어느 시기보다도 비약적으로 향상시킨 혁명적인 시기였다. 19세기를 거치는 동안 인간은 빛과 소리와 같은 전통적인 정보 전달 수단 이외에 전기를 이용해서 정보를 전달하는 방법, 즉 전신을 창안해 내었다. 전신을 이용해서 사람들은 주식시장의 변동, 열차 시간, 정치적 사건, 전쟁 등 멀리 있는 곳의 소식을 과거에는 상상도 못하던 빠른 속도로 전달받을 수 있게 되었는데, 당시 사람들에게 이것은 분명 혁명적인 변화였다.

전신의 출현

1820년 덴마크의 코펜하겐에 있던 외르스테드가 전류가 자침의 회전에 미치는 새로운 전자기 현상을 발견한 직후 프랑스의 과학자 앙페르는 전류의 흐름에 의해 자력이 발생하는 것을 실험적으로 확인했다. 이후 많은 사람들이 전기에 의해 만들어진 자력을 이용해서 신호를 전달하려는 실험을 했다. 우선 미국의 과학자 조지프 헨리는 1831년 전기를 이용해 멀리 떨어진 곳으로 자력을 전달시킬 수 있다는 실험을 했다. 당시 헨리는 전신에 관한 기본적인 장치를 창안해 내었지만, 그는 이것을 더욱 진척시켜서 특허로 출원하지는 않았다. 1833년 독일의 유명한 수학자 프리드리히 가우스는 그의 조수였던 물리학자 빌헬름 베버와 함께 자침을 이용한 전신 장치를 발명했다. 그들은 두 개의 구리 전선을 이용해서 약 2킬로미터 정도 떨어진 곳에서 실제로 통화를 해보기도 했다. 하지만 그들은 이 전신 체계를 상용화하는 데까지 이르지는 못했다. 1837년 윌리엄 쿠크(William Fothergill Cooke, 1806~1879), 찰스 휘트스톤(Charles Wheatstone, 1802~1875), 그리고 새뮤얼 모스(Samuel F.B. Morse, 1791~1872) 등은 각각 자신의 고유한 전신 체계를 발명해서 과거와는 상상도 못하는 빠른 속도로 소식을 전달하게 만들어 줌으로써 정보통신 분야의 새로운 문을 열었다.

1837년 새로운 전신을 개발하여 특허를 출원하여 전신의 발전에 커다란 족적을 남긴 새뮤얼 모스(Samuel F.B. Morse, 1791~1872)는 본래 미국의 화가였다. 당시 미국에서는 많은 화가들이 발명가로도 활약했는데, 모스는 자신의 발명품에 대한 개념 설계를 마치 미술품을 제작하는 식으로 해 나갔다. 화가가 자신의 작업실에서 작업을 하듯 모스는 자신의 기계 작업실에서 전신기라는 발명품을 고안하고 개량해 나갔다. 화가들에게 익숙했던 공방형 작업실은 모스의 전신 체계를 창안하고 발전시키는 데 결정적인 역할을 했다.

모스는 1832년 유럽으로 여행하던 중 배 안에서 보스턴의 화학자 찰스 잭슨(Charles T. Jackson)에게서 앙페르의 전자기 실험과 전기의 속도가 전선의 길이에 영향을 받지 않을 정도로 빠르다는 이야기를 우연히 듣고 강한 인상을 받았다. 화가였던 모스는 전기학에 관한 지식이 아주 빈약했다. 하지만 그는 화학, 지질학, 광물학 교수였던 게일로부터 전기에 관한 지식을 얻었다. 모스는 게일로부터 헨리의 실험에 대한 정보를 얻은 뒤에 이것을 더욱 개량해서 1837년 전신에 대한 특허를 출원했다. 모스에게 전기통신 기술을 알려준 사람은 물리학자도 전기공학자도 아니었고 이 분야와는 다소 동떨어진 화학자들이었다.

더욱이 모스는 기계에 대해서도 문외한이었다. 하지만 기계공 출신의 알프레드 베일(Alfred Vail)의 도움을 얻어 전신에 필요한 기계를 제작할 수 있었다. 모스의 발명품이라고 하는 전신은 사실 상당히 많은 부분을 베일이 개량한 것이었다. 베일은 1844년까지 수신기를 다양한 시계 기술을 이용해서 단순화시켰을 뿐만 아니라, 송신 장치도 놀랄 만큼 간단하게 개량시켜 놓았다. 심지어 오늘날 '모스 부호'라고 부르는 기본적인 통신 코드도 실제적으로는 대부분 베일에 의해서 만들어진 것이었다. 하지만 이 모든 것은 베일의 몫이 아니라 최초의 창안자였던 모스의 업적으로 돌아가 버렸다.

모스는 자신의 전신 체계를 확산시키기 위해서 의회의 도움을 얻어내려고 노력했다. 당시 미국의 의회는 전신에 대해서 많은 관심을 가지고 있었다. 아마도 그 이유는 전신의 군사적 이용 가능성과 연방 우편체제의 한 방편으로 전신이 유용할 수 있다고 판단했기 때문일 것이다. 의회의 협조를 얻는 데 성공한 모스는 1844년 5월 24일 마침내 워싱턴과 볼티모어 사이에서 전신 사업을 시작했다. 전신이 지니는 공공성 때문에 모스의 발명은 연방정부에 의해서 구입될 수도 있었다. 하지만 당시 미국에서는 잭슨주의자들의 영향 아래 연방정부의 힘을 될 수 있으면 제한하고, 대신 사기업과 개인의 창의력을 존중하는 분위기가 팽배해 있었다. 따라서 전신 사업은 연방정부가 아닌 사기업에 의해서 주도되었고 모스는 자신의 발명품으로 개인 사업을 시작할 수 있었다. 결국 모스의 체계가 성장하는 데에는 당시 미국 정부의 정책 방향도 커다란 역할을 했다.

모스의 전신 체계는 몇몇 사기업들이 이 체계를 채용하게 되면서 뉴욕, 필라델피아, 보스턴, 버팔로 등으로 확대되어 나갔다. 하지만 전신이 연방정부가 아닌 사기업에 의해서 주도되면서 개인의 창의력이 진작되었고, 이에 따라 전신에 대한 새로운 발명품이 계속 나타나게 되었다. 즉 전신 사업이 확대되면서 모스의 전신 체계 이외의 새로운 발명품들이 나타나게 되었는데, 이에 따라 모스 전신 체계의 독점을 견제하는 치열한 경쟁 체제가 형성되었던 것이다. 이런 치열한 경쟁 속에서 전신은 더욱 빠른 속도로 발전해 나갔다.

모스의 전신 체계에 도전한 전신 체계 가운데 하나는 뉴욕의 발명가 하우스(Royal E. House)가 특허를 출원한 인쇄형 전신 체계였다. 이외에도 영국에서 전신 체계로 특허를 낸 휘트스톤과 협력해서 창안해 낸 베인(Alexander Bain)의 전신 체계도 새롭게 등장했다. 금속 드럼 위로 천공된 종이를 통과시키는 방식의 베인의 자동 전신 체계는 모스 체계와 특허 침해 문제를 놓고 법정 공방까지 했지만, 1853년 모스의 사업자들이 베인 체계 사업자들을 지배하게 되면서 싸움은 하우스 체계와 모스 체계와의 2파전으로 좁혀졌다. 모스 체계 사업자들은 하우스 체계와의 싸움에서 이기기 위해서는 자신들이 지닌 기술적 장점을 더욱 극대화해야 한다고 생각했다. 하우스의 인쇄형 전신은 속도는 빨랐지만 장치가 너무 복잡해서 원거리 통신에서는 모스 장치에 비해 신뢰도가 떨어졌다. 1850년대 중반을 거치면서 모스 체계는 종이테이프로 수신하던 방식을 음향기로 대체하는 기술적 진보를 이룩했다. 그 결과 통신 속도가 놀랍게 향상되었으며, 착오율도 상당히 줄어들었다. 또한 음향기에 의한 체계는 가격 면에서도 하우스의 인쇄형 전신 체계에 비해서 유리했기 때문에 마침내 하우스 전신 체계를 압도하게 된다. 결국 모스 전신 체계는 하우스의 전신 체계를 비롯한 여러 경쟁 체계들을 누르고 미국의 전신 체계를 지배하게 되었다.

9 전화의 등장

1876년 알렉산더 그레이험 벨(Alexander Graham Bell, 1847~1922)과 이라이서 그레이(Elisha Gray, 1835~1901)는 전화를 발명해서 부호만이 아닌 음성도 전기로 직접 전달해서 서로 통화를 할 수 있게 만들어 주었다. 1874년 그레이는 욕조를 이용한 실험을 통해서 처음으로 소리를 전류로 바꾸는 가능성이 있다는 것을 확인했고, 그해 5월 금속 진동판으로 이루어진 전자기 수신기를 제작해 특허까지 출원했다. 당시 그레이는 이 금속 진동판 전자기 수신기가 음악 전신기, 다중 전신, 음성 전신 등에 모두 이용될 수 있다는 것을 알고 있었다. 그러나 그레이가 전신 관계자들 앞에서 자신의 발명품에 대해서 시범을 보였을 때, 그들은 그레이의 발명에 대해서 상당히 회의적이었다. 즉 당시의 전신 전문가들은 그레이가 발명한 '전화'가 음악과 음성을 전달할 수는 있다고는 하지만, 단지 아주 흥미로운 과학적 창안품일 뿐이지 직접적인 실용적인 응용 가능성은 거의 없다고 평가했다. 그들은 음성을 전달하는 전화를 단지 재미있는 장난감 정도로 생각했다. 당시 웨스턴 유니언 회사를 비롯한 주요 전신 회사에서는 발명가들에게 하나의 선으로 여러 모스 신호를 보낼 수 있는 다중 전신을 개발해 줄 것을 간절히 원했는데, 이런 전신 관련 분야의 요구 때문에 전문적인 발명가였던 그레이는 자신의 발명품을 전화보다는 다중 전신에 활용하려고 노력하게 된다.

한편, 발성법에 관한 관심이 많았던 벨은 헤르만 헬름홀츠의 음성과 감각에 관한 실험에 대해 공부한 뒤 조화 단진동을 합성해서 복합 모음을 만들어 내려고 노력했다. 이 과정에서 그는 조화 전신기를 고안해 내었고, 1875년 4월 6일 다중 전신에 관한 특허까지 신청했다. 이 조화 전신기와 다중 전신을 개선하는 과정에서 벨은 전화를 발명하게 되었던 것이다. 벨은 1876년 1월 20일 전화에 대한 공증을 마치고 2월 14일에 특허를 신청해서 1876년 3월 7일 미국 특허청으로부터 전화 특허를 받게 된다.

벨이 전화로 특허를 신청한 날인 1876년 2월 14일, 그레이 역시 아주 독립적으로 전화에 대한 '특허권 보호 신청'(caveat)을 특허국에 냈다. 하지만 그레이는 전화의 실용적 가능성에 대해서 그리 심각하게 생각하지 않았고, 발명 특허권 보호 신청을 낸 뒤 한가하게도 자신의 재정적인 후원자와 곧 있을 박람회 문제를 협의하기 위해 필라델피아로 떠났다. 그레이는 벨이 사용한 가죽 진동막보다 더욱 효율적이었던 금속 진동막을 이용해서 음성을 전달했기 때문에 기능면에서는 그레이의 특허품이 벨의 특허품에 비해서 우수했다. 더 나아가 그는 전화에 대한 특허를 내기 이전에 이미 가변저항을 이용해서 음성을 전달하는 방법을 고안했었는데, 벨이 자신의 특허를 낼 때 이 가변저항을 이용한 방법을 끼워 넣은 것으로 여겨진다. 3월 10일 그레이는 가변저항을 이용해서 음성을 실제로 전달하는 데 성공했고, 그해 6월 필라델피아에서 열린 독립 100주년 기념 박람회에서 벨과 함께 전화를 선보였다. 하지만 이때까지도 전화는 많은 사람들에게 단지 장난감 수준 정도의 흥미 있는 물건 취급을 받았다. 그레이 역시 그 이상의 의미를 두지 않았지만, 벨은 반대로 계속 자신의 전화를 개량 · 발전시켜 나갔다.

우선 벨은 기계 제작에 아주 문외한이었지만, 기계 수리공이며 모형 제작자였던 토머스 왓슨의 도움으로 음성을 전기적으로 전달할 때 필요한 기구를 제작할 수 있었다. 또한 벨이 도움을 주던 농아 메이벌 허버드(Mabel Hubbard)의 아버지인 가드너 허버드(Gardiner Greene Hubbard, 1822~1897)로부터 이런 기구를 제작하는 데 필요한 재정적인 도움을 얻을 수 있었다. 1877년 벨은 웨스턴 유니언 회사에 자신의 특허를 10만 달러에 팔려고 한 적이 있었다. 하지만 웨스턴 유니언 회사는 벨의 발명품보다는 그레이, 에디슨 등의 특허를 구입했다. 웨스턴 유니언 회사는 전화보다는 다중 전신에 더 많은 실용화 가능성이 있다고 믿고 있었던 것이다.

한편, 1878년부터 토머스 에디슨이 탄소 저항을 이용한 송화기로 특허를 얻는 등 전화를 실용화하는 데 필수적인 몇몇 발명들이 이어졌다. 결국 사람들은 전화가 단지 장난감이 아니라, 전신을 대체할 잠재적 가능성이 있다는 것을 서서히 느끼기 시작했고, 이에 따라 벨 회사와 웨스턴 유니언 회사 사이에는 그 뒤로 오랫동안 진행될 역사적인 특허 소송이 벌어지게 된다. 오랜 소송 끝에 웨스턴 유니언 회사는 전화 대여로 벨 회사가 얻는 이익의 20%를 챙기는 것으로 합의하면서 전화에 대한 권한을 포기했고, 결국 전화 사업은 벨 회사에 의해 주도되게 된다.

아이러니컬하게도 그레이는 전신 분야의 전문가였기 때문에 결과적으로는 전신 분야에서는 상대적으로 아마추어 발명가였던 벨에게 전화 발명의 주도권을 놓친 셈이 되고 말았다. 전신 분야의 전문적 발명가로서 그는 웨스턴 유니언 회사를 비롯한 전신 분야 종사자들의 눈치를 보아야 했으며, 또한 벨에 비해 자신의 재정적 후원자들의 요구에 더 얽매일 수밖에 없었다.

무선전신의 발명

20세기 정보통신시대를 연 획기적인 발명 가운데 하나인 무선전신은 19세기 말 굴리엘모 마르코니(Guglielmo Marconi, 1874~1937)와 브라운(Karl Ferdinand Braun, 1850~1918)에 의해 발명되었다. 1887년 하인리히 헤르츠는 맥스웰이 예언한 이 전자기파의 존재를 실험적으로 증명했는데, 그 뒤 헤르츠가 관찰했던 이 전자기파를 실용적으로 이용하기 위한 노력이 세계 도처에서 나타났다. 전자기파를 통신에 이용하기 위해서는 우선 전자기파를 송신하고 탐지할 수 있는 장치를 개발하는 것이 무엇보다도 필수적이었다. 1890년경 브랑리(Édouard Branly,

1844~1940)는 전자기파가 통과할 때 전기적 저항이 변하도록 금속 조각을 채워서 만든 장치를 발명했는데, 1893년 영국의 로지(Oliver Lodge, 1851~1940)는 이 장치에 코히러(coherer)라는 이름을 붙였다.

1894년부터 헤르츠가 발견한 전자파를 전신에 이용하려는 실험에 착수한 마르코니는 훨씬 좋은 수신 감도를 얻기 위해서 브랑리의 코히러를 개량해 나갔다. 수신 장치와 함께 마르코니는 보다 먼 거리에서 전자기파를 송수신할 수 있도록 자신의 전체 장비 역시 개량해 나갔다. 마침내 1895년 마르코니는 자신이 만든 상당히 조야한 실험장치로 약 2.4킬로미터 거리까지 무선으로 신호를 전송하는 데 성공했다. 마르코니가 무선전신에 성공했음에도 불구하고 이탈리아에서는 마르코니의 전신에 대해서 상당히 냉담한 반응을 보였다. 따라서 마르코니는 더욱 자신의 장치를 개량한 뒤 상업적으로 성공할 수 있는 영국으로 특허를 출원하러 갔다. 당시 영국은 많은 식민지를 가지고 있었는데 서로 멀리 떨어져 있는 식민지를 효율적으로 통치하기 위해서는 이 무선전신은 그야말로 필수 불가결한 기술이었다. 1896년 6월 마르코니는 미국의 테슬라가 1892년에 이미 메시지를 무선으로 전달하는 유사한 장치를 발표했음에도 불구하고 자신의 초기 무선전신 시스템으로 영국에서 특허를 출원하는 데 성공했다.

무선전신을 개발한 사람은 마르코니뿐만이 아니었다. 러시아 포포프(Alexander Stepanovich Popov, 1859~1906)도 마르코니보다 약간 먼저 코히러를 안테나에 연결해서 전자파를 수신하는 데 성공했다. 하지만 그는 이 발명의 내용을 1895년 5월 학회에서 발표했지만, 특허를 출원하지는 않았다. 또한 당시 포포프의 관심은 천둥 번개와 같은 기상 현상에 관한 것이었고, 이에 따라 그는 이 장치를 번개를 관측하는 장치로 이용했다. 마르코니가 영국에서 특허를 신청하자, 포포프는 이에 자극을 받아서 무선전신 분야에 다시 뛰어들었고, 러시아 해군의 도움으로 선박 통신을 개발하기도 했다. 그러나 그는 러시아 정부로부터 적극적인 지원을 얻을 수 없었고, 따라서 결국 자신의 발명을 상업화하는 데에는 실패했다.

포포프 이외에도 슈트라스부르크 대학의 교수였던 브라운은 일찍부터 무선전신 분야에서 학문적 업적을 내고 있었다. 그는 TV 브라운관과 무선전신을 실용화하는 데 필요한 광석 검파기를 발명했다. 또한 그는 1899년 전파를 송출하기 위한 전원 회로와 안테나가 직접 연결되지 않고 전자기 유도로 서로 결합되게 만들어 전신 송신 출력을 획기적으로 높이는 방법을 창안해 내었다. 애초의 마르코니가 발명했던 송신기는 불꽃을 일으키는 송신 전력과 안테나가 직접 연결된 개회로(open circuit)를 바탕으로 한 것이었다. 반면에 브라운은 안테나와 송신 전력 회로가 전자기적으로 동조되어 작동하는 폐회로(close circuit) 방식이라는 새로운 전자기파 송신 방식을 개발한 것이었다. 이로써 좁은 범위의 주파수대를 송출할 수 있게 되면서 전신의 출력이 놀랍도록 향상되었다. 더 나아가 브라운은 이런 원리를 더욱 발전시켜서 사람들이 원하는 일정한 방향으로 전파를 송신하는 지향성 안테나도 개발했다. 브라운은 마르코니 못지않게 무선전신의 발전에 많은 업적을 남겼기 때문에 1909년 마르코니와 함께 노벨물리학상을 받게 된다.

이처럼 무선전신 기술을 발전시키는 데 필요한 많은 업적을 냈음에도 불구하고, 자신의 연구 업적을 학술지에 먼저 기고했던 브라운은 기술자 출신인 마르코니처럼 재빠르게 무선전신 기술에 대한 특허를 출원하지는 않았다. 당시 독일 사회에서는 대학 교수가 돈을 벌기 위해 특허를 내거나 회사를 창업하는 것에 대해 점잖지 못한 행동으로 여겼기 때문이었다. 뒤늦게 회사를 설립하고 특허에 관심을 갖게 된 그는 마르코니 회사에 대항해서 독일 무선전신국을 변호하기 위해 1915년 미국 뉴욕 시로 건너갔다. 그러나 1917년 미국이 제 1차 세계대전에 참전하게 되면서 브라운은 미국에 억류되었고, 전쟁이 끝나기 전인 1918년 4월 20일에 그만 죽고 말았다. 무선전신 자체를 개발, 발전시키는 데에는 과학적 지식이 많았던 포포프나 브라운보다는 장치의 실용적인 개발에 더 민첩했던 기술자 마르코니가 더 유리했다.

2 암호해독 기술의 발전과 컴퓨터의 등장

정보통신 기술의 발전은 인류에게 수많은 정보를 공유하게 만들었다. 하지만 전쟁과 국제 정치에서는 모든 사람에게 정보를 공유한다기보다는 특정한 제한된 사람들과의 통신을 보호하고 다른 사람들은 정보에 접근하지 못하게 만들어야 할 필요가 있다. 전신, 전화, 컴퓨터 통신망 등 수많은 편리한 통신망이 만들어질 때마다 각국의 정보기관에서는 군사적 목적이나 국가의 이익을 위해 암호 기술을 발전시켰다. 다른 한편에서는 이에 부응해서 상대방의 정보를 알아내기 위한 암호해독 기술도 상승적으로 발전하게 되었다.

통신문을 암호화하는 가장 간단한 방법은 문자들의 위치를 바꾸거나 다른 문자나 숫자로 치환하는 것이다. 물론 실제 암호화를 하는 데에는 이 두 방법을 모두 사용하기도 하며, 심지어는 복잡한 대수 방정식을 이용하기도 한다. 응용 가능성이 거의 없어 보이는 순수 수학 분야인 정수론은 암호학 분야에서는 커다란 역할을 한다. 한편, 암호를 해독하는 가장 대표적인 방법은 자주 등장하는 문자의 빈도를 분석하는 것이다. 예를 들어 각국의 알파벳 가운데 가장 많이 등장하는 문자를 가정해서 이것을 바탕으로 암호문의 해독을 시작하거나, 서로 비슷한 빈도로 등장하는 단어들을 조합해서 해독하는 방식이다. 물론 이런 정보만으로 암호문이 완벽히 해독되지는 않기 때문에 수많은 시행착오를 거쳐서 암호를 해독하게 된다.

전쟁 중의 통신 내용, 특히 국가의 안보와 직결되는 통신문이 적성국에 의해 해독될 경우에는 전쟁에 패배할 가능성이 높다. 이에 따라 통신 보안 문제는 현대전의 핵심적인 요소가 되었다. 역사상 가장 유명했던 적국의 통신문 해독 사례로서는 1917년 1월 17일 독일의 외무장관 침머만(Arthur Zimmermann, 1864~1940)이 워싱턴 주재 독일 대사에게 보낸 코드 0075로 명명된 침머만의 암호 전문을 영국이 중간에서 가로채서 해독한 사건이었다. 당시에 침머만이 주 워싱턴 대사를 통해 멕시코시티로 보낸 이 전문에는 만약 멕시코가 미국과 전쟁을 선포한다면 텍사스, 뉴멕시코, 애리조나 등의 멕시코의 '빼앗긴' 영토를 멕시코에게 양도하겠다는 내용이 포함되어 있었다. 영국은 이 암호 전문을 해독한 뒤 미국의 우드로 윌슨(Thomas Woodrow Wilson, 1856~1924) 대통령에게 알렸고, 분노한 미국은 한 달 뒤에 제1차 세계대전에 참전하게 되면서, 전세는 독일에게 불리하게 되었다.

태평양 전쟁 중인 1942년 6월 미국이 미드웨이 해전에서 승리함으로써 태평양 전쟁의 수세를 반전시켰던 이면에도 치열한 정보 전쟁이 숨어 있었다. 반면에 1943년 3월에 독일군은 영국 상선들의 암호를 해독함으로써 대서양에서의 전세를 유리하게 이끌었다. 영국과 미국은 독일 잠수함들이 주고받는 암호를 해독한 뒤에야 독일 잠수함들의 접선 장소에서 독일 잠수함들을 공격할 수 있었고, 이로써 대서양에서의 전세를 다시 역전시킬 수 있었다. 제1차 세계대전과 마찬가지로 제2차 세계대전에서도 암호해독을 둘러싼 정보 전쟁은 전쟁의 승패를 좌우한 결정적인 역할을 했다.

현대 사회에 커다란 영향을 미치고 있는 컴퓨터가 등장하는 데에도 암호해독기의 발달은 커다란 몫을 담당했다. 제2차 세계대전 중 영국은 런던 근교의 블레츨리 파크(Pletchley Park)에서 정부의 암호문 작성과 암호해독을 위해 많은 인력과 장비를 동원해서 독일군의 체계를 해독하려고 노력했다. 현대 컴퓨터의 창시자 가운데 하나였던 앨런 튜링(Alan Turing, 1912~1954)은 이 암호해독 개발 과정에서 20세기 후반 정보화 사회를 이끌어 갈 컴퓨터를 개발하게 되었던 것이다.

튜링은 1931년 케임브리지의 킹스 칼리지에 입학해서 수학을 공부했다. 졸업한 뒤 그는 킹스 칼리지에서 머물러 있다가 1936년부터 2년간 미국의 프린스턴에서 존 폰 노이만과 함께 연구하기도 했다. 1938년 영국으로 돌아온 그는 제2차 세계대전의 발발과 함께 자신의 수학적 지식을 암호해독에 활용하게 되었다. 독일군의 새로운 암호 체계를 해독하기 위해 노력한 결과 1943년 1월 튜링은 플라워스(T. H. Flowers), 뉴먼(M. H. A. Newman) 등과 함께 과거의 기계식 해독기와는 다른 새로운 전자식 해독기를 개발하기 시작했다. 이리하여 1943년 12월 경 세계 최초의 전자계산기로 일컬어질 수 있는 '콜로서스'(Colossus)라는 기계가 가동되었다. 콜로서스에는 약 1천8백 개의 진공관이 활용되었는데, 1초에 약 5천 자를 종이테이프를 통해서 기계에 입력할 수 있었다.

전쟁이 끝나기 전까지 블레츨리 파크에는 콜로서스가 추가로 설치되어 암호해독에 이용되었으며 성능도 향상되었다. 콜로서스는 현대적인 컴퓨터로 세상에 나타날 수 있었음에도 불구하고 전후에도 계속 암호해독과 같은 특수한 용도로 쓰이며, 그 정확한 형태는 비밀로 되어 사람들에게 알려지지 않았다. 32년의 공식적 침묵 끝에 1975년 10월에 와서야 영국 정부는 콜로서스의 사진을 일반에게 공개했다.

컴퓨터 통신망의 발전

20세기 정보통신혁명을 심화시킨 여러 요인 가운데 하나는 20세기 중반 이후에 발전한 컴퓨터 시스템과 20세기를 통해서 꾸준하게 성장해 온 통신 체계와의 결합이라고 할 수 있을 것이다. 제2차 세계대전 직후 폰 노이만에 의해서 구체적인 개념으로 제안된 저장 프로그램 전자 컴퓨터의 출현은 정보의 저장 매체와 그 처리 방법에 있어서 혁명적인 변화를 가져왔다. 본래 이 컴퓨터는 핵무기 개발, 암호해독, 방공 체계 구축 등을 위해서 개발되었지만, 곧 광통신, 무선통신, 더 나아가 위성통신으로 대변되는 20세기 통신혁명과 결합되면서 정보통신 혁명을 주도해 나갔다.

컴퓨터가 통신과 결합되면서 처음으로 나타난 것은 모뎀(Modem: Modulation & Demodulation)이었다. 모뎀이란 컴퓨터에서 주로 사용하고 있는 디지털 데이터를 전화선이 주로 이용할 수 있는 아날로그 신호로 바꾸어 이미 광범위하게 설치되어 있는 전화선으로 컴퓨터 통신을 가능하게 하는 장치이다. 모뎀은 1950년대 초에 미 국방부가 MIT의 링컨 연구소를 통해서 개발한 방공망 시스템인 SAGE 계획을 통해서 개발되기 시작했다. 1958년 미국 연방통신위원회(FCC)는 컴퓨터 사용자들이 공공 전화선을 통해서 모뎀을 이용해 데이터를 전송하도록 허용했고, 이에 따라 모뎀을 사용하는 컴퓨터 통신망이 발전하기 시작했다.

하지만 모뎀을 컴퓨터 통신망의 주요 통신장치로 활용하기에는 많은 문제점이 있었다. 우선 장거리 전화 요금이 너무 비싸다는 것은 모뎀이 컴퓨터 통신망의 주축으로 발전하기에 극복해야만 했던 가장 커다란 장애였다. 장거리 전화 시스템을 이용해서 컴퓨터 통신 네트워크를 구성하는 데 비용이 많이 드는 주된 이유는 전화가 데이터의 전송보다는 음성을 전달하는 데 최적화가 되어 있기 때문이었다. 이외에도 모뎀은 중앙집중식 연결 방식이어서 한 전화국이 파괴되면 그 전화국이 연결해 주는 모든 통신이 두절되기 때문에, 전시 상황을 염두에 둘 경우 국방 전술상에서도 많은 문제점을 지니고 있었다. 이 문제점을 극복하기 위해 미국 국방부의 지원을 받아 국방에 활용할 통신 시스템을 연구하던 미국의 과학기술자들은 모뎀 방식이 아닌 새로운 통신 기술을 모색하게 되었던 것이다.

아르파넷의 등장

컴퓨터 통신망은 곧 점점 고도로 발전하면서 마침내 세계적인 규모의 인터넷으로 발전하게 되었다. 인터넷은 1960년대에 미국 국방부의 한 부서였던 첨단연구프로젝트국(ARPA : Advanced Research Project Agency)에서 연구하기 시작한 아르파넷(ARPAnet)으로부터 그 기원을 찾을 수 있다. 1960년대부터 미국 국방부는 핵전쟁을 비롯한 중대한 전쟁이 발생할 경우에도 컴퓨터들이 서로 작동할 수 있게 하는 효과적인 방안을 찾게 되었고, 이에 따라 새로운 컴퓨터 네트워크의 개발에 착수했다. 즉 여러 컴퓨터 통신망 가운데 하나가 적의 공격으로 파괴되더라도 전체 통신 시스템에서 안정적으로 데이터를 전송할 수 있는 통신 체제의 구축이 시급한 문제로 부각되었고, 이런 문제를 해결하기 위해서 인터넷의 기원이라 할 수 있는 아르파넷이 등장하게 되었던 것이다.

ARPA는 1958년 스푸트니크 충격 이후 미국 내에서 국방 관련 첨단 연구를 보다 체계적으로 진행시킬 것을 목적으로 국방부 산하에 설립된 기관이었다. ARPA는 그 자체로서는 연구소를 가지고 있지 않았으며, 대신 대학과 기업의 연구소에 연구 용역을 주고, 그들과 맺은 연구 계약을 관리하는 프로젝트 매니저들로 이루어진 기관이었다. 1960년대부터 이 기관에서는 행동과학, 물성과학, 탄도미사일 개발 등과 같은 다양한 분야의 연구를 지원해 왔다.

1962년부터 ARPA는 정보 분야를 지원하기 위한 부서인 정보처리기술실(IPTO : Information Processing Techniques Office)을 설립해서 컴퓨터 과학을 지원하기 시작했다. 당시 IPTO는 컴퓨터 그래픽, 인공지능, 시간 공유 운영 시스템(Time-sharing Operating System), 컴퓨터 네트워크 등 컴퓨터와 관련된 최첨단 분야를 지원했으며, 실제로 이들 분야들이 체계적으로 자리를 잡는 데 많은 역할을 했다. IPTO의 초대 책임자는 릭라이더(J.C.R. Licklider, 1915~1990)였는데, 그는 하버드 대학과 MIT의 링컨 연구소에서 교수를 역임하고 BBN(Bolt Beranet and Newman) 회사에서 정보 시스템과 공학 심리학 담당 부사장으로 일했던 사람이다. 이미 1960년 "인간-컴퓨터 공생"(Man-Computer Symbiosis)에 관한 논문을 집필했던 그는 인간-컴퓨터 인터페이스 문제와 컴퓨터 네트워크의 가능성에 대해서 강한 믿음을 지니고 있었던 인물이기도 하다.

릭라이더의 계획을 계승한 사람은 항공 산업 분야와 NASA의 시스템 공학자로 일했던 로버트 테일러(Robert Taylor)였다. 그 역시 릭라이더가 추구했던 인간과 상호작용을 하는 컴퓨터라는 생각에 크게 동감하던 인물이었으며, 컴퓨터 시스템에서 데이터 자원을 공유하는 문제에 대해서도 많은 관심을 가졌었다.

한편, 1964년 RAND 연구소의 폴 배런(Paul Baran)은 『분산적 통신에 관해서』(*On Distributed Communications*)라는 책자에서 기존의 전화나 모뎀 방식이 채택했던 방식과는 전혀 다른 새로운 통신 방법을 제안했다. 배런의 연구는 미 공군이 RAND 회사에게 소련의 핵공격에서 살아남을 수 있는 통신 시스템을 개발해 달라는 요구에 부응해서 나타난 것이었다. 즉 전술적인 통신에서 '생존 가능성' 이라는 개념이 중요시되면서 기존의 전화에서 많이 사용하던 회로 교환(Circuit Switching) 방식은 부적합한 것으로 드러났고, 이에 따라 패킷 교환(Packet Switching)이라는 새로운 통신 방식이 제안되게 된 것이다.

패킷 교환 방식에서는 데이터가 한 번에 상대방에게 전달되는 것이 아니라 데이터를 작은 부분으로 나눈 다음 각각의 데이터 앞에 상대방 목적지의 주소를 기록해 두어 패킷으로 목적지에 데이터를 전송하는 방식이었다. 물론 이 패킷 교환 방식에 대해 전화 분야에 익숙해 있던 기존의 통신 분야 기술자들은 이 기술의 한계를 지적하면서 많은 저항을 보였다. 하지만 '생존 가능성' 개념이 통신 시스템 구성에서 가장 우선적으로 고려되면서, 바로 이 방식이 미국 국방부의 컴퓨터 통신 시스템인 아르파넷을 구성하는 골격으로 채택되게 된다.

1965년 테일러는 MIT 링컨 연구소의 연구원이었던 로렌스 로버츠(Lawrence Roberts)를 채용했다. 로버츠는 컴퓨터 네트워크 방식과 그에 수반되는 신호 교환 방식에 대해 고민하던 중 우연히 배런의 책을 읽고, 패킷 교환 방식과 이 방식이 채택하고 있는 분산적 통신 토폴로지를 채택하기로 마음먹었다. 그가 이런 분산적인 컴퓨터 통신망을 채택하게 된 것도 이 방식이 미 국방부에서 요구하는 전략적 통신망의 필요조건이었던 생존 가능성 조건에 가장 합당하다고 판단했기 때문이다.

초창기에 미국 RAND연구소의 폴 배런(Paul Baran)뿐만 아니라 영국 국립물리연구소(National Physical Laboratory)의 도널드 데이비스(Donald Davies, 1924~2000)도 분산 네트워크와 패킷 교환방식에 대한 기본적인 생각을 독립적으로 창안해 냈다. 하지만 영국의 국립물리연구소는 독자적으로 거대한 네트워크를 건설할 재원과 권한이 없었다. 반면에 재원과 권한을 갖고 있었던 영국의 우정국에서는 새로운 컴퓨터 기술에 대해 무지했기 때문에 분산 네트워크와 패킷 교환 방식의 지속적인 개발에 적극적이지 않았다. 결국 인터넷은 ARPA와 IPTO를 통한 체계적이고 지속적인 연구개발 정책을 추진할 수 있었던 미국에서 처음으로 구현되었던 것이다.

마침내 1966년 IPTO의 책임자인 로버트 테일러는 ARPA와 계약을 맺은 컴퓨터 연구소들을 연결하는 새로운 네트워크를 만들 계획을 수립하기 시작했다. 그가 새로운 컴퓨터 네트워크를 만들려고 했던 1차적인 목적은 우선 멀리 떨어져 있는 연구소들의 컴퓨터 자원을 공유함으로써 계산 비용을 절감하는 것과 컴퓨터들 사이에 데이터를 서로 용이하게 전송하기 위한 것이었다. 1968년 테일러의 후임인 로렌스 로버츠는 이 계획을 보다 구체화시켜 나갔고, 이로부터 아르파 컴퓨터 네트워크(ARPA Computer Network) 혹은 간단히 말해서 아르파넷(ARPANET)이 나타나게 된 것이다.

1969년 아르파넷 사이에서는 최초의 패킷 교환이 시작되었다. 이것이 진정한 의미의 전국적인, 실시간, 상호적, 컴퓨터 정보통신 네트워크(The nationwide, real-time, interactive, computer-based information network)였다. 이어 1970년부터 1972년까지 IMP(Interface Message Processor)를 비롯한 네트워크 하드웨어와 소프트웨어에 대한 체계적인 시험 가동이 시작되었다. IMP란 초창기 아르파넷을 구성하던 중요한 하드웨어로서 주 컴퓨터를 대신해서 전화를 걸고, 에러를 점검하며, 신호가 주어진 경로를 통해서 확실히 전달되었는가를 확인하는 기능을 수행하는 핵심 프로세서였다. 마침내 1972년 10월 워싱턴 D.C.에서 열린 제1회 국제 컴퓨터 통신회의에서 훗날 인터넷으로 발전해서 전 세계를 연결하게 될 아르파넷이 대중 앞에 첫 선을 보이게 되었던 것이다.

아르파넷의 성장과 인터넷의 표준화

1973년 이후 아르파넷 팀은 서로 다른 컴퓨터 네트워크를 연결하는 새로운 프로그램을 진행시켰다. 우선 프로그램 매니저인 빈튼 서프(Vinton Cerf)와 로버트 칸(Robert Kahn)은 아르파넷과 위성 및 무선 네트워크를 연결할 수 있는 일련의 네트워킹 프로토콜을 발전시켰다. TCP/IP라고 불리게 된 이 통신 프로토콜은 나중에 인터넷을 구성하는 주요 프로토콜이 되게 된다. 초기 TCP(Transmission Control Protocol)에는 전송 방법을 통제하는 기능과 아울러 주소를 찾아가는 기능까지 포함되어 있었지만, 1980년을 전후해서 주소를 찾아가는 기능은 IP(Internet Protocol)라는 새로운 프로토콜에서 수행하게 된다.

인터넷의 발전에 있어서 커다란 획을 그은 또 다른 역사적 사건은 무선 및 위성 통신 데이터 전송을 가능하게 한 알로하넷(ALOHANET)의 등장이었다. 1970년대 초 하와이 대학의 에이브램슨(Norman Abramson) 연구팀은 하와이의 여러 섬을 연결하는 데에는 기존의 케이블을 이용한 전화선이 불편하다는 것을 느끼고, 무선과 위성 통신을 이용해서 데이터를 전송할 계획을 세웠다. 1970~71년 아르파넷의 개발을 담당했던 IPTO(Information Processing Technique Office)의 로버츠는 이 패킷 무선 네트워크(packet radio network)를 아르파넷에 이용할 생각으로 이 계획을 지원했다. 알로하넷은 하와이의 7개 대학 및 수많은 연구소들을 호놀룰루 근처의 대형 컴퓨터와 연결하게 만들기 위한 네트워크였다. 여기에는 MIT의 로버트 메트컬프(Robert Metcalfe)가 참여했는데, 그는 이 과정에서 이더넷(Ethernet)이라는 근거리 통신망에 핵심적인 시스템을 창안하기도 했다. 알로하넷의 경험에 자극을 받아서 IPTO의 로버트 칸은 ARPA도 독자적인 패킷 무선 네트워크를 구축할 것을 결심하게 된다. 1975년 가을에는 대서양 패킷 위성 네트워크(Atlantic Packet Satellite Network) 혹은 SATNET이 구축되기 시작했는데, SATNET에는 영국 우정국(British Post Office)과 노르웨이 무선국(Norwegian Telecommunication Authority)이 함께 참여해서 네트워크 연구와 지진에 관한 자료를 교환했다.

인터넷은 국제적인 공인을 받은 것이 아니고 단지 미국 내에서만의 표준이었다. 인터넷이 성장하고 있던 1970년대 당시 국제 표준을 결정할 수 있는 국제적 권위가 있는 기관은 국제전신전화자문위원회(CCITT)와 국제표준화기구(ISO)의 두 기구였다. 1865년 각국 간의 통신 정책을 조정하기 위해 국제통신연맹(ITU)의 한 부서로서 창립된 CCITT는 1975년 Recommendation X.25 프로토콜을 제안해서 미국의 TCT/IP에 도전장을 내어놓았다. 하지만 ISO는 TCP/IP나 X.25와 같은 구체적인 프로토콜을 제시하지 않고 단지 7개의 층으로 된 프로토콜 기능만을 제시했다.

한편, 아르파넷은 1970년대에 출현된 이더넷(Ethernet)과 이를 바탕으로 한 근거리 통신망과 연결되어, 1980년대 초에 이르면 이 이더넷과 연결된 수많은 워크스테이션들이 세계 도처에 나타났다. 더욱이 이들 워크스테이션들은 1969년 벨 전화연구소에서 만들어진 뒤 지속적인 성장을 해 오던 컴퓨터 운영 체계인 UNIX를 사용하게 되면서 LAN은 더욱더 강한 네트워크 기능을 발휘하게 된다. 또한 1980년 미 국방부는 이 TCP/IP를 국방부 네트워크의 공식적인 기본 프로토콜로 정했으며, 1983년에는 버클리 유닉스 버전에서 이 TCP/IP가 새롭게 포함되어 보다 많은 사람들이 TCP/IP 프로토콜을 손쉽게 접할 수 있게 되었다. 이외에도 유닉스는 대학가에서 사용하는 기본적인 운영 체계(Operating System)였기 때문에 TCP/IP가 학술 통신망의 기본 프로토콜이 되게 되고, 1980년대 중반 이후에는 상업용에서도 이 통신 프로토콜을 사용하게 된다. 결국 1983년 초기의 이더넷을 약간 변형시킨 형태로 LAN의 표준화가 이루어지고, 1973년 이후 발전한 인터넷의 기본적인 통신 프로토콜 TCP/IP가 1983년에 이르러 인터넷 사용자들의 합의에 의해서 아르파넷의 유일한 통신 프로토콜이 되면서, 이때부터 소위 진정한 의미의 '인터넷'이 탄생하게 되었던 것이다.

1983년 인터넷 프로토콜이 표준화된 이후 인터넷은 전자 메일(E-Mail), 파일 전송(FTP), 네트워크 뉴스, 공개 게시판 등등 다양한 용도로 주로 정부와 대기업 그리고 수많은 학술 전산망을 통해 퍼져 나갔다. 1985년에는 미국 국립과학재단이 NSFNET를 구축할 때에 바로 이 ARPA의 인터넷 프로토콜인 TCP/IP를 통신의 기본 프로토콜로 채택했다. 이에 따라 NSFNET는 인터넷의 기간 네트워크(backbone network) 역할을 하게 되었고, 더욱 급속도로 대중화되어 갔다.

1989년 3월 스위스의 CERN의 물리학자 팀 버너스-리(Tim Berners-Lee)에 의해서 제안된 브라우저가 1990년 5월 월드-와이드-웹(World Wide Web)이라는 이름으로 구체화되었다 이 새로운 통신 수단이 세계적으로 퍼지면서 인터넷은 단순한 문서 정보 교환을 넘어서 멀티미디어 정보통신으로 범위를 넓힐 수 있게 되었다. 즉 월드-와이드-웹에서는 HTTP(Hyper Text Transfer Protocol)라는 새로운 응용 프로토콜을 사용해서 하이퍼 문장을 마우스로 간단히 눌러 세계의 네트워크를 연결할 수 있게 되었고, 그 결과 인터넷은 보다 대중에게 가까워졌으며, 음성 · 동영상 등 다양한 정보를 주고받는 인터넷 멀티미디어 시대가 열리게 되었다.

history of Science

33

환경사상의 부상

20세기 후반에 이르러서 합리적이고 분석적인 과학기술을 바탕으로 보다 나은 사회를 건설할 수 있다는 생각은 점차로 그 한계를 드러내기 시작했다. 우선 합리적 이성의 결과물이었던 핵무기는 핵전쟁의 위기를 고조시키면서 인류의 존립 자체를 위협했다. 또한 자연을 인위적으로 조작해서 인간에게 유익한 지식을 얻을 수 있다는 근대적인 실험정신은 본래의 의도와는 달리 환경의 파괴라는 심각한 문제를 불러일으켰다. 20세기를 지나는 동안 우리 주변에서는 과학기술 자체에 대한 근본적인 차원의 반성이 곳곳에서 나타났다.

환경 문제가 현대 사회의 주된 사회적 문제가 된 까닭은 인간에 의한 자연의 변형 가능성이 과거에 비해 훨씬 더 커졌기 때문이다. 즉 과거에는 인류에게 미쳤던 위험이 대개 자연적인 위해(natural hazard)였던 것에 비해 오늘날에는 기후 변화, 다양한 화학 물질, 유전자 조작 등 인간에 의해 만들어지는 위험이 더욱 많아지고 있기 때문이다. 산업혁명 이후 인류는 과학기술의 발전을 통해 많은 문명의 이기를 향유하게 되었지만 다른 한편으로는 인간의 이기심이 야기한 다양한 위험에 노출되고 있었다. 인간의 탐욕적 개발과 자연 파괴를 경고하며 19세기 이후 환경사상은 다양한 형태로 표출되었다.

오늘날 우리 주변에서 목격되는 환경주의 운동과 그 사상적 바탕은 아주 다양한 뿌리를 지니고 있으며, 또한 그 진행 방식 역시 매우 복합적인 운동의 형태를 띠고 있다. 과거 200년 동안 환경사상은 심미적 환경보존주의, 자원의 효율적 활용을 위한 자원 관리의 이념과 자원 재생의 필요성, 기술문명의 발전에 따른 기술유토피아 이데올로기, 산업독극물의 확산과 도시 산업적 차원의 환경주의에 대한 인식, 토지 및 야생동식물을 바라보는 새로운 윤리 의식, 사회주의 이념과 환경 정의, 심지어는 독일의 국가사회주의 운동과도 맥을 같이하면서 전개되었다.

2 미국 환경보전 운동의 태동

세계의 다른 나라와 마찬가지로 미국의 환경주의 사상 역시 매우 다양한 배경 속에서 성장했다. 미국의 환경운동 가운데 가장 오래된 역사를 지니고 있는 전통은 다른 나라에서와 마찬가지로 자연보호 내지 환경보전 운동이었다. 개척시대 이래로 미국인들은 줄곧 자연환경을 엄청나게 변화시켜 가면서 미국 사회를 건설해 왔고, 이 개척 과정에서 미국의 산림, 초원, 야생동식물 등 자원들이 엄청나게 파괴되어 갔다.

남북전쟁 이후 미국의 기업가들이 자신들의 사적인 이익을 얻기 위해 미국의 산림자원을 비롯한 자연자원을 개발함으로써 자연환경의 훼손이 미 대륙의 곳곳에서 나타났다. 이에 따라 1870년대부터 연방정부는 국립공원법을 제정해서 국립공원에서 수렵을 금지하는 등 삼림과 야생동식물을 보호하기 위해 나서게 된다. 이에 따라 1872년 와이오밍 지역의 옐로스톤(Yellowstone) 지역을 국립공원으로 지정하는 법이 제정되었고, 1885년에는 뉴욕 주의 법에서도 산림보전 지역을 설정하는 것을 명시했다. 1891년 미 의회는 산림보호법(Forest Reserve Act)을 통과시켜 125만 에이커를 보전대상 자연림으로 지정했다. 또한 미국 농림부는 산림학자인 기포드 핀쇼(Gifford Pinchot, 1865~1946)를 채용해서 1897년 산림관리법(Forest Management Act)을 마련했다.

1889년 예일 대학을 졸업한 핀쇼는 프랑스 낭시의 국립산림학교와 독일, 스위스, 오스트리아 등지에서 공부했다. 1892년 미국으로 돌아온 핀쇼는 미국 최초로 산림에 대한 체계적인 작업을 시작하게 된다. 기포드 핀쇼의 환경보전 사상은 지질학자이자 고고학자인 맥기(William John McGee, 1853~1912)로부터 많은 영향을 받았다. 1883년부터 1893년까지 지질조사국(Geological Survey)에서 일했던 맥기는 공공 이익을 위해 환경에 대한 과학적이고 체계적인 관리를 강조했던 인물이었다. 맥기에 의해 제안된, 환경에 대한 민주주의적 해석에 의하면 환경은 가장 오랫동안 가장 많은 사람들에게 이익이 되도록 관리해야만 했다.

이 시대에는 환경보전과 관련된 민간단체들도 많이 설립되었다. 1892년 존 뮤어(John Muir, 1838~1914)가 창립한 시에라 클럽(Sierra Club)과 1905년 창립된 오더번 협회(National Audubon Society)는 이 시기에 미개발된 자연환경을 보전하기 위한 활동을 한 대표적인 단체들이었다. 1901년에는 열렬한 환경보호론자였던 시어도 루스벨트(Theodore Roosevelt, 1858~1919)가 대통령으로 취임했다. 그는 대통령으로 재직하는 동안이었던 1905년 기포드 핀쇼의 주도 아래 농무부 산하에 산림자원을 보호 · 관리할 산림청(Forest Service)을 신설했으며, 1903년에는 존 뮤어와 함께 요세미티 지역으로 함께 캠핑 여행을 떠날 정도로 환경보전 프로그램을 정력적으로 추진했다. 이런 이유 때문에 많은 사람들은 이 시기가 미국 환경보전의 황금 시기였다고 평가하고 있다.

민간 환경단체가 지녔던 환경보전 사상은 환경보전이라는 면에서는 정부의 환경보전 활동과 일치하는 면이 많았지만, 정부의 관리들이 지니고 있던 공리주의적인 환경보전 사상과는 차별화된 면도 있었다. 우선 이 시대의 대표적인 환경보전 운동가였던 존 뮤어는 자연 그 자체의 아름다움은 자연을 경제적 이득을 위해 이용하는 것보다 더 값진 것이라고 설파했다. 이리하여 심미적인 자연보전 사상을 주장한 환경주의자들은 요세미티 국립공원 주변의 개발 사업을 둘러싸고 정부측과 논쟁을 벌이기도 했다. 당시 정부는 요세미티 국립공원에 있는 헤츠헤치 밸리(Hetch Hetchy Valley)를 개발해서 샌프란시스코 지역에 전기와 물을 공급하는 계획을 세웠는데, 존 뮤어와 로버트 언더우드 존슨(Robert Underwood Johnson)으로 대변되는 심미적 환경보전주의자들은 정부의 이런 계획이 경제적 이득만을 내세운 환경 정책이라고 비판하고, 요세미티 지역이 지니는 단순한 경제적 이득보다는 자연 그 자체로서의 아름다움이 인간을 위해 더욱 값진 것이라고 주장했다.

미국의 환경보전 운동은 20세기 초 혁신주의 시대(Progressive Era)의 시대적 배경과 밀접한 연결을 맺고 있다. 이 시대의 미국 혁신주의는 남북전쟁 이후의 급격한 산업화와 도시화에 의해 제기된 문제들에 대해 다양한 집단들이 이에 대응하면서 나타났다. 전반적으로 이 시대의 혁신주의 운동은 개인주의와 자유방임 경제에 대한 반발, 일반 대중들에 의한 정부의 통제 강화, 산업과 재정을 대중의 통제 아래 두기 위해 정부의 권한을 강화하는 일종의 국가적 차원의 개혁운동이었다. 환경에 대한 연방정부의 통제가 강화되는 이 시기의 환경보전 운동은 혁신주의 시대의 민주주의적 사상과 연방정부 권한 강화 움직임과 밀접한 연결을 맺고 있었던 것이다.

20세기 초 혁신주의 시대에 환경보전 사상이 급부상한 요인으로는 대략 3가지 차원에서 이야기할 수 있다. 첫째, 맥기와 기포드 핀쇼에게서 보이는 것처럼 이 시대의 환경보전 운동은 다수를 이롭게 한다는 민주주의적 관점에서 비롯되었다. 이외에도 몇몇 선구자적인 기획 입안자 내지 기술자들 사이에 퍼져 있었던 과학적 관리와 효율성 제고에 대한 열정 역시 이 시대에 환경보전 사상이 성장하는 데 영향을 주었다. 마지막으로, 개척시대가 끝나고 산업화가 추진되면서 제한된 자원의 고갈을 염려하는 미국인들의 태도가 이 시기에 환경보전에 관심을 가지게 했다.

9 토지와 야생동식물에 대한 새로운 윤리의식: 로버트 마셜과 레오폴드

1913년 헤츠헤치 댐 건설 반대 운동이 실패로 막을 내리고, 그 이듬해 존 뮤어가 세상을 떠난 뒤 미국의 환경 운동은 천연림 보전 운동 차원을 넘어 야생동식물 보전 운동으로 확대 발전하기 시작했다. 야생동식물 보전 운동은 1930년대에 야생동식물협회(Wilderness Society)라는 새로운 단체가 설립되는 것으로 초창기 환경보전 운동의 절정을 이루었다. 로버트 마셜(Robert Marshall, 1901~1939)과 레오폴드(Aldo Leopold, 1887~1948)는 이 야생동식물협회가 창립되는 데 주동적인 역할을 했으며, 토지 및 야생동식물을 바라보는 새로운 윤리 의식과 책임감을 강조했던 인물들이다.

워싱턴 D.C.의 유명한 법률 회사 변호사의 아들이었던 로버트 마셜은 어려서부터 소수 인권 보호, 차별 해소, 공민권 옹호 등을 포함하는 자유주의적 가치관을 지니며 성장했다. 숲의 보전에 많은 관심을 가지고 있었던 아버지의 영향을 받으면서 성장한 로버트 마셜은 하버드 대학에서 산림학으로 석사를 하고, 존스 홉킨스 대학에서 식물 병리학으로 박사학위를 취득했다. 졸업 후 그는 미국 산림청에 근무하면서 인간 문명에 의해 산림이 무차별하게 파괴되는 것에 대해 우려를 느꼈고, 천연 원시림을 보호하는 데 많은 노력을 기울였다. 특히 그는 뉴딜 정책 기간 동안 미국의 산림 정책의 방향에 커다란 영향을 미쳤다.

마셜은 정부에서 일했음에도 불구하고 미국 정부가 추진하던 환경 정책에 한계를 느끼고 보다 진보적인 차원에서 환경보전 운동을 전개했다. 그는 산림 자원의 이용에 치중하는 산림청의 개발 선호 입장과 원시림을 그대로 보전하는 것보다는 휴양지 형태로 개발하려고 하는 국립공원 관리 협회의 개발 위주 정책에 대해서 강한 비판을 가했다. 마셜은 정부의 이런 실용주의적 정책이 궁극적으로는 야생동식물 자원의 무차별 이용과 자연 파괴를 야기한다고 우려했다. 무엇보다도 마셜은 숲이 지닌 심미적인 중요성을 강조했으며, 숲의 가장 커다란 가치는 물질적인 것이 아니라 오히려 정신적인 것이라고 생각했다.

마셜은 『인민의 숲』(*The People's Forest*)에서 무분별한 상업적인 산림 이용을 가능하게 하는 사유림 제도에 대해 전반적으로 비판하는 한편, 숲이 지닌 공유적 성격을 강조했다. 녹색 유토피아를 표방한 그는 국가의 숲 정책에 있어서 사회 정의와 환경적 비전을 결합시켰다. 그는 저소득층을 위해 공유림으로 가는 수송비를 보조했으며, 낮은 계층의 사람들도 거의 명목상의 가격으로 교외에서 즐길 수 있도록 만들어 주었다. 또한 흑인 및 유태인과 같은 소수 인종을 차별하는 산림 정책도 바꾸어 나갔으며, 도심 주변에 더 많은 휴양림을 확보했다.

인간이 토지 및 야생동식물을 바라보는 새로운 윤리 의식을 지녀야 함을 강조한 레오폴드는 뉴저지 주의 로렌스빌 학교와 예일 대학에서 조류학을 공부한 사람이었다. 1908년 학교를 졸업한 그는 핀쇼 가의 기금으로 1900년에 문을 열었으며 당시 미국 산림학 연구의 중심지였던 모교의 산림대학원에서 산림학을 공부했다. 1909년 미국 산림청에 취직한 레오폴드는 산림 및 야생생물 전문가로서 자신의 본격적인 인생을 시작하게 되었다. 산림청에 근무하는 동안 그는 산림을 가꾸고 사냥감을 관리하는 협소한 자연 보존의 관점을 넘어 자연 생태계 전체를 염려하는 보다 넓은 차원의 환경보전 운동의 관점을 지닐 수 있게 되었다.

탐험과 사냥을 좋아했던 레오폴드는 무엇보다도 야생동물에 대한 많은 관심을 가졌다. 1933년 레오폴드는 야생동물 사냥 관리에 관한 책을 집필하여, 수렵이나 낚시 등도 무차별적인 남획으로 번져서는 안 되며 지속가능한 범위 내에서 조심스럽세 관리되어야 함을 강조했다. 야생동물에 대한 관심을 통해 레오폴드는 자연림과 토지에 대한 이해를 넓힐 수 있었다. 1924년 위스콘신 대학(매디슨)의 임산물연구소 부소장이 되었던 레오폴드는 1933년 위스콘신 대학교의 수렵 관리학 교수가 되었다.

레오폴드의 생애 마지막 10년 동안 집필해서 사후에 출판되어 많은 사람들에게 영향을 주었던 『샌드 카운티 역서』(*A Sand County Almanac*)에는 토지 윤리의 중요성과 대규모적 휴양지 개발에 반대하는 그의 태도가 잘 나타나 있다. 야생생물과 토지에 대한 레오폴드의 사랑은 천연 생태계의 보전에 필요한 인간의 책무에 관한 철학적 견해로 발전했다. 레오폴드는 자연 보전이란 인간과 토지, 동물 사이의 조화 상태라고 생각했던 사람이었다. 그는 우리 인간이 토지에 대한 '생태학적 양심' (ecological conscience)을 가지고 토지를 사용하는 윤리 의식을 지녀야 한다고 주장했다. 즉 그는 자연에서 모든 생명체가 조화롭게 살아가기 위해서는 인간뿐만이 아니라 토지와 동물들 사이에 조화로운 황금률(golden rule)을 적용해야 한다는 것이다. 이처럼 레오폴드의 토지 윤리에는 토지에 대한 인간의 의무감과 함께 깊은 생태학적인 통찰력도 담겨 있었다.

앨리스 해밀턴과 직업병 연구

한편, 19세기 중반 이후 미국에서는 산업화가 급속도로 추진되었고, 이에 따라 20세기에 접어들면서 미국에서는 자연보호 차원을 떠난 새로운 형태의 환경운동이 나타나게 되는데, 공장 및 작업장에서 발생하는 위험한 화학물질에 대해서 연구했던 앨리스 해밀턴(Alice Hamilton, 1869~1970)의 활동이 그 대표적인 예라고 할 수 있다. 우선 앨리스 해밀턴은 미국 최초의 도시/산업 환경주의자로 평가되는 인물이다. 미시간 의대에서 의학을 공부했던 해밀턴은 대학을 졸업한 뒤 노스웨스턴 여자 의과대학의 병리학 교수로 지내면서 시카고를 중심으로 활동하게 되었다. 이곳에서 그녀는 보건, 환경, 정치가 서로 어떻게 관련을 맺는가에 대해서 많은 경험을 얻었는데, 특히 당시에 사람들이 거의 관심을 기울이지 않았던 산업체에서 발생하는 직업병에 대해 관심을 갖게 되었다. 그 뒤 수십 년 동안 해밀턴은 미국의 산업독극물을 포함한 직업재해에 관해 광범위한 연구업적을 남겼다. 이리하여 그녀는 단순히 작업장 독극물뿐만 아니라 도시공해 문제에 대해서도 선도적인 역할을 했다. 1919년 해밀턴은 하버드 의대가 산업보건학 과정을 신설함에 따라 하버드 의대의 산업의학 조교수가 되었다. 하버드 의대에 재직 중이던 1925년 해밀턴은 그녀의 고전적 저작인 『미국의 산업독극물』(*Industrial Poisons in the United States*)을 출판했다.

해밀턴은 환경문제를 단순히 도시 이외 지역의 자연보호 운동의 차원을 넘어서 도시적 차원으로 확대시킨 선구자적인 역할을 했다. 도시의 산업체에서 생산된 독극물은 단지 공장의 노동자와 도시지역에 사는 사람들에게만 해당되는 것은 아니었다. 20세기 후반에 이르러 산업체에서 생산된 여러 화학약품들이 인간을 넘어서 생태계의 파괴로까지 이어지면서 환경문제는 다시 한 번 새로운 변화를 겪게 된다.

살충제의 개발과 그 남용문제

20세기에 들어와서 인류는 농산물의 생산 증대를 위해 병충해 방제에 힘을 기울였고, 이에 따라 농업에서 수많은 농약이 사용되기 시작했다. 하지만 병충해를 죽이는 농약 자체가 병충해뿐만이 아니라 농작물과 심지어는 인체에도 매우 유독했기 때문에 적절한 농약의 선택과 효과적인 살포방법이 문제가 되기 시작했다. 1930년대와 1940년대에 비소와 납 계열의 살충제가 광범위하게 살포되었는데, 이에 따라 농작물과 토양에 다량의 독성물질이 남게 되었으며 토양의 생산력도 현저하게 감소되었다. 이러던 차에 1940년대에 와서 농작물과 인체에 피해를 적게 주는 새로운 살충제들이 발견되어, 제2차 세계대전을 거치면서 병충해 방제를 위해 화학 살충제가 더욱 광범위하게 사용되게 된다. 이 시기에 나타난 수많은 화학 살충제 가운데 가장 광범위하게 사용된 것은 유기염소제인 DDT라는 살충제였다.

DDT는 1939년 스위스의 화학자 뮐러(Paul Hermann Müller, 1899~1965)에 의해서 놀라운 살충효과가 처음으로 확인되었다. 이 물질은 이미 1873년 오트마 자이들러(Othmar Zeidler)에 의해서 처음으로 발견되었지만, 당시에는 이 물질이 가지고 있는 생리학적인 작용에 대해서는 거의 알지 못했다. 1899년 스위스에서 태어난 뮐러는 1925년 바젤 대학에서 화학으로 박사학위를 받았는데, 이때 그는 부전공으로 식물학과 물리화학을 공부했다. 대학을 졸업한 뒤 그는 스위스의 염료회사인 가이기회사(J.R. Geigy A.G.)에 화학연구원으로 들어가서 자신의 최대 업적인 살충제에 대한 연구를 하게 된다. 식물학에 관심이 있었던 뮐러는 1935년부터 이상적인 기준을 갖춘 살충제를 찾기 시작했다. 이때 그가 이상적이라고 생각했던 기준은 우선 곤충에게는 매우 강하고 빠른 독성작용을 보이지만 식물과 온혈동물에게는 거의 독성이 없고, 냄새도 없고 효과가 오래 지속되며 값이 싼 살충제였다.

곤충에게 영향을 주는 수많은 화합물질에 관한 연구를 한 결과 뮐러는 곤충에 의해서 독극물이 흡수되는 방식은 온혈동물의 흡수방식과는 완전히 다르기 때문에 안전한 살충제를 발견하는 것이 가능하다고 믿었다. 이리하여 그는 페닐 에탄의 염소 유도체에 관심을 집중했고, 마침내 1939년 9월 파리를 이용해서 자신이 애초에 설정했던 거의 모든 기준을 만족하는 살충제를 발견했다. 뮐러는 이 살충제가 파리 이외의 다른 곤충들에도 효과가 있다는 것을 확인하고 이 물질을 DDT라고 이름 붙여서, 1940년 3월 스위스에서 특허를 출원했다. 이듬해인 1941년 DDT는 스위스에 엄습한 콜로라도 감자딱정벌레를 성공적으로 퇴치하면서 효능이 입증되기 시작했다.

DDT는 1942년 초에 처음으로 시장에 나타났는데, 곧 그 가치가 인정되었다. 당시는 전쟁 중이었는데, 열대지방에서 많은 전투가 벌어졌고, 이에 따라 질병을 옮기는 곤충들을 박멸하는 데 DDT는 아주 효과적인 살충제로 여겨졌다. 더구나 DDT가 사용되던 초기에는 인간에게는 어떠한 피해도 없는 것으로 나타났다. 전후에는 지중해 지역에 만연한 말라리아모기를 박멸하는 데 널리 사용되었고, 실제로 말라리아 질병의 발생은 현저하게 감소했다. 이런 공로로 뮐러는 1948년 노벨생리의학상을 수상했다.

레이철 카슨의『침묵의 봄』

뮐러는 이상적인 살충제에 대한 기준을 마련할 때 생명체 내에서 그 화학물질이 위험한 상태로까지 축적될 수 있다는 점을 고려하지 않았다. 하지만 DDT의 사용량이 증대하자 이 화학물질은 대단히 안정해서 몇몇 동물의 체내에서 분해되지 않고 아주 위험한 수준까지 축적된다는 것이 밝혀지면서 수많은 논쟁이 일어나게 되었다. 더구나 화학 살충제를 남용하게 되자 곤충들이 화학 살충제에 대해서 점차로 내성을 지니게 되었다. 이에 DDT보다 더 독성이 강한 알드린, 디엘드린(Dieldrin), 말라치온, 파라치온 등이 개발되었고, 내성이 생긴 곤충들을 죽이기 위해 더욱 많은 살충제를 살포하게 되어서, 화학 살충제에 의한 자연질서의 파괴가 인간, 포유류, 조류 등을 포함한 생태계에 총체적인 위기를 몰고 올 것이라는 우려까지 나타나게 되었던 것이다. 1962년에 대규모의 화학공업 공장에서 생산된 살충제로 인해 동식물의 환경을 비롯한 생태계가 파괴되고, 급기야 그것을 만든 인간에게 치명적인 영향을 미친다는 것을 경고해서 커다란 파문을 일으킨 사람이 바로 미국의 해양생물학자 레이철 카슨(Rachel Carson, 1907~1964)이었다.

카슨의 경고는 1962년 6월 16일 『뉴욕인』지에 곧이어 출판될 책의 요약판이 연재되기 시작하면서 커다란 반향을 일으켰다. 기사가 나오자마자 시민들과 몇몇 과학자들 심지어는 케네디(John F. Kennedy) 대통령이 있던 백악관에서도 찬사가 쏟아졌다. 하지만 카슨의 책에 대해서는 이와 같은 찬사와 함께 카슨이 살충제에 대한 극히 부정적인 면만 부각시켰다는 비판도 여기저기서 잇따랐다. 우선 농무부 내의 관리들은 카슨의 공격에 대해서 아주 분개했으며, 살충제를 생산하는 산업체에서도 카슨의 주장이 아직 검증되지 않은 편파적인 것이라고 맹렬히 비난했다. 8월 초가 되자 클로르데인을 생산하는 화학회사에서는 만약 카슨의 글을 책으로 출판할 경우에는 명예훼손으로 고소하겠다는 내용의 편지를 머플린(Houghton Mufflın)출판사로 보내어 협박했다. 이런 협박과 항의에도 불구하고 머플린출판사는 예정대로 1962년 9월 27일 카슨의 책을 출판했고, 곧 그해 가을에 이 책은 60만부가 팔리며 베스트셀러 1위에 올랐다.

1962년 7월 카슨의 경고에 대해 전해들은 케네디 대통령은 자신의 과학 자문위원이었던 와이즈너(Jerome Weisner)에게 살충제 사용 실태를 조사하기 위한 대통령 과학자문위원회의 특별 패널을 구성하도록 지시했다. 이어 8월 29일에 있었던 기자회견에서 케네디 대통령은 카슨이 비판했던 문제점에 대해서 좀 더 철저한 조사를 할 것을 다짐했다. 카슨의 경고에 대한 대통령의 관심은 카슨의 책의 영향력을 더욱 극대화시켰다. 이리하여 살충제 사용문제는 공공정책의 문제로까지 비화되었던 것이다.

한편, 1962년 말 컬럼비아방송사(CBS)는 돌아오는 봄에 카슨의 책에 대한 특별 프로그램을 기획한다고 발표했다. 이때를 즈음해서 정부의 살충제 살포계획에 대한 항의편지가 이어졌고, 오더번협회와 같은 환경단체에는 신규 가입자가 증가했다. 또한 의회 내에서도 서서히 이 문제에 대해 관심을 가지는 사람들이 나타나기 시작했다. 카슨의 책에 관한 프로그램을 철회하도록 협박하는 정체불명의 편지가 컬럼비아방송사로 전달되는 등 반대파들의 집요한 공세와 함께 마지막 순간에 몇몇 기업 스폰서들이 빠져 나가는 우여곡절을 겪은 끝에 1963년 4월 3일 CBS의 황금시간대 특별 프로그램 "레이철 카슨의 침묵의 봄"은 마침내 방영되었다.

살충제의 문제를 다룬 CBS의 특별 프로그램은 일반사회에 커다란 반향을 일으켰다. 방송이 나간 다음날 코네티컷 주의 리비코프(Abraham Ribicoff) 상원위원은 연방정부의 살충제 통제 프로그램을 포함한 환경오염에 관한 의회조사를 시작하겠다고 발표했다. 5월 15일 백악관은 오랫동안 기다렸던 대통령 과학자문회의 보고서를 내놓았다. '살충제 사용'에 관한 자문회의 보고서에서는 많은 정부 관리들과 산업체 관계자들이 염려한 만큼 살충제 사용의 문제점을 심하게 지적하지는 않았고, 그 과학적 판단에 관한 내용도 상당히 조심스러워하는 모습이 역력했다. 하지만 전체적으로 보아 그들의 논조는 분명히 레이철 카슨을 옹호한 것이었다. 그날 발행된 『크리스천 사이언스 모니터』지는 헤드라인 기사에서 레이철 카슨의 입장이 대통령 과학자문위원회의 보고서에 의해 옹호되었다고 보도했다.

카슨의 입장이 받아들여지면서 카슨은 전 세계의 학술, 문예, 과학 단체로부터 수많은 상과 훈장을 받았다. 하지만 카슨 자신은 『침묵의 봄』을 집필하던 1960년부터 이미 자신이 유방암에 걸려 있다는 것을 알고 있었다. 1964년 4월 14일 카슨은 메릴랜드 주 실버 스프링에 위치한 자신의 집에서 56세의 나이에 암으로 세상을 떠났다. 훗날 1980년 당시의 지미 카터 대통령은 미국 정부가 민간인에게 수여하는 가장 영예로운 상훈인 자유훈장(Medal of Freedom)을 카슨에게 추서했다.

2 세계적 차원의 환경운동의 확산

카슨의 책은 대중들로부터 유례가 없는 커다란 반향을 받았고, 이에 따라 오늘날 미국에서 환경운동으로 알려진 일련의 움직임이 시작되는 기폭제가 되었다. 1964년 의회는 야생보호법(Wilderness Act)을 제정해서 무절제한 개발로부터 자연을 보호하는 정책을 펴 나갔다. 또한 이때를 전후에서 수질, 자동차 배기가스, 대기 등에 관한 수많은 규제법안이 생겨났다. 미국의 환경정책법(National Environmental Policy Act)은 1969년 의회를 통과했으며, 1971년 의회는 초음속

여객기를 위한 재원지출을 환경문제를 이유로 거부해서 초음속 여객기의 운행을 불가능하게 만들었다. 또한 이 기간 동안에 기존의 자연보전단체 이외에 수많은 환경단체들이 결성되었으며, 환경문제에 대한 열띤 논쟁도 나타났다. 1968년 생물학자 폴 엘리히(Paul R. Ehrlich)는 『인구폭탄』(*The Population Bomb*)이라는 책을 출판해서 환경문제를 비롯한 사회문제의 원인이 폭발적으로 증가하는 인구증가에 있다는 맬서스주의적 입장을 부활시켰다. 이에 대해서 베리 코모너(Barry Commoner)는 엘리히의 맬서스주의를 비판하면서 환경오염은 인구증가뿐만이 아니라 기업들에 의한 에너지의 과다사용 유발 등 다양한 요인에서 생긴다는 점을 지적했다.

1970년 4월 22일 제1회 지구의 날(Earth Day) 행사가 미국에서 열렸다. 이날 2,000여 지역단체에서 모인 약 2천만 명의 시민들은 보다 질 좋은 환경을 요구하며 거리로 나섰고, 이것이 미국 환경운동 역사상 커다란 기점이 되었다. 이어 1972년에는 스톡홀름에서 최초로 국제규모의 유엔환경회의가 열려, 지구가 보유하고 있는 자원의 양과 인구팽창에 관한 논의를 전개했다. 또한 1972년 출판된 로마클럽 보고서 『성장의 한계』(*The Limits to Growth*)라는 책은 경제성장과 환경문제를 동시에 해결하고자 하는 지속가능한 사회(Sustainable Society)를 추구하는 움직임을 활성화시키는 데 선구자적인 역할을 했다.

1972년 미국 정부는 DDT 사용을 금지했고, 1974년에는 디엘드린을, 그리고 1975년에는 클로르데인과 헵타클로르와 같은 분해가 잘 되지 않는 유기 염소계 농약의 사용을 금지했다. 하지만 미국에서 농약규제가 심해질 것을 눈치 챈 미국의 살충제 제조회사들은 재빠르게 농약사용에 대한 규제가 그리 심하지 않은 제3세계와 같은 개발도상국에서 새로운 판로를 개척했고, 이에 따라 살충제로 인한 환경파괴가 개발도상국으로 이전되게 되면서 환경문제는 새로운 차원으로 접어들었다.

20세기 후반에 일어난 환경문제에 대한 관심은 비단 미국에서만 고조된 것은 아니었다. 유럽과 아시아에서도 환경문제는 대중들의 핵심적인 관심사로 부상했다. 이미 1953년경부터 일본 미나마타 만에서는 이곳 일본 질소비료회사에서 배출된 수은이 이 지역의 물고기 및 어패류에 축적되고 결과적으로 이것을 먹은 사람들에게 근육, 시각, 뇌 기능장애와 같은 소위 '미나마타 병'이라는 심각한 중금속 중독증세가 발생했다. 미나마타 시민과 화학회사 사이의 환경분쟁은 세계적인 환경운동과 연결되어 그 뒤 오랫동안 사회적 물의를 일으키며 진행되었는데, 이 미나마타 환경오염사건은 일본에서 환경운동이 부상되는 기폭제 역할을 했다.

거대기술체계의 위기와 적정기술론의 등장

한편, 20세기에 들어와서 개별 기술들이 서로 연결되면서 점점 거대한 기술체계로 발전했다. 이런 거대한 중앙집중적인 과학기술은 환경을 심하게 파괴할 가능성이 높을 뿐만 아니라 대형사고의 위험성도 지니고 있었다. 거대기술체계 속에서 나타난 대표적인 사고로는 1965년에 발생한 뉴욕의 대정전 사고, 1979년 3월의 드리마일 아일랜드 핵발전소 사고, 1984년 12월 인도 보팔(Bhopal)시 유니온 카바이드회사(Union Carbide Corporation)의 살충제 공장에서 45톤의 유독가스가 유출되어 일어난 최악의 산업재해 사고, 1986년 4월에 발생한 소련의 체르노빌 원자력발전소 사고, 2011년 3월 일본 도호쿠 지역의 해저지진에 의한 거대한 쓰나미로 인해 발생한 후쿠시마 원자력발전소 사고 등을 들 수 있다.

거대기술체계 내에서 대형사고가 빈발하고 거대기업과 결탁된 기술관료체계와 기술문명에 의한 인간성 파괴가 문제화되면서 이에 대한 반발로 1960년대 이후에는 환경에 부담을 적게 주고 분산적이며 민주적인 형태를 추구하는 적정기술 논의가 급부상했다. 거대기술이 아닌 새로운 적정기술을 모색하는 사람들은 과학기술의 개발에 있어서 소규모적이고 분권적인 것을 추구하고 있으며, 기계의 사용보다는 육체노동이 장려되는 소공동체사회의 건설을 모색하는 등 새로운 개발전략과 패러다임을 채택해야 함을 강조했다. 1973년에 출판된 슈마허(Ernst Friedrich Schumacher)의 『작은 것이 아름답다』(*Small is Beautiful*)라는 책자의 제목은 이러한 소공동체주의의 이상을 가장 간결하고 강력한 어조로서 대변하고 있다. 환경문제는 근본적으로 인구증가와 이에 수반되는 에너지 소모의 증가에 기인하는 바가 크다. 20세기 전반기를 통해서 지구는 폭발적인 인구증가와 사람들이 사용하는 에너지 절대량의 증가를 목격했다. 이리하여 20세기 후반에 들어와서는 거대한 규모보다는 에너지 소모가 적고 환경에 부담을 적게 주는 적정규모의 과학기술이 보다 각광을 받게 되었다.

2 시스템 생태학 분야의 등장

생태계(Ecosystem)라는 말은 1930년대 중반 영국의 식물생태학자 탠슬리(Arthur Tansley)에 의해 처음으로 창안되었다. 생태학이라는 분야는 탠슬리, 클레먼츠(Frederic Clements), 찰스 엘튼(Charles Elton, 1900~1991), 허친슨(George Evelyn Hutchinson, 1903~1991), 린디먼(Raymond Lindeman), 유진 오덤(Eugene P. Odum)과 하워드 오덤(Howard Thomas Odum) 등에 의해서 20세기 중반을 거치면서 성립되었다. 특히 1950년대에 시스템 생태학(Ecosystem Ecology)을 발전시킨 유진 오덤과 그의 형제였던 하워드 오덤은 생태계를 기능적으로 연결된 부분들로 구성된 자기 조절적인 단위로 간주하는 '사이버네틱스'(Cybernetics)적인 관점을 선호했는데, 그들의 이런 전일주의적 관점은 당시에 사회학에서 원용하던 유기체주의와 제2차 세계대전 이후에 풍미했던 기술 유토피아적인 이데올로기에 바탕을 두고 있었다.

제2차 세계대전 이후 시스템 생태학 분야가 발전하게 되는 데에는 방사성 물질을 추적하여 생태계 내에서 물질과 에너지의 흐름을 파악할 수 있도록 해 준 핵과학의 발전이 커다란 영향을 미쳤다. 유진과 하워드 오덤 형제는 제2차 세계대전 이후에 원자력위원회(Atomic Energy Commission)의 도움을 받아 핵실험이 행해지던 에니웨톡 환초(Eniwetok Atoll)에서 생태계의 에너지 흐름에 대한 연구를 했다. 또한 원자력위원회의 연구소인 미국 테네시 주의 오크리지 국립연구소(Oak Ridge National Laboratory) 역시 스탠리 아우어바크(Stanley Auerbach)를 중심으로 해서 시스템 생태학 분야의 발전에 커다란 역할을 했다. 그들은 핵실험을 하는 동안 혹은 핵전쟁이 발생한 뒤에 나타날 생태학적인 변화를 예측하기 위해서 시스템 생태학 분야를 연구했다. 더욱이 1968년에서 1976년에 이르는 동안 미국 정부는 미국 국립과학재단을 통해서 국제 생물학 프로그램(International

Biological Program)이라는 거대한 프로젝트를 지원했는데, 이것으로 생태학은 제2차 세계대전 이후 성장한 거대과학의 일원이 되기도 했다. 1950년대 이후 전문적인 학문분야로 자리를 잡기 시작한 시스템 생태학은 1960년대와 1970년대를 거쳐 원자력위원회와 미국 국립과학재단 등 정부의 지원 아래 확고한 위치를 점할 수 있게 되었다.

글로벌 환경문제의 부상

현대에 들어와서 부상된 지구촌 환경문제는 크게 오존층 파괴, 온실기체 증가에 의한 지구 온난화, 대기오염에 의한 산성비 현상, 열대우림의 파괴 및 이와 연관된 생물종 다양성의 감소 등을 들 수 있다. 우선 20세기에 산업이 급속도로 발전하면서 화석연료의 사용이 급증하고, 이에 따라 대기 중으로 배출되는 이산화탄소의 양이 급증하면서 지구 온난화가 심각한 문제로 대두되었다. 대기 중으로 배출된 이산화탄소가 적외선을 흡수함으로써 온실효과(greenhouse effect)를 가져올 수 있다는 것은 이미 1896년 스웨덴의 과학자 아레니우스에 의해 지적되었다. 1940년대에 산업체 연구원이었던 캘린더(Guy Stewart Callendar)라는 학자는 아레니우스의 이 연구를 다시 시작했으나, 당시 그의 연구는 기상학자들의 주목을 받지 못했다. 1950년대 중반 이후 이론물리학자 플래스(Gilbert N. Plass), 화학자 한스 수에스(Hans Suess), 해양학자 로저 레벨(Roger Revelle, 1909~1991) 등 다양한 분야의 학자들이 미 해군의 지원을 받아 연구하면서 부수적으로 이 온실효과와 관련된 연구를 진행했다. 1958년 수에스와 레벨은 국제지구관측년(International Geophysical Year) 프로그램의 지원을 받아 지구 온실효과를 측정할 계획을 세우고 이를 담당할 연구원을 고용했는데, 그가 바로 젊은 지구화학자 찰스 킬링(Charles D. Keeling)이었다. 킬링은 남극에서 1958년부터 2년간 측정을 한 끝에 대기 중의 이산화탄소 증가가 온실효과를 가져와서 지구기온을 상승시킨다는 것을 분명하게 밝혀냈다. 온실효과에 의해 지구기온이 상승된다는 것이 확인되면서, 1965년 미국 대통령 자문위원회에서는 이 온실효과를 국가적인 관심이 필요한 환경문제로 채택하기에 이르렀다. 1994년 제45대 미국 부통령에 취임한 앨 고어는 학창시절 로저 레벨의 영향을 받아 환경운동에 투신했다.

듀폰회사가 산업용으로 개발한 물질인 CFC 기체들도 지구환경을 심각하게 변화시킬 수 있는 것으로 나타났다. 1974년 6월 캘리포니아 대학교(어바인)의 화학자인 마리오 몰리나(Mario J. Molina)와 로런드(F. Sherwood Rowland)는 『네이처』지에 CFC 기체들의 안정성은 산업용으로는 장점일 수 있으나 그 물질이 성층권에 그대로 도달하게 만들어 오존층을 파괴할 수 있다는 주장을 발표했다. 즉 성층권에 올라가서 태양복사에 의해 CFC 기체들이 분해되어, 반응하는 염소가 분리됨으로써 오존을 대량으로 파괴하는 연쇄반응이 일어날 수 있다는 것이다. 대기 중의 오존층이 파괴되면 태양의 자외선이 직접 지표면에 도달하게 되어 피부암을 증가시키고 생태계에 많은 변화를 초래할 수 있다. 1976년과 1978년 미국과학아카데미(National Academy of Sciences)는 이들의 발견에 동의하고, 미국 내에서 CFC로 만든 에어로졸의 사용을 규지했다. 더욱이 1985년 영국의 남극대륙조사단이 1984년 9월과 10월 사이에 남극대륙의 성층권의 오존이 40% 감소했다는 조사결과를 발표하고, 이어 위성자료가 이와 같은 오존구멍을 확인함으로써 CFC 기체들에 의한 오존층 파괴문제는 세계적인 관심을 모으게 되었다. 1987년 유엔은 몬트리올 의정서에서 오존층을 파괴시키는 기체들을 금지하는 국제협정을 맺기에 이른다.

글로벌 환경주의의 태동

글로벌 환경주의의 태동에 대해서는 다양한 측면에서 그 기원을 찾아볼 수 있다. 우선 앨프리드 W. 크로스비(Alfred W. Crosby)는 그의 저서 『생태 제국주의』에서 유럽의 제국주의적 팽창이 인간에 의한 정치, 경제, 군사적 팽창이었을 뿐만 아니라 신세계에 대한 다양한 생명체들의 생물학적 정복과 동시에 수반되었다는 점을 지적하고 있다. 즉 구대륙에 기원을 두고 있는 유럽인, 동물, 병원균 및 미생물, 잡초 등은 서로 연결되면서 신세계의 원주민들은 물론 그곳에서 다양한 생태계를 유지하던 토착종을 몰아내었고, 유럽의 팽창은 결과적으로 생태학적인 성격을 지니고 있다는 것이다.

생태계의 위기는 우리 시대만의 문제가 아니었으며 신석기 시대 이후 인간이 정착 생활을 하면서 인간의 문명사 속에서 지속적으로 진행되어 왔다. 고대 지중해 연안의 문명들이 겪었던 환경문제와 그로 인한 문명의 몰락 과정은 환경문제가 단지 지역 차원만의 문제가 아래와 시대를 초월한 역사적인 문제였음을 보여준다.

리처드 H. 그로브는 글로벌 환경보호주의의 기원을 1800년대를 전후해서 네덜란드, 프랑스, 영국 등 해양제국에 속해 있었던 전문적 과학자 집단의 네트워크에서 찾고 있다. 그는 이들 해양제국의 식민지에서 활동하던 과학자 집단들이 지역 및 세계적인 차원에서 자원의 제한성을 분명히 인식하였던 최초의 집단들이었다고 주장한다. 그로브는 해양 군도의 환경 파괴와 글로벌 환경사상의 태동을 연결시켰을 뿐만 아니라 동인도회사의 의료 활동과 인도에서의 국가 환경주의의 출현도 연결시켰다.

레이철 카슨의 영향 및 비판

레이철 카슨의 『침묵의 봄』은 발표된 뒤 DDT를 비롯한 살충제의 무분별한 남용과 그것이 생태계에 미치는 영향에 대해 대중적인 광범위한 관심을 불러일으켰다. 이후 미국에서는 수많은 환경 보존 단체가 결성되었으며, 살충제의 사용 문제, 야생동식물의 보호 문제, 대기 및 수질 오염 문제, 지구 온난화 및 오존층 파괴 문제 등 다양한 형태의 환경문제가 민간단체뿐만 아니라 정부를 포함한 범지구적인 관심거리가 되었다.

1960년대를 통해서 학자들 사이에서 생태계 위기 및 환경 문제에 대한 다양한 논의가 전개되었으며, 생태학은 전문 분야로서 사회 속에서 분명한 자리매김을 하게 되었다. 더 나아가 환경주의자들은 거대기술체계에 대해 강한 반발을 하게 되었으며, 이에 따라 작은 기술을 선호하는 적정기술론이 기술 선택 과정에서 부상하게 되었다. 1996년 테오 콜본 등은 DDT 이외에 다양한 내분비계 교란물질을 소개하며 카슨의 경고를 더욱 포괄적인 형태로 발전시켰다.

물론 21세기에 들어와서 환경사상에 회의적인 몇몇 학자들은 레이철 카슨의 주장이 너무 지나쳤다는 것을 지적하며 환경사상에 대해 다시 공세를 퍼붓기 시작했다. 하지만 카슨의 책은 적어도 20세기 후반까지는 미국과 유럽을 비롯한 세계 여러 나라에서 환경운동을 확산시키는 데 엄청난 영향력을 미쳤다.

34

새로운 과학관

20세기를 거치는 동안 과학은 그 내용과 사회적인 영향력 측면에서 엄청난 변화를 겪었다. 우선 20세기 초반에는 물리과학 분야에서 이론과 개념상으로 혁명적 변화가 나타났다. 아인슈타인의 상대성이론과 하이젠베르크, 보어, 슈뢰딩거, 파울리, 보른 등이 창안한 양자역학은 고전물리학에서 현대물리학으로 변화하는 혁명을 이끈 핵심 분야였다. 20세기 중반 이후에는 물리과학보다는 분자생물학과 유전공학으로 대변되는 생명과학이 두각을 나타내기 시작했다. 또한 물리과학 내에서도 초기에는 원자물리학이 중심을 이루다가 후반에 와서는 물성 및 생명 등 복잡한 체계를 다루는 과학 분야가 부상했다.

20세기 후반에 이르러 과학의 통일성에 대한 믿음이 약화되면서 통일과학의 존재 가능성에 대한 비판적 견해가 부상하게 되었다. 20세기 초 많은 사람들은 다양한 분야의 과학을 통일할 수 있다는 믿음을 강하게 공유하고 있었다. 즉 수학, 물리학, 화학, 생물학, 심리학 등 다양한 학문 분야는 동일한 기반 아래 통일적으로 이해할 수 있다고 믿었던 것이다. 이런 환원주의적 과학에 의하면 수리물리학, 원자물리학, 소립자 물리학 등은 다른 분야에 비해 우월한 지위를 얻게 된다. 하지만 과학의 통일 가능성에 대한 믿음은 20세기 후반에 이르러 점차로 퇴색되었다. 즉 20세기 전반기를 통해서 급속히 성장했던 원자 물리학과 소립자 물리학이 주도하는 환원주의적인 과학관이 점차로 그 주도적인 지위를 상실해 가는 반면에, 복합적인 현상을 다루는 과학이 서서히 두각을 나타내었던 것이다.

괴델의 불완전성의 정리

환원주의적 과학관에 대한 비판은 이미 20세기 초반에 수학 분야에서도 나타났는데, 그 대표적인 것으로는 힐베르트의 공리주의(公理主義)에 대한 괴델(Kurt Gödel, 1906~1978)의 비판을 들 수 있다. 공리주의(axiomatism)란 모든 이론의 기본이 되는 몇몇 공리들을 출발점으로 해서 논리적으로 조립되어야 한다는 주장으로 20세기 초에 힐베르트가 중심이 되어 전개했던 수학기초론의 대표적 입장 가운데 하나였다. 1902년 비유클리드 기하학에 대한 공리적 기초를 확립한 힐베르트는 자신의 프로그램을 계속 확장시켜서 수학과 물리학을 비롯한 과학의 전체 분야에 대한 확고한 공리적 기초를 마련하려고 노력했다. 힐베르트의 이런 시도로 수학은 일단 완벽한 기초 위에 놓인 듯이 보였고, 괴델 역시 처음에는 힐베르트의 이런 공리주의 프로그램을 뒷받침하기 위해서 수학기초론에 대한 자신의 연구를 시작했다. 하지만 그의 연구는 엉뚱하게도 힐베르트의 시도에 제동을 거는 결과를 낳고 말았다. 즉 1930년대 초에 괴델은 아무리 정교한 수학체계라도 그 자체로서 무모순적일 수 없다는 소위 괴델의 정리, 즉 불완전성의 정리를 주창함으로써 확고한 공리체계를 바탕으로 수학의 전체 영역을 엄밀하고 통일적으로 설명하려는 힐베르트 이후의 작업에 근본적인 차원의 제동을 걸었다. 즉 아무리 완벽한 수학체계라고 할지라도 그 체계 내의 공리만으로는 논증할 수도 없고 반박할 수도 없는 명제가 존재하며, 따라서 모든 수학체계는 그 자체로서는 완전성의 조건을 충족시키지 못한다는 것이다. 이렇게 공리체계에 의한 환원 불가능성이 근본적인 차원에서 제기되면서 수학에서도 오래전부터 환원주의를 바라보는 태도에 변화의 조짐이 나타나기 시작했던 것이다.

반환원주의 과학관의 부상

1970년대 이후 국소적 자율성(local autonomy)과 반환원주의적 과학관을 선도

하고 있는 과학자 중에서 현재 미국에서 상당한 영향력을 발휘하고 있는 사람으로는 고체물리학자 필립 앤더슨(Philip W. Anderson)을 들 수 있다. 앤더슨은 1972년 『사이언스』(*Science*)지에 실린 "많은 것은 다르다"(More is different)라는 글에서 고체물리학은 입자물리학이 발견한 근본적인 법칙에 입각해서 현상을 설명하는 것에 불과하다고 말한 입자물리학자 바이스코프(Victor Weisskopf, 1908~2002)의 주장을 신랄하게 비판하면서 그 근거가 되는 철학적 입장을 반박했다. 앤더슨은 입자물리학의 통일이론이 완성되면 자연과학의 모든 부분이 통일적으로 이해될 수 있다는 환원주의적 입장을 정면으로 공격하고 나섰다. 앤더슨의 주장에 의하면 모든 것을 단순한 근본법칙으로 환원할 수 있다는 것이 그들 법칙들로부터 시작해서 우주를 재구성할 수 있다는 것을 의미하지는 않는다. 더구나 그는 과거와는 완전히 다른 과학적 입장에서 입자물리학 이외에도 고체물리학과 같은 과학들도 각 수준별로 자기 자신들의 '근본적인' 법칙과 나름대로의 존재론을 지니고 있다고 주장하고 있다.

앤더슨은 자연계의 규모가 커지고 구조가 복잡해질수록 각 수준별로 완전히 새로운 성질들이 나타나고, 이들 성질을 이해하려면 마찬가지로 근본적인 구성요소에 대한 새로운 지식이 필요하다고 주장했다. 크고 복잡한 기본 입자들의 집단적 행동은 몇몇 입자들이 지니는 성질들을 단순히 결합시켜 이해할 수는 없다. 복잡한 수준별로 각 단계마다 이전 단계와 마찬가지로 심오한 정도의 영감과 창의성이 요구되는 완전히 새로운 법칙, 개념, 일반화가 필요하다. 따라서 심리학은 응용생물학이 아니며, 생물학은 응용화학이 아니게 되는 것이다.

소립자 물리학과 관련된 환원주의자들의 요구는 자금을 놓고 경쟁 관계에 있는 응집물질 물리학을 위시한 다른 분야에 종사하는 물리학자들과 소립자 물리학자들 사이의 갈등을 심화시켰다. 이러한 논쟁은 1990년대 초 초전도충돌형가속기라는 수십억 달러가 소요되는 입자가속기가 제안되었을 때 서로의 나쁜 감정을 더욱 악화시켰다.

스티븐 와인버그는 통일 이론을 추구하는 환원주의의 대표적인 인물이다. 그는 과학 원리들이 그 나름대로의 방식대로 존재하는 것은 더 심오한 과학원리들,

경우에 따라서는 역사적 우연성 때문이라고 주장한다. 따라서 독립된 진리로서 자율적인 화학원리들은 여전히 존재하지 않으며, 화학자들이 사용하는 용어는 제아무리 유용하더라도 완벽하고 일관성 없는 설명 도구는 되지 못한다고 생각한다. 결국 환원주의적인 자세는 탐구할 가치가 없는 아이디어에 시간을 낭비하는 것으로부터 모든 분야의 과학자들을 구원해 주는 유용한 여과기를 제공한다. 이런 의미에서 와인버그는 우리 모두는 환원주의적 속성을 지니고 있다고 주장하고 있다.

생물학자 에른스트 마이어(Ernst Mayr)는 초전도 충돌형 가속기 건설을 옹호하며 물리학에서 최종 이론을 찾으려는 스티븐 와인버그의 견해에 정면으로 반박하였다. 우선 마이어는 자연계에는 원자를 구성하는 입자들로 이루어지진 미시세계, 원자에서 태양계에 이르는 중간 세계, 무한한 우주인 거대 세계 등의 다양한 규모의 세계가 존재한다고 보았다. 우리의 인지 체계는 볼 수 있고 만질 수 있는 중간 세계를 다루는 데 적합하며, 원자를 구성하는 입자로 이루어진 미시 세계를 더 잘 이해하여도 그 이해가 중간 세계를 이해하고 설명하는 데 그렇게 큰 도움을 줄 수는 없다고 주장했다.

벨기에의 화학자인 일리야 프리고진(Ilya Prigogine)은 비평형과 비가역성은 모든 수준들에서 질서의 근원이며, 혼돈으로부터 질서를 가져다주는 기구라고 주장했다. 평형으로부터 멀리 떨어져 있는 불안정한 비평형 상태에서 미시적인 요동의 효과로 거시적인 안정적 구조가 나타날 수 있는데, 프리고진은 이때 나타나는 안정적 구조를 '소산구조'(dissipative structure)라고 하고, 이런 과정을 '자기-조직화'(Self-Organization)라고 불렀다. 소산구조와 자기조직화가 바로 혼동으로부터 질서를 가져다주는 메커니즘이라는 것이다.

프리고진의 과학 사상은 전체적으로 볼 때 비결정론적, 유기체적, 생태론적인 성격을 띠고 있으며, 동양의 시간 개념와 유사한 측면이 엿보이기도 한다. 프리고진은 존재 그 자체를 시간과 독립된 정해진 현상으로 보는 것이 아니라, 혼돈적인 시간의 흐름 속에서 존재의 본질이 발현된다고 보고 있다. 프리고진은 동양 사상뿐만 아니라 칸트, 헤겔, 베르그송, 화이트헤드, 하이데거 등의 서구 철학에서 자신의 사상의 원류를 찾고 있다. 프리고진의 과학 사상은 과학 내용뿐만 아니라 포스트모더니즘, 페미니즘, 생태주의 사상에도 커다란 영향을 미쳤다. 장 프랑수아 리오타르는 만델브로트와 프리고진의 과학적 업적이 포스트모던한 과학지식의 특징을 지니고 있다고 주장했다.

결국 국소적 자율성과 자기조직화의 중요성을 강조하는 과학관은 20세기 초에 상대성이론과 양자역학과 같은 통일이론을 만들어 내는 데 성공함으로써 그 기반을 다졌던 환원주의적인 과학적 태도와는 상당히 다른 것으로, 과학관에서의 이런 변화는 20세기 전반기와 후반기를 나누는 커다란 특징이라고 할 수 있다.

논리실증주의

1920년대 카르납(Rudolf Carnap)을 비롯한 빈 학단의 논리실증주의자들은 모든 의미 있는 과학 활동을 관찰을 바탕으로 하여 재구성하려는 소위 '과학의 통일성' 을 추구하고 있었다. 그들은 모든 의미 있는 경험적 진술들은 무오류적인 감각자료 진술로 환원가능하다는 믿음을 가지고 있었다.

카르납은 『세계의 논리적 구축』(*Der Logische Aufbau der Welt*)이라는 책에서 하나의 엄청난 계획을 세웠다. 우선 한 개인의 경험 요소로부터 물리학을 구성하고, 그 다음에는 개인심리학을, 그리고 궁극적으로는 모든 사회과학과 자연과학의 의미 있는 개념들을 구성한다는 것이다. 이런 그의 계획은 각각의 개념은 직접적인 감각경험의 공준 집합, 즉 '프로토콜 언어' 로 환원 · 변형될 수 있다는 가정을 바탕으로 하고 있었다.

카르납과 함께 논리실증주의 운동을 전개하던 노이라트는 일상언어와 물리언어를 구별해서 개인적인 지각에 근거하지 않는 보편적인 '물리학자' 의 프로토콜 언어의 필요성을 강조했다. 카르납의 프로토콜 문장에 의한 의미 있는 개념의 구성계획은 '보편언어' 에 의해서 모든 분야의 학문을 통일하려는 '통일과학' 을 추구하는 움직임으로 발전했다.

논리경험주의

1940년대 말까지 빈 학단의 영향을 받은 과학철학계에서는 과학은 관찰과 실험을 바탕으로 누적적이고 위계적으로 보다 상위의 이론으로 발전한다는 공통된 믿음을 가지고 있었다. 즉, 관찰적 용어로부터 이론적 개념으로 의미가 상향 침투되고, 이에 따라 과학의 전체적인 구조가 의미를 가지게 되는 것이다. 이에 대해서 포퍼(Karl Raimund Popper, 1902~1994)는 제한된 수의 관찰진술로부터 보편적 진술을 도출해 내려고 하는 귀납의 원리를 비판하면서, 입증개념을 반증개념으로 대체했다. 즉, 그는 과학법칙의 참과 거짓의 여부는 제아무리 많은 입증자료를 제시하여도 여전히 확인되지 않은 또 다른 영역이 남아 있기 때문에 유한한 관찰에 의해서 판단될 수는 없지만, 그 법칙을 부정하는 관찰이 나타날 때는 반증될 수 있다고 하는 새로운 구획기준을 제시했다. 한 지식이 과학적 지식인지 아니면 비과학적 지식인지 하는 것은 반증 가능성이 있느냐 없느냐에 따라 구분될 수 있다는 것이다.

1950년대에 들어와서 카르납은 초기에 자신이 주장했던 엄격한 입증주의를 완화시켜 확률적인 확증주의를 도입하게 되면서 지나치게 관찰에 집착하는 초기의 강한 실증주의적 경향에서 어느 정도 후퇴하게 된다. 이런 일련의 움직임을 논리실증주의와 대비시켜 논리경험주의라고 부른다. 그러나 확실한 경험적인 기초를 토대로 해서 과학의 전체 분야를 통일한다는 카르납을 비롯한 소위 논리실증주의자들의 본래의 기본적인 입장에는 변화가 없었다.

탈경험주의 과학관

20세기 중반에 이르러 논리실증주의자들의 입장은 점차로 새로운 과학관으로 무장한 인물들로부터 비판을 받기 시작했다. 우선 콰인(W. v. O. Quine)은 관찰명제가 하나씩 이론적 개념에 상향 침투된다는 실증주의자의 환원주의적인 주장에 대해서 이것은 경험론이 지니는 일종의 도그마에 불과하다는 비판을 가했다.

콰인에 의하면 어떤 명제도 우리가 만약 전체 체계 내에 심한 조정을 가하면 참으로 될 수 있으며, 관찰과 이론의 엄격한 구별은 불가능하다. 즉, 관찰이나 하위 이론은 가장 일반적이고 추상적인 형태인 수리물리학과 논리학의 체계 안에서 수정이 가능하다는 것이다. 결국 콰인은 과학의 개념들은 그것이 경험적인 사실을 나타내는 관찰용어와 연결됨으로써 의미를 가진다기보다는 과학의 전체적인 이론적 틀 안에서 그 의미가 밝혀진다는 피에르 뒤엠(Pierre Duhem, 1861~1916)의 전일주의(Holism)적 입장을 부활시켰던 것이다.

비트겐슈타인은 규칙들이란 자신의 적용 가능성에 대한 범위에 대한 규칙을 포함하고 있지 않고 모든 행동 과정이 마치 주어진 규칙에 따르도록 만들어질 수 있기 때문에 어떤 행동 과정도 하나의 규칙에 의해서 결정될 수는 없다고 주장하였다. 규칙에 관한 비트겐슈타인의 주장은 귀납에 대한 흄의 견해를 확장시킨 것이라 할 수 있다. 흄은 유한한 경험적 사례들을 바탕으로 점검되지 않은 그 다음의 경우를 제한할 수는 없다는 귀납의 문제(the problem of induction)를 제기했다. 예를 들어 해가 동쪽에서 뜬다는 인류의 오랜 경험에도 불구하고 그것이 내일도 해가 동쪽에서 뜬다는 것을 완전하게 보장할 수는 없다는 것이다.

더 나아가 핸슨(Norwood Russell Hanson)은 관찰에 우위를 두는 환원주의적 입장에 대해서 관찰 그 자체도 이론 의존적이라는 비판을 가했다. 즉, 사실에 대한 서술이란 항상 '이론의 등에 업혀서'(theory-laden) 이루어지기 때문에, 개념적 틀이나 이론의 제약을 받지 않고 사실 그대로를 기록하는 관찰 문장이란 존재하지 않는다는 것이다. 핸슨의 이런 태도는 '언어 게임'(language game), 혹은 '삶의 양식'(mode of life)이라는 말로 대변되는 비트겐슈타인(Ludwig Wittgenstein)의 후기 언어철학과 맥을 같이하는 것으로, 뒤이어 등장한 과학사가인 쿤(Thomas Samuel Kuhn)의 과학관에 커다란 영향을 미쳤다.

과학혁명의 구조와 패러다임의 변화

쿤은 과학사 분야뿐만 아니라 타 분야에서도 널리 알려진 『과학혁명의 구조』

(*The Structure of Scientific Revolutions*, 1962)라는 책에서 공약불가능성(incommesurability)이라는 개념을 바탕으로 과학자 사회(scientific community) 속에서 누적적으로 발전하지 않고 패러다임(Paradigm)의 변화라는 혁명적인 형태로 발전해 나가는 새로운 과학이론의 발전 유형을 제시했다. 여기서 쿤이 말한 패러다임이란 어느 과학자사회 전체가 공유하는 이론, 법칙, 지식, 방법, 가치, 믿음, 심지어는 습관 같은 것을 통틀어서 지칭하는 개념을 말하며, 공약불가능성이란 한 이론체계의 용어를 이와는 다른 이론체계의 용어로 완전하게 번역할 수 없다는 것을 뜻한다.

쿤에 의하면 과학이론이 혁명적으로 변화하는 소위 패러다임의 변화시기에는 정상과학이 발전하는 시기와는 달리 과학자들의 가치관, 당시의 사회제도, 종교관, 시대사조 등과 같은 과학 외적인 것도 과학이론의 변화과정에 영향을 미칠 수 있다. 따라서 쿤 자신은 비합리주의를 따르거나 상대주의적인 과학관을 가지고 있었던 것은 아니지만, 사람에 따라서는 『과학혁명의 구조』에 나타난 그의 견해를 이론의 발전에 비합리적인 요소가 개입될 수 있는 것으로 받아들이기도 했으며, 또한 이론의 공약불가능성을 강조해서 과학에 있어서 다원주의적 · 상대주의적인 해석이 가능하다고 생각한 경우도 있었다.

2 공약불가능성과 다원주의 과학관

공약불가능성이라는 개념은 쿤의 논의에서 상당히 중요한 의미를 차지하고 있는 핵심적 개념이다. 쿤 자신은 이 공약불가능성에 대한 생각을 이미 그가 1940년대 말 하버드 대학에서 물리학을 그만두고 과학사를 시작할 때부터 중요한 개념으로 느끼기 시작했다고 말한다. 당시 쿤은 아리스토텔레스의 『자연학』을 읽으면서 처음에는 아리스토텔레스의 견해가 아주 유치한 것이라고 생각했었다. 그러나 곧 이런 유치한 설명이 어떻게 2천년 동안 아주 엄청난 권위를 가지고 유지되었는가 하는 의심이 들었다고 한다. 그래서 다음에는 근대역학적인 선입관을 될 수 있으면 배제하고, 당시 사람들의 관점이었던 아리스토텔레스체계 속에서 언뜻 보기에 유치한 그 설명을 꼼꼼하게 다시 읽어 나갔다고 한다. 쿤은 거기에서 아주 일관적이며, 근대역학적인 관점에서는 도저히 완전하게 대체할 수 없는 정교한 설명체계를 발견했다. 즉 아리스토텔레스의 물리학체계와 근대역학체계 사이에는 서로가 서로를 완전히 공유할 수 없는 공약불가능성이 존재했던 것이다.

쿤의 공약불가능성 개념에서는 서로 다른 두 개의 이론체계가 서로 완전하게 번역은 안 되지만, 그래도 부분적인 번역의 가능성, 즉 해석의 가능성은 허용되고 있었다. 그러나 파이어아벤트(Paul K. Feyerabend)에 이르게 되면 이 공약불가능성이라는 개념은 더욱더 극단적인 형태를 띠어서, 부분적인 번역조차도 허용이 안 된다. 그에 의하면 과학은 기본적으로 무정부주의적이며, 이론적 무정부주의가 법칙과 질서에 관한 과학보다 훨씬 더 인간주의적이고, 또한 진보를 이루어내는 데에 있어서 도움을 준다고 말하고 있다. 즉 상호 양립불가능하며 공약 불가능한 이론의 바다 속에서 배태되는 다원주의적인 방법론이야말로 과학진보에 필수적인 것으로 그는 보고 있다. 과학적 지식은 어떤 이상적인 견해를 향해 접근해 가는 일련의 일관된 이론들도 아니며, 진리를 향해 점차로 다가가는 것도 아니다. 그것은 수많은 상호 양립이 불가능한 단일한 이론들, 서로 다른 동화 같은 이야기들, 개개의 신화들로 이루어져 있다. 파이어아벤트의 이러한 다원주의적이고 무정부주의적인 과학관은 리오타르(Jean-François Lyotard)를 비롯한 포스트모더니즘 이론가들에게 영향을 미쳤다.

9 기능주의 과학사회학, 사회구성주의, 행위자-네트워크 이론

과학사회학자 머튼은 과학의 사회적 구조에 관한 자신의 기능주의 이론에서 적절한 과학적 실천을 지도하는 행동 규범들이 존재한다고 주장하였다. 그가 제시한 과학의 규범들은 보편주의(Universalism), 공동체주의(Communalism), 공평무사성(Disinterestedness), 조직화된 회의(Organized skepticism) 등이었다. 머튼의 규범은 이 규범을 따르는 구성원들에게는 보상(reward)이 주어지고, 그것을 어기는 사람들에 대해서는 제재(sanction)가 가해진다는 점에서 일종의 제도적 명령이었다. 하지만 머튼의 규범은 너무 유연하여 실제로 이 규범을 조금이라도 어기는 과학자들에게 강한 제재가 가해졌다는 증거를 찾기는 무척 힘들다.

기능주의 사회학에 대한 비판은 쿤의 과학관에 잠재되어 있던 상대주의적 측면과 결합되어 사회구성주의자들에 의해 더욱 급진적인 모습으로 탈바꿈되었다. 사회구성주의(social constructivism)는 영국 에든버러 대학의 데이비드 블루어, 배리 반스, 스티븐 셰이핀, 그리고 바스 대학의 해리 콜린스, 트레버 핀치 등 일군의 학자들에 의해 추진된 과학사회학 분야의 새로운 연구 프로그램이었다. 특히 블루어는 『지식과 사회의 상』에서 이른바 지식사회학의 강한 프로그램(Strong program)을 제창하고, 여러 방법론적 원칙들을 제시해 사회구성주의의 흐름에 커다란 영향을 주었다.

사회구성주의자들은 과학적 사실들은 유연성을 지니고 있고 자연이 제시한 증거들은 동시에 여러 개의 이론을 지지할 수 있기 때문에, 과학 이론을 둘러싼 논쟁은 관찰 혹은 실험 데이터에 의해 결정될 수 없으며, 논쟁의 종식에 결정적인 역할을 하는 것은 사회적 이해관계라고 주장했다. 결국 이들은 객관성의 중추이자 마지막 보루인 과학지식조차도 사회적으로 구성된다고 주장하였다.

트레버 핀치와 베이커는 사회구성주의를 기술 분야로 확대시켰다. 그들은 안전자전거의 발전사를 예로 들어 안전자전거가 개발되는 과정은 자연적 사실에 바탕을 둔 것이 아니라 경쟁하는 사회적 행위자들의 사회적 이해관계에 영향을 받아서 사회적으로 구성되었다고 주장하였다. 이외에도 사회구성주의자들은 과학지식의 국소성, 과학실험 복제의 어려움, 실험자 회귀(experimenters' regress)의 문제, 암묵적 지식(tacit knowledge)의 존재와 장치 복제의 한계, 주관적인 암묵지와 인공지능의 한계를 설명하는 데 그들의 입장을 적용하였다.

이와는 별도로 프랑스의 피에르 부르디외(Pierre Bourdieu)는 경제적 자본이나 사회적 자본과 구별되는 새로운 문화적 자본(cultural capital) 개념을 제기하여 과학의 사회적 성격을 부각시켰다. 그는 특정 분야가 문화적 자본을 무한히 확대 재생산시키는 과정에서 모든 행동은 적대적이라고 주장했다. 즉 모든 과학적 실천은 과학적 권위를 쟁취하려는 적대적인 측면을 지니고 있다는 것이다. 부르디외의 적대적 과학 개념은 사회구성주의자들이 말하는 사회적 이해관계와 부분적으로 연결된다.

사회구성주의자들이 논쟁 종식을 지나치게 사회적 이해관계와 연결시키면서 이에 대한 비판도 나타났다. 즉 사회구성주의의 입장은 사회에 너무 강한 정당성을 부여하여 일종의 사회적 환원주의의 편향을 보이고 있다는 것이다. 또한 과학 논쟁을 몇몇 대립되는 진영들 사이의 경쟁으로 단순화시켰으며, 이해관계도 지나치게 고정된 것으로 간주했다는 비판도 나타났다. 자연과 사회와의 사이에서 논리실증주의가 지나치게 자연 쪽을 강조했다면 사회구성주의자들은 지나치게 사회 쪽을 강조했던 것이다. 이에 따라 사회 쪽으로 향했던 경향을 다시 자연 쪽으로 돌려서 자연과 사회를 동등하게 설명해야 한다는 주장이 나타났다.

이런 주장 가운데 대표적인 견해가 프랑스 파리 광산학교의 브루노 라투르, 미셸 칼롱과 영국 킬 대학의 존 로 등에 의해 제기된 행위자-네트워크 이론(ANT: Actor Network Theory)이다. 그들은 '사회에 의한 과학의 구성'보다 '과학에 의한 사회의 구성' 혹은 '테크노과학과 사회의 공동구성'에 초점을 맞추며 기존의 사회구성주의 입장과는 차별화된 이론을 발전시켰다. ANT에서 과학과 기술은 서로 결합되어 테크노과학(Technoscience)의 형태를 띠고 있다. ANT가 말하는 행위자에는 인간적 실체와 비인간적 실체가 모두 포함된다. 이 인간적 행위자들과 비인간적 행위자들은 모두 이해관계를 가지고 있으며, 서로 다른 행위자들과 동맹을 이루며 거대한 네트워크를 형성해 나간다. 결국 테크노과학의 활동이란 다양한 행위자들의 이해관계를 이해하고 번역해 가는 과정인 것이다.

9 피터 갤리슨의 교역지대론

갤리슨은 20세기 실험물리학에 대한 역사적인 연구와 인류학에서 원용한 교역지대(Trading Zone)라는 개념을 바탕으로 '비판적' 포스트모더니즘 모델이라는 새로운 과학관을 제시했다. 20세기에 들어서면서 물리학자들은 동질적인 집단이 아니라 실험물리학자와 이론물리학자라는 상대적으로 자율적인 두 집단으로 나누어졌다. 그 두 집단들은 상이한 교육과정을 겪었으며, 연구 활동에서 사용하는 그들의 방법이나 기술도 상당히 달랐다. 이 시기의 과학 활동은 쿤이 주로 연구했던 20세기 이전의 과학의 모습과 상당히 다르다는 것이 갤리슨이 전개한 논의의 시작이 된다.

이론물리학자들은 주로 수학적 방법론을 가지고 나름대로 독자적인 활동을 하고 있으며, 실험물리학자들도 실험장치, 기구의 물질적 조건, 이론의 선별적 수용을 바탕으로 하는 자신들의 부분적으로 자율적인 연구전통을 가지고 연구를 행한다. 예를 들어 거대한 입자가속기를 사용하는 현대의 고에너지물리학 실험에 있어서는 실험장치 자체는 과학연구의 장기적인 방향을 결정한다. 탈경험주의자들이 이론의 우위성을 강조했다면 갤리슨은 실험과 실험기구의 부분적 자율성을 강조한다. 과학철학자 해킹은 모든 실험은 자기 자체의 일생이 있다고 주장했었다. 갤리슨은 이것을 더욱 확대해서 모든 실험 기구도 그 자체의 일생이 있다고 주장하고 있다.

이론과 실험이 서로 연결되지 않고 부분적인 자율성을 갖는 모습을 갤리슨은 단일한 사회 속에서 다양한 복수의 하위문화(subculture)에 대한 언급을 했던 카를로 진즈부르그의 문화사 논의와 연결시키고 있다. 카를로 진즈부르그는 16세기 한 방앗간 주인이 코페르니쿠스와는 전혀 다른 우주관을 형성하게 되는 과정을 미시사적 관점에서 묘사했는데, 갤리슨은 이 논의를 20세기 물리학의 형성과정에서도 다양한 형태의 하위문화가 가능하다는 근거로 활용하였다. 즉 그는 과학에서도 부분적으로 독립적인 분야들이 하위문화처럼 존재하며, 이들은 서로 전적으로 의존하지는 않는다고 주장하고 있다.

갤리슨의 모델에서는 이론(Theory), 실험(Experiment), 실험기구(Instrument)는 위계적인 환원론적 구조를 가지지 않고, 다양한 수준의 서로 부분적으로 자율적인 구조를 가진다. 또한 이 부분적으로 자율적인 요소들은 서로 다른 문화권들이 서로 접하면서 문화인류학적 교역지대에서 문화를 교환하듯이 서로 충돌하며 상호 영향을 준다. 이처럼 갤리슨의 모델은 위계적이거나 환원적인 탐구를 포기하고 각 수준별로 부분적으로 자율적인 요소를 지닌 이론, 실험, 실험기구 간의 복잡한 동역학적인 상호작용을 파악하고자 하고 있다.

갤리슨의 모델에서 가장 중요한 요소는 반환원주의와 실험, 이론, 실험기구 사이의 부분적 자율성에 있다. 그는 이 모델로 모든 것을 경험으로 귀착시켜 과학 전반을 통일하려고 했던 논리실증주의자들을 비판함과 동시에 이론의 관찰 의존성과 같은 관점을 공유하면서 과학혁명의 구조, 패러다임의 변화, 공약불가능성 등을 내세웠던 탈경험주의자들의 입장도 동시에 비판하고 있다. 물론 갤리슨은 논리실증주의자들과 탈경험주의자들의 입장을 전면으로 부정하고 있는 것은 아니다. 그는 이들의 입장이 지나친 환원주의로 빠지지 않는 범위에서는 각 사상이 제기하고 있는 주장을 적극적으로 받아들이고 있다.

갤리슨은 서로 다른 언어권에서 교역이 일어날 때 나타나는 혼합어의 발전 과정을 윌리엄 폴리(William Foley) 등과 같은 인류언어학에서 이루어진 연구를 바탕으로 과학의 발전과 비교했다. 그는 교역 지대에서 언어가 혼합되고 정착되는 과정을 초보적이고 비성숙된 피진(pidgin)에서 상대적으로 안정화된 크리올(creole)로 변화하는 것으로 비유적으로 묘사하고 있다. 파푸아 뉴기니에 도착한 유럽인, 중국인, 태평양 섬 원주민, 말레이 인도네시아 인 등은 처음에는 자신들의 물자를 교환하기 위해 자신들이 사용하는 언어가 아닌 제 3의 언어를 만들어 사용했다. 이런 언어가 만들어지는 과정은 완숙된 문화에서 나타나는 총체적인 것은 아니며, 쿤이 자신의 패러다임 논의에서 한 것과 같은 게슈탈트식의 변화 과정도 아니다. 단지 이들 언어들은 국소적인 차원에서 여러 다른 하위 문화권들이 만나면서 서로 통할 수 있는 최소한의 근거를 찾게 된 것이다.

초기의 피진은 불과 수백 단어에 불과하며 특정한 몇몇 상품의 교환에 쓰인다. 이것이 좀 더 발전해서 확장 피진(Extended pidgin)에 이르게 되면, 어휘가 풍부해지고 초기 교역 언어보다 더욱 유연한 구문 구조를 갖게 된다. 피진은 아직 독립적인 언어로는 인정받지 못한다. 하지만 확장되고 발전된 피진은 단순히 교역 기능을 넘어서 두 가지 혹은 그 이상의 '자연어'들 사이에 의사소통을 하게 만드는 역할도 할 수 있다. 이 확장 피진이 더욱 발전하여 마침내 성숙된 문명에서 나타나는 언어와 같이 시적, 비유적, 메타 언어적 기능을 지니게 되면서 국소적인 차원에서나마 독자적인 위치를 굳힌 크리올로 정착하게 되는 것이다. 이렇게 언어가 혼합되어 새로운 양상은 전체적인 언어 변화가 아닌 국소성(Locality), 언어의 생성 · 팽창 · 위축 · 소멸로 이어지는 통시성(Diachrony), 다양한 역사적 · 사회학적 상황에 의해 영향을 받는 맥락성(Contextuality)을 띠고 있다.

갤리슨은 인류언어학의 연구 성과를 원용해서 피진이 크리올로 발전하는 과정에 대한 비유를 통해 몬테 칼로 시늉내기(Monte Carlo Simulation)라는 컴퓨터 시늉내기가 20세기 과학 활동으로 자리 잡게 되는 과정을 설명하고 있다. 즉 그는 몬테 칼로 방법이 자연에 대한 일종의 인공적인 모사임에도 불구하고 그것이 어떤 과정을 거쳐 과학자들 사이에서 실재를 확인하는 영향력 있는 도구로 통용되게 되었는가를 보여주고 있다. 몬테 칼로 시늉내기는 제2차 세계대전 말 열핵무기를 개발하기 위한 수단으로 시작되었다. 하지만 1960년대에 이르게 되면 전기공학자, 물리학자, 항공기 제작자, 응용 수학자, 핵무기 설계자 등 사이에 통용되는 피진으로 발전한다. 급기야 이 방법은 명확하게 규정된 컴퓨터 과학의 한 영역, 즉 과학자들이 이 언어로 확인할 경우에는 과학적 실재를 발견하는 것으로 인정하는 크리올로 진화하게 되었던 것이다.

20세기 중반까지 우리는 과학지식을 얻는 방법을 유물론과 관념론에 따라 감각과 사고, 즉 실험과 이론 두 가지 방법이 있다고 생각해 왔다. 하지만 핵무기 개발 과정에서 시늉내기라는 새로운 지식습득 방법이 생겨난 것이다. 즉 항공우주학, 유전학 등 실험이 불가능한 영역에서 다양하고 복잡한 문제를 푸는 데 시늉내기가 활용되고 있다. 피진영어과 크리올어와 같은 잡종 언어와 같이 몬테 칼로 시늉내기는 수학자, 통계학자, 핵무기학자, 핵물리학자, 공학자 등이 함께 참여해 만든 새로운 영역, 즉 과학의 잡종 교역지대였던 것이다.

9 기초과학에 대한 태도의 변화

제2차 세계대전 중 국방연구를 담당했던 배니버 부시(Vannevar Bush, 1890~1974)는 선형연구개발 모형을 구체적인 형태로 발전시켰다. 1945년 7월 부시는 트루먼 대통령에게 전후 미국의 과학정책에 가장 커다란 영향을 미치게 될

34쪽의 보고서를 제출했다. "과학, 끝없는 미개척지대"(Science, the Endless Frontier)라는 제목의 이 보고서에서 부시는 미국은 항상 새로운 미개척 분야에 도전하는 정신이 원천이 되어 발전했으며, 이제 미개척지는 다소 사라지고 있으나 과학의 미개척지는 남아 있고, 미국 정부는 바로 이 미개척 영역에 대한 탐구를 지원하는 것을 국가의 기본 정책으로 해야 한다고 주장했다. 또한 그는 새로운 상품 · 산업 · 직업들은 끊임없이 자연에 대한 새로운 지식을 요구하고 있으며, 이 새로운 지식은 기초과학 연구를 통해서만이 얻어질 수 있다는 점을 강조했다.

기초과학의 연구를 통해 국가의 번영과 안전보장을 도모하려고 했던 부시의 꿈은 전후 미소 냉전시대를 거치면서 미국의 대표적인 과학기술 정책으로 분명하게 구현되었다. 우선 부시는 보고서에서 국가의 과학기술 발전을 위해 국립연구재단(National Research Foundation)을 설립할 것을 제안했는데, 그의 건의는 그 뒤 5년 동안의 논쟁을 거쳐 1950년 미국 국립과학재단(National Science Foundation)의 설립으로 구체화되었다. 국립과학재단, 국립보건원(National Institute of Health), 군부로 대변되는 연방정부와의 긴밀한 협력 관계 속에서 전후 MIT를 비롯한 미국의 연구중심대학들은 국방과학 연구와 이에 수반된 기초과학 연구를 통해 엄청난 규모로 성장했다. 제2차 세계대전 이후의 과학기술 연구개발 전략은 주로 선형 연구개발 모형으로 기초과학에 대한 체계적인 관리를 통해 산업적 성과를 이룩하는 것을 특징으로 하고 있다.

1990년대에 들어와서 핵무기와 같은 무기 경쟁에 바탕을 둔 미소 냉전이 종식되고, 정보통신혁명 및 생명과학기술의 놀라운 발전을 주축으로 하는 새로운 지식기반 사회가 출현되면서 부시가 '끝없는 미개척지대'에서 제창한 선형 모형의 논리는 도전을 받게 되었다. 기초과학을 바라보는 태도에 변화가 생기면서 과학기술 연구 개발 모형은 단선적인 선형 모형에서 기초연구, 응용연구, 상업화 들이 서로 얽힌 역동적 모형(Dynamic Model)으로 바뀌게 되었다.

스톡스(Donald E. Stokes)의 파스퇴르형 연구 유형에 대한 분석은 기초과학과 기술 혁신에 관한 새로운 관점을 제시하고 있다. 스톡스는 기초 연구를 분석함에 있어서 보어형의 순수 기초연구, 에디슨형의 순수 응용연구 이외에 응용을 염두에 둔 기초연구인 파스퇴르형 연구 방식에 주목할 필요가 있다고 지적했다. 파스퇴르의 발효에 대한 연구 및 자연발생설을 논박한 연구 등은 순수 연구임에도 불구하고, 당시의 농업 및 의료, 위생의 영역에서 응용 가능성을 동시에 지니는 것이었다. 파스퇴르에게 이 두 측면은 서로 시간적으로 분리되어 있는 것이 아니라 거의 동시에 이루어졌다. 파스퇴르형 연구 유형은 이외에도 에너지 산업을 염두에 두고 전개되었던 켈빈 경의 열역학 및 전자기학 연구, 제너널일렉트릭(GE)에서 산업적 연구를 하다가 노벨화학상까지 수상한 랭뮤어의 연구 등과도 일맥상통하는 것이었다.

한편, 제럴드 홀튼은 토머스 제퍼슨이 지원한 루이스와 클라크의 미국 서부 탐사 연구가 자연에 대한 근본적인 연구인 뉴턴주의적인 전통과 실용적인 목적을 성취하기 위해 자연을 연구하는 베이컨적인 전통을 결합한 새로운 형태의 연구 방식이라고 주장하고 있다. 홀튼은 과학적 지식만을 목적으로 하는 연구는 막스 플랑크가 언급한 감각 세계에 대한 지적 지배권을 목적으로 한 연구와 같은 유형으로 이것을 뉴턴 양식(Newtonian mode)이라고 불렀다. 반면에 자연의 신비를 밝혀내어 유용하게 이용하려는 목적의 연구를 베이컨 양식(Baconian mode)이라고 불렀다.

미국 서부에 산재되어 있는 광물, 암석, 동식물에 대한 연구는 당장의 성과를 요구하지 않았다는 점에서 일단 기초연구에 해당한다고 할 수 있다. 하지만 제퍼슨은 이런 연구가 미국 사회에 미칠 중요성을 염두에 두면서 이 연구를 지원했기 때문에 이런 유형의 과학 연구를 뉴턴 양식도 아니고 베이컨 양식도 아닌 복합된 형태의 제퍼스 양식(Jeffersonian mode)이라고 불렀다.

이처럼 기초과학에 대한 연구 역시 보어형의 창의적 근본연구, 산업적 응용을 염두에 둔 파스퇴르형 연구, 국가적 이해관계와 결합된 제퍼슨형 기초연구를 모두 망라하여 다양한 측면에서 추진해야 한다는 것이 최근에 나타난 기초과학 연구개발 전략의 중요한 변화 가운데 하나라고 할 수 있다.

9 융합기술의 일상화 및 비연속적 혁신

20세기 후반 이후 과학기술 분야에서 나타나고 있는 가장 두드러진 현상 가운데 하나는 융합기술의 출현이 일반화되었으며, 이에 따라 나타나는 기술혁신도 비연속적인 형태를 띠고 있다는 것이다. 20세기를 통해 과학관을 지배하던 통일과학 내지 환원주의적인 세계관은 1960년대부터 심각한 도전을 받게 되었다. 이런 일련의 변화는 1960년대부터 나타나기 시작한 일련의 문명사적 변화와 밀접한 연관을 맺고 있었다. 이 시기는 베트남 전쟁, 민권운동이 강하게 부상되었고, 이에 따라 서구의 기술관료 체계와 과학기술 체계에 대한 근본적인 회의가 나타나던 시기였다. 20세기 후반에 풍미했던 생태주의의 포문을 연 레이철 카슨의 『침묵의 봄』과 마르쿠제의 『일차원적 인간』이 바로 이 시기에 나타났다. 과학철학 분야에서도 토머스 쿤의 『과학혁명의 구조』가 출간되면서 탈경험주의, 패러다임 변화, 공약불가능성 등에 대한 내용이 철학계에서 새로운 변화를 이끌어갔다.

20세기의 두 차례의 세계대전을 통해 과학기술에 대한 사회적 의존도가 커지면서 과학기술에 대한 사회적 영향력도 함께 증대되었다. 제2차 세계대전 이후에 나타난 냉전이 심화되면서 군부는 기초과학을 지원하면서도 자신들의 군사적 목적을 과학기술에 반영하도록 노력하였고, 과학기술은 서서히 사회적 요구에 부응하는 형태로 체질이 변화되었다. 이외에도 1980년대에는 미국이 발전시킨 기초과학의 성과를 바탕으로 개발된 일본의 상품이 미국을 압박하는 모습이 나타나면서 일본의 무임승차론이 미국 내에서 커다란 문제가 된 적이 있었다. 이 당시 일본 기업의 도전은 미국의 과학기술 연구전략에도 커다란 영향을 미쳤다. 이런 일련의 변화 속에서 사회는 새로운 지식정보화 시대로 접어들었고, 과학기술 분야에서 초분야적 융합이 자주 등장하게 되었다.

21세기에 이르러 과학기술은 단순히 결합, 통합, 학제간 협력 차원을 넘어서 아예 새로운 융합의 단계로 발전하는 모습을 보이고 있다. 최근에 나오는 나노테크놀로지, 나노-바이오기술, 생물정보학(Bio-informatics) 등은 바로 이런 경향을 보여주는 대표적인 학문 분야라고 할 수 있다. 융합화의 시대에는 연구개발의 모습에도 많은 변화를 가져왔다. 우선 기초, 응용, 산업화로 이어지는 배니버 부시의 선형연구개발 모형이 붕괴되었고, 산업과 응용, 기초 사이에는 아주 복잡한 상호작용이 존재한다는 것이 분명해졌다. 미국의 경우 연구중심대학에 대한 지원기관이 연방정부에서 민간기업체로 바뀌는 변화가 나타났고, 대학이 시대적 변화에 부응하여 자구책을 마련하면서 대학 내 학과의 분화 및 학문 분야의 융합화가 촉진되었다. 과학기술에 대한 사회적 의존도가 높아질수록 과학기술에 대한 사회의 요구는 더욱 강하게 영향력을 미쳤으며, 결국 다양한 사회적 욕구에 부합되는 과학기술만이 살아남는 시대가 되었다.

연구개발 전략의 새로운 변화

연구개발에 있어서 현재 및 다가올 미래 사회에서 분출되는 사회적 요구를 능동적으로 반영해야 하며, 과학기술 자체 연구개발 방향에 의존하는 것은 한계가 있다는 주장은 이미 1960년대부터 나타나기 시작했다. 1930년대에 연구개발한 나일론으로 엄청난 돈을 벌어들인 미국의 듀폰 사는 1945년 이후 1970년대까지 기초과학 중심의 선형적 연구개발 모형을 기업의 기본 전략으로 채택했다. 1970년대 이후 듀폰의 경영진들은 자유방임적인 기초과학 중심의 연구개발 전략을 포기하고 대신 신제품과 기존 상품, 대규모 연구와 소규모 연구, 중앙집중식 연구개발 및 분산적 연구개발, 기초연구와 수요자의 요구 등을 적절히 조화시킨 새로운 연구개발 전략을 선택하였다. 듀폰의 이런 변화는 곧 다른 회사에도 파급되었고, 기업의 연구개발 전략에도 커다란 변화를 가져왔다.

1980년대를 거치면서 AT&T, IBM 등 연구개발에 엄청난 투자를 했던 세계의 대표적인 기업들은 기초과학에 바탕을 둔 연구개발 전략으로 수정하기에 이르렀다. 이 시기 이후 수요중심의 연구개발, 연구수명주기의 고려, 수요와 위험도를 고려한 연구개발의 적절한 포트폴리오 등이 연구개발 전략 수립에 고려해야 할 핵심 사항으로 부상되었다.

이런 일련의 변화를 통해 이 시기에 와서 기초과학의 연구가 응용연구, 산업적 연구로 이어진다는 부시의 선형 모형은 한계를 드러내었다. 부시의 선형 모형의 한계점을 지적한 비선형 연구개발 모형의 한 예로는 기초과학, 응용과학, 상업화가 서로 얽혀 있는 체인-링크 가설(chain-link hypothesis)을 들 수 있다. 체인-링크 가설에서는 연구기관과 대학의 활동영역인 연구 이외에 현재의 지식수준을 나타내는 각종 과학기술 자료와 시장 동향, 기업의 설계 · 생산 · 판매활동 등을 모두 엮어 체인-링크 모형을 구성하고 이것을 바탕으로 기술혁신의 과정을 설명하고 있다. 즉 이 모형에서는 잠재시장의 파악, 발명 및 기본설계, 상세 설계 및 검사, 재설계 및 생산, 시장 출하 등의 전체 과정이 연구개발 및 기술혁신 과정에 영향을 미친다고 본다. 부시의 선형 모형과는 달리 이 가설에서는 산업계, 연구소, 대학 간의 효과적인 연계와 기초과학, 응용과학, 산업적 응용 사이의 복합적 연결이 중요한 정책 과정이 된다. 1990년대를 통해 인터넷 및 바이오 혁명으로 이어지면서 과거와는 완전히 다른 새로운 형태의 연구개발 전략이 등장하였다. 우선 이 시대의 연구개발 관리 방식에서는 연구논문, 특허 등과 같은 형식지뿐만 아니라 말로나 글로 표현할 수 없는 암묵지(tacit knowledge)도 중요시하고 있다.

새로운 과학관의 등장

현대 과학에 대한 관점은 지난 반세기 동안 커다란 변화를 겪었다. 즉 1960년대 이후 전통적인 논리실증주의 과학철학은 관찰의 이론의존성, 과학이론의 패러다임적 변화, 인식론적 다원성을 주장하는 새로운 세대의 철학자들로부터 계속 공격을 받았다. 프리고진, 필립 앤더슨, 에른스트 마이어 등 과학자들 역시 반환원주의 과학관을 내세우며 입자물리학 주도의 환원주의 과학관에 대한 공격을 가했다. 이외에도 기계적인 세계관을 거부하는 생태주의적 세계관 역시 반환원주의적 분위기를 확산시키는 데 기여하였다.

결국 논리경험주의에 대한 탈경험주의 과학관의 공격, 사회구성주의와 이를 보완한 '행위자 네트워크 이론' 의 도전, 국소적 자율성을 강조하는 반환원주의 과학관의 부상, 객관성의 마지막 보루인 과학 분야까지 파고든 포스트모더니즘의 공격, 나노테크놀로지, 생물정보학 등 융복합 과학의 부상, 새로운 제 3의 영역이 만들어지는 교역지대론의 부상 등은 모두 전통적인 과학관을 거부했던 새로운 과학관의 거대한 흐름이었다.

MEMO

찾아보기

ㄱ

ㄴ

ㄷ

ㄹ

ㅅ

ㅇ

ㅊ

ㅍ

〔저자약력〕

임경순

서울대학교 자연과학대학 물리학과 졸업
독일 함부르크대학교 박사(과학사)
현, 포항공과대학교 인문사회학부 교수

〈주요 저서〉
현대물리학의 선구자(다산출판사, 2001)
과학을 성찰하다(사이언스북스, 2012)

정원

서울대학교 자연과학대학 수학과 졸업
서울대학교 과학사및과학철학 협동과정 박사(서양과학사)
현, 전북대학교 과학학과 교수

〈주요 역서〉
과학혁명(뿌리와 이파리, 2011)

과학사의 이해

2014년 8월 30일 제1판 1쇄 발행
2022년 2월 15일 제1판 4쇄 발행

저 자 임 경 순 · 정 원
발행인 강 희 일 · 박 은 자

발행처 다 산 출 판 사

서울특별시 마포구 용강동 494의 85
등 록 1979. 6. 5. 제 3-86호(윤)
전 화 717-3661~2, 718-1751~2
FAX 716-9945

정가 28,000원 파본은 바꾸어 드립니다.

http://www.dasanbooks.co.kr
ISBN 978-89-7110-463-7 93900